Praktische Baustatik

Teil 1

Von Prof. Dipl.-Ing. Gerhard Erlhof
19., neubearbeitete und erweiterte Auflage. 340 Seiten mit 506 Bildern und 28 Tafeln.
Kart. DM 68,–
ISBN 3-519-05260-1

Aus dem Inhalt: Entwicklung der Baustatik / Regeln, Normen, Vorschriften / Kräfte und Lasten / Zusammensetzen und Zerlegen von Momenten / Gleichgewicht, Kipp- und Gleitsicherheit und Schwerpunktbestimmungen / Stabwerke / Fachwerke / Gemischte Systeme / Einflußlinien

Teil 2

Von Prof. Dipl.-Ing. Walter Wagner † und Prof. Dipl.-Ing. Gerhard Erlhof, unter Mitwirkung von Prof. Dipl.-Ing. Gerhard Rehwald
14., neubearbeitete und erweiterte Auflage. 472 Seiten mit 464 Bildern und 29 Tafeln.
Kart. DM 76,–
ISBN 3-519-45202-2

Aus dem Inhalt: Spannungen und Formänderungen von Stabelementen / Zug und Druck / Einfache Biegung / Elastische Formänderung bei einfacher Biegung / Abscheren, Schub bei Biegung, Torsion / Hauptspannungen, Vergleichsspannungen / Doppelbiegung und schiefe Biegung / Stabilität bei geraden Stäben / Ausmittiger Kraftangriff / Eingespannte Einfeldträger / Durchlaufträger / Einführung in die Fließgelenktheorie I. Ordnung / Reduktionsverfahren, Berechnung mit Übertragungsmatrizen

Teil 3

Von Prof. Dipl.-Ing. Gerhard Erlhof, unter Mitwirkung von Dr.-Ing. Hans Müggenburg
8., neubearbeitete und erweiterte Auflage. 384 Seiten mit 324 Bildern und 26 Tafeln.
Kart. DM 78,–
ISBN 3-519-35203-6

Aus dem Inhalt: Elastische Formänderungen, Arbeitsgleichung / Zustandslinien elastischer Formänderung / Die Sätze von der Gegenseitigkeit der elastischen Formänderungen / Einflußlinien für Formänderungen / Kinematische Untersuchungen, statische und geometrische Bestimmt- und Unbestimmtheit, Kraftgrößen- und Drehwinkelverfahren / Kraftgrößenverfahren, einfach und mehrfach statisch unbestimmte Systeme / Weggrößenverfahren / Berechnung von Fachwerkträgern mit dem Verschiebungsgrößenverfahren in Matrizendarstellung / Das Verschiebungsgrößenverfahren in Matrizendarstellung für Stabwerke

Preisänderungen vorbehalten

Praktische Baustatik
Teil 3

Von Professor Dipl.-Ing. Gerhard Erlhof
Fachhochschule Mainz

unter Mitwirkung von

Dr.-Ing. Hans Müggenburg, Dinslaken

8., neubearbeitete und erweiterte Auflage
Mit 324 Bildern und 26 Tafeln

 Springer Fachmedien Wiesbaden GmbH 1997

CIP-Kurztitelaufnahme der Deutschen Bibliothek

Praktische Baustatik : [ein Leitfaden der Baustatik für Studium
und Praxis] / von Gerhard Erlhof.
   Teilw. verf. von Hermann Ramm und Walter Wagner. – Teilw. verf.
von Walter Wagner und Gerhard Erlhof
NF.: Wagner, Walter; Erlhof, Gerhard; Ramm, Hermann
Teil 3. Unter Mitw. von Hans Müggenburg. – 8., neubearb. und
   erw. Aufl. – 1997
   ISBN 978-3-519-35203-7   ISBN 978-3-663-11120-7 (eBook)
   DOI 10.1007/978-3-663-11120-7

Das Werk ist urheberrechtlich geschützt. Die dadurch begründeten Rechte, besonders
die der Übersetzung, des Nachdrucks, der Bildentnahme, der Funksendung, der Wiedergabe auf photomechanischem oder ähnlichem Wege, der Speicherung und Auswertung
in Datenverarbeitungsanlagen, bleiben, auch bei Verwertung von Teilen des Werkes,
dem Verlag vorbehalten.
Bei gewerblichen Zwecken dienender Vervielfältigung ist an den Verlag gemäß § 54
UrhG eine Vergütung zu zahlen, deren Höhe mit dem Verlag zu vereinbaren ist.
© Springer Fachmedien Wiesbaden 1997
Ursprünglich erschienen bei B. G. Teubner Stuttgart 1997
Gesamtherstellung: Allgäuer Zeitungsverlag GmbH, Kempten
Einbandgestaltung: Peter Pfitz, Stuttgart

Vorwort

Teil 3 der „Praktischen Baustatik" wendet sich an die Studenten des Bauingenieurwesens der oberen Semester von Fachhochschulen und Technischen Hochschulen und Universitäten sowie an die in der Praxis tätigen Bauingenieure. Er vertieft und erweitert die im Teil 2 gebotenen Verfahren für die Behandlung statisch unbestimmter Tragwerke.

Der erste Abschnitt des vorliegenden Teils ist den Formänderungen und ihrer Berechnung mit Hilfe der Arbeitsgleichung gewidmet: Die Prinzipien der virtuellen Kraft- und Verschiebungsgrößen werden abgeleitet und durch viele Beispiele erläutert.

Die folgenden drei Abschnitte befassen sich mit der Berechnung von Biegelinien, den Sätzen von der Gegenseitigkeit der elastischen Formänderungen (Sätze von Betti und Maxwell) sowie mit der Ermittlung von Einflußlinien für Formänderungen.

Abschnitt 5 wurde überarbeitet und erweitert. Er beginnt mit Brauchbarkeitsuntersuchungen, kinematischen Betrachtungen sowie der Ermittlung von Polplänen und F'-Figuren; es folgen Verfahren für die Ermittlung des Grades der statischen Unbestimmtheit von Stab- und Fachwerken, und abschließend werden in allgemeiner Form die Rechenschritte von Kraftgrößen- und Drehwinkelverfahren einander gegenübergestellt. Dies soll der Veranschaulichung und dem besseren Verständnis beider Verfahren dienen und ist möglich, weil beim Kraftgrößenverfahren (KGV) mit Einheitsbelastungszuständen, beim Drehwinkelverfahren (DV) mit Einheitsverdrehungszuständen gearbeitet wird.

In den umfangreichen Abschnitten 6 und 7 wird das Kraftgrößenverfahren für die Ermittlung der Stütz- und Schnittgrößen einfach und mehrfach statisch unbestimmter Systeme abgeleitet. Eine große Anzahl von vollständig durchgerechneten Zahlenbeispielen dient der Erläuterung. Dabei wird großer Wert auf die bildliche Darstellung der Ausgangszustände und des Endergebnisses gelegt. Behandelt werden Durchlaufträger, statisch unbestimmte Rahmen und Bogen, Langerscher Balken und Kehlbalkendach; außer Belastungen werden die Verformungsfälle gleichmäßige und ungleichmäßige Temperaturänderung angesetzt. Im Rahmen des Kraftgrößenverfahrens erfolgt auch die Berechnung von Einflußlinien, und abschließend wird der Reduktionssatz erläutert. Eine Neuerung gegenüber der 7. Auflage ist das Arbeiten mit Matrizen und Spaltenvektoren, und zwar sowohl in der Darstellung von Formeln als auch in den z. T. umfangreichen Zahlenrechnungen. Bei diesen werden zur Verbesserung der Übersichtlichkeit auch zweidimensionale Felder verwendet.

Völlig neu gefaßt wurde Abschnitt 8, der die Ermittlung von Stütz- und Schnittgrößen mit Hilfe des Drehwinkelverfahrens (DV) behandelt. Wie bereits erwähnt, erfolgt die Darstellung in dieser Auflage auf der Grundlage von Einheitsverdrehungszuständen; ferner wird eine bezogene Biegestabsteifigkeit eingeführt. Auch beim Drehwinkelverfahren werden Matrizen und Spaltenvektoren verwendet; die vollständig durchgerechneten Beispiele behandeln verschiebliche und unverschiebliche Rahmen, die durch Lasten und Temperaturänderungen beansprucht werden. Ausgangszustände und Endergebnisse werden ausführlich durch Zeichnungen veranschaulicht. Den Schluß von Abschnitt 8 nimmt eine Erweiterung des Drehwinkelverfahrens ein, die die Berechnung nach Theorie II. Ordnung erlaubt; ein Beispiel dient der Erläuterung.

Als Abschnitt 9 „Berechnung von Fachwerkträgern mit dem Verschiebungsgrößenverfahren in Matrizendarstellung" erscheint der im wesentlichen unveränderte Abschnitt 10 der 7. Auflage; auf das in der vorigen Auflage an dieser Stelle behandelte Momentenausgleichsverfahren nach Kani wird im Hinblick auf den gegenwärtigen Stand der Rechenhilfsmittel des Bauingenieurs verzichtet. Der Einführung programmgesteuerter Rechenanlagen in die Praxis des Bauingenieurs trägt der neue Abschnitt 10 Rechnung, in dem das Verschiebungsgrößenverfahren in Matrizendarstellung (VVM) für Stabwerke erläutert wird. Dieses Verfahren der Berechnung statisch bestimmter und unbestimmter Systeme ist zwar für die Handrechnung nicht geeignet; da es aber von programmierbaren Rechneren angewendet wird, sollte es der Bauingenieur von Grund auf kennen. Die hier dargestellte Form des VVM knüpft an den Abschnitt 10.4 des zweiten Teils dieses Werkes an, in dem Tragwerke aus Stäben behandelt werden, die eine gemeinsame x-Achse haben.

Die vorliegende Auflage haben der Unterzeichnende und Dr.-Ing. Hans Müggenburg bearbeitet, der diesen Teil bereits von der ersten Auflage an mitgestaltet hat. Auch zu dieser Auflage hat Dr.-Ing. Müggenburg wertvolle Anregungen und Ergänzungen beigetragen; dafür wie für die angenehme Zusammenarbeit danke ich ihm herzlich. Mein Dank gilt auch dem Verlag B. G. Teubner für die verständnisvolle Zusammenarbeit wie für die sorgfältige Herstellung und gute Ausstattung des Buches.

Mainz, im November 1996   G. Erlhof

Inhalt

1 Elastische Formänderungen, Arbeitsgleichung

1.1 Einwirkungen und Auswirkungen 9
1.2 Grundgleichungen 10
    1.2.1 Übersicht – 1.2.2 Gleichungen der Statik, Gleichgewichtsbedingungen – 1.2.3 Werkstoffgesetze – 1.2.4 Beziehungen zwischen inneren und äußeren Weggrößen oder geometrische Beziehungen – 1.2.5 Beispiel für die Anwendung der Grundgleichungen
1.3 Arbeitsgleichung am elastischen Tragwerk 16
    1.3.1 Mechanische Arbeit, äußere und innere Arbeit – 1.3.2 Äußere Arbeit auf eigenen und fremdverursachten Verschiebungsgrößen – 1.3.3 Formänderungsarbeit oder innere Arbeit – 1.3.4 Virtuelle Arbeit, Prinzip der virtuellen Arbeiten – 1.3.5 Prinzip der virtuellen Kraftgrößen (PvK)
1.4 Auswertung der Integrale 26
    1.4.1 Formale Integration – 1.4.2 Integrationstafel $\int M M \, dx$ – 1.4.3 Deutung des Ausdrucks $\int M M \, dx$ als Volumen
1.5 Verschiebungsgrößen, Grundaufgaben und zugehörige Einheitsbelastungen 30
    1.5.1 Übersicht – 1.5.2 Erste Grundaufgabe: Verschiebung eines Punktes – 1.5.3 Zweite Grundaufgabe: Verdrehung eines Querschnitts – 1.5.4 Dritte Grundaufgabe: Gegenseitige Verschiebung zweier Punkte – 1.5.5 Vierte Grundaufgabe: Gegenseitige Verdrehung zweier Querschnitte – 1.5.6 Fünfte Grundaufgabe: Verdrehung eines Fachwerkstabes oder einer Stabsehne – 1.5.7 Sechste Grundaufgabe: Gegenseitige Verdrehung zweier Fachwerkstäbe oder Stabsehnen
1.6 Formänderungen infolge gegebener Lagerverschiebungen und -verdrehungen 43
1.7 Veränderliches Flächenmoment I 46
    1.7.1 Abschnittweise konstantes Flächenmoment I – 1.7.2 Stetig veränderliches Flächenmoment I
1.8 Anwendungen 49
1.9 Prinzip der virtuellen Verschiebungsgrößen (PvV) an statisch bestimmten Tragwerken 54
    1.9.1 Allgemeines – 1.9.2 Gang der Berechnung – 1.9.3 Anwendung – 1.9.4 Verwendung von virtuellen Einheitsverschiebungsgrößen

2 Zustandslinien elastischer Formänderung

2.1 Punktweise Ermittlung der Biegelinie 59
    2.1.1 Biegelinie des Stabwerks – 2.1.2 Biegelinie des Fachwerks
2.2 Berechnung der Biegelinie mit Hilfe von ω-Zahlen 62
2.3 Ermittlung der Biegelinie mit Hilfe der W-Gewichte 66

3 Die Sätze von der Gegenseitigkeit der elastischen Formänderungen

3.1 Satz von Betti 67
3.2 Satz von Maxwell 68

4 Einflußlinien für Formänderungen 71

5 Kinematische Untersuchungen, statische und geometrische Bestimmt- und Unbestimmtheit, Kraftgrößen- und Drehwinkelverfahren

- 5.1 Übersicht, Brauchbarkeitsuntersuchungen 75
- 5.2 Einführung in die Kinematik starrer Körper 76
  5.2.1 Grundbegriffe − 5.2.2 Anwendungen − 5.2.3 Die F'-Figur oder kinematische Verschiebungsfigur − 5.2.4 Anwendungen
- 5.3 Bestimmung des Grades der statischen Unbestimmtheit eines Tragwerks   85
  5.3.1 Übersicht − 5.3.2 Stabwerke − 5.3.3 Anwendungen − 5.3.4 Fachwerke
- 5.4 Kraftgrößenverfahren und Drehwinkelverfahren 89
  5.4.1 Übersicht über die Berechnungsverfahren − 5.4.2 Gegenüberstellung KGV−DV

6 Kraftgrößenverfahren

- 6.1 Allgemeines 100
- 6.2 Zweifeldträger 101
  6.2.1 Belastung durch Gleichlast − 6.2.2 Verformungsfälle − 6.2.3 Temperaturänderung beim Zweifeldträger
- 6.3 Zweigelenkrahmen 109
  6.3.1 Allgemeines − 6.3.2 Beispiel 1 − 6.3.3 Beispiel 2: Zweigelenkrahmen mit Zugband − 6.3.4 Beispiel 3: Zweigelenkrahmen mit geknicktem Riegel
- 6.4 Versteifter Stabbogen oder Langerscher Balken 130
- 6.5 Zwei durch einen Stab verbundene eingespannte Stützen 138
- 6.6 Kehlbalkendach 139
- 6.7 Zweigelenkbogen 144

7 Kraftgrößenverfahren, mehrfach statisch unbestimmte Systeme

- 7.1 Allgemeines 157
- 7.2 Gleichungen für ein zweifach statisch unbestimmtes System 157
- 7.3 Gleichungen für ein mehrfach statisch unbestimmtes System 161
  7.3.1 Allgemeines − 7.3.2 Aufstellen der Elastizitätsgleichungen − 7.3.3 Dreimomentengleichungen
- 7.4 Anwendungen 163
  7.4.1 Beispiel 1: Zweifach statisch unbestimmter Rahmen − 7.4.2 Beispiel 2: Symmetrischer eingespannter Rahmen mit lotrechten Stielen und waagerechtem Riegel − 7.4.3 Beispiel 3: Symmetrischer eingespannter Rahmen mit geneigten Stielen − 7.4.4 Beispiel 4: Geschlossener Rahmen − 7.4.5 Beispiel 5: Stockwerkrahmen mit zwei Geschossen und zwei an den unteren Enden gelenkig gelagerten Stielen − 7.4.6 Beispiel 6: Eingespannter Bogen
- 7.5 Einflußlinien 210
  7.5.1 Allgemeines, Überblick − 7.5.2 Ableitung des Verfahrens − 7.5.3 Anwendungen

7.6	Reduktionssatz	227
	7.6.1 Ableitung – 7.6.2 Anwendungen	

8 Weggrößenverfahren

8.1 Einführung, Übersicht 233
8.2 Grundlagen 234
   8.2.1 Bezeichnungen, Maßeinheiten – 8.2.2 Vorzeichenfestsetzungen – 8.2.3 Berechnung der Stabendmomente der Einheitsverdrehungszustände – 8.2.4 Maßeinheiten – 8.2.5 Ergänzende Bemerkungen zu den Einheitsverdrehungen
8.3 Tragwerke mit unverschieblichen Knoten 242
   8.3.1 Übersicht – 8.3.2 Anwendungen
8.4 Tragwerke mit verschieblichen Knoten 269
   8.4.1 Allgemeines, Grad der Verschieblichkeit – 8.4.2 Kinematisch oder geometrisch bestimmtes Hauptsystem, Stab-Einheitsverdrehungszustände, Verschiebungsgleichungen – 8.4.3 Anwendungen
8.5 Berücksichtigung von Temperaturänderungen 298
   8.5.1 Allgemeines – 8.5.2 Stabendmomente des Zustands 0 – 8.5.3 Anwendungen
8.6 Berechnung nach der Theorie II. Ordnung 314
   8.6.1 Allgemeines – 8.6.2 Erläuterungen zur Berechnung nach Theorie II. Ordnung – 8.6.3 Die Berechnung nach Theorie II. Ordnung als Verfahren der schrittweisen Näherung – 8.6.4 Anwendungsbeispiel

9 Berechnung von Fachwerken mit dem Verschiebungsgrößenverfahren in Matrizendarstellung

9.1 Allgemeines 327
9.2 Steifigkeitsmatrizen 328
   9.2.1 Die Elementsteifigkeitsmatrix eines Fachwerkstabes – 9.2.2 Die Gesamtsteifigkeitsmatrix eines Fachwerkes
9.3 Beispiele 332
   9.3.1 Beispiel 1: Zweibock mit Zugband – 9.3.2 Beispiel 2: Ständerfachwerk mit fallenden Diagonalen – 9.3.3 Beispiel 3: Innerlich statisch unbestimmtes Fachwerk

10 Das Verschiebungsgrößenverfahren in Matrizendarstellung für Stabwerke

10.1 Allgemeines, Bezeichnungen 347
   10.1.1 Übersicht – 10.1.2 Tragwerksmodell – 10.1.3 Koordinationssysteme – 10.1.4 Bezeichnung der Schnittgrößen an den Stabenden – 10.1.5 Verschiebungsgrößen von Knoten und Stabenden
10.2 Die Einzelsteifigkeitsmatrix k 351
   10.2.1 Die Einzelsteifigkeitsmatrix in lokalen Koordinaten (k_1) – 10.2.2 Transformation der Einzelsteifigkeitsmatrix k, Überblick – 10.2.3 Die Transformationsmatrix T – 10.2.4 Die Transformationsmatrix T^t – 10.2.5 Erläuterung und Durchführung der Matrizenmultiplikationen

10.3 Knotengleichgewichtsbedingungen und Gesamtsteifigkeitsmatrix K ... 356
10.4 Reduktion der Gesamtsteifigkeitsmatrix 359
10.5 Verschiebungs-, Schnitt- und Stützgrößen 360
10.6 Berücksichtigung von Stablasten 361
10.7 Anwendungen 362
    10.7.1 Beispiel 1: Eingespannter Rahmen − 10.7.2 Beispiel 2: Zweigelenkrahmen − 10.7.3 Beispiel 3: Variante von Beispiel 1

Literatur 381

Sachverzeichnis 382

Für dieses Buch einschlägige Normen sind entsprechend dem Entwicklungsstand ausgewertet worden, den sie bei Abschluß des Manuskriptes erreicht hatten. Maßgebend sind die jeweils neuesten Ausgaben der Normblätter des DIN Deutsches Institut für Normung e.V., die durch den Beuth-Verlag, Berlin und Köln, zu beziehen sind. − Sinngemäß gilt das gleiche für alle sonstigen angezogenen amtlichen Richtlinien, Bestimmungen, Verordnungen usw.

1 Elastische Formänderungen, Arbeitsgleichung

1.1 Einwirkungen und Auswirkungen

In den Teilen 1 und 2 dieses Werkes haben wir die Auswirkungen von Belastungen oder vorgegebenen Verformungen auf ein Tragwerk dargelegt. Dabei haben wir Belastungen auch als Lastgrößen und einwirkende oder äußere Kraftgrößen bezeichnet; vorgegebene Verformungen, bei denen es sich um vorgegebene Lagerverschiebungen oder -verdrehungen sowie gleichmäßige oder ungleichmäßige Temperaturänderungen handeln kann, nennen wir auch eingeprägte Weggrößen.

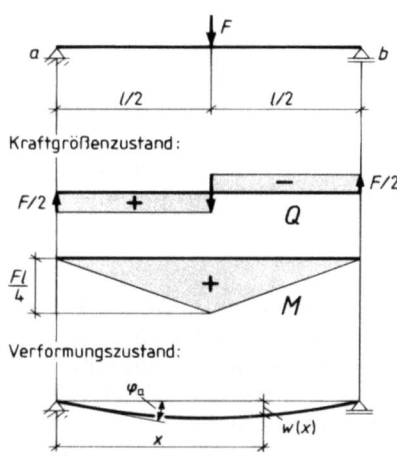

1.1 Kraftgrößen- und Verformungszustand

Tafel 1.2a Zustandsgrößen

Zustandsgrößen			Einwirkungen Einprägungen	Auswirkungen			
				äußere Auswirkung		innere Auswirkung	
Kraftgrößen	Kräfte		Lasten G, F, P	Stützgrößen, äußere Kraftgrößen	Lagerkräfte C_i	Schnittgrößen, innere Kraftgrößen	Längskräfte N
							Querkräfte Q
	Momente		Lastmomente M		Lagermomente M_i		Biegemomente M, M_B, M_y, M_z
							Torsionsmomente M_T
Weggrößen	Verschiebungsgrößen	Verschiebungen		vorgegebene Lagerverschiebungen Verkürzungen infolge Vorspannung	Verschiebungen $u(x), v(x), w(x)$		
		Verdrehungen		vorgegebene Verdrehung am eingespannten Stabende Verdrehung infolge Vorspannung	Verdrehungen der Stabachse, Neigungen der Biegelinie $\varphi(x)$		
	Verzerrungen	Dehnungen	Achsendehnungen ε	gleichmäßige Temperaturänderung T_0		Achsendehnung ε infolge N	
			Verkrümmungen $\varkappa$	ungleichmäßige Temperaturänderung $(T_u - T_o) = \Delta T$		Verkrümmung $\varkappa$ infolge M_B, M_y, M_z	
		Gleitungen	Schubverzerrungen γ			Gleitung γ infolge Q	
			Verdrillungen ϑ'			Verdrillung ϑ' infolge M_T, M_x	

Tafel **1.**2b   Zustandsgrößen und Grundgleichungen

	Kraftgrößen		Weggrößen
innere Zustandsgrößen	Schnittgrößen N, Q, M	Werkstoff- beziehungen $\longrightarrow$	Verzerrungen $\varepsilon, \gamma, \varkappa$
	$\uparrow$ statische Beziehungen $\uparrow$		$\downarrow$ geometrische Beziehungen $\downarrow$
äußere Zustandsgrößen	Belastungen q_x, q_z		Verschiebungsgrößen u, w, φ

Die Auswirkungen auf das Tragwerk fassen wir zusammen als seine Zustandsgrößen; im einzelnen handelt es sich dabei um Stützgrößen, Schnittgrößen, Neigungen der Biegelinie, Durchbiegungen, Verdrehungen und schließlich auch um die Verzerrungen der Stabelemente. Stütz- und Schnittgrößen bilden zusammen den Kraftgrößenzustand, sämtliche Weggrößen den zugehörigen Verformungszustand des Tragwerks (**1.**1).
Eine Übersicht über die Zustandsgrößen gibt Tafel **1.**2a, die in Anlehnung an DIN 1080 T2 zusammengestellt wurde.

1.2 Grundgleichungen

1.2.1 Übersicht

Als kurze Wiederholung aus den Teilen 1 und 2 dieses Werkes stellen wir im folgenden die Grundgleichungen zusammen, mit denen die Zustandsgrößen eines Tragwerks aus seinen Belastungen und vorgegebenen Verformungen errechnet werden. Wir unterteilen sie dabei in drei Arten:
1. Gleichungen der Statik oder Gleichgewichtsbedingungen (Abschn. 1.2.2),
2. Werkstoffgesetze (Abschn. 1.2.3),
3. Beziehungen zwischen inneren und äußeren Weggrößen oder geometrische Beziehungen (Abschn. 1.2.4).

Tafel **1.**2b zeigt, wie wir diese Grundgleichungen auf dem Wege von den äußeren Kraftgrößen zu den äußeren Weggrößen einsetzen.

1.2.2 Gleichungen der Statik, Gleichgewichtsbedingungen

Mit diesen Gleichungen berechnen wir aus den Belastungen die Schnittgrößen. Das ebene Trägerelement mit der beliebig gerichteten Belastung q, die wir in ihre Komponenten q_x in Richtung der Trägerachse (x-Achse) und q_z in Richtung der z-Achse zerlegen (**1.**3), ergibt sich dann aus den Gleichgewichtsbedingungen

1.2.3 Werkstoffgesetze

$\overset{+}{\rightarrow}\ \Sigma X = 0 = -N + q_x\mathrm{d}x + N + \mathrm{d}N$
$\mathrm{d}N = -q_x\mathrm{d}x$
$\mathrm{d}N/\mathrm{d}x = -q_x$

$\downarrow + \Sigma Z = 0 = -Q + q_z\mathrm{d}x + Q + \mathrm{d}Q$
$\mathrm{d}Q = -q_z\mathrm{d}x$
$\mathrm{d}Q/\mathrm{d}x = -q_z$

$\curvearrowright \Sigma M = 0 = M + Q\,\mathrm{d}x - M - \mathrm{d}M - q_z\mathrm{d}x\,\mathrm{d}x/2$

Der letzte Summand ist klein von höherer Ordnung und kann vernachlässigt werden; wir erhalten dann

$\mathrm{d}M = Q\,\mathrm{d}x$
$\mathrm{d}M/\mathrm{d}x = Q$
$\mathrm{d}^2M/\mathrm{d}x^2 = \mathrm{d}Q/\mathrm{d}x = -q_z$

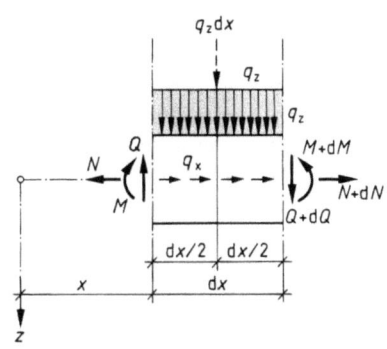

1.3 Gleichgewicht am Stabelement. Die beliebig gerichtete Belastung q wurde in ihre Komponenten q_x und q_z zerlegt

1.2.3 Werkstoffgesetze

1.2.3.1 Allgemeines

Mit Hilfe von Werkstoffgesetzen verknüpfen wir die Schnittgrößen N, M, Q, M_T sowie gleichmäßige und ungleichmäßige Temperaturänderungen mit den Verzerrungen $\varepsilon, \varkappa, \gamma, \vartheta', \varepsilon_T, \varkappa_T$. Werkstoffgesetze verschiedener Art haben wir ausführlich im Teil 2 dieses Werkes behandelt (Abschnitte 1 und 4); im folgenden beschränken wir uns auf das Werkstoffgesetz der linearen Elastizität, das auf Hooke zurückgeht; wir nehmen also Proportionalität zwischen Schnittgrößen und Verzerrungen an, wie auch zwischen Temperaturänderungen und Verzerrungen.

1.2.3.2 Achsendehnung ε infolge einer Längskraft N

Das Hookesche Gesetz lautet

$\varepsilon = \Delta l/l = \sigma/E$

Mit $\sigma = N/A$ erhalten wir

$\varepsilon = N/EA$

In dieser Gleichung ist $EA = D$ die Dehn-, Zug- und Druck- oder Längssteifigkeit des Stabquerschnitts mit der Einheit kN/cm² · cm² = kN, so daß wir auch schreiben können

$\varepsilon = N/D$

1.2.3.3 Achsendehnung ε_T infolge einer gleichmäßigen Temperaturänderung T_0

Es ist mit der Temperaturdehnzahl α_T

$\varepsilon_T = \alpha_T\,T_0$

Die Längskraft, welche dieselbe Achsendehnung wie die gleichmäßige Erwärmung um T_0 verursacht, nennen wir äquivalente Ersatzkraft N_T; sie ergibt sich aus der Gleichsetzung $\varepsilon = N_T/EA = \varepsilon_T = \alpha_T T_0$ zu

$N_T = \alpha_T T_0\,EA$

1.2.3.4 Verkrümmung $\varkappa$ infolge eines Biegemoments M

Das gerade Stabelement von der Länge dx erfährt durch die an seinen Enden wirkenden Momente M eine Verkrümmung (**1.4**); die Randfasern erhalten dabei die Dehnungen $\varepsilon_o < 0$ und $\varepsilon_u > 0$ sowie die Verlängerungen $\varepsilon_o dx < 0$ und $\varepsilon_u dx > 0$. Die ursprünglich parallelen Senkrechten auf die Stabachse in den Punkten A und B schneiden sich nach der Verkrümmung im Krümmungsmittelpunkt O. Am verformten Element folgt aus der Ähnlichkeit der Kreisausschnitte OAB und BCD

$$dx/\varrho = \varepsilon_u dx/z_u$$

Die Dehnung ε_u berechnen wir mit dem Hookeschen Gesetz zu $\varepsilon_u = \sigma_u/E$; dabei ist $\sigma_u = M z_u/I$. Nach dem Einsetzen dieser Beziehungen in die Ausgangsgleichungen ergibt sich

$$\frac{dx}{\varrho} = \frac{\varepsilon_u dx}{z_u} = \frac{\sigma_u dx}{E z_u} = \frac{M z_u dx}{E I z_u} = \frac{M dx}{E I}$$

Kürzen wir durch dx, so wird aus dem ersten Glied der Gleichungskette die Verkrümmung $\varkappa$ des Stabelements, und wir können schreiben

$$\varkappa = \frac{1}{\varrho} = \frac{M}{EI} \quad \text{cm}^{-1}$$

Sowohl das Moment M in kNcm als auch die Biegesteifigkeit des Querschnitts $EI = B$ mit der Einheit kN cm^2 sind im allgemeinen Fall Funktionen der in der unverformten Stabachse liegenden Koordinate x.

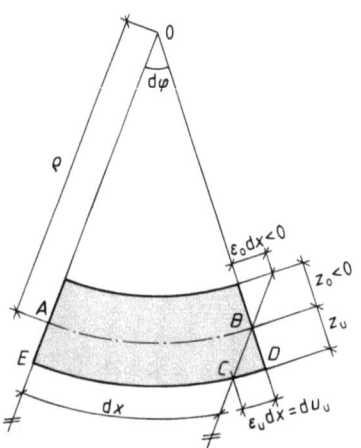

1.4 Verkrümmung infolge eines Biegemoments
$\overline{CD} = du_u$; $\overline{ED} = dx + du_u$
$\overline{AB} = dx$

1.2.3.5 Verzerrungen ε_T und $\varkappa_T$ infolge ungleichmäßiger Temperaturänderungen

Für die folgenden Ableitungen setzen wir eine Erwärmung der oberen Randfaser um T_o und der unteren Randfaser um T_u voraus; ferner nehmen wir $T_u > T_o$ und einen geradlinigen Verlauf der Temperatur in Richtung der z-Achse, d.h. über die Trägerhöhe, an.
Zunächst spalten wir die Erwärmung in zwei Anteile auf (**1.5**):
1. gleichmäßige Erwärmung des Trägers um die in der Schwerachse (x-Achse) auftretende Erwärmung $T_0 = T_u - (T_u - T_o)z_u/d$;
dieser Anteil bewirkt eine Achsendehnung des Trägerelements, die nach Abschn. 1.2.3.3 zu behandeln ist (**1.5**b);
2. negative Erwärmung der oberen Randfaser um
$T_o - T_0 = (T_u - T_o)z_o/d$ (negativ wegen $z_o < 0$)
und Erwärmung der unteren Randfaser um
$T_u - T_0 = (T_u - T_o)z_u/d$ (**1.5**c).
Obere und untere Randfaser erfahren deswegen die Längenänderungen $\varepsilon_{To}dx$ und $\varepsilon_{Tu}dx$, wodurch die Krümmung $\varkappa_T = 1/\varrho_T$ hervorgerufen wird.

1.2.3 Werkstoffgesetze

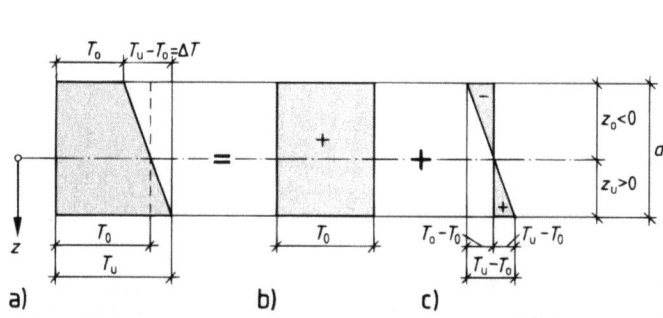

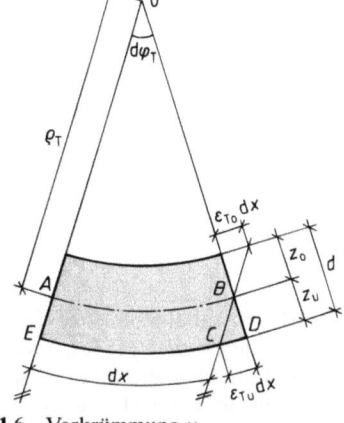

1.5 Temperaturverteilung bei ungleicher Erwärmung senkrecht zur Trägerachse

1.6 Verkrümmung $\varkappa_T$
$\widehat{CD} = du_u$; $\widehat{ED} = dx + du_u$
$\widehat{AB} = dx$

$\varkappa_T$ berechnen wir mit Hilfe von Bild **1.6**:
Aus der Ähnlichkeit der Dreiecke OAB und BCD folgt

$$dx/\varrho_T = \varepsilon_{Tu} dx/z_u$$

Die Längenänderung der unteren Randfaser ergibt sich zu

$$\varepsilon_{Tu} = \alpha_t(T_u - T_o)dx = \alpha_T(T_u - T_o)z_u dx/d$$

so daß wir erhalten

$$dx/\varrho_T = \alpha_T(T_u - T_o)z_u dx/z_u d = \alpha_T(T_u - T_o)dx/d$$

Kürzen von dx liefert schließlich die **Verkrümmung bei ungleicher Erwärmung**:

$$\varkappa_T = 1/\varrho_T = \alpha_T(T_u - T_o)/d = \alpha_T \Delta T/d.$$

Das Biegemoment, das die Verkrümmung $\varkappa = \varkappa_T$ verursacht, nennen wir das **äquivalente Ersatzmoment** $M_{\Delta T}$; es ergibt sich aus der Gleichsetzung von $\varkappa$ und $\varkappa_T$

$$\varkappa = M_{\Delta T}/EI = \alpha_T(T_u - T_o)/d$$

zu

$$M_{\Delta T} = \alpha_T(T_u - T_o)EI/d = \alpha_T \Delta T\, EI/d$$

Die vorstehenden Formeln gelten auch für $T_u < T_o$; das äquivalente Ersatzmoment ist dann **negativ** und der Träger ist dementsprechend **nach oben gewölbt**, d.h. der Krümmungsmittelpunkt liegt **unterhalb** des Trägers.

1.2.3.6 Gleitung γ infolge einer Querkraft Q

Bild **1.7** zeigt die horizontalen und vertikalen Schubspannungen τ am Stabelement mit der Ansichtsfläche $dx \cdot dz$; die Schubspannungen verursachen die Gleitung, Schiebung oder Schubverzerrung γ, für die wir die linear-elastische Beziehung $\gamma = \tau/G$ ansetzen. Darin ist G der Schubmodul mit der Einheit kN/cm^2.

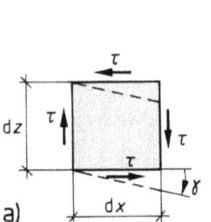
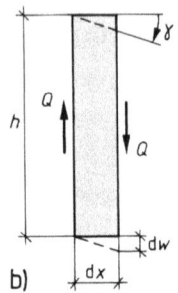

1.7 Schubverformungen
a) am Element $dx \cdot dz$
b) am Element $h \cdot dx$

Beim Stabelement mit der Ansichtsfläche $dx \cdot h$ (**1.7** b) ist zu beachten, daß die Schubspannungen **nicht gleichmäßig** über die Querschnittsfläche verteilt sind. Die ungleiche Verteilung über die **Breite** des Stabes wird in der Regel vernachlässigt, die ungleiche Verteilung über die **Höhe**, die zu einer S-förmigen Verwölbung des Stabelements $dx \cdot h$ führt, muß jedoch berücksichtigt werden (s. Teil 2, Abschn. 5.2.5). Das geschieht dadurch, daß wir bei der Ermittlung von γ aus Q eine verminderte Querschnittsfläche, nämlich die **effektive Schubfläche** $A_Q = \alpha_Q A = A/\varkappa$ ansetzen. Die in dieser Formel auftretenden Faktoren α_Q und $\varkappa = 1/\alpha_Q$ hängen von der Querschnittsform ab; α_Q wird als **Reduktionsfaktor**, $\varkappa$ als **Schubverteilungszahl** bezeichnet. Die gemittelte Schubverzerrung des Querschnitts wird mit diesen Größen

$$\gamma = \frac{\varkappa Q}{GA} = \frac{Q}{G\alpha_Q A} = \frac{Q}{S}$$

In dieser Gleichungskette ist $S = G\alpha_Q A$ die **Schubsteifigkeit** des Querschnitts mit der Einheit kN.

1.2.3.7 Verdrillung ϑ' infolge eines Torsionsmoments M_T (1.8)

Bei der Betrachtung der Verdrillung ϑ' beschränken wir uns auf die **Reine** oder **St. Venantsche Torsion**. Sowohl die Reine als auch die hier nicht behandelte **Wölbkrafttorsion** treten nur bei einer **räumlichen** Beanspruchung eines Stabes auf.

Wir betrachten ein kreiszylinderförmiges Stabelement der Länge dx, das am linken Endquerschnitt festgehalten und am rechten durch das Drillmoment $M_T = M_x$ beansprucht wird (**1.8**). Unter der Wirkung des Moments verdreht sich das rechte Ende um den Winkel $d\vartheta$, und die Elemente an der Oberfläche des Stabes erfahren die Gleitung oder Schubverzerrung γ. Der Kreisbogen $\widehat{P_0 P_1}$ kann dann auf zweifache Weise berechnet werden: Am rechten Endquerschnitt gilt $\widehat{P_0 P_1} = r \, d\vartheta$, und an der Oberfläche des Stabelements kann mit ausreichender Näherung $\widehat{P_0 P_1} = \gamma \, dx$ gesetzt werden. Es ist demnach $r \, d\vartheta = \gamma \, dx$ oder $d\vartheta/dx = \gamma/r$.

$d\vartheta/dx$ ist die **Verdrillung** ϑ' des Stabes mit der Einheit rad/cm, für die wir im Teil 2 den Wert M_T/GI_T gefunden haben. Darin ist I_T in cm⁴ das Torsionsflächenmo-

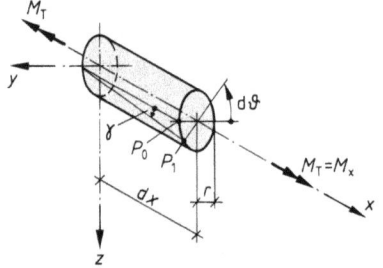

1.8 Verdrillung ϑ' eines Stabelements mit kreiszylindrischem Querschnitt

ment 2. Grades für den Stabquerschnitt, G in kN/cm² der **Schubmodul** und $GI_T = T$ in kNcm² die **St. Venantsche Torsionssteifigkeit** des Stabquerschnitts. Wir halten abschließend fest

$$\vartheta' = \frac{d\vartheta}{dx} = \frac{M_T}{GI_T} = \frac{M_T}{T}$$

1.2.4 Beziehungen zwischen inneren und äußeren Weggrößen oder geometrische Beziehungen

1.2.4.1 Übersicht

Wir beschränken uns hier auf die Statik der Ebene sowie auf die Auswirkungen von Längskräften und Biegemomenten. Der Einfluß von Querkräften Q wird in einigen später folgenden Beispielen ebenfalls ermittelt; dabei zeigt sich dann, daß er im allgemeinen verhältnismäßig sehr klein ist.

1.2.4.2 Beziehung zwischen Achsendehnung ε und Verschiebung u

Wir betrachten ein unbelastetes Stabelement, dessen Endquerschnitte 1 und 2 sich unter der Wirkung von Längskräften N in kN und n in kN/m in Richtung der x-Achse verschieben (**1.9**). Die Querschnitte 1 und 2 haben im unverformten Zustand den Abstand dx; durch die Belastung wird der Querschnitt 1 um u, der Querschnitt 2 um $u + du$ verschoben. Aus diesen beiden Verschiebungen, die Funktionen von x sind, können wir die **örtliche Dehnung** $\varepsilon(x)$ des Stabes ausrechnen, indem wir die Längenzunahme bei der Achsendehnung durch die Ausgangslänge dividieren:

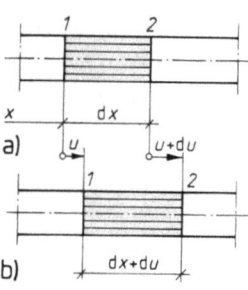

1.9 Dehnung ε und Verschiebung u
a) unverformtes Stabelement
b) verformtes Stabelement

$$\varepsilon(\gamma) = \frac{(dx + du) - dx}{dx} = \frac{du}{dx} = u'$$

Die örtliche Dehnung $\varepsilon(x)$ erhalten wir demnach durch Differenzieren der Verschiebung $u(x)$.

1.2.4.3 Beziehung zwischen Verkrümmung $\varkappa$, Neigung der Biegelinie φ' und Durchbiegung w

Mit der Formel „Bogen gleich Winkel mal Halbmesser" ist nach Bild **1.10** d$x = \varrho(-d\varphi)$; das negative Vorzeichen müssen wir setzen, weil φ mit wachsendem x abnimmt, dφ also negativ ist. Aus dieser Gleichung errechnen wir

$$\frac{d\varphi}{dx} = -\frac{1}{\varrho} = -\varkappa$$

Die Neigungsänderung der Biegelinie dφ/d$x = \varphi'$ ist also gleich der negativen Verkrümmung $\varkappa$ des Trägers. Andererseits ist die Neigungsänderung der Biegelinie die 2. Ableitung der Funktion der Biegelinie $w(x)$, so daß wir erhalten

$$d^2w/dx^2 = d\varphi/dx = -\varkappa$$

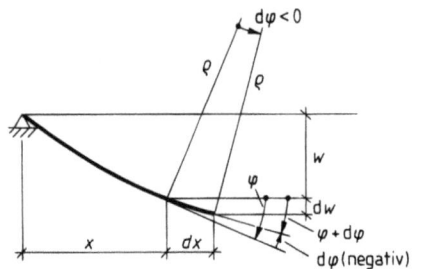

1.10 Neigung der Biegelinie φ und Krümmungshalbmesser ϱ

Im Teil 2 dieses Werkes haben wir gezeigt, daß die Formel $\varkappa = d^2w/dx^2$ eine im Bauwesen übliche und zulässige einfache Näherungsformel ist; sie ergibt sich, wenn wir im Nenner der genauen Formel für $\varkappa$ den Beitrag $(dw/dx)^2$ gegenüber 1 vernachlässigen. Durch diese Vernachlässigung wird die Differentialgleichung der Biegelinie linearisiert.

1.2.5 Beispiel für die Anwendung der Grundgleichungen

Um die Anwendung der in den Abschn. 1.2.2 bis 1.2.4 zusammengestellten Grundgleichungen zu erläutern und zu veranschaulichen, leiten wir mit ihrer Hilfe die Differentialgleichung der Biegelinie ab:

Die benötigten Grundgleichungen sind

statische Beziehung	$M''(x) = -q_z(x)$
Werkstoffbeziehung	$\varkappa(x) = M(x)/EI$
geometrische Beziehung	$w''(x) = -\varkappa(x)$

Wir setzen die Werkstoffbeziehung in die geometrische Beziehung ein

$$w''(x) = -\varkappa(x) = -M(x)/EI$$

formen um

$$EIw''(x) = -M(x)$$

differenzieren zweimal

$$(EIw''(x))'' = -M''(x)$$

und setzen die statische Beziehung ein

$$(EIw''(x))'' = q(x)$$

1.3 Arbeitsgleichung am elastischen Tragwerk

1.3.1 Mechanische Arbeit, äußere und innere Arbeit

Wie wir im folgenden zeigen werden, können wir eine Reihe von Aufgaben der Baustatik dadurch lösen, daß wir die mechanische Arbeit von Kräften und Momenten zur Grundlage unserer Überlegungen machen. Die mechanische Arbeit, die eine konstante Kraft $\vec{F}$ längs einer Verschiebung $\vec{s}$ leistet, ist das Skalarprodukt aus dem Kraft- und dem Verschiebungsvektor:

$$W = \vec{F} \cdot \vec{s} = F s \cos(\vec{F},\vec{s}) = F s \cos \alpha \quad \textbf{(1.11a)}$$

1.3.2 Äußere Arbeit auf eigenen und fremdverursachten Verschiebungsgrößen

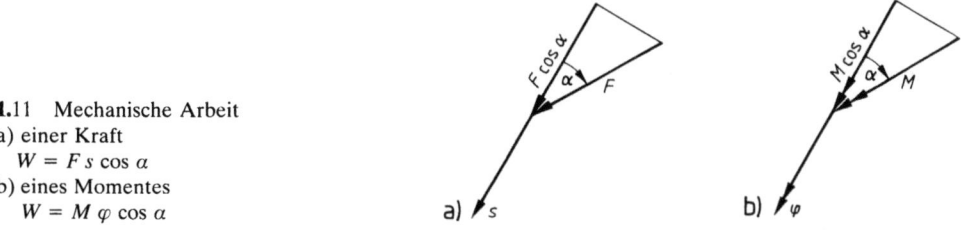

1.11 Mechanische Arbeit
a) einer Kraft
$W = F s \cos \alpha$
b) eines Momentes
$W = M \varphi \cos \alpha$

Die mechanische Arbeit, die ein **konstantes Moment** $\vec{M}$ bei einer **Verdrehung um den Winkel** $\vec{\varphi}$ leistet, ist das **Skalarprodukt** aus dem Momenten- und dem Verdrehungsvektor:

$$W = \vec{M} \cdot \vec{\varphi} = M \varphi \cos(M,\varphi) = M \varphi \cos \alpha \quad (1.11\text{b})$$

Da eine andere als mechanische Arbeit in unseren Berechnungen nicht auftritt, verzichten wir im folgenden auf das Eigenschaftswort „mechanisch" und sprechen nur von Arbeit.

Die Arbeit eines Kraft- oder Momentenvektors ist in Abhängigkeit vom Winkel α positiv, gleich Null oder negativ. Was in Bild **1.**12 für Kraft- und Verschiebungsvektor dargestellt wird, gilt sinngemäß für Momenten- und Verdrehungsvektor.

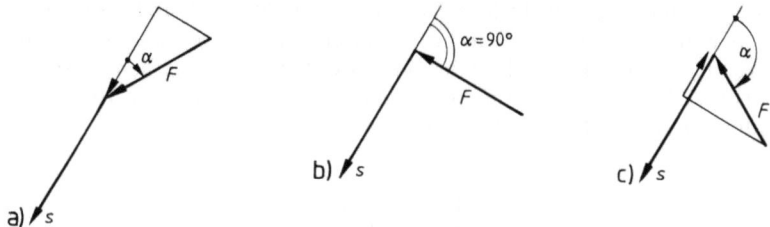

1.12 Arbeit einer Kraft in Abhängigkeit vom Winkel α
a) $0 < \alpha < 90°$: $W > 0$, b) $\alpha = 90°$: $W = 0$, c) $90° < \alpha < 180°$: $W < 0$

Kräfte und Momente treten in der Baustatik einerseits als **äußere Kraftgrößen** oder **Lasten** und **Stützgrößen** auf, andererseits als **innere Kraftgrößen** oder **Schnittgrößen**. Wenn sich die Angriffspunkte äußerer Kräfte oder Momente verschieben oder verdrehen, wird **äußere Arbeit** W_a geleistet. Infolge der Formänderungen, die das Tragwerk unter äußeren Kraftgrößen erleidet, leisten die inneren Kraftgrößen oder Schnittgrößen die **innere Arbeit** oder **Formänderungsarbeit** W_i. Bevor wir uns näher mit W_i befassen, soll erläutert werden, was unter äußerer Arbeit auf **eigenen** und **fremdverursachten Verschiebungsgrößen** zu verstehen ist.

1.3.2 Äußere Arbeit auf eigenen und fremdverursachten Verschiebungsgrößen

Die Verschiebungsgröße, auf der eine Kraftgröße Arbeit leistet, kann von ihr selbst, aber auch von einer anderen Kraftgröße verursacht werden. Diese Tatsache soll am Beispiel eines Trägers mit zwei Lasten erläutert werden, die nacheinander, d.h. in zwei Schritten, aufgebracht werden (**1.**13):

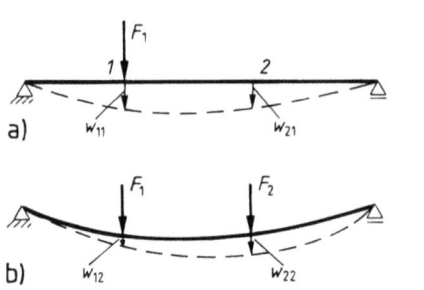
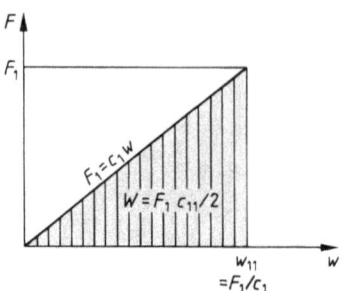

1.13 Arbeit auf eigener und fremdverursachter Verschiebung

1.14 Kraft- und Durchbiegungsdiagramm für F_1

1. Schritt: Wir belasten einen statisch bestimmten Einfeldträger im Punkt 1 mit der Kraft F_1. Dadurch entsteht im Punkt 1 die Durchbiegung $w_{11} = F_1/c_1$. c_1 mit der Einheit kN/cm ist in dieser Gleichung die Federkonstante für den Punkt 1 des Trägers. Im Punkt 2 des Trägers tritt infolge der Last F_1 die Durchbiegung w_{21} auf (**1.13a**). Von den beiden Fußzeigern der Durchbiegungen bezeichnet der erste den Ort: Durchbiegung im Punkt 1 oder Punkt 2, der zweite die Ursache: bei beiden Durchbiegungen die Last F_1 im Punkt 1.

Wir nehmen an, daß die Kraft im Punkt 1 stetig und so langsam von Null bis auf ihren Endwert F_1 anwächst, daß der Träger nicht in Schwingungen gerät; die Durchbiegung im Punkt 1 steigt dann ebenfalls langsam von Null bis auf ihren Endwert w_{11} an. Das Kraft-Durchbiegungs-Diagramm für den Punkt 1 ist bei Gültigkeit des Hookeschen Gesetzes eine Gerade (**1.14**). Die Arbeit, die die Kraft im Punkt 1 bei dieser Art von Belastung leistet, muß durch Integrieren ermittelt werden. Es ist

$$W_1 = \int_0^{w_{11}} F\, dw = \int_0^{w_{11}} c_1 w\, dw = c_1 w^2/2 \Big|_0^{w_{11}} = w_1 w^2_{11}/2 = F_1 w_{11}/"$$

Diese äußere Arbeit stellt sich im Kraft-Durchbiegungs-Diagramm als Fläche unter der Funktion $F = c_1 w$ im Bereich $w = 0$ bis $w = w_{11}$ dar (**1.14**).

2. Schritt: Auf den mit F_1 belasteten Träger bringen wir im Punkt 2 die Kraft F_2 langsam auf. Der Träger biegt sich dabei im ganzen weiter durch und erfährt die zusätzlichen Durchbiegungen w_{12} im Punkt 1 und $w_{22} = F_2/c_2$ im Punkt 2. c_2 kN/cm ist hierbei die Federkonstante für den Punkt 2 des Trägers.

Die Arbeit, die die Kraft F_2 im Punkt 2 beim Aufbringen leistet, ergibt sich sinngemäß wie die Arbeit der Kraft F_1 im 1. Schritt:

$$W_2 = F_2 w_{22}/2$$

Die Arbeiten W_1 und W_2 sind Arbeiten auf eigener, selbstverursachter Verschiebungsgröße, Eigenarbeiten oder aktive Arbeiten; für sie ist der in obigen Formeln auftretende Faktor 1/2 kennzeichnend.

Im 2. Schritt erfährt die bereits in voller Größe vorhandene Kraft F_1 die Verschiebung w_{12}; sie leistet dabei die äußere Arbeit

$$W_{12} = F_1 w_{12}$$

Da die Durchbiegung oder Verschiebung w_{12} nicht von der Kraft F_1 verursacht wurde, ist W_{12} **Arbeit auf fremdverursachter Verschiebungsgröße, Arbeit auf fremdem Verschiebungswege, Verschiebungsarbeit oder passive Arbeit**. Sie ist das Produkt aus Kraft und Verschiebung. Die Kraft ist von vornherein in **voller Größe vorhanden**; deshalb tritt bei der Berechnung der Arbeit W_{12} der Faktor 1/2 nicht auf.

Die für Kräfte und Verschiebungen abgeleiteten Formeln gelten sinngemäß für Momente und Verdrehungen wie auch für Kombinationen von Kräften und Verschiebungen einerseits mit Momenten und Verdrehungen andererseits.

Verschiebungsarbeit oder Arbeit auf fremdverursachten Verschiebungsgrößen kann auch Anteile von **Temperaturänderungen, Kriechen, Schwinden und Lagersenkungen** enthalten, Eigenarbeit oder Arbeit auf selbstverursachten Verschiebungsgrößen dagegen nicht.

1.3.3 Formänderungsarbeit oder innere Arbeit

Die Formänderungen, die ein Träger unter einer Belastung erfährt, sind die Folge davon, daß die Elemente des Trägers unter der Wirkung von Schnittgrößen **Verzerrungen** erleiden. Jeder Verzerrung ist eine **Schnittgröße** zugeordnet, die während des Eintretens der Verzerrung **Arbeit leistet**. Diese Arbeit nennen wir **Formänderungsarbeit oder innere Arbeit** (Tafel **1.15**).

Dabei kann Formänderungsarbeit W_i ebenso wie äußere Arbeit W_a von Kraftgrößen auf **eigenen** oder auf **fremdverursachten** Verschiebungsgrößen geleistet werden. Im folgenden beschäftigen wir uns nur mit Formänderungsarbeiten, die wie W_{12} auf **fremdverursachten Verschiebungsgrößen** geleistet werden.

Wir haben es nämlich in unseren Betrachtungen mit Formänderungsarbeiten zu tun, bei denen die Schnittgrößen (Tafel **1.15**, linke Spalte) aus einem 1. Zustand stammen, während die Verzerrungen (Tafel **1.15**, rechte Spalte) von einem 2. Zustand verursacht werden, der vom 1. Zustand unabhängig ist. Die beiden in einer Zeile der Tafel **1.15** stehenden Größen werden als **arbeitsmäßig zugeordnete, korrespondierende oder komplementäre Schnittgrößen und Verzerrungen** bezeichnet.

Tafel **1.15** Formänderungsarbeit, zugeordnete Schnittgrößen und Verzerrungen

Schnittgröße		Verzerrung	
Längskraft	N	Achsendehnung	ε
Biegemoment	M	Verkrümmung	$\varkappa$
Querkraft	Q	Gleitung	γ
Torsionsmoment	M_T	Verdrillung	ϑ'

Die Bilder **1.16** bis **1.18**, in denen die vorstehenden Überlegungen für Längskräfte N, Momente M und Querkräfte Q veranschaulicht werden, zeigen uns auch, welches Vorzeichen wir der Formänderungsarbeit geben müssen: Die durch Schnitte freigelegten Kraftgrößen $N_1, N_2, Q_1, Q_2, M_1, M_2$, die wir stets als **innere Kraftgrößen** oder **Schnittgrößen** bezeichnen, greifen von außen an den Stabelementen an; die **wirklichen inneren Kraftgrößen** sind die im Innern der Stabelemente wirkenden Kraftgrößen $N_{i1}, N_{i2}, Q_{i1}, Q_{i2}, M_{i1}, M_{i2}$, die denselben Betrag wie die entsprechenden Schnittgrößen ohne den Fußzeiger i, jedoch den **entgegengesetzten Richtungs- oder Drehsinn** haben. Diese wirklichen inneren Kraftgrößen setzen den Verzerrungen stets Widerstand entgegen, und das heißt, daß sie negative Arbeit leisten. Formänderungsarbeit W_i ist also stets **negative Arbeit**.

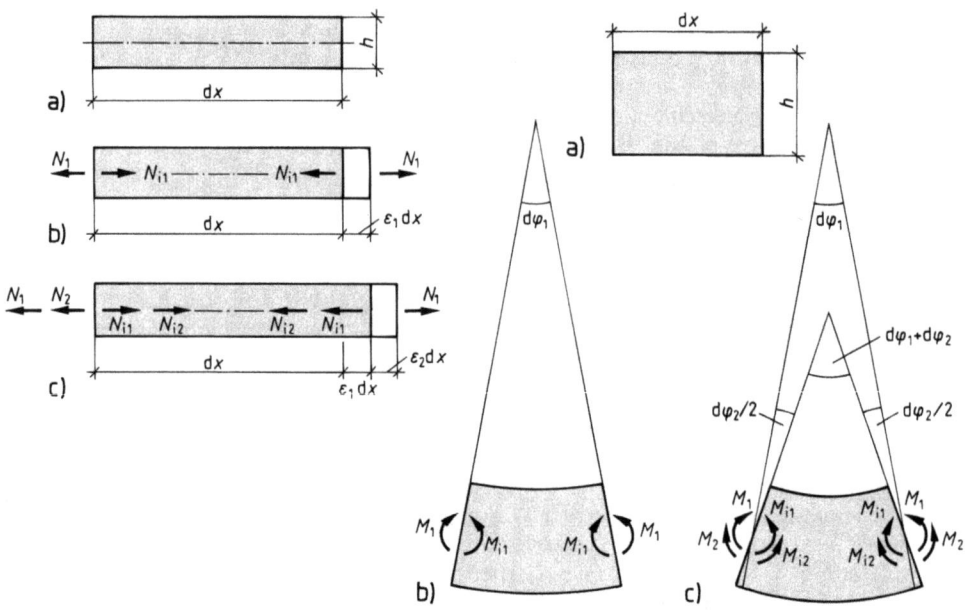

1.16 Längskräfte N: Arbeiten längs eigener und fremdverursachter Dehnung
a) unbelastetes Element
b) 1. Schritt: Belastung mit N_1
c) 2. Schritt: zusätzliche Belastung mit N_2

1.17 Biegemomente M: Arbeiten auf eigener und fremdverursachter Verkrümmung
a) unbelastetes Element
b) 1. Schritt: Belastung mit M_1
c) 2. Schritt: zusätzliche Belastung mit M_2

Was in den Bildern **1.16** bis **1.18** für M, N und Q veranschaulicht wurde, gilt sinngemäß für die Arbeit der Torsionsmomente M_{T1} und M_{T2}, die die Verdrehungen $d\vartheta_1$ und $d\vartheta_2$ hervorrufen: Die Arbeit $M_{T1} d\vartheta_2$, die das Torsionsmoment M_{T1} während der Verdrehung $d\vartheta_2$ leistet, ist **Formänderungsarbeit auf fremdverursachter Verdrehung**.

Formänderungsarbeit wird schließlich auch von den im 1. Schritt entstandenen Schnittgrößen eines 1. Zustandes geleistet, wenn als 2. Schritt nicht eine 2. Belastung hinzugefügt wird, sondern eine **ungleichmäßige Erwärmung** über die Höhe des Trägers erzeugt wird. Diese zerlegen wir wie im Abschnitt 1.2.3.4 in die gleichmäßige Erwärmung um T_0 und in die ungleichmäßige Erwärmung um $\Delta T = (T_u - T_o)$. Die gleichmäßige Erwärmung, die auch allein auftreten kann, verursacht eine Achsendehnung ε_T, auf der die Längskraft N_1 des 1. Zustandes die Formänderungsarbeit $-N_1 \varepsilon_T \, dx$ leistet; die

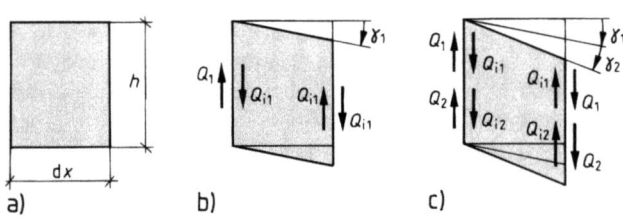

1.18 Querkräfte Q_1 und Q_2 Arbeiten auf eigener und fremdverursachter Gleitung
a) unbelastetes Element
b) 1. Schritt: Belastung mit Q_1
c) 2. Schritt: zusätzliche Belastung mit Q_2

ungleichmäßige Erwärmung ($T_u - T_o$) verursacht die Verkrümmung $\varkappa_T$, und die Momente des 1. Zustandes leisten beim Auftreten von $\varkappa_T$ die Formänderungsarbeit $-M_1 d\varphi_T$.

Nach diesen Überlegungen und Ableitungen können wir die Formel für W_i hinschreiben:

$$W_i = -\left[\int M_1 d\varphi_2 + \int Q_1 \gamma_2 dx + \int N_1 \varepsilon_2 dx + \int M_{T1} d\vartheta_2 + \int N_1 \varepsilon_{T0} dx + \int M_1 d\varphi_T\right]$$

Die Integrale erstrecken sich über den ganzen Träger.
Als nächstes drücken wir die Verzerrungen durch die Schnittgrößen oder Temperaturänderungen aus, die diese Verzerrungen erzeugen:

$$d\varphi_2 = \varkappa_2 dx = \frac{1}{\varrho_2} dx = \frac{M_2}{EI} dx; \quad \gamma_2 = \frac{Q_2}{G\alpha_Q A}; \quad \varepsilon_2 = \frac{N_2}{EA}$$

$$d\vartheta_2 = \frac{M_{T2}}{GI_T} dx; \quad \varepsilon_{T0} = \alpha_T T_0; \quad d\varphi_T = \frac{dx}{\varrho_T} = \frac{\alpha_T(T_u - T_o)}{d} dx$$

Wir erhalten

$$W_i = -\left[\int \frac{M_1 M_2}{EI} dx + \int \frac{Q_1 Q_2}{G\alpha_2 A} dx + \int \frac{N_1 N_2}{EA} dx + \int \frac{M_{T1} M_{T2}}{GI_T} dx + \int N_1 \alpha_T T_0 dx + \int \frac{M_1 \alpha_T (T_u - T_o)}{d} dx\right] \quad (1.1)$$

Diese für Stabwerke abgeleitete Formel passen wir nun der Anwendung auf Fachwerke an, in denen nur Längskräfte in der Form von Stabkräften S sowie gleichmäßige Temperaturänderungen auftreten können: Wir streichen die Beiträge der Biegemomente, Querkräfte, Torsionsmomente und ungleichen Erwärmung, ersetzen N durch S, das Integral durch das Summenzeichen und das Differential durch die Stablänge s; die beiden letzten Änderungen setzen voraus, daß jeder Fachwerkstab über seine Länge einen konstanten Querschnitt aufweist. Es ergibt sich dann

$$W_i = -(\Sigma S_1 S_2 \, s/EA + \Sigma S_1 \alpha_T T_0 \, s) \quad (1.2)$$

Die Summen erstrecken sich über alle Stäbe des Fachwerks; jeder Summand wird aus den zu einem Stab gehörenden Werten $S_1 S_2 s/EA$ bzw. $S_1 \alpha_t T_0 s$ berechnet.

1.3.4 Virtuelle Arbeit, Prinzip der virtuellen Arbeiten

Virtuell bedeutet gedacht, der Möglichkeit nach vorhanden. Virtuelle Verschiebungsgrößen sind außerdem infinitesimal klein sowie mit der Lagerung und den Verformungseigenschaften des gewählten Systems verträglich; das gewählte System ist nicht immer das wirkliche System (s. Teil 1, Ermittlung von Einflußlinien mit der kinematischen Methode).

Um virtuelle Größen von wirklichen zu unterscheiden, werden sie überstrichen; Vektorpfeile oder Fettdruck gemäß DIN 1303 wenden wir nicht an; beide Unterscheidungsmerkmale sind im Rahmen unserer Ausführungen entbehrlich. Außerdem beschränken wir uns auf virtuelle Arbeit von Kraftgrößen auf fremdverursachten Weggrößen. Die Kraft-

und Weggrößen, die wir bei der Berechnung der virtuellen Arbeit miteinander multiplizieren, gehören deshalb stets zu zwei verschiedenen, voneinander unabhängigen Zuständen, einem wirklichen und einem virtuellen. Jeder der beiden Zustände umfaßt Kraftgrößen (Last-, Stütz- und Schnittgrößen) und Weggrößen (Verschiebungsgrößen und Verzerrungen).

Virtuelle Arbeit wird geleistet
a) von virtuellen Kraftgrößen auf wirklichen Weggrößen oder
b) von wirklichen Kraftgrößen auf virtuellen Weggrößen

Wenn wir bei a) oder b) aus den beiden Zuständen die virtuelle Arbeit der Kraftgrößen auf fremdverursachten Weggrößen ermitteln, erhalten wir Beiträge von virtueller äußerer Arbeit W_a und virtueller Formänderungsarbeit W_i. Für die Berechnung von W_i nehmen wir in den Formeln (1.1) und (1.2) den Zustand 1 als (2) virtuell (keine Fußzeiger, Schnittgrößen überstrichen), den Zustand 2 als (2) wirklich (keine Fußzeiger, Schnittgrößen nicht überstrichen) an. Wir erhalten dann

für Stabwerke

$$\bar{W}_i = -\left[\int \frac{\bar{M}M}{EI} dx + \int \frac{\bar{Q}Q}{G\alpha_Q A} + \int \frac{\bar{N}N}{EA} dx + \int \frac{\bar{M}_T M_T}{GI_T} \right.$$
$$\left. + \int \bar{N}\alpha_T T_0 dx + \int \frac{\bar{M}\alpha_T(T_u - T_o)}{d} dx \right] \quad (1.3)$$

für Fachwerke

$$\bar{W}_i = -[\Sigma \bar{S} Ss/EA + \Sigma \bar{S} \alpha_T T_0 s] \quad (1.4)$$

Das Prinzip der virtuellen Arbeiten sagt nun aus, daß bei einem im Gleichgewicht befindlichen System die Summe der virtuellen Arbeiten
a) von virtuellen Kraftgrößen auf wirklichen Weggrößen oder
b) von wirklichen Kraftgrößen auf virtuellen Weggrößen
gleich Null ist:

$$\bar{W}_a + \bar{W}_i = 0$$

Die Kombination a) wird im Abschn. 1.3.5 zum **Prinzip der virtuellen Kraftgrößen** (PvK) entwickelt, das für die Berechnung wirklicher Verschiebungsgrößen verwendet wird; die Kombination b) ist das **Prinzip der virtuellen Verschiebungsgrößen** (PvV) und dient im Abschn. 7.4 als eine Grundlage für die Berechnung von Einflußlinien statisch unbestimmter Systeme. Ferner wenden wir das PvV im Abschn. 1.9 bei der Ermittlung von Einflußlinien statisch bestimmter Systeme auf starre kinematische Ketten an, bei denen keine virtuelle Formänderungsarbeit $\bar{W}_i$, sondern nur virtuelle äußere Arbeit $\bar{W}_a$ auftritt.

Das Prinzip der virtuellen Arbeiten mit seinen beiden Teilen PvK und PvV ist ein **grundlegendes Prinzip der Mechanik**, aus dem sich nahezu alle Berechnungsverfahren der Statik ableiten lassen.

1.3.5 Prinzip der virtuellen Kraftgrößen (PvK)

1.3.5.1 Allgemeines

Das PvK kann folgendermaßen formuliert werden: Die Summe der virtuellen Arbeiten, welche eine im Gleichgewicht befindliche Gruppe von virtuellen Kraftgrößen auf den wirklichen Weggrößen eines Tragwerks leistet, ist gleich Null.

Bei geschickter Wahl des virtuellen Zustandes ermöglicht uns das PvK die Berechnung von einzelnen Verschiebungen δ und Verdrehungen φ eines wirklichen Zustandes, der aus Belastungen, vorgegebenen Lagerverschiebungen und -verdrehungen sowie gleichmäßigen oder ungleichmäßigen Temperaturänderungen resultieren kann.

1.3.5.2 Berechnung einer wirklichen Verschiebung δ_1

Die Berechnung einer wirklichen Verschiebung δ_1, die im Punkt 1 eines Tragwerks infolge von Lasten, vorgegebenen Verformungen sowie gleichmäßigen oder ungleichmäßigen Erwärmungen auftritt, erfolgt sinngemäß zu der im Abschn. 1.3.2 vorgeführten Berechnung der virtuellen Arbeit auf fremdverursachter Verschiebung:

1. Schritt: Wir bringen am unbelasteten Tragwerk im Punkt 1 in Richtung der gesuchten wirklichen Verschiebung die virtuelle Kraft $\bar{F}_1 = 1$ an. Die Kraft $\bar{F}_1$ verursacht einen virtuellen Zustand, zu dem auch virtuelle Stütz-, Schnitt- und Weggrößen gehören. Von diesen Zustandsgrößen interessieren uns im folgenden nur die virtuellen Schnittgrößen.

2. Schritt: Wir fügen zu dem virtuellen Zustand den wirklichen Zustand des Tragwerks hinzu, addieren also wirkliche Lasten, vorgegebene Verformungen sowie gleichmäßige oder ungleichmäßige Erwärmungen, ferner wirkliche Stütz-, Schnitt- und Weggrößen. Von den wirklichen Zustandsgrößen interessieren uns im folgenden nur die gesuchte Verschiebung δ_1 sowie die Schnittgrößen.

Beim Aufbringen des wirklichen Zustandes wird virtuelle Arbeit auf fremdverursachten Weggrößen geleistet, und zwar

a) äußere virtuelle Arbeit $\bar{W}_a$ von der virtuellen Kraft $\bar{F}_1$ längs der gesuchten wirklichen Verschiebung δ_1 sowie

b) innere virtuelle Arbeit $\bar{W}_i$ oder virtuelle Formänderungsarbeit von Schnittgrößen des virtuellen Zustandes längs der Verzerrungen des wirklichen Zustandes. Die Gesamtsumme der virtuellen Arbeit ist gleich Null, wenn sich unser System im Gleichgewicht befindet:

$$\bar{W}_a + \bar{W}_i = 0 \quad \text{oder} \quad \bar{W}_a = -\bar{W}_i$$

Setzen wir die zuvor ermittelten Werte (Gl. (1.3), (1.4)) ein, erhalten wir

für Stabwerke

$$1 \cdot \delta_1 = + \left[\int \frac{\bar{M}M}{EI} dx + \int \frac{\bar{Q}Q}{Ga_QA} + \int \frac{\bar{N}N}{EA} dx + \int \frac{\bar{M}_T M_T}{GI_T} dx \right.$$

$$\left. + \int \bar{N} \alpha_T T_0 dx + \int \frac{\bar{M} \alpha_T (T_u - T_o)}{d} dx \right] \tag{1.5}$$

und für Fachwerke

$$1 \cdot \delta_1 = + [\Sigma \bar{S} S s / EA + \Sigma \bar{S} \alpha_T T_0 s] \tag{1.6}$$

Ein positives Ergebnis bedeutet, daß die Verschiebung wie erwartet in Richtung von $\bar{F}_1$ erfolgt; $\delta_1 < 0$ zeigt an, daß die Richtungssinne von Verschiebung und $\bar{F}_1$ entgegengesetzt sind.

1.3.5.3 Berechnung einer wirklichen Verdrehung φ_1

Im Abschn. 1.3.5.2 haben wir die wirkliche Verschiebung δ_1 als Arbeitskomplement der virtuellen Kraft $\bar{F}_1$ berechnet; sinngemäß erhalten wir bei Stabwerken die wirkliche Verdrehung δ_1 als Arbeitskomplement des virtuellen Moments $\bar{M}_1$:

1. Schritt: Wir bringen am unbelasteten Stabwerk im Punkt 1 mit dem Drehsinn der erwarteten Verdrehung das virtuelle Moment $\bar{M}_1 = 1$ an und erhalten dadurch einen virtuellen Zustand mit virtuellen Stütz-, Schnitt- und Weggrößen, von denen uns im folgenden nur die Schnittgrößen interessieren.

2. Schritt: Wir lassen auf das Stabwerk zusätzlich seine wirklichen Lasten, vorgegebenen Verformungen und gleichmäßigen oder ungleichmäßigen Erwärmungen wirken; dadurch erhalten wir als Überlagerung zu dem bereits vorhandenen virtuellen Zustand einen wirklichen Zustand mit wirklichen Stütz-, Schnitt- und Weggrößen. Vom wirklichen Zustand interessieren uns außer der gesuchten Verdrehung φ_1 nur die Schnittgrößen.

Beim Aufbringen des wirklichen Zustandes wird virtuelle Arbeit auf fremdverursachten Weggrößen geleistet, und zwar

a) äußere virtuelle Arbeit $\bar{W}_a$ vom virtuellen Momente $\bar{M}_1$ auf der wirklichen Verdrehung φ_1 sowie

b) innere virtuelle Arbeit $\bar{W}_i$ oder Formänderungsarbeit von den Schnittgrößen des virtuellen Zustandes auf den Verzerrungen des wirklichen Zustandes.

Die Gesamtsumme der virtuellen Arbeit ist gleich Null, wenn sich unser System im Gleichgewicht befindet:

$$\bar{W}_a + \bar{W}_i = 0 \quad \text{oder} \quad \bar{W}_a = -\bar{W}_i$$

Setzen wir die zuvor ermittelten Werte (Gl. (1.3)) ein, erhalten wir

$$1 \cdot \varphi_1 = + \left[\int \frac{\bar{M}M}{EI} dx + \int \frac{\bar{Q}Q}{G a_0 Q} + \int \frac{\bar{N}N}{EA} dx + \int \frac{\bar{M}_T M_T}{GI_T} \right. \\ \left. + \int \bar{N} \alpha_T T_0 dx + \int \frac{\bar{M} \alpha_T (T_u - T_o)}{d} dx \right] \tag{1.7}$$

1.3.5.4 Bemerkungen für die praktische Anwendung

Die Faktoren 1 auf den linken Seiten der Gl. (1.5) bis (1.7) erinnern daran, daß wir es mit virtuellen Arbeiten zu tun haben: virtuelle Kraft mal Verschiebung oder virtuelles Moment mal Verdrehung. In praktischen Berechnungen wie auch in den folgenden Beispielen lassen wir diese Faktoren weg und schreiben nur die gesuchte Verschiebung oder Verdrehung hin. Dadurch geht freilich ein Hinweis auf die Herkunft der Gleichungen aus dem Prinzip der virtuellen Arbeiten verloren.

Die Gl. (1.5) bis (1.7) gelten für die ebene wie für die räumliche Statik. Bei räumlichen Stabwerken müssen wir allerdings die Summanden mit den Biegemomenten und Querkräften der zweiachsigen Biegung anpassen; sie lauten dann

$$\int \bar{M}_y M_y dx / EI_y + \int \bar{M}_z M_z dx / EI_z \\ + \int \bar{Q}_y Q_y dx / G\alpha_G A + \int \bar{Q}_z Q_z dx / G\alpha_G A$$

1.3.5 Prinzip der virtuellen Kraftgrößen (PvK)

In der Statik der Ebene treten bei Stabwerken **keine Torsionsmomente** auf, so daß der Summand mit den Torsionsmomenten entfällt. Sind außerdem **keine gleichmäßigen oder ungleichmäßigen Erwärmungen** zu berücksichtigen, was in der Mehrzahl der Fälle gegeben ist, bleiben nur die ersten drei Summanden der Gl. (1.5) und (1.7) übrig:

$$\left.\begin{array}{l}\delta_1 = \\ \varphi_1 = \end{array}\right\} \quad \int \bar{M} M \mathrm{d}x/EI + \int \bar{Q} Q \mathrm{d}x/G a_Q A + \int \bar{N} N \mathrm{d}x/EA \tag{1.8}$$

Diese Summanden liefern bei den meisten Stabwerken Beiträge von sehr unterschiedlicher Größe. Der Beitrag der **Querkräfte** kann im allgemeinen **vernachlässigt** werden (s. Beispiele 8 und 23), ist jedoch bei Trägern des Ingenieurholzbaues mit Platten- und Vollholzstegen zu berücksichtigen. Anteile von Längskräften sind in vielen Fällen, z. B. bei Durchlaufträgern unter Lasten senkrecht zur Trägerachse, nicht vorhanden; bei Rahmen mit geringen Längskräften kann deren Anteil im allgemeinen vernachlässigt werden; bei Bogen, in denen bei der Abtragung der Lasten die Längskräfte eine wesentliche Rolle spielen, muß deren Einfluß jedoch berücksichtigt werden.

Wenn der Einfluß der Quer- und Längskräfte vernachlässigt werden kann, bleibt von Gl. (1.8) nur übrig

$$\left.\begin{array}{l}\delta_1 = \\ \varphi_1 = \end{array}\right\} \quad \int \bar{M} M \mathrm{d}x/EI \tag{1.9}$$

In den folgenden Kapiteln erscheinen diese Gleichungen vielfach in der Form

$$\left.\begin{array}{l}\delta_{ik} = \\ \varphi_{ik} = \end{array}\right\} \quad \int M_i M_k \mathrm{d}x/EI \qquad \text{bzw.} \qquad \left.\begin{array}{l}\delta_{i0} = \\ \varphi_{i0} = \end{array}\right\} \quad \int M_i M_0 \mathrm{d}x/EI \tag{1.10}$$

Dann ist

δ_{ik} die **Verschiebung im Punkt** i **in Richtung** der dort angreifenden Kraft $F_i = 1$ infolge der im Punkt k angreifenden Kraftgröße $F_k = 1$ oder $M_k = 1$;

φ_{ik} ist die **Verdrehung** des Trägers im Punkt i im Sinne des dort angreifenden Moments $M_i = 1$ infolge der im Punkt k angreifenden Kraftgröße $F_k = 1$ oder $M_k = 1$.

Der 1. Fußzeiger gibt also wieder **Ort und Richtung** oder **Drehsinn** der Verschiebungsgröße an, während der 2. Fußzeiger die **Ursache** benennt, im vorliegenden Fall die Einheitsbelastung $F_k = 1$ oder $M_k = 1$.

Für die Verschiebungsgrößen δ_{i0} und φ_{i0} ist zu ergänzen, daß der Fußzeiger 0 die **wirkliche Belastung** des Trägers als Ursache angibt.

Wie wir bereits im Abschn. 1.3.5.2 bemerkt haben, bedeutet ein negatives Vorzeichen von δ_{ik}, φ_{ik}, δ_{i0} und φ_{i0}, daß die Verschiebungen und Verdrehungen den **entgegengesetzen Richtungs-** oder **Drehsinn** wie F_i oder M_i haben.

Bei Anwendung des **Kraftgrößenverfahrens** (s. Abschn. 6 und 7) unterscheiden wir in der Bezeichnung der Verschiebungsgrößen nicht zwischen Verschiebungen und Verdrehungen, sondern verwenden für alle Verschiebungsgrößen den Buchstaben δ.

Zu den Einheiten der virtuellen Kraftgößen ist zu bemerken:

virtuelle Kräfte sind einheitenlos, ebenso die aus ihnen resultierenden Quer-, Längs- und Lagerkräfte;

Momente aus virtuellen Kräften haben die Einheit m;

virtuelle Momente sind einheitenlos; die von ihnen verursachten Quer-, Längs- und Lagerkräfte haben die Einheit $1/m = m^{-1}$. Diese Festsetzungen werden im Abschn. 5.4.2.1 einer kritischen Betrachtung unterzogen.

1.4 Auswertung der Integrale

1.4.1 Formale Integration

Wie wir im Abschn. 1.3.5.4 festgestellt haben, ergeben sich bei der Anwendung des PvK Integrale der Form

$$\int_0^l M \bar{M} \, dx/EI$$

Sie lassen sich lösen, wenn die unter dem Integral stehenden Größen als integrierbare Funktionen von x dargestellt werden können. Das ist meist der Fall, für die Praxis jedoch zu umständlich. Der Vollständigkeit halber erläutern wir diese Methode an einem einfachen Beispiel (vgl. Abschn. 1.5.1.2, Beispiel b)). Darin setzen wir voraus, daß sich die Biegesteifigkeit EI über die Länge des Trägers nicht ändert. Funktionen der in der Trägerachse liegenden Abszisse x sind dann nur noch das wirkliche und das virtuelle Moment. Es ist in diesem Fall zweckmäßig, die Biegesteifigkeit auf die Seite der gesuchten Verschiebungsgröße zu bringen; wir berechnen also nicht die Verschiebungsgröße selbst, sondern ihren EI-fachen Wert

$$\delta' = EI \, \delta = \int M \bar{M} \, dx$$

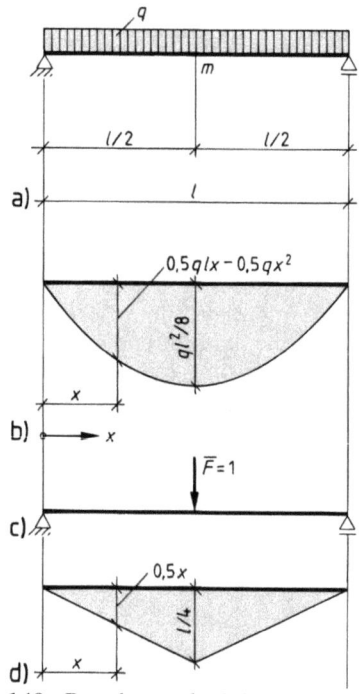

Beispiel 1 Bild **1.**19a zeigt einen einfachen Träger auf zwei Lagern mit Vollbelastung durch Gleichlast, Bild **1.**19b die zugehörige Momentenfläche (M-Fläche). Ihre Begrenzung folgt der Gleichung (s. T. 1, Abschn. 5.4.4)

$$M(x) = 0{,}5 \, qlx - 0{,}5 \, qx^2$$

Bild **1.**19c stellt den virtuellen Zustand für die Berechnung der Mittendurchbiegung δ_m des Trägers dar, Bild **1.**19d die zugehörige virtuelle Momentenfläche ($\bar{M}$-Fläche). Ihre Begrenzung hat im Bereich der linken Trägerhälfte die Gleichung

$$\bar{M}(x) = 0{,}5 \, x$$

In unserem Beispiel sind beide Momentenflächen symmetrisch zur Trägermitte; wir integrieren deshalb von $x = 0$ bis $x = l/2$ und multiplizieren das Ergebnis mit 2. Mit den Funktionen für M und $\bar{M}$ schreiben wir zunächst

$$EI \, \delta_m = 2 \int_0^{l/2} (0{,}5 \, qlx - 0{,}5 \, qx^2) \, 0{,}5 \, x \, dx$$

$$= \int_0^{l/2} (0{,}5 \, qlx^2 - 0{,}5 \, qx^3) \, dx$$

$$= (0{,}16667 \, qlx^3 - 0{,}125 \, qx^4) \Big|_0^{l/2}$$

$$= 0{,}0130208 \, ql^4 = 5 \, ql^4/384$$

Die Durchbiegung wird schließlich

$$\delta_m = 5 \, ql^4/384 \, EI$$

1.19 Berechnung der Mittendurchbiegung
a) wirkliche Belastung
b) M-Fläche
c) virtuelle Belastung
d) $\bar{M}$-Fläche

1.4.2 Integrationstafel $\int M \bar{M} \, dx$ (Tafel 1.20)

Die meisten der Integrale, die sich bei der Anwendung des PvK ergeben, beziehen sich auf Träger oder Trägerabschnitte mit **konstanter Biegesteifigkeit** EI. Wir berechnen dann wie im vorstehenden Abschn. 1.4.1 bereits erläutert zunächst die EI-fache Verschiebungsgröße aus der Gleichung

$$\delta' = EI\,\delta = \int M \bar{M} \, dx$$

Für die am häufigsten auftretenden Kombinationen von Momentenflächen sind die Lösungen der Integrale in Tafel **1.20** zusammengefaßt. Beim Anschreiben der Lösungen halten wir stets die folgende Reihenfolge ein:
1. **Multiplikator** n; dieser gibt an, wie oft der Wert des Integrals anzusetzen ist, wenn zwei oder mehr Stäbe oder Stababschnitte vorhanden sind, die zu einem Ausdruck zusammengefaßt werden können;
2. **Formfaktor** f_{ik}; er hängt von den Formen der beiden Momentenflächen ab;
3. **Länge** l des Stabes oder Stababschnittes,
4. **maßgebendes Moment** oder maßgebende Momente der einen Momentenfläche,
5. **maßgebendes Moment** oder maßgebende Momente der anderen Momentenfläche
6. bei Integralen über zwei oder mehr Stäbe oder Stababschnitte mit ungleichen Flächenmomenten I das Verhältnis I_c/I; darin ist I_c ein **Vergleichsflächenmoment 2. Grades**. Sind die Berechnungen umfangreich, empfiehlt es sich, den Verhältniswert I_c/I und die Länge l des Stabes oder Stababschnittes zusammenzufassen und mit der **reduzierten Stablänge** $l' = l\,I_c/I$ zu arbeiten.

Mit den Bezeichnungen n und f_{ik} für Multiplikator und Formfaktor sowie l' für die reduzierte Stablänge lautet die Formel für die Verschiebungsgröße δ_{ik}'

$$\begin{aligned}\delta_{ik}' &= EI_c \delta_{ik} = \int M_i M_k I_c / I_{ik}\, dx \\ &= n\, f_{ik}\, l_{ik}'\, M_i M_k\end{aligned}$$

Beispiele für die Anwendung der Integrationstafel finden sich in reicher Zahl z. B. im Abschn. 1.5 sowie bei der Behandlung des Kraftgrößenverfahrens (Abschn. 6 und 7).

1.4.3 Deutung des Ausdrucks $\int M \bar{M} \, dx$ als Volumen

In den Momentenflächen werden Momente als **Längen** dargestellt. Unter Beachtung dieser Tatsache läßt sich das Produkt $M \bar{M} \, dx$ als ein **Quader** auffassen, der die Höhe M, die Tiefe $\bar{M}$ und die unendlich kleine Länge dx besitzt. Das Integral kann dann gedeutet werden als das Volumen eines Körpers, dessen Ansichtsfläche gleich der M-Fläche, dessen Grundfläche gleich der $\bar{M}$-Fläche und dessen Querschnitt lauter Rechtecke sind (**1.21**). Mit Hilfe dieser Veranschaulichung lassen sich die Formfaktoren aus der Stereometrie gewinnen. Das soll an einigen Beispielen gezeigt werden.

Integrationstafel **1.20** $\int_0^l M \bar{M}\, dx$ (M und $\bar{M}$ sind vertauschbar)

Zeile \ Spalte	$\bar{M}$ \ M	a	b	c	d	e
1	▭	$l M \bar{M}$	$\frac{1}{2} l M \bar{M}$	$\frac{1}{2} l M \bar{M}$	$\frac{1}{2} l \bar{M} (M_1 + M_2)$	$\frac{1}{2} l M \bar{M}$
2	◣		$\frac{1}{3} l M \bar{M}$	$\frac{1}{6} l M \bar{M}$	$\frac{1}{6} l \bar{M} (2 M_1 + M_2)$	$\frac{1}{6} l M \bar{M} \left(1 + \frac{b}{l}\right)$
3	Trapez $\bar{M}_1, \bar{M}_2$			$\frac{1}{6} l M \cdot (\bar{M}_1 + 2\bar{M}_2)$	$\frac{1}{6} l [M_1 (2\bar{M}_1 + \bar{M}_2) + M_2 (\bar{M}_1 + 2\bar{M}_2)]$	$\frac{1}{6} l M \left[\bar{M}_1 \left(1 + \frac{b}{l}\right) + \bar{M}_2 \left(1 + \frac{a}{l}\right) \right]$
4	Dreieck a,b					$\frac{1}{6} l M \bar{M} \cdot \left[2 - \frac{(b'-b)^2}{a \cdot b'} \right]$ [1]
5 [2]	$M_1 +/- M_2$					
6	Parabel					
7	Parabel					
8	Parabel					
9	Kubische Parabel[3]	$\frac{1}{4} l M \bar{M}$	$\frac{1}{5} l M \bar{M}$	$\frac{1}{20} l M \bar{M}$	$\frac{1}{20} l \bar{M} (4 M_1 + M_2)$	$\frac{1}{20} l M \bar{M} \cdot \left(1 + \frac{b}{l}\right)\left(1 + \frac{a^2}{l^2}\right)$
10	$\int M^2\, dx$	$l M^2$	$\frac{1}{3} l M^2$	$\frac{1}{3} l M^2$	$\frac{1}{3} l \cdot (M_1^2 + M_1 M_2 + M_2^2)$	$\frac{1}{3} l M^2$

[1]) Es muß sein $b' \geq b$; sonst ist, bei unverändertem Zähler, der Nenner $b \cdot a'$.
[3]) Spitze der Dreiecklast bei $\bar{M} = 0$

1.4.3 Deutung des Ausdrucks $\int M \bar{M}\, dx$ als Volumen

f[2])	g	h	i	k	l	Zeile
$\bar{M}_1, \bar{M}_2$ über l	$\bar{M}$ über l	$\bar{M}$ über l	$\bar{M}$ über l	$\bar{M}$ über l	$\bar{M}$ über l	
$\frac{1}{2} l \bar{M}(M_1 - |M_2|)$	$\frac{2}{3} l M \bar{M}$	$\frac{2}{3} l M \bar{M}$	$\frac{2}{3} l M \bar{M}$	$\frac{1}{3} l M \bar{M}$	$\frac{1}{3} l M \bar{M}$	1
$\frac{1}{6} l \bar{M}(2M_1 - |M_2|)$	$\frac{1}{3} l M \bar{M}$	$\frac{5}{12} l M \bar{M}$	$\frac{1}{4} l M \bar{M}$	$\frac{1}{4} l M \bar{M}$	$\frac{1}{12} l M \bar{M}$	2
$\frac{1}{6} l [M_1(2\bar{M}_1 + \bar{M}_2) - |M_2|(\bar{M}_1 + 2\bar{M}_2)]$	$\frac{1}{3} l M \cdot (\bar{M}_1 + \bar{M}_2)$	$\frac{1}{12} l M \cdot (5\bar{M}_1 + 3\bar{M}_2)$	$\frac{1}{12} l M \cdot (3\bar{M}_1 + 5\bar{M}_2)$	$\frac{1}{12} l M \cdot (3\bar{M}_1 + \bar{M}_2)$	$\frac{1}{12} l M \cdot (\bar{M}_1 + 3\bar{M}_2)$	3
$\frac{1}{6} l \bar{M}\left[M_1\left(1+\frac{b'}{l}\right) - |M_2|\left(1+\frac{a'}{l}\right)\right]$	$\frac{1}{3} l M \bar{M} \cdot \left(1 + \frac{a'b'}{l^2}\right)$	$\frac{1}{12} l M \bar{M} \cdot \left(3 + \frac{3b'}{l} - \frac{b'^2}{l^2}\right)$	$\frac{1}{12} l M \bar{M} \cdot \left(3 + \frac{3a'}{l} - \frac{a'^2}{l^2}\right)$	$\frac{1}{12} l M \bar{M} \cdot \left(3 \frac{b'}{l} + \frac{a'^2}{l^2}\right)$	$\frac{1}{12} l M \bar{M} \cdot \left(3 \frac{ab'}{l} + \frac{b'^2}{l^2}\right)$	4
$\frac{1}{6} l [M_1(2\bar{M}_1 - \bar{M}_2) + |M_2|(2|\bar{M}_2| - \bar{M}_1)]$	$\frac{1}{3} l M \cdot (\bar{M}_1 - |\bar{M}_2|)$	$\frac{1}{12} l M \cdot (5\bar{M}_1 - 3|\bar{M}_2|)$	$\frac{1}{12} l M \cdot (3\bar{M}_1 - 5|\bar{M}_2|)$	$\frac{1}{12} l M \cdot (3\bar{M}_1 - |\bar{M}_2|)$	$\frac{1}{12} l M \cdot (\bar{M}_1 - 3|\bar{M}_2|)$	5[2])
	$\frac{8}{15} l \bar{M} M$	$\frac{7}{15} l M \bar{M}$	$\frac{7}{15} l M \bar{M}$	$\frac{1}{5} l M \bar{M}$	$\frac{1}{5} l M \bar{M}$	6
		$\frac{8}{15} l M \bar{M}$	$\frac{11}{30} l M \bar{M}$	$\frac{1}{10} l M \bar{M}$	$\frac{2}{15} l M \bar{M}$	7
				$\frac{1}{5} l M \bar{M}$	$\frac{1}{30} l M \bar{M}$	8
$\frac{1}{20} l \bar{M}(4M_1 - |M_2|)$	$\frac{2}{15} l M \bar{M}$	$\frac{7}{30} l M \bar{M}$	$\frac{1}{12} l M \bar{M}$	$\frac{1}{6} l M \bar{M}$	$\frac{1}{60} l M \bar{M}$	9
$\frac{1}{3} l \cdot (M_1^2 - M_1|M_2| + M_2^2)$	$\frac{8}{15} l M^2$	$\frac{8}{15} l M^2$	$\frac{8}{15} l M^2$	$\frac{1}{5} l M^2$	$\frac{1}{5} l M^2$	10

[2]) Oft ist es zweckmäßiger, nicht die Formeln in Zeile 5 und Spalte *f*, sondern die Formeln in Zeile 3 und Spalte *d* zu verwenden und die Momente mit ihren Vorzeichen einzusetzen.

Beispiel 2 M- und $\bar{M}$-Fläche Rechtecke (**1.22**), Tafel **1.20**, 1a:

$$V = 1\, l\, M\, \bar{M}$$

Beispiel 3 M-Fläche Dreieck, $\bar{M}$-Fläche Rechteck (**1.23**), Tafel **1.20**, 1b. Der Körper ist ein Keil:

$$V = 1/2\, l\, M\, \bar{M}$$

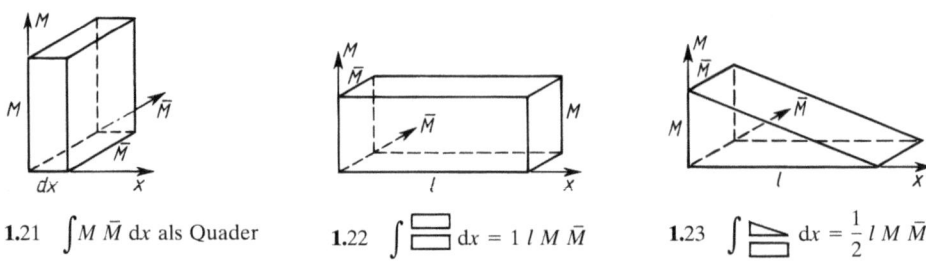

1.21 $\int M \bar{M}\, dx$ als Quader   1.22 $\int \square\, dx = 1\, l\, M\, \bar{M}$ 1.23 $\int \square\, dx = \dfrac{1}{2} l\, M\, \bar{M}$

Beispiel 4 M- und $\bar{M}$-Fläche Dreiecke, Spitzen an derselben Seite (**1.24**), Tafel **1.20**, 2b. Der Körper ist eine liegende schiefe Pyramide mit rechteckiger Grundfläche:

$$V = 1/3\, l\, M\, \bar{M}$$

Beispiel 5 M- und $\bar{M}$-Fläche Dreiecke, Spitzen an entgegengesetzten Enden (**1.25**), Tafel **1.20**, 2c. Der Körper ist ein Tetraeder oder eine schiefe Pyramide mit dreieckiger Grundfläche:

$$V = \frac{1}{3} G h = \frac{1}{3}\frac{1}{2} l\, M\, \bar{M} = \frac{1}{6} l\, M\, \bar{M}$$

Beispiel 6 M-Fläche quadratische Parabel, $\bar{M}$-Fläche Rechteck (**1.26**), Tafel **1.20**, 1g. Der Körper ist ein Zylindersegment:

$$V = G h = \frac{2}{3} l\, M\, \bar{M}$$

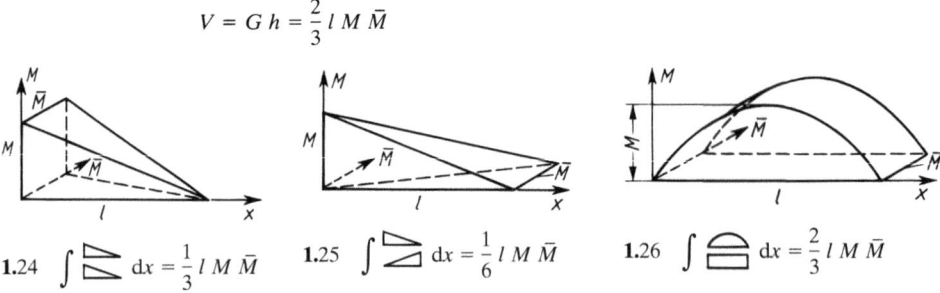

1.24 $\int \square\, dx = \dfrac{1}{3} l\, M\, \bar{M}$ 1.25 $\int \square\, dx = \dfrac{1}{6} l\, M\, \bar{M}$ 1.26 $\int \square\, dx = \dfrac{2}{3} l\, M\, \bar{M}$

1.5 Verschiebungsgrößen, Grundaufgaben und zugehörige Einheitsbelastungen

1.5.1 Übersicht

Bei der Ermittlung von Verschiebungsgrößen treten sechs verschiedene Fragestellungen auf; es kann gesucht sein

1.5.2 Erste Grundaufgabe: Verschiebung eines Punktes

1. die Verschiebung eines Punktes
2. die Verdrehung eines Querschnittes
3. die gegenseitige Verschiebung zweier Punkte
4. die gegenseitige Verdrehung zweier Querschnitte
5. die Verdrehung eines Fachwerkstabes
6. die gegenseitige Verdrehung zweier Fachwerkstäbe

Diese Grundaufgaben werden im folgenden durch Beispiele erläutert.

1.5.2 Erste Grundaufgabe: Verschiebung eines Punktes

1.5.2.1 Fachwerk

Beispiel 7 Gegeben ist das stählerne Fachwerk nach Bild **1.**27; gesucht ist die lotrechte Verschiebung des Punktes m (Untergurtmitte) infolge

a) der Last $F_c = 10$ kN,
b) der gleichmäßigen Erwärmung des Untergurtes um $T_U = 20$ K,
c) der gleichmäßigen Erwärmung des Obergurtes um $T_O = 20$ K.

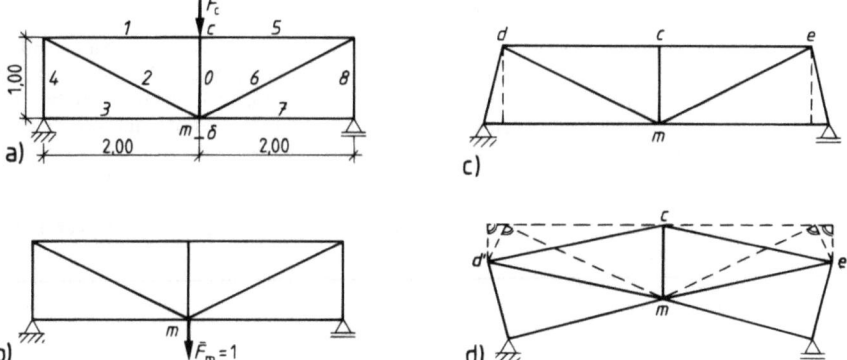

1.27 a) Wirklicher ($F = 10$ kN in c) und b) virtueller ($\bar{F} = 1$ in m) Belastungszustand; c) Erwärmung des Untergurts; d) Erwärmung des Obergurts

Um die Verschiebung eines Punktes mit dem PvK zu ermitteln, setzen wir in diesem Punkt in Richtung der gesuchten Verschiebung die einheitenlose virtuelle Kraft $\bar{F}_m = 1$ an, ermitteln die zugehörigen Schnittgrößen und kombinieren diese gemäß Gl. (1.6) mit den Schnittgrößen des wirklichen Zustandes. In unserem Beispiel lassen wir demgemäß sowohl für den Lastfall a) als auch für die vorgegebenen Verformungen b) und c) im Punkt m die lotrecht gerichtete Kraft $\bar{F}_m = 1$ wirken. Zu den drei gesuchten lotrechten Verschiebungen des Punktes m gehört also ein gemeinsamer virtueller Zustand. Verschiebungen nach unten sollen das positive Vorzeichen erhalten, deshalb führen wir $\bar{F}_m$ abwärts gerichtet ein.

Die Berechnung erfolgt tabellarisch (Tafel **1.**28); die Ermittlung der Stabkräfte ist so einfach, daß wir auf ihre Wiedergabe verzichten.

a) Berechnung von δ_{mF}

Die Arbeitsgleichung (1.6) nimmt für diesen Lastfall die folgende Form an:

$$\delta_{mF} = \sum_{i=0}^{8} S_i \bar{S}_i s_i / EA_i \qquad \text{kN} \cdot 1 \cdot \text{cm}/(\text{kN}/\text{cm}^2 \, \text{cm}^2) = \text{cm}$$

Beispiel 7 Forts.

Die Summe erstreckt sich über alle 9 Stäbe des Fachwerks; jeder Summand liefert den Beitrag eines Stabes. Der Summand des Stabes i enthält die Stabkraft S_i infolge $F_c = 10$ kN, die Stabkraft $\bar{S}_i$ infolge $\bar{F}_m = 1$, die Stablänge s_i, die Querschnittsfläche A_i sowie den allen Stäben gemeinsamen E-Modul $E = 21\,000$ kN/cm², den wir vor die Summe ziehen und erst nach der Summation berücksichtigen.

Alle benötigten Ausgangswerte sind in den Spalten 2 bis 5 der Tabelle **1.28** aufgelistet. In Spalte 6 stehen die 9 Summanden $S_i\bar{S}_is_i/A_i$ für i = 0 bis 8; es zeigt sich, daß ein Summand gleich Null wird, wenn der zugehörige Stab in **mindestens einem** der beiden Lastfälle $F_c = 10$ kN (Spalte 2) und $\bar{F}_m = 1$ (Spalte 3) ein **Nullstab** ist. Das ist im betrachteten Fall bei den Stäben 0, 3 und 7 gegeben.

Wir erhalten

$$\sum_{i=0}^{8} S_i\bar{S}_is_i/A = 794 \text{ kN/cm}$$

und weiter

$$\delta_{mF} = 794/E = 794/21\,000 = 0{,}038 \text{ cm}$$

b) δ_{mTU} infolge Erwärmung des Untergurtes um $T_U = 20$ K

Aus der Arbeitsgleichung (1.6) erhalten wir für diesen Fall einer vorgegebenen Verformung

$$\delta_{mTU} = \sum_{i=0}^{8} \bar{S}_i\alpha_T T_{Ui}s_i$$

Die Summe erstreckt sich wieder über das ganze Fachwerk; ein Summand wird gleich Null, wenn mindestens einer der beiden Faktoren $\bar{S}_i$ (Spalte 3) und T_{Ui} (Spalte 7) gleich Null ist. Ein Blick auf die Spalten 3 und 7 zeigt uns, daß bei allen Stäben mindestens einer der beiden genannten Faktoren gleich Null ist; daraus läßt sich ablesen, daß eine Erwärmung des Untergurtes keine lotrechte Verschiebung des Punktes m hervorruft. Bild **1.27**c veranschaulicht diese Tatsache: Die Stäbe 3 und 7 verlängern sich; die Vertikalen 4 und 8 ändern ihre Länge nicht und müssen sich verdrehen, damit der Zusammenhang in den Lagerpunkten gewahrt bleibt. Da die Verlängerungen der Untergurte 3 und 7 so klein sind, daß die Theorie I. Ordnung gültig bleibt, bewegen sich die Lagerpunkte mit guter Näherung nicht auf Kreisbogen um die oberen Eckpunkte d und e des Fachwerks, sondern auf den waagerechten Tangenten an diese Kreisbogen, und das heißt in der Verlängerung der Untergurte. Das Ergebnis lautet also

$$\delta_{mTU} = 0$$

Tafel **1.28**

1	2	3	4	5	6	7	8	9	10
Stab	S in kN	$\bar{S}$	A in cm²	s in cm	$S\bar{S}\dfrac{s}{A}$ in kN/cm	$\alpha_T T_u$	$\bar{S}\alpha_T T_u s$	$\alpha_T T_o$	$\bar{S}\alpha_T T_o s$
0	−10	0	20	100	0	0	0	0	0
1	−10	−1	20	200	100	0	0	$2{,}4 \cdot 10^{-4}$	−0,048
2	11,2	1,1	10	224	280	0	0	0	0
3	0	0	10	200	0	$2{,}4 \cdot 10^{-4}$	0	0	0
4	−5	−0,5	15	100	17	0	0	0	0
5	−10	−1	20	200	100	0	0	$2{,}4 \cdot 10^{-4}$	−0,048
6	11,2	1,1	10	224	280	0	0	0	0
7	0	0	10	200	0	$2{,}4 \cdot 10^{-4}$	0	0	0
8	−5	−0,5	15	100	17	0	0	0	0
					$\sum S\bar{S}\dfrac{s}{A} = 794$		$\sum \bar{S}\alpha_T T_u s = 0$		$\sum \bar{S}\alpha_T T_o s = -0{,}096$

1.5.2 Erste Grundaufgabe: Verschiebung eines Punktes

Beispiel 7 **c) δ_{mTO} infolge Erwärmung des Obergurtes um $T_O = 20$ K**
Forts. Sinngemäß zum Verformungsfall b) lautet die Berechnungsformel

$$\delta_{mTO} = \sum_{i=0}^{8} \bar{S}_i \alpha_T T_O s_i$$

Die virtuellen Stabkräfte $\bar{S}_i$ können wir wieder aus Spalte 3 der Tabelle **1.28** entnehmen, das Produkt $\alpha_T T_O$ aus Spalte 9. Wir stellen fest, daß die beiden erwärmten Stäbe im Lastfall $\bar{F}_m = 1$ **nicht spannungslos** sind, sondern einen Beitrag zu δ_{mTO} leisten, und erhalten

$$\delta_{mTO} = -0{,}096 \text{ cm} \approx -0{,}1 \text{ cm}$$

Das **negative Vorzeichen** bedeutet, daß sich der Punkt *m* bei einer Erwärmung des Obergurtes **hebt**. Diese Tatsache wird in Bild **1.27** d veranschaulicht: Die Obergurte 1 und 5 **verlängern** sich, die Diagonalen 2 und 6 ändern ihre Länge nicht. Wenn der Zusammenhang zwischen den Stäben 1 und 2 sowie 5 und 6 gewahrt bleiben soll, müssen sich diese Stäbe und mit ihnen alle anderen außer dem Stab 0 **verdrehen**. Im Rahmen der Theorie I. Ordnung bewegen sich die äußeren Endpunkte der verlängerten Stäbe 1 und 5 sowie der nicht verlängerten Stäbe 2 und 6 auf den **Normalen zu den Stabachsen**, und diese schneiden sich in den Punkten d' und e', die sich dadurch als **neue obere Eckpunkte** des Fachwerks ergeben. Die von den Stäben 2, 3, 4 und 6, 7, 8 gebildeten Dreiecke behalten ihre **Form** und **Größe**, drehen sich aber mit den Stäben 2 und 6 um den Punkt *m*. Das führt zu einer **Hebung** des Punktes *m*.

1.5.2.2 Stabwerk

Beispiel 8 Gegeben ist der Kragträger nach Bild **1.29** a; gesucht ist die **Durchbiegung am freien Ende**. Der Träger hat konstante Biegesteifigkeit EI und Schubsteifigkeit $G\alpha_Q A$; wir berücksichtigen die **Beiträge der Momente und Querkräfte** und vergleichen ihre Größe.

Die Momente und Querkräfte des wirklichen Zustandes sind in den Bildern **1.29** b und c dargestellt. Als virtuelle **Belastung** bringen wir am freien Ende die lotrecht abwärts gerichtete virtuelle Kraft $\bar{F} = 1$ an; die von ihr verursachten **virtuellen Querkräfte und Momente** zeigen die Bilder **1.29** e und f.

Längskräfte sind weder im wirklichen noch im virtuellen Zustand vorhanden; die Arbeitsgleichung lautet deshalb

$$\delta = \frac{1}{EI}\int_0^l M\bar{M}\,dx + \frac{1}{G\alpha_Q A}\int_0^l Q\bar{Q}\,dx$$

Berechnung des **Beitrags der Momente**: Die *M*-Fläche ist eine Kragträgerparabel, die $\bar{M}$-Fläche ein negatives Dreieck mit der Ordinate null am freien Ende; mit Zeile 2/Spalte k der Tafel **1.20** erhalten wir

$$\delta_M = 1/4 \cdot lM\bar{M}/EI$$
$$= 1/4 \cdot l(-pl^2/2)(-1\,l)/EI = +pl^4/8\,EI$$

Berechnung des **Beitrags der Querkräfte**: Die *Q*-Fläche ist ein positives Dreieck mit der Größtordinate an der Einspannung, die $\bar{Q}$-Fläche ein positives Rechteck. Mit Zeile 1/Spalte b der Tafel **1.20** ergibt sich

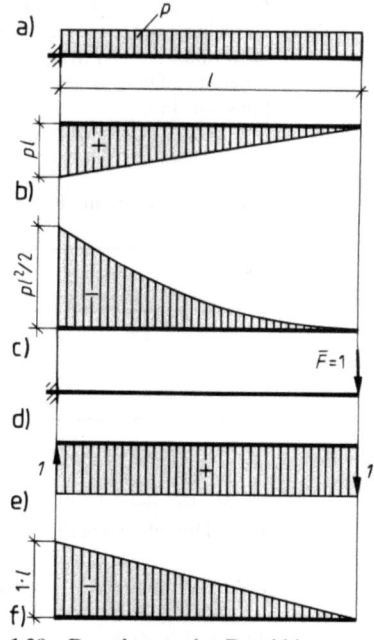

1.29 Berechnung der Durchbiegung des freien Endes
  a) Kragträger mit wirklicher Belastung
  b) *Q*-Fläche
  c) *M*-Fläche
  d) virtuelle Belastung
  e) $\bar{Q}$-Fläche
  f) $\bar{M}$-Fläche

Beispiel 8
Forts.

$$\delta_Q = 1/2 \cdot lQ\bar{Q}/Ga_QA = 1/2 \cdot l \cdot pl \cdot 1/Ga_QA = pl^2/2\ Ga_QA$$

Beide Anteile zusammen haben die Größe

$$\delta = \delta_M + \delta_Q = pl^4/8\ EI + pl^2/2\ Ga_QA$$

Mit den Beziehungen $G = \dfrac{E}{2(1+\mu)}$ oder $\dfrac{E}{G} = 2(1+\mu)$ und $I = A \cdot i^2$, worin μ die Querdehnzahl und i den Trägheitsradius bedeuten, ergibt sich

$$\delta = \frac{pl^4}{8\ EI}\left[1 + \frac{8}{a_Q}(1+\mu)\left(\frac{i}{l}\right)^2\right]$$

Mit dieser Gleichung können wir die Beiträge vergleichen, die einerseits Momente und andererseits Querkräfte beim Zustandekommen der Verformung leisten. Es zeigt sich, daß bei schlanken Trägern ($l/h \gg 1$) der Beitrag der Querkräfte vernachlässigt werden kann. So wird z. B. für einen Träger I 240 mit der Länge $l = 200$ cm, dem Trägheitshalbmesser $i = 9{,}59$ cm und dem Beiwert $1/a_Q \approx A/A_Q = 46{,}1/19{,}7 = 2{,}34$ die eckige Klammer

$$\left[1 + 8 \cdot 2{,}34(1 + 0{,}33)\left(\frac{9{,}59}{200}\right)^2\right] = 1 + 0{,}057$$

Der Beitrag der Querkraft zur Durchbiegung am Ende eines Kragträgers mit der Schlankheit $l/h = 200/24 = 8{,}33$ unter Gleichlast beträgt also $\approx 6\%$ des Beitrags der Momente.

Beispiel 9 Gesucht ist die lotrechte Verschiebung des Punktes m in Feldmitte des Trägers auf 2 Lagern nach Bild 1.30. Der Träger wird in m mit der lotrecht abwärts gerichteten virtuellen Kraft $\bar{F} = 1$ belastet. Dann ist, wenn man den Beitrag aus der Querkraft vernachlässigt und E und I konstant sind,

$$\delta_m = \int \frac{M\bar{M}\,\mathrm{d}s}{EI} = \frac{1}{EI}\int M\bar{M}\,\mathrm{d}x \qquad m = \frac{\mathrm{kNm} \cdot \mathrm{m} \cdot \mathrm{m}}{\mathrm{kN/m^2} \cdot \mathrm{m^4}} = \mathrm{m}$$

Die M-Fläche ist eine Parabel, die $\bar{M}$-Fläche ein Dreieck mit den nach Bild 1.30 eingezeichneten Ordinaten.

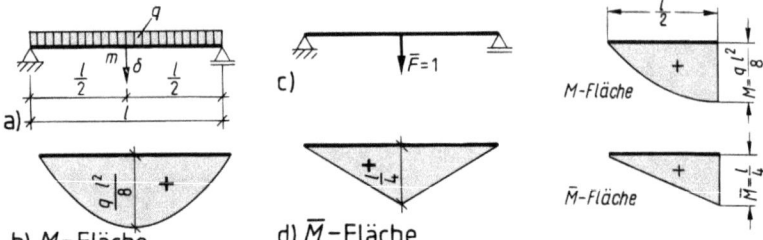

1.30 Durchbiegung des Trägers in Feldmitte   **1.31** Halbe Momentenflächen

Da die Momentenflächen zur Mitte symmetrisch sind, genügt es, nur eine Hälfte der Momentenflächen (**1.31**) zu betrachten und das Ergebnis mit 2 zu multiplizieren. In Frage kommt der Tafelwert in Zeile 2 und Spalte h

$$\int_0^l M\bar{M}\,\mathrm{d}x = \frac{5}{12}l\,M\bar{M}$$

wobei für l der Wert $l/2$ zu setzen ist. Die Durchbiegung δ beträgt damit

$$\delta = \frac{1}{EI}2\,\frac{5}{12}\frac{l}{2}\frac{ql^2}{8}\frac{l}{4} = \frac{5}{384}\frac{ql^4}{EI}$$

1.5.2 Erste Grundaufgabe: Verschiebung eines Punktes

Beispiel 10 Gegeben ist ein rahmenartiges, statisch bestimmt gelagertes Stabwerk nach Bild **1.32**; gesucht ist die horizontale Verschiebung des rechten Lagers unter der Gleichlast p. Wir bringen in b die virtuelle Kraft $\bar{F} = 1$ in Richtung der gesuchten Verschiebung an (**1.32**). Die Arbeitsgleichung ergibt dann unter Vernachlässigung des Einflusses von Q und N sowie bei konstantem E und I

$$\delta_b = \frac{1}{EI} \int_0^l M\,\bar{M}\,dx + \frac{2}{EI} \int_0^h M\,\bar{M}\,dh$$

Die wirklichen Momente im Riegel verlaufen nach einer quadratischen Parabel mit dem Pfeil $pl^2/8$ (**1.32b**); in beiden Stielen ist $M = 0$, so daß das 2. Integral wegfällt. Infolge $\bar{F} = 1$ ergibt sich im Riegel $\bar{M} = +h =$ const; damit wird (Tafel **1.20** Zeile 1/Spalte g)

$$\delta_b = \frac{2}{3} l\,M\,\bar{M}\,\frac{1}{EI} = \frac{2}{3} l \frac{pl^2}{8} h \frac{1}{EI} = \frac{pl^3 h}{12\,EI}$$

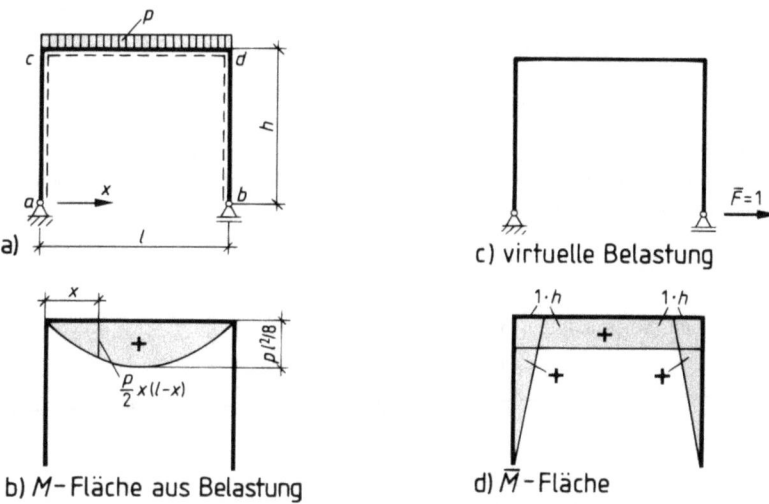

b) M-Fläche aus Belastung
d) $\bar{M}$-Fläche

1.32 Rahmenartiges Stabwerk, horizontale Verschiebung des Punktes b

Beispiel 11 Gesucht ist für das rahmenartige, statisch bestimmt gelagerte Stabwerk nach Bild **1.33** die horizontale Verschiebung des rechten Lagers b infolge Erwärmung der Riegelunterseite um $T_u = 20$ K und der Riegeloberseite um $T_o = 40$ K gegenüber der Aufstelltemperatur.

Nach Abschn. 1.2.3.4 tritt infolge der ungleichmäßigen Temperaturänderung $\Delta T = T_u - T_o$ im Riegel die Krümmungsänderung $d\varphi_T = (\alpha_t\,\Delta T/d)$ auf. Daneben entsteht eine Längenänderung des Riegels, deren Größe sich aus der Längenänderung der Schwerpunktfaser (beim symmetrischen Querschnitt der Mitte) ergibt.

Die Temperaturänderung in der Querschnittsmitte beträgt

$$T_0 = \frac{T_o + T_u}{2} = \frac{40 + 20}{2} = 30 \text{ K}$$

Der Rahmen ist also zu berechnen für die ungleichmäßige Temperaturänderung $\Delta T = T_u - T_o = 20 - 40 = -20$ K und für die gleichmäßige Temperaturänderung $T_0 = 30$ K im Riegel. Wie beim vorigen Beispiel bringen wir in b die virtuelle Kraft $\bar{F} = 1$ in Richtung der gesuchten Verschiebung an (**1.33b**). Die Arbeitsgleichung (Gl. (1.5)) reduziert sich für dieses Beispiel auf

Beispiel 11 I200 $I = 2140\,\text{cm}^4$ $\alpha_T = 1{,}2 \cdot 10^{-5}\,1/\text{K}$
Forts.

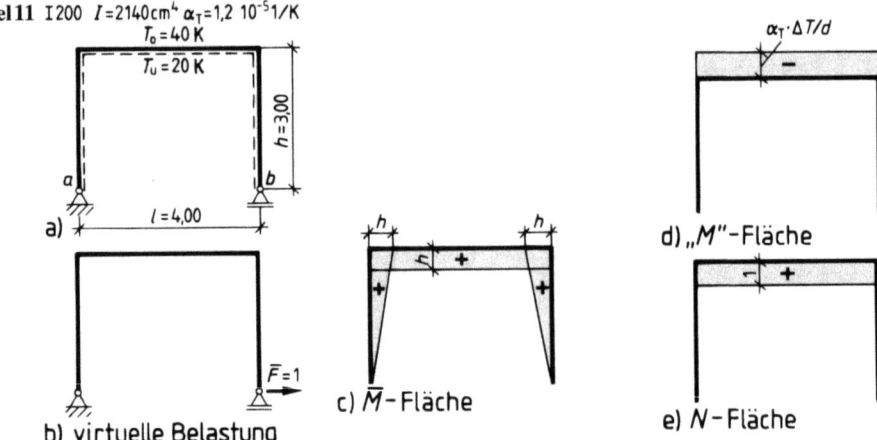

b) virtuelle Belastung c) $\bar{M}$-Fläche d) „M"-Fläche e) N-Fläche

1.33 Rahmen bei ungleichmäßiger Temperaturänderung

$$\delta_b = \int \bar{N}\,\alpha_T T_0\,dx + \int \bar{M}\,\alpha_T(T_u - T_o)/d \cdot dx$$

und die Integrale erstrecken sich **nur über den Riegel**, da in den Stielen keine Temperaturänderung auftritt. Da ferner N, M, T_0 und $(T_u - T_o)$ konstant sind, können diese Größen vor die Integrale gezogen werden, die beide den Wert

$$\int_0^l dx = l$$

annehmen. Wir erhalten damit

$$\delta_b = l\,\bar{N}\,\alpha_T T_0 + l\,\bar{M}\,\alpha_T(T_u - T_o)/d$$

und mit $l = 400$ cm, $\bar{N} = 1$, $\alpha_T = 1{,}2 \cdot 10^{-5}\,\text{K}^{-1}$, $T_0 = 30$ K, $\bar{M} = h = 300$ cm, $(T_u - T_o) = 20$ K, $d = 20$ cm

$$\delta_b = 400 \cdot 1 \cdot 1{,}2 \cdot 10^{-5} \cdot 30 + 400 \cdot 300 \cdot 1{,}2 \cdot 10^{-5}\,(-20)/20$$
$$= 0{,}144 - 1{,}440 = -1{,}296\,\text{cm}.$$

Das negative Vorzeichen gibt an, daß die Verschiebung entgegengesetzt zur Richtung der virtuellen Kraft $\bar{F}$ erfolgt.

Die Lösung dieser Aufgabe kann auch mit Hilfe der $\int M\bar{M}dx$-Tafel **1.20** erfolgen, wenn wir $\bar{N}$ als virtuelles Moment sowie $\alpha_T T_0$ und $\alpha_T(T_u - T_o)$ als wirkliche Ersatzmomente auffassen. Die Integrationen erfolgen dann mit dem Formfaktor 1 (Kombinationen Rechteck mit Rechteck, Tafel **1.20**, Zeile 1/Spalte a).

Dieses Beispiel zeigt, daß die Formänderungen eines statisch bestimmten Systems ohne Zwängungen eintreten; ferner haben weder Biegesteifigkeit EI noch Dehnsteifigkeit EA Einfluß auf die Größe der Verformung, jedoch geht bei ungleichmäßiger Erwärmung die Höhe d eines Stabes in die Berechnung ein.

1.5.3 Zweite Grundaufgabe: Verdrehung eines Querschnitts

Um die Verdrehung φ_r des Querschnitts im Punkt r der Trägerachse zu berechnen, die infolge einer wirklichen Belastung auftritt, setzen wir im Punkt r das virtuelle Moment $\bar{M}_r = 1$ an und ermitteln die von ihm verursachten virtuellen Schnittgrößen. $\bar{M}_r$ ist

1.5.3 Zweite Grundaufgabe: Verdrehung eines Querschnitts

einheitenlos, von ihm verursachte virtuelle Quer- und Längskräfte haben die Einheit $1/m = m^{-1}$.

Soll nur der Einfluß der Biegemomente berücksichtigt werden und ist die Biegesteifigkeit EI konstant, ergibt sich die Verdrehung φ_r aus Gl. (1.9) zu

$$\varphi_r = 1/EI \cdot \int_0^l M \bar{M}\, dx.$$

Diese Formel legen wir der Ermittlung von Verdrehungen in den folgenden beiden Beispielen zugrunde.

Beispiel 12 Gegeben ist der Kragträger nach Bild **1.34a**, der an seinem Ende die Einzellast F trägt. Gesucht ist die Verdrehung des Endquerschnitts. Wir ermitteln die wirkliche Momentenfläche (**1.34b**), bringen am Ende des Kragarms das virtuelle Momente $\bar{M} = 1$ an (**1.34c**) und zeichnen die virtuelle Momentenfläche (**1.34d**). Die Verdrehung des Endquerschnitts ergibt sich bei Vernachlässigung des Einflusses der Querkräfte, mit $EI = $ const und unter Benutzung von Tafel **1.20** (Zeile 1/Spalte b, Formfaktor 1/2) zu

$$\varphi_r = 1/EI \cdot \int_0^l M \bar{M}\, dx = 1/EI \cdot 1/2 \cdot l \, (-Fl)(-1) = Fl^2/2EI$$

Wir haben das virtuelle Moment rechtsdrehend angesetzt, weil zur Biegelinie dieses Kragträgers unter der gegebenen Belastung eine Rechtsdrehung des Endquerschnitts gehört; das positive Vorzeichen von φ bestätigt diese Aussage.

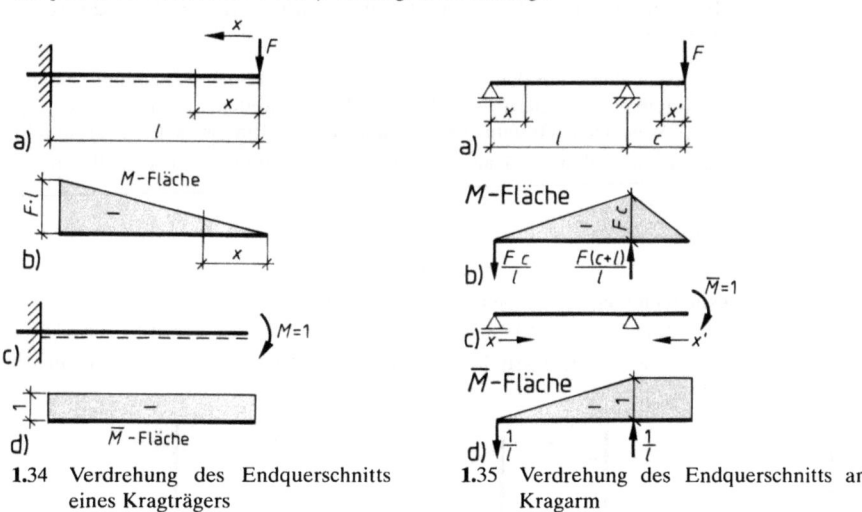

1.34 Verdrehung des Endquerschnitts eines Kragträgers

1.35 Verdrehung des Endquerschnitts am Kragarm

Beispiel 13 Gegeben ist ein Einfeldträger mit Kragarm, der am Kragarmende durch die Kraft F beansprucht wird (**1.35a**). Gesucht ist die Verdrehung des Kragarm-Endquerschnitts. Die Biegesteifigkeit EI ist über die Trägerlänge konstant, es soll nur der Einfluß der Momente berücksichtigt werden.

Wir ermitteln zunächst die wirklichen Momente (**1.35b**), bringen dann am Kragarmende das einheitenlose rechtsdrehende virtuelle Moment $\bar{M} = 1$ an (**1.35c**) und bestimmen die virtuellen Momente (**1.35d**). Die Arbeitsgleichung liefert uns wieder die Formel

$$\varphi = 1/EI \cdot \int_0^{l+c} M \bar{M}\, dx$$

Beispiel 13 Forts.
Das Integral, das über die gesamte Trägerlänge $l + c$ zu bilden ist, spalten wir auf in ein Integral über l und ein zweites über c:

$$\varphi = 1/EI \cdot (\int_l M \bar{M}\,dx + \int_c M \bar{M}\,dx);$$

mit Tafel **1.**20 Zeile 2/Spalte c (Formfaktor 1/3) und Zeile 1/Spalte b (Formfaktor 1/2) erhalten wir

$$\varphi = 1/EI \cdot (1/3 \cdot l \,(-Fc)(-1) + 1/2 \cdot c \,(-Fc)(-1))$$
$$= 1/EI \cdot (Fcl/3 + Fc^2/2) = F/EI \cdot (cl/3 + c^2/2)$$

1.5.4 Dritte Grundaufgabe: Gegenseitige Verschiebung zweier Punkte

Die Arbeitsgleichung ist nicht nur bei der Berechnung von **absoluten**, sondern auch von **relativen** oder **gegenseitigen Verschiebungen** anwendbar.

Suchen wir die gegenseitige Verschiebung δ_{mn} der Punkte m und n, so wählen wir die Gerade durch m und n als Wirkungslinie zweier entgegengesetzt gerichteter vitueller Kräfte $\bar{F} = 1$, von denen die eine im Punkt m, die andere im Punkt n angreift. Setzen wir die beiden virtuellen Kräfte so an, daß sie **aufeinander zu** gerichtet sind, und ergibt sich $\delta_{mn} > 0$, so hat sich der Abstand der Punkte m und n **verringert**. Umgekehrt bedeutet $\delta_{mn} > 0$ bei **auseinanderstrebenden virtuellen Kräften**, daß sich der Abstand der Punkte m und n **vergößert** hat.

Die folgenden Beipiele 14 und 15 zeigen die Anwendung der 3. Grundaufgabe auf ein Stab- und ein Fachwerk.

Beispiel 14 Gegeben ist ein Kanal mit dem Querschnitt nach Bild **1.**36a. Wände und Boden haben dieselbe Biegesteifigkeit EI. Gesucht ist die EI-fache gegenseitige Verschiebung $EI\delta_{14}$ der Wände in Höhe des Wasserspiegels unter Vernachlässigung des Einflusses der Quer- und Längskräfte. Wir untersuchen 1 lfd. m des Kanals, verzichten aber auf die Angabe „je lfd. m".

Wirklicher Zustand:
Größter Wasserdruck
$$w = \gamma h = 10 \cdot 3 = 30 \text{ kN/m}^2$$
Die Eckmomente und das Moment in der Mitte des Bodens haben die Größe
$$M_2 = M_3 = -0,5 \cdot 30 \cdot 3 \cdot 1 = -45 \text{ kNm}; \qquad M_m = -45 + 30 \cdot 4^2/8 = +15 \text{ kNm}$$
Die M-Fläche zeigt Bild **1.**36b; in den Wänden verlaufen die Momente nach einer kubischen Parabel.

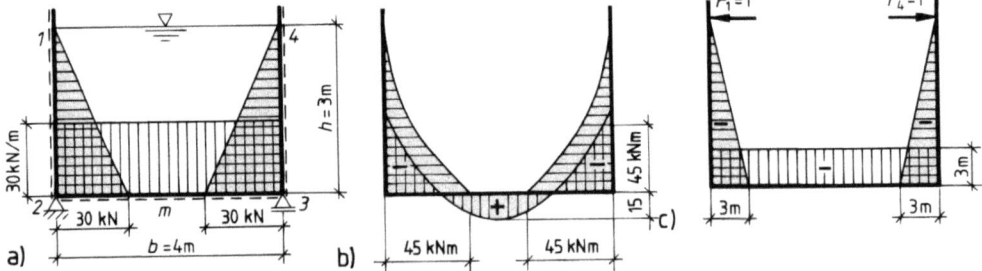

1.36 Gegenseitige Verschiebung der Wände eines Kanals δ_{14}
 a) System und wirkliche Belastung
 b) wirkliche Momentenfläche
 c) virtuelle Belastung und Momente

1.5.4 Dritte Grundaufgabe: Gegenseitige Verschiebung zweier Punkte

Beispiel 14 Virtueller Zustand:
Forts.
Wir bringen in den Punkten 1 und 4 die auswärts gerichteten virtuellen Kräfte $\bar{F}_1 = \bar{F}_4 = 1$ an und erhalten dadurch die $\bar{M}$-Fläche **1.36c** mit den Eckmomenten $\bar{M}_2 = \bar{M}_3 = -3$ m.

Die EI-fache gegenseitige Verschiebung der Punkte 1 und 4 ergibt sich dann aus der Gleichung

$$EI\delta_{14} = \int M\,\bar{M}\,dx$$

Das Integral erstreckt sich über die Wände 12 und 34 sowie den Boden 23. Die Zahlenrechnung unter Benutzung der Tafel **1.20** ergibt

für die Wände den Multiplikator 2 sowie mit Zeile 9/Spalte b den Formfaktor 1/5;
den Beitrag des Bodens erhalten wir, indem wir die M-Fläche in das Rechteck -45 kNm $\cdot$ 4 m und die quadratische Parabel $+60$ kNm $\cdot$ 4 m zerlegen und mit Tafel **1.20** 1/a (Formfaktor 1) und 1/g (Formfaktor 2/3) arbeiten

$$EI\delta_{14} = 2 \cdot 1/5 \cdot 3\,(-45)(-3) + 1 \cdot 1 \cdot 4\,(-45)(-3) + 1 \cdot 2/3 \cdot 4\,(+60)\,(-3)$$
$$= 162 + 540{,}0 - 480$$
$$= 222 \text{ kNm}^3$$

Beispiel 15 Gegeben ist der stählerne Fachwerkträger Bild **1.37a**; gesucht ist die gegenseitige Verschiebung δ_{mn} der oberen Eckpunkte m und n.

Wir beginnen hier zweckmäßigerweise mit dem virtuellen Zustand und setzen $\bar{F}_m$ und $\bar{F}_n$ wie in Bild **1.37b** dargestellt vom Fachwerk weg gerichtet an. Die virtuelle Belastung erzeugt virtuelle Stabkräfte nur in den Stäben des Obergurtes, und zwar $S_{1\ldots4} = +1$; alle anderen Stäbe sind im virtuellen Zustand spannungslos. Aus diesem Grunde liefern nur die Obergurtstäbe Beiträge zu δ_{mn}, und wir benötigen vom wirklichen Zustand nur die im Obergurt vorhandenen wirklichen Stabkräfte. Eine einfache Überlegung liefert $S_1 = S_4 = -5$ kN; $S_2 = S_3 = -10$ kN.

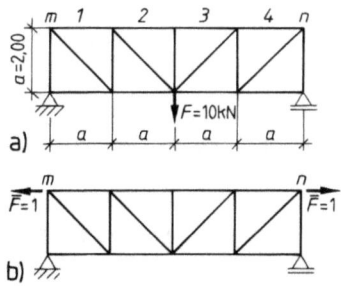

1.37 Gegenseitige Verschiebung der Punkte m und n

Tafel **1.38** Berechnung von $\Sigma S\,\bar{S}\,s/A$

Stab	S in kN	$\bar{S}$	A in cm²	s in cm	$S\,\bar{S}\,s/A$ in kN/cm
1	-5	1	20	200	-50
2	-10	1	30	200	$-66{,}7$
3	-10	1	30	200	$-66{,}7$
4	-5	1	20	200	-50
				$\Sigma S\,\bar{S}\,s/A =$	$-233{,}4$

Die weitere Rechnung wird tabellarisch durchgeführt (Tafel **1.38**) und ergibt

$$E\delta_{mn} = -233{,}4 \text{ kN/cm}$$
$$\delta_{mn} = -233{,}4/21\,000 = -0{,}011 \text{ cm}$$

Das negative Vorzeichen besagt, daß sich die oberen Eckpunkte des Fachwerks nicht in Richtung der angesetzten virtuellen Kräfte verschieben, sondern entgegengesetzt dazu: Die Obergurtstäbe sind unter der gegebenen Belastung Druckstäbe, sie verkürzen sich zusammen um 0,011 cm.

1.5.5 Vierte Grundaufgabe: Gegenseitige Verdrehung zweier Querschnitte

Um die gegenseitige Verdrehung der Querschnitte in den Achspunkten a und b (1.39) zu ermitteln, setzen wir in a und b die virtuellen Momente $\bar{M}_a = 1$ und $\bar{M}_b = 1$ mit entgegengesetztem Drehsinn an, ermitteln die zugehörigen virtuellen Schnittgrößen und kombinieren diese gemäß Gl. (1.5) mit den Schnittgrößen des wirklichen Zustandes. Beschränken wir uns auf die Beiträge der Momente, gilt

$$\varphi_{ab} = \int_l M \bar{M} \, dx/EI$$

Wie aus Bild **1.39** hervorgeht, gehört zur gegenseitigen Verdrehung der Querschnitte in den Punkten a und b eine gleichgroße gegenseitige Verdrehung der Normalen zu den Querschnitten a und b; die Normalen sind nach der Verdrehung Tangenten der Biegelinie des Trägers.

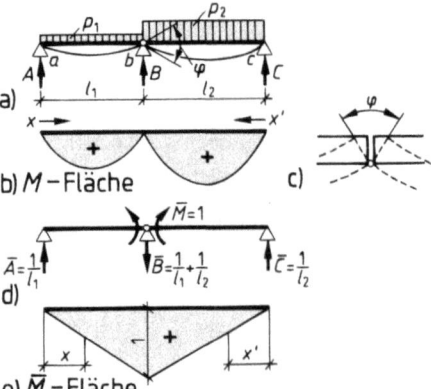

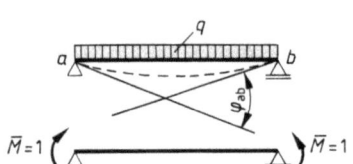

1.39 Gegenseitige Verdrehung φ_{ab} der Querschnitte a und b

1.40 Gegenseitige Verdrehung φ der Träger im gemeinsamen Lager b

Beispiel 16 Gegeben sind die durch ein Gelenk verbundenen, durch Gleichlasten p_1 und p_2 beanspruchten Einfeldträger nach Bild **1.40**. Gesucht ist die gegenseitige Verdrehung der Endquerschnitte im Gelenk (**1.40c**).

Bild **1.40b** zeigt die wirkliche Momentenfläche; sie besteht aus zwei quadratischen Parabeln mit den Pfeilen max $M_1 = p_1 l_1^2/8$ und max $M_2 = p_2 l_2^2/8$.

Die virtuelle Belastung setzt sich aus zwei virtuellen, einheitenlosen Momenten $\bar{M} = 1$ zusammen, und zwar einem linksdrehenden, das am rechten Endquerschnitt des linken Trägers angreift, und einem rechtsdrehenden, das am linken Endquerschnitt des rechten Trägers wirkt (**1.40d**). In Bild **1.40e** ist die virtuelle Momentenfläche dargestellt.

Die gegenseitige Verdrehung der Endquerschnitte über dem mittleren Lager erhalten wir, indem wir die Arbeitsgleichung ansetzen, feldweise integrieren und die Ergebnisse summieren; bei Berücksichtigung nur des Einflusses der Momente ergibt sich mit Tafel 1.20, Zeile 2/Spalte g

$$\varphi = \int_{l_1} M \bar{M} \, dx/EI_1 + \int_{l_2} M \bar{M} \, dx/EI_2$$
$$= 1/3 \cdot l_1 \cdot p_1 l_1^2/8 \cdot 1/EI_1 + 1/3 \cdot l_2 \cdot p_2 l_2^2/8 \cdot 1/EI_2$$
$$= p_1 l_1^3/24 \, EI_1 + p_2 l_2^3/24 \, EI_2$$

1.5.6 Fünfte Grundaufgabe: Verdrehung eines Fachwerkstabes oder einer Stabsehne

Um die Verdrehung des Fachwerkstabes ad (**1.41**) zu ermitteln, die sich infolge einer wirklichen Belastung einstellt, lassen wir in den Knotenpunkten a und d senkrecht zur Stabachse ad ein virtuelles Kräftepaar der Größe $\bar{M} = \bar{F} \cdot l_{ad} = \bar{F} \cdot h = 1$ angreifen, ermitteln die daraus resultierenden virtuellen Stabkräfte $\bar{S}$ des Fachwerks und kombinieren sie gemäß Gl. (1.6) mit den Stabkräften S des wirklichen Zustandes.

Beispiel 17 Gegeben ist das Fachwerk des Beispiels 7 mit der Belastung $F_c = 10$ kN (Abschn. 1.5.2.1). Gesucht ist die unter der Belastung auftretenden Verdrehung des linken Vertikalstabes (Stab 4 = Stab ad).

Die Stabkräfte des wirklichen Zustandes entnehmen wir der Spalte 2 der Tafel **1.28** und tragen sie in die Spalte 2 der Tafel **1.42** ein. Als virtuelle Belastung setzen wir im linken oberen Eckpunkt d die nach rechts gerichtete virtuelle Kraft $\bar{H}_d = \bar{M}/h = 1/1 = 1$, im linken Lagerpunkt a die nach links gerichtete virtuelle Kraft $\bar{H}_a = \bar{M}/h = 1/1 = 1$ an. Die aus $\bar{H}_d$ und $\bar{H}_a$ resultierenden virtuellen Stabkräfte $\bar{S}$ bestimmen wir mit dem Cremonaplan **1.41** b und tragen sie in die Spalte 3 der Tafel **1.42** ein. Die Spalten 4 (Querschnittsflächen der Stäbe) und 5 (Stablängen) der Tafel **1.42** übernehmen wir wieder aus Tafel **1.28**; schließlich ermitteln wir zeilenweise die Produkte $S\bar{S}s/A$ und schreiben sie in die Spalte 6. Die Summierung der Produkte in Spalte 6 ergibt

$$E\varphi_4 = 100 \text{ kN/cm}^2$$

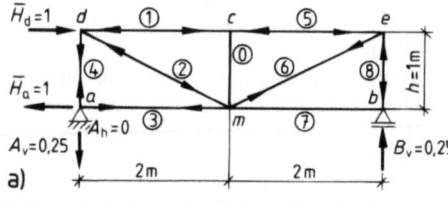
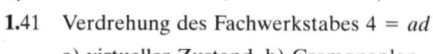
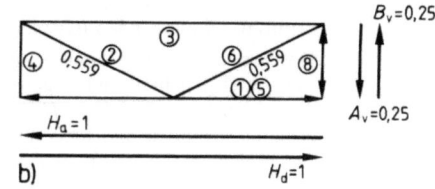

1.41 Verdrehung des Fachwerkstabes 4 = ad
a) virtueller Zustand, b) Cremonaplan

Tafel **1.42** Berechnung der Verdrehung des Stabes 4 (Stab ad)

1	2	3	4	5	6
Stabnr. i	S_i kN	$\bar{S}_1$	A_i cm²	s_i cm	$S_i\bar{S}_1 s_i/A_i$ kN/cm
0	-10	0	20	100	0
1	-10	$-0{,}5$	20	200	$+50$
2	$+11{,}2$	$-0{,}559$	10	224	-140
3	0	$+1$	10	200	0
4	-5	$+0{,}25$	15	100	-8
5	-10	$-0{,}5$	20	200	$+50$
6	$+11{,}2$	$+0{,}559$	10	224	$+140$
7	0	0	10	200	0
8	-5	$-0{,}25$	15	100	$+8$
					$+100$

Beispiel 17
Forts. und wir erhalten schließlich

$$\varphi_4 = \Sigma S\bar{S}s/EA = 100/E = 100/21\,000 = 0{,}00476 \text{ rad}$$

Das virtuelle Kräftepaar dreht rechtsherum, φ_4 ergab sich positiv; daraus folgt, daß die Verdrehung des Stabes 4 unter der gegebenen Belastung mit dem Drehsinn des angesetzten Kräftepaares, d. h. rechtsherum erfolgt.

1.5.7 Sechste Grundaufgabe: Gegenseitige Verdrehung zweier Fachwerkstäbe oder Stabsehnen

Um die gegenseitige Verdrehung der Fachwerkstäbe ad und be zu ermitteln, die sich infolge einer wirklichen Belastung einstellt, setzen wir in den Knotenpunkten a und d die Kräfte eines rechtsdrehenden virtuellen Kräftepaares, in den Knotenpunkten b und e die Kräfte eines linksdrehenden virtuellen Kräftepaares an. Die Wirkungslinien der virtuellen Kräfte stehen jeweils senkrecht auf dem zugehörigen Stab, und die virtuellen Kräfte werden so bemessen, daß die virtuellen Momente die Größe 1 erhalten.

Aus dieser virtuellen Belastung ermitteln wir die virtuellen Stabkräfte $\bar{S}$ und kombinieren sie gemäß Gl. (1.6) mit den Stabkräften S des wirklichen Zustandes.

Beispiel 18 Gegeben ist das Fachwerk der Beispiele 7 und 17 mit der Belastung $F_c = 10$ kN. Gesucht ist die gegenseitige Verdrehung der äußeren Vertikalstäbe (Stäbe 4 = ad und 8 = be).

Der wirkliche Zustand ist derselbe wie in den angeführten Beispielen (wirkliche Stabkräfte S sowie Stablängen und Querschnittsflächen siehe Tafeln 1.28 und 1.42); den virtuellen Zustand des vorliegenden Beispiels zeigt Bild 1.43:

Da es sich bei den Stäben ad und be um Vertikalstäbe handelt, sind die virtuellen Kräfte horizontal gerichtet, und wegen der Stablängen $l_{ad} = l_{be} = h = 1$ m ergibt sich weiter $\bar{F}_a = \bar{F}_d = \bar{F}_b = \bar{F}_e = \bar{H}_a = \bar{H}_d = \bar{H}_b = \bar{H}_e = \bar{M}/h = 1/1 = 1$ m^{-1}. Als Folge der virtuellen Belastung erhalten wir die in Bild 1.43 eingetragenen virtuellen Stabkräfte $\bar{S}_1 = \bar{S}_5 = -1$, $\bar{S}_3 = \bar{S}_7 = +1$. Die übrigen Stäbe erhalten keine virtuellen Stabkräfte; virtuelle Lagerkräfte treten nicht auf.

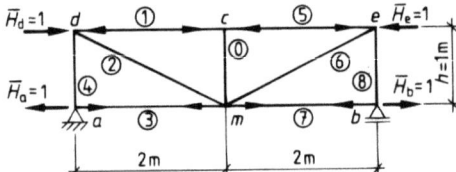

1.43 Gegenseitige Verdrehung der Vertikalstäbe 4 = ab und 8 = bd, virtueller Zustand

Da von den vier Stäben mit virtuellen Stabkräften zwei, nämlich S_3 und S_7, keine wirklichen Stabkräfte erhalten, ergibt sich die gesuchte gegenseitige Verdrehung aus nur zwei Summanden:

$$\varphi_{48} = S_1\bar{S}_1 s_1/EA_1 + S_5\bar{S}_5 s_5/EA_5$$

$$= 2(-10)(-1)200/(21\,000 \cdot 20)$$

$$\varphi_{48} = +0{,}00952 \text{ rad}$$

Aus Symmetriegründen ist die gegenseitige Verdrehung der Stäbe 4 und 8 doppelt so groß wie die Verdrehung des Stabes 4.

1.6 Formänderungen infolge gegebener Lagerverschiebungen und -verdrehungen

Besteht der wirkliche Zustand nicht aus einer wirklichen Belastung, sondern aus vorgegebenen Verschiebungen und Verdrehungen von Lagern, so leisten neben der virtuellen Kraft 1 auch die virtuellen Stützgrößen auf den wirklichen Verschiebungen und Verdrehungen virtuelle Arbeit. Die äußere Arbeit hat dann die Größe

$$\bar{W}_a = 1 \cdot \delta_m + \bar{B} \cdot w_b + \bar{M}_b \cdot \varphi_b$$

Darin ist $\bar{B}$ die Stützkraft im Punkt b infolge $\bar{F} = 1$, δ_m die Verschiebung des Angriffspunktes der Last $\bar{F}_m = 1$ und w_b die wirkliche Verschiebung des Punktes b in Richtung von $\bar{B}$; $\bar{M}_b$ ist das Einspannmoment infolge $\bar{F} = 1$ im Punkt b und φ_b die wirkliche Verdrehung des Trägers in der Einspannung b. Die virtuellen Arbeiten $\bar{B} \cdot w_b$ und $\bar{M}_b \cdot \varphi_b$ sind positiv, wenn $\bar{B}$ und w_b bzw. $\bar{M}_b$ und φ_b gleichgerichtet sind.

Die innere Arbeit der virtuellen Schnittgrößen auf den wirklichen Verschiebungs- und Winkelwegen ist gleich Null, so daß die Arbeitsgleichung lautet

$$1 \cdot \delta_m = -\bar{B} \cdot w_b - \bar{M}_b \cdot \varphi_b \tag{1.11}$$

Die Anwendung dieser Gleichung wird an zwei Beispielen gezeigt.

Beispiel 19 Ein beiderseits fest eingespannter Träger mit konstanter Biegesteifigkeit EI erfährt an seinem rechten Ende eine aufwärts gerichtete Verschiebung von der Größe 1 cm (**1.44**a). Eine Verdrehung der Trägerenden tritt nicht auf. Wie groß sind die lotrechten Verschiebungen in den Viertelspunkten des Trägers?

Die wirklichen Momente des Trägers infolge der wirklichen Lagerverschiebung sind in Bild **1.44**b aufbezeichnet; es ist $M_a = -M_b = 6\,EI\,w_b/l^2$ und $A = -12\,EI\,w_b/l^3$; $B = +12\,EI\,w_b/l^3$. Diese Werte können bautechnischen Zahlentafeln, z. B. [2], entnommen werden.

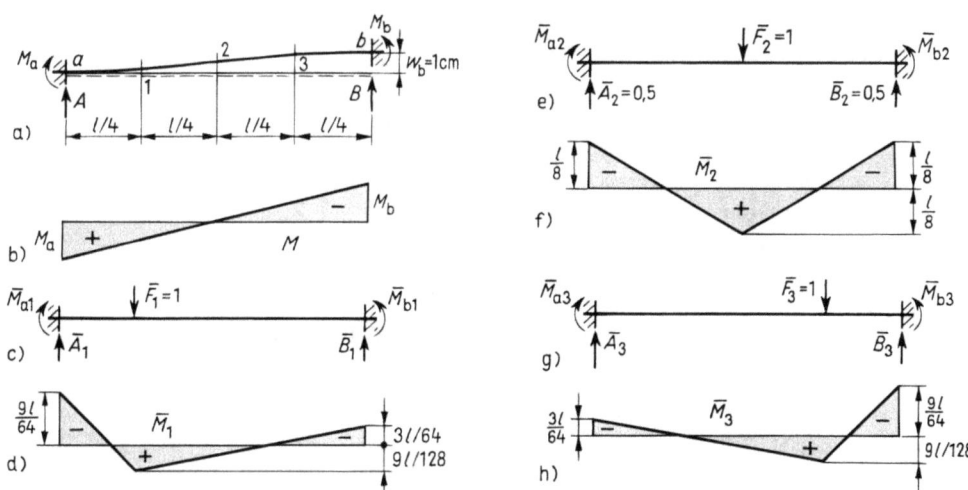

1.44 Verschiebung der Einspannung b
a) wirklicher Zustand, b) wirkliche Momente, c) d) virtuelle Kraft 1 im linken Viertelspunkt und zugehörige Momente, e) f) virtuelle Kraft 1 in Trägermitte und zugehörige Momente, g) h) virtuelle Kraft 1 im rechten Viertelspunkt und zugehörige Momente

Beispiel 19 Forts. Um die lotrechten Verschiebungen in den Viertelspunkten 1, 2, 3 zu ermitteln, setzen wir nacheinander in diesen Punkten die lotrechte virtuelle Kraft $\bar{F} = 1$ an, ermitteln die zugehörigen virtuellen Stützkräfte und berechnen δ_m mit Gl. (1.11).

Die Bilder **1.44**c, d zeigen den Zustand $\bar{F}_1 = 1$; die Einspannmomente haben die Größe

$$\bar{M}_{a1} = -\bar{F}\,a\,b^2/l^2 = -1 \cdot 0{,}25\,l \cdot 0{,}75^2\,l^2/l^2 = -0{,}1406\,l = -9\,l/64$$

$$\bar{M}_{b1} = -\bar{F}\,a^2\,b/l^2 = -1 \cdot 0{,}25^2\,l^2 \cdot 0{,}75\,l/l^2 = -0{,}04688\,l = -3\,l/64$$

und die Stützkräfte ergeben sich zu

$$\bar{A}_1 = 0{,}7500 + (0{,}1406\,l - 0{,}04688\,l)/l = 0{,}8438$$

$$\bar{B}_1 = 0{,}2500 - (0{,}1406\,l - 0{,}04688\,l)/l = 0{,}1563$$

Der Zustand $\bar{F}_2 = 1$ ist in den Bildern **1.44**e, f dargestellt, und der zum Zustand $\bar{F}_1 = 1$ symmetrische Zustand $\bar{F}_3 = 1$ in den Bildern **1.44**g, h.

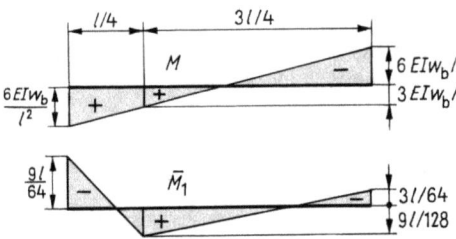

1.45 Berechnung der inneren virtuellen Arbeiten von F_1

Berechnung der Verschiebungen: Wir erhalten aus Gl. (1.11) mit $\varphi_b = 0$ die Beziehung $\delta_m = -\bar{B}\,w_b$; die Produkte $\bar{B}\,w_b$ sind in unserem Beispiel positiv, denn die virtuellen Stützkräfte in b haben die Richtung der wirklichen Verschiebung. Die Verschiebungen δ_m in den Punkten 1, 2, 3 ergeben sich also negativ, d.h. entgegen der Richtung der angesetzten virtuellen Kraft; die δ_m sind aufwärts gerichtet.

Im einzelnen ergibt sich
im Punkt 1: $\delta_1 = -\bar{B}_1 \cdot w_b = -0{,}1563 \cdot 1 = -0{,}1563$ cm
im Punkt 2: $\delta_2 = -\bar{B}_2 \cdot w_b = -0{,}5 \cdot 1 = -0{,}5$ cm
im Punkt 3: $\delta_3 = -\bar{B}_3 \cdot w_b = -0{,}8438 \cdot 1 = -0{,}8438$ cm

Abschließend berechnen wir die inneren virtuellen Arbeiten, die die virtuellen Kräfte auf den vorgegebenen wirklichen Verschiebungen leisten; sie sind gleich Null:
Innere virtuelle Arbeit infolge von $\bar{F} = 1$:
Das virtuelle Feldmoment hat die Größe

$$\max M = 2\,\bar{F} \cdot a^2 \cdot b^2/l^3 = 2 \cdot 1\,(0{,}25\,l)^2\,(0{,}75\,l)^2/l^3 = 0{,}0703\,l = 9\,l/128;$$

den Wert des Integrals berechnen wir durch zweimalige Anwendung der Tafel **1.20**, 2 d (**1.45**):

$$-W_{i1} = \int_0^{l/4} M\,\bar{M}\,\mathrm{d}x/EI + \int_{l/4}^{l} M\,\bar{M}\,\mathrm{d}x/EI$$

$$= \frac{1}{6}\frac{l}{4}\left[\frac{6\,EI\,w_b}{l^2}(-2 \cdot 0{,}1406\,l + 0{,}0703\,l) + \frac{3\,EI\,w_b}{l^2}(-0{,}1406\,l + 2 \cdot 0{,}0703\,l)\right]$$

$$+ \frac{1}{6}\frac{3\,l}{4}\left[\frac{3\,EI\,w_b}{l^2}(-2 \cdot 0{,}0703\,l - 0{,}04688\,l) - \frac{6\,EI\,w_b}{l^2}(-0{,}0703\,l - 2 \cdot 0{,}04688\,l)\right]$$

$$= (-0{,}05273 + 0{,}05273)\,EI\,w_b = 0$$

1.6 Formänderungen infolge gegebener Lagerverschiebungen und -verdrehungen   45

Beispiel 19 Innere virtuelle Arbeit infolge von $\bar{F}_2 = 1$: Mit Hilfe der Tafel **1.20**, 2 d erhalten wir
Forts.

$$-W_{i2} = \int_0^{l/2} M\,\bar{M}\,dx/EI + \int_{l/2}^{l} M\,\bar{M}\,dx/EI$$

$$= \frac{1}{6}\frac{l}{2}\frac{6EIw_b}{l^2}\left[2\cdot\left(-\frac{l}{8}\right)+\frac{l}{8}\right] + \frac{1}{6}\frac{l}{2}\left(-\frac{6EIw_b}{l^2}\right)\left[2\cdot\left(-\frac{l}{8}\right)+\frac{l}{8}\right] = 0$$

Wir können allgemein feststellen, daß die Kombination einer antimetrischen und einer symmetrischen Momentenfläche den Wert Null ergibt.

Beispiel 20 Ein beiderseits fest eingespannter Träger mit konstanter Biegesteifigkeit EI erfährt an seinem rechten Ende b eine Verdrehung im Uhrzeigersinn um den Winkel $\varphi_b = 0{,}02$ rad (**1.46**). Wie groß ist die daraus resultierende Durchbiegung des Trägers in Feldmitte?
Da eine Lagerverschiebung nicht auftritt, hat die Arbeitsgleichung die Form $\delta_m = -\bar{M}_b \cdot \varphi_b$. Dabei ist $\bar{M}_b$ das Einspannmoment in b infolge der virtuellen Kraft $\bar{F} = 1$ in Trägermitte; es hat die Größe (**1.46** d), $\bar{M}_b = -1 \cdot l/8$ und wirkt wie die Verdrehung am Träger im Uhrzeigersinn. Wegen des gleichen Drehsinns von $\bar{M}_b$ und φ_b ist das Produkt $\bar{M}_b \cdot \varphi_b$ positiv einzuführen, so daß sich ergibt

$$\delta_m = -(\bar{M}_b \cdot \varphi_b) = -(+1 \cdot l/8 \cdot 0{,}02) = -0{,}0025\,l$$

Kontrolle von δ_m mit Hilfe der ω-Zahlen (s. Abschn. 2.2):
Zwischen der Lagerverdrehung φ_b und dem daraus resultierenden Einspannmoment M_b besteht die Beziehung (s. Teil 2, Abschn. 10.2.5) $\varphi_b = M_b l/4\,EI$, wobei positive Momente zu Verdrehungen entgegen dem Uhrzeigersinn gehören. Für $\varphi_b = 0{,}02$ rad im Uhrzeigersinn ergibt sich demnach das Einspannmoment $M_b = -4\,EI\,\varphi_b/l^2 = -0{,}08\,EI/l$. Am Stabende a tritt auf das Einspannmoment $M_a = -M_b/2 = +0{,}04\,EI/l$, und als Mittendurchbiegung erhalten wir

$$\delta_m = \frac{M_b l^2}{6\,EI}\omega_{Dm} + \frac{M_a l^2}{6\,EI}\omega'_{Dm} = \frac{M_b l^2}{6\,EI}\omega_{Dm} - \frac{0{,}5\,M_b l^2}{6\,EI}\omega'_{Dm}$$

Für die Trägermitte sind ω_D und ω'_D gleich groß, so daß wir schreiben können

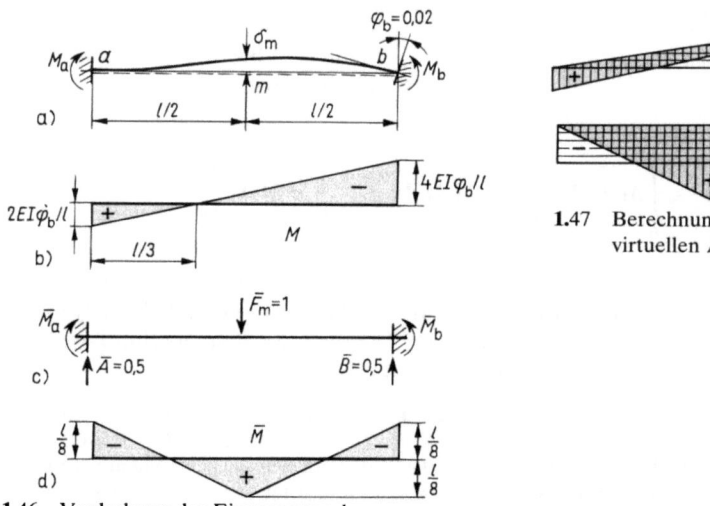

1.47 Berechnung der inneren virtuellen Arbeit von $\bar{F}_m$

1.46 Verdrehung der Einspannung b
    a) b) wirklicher Zustand und wirkliche Momente
    c) d) virtuelle Kraft 1 in Trägermitte und zugehörige Momente

Beispiel 20 Forts.

$$\delta_m = \frac{M_b\,l^2}{6\,EI}\,\omega_{Dm}\,(1{,}0 - 0{,}5) = \frac{M_b\,l^2}{12\,EI}\,\omega_{Dm} = \frac{-0{,}08\,EI/l \cdot l^2}{12\,EI}\,0{,}375 = -0{,}0025\,l$$

Berechnung der virtuellen Arbeit der Schnittgrößen: Wir zerlegen die wirkliche M-Fläche in zwei Dreiecke, die virtuelle M-Fläche in Rechteck und Dreieck (**1.47**). Mit Tafel **1.20** ergibt sich

$$\int M\,\bar{M}\,dx/EI = +\tfrac{1}{2}\,l(+2\,EI\,\varphi_b/l)\left(-\tfrac{l}{8}\right) + \tfrac{1}{4}\,l(+2\,EI\,\varphi_b/l)\left(+\tfrac{l}{4}\right)$$

$$+ \tfrac{1}{2}\,l(-4\,EI\,\varphi_b/l)\left(-\tfrac{l}{8}\right) + \tfrac{1}{4}\,l(-4\,EI\,\varphi_b/l)\left(+\tfrac{l}{4}\right)$$

$$= EI\,\varphi_b\,l\left(-\tfrac{1}{8} + \tfrac{1}{8} + \tfrac{1}{4} - \tfrac{1}{4}\right) = 0$$

1.7 Veränderliches Flächenmoment I

1.7.1 Abschnittsweise konstantes Flächenmoment I

In diesem Falle (**1.48**) ermitteln wir die Verschiebungsgröße $\delta = \int_0^l \dfrac{M\,\bar{M}}{EI}\,dx$ durch abschnittsweises Integrieren. Zur Vereinfachung der Rechenarbeit führen wir ein Vergleichsflächenmoment I_c ein. Multiplizieren wir die Gleichung

$$\delta = \int_0^l \frac{M\,\bar{M}}{EI}\,dx \quad \text{mit} \quad EI_c$$

1.48 Träger mit den Flächenmomenten $I_1\ I_2\ I_3$

und schreiben wir sie getrennt für die Abschnitte 0 bis 1, 1 bis 2 und 2 bis 3 hin, so erhalten wir

$$EI_c \cdot \delta = \int_0^1 M\,\bar{M}\,dx\,\frac{I_c}{I_1} + \int_1^2 M\,\bar{M}\,dx\,\frac{I_c}{I_2} + \int_2^3 M\,\bar{M}\,dx\,\frac{I_c}{I_3}$$

Mit dem folgenden Verfahren kann diese Formel anschaulich angewendet werden: Man multipliziert die Ordinaten einer Momentenfläche mit dem Verhältnis I_c/I und erhält so z. B. die verzerrte Momentenfläche $M \cdot I_c/I$, die man dann abschnittsweise mit der $\bar{M}$-Fläche kombiniert. Das folgende Beispiel zeigt die Anwendung.

Beispiel 21 Der Träger (**1.49**) auf 2 Lagern mit der Einzellast F in der Mitte hat verschiedene Flächenmomente I_1 und I_2. Das Verhältnis der Flächenmomente beträgt $I_1/I_2 = 0{,}5$. Gesucht ist die EI_c-fache Durchbiegung unter der Einzellast. Als Vergleichsflächenmoment wird I_1 gewählt ($I_1 = I_c$). Die Ordinaten der Momentenfläche im ersten und letzten Viertel sind mit $I_c/I_1 = 1$ zu multiplizieren, d. h. sie bleiben unverzerrt. Im mittleren Teil ist $I_c/I_2 = 0{,}5$, d. h. die Ordinaten der M-Fläche dieses Teils sind mit 0,5 zu multiplizieren. Man erhält also rechts von Punkt 1 und links von Punkt 3

1.7.2 Stetig veränderliches Flächenmoment *I*   47

Beispiel 21
Forts.

$$M_1 \frac{I_c}{I_2} = M_3 \frac{I_c}{I_2} = \frac{F\,l}{8} 0{,}5 = \frac{F\,l}{16}$$

$\bar{M}$-Ordinate im Viertelspunkt

$$\bar{M}_{1,3} = 1\ l/8$$

Da die Momentenflächen symmetrisch sind, genügt es, das Integral über die halbe Trägerlänge auszuwerten. Um Tafel **1.**20 anwenden zu können, unterteilt man die Momentenfläche in die zwei Abschnitte 0 bis 1 und 1 bis 2, so daß zu überlagern sind: im Abschnitt 0 bis 1: zwei Dreiecke mit den Ordinaten

$$M = F\,l/8 \quad \text{und} \quad \bar{M} = l/8$$

im Abschnitt 1 bis 2: zwei Trapeze mit den Ordinaten

$$M_1 = Fl/16 \quad M_2 = Fl/8 \quad \text{und}$$
$$\bar{M}_1 = l/8 \quad \bar{M}_2 = l/4$$

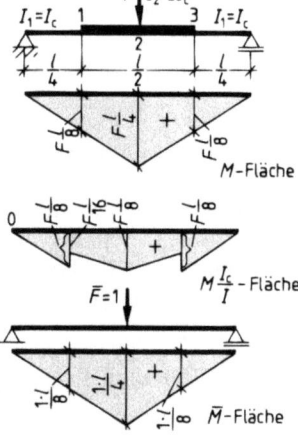

1.49 Durchbiegung eines Trägers

Damit ergibt sich für Abschn. 0 bis 1 mit $\int M\,\bar{M}\,\mathrm{d}x = l/3 \cdot M\,\bar{M}$ aus Zeile 2 und Spalte b (2/b), wobei für l in diesem Falle $l/4$ einzusetzen ist:

$$\int_0^{l/4} \left(M \frac{I_c}{I_1}\right) \bar{M}\,\mathrm{d}x = \frac{1}{3}\frac{l}{4}\frac{Fl}{8}\frac{l}{8} = \frac{Fl^3}{768}$$

Für Abschn. 1 bis 2 mit dem Wert (3/d) aus Zeile 3 und Spalte d, wobei wieder für $l = l/4$ zu setzen ist, wird

$$\int_{l/4}^{l/2} \left(M \frac{I_c}{I_2}\right) \bar{M}\,\mathrm{d}x = \frac{1}{6}\frac{l}{4}\left[\frac{Fl}{16}\left(\frac{2l}{8}+\frac{l}{4}\right) + \frac{Fl}{8}\left(\frac{l}{8}+\frac{2l}{4}\right)\right]$$

$$= \frac{l}{24}\left[\frac{Fl}{16}\frac{2l}{4} + \frac{Fl}{8}\frac{5l}{8}\right] = \frac{l}{24}\left[\frac{2Fl^2}{64} + \frac{5Fl^2}{64}\right] = \frac{7Fl^3}{1536}$$

Damit beträgt die Durchbiegung

$$EI_c\,\delta = 2\left[\frac{Fl^3}{768} + \frac{7Fl^3}{1536}\right] = \frac{2\cdot 9}{1536}Fl^3 = \frac{3}{256}Fl^3 = 0{,}01172\,Fl^3$$

1.7.2 Stetig veränderliches Flächenmoment *I*

Das kontinuierlich veränderliche Flächenmoment ist beim Integrieren in der Weise zu berücksichtigen, daß man *I* als Funktion der Trägerkoordinate *x* ausdrückt. Mit $I(x)$ erhält man dann

$$\delta = \int_0^l \frac{M\,\bar{M}\,\mathrm{d}x}{EI(x)}$$

Nun kann man wieder ein Vergleichsflächenmoment I_c heranziehen und mit E = const. schreiben

1.7 Veränderliches Flächenmoment I

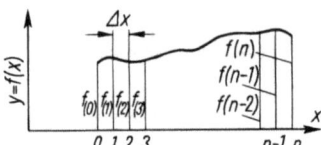

1.50 Beliebiger Kurvenverlauf

$$EI_c \, \delta = I_c \int_0^l \frac{M \bar{M} \, dx}{I(x)}$$

Dieses Integral lösen wir auf numerischem Wege, z.B. mit Hilfe der Simpsonschen Regel (s. z.B. [9]). Nach dieser wird die Trägerlänge in eine gerade Anzahl n gleicher Abschnitte Δx eingeteilt (1.50). Ordinaten in den Teilpunkten sind $f(0)$, $f(1)$ bis $f(n-1)$, $f(n)$. Die von der Abszisse, der Kurve $f(x)$ und den beiden Endordinaten $f(0)$ und $f(n)$ eingeschlossene Fläche errechnet sich nach Simpson wie folgt:

$$\int_0^n f(x)dx = \frac{\Delta x}{3}[f(0) + 4f(1) + 2f(2) + 4f(3)$$
$$+ \cdots + 2f(n-2) + 4f(n-1) + f(n)]$$

In unserem Fall ist

$$f(i) = M_i \, \bar{M}_i \, I_c/I_i \qquad \text{mit} \qquad i = 1 \text{ bis } n$$

Beispiel 22 Bei dem Kragträger nach Bild **1.**51 mit der Einzellast $F = 9$ kN am freien Ende soll die Durchbiegung unter der Last bestimmt werden. Der Träger besteht aus einem I-Profil mit den Höhen $h_a = 20$ cm und $h_b = 12$ cm.

Wir teilen den Träger in 4 gleichlange Abschnitte ein und berechnen an den Teilgrenzen 0 bis 3 die Momente M aus der wirklichen Last $F = 9$ kN, $\bar{M}$ aus der virtuellen Last $\bar{F} = 1$ am freien Ende und die Flächenmomente $I(x)$ (**1.**51).

Mit der Simpsonschen Regel und mit $I_c = I_a$ ergibt sich

$$EI_c \, \delta = EI_a \, \delta = \frac{200}{4 \cdot 3} \left(1800 \cdot 200 \cdot \frac{2140}{2140} + 4 \cdot 1350 \cdot 150 \cdot \frac{2140}{1450} \right.$$
$$\left. + 2 \cdot 900 \cdot 100 \cdot \frac{2140}{935} + 4 \cdot 450 \cdot 50 \cdot \frac{2140}{573} + 0 \right) = 3{,}84 \cdot 10^7 \text{ kN cm}^3$$

oder

$$\delta = \frac{3{,}84 \cdot 10^7}{2{,}1 \cdot 10^4 \cdot 2140} = 0{,}85 \text{ cm}$$

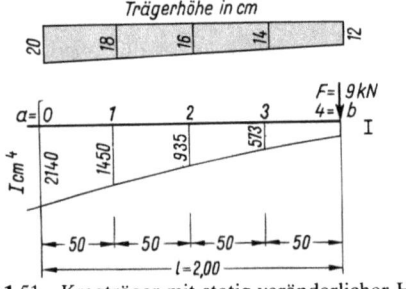

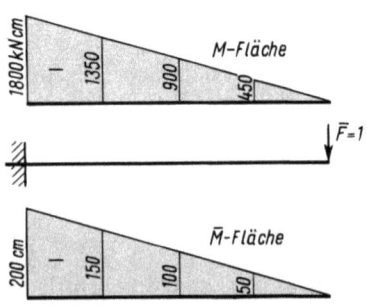

1.51 Kragträger mit stetig veränderlicher Höhe

1.8 Anwendungen

Beispiel 23 Der rahmenartige, statisch bestimmt gelagerte Träger (**1.**52) aus I300 mit den Profilwerten $I_y = I_R = I_S = I = 9800$ cm^4, $A = 69,0$ cm^2, $A_Q = 30,7$ cm^2, E-Modul $E = 2,1 \cdot 10^4$ kN/cm^2, Gleitmodul $G = 0,8 \cdot 10^4$ kN/cm^2, wird in der rechten oberen Ecke mit der horizontalen Kraft $F = 1$ kN belastet.

Wie groß ist die waagrechte Verschiebung δ des Lagers b?

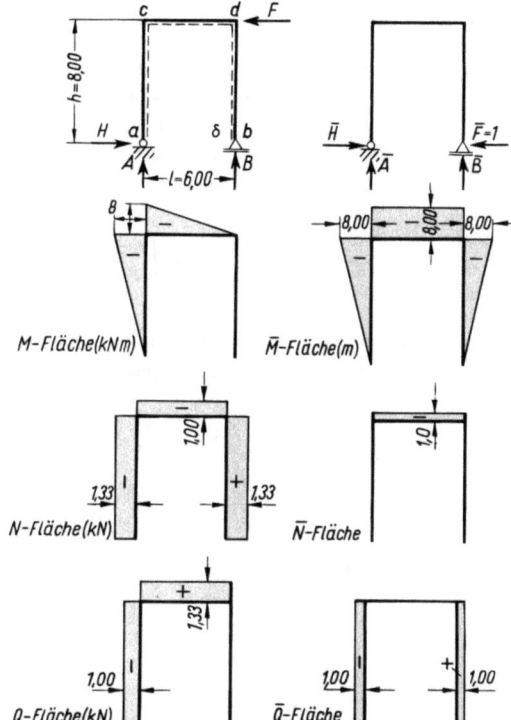

1.52 Horizontale Verschiebung des Lagerpunktes b

a) Ermittlung der Momente M, Längskräfte N und Querkräfte Q aus der wirklichen Belastung.

$$H = F = 1 \text{ kN}$$

$$A = -B \frac{1 \cdot 8}{6} = 1,33 \text{ kN}$$

$M_{\text{cStiel}} = -H \cdot h = -1 \cdot 8 = -8$ kNm $M_{\text{cRiegel}} = M_{\text{cStiel}} = -8$ kNm $M_d = 0$

$N_{ac} = -A = -1,33$ kN $N_{bd} = -B = +1,33$ kN $N_{cd} = -H = -1$ kN

$Q_{ac} = -H = -1,0$ kN $Q_{bd} = 0$ $Q_{cd} = -B = +A = 1,33$ kN

b) Ermittlung der Momente $\bar{M}$, der Längskräfte $\bar{N}$ und der Querkräfte $\bar{Q}$ aus der virtuellen Last $\bar{F} = 1$ im Punkt b in Richtung der gesuchten Verschiebung.

$\bar{A} = \bar{B} = 0$ $\bar{H} = +1$ $\bar{M}_c = \bar{M}_d = \bar{M}_{cd} = -\bar{H} \cdot h = -1 \cdot 8 = -8$ m $= -800$ cm

$\bar{N}_{ac,bd} = 0$ $\bar{N}_{cd} = -\bar{H} = -1$ $\bar{Q}_{cd} = 0$ $\bar{Q}_{ac} = -1$ $\bar{Q}_{bd} = +1$

Beispiel 23 c) Wir erhalten dann unter Berücksichtigung der Formänderungseinflüsse aus M, Q und N
Forts.

$$\delta = \int \frac{M\bar{M}}{EI} dx + \int \frac{Q\bar{Q}}{GA_Q} dx + \int \frac{N\bar{N}}{EA} dx$$

Jedes dieser Integrale spalten wir in drei Summanden auf, nämlich in die Beiträge des linken Stiels, des Riegels und des rechten Stiels. Eine Betrachtung der wirklichen und virtuellen Schnittgrößen zeigt dann, daß insgesamt fünf Summanden gleich Null sind:
1. Da die Momente M im Stiel bd gleich Null sind, entfällt für diesen Stiel der Beitrag aus dem Moment.
2. Da die Querkraft Q im Stiel bd und die Querkraft $\bar{Q}$ im Riegel gleich Null sind, entfallen für den Stiel bd und den Riegel die Beiträge aus der Querkraft.
3. Da die Längskräfte $\bar{N}$ in den Stielen ac und bd gleich Null sind, entfallen für die Stiele die Beiträge aus der Längskraft.

Wir können also schreiben

$$\delta = \int_0^h \frac{M\bar{M}}{EI_S} dx + \int_0^l \frac{M\bar{M}}{EI_R} dx + 0 + \int_0^h \frac{Q\bar{Q}}{GA_Q} dx + 0 + 0 + 0 + \int_0^l \frac{N\bar{N}}{EA} dx + 0.$$

Mit der $M\bar{M}$-Tafel, die auch für die Integrale $\int N\bar{N} dx$ und $\int Q\bar{Q} dx$ anwendbar ist, erhält man
1. für den Anteil aus den **Momenten** für den **Stiel**, bei dem 2 Dreiecke zu überlagern sind,

$$\delta_{MS} = \frac{1}{3} h M_c \bar{M}_c \frac{1}{EI} = \frac{1}{3} 800 (-800)(-800) \cdot \frac{1}{2{,}1 \cdot 10^4 \cdot 9800}$$

$$= \frac{5{,}12 \cdot 10^8}{3 \cdot 2{,}1 \cdot 10^4 \cdot 9{,}8 \cdot 10^3} = 0{,}8293 \text{ cm}$$

für den **Riegel**

$$\delta_{MR} = \frac{1}{2} l M \bar{M} \frac{1}{EI} = \frac{1}{2} 600 (-800)(-800) \cdot \frac{1}{2{,}1 \cdot 10^4 \cdot 9800}$$

$$= \frac{3{,}84 \cdot 10^8}{2 \cdot 2{,}1 \cdot 10^4 \cdot 9{,}8 \cdot 10^3} = 0{,}9329 \text{ cm}$$

2. für den Anteil aus den **Querkräften**

$$\delta_{QS} = h Q \bar{Q} \frac{1}{GA_Q} = \frac{800(-1)(-1)}{0{,}8 \cdot 10^4 \cdot 30{,}7} = \frac{800}{0{,}8 \cdot 10^4 \cdot 30{,}7} = 0{,}0033 \text{ cm}$$

3. für den Anteil aus den **Längskräften**

$$\delta_{NR} = l N \bar{N} \frac{1}{EA} = \frac{600(-1)(-1)}{2{,}1 \cdot 10^4 \cdot 69{,}0} = \frac{600}{2{,}1 \cdot 10^4 \cdot 69{,}0} = 0{,}0004 \text{ cm}$$

Insgesamt $\delta = 0{,}8293 + 0{,}9329 + 0{,}0033 + 0{,}0004 = 1{,}7659$ cm

Auch dies Beispiel zeigt, daß man bei schlanken Trägern den Einfluß der Querkraft vernachlässigen kann. Das gleiche gilt hier und bei ähnlichen Tragwerken für den Einfluß der Längskraft.

Bei **Bogentragwerken** können jedoch die Formänderungen aus M und N von der **gleichen Größenordnung** sein. Deshalb dürfen bei Bogentragwerken die Beiträge der Längskräfte zu den Formänderungen nicht vernachlässigt werden.

1.8 Anwendungen

Beispiel 24 Bei dem Träger nach Bild **1.**53 ist die Durchbiegung in der Mitte zu bestimmen. Der Träger wird ausgeführt als I240 mit dem Flächenmoment $I_y = 4250$ cm^4.

Die M-Fläche ist ein Trapez, die $\bar{M}$-Fläche ein Dreieck. Beide Momentenflächen sind symmetrisch, so daß die Betrachtung einer Trägerhälfte genügt. Bei der Berechnung der Durchbiegung mit Hilfe der $M\,\bar{M}$-Tafel gibt es mehrere Möglichkeiten, die Überlagerung durchzuführen. Zwei dieser Möglichkeiten sollen hier gezeigt werden.

a) Man teile die Momentenfläche in zwei Abschnitte: 0 bis 1 und 1 bis 2. Es sind dann zu überlagern im Bereich 0 bis 1 zwei Dreiecke mit den Ordinaten $M_1 = 45$ kNm und $\bar{M} = 0{,}75$ m, im Bereich 1 bis 2 ein Rechteck mit den Ordinaten $M_1 = 45$ kNm und ein Trapez mit den Ordinaten $\bar{M}_1 = 0{,}75$ m und $\bar{M}_2 = 1{,}50$ m (**1.**53a bis f).

Damit ergibt sich nach Tafel **1.**20 mit den Werten von Zeile 2, Spalte b (2/b) und Zeile 1, Spalte d (1/d) die Durchbiegung zu

$$\delta = \frac{1}{2{,}1 \cdot 10^4 \cdot 4250}\left(\frac{1}{3} \cdot 150 \cdot 4500 \cdot 75 + 150 \cdot 4500 \cdot \frac{75+150}{2}\right)2 = 2{,}08 \text{ cm}$$

b) Man ergänzt die M-Fläche zu einem Dreieck (**1.**53b). Überlagert man jetzt die zwei Dreiecke mit den Ordinaten $M = 45 + 45 = 90$ kNm und $\bar{M} = 1{,}50$ m und zieht von diesem Wert die Überlagerung des Ergänzungsdreiecks (Ordinate $M = 45$ kNm) mit der $\bar{M}$-Fläche zwischen 1 und 3 (zwei Trapeze) ab, so hat man ebenfalls den Wert für die Durchbiegung δ (**1.**53h und i).

Nach der $M\,\bar{M}$-Tafel mit den Werten (2/b) und (2/d) ist dann

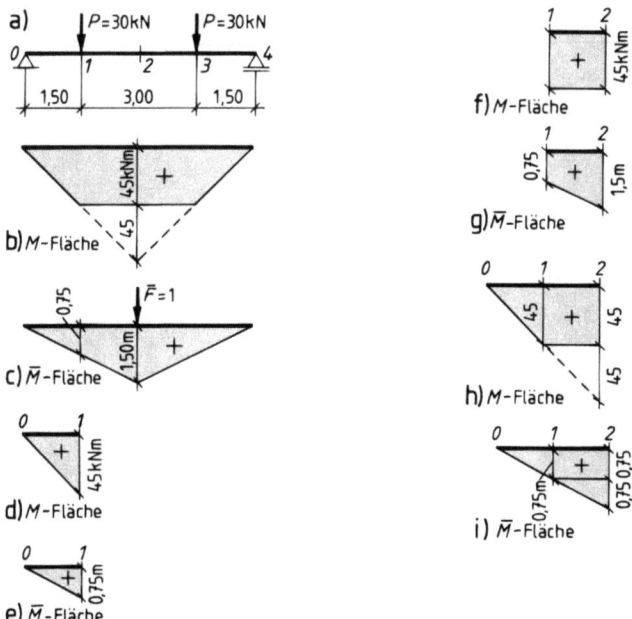

1.53 Durchbiegung des Trägers in Feldmitte

**Beispiel 24
Forts.**

$$\delta = \frac{1}{2{,}1 \cdot 10^4 \cdot 4250} \left[\frac{1}{3} 300 \cdot 9000 \cdot 150 - \frac{1}{6} \cdot 150 \cdot 4500 \, (2 \cdot 150 + 75) \right] 2$$

$$= \frac{10^7}{2{,}1 \cdot 4{,}25 \cdot 10^7} \left(\frac{1}{3} \cdot 9 \cdot 1{,}5 \cdot 3 - \frac{1}{6} \cdot 4{,}5 \cdot 3{,}75 \cdot 1{,}5 \right) 2$$

$$= \frac{10^7}{2{,}1 \cdot 4{,}25 \cdot 10^7} (13{,}5 - 4{,}22) \, 2 = 2{,}08 \text{ cm}$$

Beispiel 25 Bei dem Stahlträger I260 (**1.54**) mit $I_y = 5740$ cm^4 ist die Durchbiegung des Gelenkes unter der Last $p = 20$ kN/m zu berechnen.

Zur Ermittlung der Durchbiegung im Gelenk muß man den Träger mit einer gedachten Kraft $\bar{F} = 1$ im Gelenk belasten. Damit ergeben sich nachstehende Lager- und Schnittgrößen:

a) Aus der wirklichen Belastung

$$C = \frac{1}{2} \cdot 20 \cdot 3{,}0 = 30 \text{ kN}$$

Die Gelenkkraft beträgt

$$G = \frac{1}{2} \cdot 20 \cdot 3{,}0 = 30 \text{ kN}$$

$$A = -G \cdot \frac{2{,}0}{5{,}0} = -\frac{30 \cdot 2}{5} = -12 \text{ kN}$$

$$B = +G \cdot \frac{5+2}{5{,}0} = 30 \cdot \frac{7}{5} = 42 \text{ kN}$$

$$M_1 = -A \cdot 5{,}0 = -12 \cdot 5 = -60 \text{ kN}$$

Größtes Moment im Koppelträger

$$M_k = \frac{20 \cdot 3^2}{8} = 22{,}5 \text{ kNm}$$

Die Momentenfläche M zeigt Bild **1.54 b**.

b) Aus der gedachten Last $\bar{F} = 1$

$$\bar{C} = 0 \quad \bar{A} = -\frac{1 \cdot 2}{5{,}0} = -0{,}4 \quad \bar{B} = +\frac{1 \cdot (2+5)}{5} = 1{,}4 \quad \bar{M}_1 = -1 \cdot 2 = -2 \text{ m}$$

Die Momentenfläche $\bar{M}$ zeigt Bild **1.54 d**.

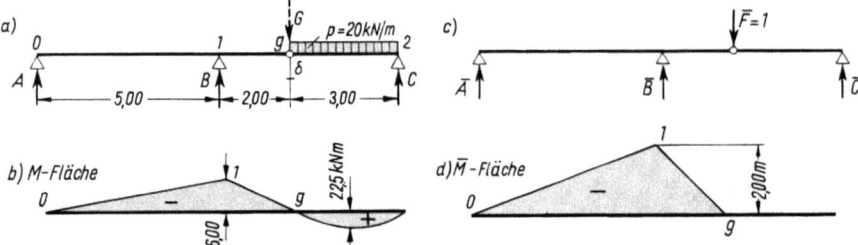

1.54 Durchbiegung des Gelenkpunktes

1.8 Anwendungen

Beispiel 25 Zur Ermittlung der Durchbiegung hat man 2 Dreiecke mit den Höhen $M_1 = -60$ kNm und
Forts. $\bar{M}_1 = -2,0$ m zu überlagern. Nach Tafel **1.20** Zeile 2 und Spalte b (2/b) wird

$$\delta = \frac{1}{2{,}1 \cdot 10^4 \cdot 5740} \left(\frac{1}{3} \cdot 500 \cdot 6000 \cdot 200 + \frac{1}{3} \cdot 200 \cdot 6000 \cdot 2000 \right)$$

$$= \frac{10^7}{2{,}1 \cdot 10^4 \cdot 5{,}74 \cdot 10^3} \left(\frac{1}{3} \cdot 7 \cdot 6 \cdot 2 \right) = 2{,}32 \text{ cm}$$

Beispiel 26 Der Träger I140 (**1.55**) mit $I_y = 573$ cm^4 wird durch eine horizontale Last $P = 8$ kN beansprucht. Gesucht ist die Verdrehung φ_2 des Querschnittes bei Punkt 2.
Nach der 2. Grundaufgabe ist als gedachte Belastung ein Moment $\bar{M} = 1$ im Punkt 2 einzuführen. Die Lagerkräfte und Momente betragen

a) für die wirkliche Belastung (**1.55a**)

$$A = -\frac{P \cdot c}{l} = -\frac{8 \cdot 0{,}8}{6{,}0} = -1{,}07 \text{ kN} \qquad B = -A = 1{,}07 \text{ kN}$$

$$M_{1l} = -A \cdot 3{,}0 = -1{,}07 \cdot 3 = -3{,}2 \text{ kNm}$$

$$M_{1r} = +B \cdot 3{,}0 = +1{,}07 \cdot 3 = +3{,}2 \text{ kNm}$$

b) für die gedachte Belastung $\bar{M} = 1$ (**1.55c**)

$$\bar{A} = -\frac{1}{l} = -\frac{1}{6} \text{ m}^{-1} \qquad \bar{B} = -\bar{A} = +\frac{1}{6} \text{ m}^{-1}$$

$$\bar{M}_1 = +\bar{A} \cdot 3{,}0 = -\frac{1}{6} \cdot 3 = -\frac{1}{2} \qquad \bar{M}_2 = +\bar{A} \cdot 6{,}0 = -\frac{1}{6} \cdot 6 = -1$$

Die Momentenflächen sind in den Bildern **1.55b** und **1.55d** dargestellt.

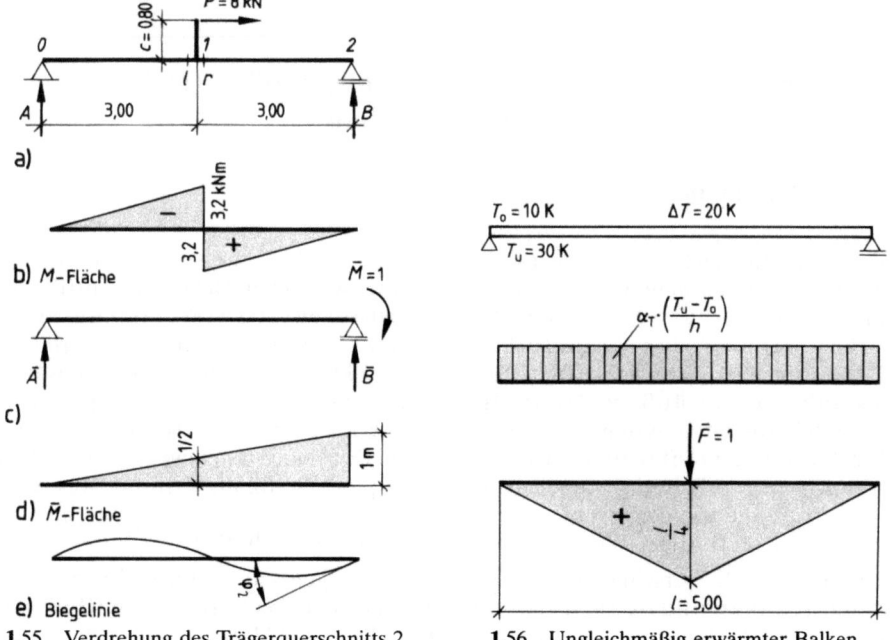

1.55 Verdrehung des Trägerquerschnitts 2

1.56 Ungleichmäßig erwärmter Balken

Beispiel 26 Forts. Soll die Verdrehung φ_2 mit Hilfe der $M\bar{M}$-Tafel ermittelt werden, so sind zu überlagern im Abschnitt 0 bis 1: zwei Dreiecke mit den Ordinaten $M = -3,2$ kNm und $\bar{M} = -1/2$; in Abschnitt 1 bis 2: ein Dreieck mit der Ordinate $M = 3,2$ kNm und ein Trapez mit den Ordinaten $\bar{M}_1 = -1/2$ und $\bar{M}_2 = -1$.

Nach Zeile 2 und Spalte b (2/b) sowie Zeile 2 und Spalte d (2/d) der Tafel **1.**20 beträgt die Verdrehung

$$\varphi_2 = \frac{1}{2,1 \cdot 10^4 \cdot 573} \left\{ \frac{1}{3} \cdot 300 \, (-320) \left(-\frac{1}{2}\right) + \frac{1}{6} \cdot 300 \cdot 320 \left[2\left(-\frac{1}{2}\right) + (-1)\right] \right\}$$

$$= \frac{300 \cdot 320}{6 \cdot 2,1 \cdot 10^4 \cdot 573} \left\{ (-2) \left(-\frac{1}{2}\right) + \left[2\left(-\frac{1}{2}\right) + (-1)\right] \right\}$$

$$= \frac{3 \cdot 3,2 \cdot 10^4}{6 \cdot 2,1 \cdot 5,73 \cdot 10^6} (+1-2) = -1,33 \cdot 10^{-3} \text{ rad} = -0,076°$$

Die Verdrehung φ_2 beträgt $-1,33 \cdot 10^{-3}$ im Bogenmaß oder $-0,08°$. Sie hat den entgegengesetzten Drehsinn des virtuellen Momentes. Die Biegelinie zeigt Bild **1.**55e.

Beispiel 27 Gegeben ist ein Träger (**1.**56) aus einem I 200, der der Temperaturdifferenz von $\Delta T = T_u - T_o = 20$ K unterliegt. Gesucht ist die Durchbiegung in der Mitte. Die Aufgabe läßt sich mit Hilfe der $M\bar{M}$-Tafel lösen, wenn man den in Gl. (1.5) auftretenden Quotienten $\alpha_T \Delta T/d$ als eine Momentenfläche auffaßt (vgl. Beispiel 11). Sie ist im vorliegenden Fall rechteckig, so daß man mit dem Wert $1/2 \cdot l\, M\bar{M}$ in Zeile 1 und Spalte c (1/c) erhält

$$\delta = 2\left[\frac{1}{2}\frac{l}{2}\frac{l}{4}\frac{\alpha_T \Delta T}{d}\right] = \frac{l^2}{8}\frac{\alpha_T(T_u - T_o)}{d}$$

$$= \frac{500^2}{8}\frac{0,000012 \cdot (30-10)}{20} = 0,375 \text{ cm}$$

1.9 Prinzip der virtuellen Verschiebungsgrößen (PvV) an statisch bestimmten Tragwerken

1.9.1 Allgemeines

Das PvV ermöglicht es, eine einzelne Schnittgröße S_r zu bestimmen, die im Punkt r eines statisch bestimmten Tragwerks infolge einer wirklichen Belastung auftritt. Wir beseitigen zu diesem Zwecke im Punkt r des belasteten Tragwerks die der gesuchten Schnittgröße S_r zugeordnete konstruktive Bindung; gleichzeitig bringen wir im Punkt r die gesuchte Schnittgröße, die im Punkt r nicht mehr übertragen werden kann, als unbekannte äußere Doppelgröße an. Durch diese Maßnahmen wird aus dem statisch bestimmten System eine zwangläufige kinematische Kette, die sich im labilen Gleichgewicht befindet. Erteilen wir nun diesem System eine virtuelle Verschiebung, so ist nach einem grundlegenden Prinzip der Statik die Summe der virtuellen Arbeiten, die von den wirklichen Last-, Stütz- und Schnittgrößen auf den zugeordneten virtuellen Weggrößen geleistet wird, gleich Null.

Da die virtuelle Verschiebung ohne Zwang erfolgen kann, gibt es keine virtuellen Verzerrungen und Schnittgrößen und als Folge davon keine virtuelle Formänderungsarbeit oder virtuelle innere Arbeit $\bar{W}_i = \int M\bar{M}\, dx/EI$. Allein die äußere virtuelle Arbeit $\overline{W}_a$, zu der auch die virtuelle Arbeit der gesuchten Kraftgröße gehört, ist gleich Null.

Die Gleichung $W_a = 0$ wird somit zur Bestimmungsgleichung für S_r.

Die Tatsache, daß es bei der vorstehend beschriebenen Anwendung des PvV keine Beiträge von Formänderungsarbeit gibt, führt auch zu der Bezeichnung „Anwendung des PvV auf starre Tragwerke".

1.9.2 Gang der Berechnung

Der Gang der Berechnung wird im folgenden in allgemeiner Form sowie an einem Zahlenbeispiel ausführlich erläutert.

Der Berechnung der Schnittgrößen M_r, Q_r oder N_r im Punkt r des Tragwerks liegen drei gedankliche Schritte zugrunde:

1. Schritt: Wir lassen die gegebene wirkliche Belastung auf das Tragwerk wirken (**1.**57a).

2. Schritt: Wir beseitigen im Punkt r die der gesuchten Schnittgröße zugeordnete konstruktive Bindung und bringen zugleich beiderseits des Punktes r die noch unbekannte Schnittgröße als äußere Kraftgröße an. Das sieht im einzelnen folgendermaßen aus:

a) Suchen wir das Moment M_r, beseitigen wir im Punkt r die Biegesteifigkeit, indem wir dort ein Gelenk einführen. Dadurch wird die Übertragung von Quer- und Längskräften im Punkt r nicht behindert. Zugleich bringen wir beiderseits des Gelenks als Unbekannte die Schnittgröße M_r mit positivem Biegesinn an (**1.**57b).

b) Wollen wir die Querkraft Q_r bestimmen, so beseitigen wir im Punkt r die Möglichkeit, Querkräfte zu übertragen. Das kann z.B. durch den Einbau eines senkrecht zur Stabachse beweglichen Schiebers (**1.**57d) geschehen, der das Weiterleiten von Momenten und Längskräften nicht beeinträchtigt. Zugleich bringen wir beiderseits des Schiebers als Unbekannte die Schnittgröße Q_r mit positivem Richtungssinn an. Der in Bild **1.**57d dargestellte Schieber sowie andere Konstruktionen, die das gleiche bewirken, werden auch als Querkraftgelenk bezeichnet.

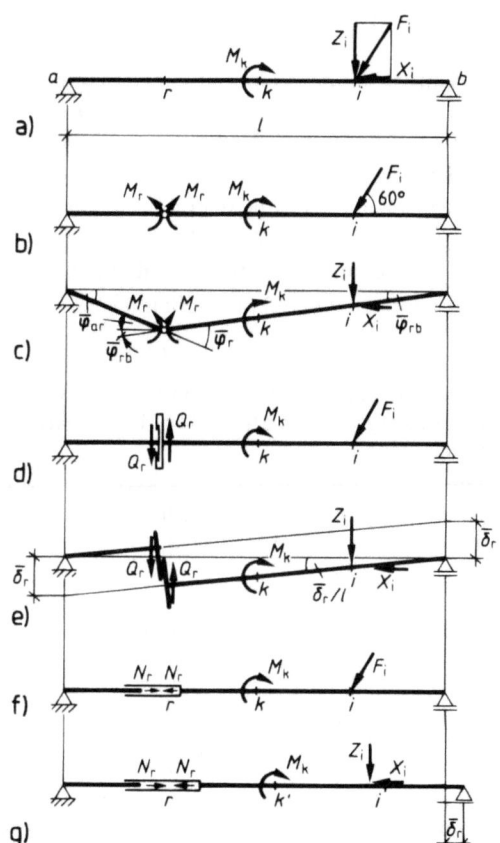

1.57 Prinzip der virtuellen Verschiebungsgrößen, Gedankenmodelle für das Lösen konstruktiver Bindungen:

b), c) Gelenk für $M_r = 0$; d), e) Schieber für $Q_r = 0$; f), g) Schiebehülse für $N_r = 0$

c) Um die Längskraft N_r zu ermitteln, beseitigen wir im Punkt r die Fähigkeit, eine Längskraft zu übertragen, indem wir dort eine **Schiebehülse** anordnen, die Momente und Querkräfte weiterleiten kann (**1.57f**). Zugleich bringen wir beiderseits der Schiebehülse, die auch als **Längskraftgelenk** bezeichnet wird, als Unbekannte die Längskraft N_r mit positivem Vorzeichen, d.h. als Zugkraft, an.

Durch das Beseitigen einer konstruktiven Bindung und das gleichzeitige Ersetzen der nicht mehr übertragbaren unbekannten Schnittgröße durch ein Paar äußerer, ebenfalls unbekannter Kraftgrößen wird der **Gleichgewichtszustand des Systems nicht verändert**. Das Einführen eines Gelenks, eines Schiebers senkrecht zur Stabachse oder einer Schiebehülse macht jedoch aus einem statisch bestimmtem Tragwerk, auf das wir uns hier beschränken, eine **zwangläufige kinematische Kette**. Eine solche hat einen Freiheitsgrad und kann Bewegungen ausführen, ohne daß sich ihre Elemente verformen müssen.

3. Schritt: Wir erteilen der zwangläufigen kinematischen Kette eine **virtuelle Bewegung entgegen dem Dreh- oder Richtungssinn der gesuchten, positiv eingeführten Schnittgröße**. Das Tragwerk erhält dadurch im Punkt r

im Fall a) einen **Knick** in der Trägerachse mit dem Knickwinkel $\bar{\varphi}_r$ (**1.57c**);

im Fall b) einen **Sprung** in der Trägerachse von der Größe $\bar{\delta}_r$, und zwar so, daß die Trägerachsen beiderseits des Sprungs **parallel** sind (**1.57e**);

im Fall c) eine **Spreizung** der Stabenden in der Schiebehülse von der Größe $\bar{\delta}_r$ (**1.57g**).

Die unbekannten Schnittgrößen leisten dabei die virtuellen Arbeiten

a) $\quad -M_r \bar{\varphi}_r$ b) $-Q_r \bar{\delta}_r$ c) $-N_r \bar{\delta}_r$

Diese virtuellen Arbeiten sind **negativ**, weil die unbekannten Kraftgrößen den **entgegengesetzten Dreh- oder Richtungssinn** haben wie die zugeordneten Verschiebungsgrößen.

Die virtuelle Arbeit, die von **Lasten** F_i und **Lastmomenten** M_k bei der virtuellen Bewegung der zwangläufigen kinematischen Kette geleistet wird, muß im einzelnen mit Hilfe von **geometrischen Beziehungen** ermittelt werden; wir bezeichnen sie allgemein mit

$$\Sigma F_i \bar{\delta}_i + \Sigma M_k \bar{\varphi}_k$$

und erhalten damit die Arbeitsgleichungen

a) $\quad -M_r \bar{\varphi} + \Sigma F_i \bar{\delta}_i + \Sigma M_k \bar{\varphi}_k = 0$

b) $\quad -Q_r \bar{\delta}_r + \Sigma F_i \bar{\delta}_i + \Sigma M_k \bar{\varphi}_k = 0$

c) $\quad -N_r \bar{\delta}_r + \Sigma F_i \bar{\delta}_i + \Sigma M_k \bar{\varphi}_k = 0$

Als nächstes drücken wir die virtuellen Verschiebungsgrößen $\bar{\delta}_i$ und $\bar{\varphi}_k$ durch $\bar{\varphi}_r$ (Fall a) oder $\bar{\delta}_r$ (Fall b) und c)) aus und kürzen $\bar{\varphi}_r$ oder $\bar{\delta}_r$ aus den Arbeitsgleichungen heraus. Die gesuchten Schnittgrößen M_r, Q_r und N_r sind nämlich von der **Größe der virtuellen Bewegung unabhängig**, solange diese so klein bleibt, daß die Voraussetzungen der Theorie I. Ordnung gewahrt bleiben.

Nach der Eliminierung von $\bar{\varphi}_r$ oder $\bar{\delta}_r$ können M_r, Q_r oder N_r aus der zugehörigen umgeformten Gleichung berechnet werden.

Wie die vorstehende Ableitung zeigt, können wir die drei Schnittgrößen des Querschnitts im Punkt r nicht nur mit dem Schnittverfahren und den drei Gleichgewichtsbedingungen, sondern auch durch **dreimaliges Ansetzen des Prinzips der virtuellen Verschiebungsgrößen** ermitteln.

1.9.3 Anwendung

Beispiel 28 Der einfache Träger auf zwei Lagern nach Bild **1.**58 wird beansprucht durch das Moment $M_3 = 12$ kNm und die unter 60° geneigte Last $F_4 = 10$ kN. Gesucht sind die Schnittgrößen M_2, Q_2, N_2 (linker Viertelspunkt).

a) Berechnung von M_2: Nach dem Aufbringen der Belastung (**1.**58a) führen wir im Punkt 2 ein G e l e n k ein und bringen die unbekannte Schnittgröße M_2 beiderseits des Gelenks als p o s i t i v e s ä u ß e r e s M o m e n t an. Als nächstes verdrehen wir im Punkt 2 die Trägerabschnitte 12 und 25 e n t g e g e n d e m D r e h s i n n des zugehörigen Moments M_2 gegeneinander, so daß sie den Winkel $\bar{\varphi}_2$ einschließen (**1.**58b). Der Trägerteil 12 hat sich dann um $\bar{\varphi}_{12} = 0{,}75 \, \bar{\varphi}_2$ im Uhrzeigersinn, der Trägerteil 25 um $\bar{\varphi}_{25} = 0{,}25 \, \bar{\varphi}_2$ entgegen dem Uhrzeigersinn verdreht. Die virtuelle Arbeit der Doppelgröße M_2 beträgt somit

$$-M_2 \, 0{,}75 \, \bar{\varphi}_2 - M_2 \, 0{,}25 \, \bar{\varphi}_2 = -M_2 \, \bar{\varphi}_2.$$

Bei der Verdrehung des rechten Trägerteils um $\bar{\varphi}_{25} = 0{,}25 \, \bar{\varphi}_2$ leistet das äußere Momente M_3 die virtuelle Arbeit $-M_3 \, 0{,}25 \, \bar{\varphi}_2 = -12 \cdot 0{,}25 \, \bar{\varphi}_2 = -3{,}00 \, \bar{\varphi}_2$ kNm. Da sich bei dieser Verdrehung der Angriffspunkt von F_4 um $\bar{\delta}_4 = 0{,}25 \, \bar{\varphi}_2 \, l/4 = 0{,}25 \, \bar{\varphi}_2 \, 2{,}00$ m $= 0{,}50 \, \bar{\varphi}_2$ m nach unten verschiebt, liefert auch die lotrechte Komponente der Last F_4 einen Beitrag zur virtuellen Arbeit; er hat die Größe $Z_4 \, \bar{\delta}_4 = 8{,}66 \cdot 0{,}50 \, \bar{\varphi}_2 = 4{,}33 \, \bar{\varphi}_2$ kNm.

Das Prinzip der virtuellen Verschiebungsgrößen liefert damit die Gleichung

$$-M_2 \, \bar{\varphi}_2 + M_3 \, 0{,}25 \, \bar{\varphi}_2 + Z_4 \, 0{,}50 \, \bar{\varphi}_2 = -M_2 \bar{\varphi}_2 - 3{,}00 \, \bar{\varphi}_2 + 4{,}33 \, \bar{\varphi}_2 = 0$$

und wir erhalten nach Kürzen von $\bar{\varphi}_2$

$$M_2 = 1{,}33 \text{ kNm}.$$

b) Berechnung von Q_2: Nach dem Aufbringen der Belastung führen wir im Punkt 2 die Möglichkeit der gegenseitigen Verschiebung senkrecht zur Trägerachse ein (**1.**58c) und bringen beiderseits des Schiebemechanismus die unbekannte Querkraft Q_2 mit positivem Vorzeichen als äußere Kraft an. Dann verdrehen wir den Trägerabschnitt 12 um das Lager 1 rechtsherum und den Trägerabschnitt 25 um das Lager 5 linksherum, so daß sich im Punkt 2 ein Sprung der Größe $\bar{\delta}_2$ ergibt (**1.**58d). Der Schieber bewirkt, daß die Achsen der beiden Trägerabschnitte 12 und 25 nach der Verdrehung parallel sind: Sie haben sich um $\bar{\delta}_2/l$ rad links- bzw. rechtsherum verdreht. Der Drehwinkel ist infinitesimal klein; wir rechnen daher bei der Verschiebung der Querkräfte Q_2 und der lotrechten Komponente von F_4 nicht mit den Kreisbogen, die die inneren Endpunkte der Trägerabschnitte 12 und 15 sowie der Punkt 4 beschreiben, sondern mit den lotrechten Tangenten in den Punkten 2 und 4. Die Berechnung der bei der virtuellen Verdrehung geleisteten virtuellen Arbeiten ergibt dann

für die beiden Querkräfte Q_2

$$-Q_2 \, 0{,}25 \, \bar{\delta}_2 - Q_2 \, 0{,}75 \, \bar{\delta}_2 = -Q_2 \, 1{,}00 \, \bar{\delta}_2 \text{ kNm};$$

für das rechtsdrehende Moment M_3

$$-M_3 \, \bar{\delta}_2/l = -12 \, \bar{\delta}_2/8 = -1{,}5 \, \bar{\delta}_2 \text{ kNm};$$

für die Kraft F_4: ihr Angriffspunkt hat sich um $\bar{\delta}_4 = 0{,}25 \, \bar{\delta}_2$ nach unten verschoben; die lotrechte Komponente der Kraft F_4 leistete dabei die virtuelle Arbeit

$$F_4 \sin 60° \cdot 0{,}25 \, \bar{\delta}_2 = Z_4 \, 0{,}25 \, \bar{\delta}_2 = 8{,}66 \cdot 0{,}25 \, \bar{\delta}_2 = 2{,}165 \, \bar{\delta}_2 \text{ kNm}.$$

Das Prinzip der virtuellen Verschiebungsgrößen liefert daher die Arbeitsgleichung

$$-Q_2 \, 1{,}00 \, \bar{\delta}_2 - 1{,}50 \, \bar{\delta}_2 + 2{,}165 \, \bar{\delta}_2 = 0$$

und nach Kürzen von $\bar{\delta}_2$

$$-Q_2 - 1{,}50 + 2{,}165 = 0;$$

aus ihr ergibt sich $Q_2 = -1{,}50 + 2{,}165 = 0{,}665$ kN.

c) Berechnung von N_2: Wir belasten den Träger, bringen im Punkt 2 eine Schiebehülse an und lassen an den beiden Teilen der Schiebehülse die unbekannte Längskraft N_2 als Zug-

58   1.9 Prinzip der virtuellen Verschiebungsgrößen (PvV) an statisch bestimmten Tragwerken

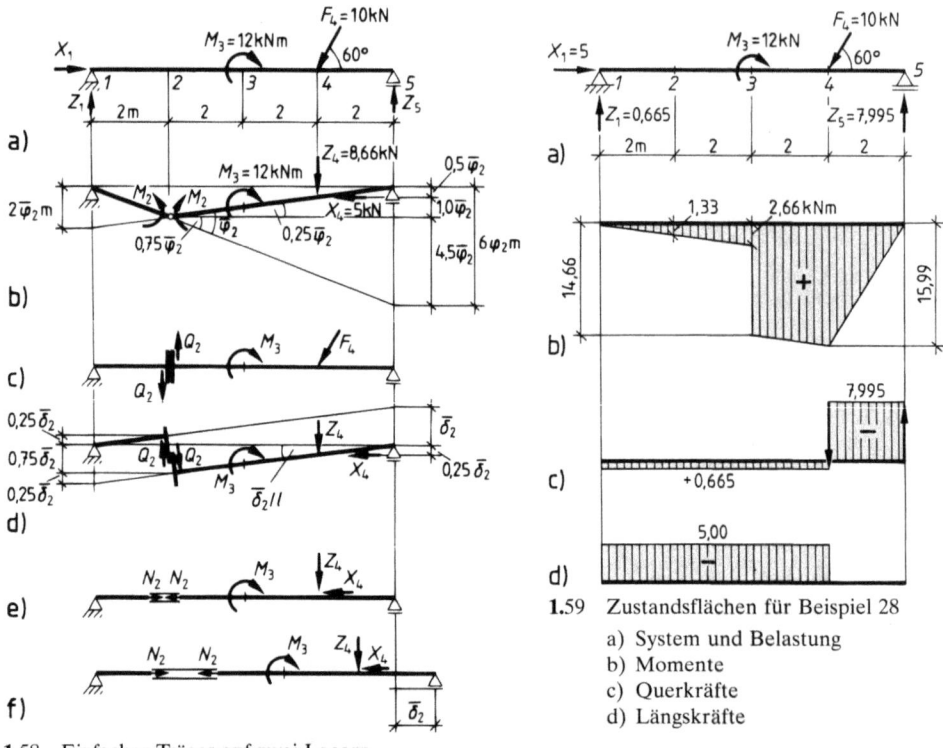

1.58 Einfacher Träger auf zwei Lagern

1.59 Zustandsflächen für Beispiel 28
a) System und Belastung
b) Momente
c) Querkräfte
d) Längskräfte

kraft wirken (**1.58e**). Da der Trägerabschnitt 12 unverschieblich ist, erteilen wir dem Trägerabschnitt 25 eine horizontale virtuelle Verschiebung $\bar{\delta}_2$ nach rechts, d.h. entgegengesetzt dem Richtungssinn der am Trägerabschnitt 25 angreifenden Zugkraft N_2 (**1.58f**). Dabei leistet diese Zugkraft die virtuelle Arbeit $-N_2 \bar{\delta}_2$. Negative virtuelle Arbeit wird auch von der horizontalen Komponente $X_4 = 5{,}00$ kN der Kraft F_4 geleistet, da X_4 ebenfalls entgegen ihrem Richtungssinn verschoben wird, und zwar um dieselbe Strecke: Es ist $\bar{\delta}_4 = \bar{\delta}_2$. Das Prinzip der virtuellen Verschiebungsgrößen führt damit zu der Gleichung

$$-N_2 \bar{\delta}_2 - X_4 \bar{\delta}_4 = -N_2 \bar{\delta}_2 - X_4 \bar{\delta}_2 = 0$$

und nach Kürzen von $\bar{\delta}_2$ zu

$$N_2 = -X_4 = -5{,}00 \text{ kN}$$

Die Zustandsflächen des Trägers zeigt Bild **1.59**.

1.9.4 Verwendung von virtuellen Einheitsverschiebungsgrößen

In der Praxis wird vielfach nicht mit den unbestimmten Verschiebungsgrößen $\bar{\varphi}_r$ und $\bar{\delta}_r$ gearbeitet, die zum Schluß der Berechnung weggekürzt werden, sondern mit $\bar{\varphi}_r = 1$ rad und $\bar{\delta}_r = 1$ m. Das erweist sich bei der Durchführung der Berechnung als zweckmäßig, läßt aber das der Berechnung zugrundeliegende Prinzip weniger deutlich erkennen.

2 Zustandslinien elastischer Formänderung

2.1 Punktweise Ermittlung der Biegelinie

Mit der Arbeitsgleichung kann man die Verschiebung jedes Punktes eines belasteten Tragwerks in beliebiger Richtung bestimmen. Ermittelt man die Verschiebungen mehrerer nebeneinanderliegender Punkte in die gleiche Richtung und verbindet man die verschobenen Punkte, so ergibt sich die Biegelinie für die Richtung, für die die Verschiebungen bestimmt wurden. Diese Methode der punktweisen Ermittlung der Biegelinie ist auf Stabwerke und Fachwerke anwendbar, und zwar mit Hilfe der 1. Grundaufgabe (s. Abschn. 1.5.2). Die Biegelinie ergibt sich dabei in Annäherung an die Wirklichkeit als Polygonzug; je geringer der Abstand der Punkte gewählt wird, desto besser ist die Näherung. Meist interessieren nur die vertikal gerichteten Verschiebungen oder Durchbiegungen; im folgenden werden nur sie ermittelt.

2.1.1 Biegelinie des Stabwerks

Zur Verdeutlichung des Vorgehens beim Stabwerk soll die Durchbiegung einiger Punkte eines einfachen Trägers berechnet werden.

Beispiel 1 Ein Unterzug aus I200 (**2.**1) mit der Stützweite $l = 4{,}00$ m ist mit einer gleichmäßig verteilten Last $q = 15$ kN/m belastet. Gesucht ist die Biegelinie des Unterzuges.

Für den Verlauf der Biegelinie sollen folgende Ordinaten genügen:

$$x_1 = 0{,}2\, l = 0{,}80 \text{ m} \qquad x_2 = 0{,}4\, l = 1{,}60 \text{ m} \qquad x_3 = 0{,}5\, l = 2{,}00 \text{ m}$$
$$x_4 = 0{,}6\, l = 2{,}40 \text{ m} \qquad x_5 = 0{,}8\, l = 3{,}20 \text{ m}$$

Da die Belastung symmetrisch ist, werden die Durchbiegungen $\delta_1 = \delta_5$ und $\delta_2 = \delta_4$.

Es genügt also, die Ordinaten der Biegelinie in den Punkten $x_1 = 0{,}80$ m, $x_2 = 1{,}60$ m und $x_3 = 2{,}00$ m zu berechnen. Dazu belastet man den Träger in diesen Punkten nacheinander mit der gedachten Belastung $\bar{F} = 1$.

Die Momentenflächen $\bar{M}$ infolge der Belastungen $\bar{F}_1 = 1$, $\bar{F}_2 = 1$ und $\bar{F}_3 = 1$ zeigen Bild **2.**1 d, f und h, die M-Fläche infolge der gegebenen Belastung Bild **2.**1 b.

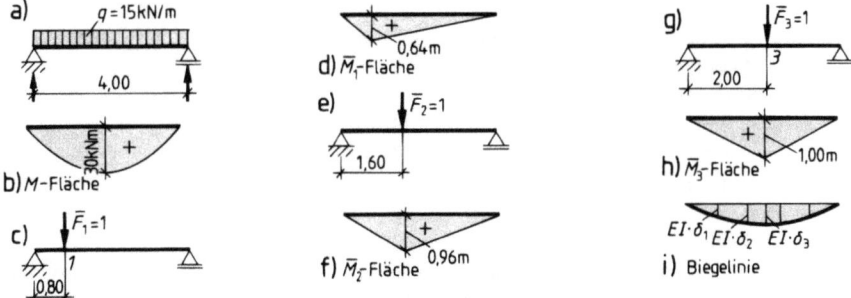

2.1 Biegelinie eines Stabwerks

Beispiel 1 Mit der $M\bar{M}$-Tafel erhält man aus Zeile 4 und Spalte g (4/g) für die Überlagerung der Momentenflächen M und $\bar{M}$
Forts.

$$EI \cdot \delta = \frac{1}{3} l M \bar{M} \left(1 + \frac{a' b'}{l^2}\right) = \frac{1}{3} l M \bar{M} \left(1 + \frac{x(l-x)}{l^2}\right)$$

Damit ergibt sich für Punkt 1:

$$x = 0{,}80 \text{ m} \qquad l - x = 3{,}20 \text{ m}$$

$$EI \cdot \delta_1 = 2{,}1 \cdot 10^4 \cdot 2140 \, \delta_1 = 4{,}494 \cdot 10^7 \, \delta_1$$

$$= \frac{1}{3} 400 \cdot 3000 \cdot 64 \left(1 + \frac{0{,}8 \cdot 3{,}2}{4^2}\right) = 2{,}97 \cdot 10^7$$

$$\delta_1 = \frac{2{,}97 \cdot 10^7}{4{,}494 \cdot 10^7} = 0{,}66 \text{ cm}$$

Punkt 2: $\qquad x = 1{,}60 \text{ m} \qquad l - x = 2{,}40 \text{ m}$

$$EI \cdot \delta_2 = 4{,}494 \cdot 10^7 \, \delta_2 = \frac{1}{3} 400 \cdot 3000 \cdot 96 \left(1 + \frac{1{,}6 \cdot 2{,}4}{4^2}\right) = 4{,}76 \cdot 10^7$$

$$\delta_2 = \frac{4{,}76 \cdot 10^7}{4{,}494 \cdot 10^7} = 1{,}06 \text{ cm}$$

Punkt 3: $\qquad x_3 = 2{,}00 \text{ m} \qquad l - x = 2{,}00 \text{ m}$

$$EI \cdot \delta_3 = 4{,}494 \cdot 10^7 \, \delta_3 = \frac{1}{3} 400 \cdot 3000 \cdot 100 \left(1 + \frac{2{,}0 \cdot 2{,}0}{4^2}\right) = 5{,}00 \cdot 10^7$$

$$\delta_3 = \frac{5{,}00 \cdot 10^7}{4{,}494 \cdot 10^7} = 1{,}11 \text{ cm}$$

Um den Verlauf der Biegelinie zu erkennen, genügt es schon, die EI-fachen Ordinaten aufzutragen (**2.**1 i).

2.1.2 Biegelinie des Fachwerks

Für die Ermittlung der Biegelinie von Fachwerken werden i. allg. die Durchbiegungen der Knotenpunkte eines Gurtes, meistens des Lastgurts, in der Richtung senkrecht zur Trägerachse berechnet. Die geradlinige Verbindung der durchgebogenen Knotenpunkte ist die Biegelinie. Die Biegelinie für den unbelasteten Gurt weicht nur wenig von der des Lastgurts ab.

Beispiel 2 Das Fachwerk (**2.**2) sei in Feldmitte mit einer Einzellast von 100 kN belastet. Wie verläuft die Biegelinie des Obergurts?

Stabquerschnitte

Obergurt ⌐⌐ 100×10 mit $A = 38{,}4 \text{ cm}^2$
Untergurt ⌐⌐ 70×7 mit $A = 18{,}8 \text{ cm}^2$

Diagonalen

D_1, D_3, D_4, D_6: ⌐⌐ 110×10 mit $A = 42{,}4 \text{ cm}^2$
D_2 und D_5: ⌐⌐ 55×6 mit $A = 12{,}6 \text{ cm}^2$

Es werden nur die Durchbiegungen in den Obergurtknoten 1o, 2o und 3o ermittelt. Der Fachwerkträger wird also nacheinander in den Punkten 1o, 2o und 3o mit der gedachten Kraft $\bar{F} = 1$ belastet. Für diese Belastungen werden die Stabkräfte $\bar{S}$ bestimmt.

2.1.2 Biegelinie des Fachwerks

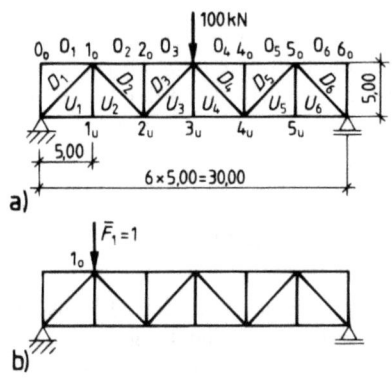

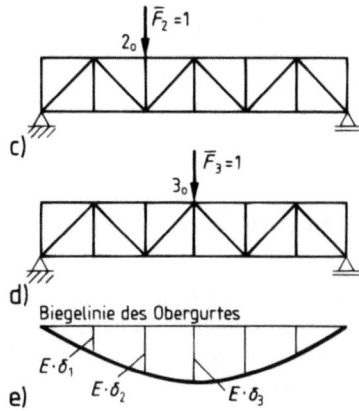

2.2 Biegelinie eines Fachwerks

Die Durchbiegung beträgt nach Gl. (1.6)

$$\delta = \sum S\bar{S}s/EA$$

Zweckmäßigerweise bestimmt man beim Fachwerk die E-fachen Ordinaten δ und trägt diese auf. Es ist also

$$E \cdot \delta = \sum S\bar{S}s/A$$

Die Ermittlung der Ordinaten erfolgt tabellarisch. Die Stabkräfte $\bar{S}$ und S in Tafel **2.3** sind nebenher ermittelt. Ihre Nachprüfung macht keine Schwierigkeit. Die Vertikalstäbe und

Tafel **2.3**   Ermittlung der Biegelinie zu Bild **2.2**

Stab	s in cm	A in cm^2	s/A in cm^{-1}	S in kN	Ss/A in kN/cm	$\bar{S}_1$	$\bar{S}_1 Ss/A$ in kN/cm	$\bar{S}_2$	$\bar{S}_2 Ss/A$ in kN/cm	$\bar{S}_3$	$\bar{S}_3 Ss/A$ in kN/cm
O_2	500	38,4	13,0	−100	−1300	−0,67	870	−1,34	1740	−1,0	1300
O_3	500	38,4	13,0	−100	−1300	−0,67	870	−1,34	1740	−1,0	1300
O_4	500	38,4	13,0	−100	−1300	−0,333	430	−0,67	870	−1,0	1300
O_5	500	38,4	13,0	−100	−1300	−0,333	430	−0,67	870	−1,0	1300
U_1	500	18,8	26,6	+ 50	1330	+0,833	1110	+0,67	890	+0,5	665
U_2	500	18,8	26,6	+ 50	1330	+0,833	1110	+0,67	890	+0,5	665
U_3	500	18,8	26,6	+150	4000	+0,5	2000	+1,0	4000	+1,5	6000
U_4	500	18,8	26,6	+150	4000	+0,5	2000	+1,0	4000	+1,5	6000
U_5	500	18,8	26,6	+ 50	1330	+0,167	220	+0,33	440	+0,5	665
U_6	500	18,8	26,6	+ 50	1330	+0,167	220	+0,33	440	+0,5	665
D_1	707	42,4	16,6	− 70,7	−1170	−1,18	1380	−0,94	1100	−0,71	830
D_2	707	12,6	56,0	+ 70,7	3960	−0,236	−940	+0,94	3720	+0,71	2800
D_3	707	42,4	16,6	− 70,7	−1170	+0,236	−280	+0,47	−550	−0,71	830
D_4	707	42,4	16,6	− 70,7	−1170	−0,236	280	−0,47	550	−0,71	830
D_5	707	12,6	56,0	+ 70,7	3960	+0,236	940	+0,47	1860	+0,71	2800
D_6	707	42,4	16,6	− 70,7	−1170	−0,236	280	−0,47	550	−0,71	830
						$E \cdot \delta_1 = 10920$		$E \cdot \delta_2 = 23110$		$E \cdot \delta_3 = 28780$	
						$\delta_1 = 0,52$ cm		$\delta_2 = 1,10$ cm		$\delta_3 = 1,37$ cm	

die Obergurtstäbe O_1 und O_6 wurden gar nicht in die Tafel aufgenommen, da sie unter den Belastungen dieses Beispiels Nullstäbe sind. Die Spannungslosigkeit der Vertikalstäbe unter einer Last in 3 o führt dazu, daß die Biegelinie des Untergurts gleich der Biegelinie des Obergurts ist. $V_i = 0$ ergibt sich übrigens auch für Lasten in 1 o, 5 o, 2 u und 4 u.

2.2 Berechnung der Biegelinie mit Hilfe von ω-Zahlen

Diese Methode setzt die Kenntnis des Satzes von Mohr (s. Teil 2, Abschn. Elastische Formänderung bei einfacher Biegung) voraus. Nach ihm erhält man die Biegelinie $w(x)$ eines Trägers, wenn man den Träger mit der Momentenfläche $M(x)$ aus der gegebenen Belastung „belastet", für diese „zweite Belastung" die „zweite Momentenfläche" $\mathfrak{M}(x)$ berechnet und deren Ordinaten durch EI teilt. Es gilt also die Gleichung

$$w(x) = \frac{\mathfrak{M}(x)}{EI}$$

Als Beispiel soll die Biegelinie eines Einfeldträgers infolge der beiden an den Trägerenden angreifenden Momente M bestimmt werden (2.4). Die zugehörige Momentenfläche verläuft über die Trägerlänge konstant mit der Ordinate M und wird zur „zweiten Belastung". Die „zweite Momentenfläche" $\mathfrak{M}$ ergibt sich als quadratische Parabel.

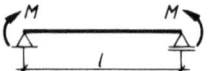 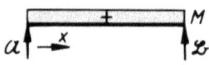 

2.4 Biegelinie infolge der zwei Momente M

Mit der „zweiten Lagerkraft"

$$\mathfrak{A} = \frac{M\,l}{2}$$

erhält man

$$\mathfrak{M}(x) = \mathfrak{A} \cdot x - \frac{M\,x^2}{2} = M\,\frac{l}{2}x - M\,\frac{x^2}{2} = \frac{M\,l^2}{2}\left[\frac{x}{l} - \left(\frac{x}{l}\right)^2\right]$$

Ersetzt man in dieser Gleichung M durch q, so wird aus $\mathfrak{M}(x)$ das („erste") Moment $M(x)$ infolge einer Gleichlast q (s. a. Teil 1, Abschn. Träger auf zwei Lagern).

Mit der einheitenlosen Beziehung

$$\xi = x/l$$

ergibt sich weiter

$$\mathfrak{M}(x) = \frac{M\,l^2}{2}(\xi - \xi^2)$$

Allgemein bezeichnet man den einheitenlosen Ausdruck in den Klammern mit ω. Je nach der Form der M-Fläche erhält ω einen Fußzeiger, in diesem Beispiel der rechteckigen ersten Momentenfläche den Fußzeiger R.

2.2 Berechnung der Biegelinie mit Hilfe von ω-Zahlen

Mit $\quad \xi - \xi^2 = \omega_R \quad$ ist $\quad \mathfrak{M}(x) = \dfrac{M l^2}{2} \omega_R$

Mit Gl. (44.1) ergibt sich für die Biegelinie

$$w(x) = \dfrac{1}{EI} \dfrac{M l^2}{2} \omega_R$$

Ebenso kann man für anders geformte Momentenflächen M die ω-Zahlen bestimmen. In Tafel 2.5 sind für einige häufig vorkommende Formen von Momentenflächen die Formeln für die ω-Zahlen zusammengestellt.

Die Werte ω können auch zum Zeichnen von Momentenflächen benutzt werden; man muß dann lediglich q an die Stelle von M setzen.

Tafel 2.5   Zusammenstellung der ω-Zahlen

In der Analogie von Mohr werden positive Momente zu abwärts gerichteten 2. Belastungen; wir stellen diese in den Skizzen als von oben auf die Träger wirkend dar. Negative Momente werden zu aufwärts gerichteten 2. Belastungen, die von unten auf die Träger wirken.

In den Fällen 4, 5 und 6 werden die M-Flächen durch quadratische Parabeln begrenzt.

Nr.	M-Fläche = 2. Belastung	$EI\,w(x)$	$\omega =$	
1		$Ml^2/2 \cdot \omega_R$	$\omega_R = \xi - \xi^2$	
2		$Ml^2/6 \cdot \omega_D$	$\omega_D = \xi - \xi^3$	
3		$Ml^2/6 \cdot \omega_D'$	$\omega_D' = 2\xi - 3\xi^2 + \xi^3$	
4		$Ml^2/3 \cdot \omega_B$	$\omega_B = \xi - 2\xi^3 + \xi^4 = \omega_P''$	$= \omega_{P1}$
5		$Ml^2/12 \cdot \omega_P$	$\omega_P = \xi - \xi^4$	$= \omega_{P2}$
6		$Ml^2/12 \cdot \omega_P'$	$\omega_P' = 3\xi - 6\xi^2 + 4\xi^3 - \xi^4$	$= \omega_{P2}'$
7		$Ml^2/12 \cdot \omega_G$	$\omega_G = 3\xi - 4\xi^3$	$= \omega_\Delta$ (für $0 \le \xi \le 0{,}5$)
8		$Ml^2/6 \cdot \omega_D''$	$\omega_D'' = -\xi + 3\xi^2 - 2\xi^3$	$= \omega_{T2}$
9		$Ml^2/4 \cdot \omega_\tau'$	$\omega_\tau' = \xi - 2\xi^2 + \xi^3$	
10		$Ml^2/4 \cdot \omega_\tau$	$\omega_\tau = \xi^2 - \xi^3$	$= \omega_{T1}$

Beispiel 3 Für den Träger (2.1) I200 mit $I = 2140$ cm^4, $l = 4{,}00$ m Stützweite und $q = 15$ kN/m Belastung soll die Biegelinie mit Hilfe der ω-Zahlen ermittelt werden.

Da die Momentenfläche aus der gegebenen Belastung eine Parabel mit der Mittelordinate $M = q\, l^2/8 = 30$ kNm ist, beträgt die EI-fache Durchbiegung im Punkt n in den Einheiten kN und cm

$$EI \cdot \delta_n = 3000 \cdot 400^2/3 \cdot \omega_{Bn} = 1{,}6 \cdot 10^8\, \omega_{Bn}$$

Die Ordinaten der Biegelinie sollen wieder an den Stellen $x_1 = 0{,}2\, l$, $x_2 = 0{,}4\, l$ und $x_3 = 0{,}5\, l$ bestimmt werden. Sie betragen

$x_1 = 0{,}2\, l \qquad \xi_1 = x_1/l = 0{,}2 \qquad EI \cdot \delta_1 = 1{,}6 \cdot 10^8 \cdot 0{,}1856 = 2{,}97 \cdot 10^7$ kN cm^3

$x_2 = 0{,}4\, l \qquad \xi_2 = x_2/l = 0{,}4 \qquad EI \cdot \delta_2 = 1{,}6 \cdot 10^8 \cdot 0{,}2976 = 4{,}76 \cdot 10^7$ kN cm^3

$x_3 = 0{,}5\, l \qquad \xi_3 = x_3/l = 0{,}5 \qquad EI \cdot \delta_3 = 1{,}6 \cdot 10^8 \cdot 0{,}3125 = 5{,}00 \cdot 10^7$ kN cm^3

Die wirklichen Ordinaten δ ergeben sich mit $EI = 2{,}1 \cdot 10^4 \cdot 2140$ kN cm^2 zu

$$\delta_1 = \frac{2{,}97 \cdot 10^7}{EI} = 0{,}66 \text{ cm} \qquad \delta_2 = \frac{4{,}76 \cdot 10^7}{EI} = 1{,}06 \text{ cm} \qquad \delta_3 = \frac{5{,}00 \cdot 10^7}{EI} = 1{,}11 \text{ cm}$$

Wir erhalten dieselben Werte δ wie in Abschn. 2.1.

Das Verfahren mit ω-Zahlen ist nur auf **Stabwerke** anwendbar und berücksichtigt nur den Einfluß der **Biegemomente** auf die Verformung.

Beispiel 4 Für den statisch bestimmten Gelenkträger nach Bild **2.6**a ist die Biegelinie zu berechnen. Der Träger besteht aus Stahl ($E = 21\,000$ kN/cm^2) und hat das Flächenmoment $I = 573$ cm^4 (I 140).

1. Stütz- und Schnittgrößen

Gelenkdruck und rechte Lagerkraft:

$G_2 = C_4 = 0{,}5 \cdot 4{,}00 \cdot 3 = 6$ kN

Einspannmoment des Kragträgers 12:

$M_1 = -6 \cdot 2{,}00 = -12$ kNm $= -1200$ kNcm

Mittenmoment des Einhängeträgers 24:

$M_3 = q\, l_{24}^2/8 = 3 \cdot 4^2/8 = 6$ kNM $= 600$ kNcm

Die Momentenfläche zeigt Bild **2.6**b.

2. Bemerkungen zur Anwendung der ω-Zahlen

Die ω-Zahlen der Tafel **2.5** wurden abgeleitet für die Berechnung der Durchbiegungen von **Einfeldträgern, die an beiden Enden gelenkig gelagert sind.** Diesen Lagerungs- oder Randbedingungen entsprechend sind für $x = 0$ oder $\xi = 0$ und für $x = l$ oder $\xi = 1$ die ω-Zahlen und Durchbiegungen gleich Null: Die Lagerpunkte erfahren keine Durchbiegung, und die Sehnen der verformten Träger fallen mit den Achsen der unverformten Träger zusammen.

Sind diese Randbedingungen **nicht** erfüllt, können wir trotzdem mit den ω-Zahlen arbeiten, wenn wir beachten, daß sich die mit den ω-Zahlen ermittelten Durchbiegungen auf die **Sehne des belasteten und verformten Trägers** beziehen, d.h. auf die Verbindungsgerade der infolge der Belastung verschobenen Trägerendpunkte. Wir bezeichnen diese Durchbiegungen hier als **Krümmungsanteile** w''_i. Um die Gesamtdurchbiegung w_i des Trägerpunktes i zu erhalten, müssen wir zu w''_i noch den **Starrkörperanteil** w'_i addieren, um den sich an der Stelle $x = x_i$ die Sehne des verformten Trägers gegenüber der Achse des unverformten Systems verschoben hat (**2.6**e).

2.2 Berechnung der Biegelinie mit Hilfe von ω-Zahlen

Beispiel 4 Forts. Im vorliegenden Beispiel zerlegen wir den Gelenkträger in den Kragträger 12 und den Einhängeträger 24. Für Krag- und Gelenkträger ist eine der den ω-Zahlen zugrundeliegenden Randbedingungen nicht erfüllt: Der Gelenkpunkt 2, der für beide Träger ein Endpunkt ist, erfährt unter der Belastung die lotrechte Verschiebung w_2. Den verschobenen Gelenkpunkt bezeichnen wir mit 2'. Bild **2.**6e zeigt den Punkt 2', die Sehnen 12' und 2'4 des verformten Systems sowie die Durchbiegungen w' und w'' des gesamten Gelenkträgers. Damit ergibt sich für das vorliegende Beispiel der folgende Lösungsweg:

Wir ermitteln mit Hilfe des PvK die Durchbiegung w_2 des Gelenkpunktes 2. Mit diesem Wert sowie mit $w_1 = 0$ und $w_4 = 0$ formulieren wir die Gleichungen für die Sehnen 12' und 2'4, die die Durchbiegungen w' für die ganze Länge des Gelenkträgers angeben. Zu den Durchbiegungen w' addieren wir die mit Hilfe der ω-Zahlen berechneten Durchbiegungen w''. Zweckmäßigerweise stellen wir für den Krag- wie für den Einhängeträger je eine Formel für die Gesamtdurchbiegung $w = w' + w''$ auf.

3. Durchbiegung w_2 des Gelenkpunktes mit dem PvK

Wir bringen im Gelenkpunkt 2 die virtuelle Kraft $\bar{F} = 1$ an (**2.**6c) und erhalten die $\bar{M}$-Fläche **2.**6d, die sich nur über den Kragträger erstreckt. Mit Gl. (1.9), Tafel **1.**20 2/b und den Einheiten kN und cm erhalten wir

$$w_2 = \int M \bar{M} \, dx/EI = 1/3 \cdot M \bar{M} l_{12}/EI$$
$$= 1/3 \cdot 1200 \cdot 200 \cdot 200/(21\,000 \cdot 573)$$
$$= 1{,}330 \text{ cm}$$

4. Gleichungen der Sehnen 12' und 2'4

Sehne 12': mit $\xi_{12} = 0$ im Punkt 1 erhalten wir

$$w'_{12} = 1{,}330 \, \xi_{12}$$

Sehne 2'4: mit $\xi_{24} = 0$ im Punkt 2 gilt

$$w''_{24} = 1{,}330 \, (1 - \xi_{24})$$

5. Gleichungen für die Gesamtdurchbiegung

Die Gleichungen der ω-Zahlen entnehmen wir der Tafel **2.**5, Zeile 3 und 4; sie enthalten die Faktoren $Ml^2/6$ und $Ml^2/3$, die wir noch durch EI teilen müssen, da wir nicht $EI\,w$, sondern w ausrechnen. Die Berechnung der auf w bezogenen Faktoren ergibt

für den Kragträger:

$$M_1 l_{12}^2/6 \, EI$$
$$= -1200 \cdot 200^2/(6 \cdot 21\,000 \cdot 573)$$
$$= -0{,}66484 \text{ cm}$$

und für den Einhängeträger

$$M_3 l_{24}^2/3 \, EI$$
$$= 600 \cdot 400^2/(3 \cdot 21\,000 \cdot 573)$$
$$= 2{,}6594 \text{ cm}$$

Die Gesamtdurchbiegung w erhalten wir dann mit den Gleichungen

Kragträger 12

$$w_{12} = 1{,}330 \, \xi_{12} - 0{,}66484(2\,\xi_{12} - 3\,\xi_{12}^2 + \xi_{12}^3)$$

Einhängeträger 24

$$w_{24} = 1{,}330(1 - \xi_{24}) + 2{,}6594(\xi_{24} - 2\,\xi_{24}^3 + \xi_{24}^4)$$

Beispiel 4 Forts. Die mit einem programmierbaren Rechner ermittelten Durchbiegungen in den Fünftelspunkten des Kragträgers und Zehntelspunkten des Einhängeträgers sind in Tafel 2.7 aufgelistet. Der Abstand der Teilpunkte beträgt einheitlich 40 cm.

Bild 2.6e zeigt in überhöhter Darstellung die Biegelinie. Mit ihrer Hilfe kann sofort eine Rechenkontrolle durchgeführt werden: Da der Gelenkträger im Punkt 1 eingespannt ist, muß die Biegelinie an dieser Stelle mit einer horizontalen Tangente beginnen. Diese Kontrolle können wir auch rechnerisch durchführen, indem wir die Ableitung der Biegelinie dw_{12}/dx bilden und $x_{12} = 0$ einsetzen; die Rechnung ergibt den geforderten Wert $w'_{12}(0) = 0$.

Tafel 2.7 Ordinaten der Biegelinie
Kragträger 12: Fünftelspunkte, $\Delta x_{12} = $ 40 cm; Einhängeträger: Zehntelspunkte,

Pkt.	ξ_{12}	ξ_{24}	w cm
1	0		0
	0,2		0,074
	0,4		0,277
	0,6		0,574
	0,8		0,936
2	1	0	1,330
		0,1	1,327
		0,2	1,311
		0,3	1,269
		0,4	1,194
3		0,5	1,080
		0,6	0,928
		0,7	0,737
		0,8	0,513
		0,9	0,263
4		1	0

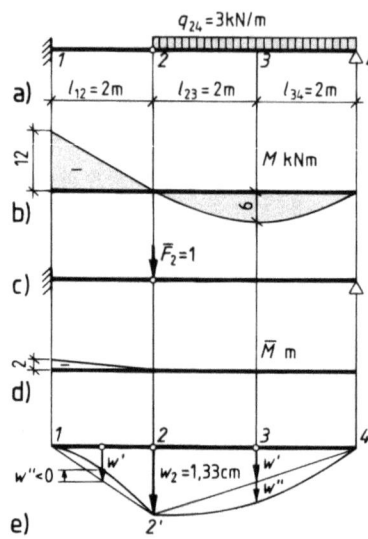

2.6 Biegelinie eines Gelenkträgers
a) System und Belastung
b) M-Fläche
c) virtuelle Belastung
d) $\bar{M}$-Fläche
e) Biegelinie: $w = w' + w''$

2.3 Ermittlung der Biegelinie mit Hilfe der *W*-Gewichte

Die Berechnung der Biegelinien von Stabwerken mit Hilfe der *W*-Gewichte wird im Teil 2 dieses Werkes, Abschn. 4.10, ausführlich erläutert; die Anwendung der *W*-Gewichte auf die Ermittlung der Biegelinien von Fachwerken hat nur noch eine so geringe Bedeutung, daß auf ihre Darstellung verzichtet werden kann.

3 Die Sätze von der Gegenseitigkeit der elastischen Formänderungen

3.1 Satz von Betti

Wir untersuchen einen Träger unter der Wirkung von zwei Gruppen von Lasten:
1. der Lastengruppe i bestehend aus $F_{i1} \ldots F_{in} \ldots F_{ir}$ und
2. der Lastengruppe k bestehend aus $F_{k1} \ldots F_{km} \ldots F_{ks}$ (**3.1**).

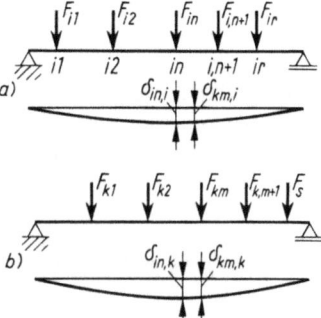

In einer ersten Betrachtung bringen wir die Lastengruppe i auf den Träger. Er erfährt dadurch die Durchbiegungen δ_i, und die Lasten leisten dabei die Arbeit W_{ii}. Zusätzlich zur Lastengruppe i stellen wir anschließend die Lastengruppe k auf den Träger; dabei entstehen weitere Durchbiegungen δ_k, und es werden folgende Arbeiten geleistet:
1. durch die Lastengruppe k längs der durch sie selbst hervorgerufenen Durchbiegungen δ_k die Arbeit W_{kk} und
2. durch die Lastengruppe i längs derselben Durchbiegungen δ_k die Arbeit W_{ik}.

3.1 Zum Satz von Betti
a) Lastengruppe i,
b) Lastengruppe k und zugehörige Biegelinien

In einer zweiten Betrachtung kehren wir die Reihenfolge des Belastens um: Wir stellen zuerst die Lastengruppe k auf den Träger. Deren Kräfte leisten dann auf den durch sie selbst hervorgerufenen Durchbiegungen δ_k die Arbeit W_{kk}. Fügen wir anschließend die Lastengruppe i hinzu, so leistet auf den durch sie hervorgerufenen Durchbiegungen δ_i
1. die Lastengruppe i die Arbeit W_{ii} und
2. die Lastengruppe k die Arbeit W_{ki}.

Wie wir im Abschnitt 1.3.2 kennengelernt haben, sind

W_{ii} und W_{kk} Arbeiten auf eigenen, selbstverursachten Verschiebungsgrößen, Eigenarbeiten oder aktive Arbeiten,

W_{ik} und W_{ki} Arbeiten auf fremdverursachten Verschiebungsgrößen, Arbeiten auf fremden Verschiebungswegen, Verschiebungsarbeiten oder passive Arbeiten.

Die Arbeiten der Lastengruppen längs der von ihnen selbst verursachten Durchbiegungen sind unabhängig davon, ob der Träger beim Aufbringen der Lastengruppe bereits belastet ist oder nicht: Die Arbeit W_{ii} der ersten Betrachtung ist gleich der Arbeit W_{ii} der zweiten Betrachtung, und auch die Arbeit W_{kk} hat bei der ersten Reihenfolge des Belastens denselben Wert wie bei der zweiten.

Da weiterhin auch die von beiden Lastengruppen insgesamt geleistete und im Träger aufgespeicherte Arbeit unabhängig von der Reihenfolge des Aufbringens der Belastungen ist, können wir schreiben

$$W_{ii} + W_{kk} + W_{ik} = W_{kk} + W_{ii} + W_{ki}$$

Wir subtrahieren auf beiden Seiten W_{ii} und W_{kk} und erhalten

$$W_{ik} = W_{ki} \qquad (3.1)$$

oder ausführlicher

$$\sum_{n=1}^{r} (F_{in} \cdot \delta_{in,k}) = \sum_{m=1}^{s} (F_{km} \cdot \delta_{km,i})$$

In Worten ergibt Gl. (3.1) den **Satz von Betti**:

> **Die Arbeit der Lastengruppe *i* auf den Wegen δ_k, die von der Lastengruppe *k* verursacht werden, ist gleich der Arbeit der Lastengruppe *k* auf den Wegen δ_i, die von der Lastengruppe *i* hervorgerufen werden.**

Anstelle der Lasten F können auch Momente M auftreten; dann sind Verschiebungen δ durch Winkeländerungen φ zu ersetzen.

Lasten und Momente können **wirklich oder virtuell** sein.

3.2 Satz von Maxwell

Reduzieren wir die Lastengruppen *i* und *k* auf je eine Einzellast $F_n = 1$ und $F_m = 1$ und bezeichnen wir die Verschiebung von F_n infolge von F_m mit δ_{nm}, die Verschiebung von F_m infolge von F_n mit δ_{mn} (1. Fußzeiger der Verschiebung: Ort und Richtung, 2. Fußzeiger der Verschiebung: Ursache), so wird aus dem Satz von Betti der **Satz von Maxwell**:

$$F_n \cdot \delta_{nm} = F_m \cdot \delta_{mn} \qquad 1 \cdot \delta_{nm} = 1 \cdot \delta_{mn} \qquad \delta_{nm} = \delta_{mn} \tag{3.2}$$

> In Worten: **Die Verschiebung δ_{nm} im Punkt *n* infolge einer Last 1 im Punkt *m* ist gleich der Verschiebung δ_{mn} im Punkt *m* infolge einer Last 1 im Punkt *n* oder Kraftangriffspunkt und Meßpunkt sind vertauschbar.**

Dieses Prinzip der Vertauschbarkeit von Formänderungen läßt sich bei mehrfach statisch unbestimmten Systemen mit großem Vorteil anwenden (s. Abschn. 7).

Der Satz von Maxwell stellt sich in überzeugender Weise dar, wenn wir die Verschiebungen δ_{nm} und δ_{mn} mit Hilfe der Arbeitsgleichung berechnen. Das soll in zwei Beispielen geschehen.

Beispiel 1 Für den Träger nach Bild 3.2 soll einmal die Durchbiegung δ_{21} in Punkt 2 infolge der Last $F_1 = 1$ in Punkt 1 und dann die Durchbiegung δ_{12} im Punkt 1 infolge der Last $F_2 = 1$ im Punkt 2 ermittelt werden.

a) Ermittlung von δ_{21}. Der Träger wird im Punkt 2 mit der virtuellen Kraft $\bar{F} = 1$ belastet. Aus der gegebenen und der gedachten Belastung werden die Momentenflächen ermittelt (3.2 b und d).

Die direkte Koppelung der Dreiecke 3.2b und d ergibt mit Tafel 1.20, Zeile 4/Spalte e

$$EI\delta_{21} = 1/6 \cdot l \cdot 3\,l/16 \cdot l/4 \cdot [2 - (0{,}75\,l - 0{,}50\,l)^2/(0{,}50\,l \cdot 0{,}75\,l)]$$
$$= l^3/128 \cdot [2 - 0{,}16667]$$
$$= 0{,}0143229\ l^3\ \text{kNm}^3$$

b) Ermittlung von δ_{12}. In diesem Fall muß der Träger im Punkt 1 mit der virtuellen Kraft $\bar{F}_1 = 1$ belastet werden. Die Momentenflächen M und $\bar{M}$ zeigt Bild 3.2f und h. Es ergibt sich mit Hilfe der $M\,\bar{M}$-Tafel 1.20 wie vorher

$$EI\delta_{12} = 0{,}0143229\ l^3\ \text{kNm}^3$$

3.2 Satz von Maxwell

Beispiel 1
Forts. Damit ist die Gleichheit der beiden Werte δ_{21} und δ_{12} gezeigt. Die Durchbiegung im Punkt 2, hervorgerufen durch die Last 1 im Punkt 1, ist gleich der Durchbiegung im Punkt 1, hervorgerufen durch die Last 1 im Punkt 2. Man kann also **Kraftangriffspunkt und Meßpunkt vertauschen**.

Das gleiche gilt auch, wenn anstelle der Einheitslasten Einheitsmomente wirken und man deren Verdrehungen oder Durchbiegungen betrachtet, wie das folgende Beispiel zeigt.

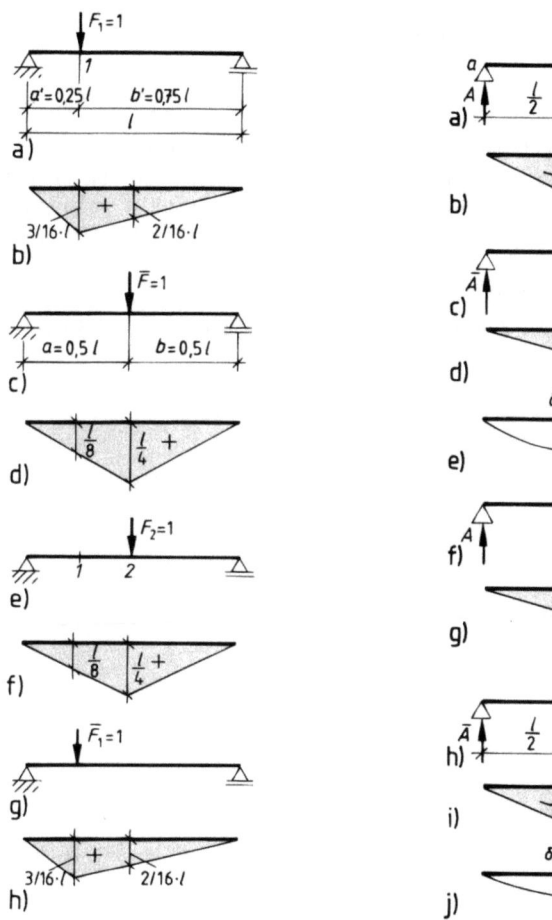

3.2 Belastungen und Momentenflächen zum Beispiel 1

3.3 Belastungen und Momentenflächen zum Beispiel 2

Beispiel 2 Für den Träger nach Bild 3.3 sollen bestimmt werden
die **Verdrehung** φ_{b1} im Lager b infolge einer Last $F_1 = 1$ kN im Punkt 1 (3.3a) und
die **Durchbiegung** δ_{1b} im Punkt 1 infolge eines Momentes $M_b = 1$ kNm im Lager b (3.3f).
a) **Ermittlung der Verdrehung** φ_{b1}. Der Träger wird in b mit dem virtuellen Moment $\bar{M}_b = 1$ belastet (3.3c). Die sich aus $F_1 = 1$ und $\bar{M}_b = 1$ ergebenden Momentenflächen zeigen die Bilder 3.3b und d.

Beispiel 2 Forts. Mit der $M\bar{M}$-Tafel **1.20**, Zeile 2 und Spalte e (2/e), erhält man

$$EI\varphi_{b1} = \frac{1}{6} \cdot l \cdot \frac{l}{4} \cdot 1 \left(1 + \frac{l/2}{l}\right) = \frac{1}{16} l^2 \text{ kNm}^2$$

b) **Ermittlung der Durchbiegung** δ_{1b}. Hierfür wird der Träger im Punkt 1 mit der virtuellen Last $\bar{F} = 1$ belastet (**3.3**h). M- und $\bar{M}$-Fläche zeigen die Bilder **3.3**g und i. Vergleicht man diese beiden Momentenflächen mit den Momentenflächen der Bilder **3.3**b und d, so erkennt man die Gleichheit der Formen. Folglich muß ihre Überlagerung denselben Zahlenwert ergeben; die Einheiten sind jedoch verschieden.

Es ist $\quad EI\delta_{1b} = \dfrac{1}{16} l^2 \text{ kNm}^3$

Mit dem Satz von Maxwell hätte man dies sofort aussagen können.

Die Vertauschbarkeit läßt sich auch direkt aus dem Bettischen Satz ablesen. Faßt man die Verformungen wieder als Weggrößen bei den Arbeiten der Einheitslastwirkungen auf, so ist

$$M_b \cdot \varphi_{b1} = F_1 \cdot \delta_{1b}$$

$$1 \text{ [kNm]} \cdot \varphi_{b1} \text{ [rad]} = 1 \text{ [kN]} \cdot \delta_{1b} \text{ [m]}$$

und folglich hinsichtlich des Zahlenwertes oder der Maßzahl $\varphi_{b1} = \delta_{1b}$ (**3.3**d, j).

4 Einflußlinien für Formänderungen

Die Biegelinien werden jeweils für eine bestimmte Laststellung, zugleich aber für jeden Schnitt des Tragwerkes bestimmt. Im Gegensatz dazu liegt bei einer Einflußlinie für eine Formänderung der Ort des Schnittes, für welchen die Einflußlinie bestimmt werden soll, fest, und die Stellung der Last ist veränderlich. Man kann die Biegelinie mit der Momentenlinie, die Einflußlinie für die Durchbiegung mit der Einflußlinie für ein Moment vergleichen. Eine Einflußlinie läßt sich also jeweils nur für einen Punkt des Tragsystems ermitteln.

Einflußlinien werden gebraucht, wenn bewegliche Lasten wirken, deren Wirkungsrichtungen parallel sind. Einflußlinien können für sämtliche Formänderungen gezeichnet werden, wie Verschiebungen, Verdrehungen, gegenseitige Verschiebungen und gegenseitige Verdrehungen. Man kann sie punktweise ermitteln, indem man die Last $F = 1$ an verschiedenen Stellen des Tragwerkes aufstellt, die Werte der gesuchten Formänderung ausrechnet und die gefundenen Werte unter der jeweiligen Laststellung aufträgt. Die Verbindung aller aufgetragenen Ordinaten ist die Einflußlinie für den betrachteten Punkt.

Der Satz von Maxwell vereinfacht die Berechnungen der Einflußlinien wesentlich. Nach diesem Satz ist die Durchbiegung δ_{mn} im Punkt m infolge einer Last $F_n = 1$ im Punkt n gleich der Durchbiegung δ_{nm} im Punkt n infolge einer Last $F_m = 1$ im Punkt m. Danach braucht man nun nicht mehr die Last $F = 1$ in verschiedenen Punkten angreifen zu lassen und für jede Laststellung die Durchbiegung in dem für die Einflußlinie vorgesehenen Punkt (= Bezugspunkt) zu bestimmen, sondern man kann das Tragwerk in dem Punkt, für den die Einflußlinie gesucht wird, mit der Last $F = 1$ belasten und für diese Belastung die Durchbiegung in verschiedenen Punkten errechnen. So läßt sich die Einflußlinie für die Durchbiegung auf die Biegelinie für eine Last $F = 1$ im Bezugspunkt zurückführen. Sinngemäß ergibt sich die Einflußlinie für eine Verdrehung als Biegelinie infolge des Moments $M = 1$ in dem Punkt, für den die Einflußlinie gezeichnet werden soll, und die Einflußlinie für eine gegenseitige Verdrehung ist die Biegelinie infolge des Momentenpaares $M = 1$ im Bezugspunkt.

Es ist also jede Einflußlinie für eine Formänderung eine Biegelinie. Aus dieser Tatsache folgt, daß die Einflußlinien für Formänderungen im allgemeinen auch bei statisch bestimmten Systemen nicht geradlinig verlaufen.

Die die Biegelinien verursachenden Kräfte und Momente sind einheitenlos. Die Ordinaten der Einflußlinien für Durchbiegungen erhalten dadurch die Einheit cm/kN, die Ordinaten der Einflußlinien für Verdrehungen die Einheit 1/kN.

Beispiel 1 Für den Träger nach Bild **4.**1 aus einem I180 von der Länge $l = 5,00$ m soll die Einflußlinie für die Durchbiegung in Feldmitte (Punkt 5) dargestellt werden.

    Steht die Last $F = 1$ im Punkt 2, dann ist die Durchbiegung im Punkt 5 δ_{52}.
    Steht die Last $F = 1$ im Punkt 5, dann ist die Durchbiegung im Punkt 2 δ_{25}.
    Nach Maxwell ist aber $\delta_{52} = \delta_{25}$.

    Da also die Durchbiegung δ_{52} im Punkt 5 infolge einer Last $F = 1$ im Punkt 2 gleich der Durchbiegung δ_{25} im Punkt 2 infolge einer Last $F = 1$ im Punkt 5 ist (**4.**1), braucht man für die Ermittlung der Durchbiegungen im Punkt 5 nicht mehr die Laststellung zu verändern, sondern nur für die Laststellung $F = 1$ im Punkt 5 die Durchbiegungen in den Punkten 1 bis 9 zu ermitteln, um die Ordinaten der Einflußlinie für die Durchbiegung im Punkt 5 zu erhalten. Die Einflußlinie ist also die Biegelinie für die Last $F = 1$ im Punkt 5. Somit kann die Einflußlinie für die Durchbiegung mit den bekannten Methoden zur Bestimmung der Biege-

Beispiel 1
Forts.

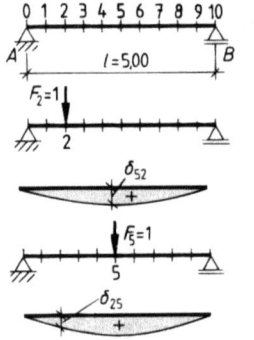

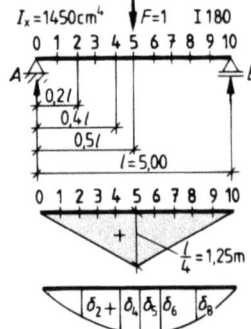

4.1 Einflußlinie zum Beispiel 1

4.2 Einflußlinie für die Durchbiegung des Punktes 3

linie für eine Last $F = 1$ im Punkt der gesuchten Durchbiegung ermittelt werden. Das vorliegende Beispiel soll mit Hilfe der ω-Zahlen berechnet werden (vgl. Abschn. 2.2).

Wir belasten den Träger mit $F = 1$ im Punkt 5 (**4.2**).

Es gilt dann (Tafel **2.**5)

$$\delta(\xi) = M\, l^2/12\, EI \cdot \omega_G$$

und für die Punkte 0 bis 5 mit den Einheiten kN und cm

$$\delta(\xi) = M\, l^2/12\, EI \cdot (3\,\xi - 4\,\xi^3)$$
$$= 125 \cdot 500^2/(12 \cdot 21\,000 \cdot 1450) \cdot (3\,\xi - 4\,\xi^3)$$

Aus Symmetriegründen genügt die Berechnung der linken Hälfte der Einflußlinie. Sämtliche Einflußordinaten sind in Tafel **4.**5, Spalte 2 aufgelistet, sie wurden mit einem programmierbaren Rechner ermittelt.

Beispiel 2 Für den Träger auf 3 Lagern mit feldweise veränderlicher Biegesteifigkeit EI und einem Gelenk über dem mittleren Lager (**4.**3) soll die Einflußlinie für die gegenseitige Verdrehung φ_b der Trägerquerschnitte im Gelenk ermittelt werden.

Bei punktweiser Ermittlung der Einflußlinie wäre für eine Last $F = 1$ in den Punkten 11 bis 29 die Verdrehung φ_{b11} bis φ_{b29} nacheinander zu ermitteln. Nach Maxwell ist aber $\varphi_{bn} = \delta_{nb}$ ($n = 11$ bis 29), wenn δ_{nb} die Durchbiegungen des Trägers infolge eines Momentenpaares $M_b = 1$ (**4.**3b) sind. Man muß also die Biegelinie des Trägers für die Belastung mit einem Momentenpaar $M_b = 1$ ermitteln. Diese Biegelinie ist die Einflußlinie für die gegenseitige Verdrehung φ_b infolge einer wandernden Last $F = 1$.

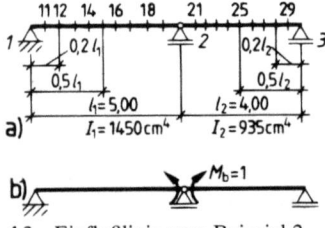

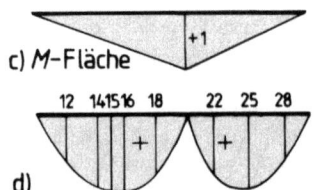

4.3 Einflußlinie zum Beispiel 2

4 Einflußlinien für Formänderungen

Beispiel 2
Forts.
Die Momentenfläche infolge der Belastung durch das Momentenpaar $M_b = 1$ zeigt Bild **4.**3c. Die zugehörige Biegelinie ermitteln wir am einfachsten mit Hilfe der ω_D- und ω_D'-Zahlen sowie eines programmierbaren Rechners.

Für die beiden Felder ergeben sich unter Benutzung von Tafel **2.**5 die folgenden Gleichungen der Biegelinienordinaten:

Feld 12: $\delta(\xi) = M \, l_{12}^2/6 \, EI_{12} \cdot \omega_D = M \, l_{12}^2/6 \, EI_{12} \cdot (\xi - \xi^3)$

$\qquad\qquad = 1 \cdot 500^2/(6 \cdot 21\,000 \cdot 1450) \cdot (\xi - \xi^3)$

Feld 23: $\delta(\xi) = M \, l_{23}^2/6 \, EI_{23} \cdot \omega_D' = M \, l_{23}^2/6 \, EI_{23} \cdot (2\xi - 3\xi^2 + \xi^3)$

$\qquad\qquad = 1 \cdot 400^2/(6 \cdot 21\,000 \cdot 935) \cdot (2\xi - 3\xi^2 + \xi^3)$

Die Ordinaten der Zehntelspunkte sind in Tafel **4.**5, Spalte 3 (Feld 12) und Spalte 4 (Feld 23) zusammengestellt.

Die Einflußlinie für φ_b zeigt Bild **4.**3e. Sie ist gleichzeitig die Biegelinie für die Belastung des Trägers durch das Momentenpaar $M_b = 1$.

Beispiel 3 Für das rahmenartige Tragwerk nach Bild **4.**4, dessen Lager b horizontal verschieblich ist, soll die Einflußlinie für die horizontale Verschiebung δ_b des Punktes b infolge einer auf dem Riegel wandernden Last $F = 1$ ermittelt werden.

Gesucht ist also die horizontale Verschiebung δ_{bn} für die Last $F = 1$ in den Punkten $n = 0$ bis 10. Man belastet unter Beachtung des Satzes von Maxwell das Tragwerk mit einer horizontalen Kraft $H_b = 1$ im Punkt b (**4.**4b). Die Momentenfläche M infolge $H_b = 1$ zeigt Bild **4.**4c.

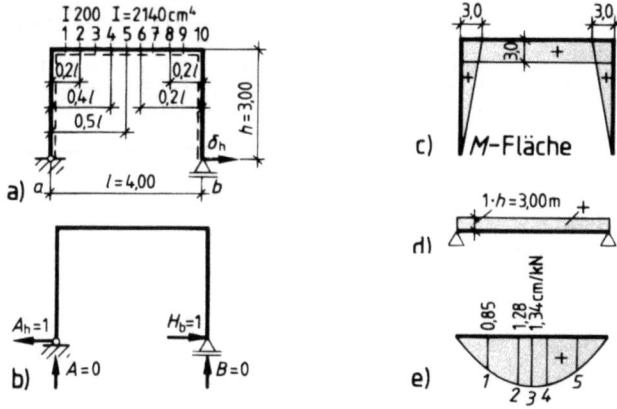

4.4 Einflußlinie für die horizontale Verschiebung des Punktes b

Nach Maxwell ist $1 \cdot \delta_{bn} = 1 \cdot \delta_{nb}$, wenn δ_{nb} die Durchbiegung im Punkt n infolge einer Last $H_b = 1$ im Punkt b ist. Man erkennt, daß nur die Biegelinie für den Riegel infolge der Kraft $H_b = 1$ im Punkt b zu bestimmen ist, um die Einflußlinie für die horizontale Verschiebung δ_b infolge einer Last $F = 1$ auf dem Riegel zu erhalten.

Die M-Fläche des Riegels infolge $H_b = 1$ ist ein Rechteck mit der Ordinate $1 \cdot h = 300$ cm (**4.**4c); die zugehörige Biegelinie ermitteln wir mit Hilfe der ω_R-Zahlen (s. Tafel **2.**5) an einem Ersatzträger mit der Stützweite des Riegels (**4.**4d):

$\delta(\xi) = M \, l^2/2 \, EI \cdot \omega_R = M \, l^2/2 \, EI \cdot (\xi - \xi^2)$

$\qquad = 300 \cdot 400^2/(2 \cdot 21\,000 \cdot 2140) \cdot (\xi - \xi^2)$

Beispiel 3 Forts. Die Ordinaten der Zehntelspunkte wurden mit einem programmierbaren Rechner ermittelt und in Tafel **4.**5, Spalte 5, eingetragen.

Die Biegelinie für die Kraft $H_b = 1$ im Punkt b und damit auch die Einflußlinie für die horizontale Verschiebung δ_{bn} infolge einer auf dem Riegel wandernden Last $F = 1$ ist in Bild 4.4e dargestellt.

Tafel **4.**5 Einflußlinienordinaten der Beispiele 1 bis 3

1	2	3	4	5
$\xi = \dfrac{x}{l}$	Beispiel 1 in cm/kN	Beispiel 2 Feld 12 in rad/kN	Beispiel 2 Feld 23 in rad/kN	Beispiel 3 in cm/kN
0	0	0	0	0
0,1	0,0253	$1{,}355 \cdot 10^{-4}$	$2{,}322 \cdot 10^{-4}$	0,0481
0,2	0,0486	$2{,}627 \cdot 10^{-4}$	$3{,}911 \cdot 10^{-4}$	0,0854
0,3	0,0677	$3{,}736 \cdot 10^{-4}$	$4{,}849 \cdot 10^{-4}$	0,1121
0,4	0,0807	$4{,}598 \cdot 10^{-4}$	$5{,}215 \cdot 10^{-4}$	0,1282
0,5	0,0855	$5{,}131 \cdot 10^{-4}$	$5{,}093 \cdot 10^{-4}$	0,1335
0,6	0,0807	$5{,}255 \cdot 10^{-4}$	$4{,}563 \cdot 10^{-4}$	0,1282
0,7	0,0677	$4{,}885 \cdot 10^{-4}$	$3{,}708 \cdot 10^{-4}$	0,1121
0,8	0,0486	$3{,}941 \cdot 10^{-4}$	$2{,}608 \cdot 10^{-4}$	0,0854
0,9	0,0253	$2{,}340 \cdot 10^{-4}$	$1{,}345 \cdot 10^{-4}$	0,0481
1	0	0	0	0

5 Kinematische Untersuchungen, statische und geometrische Bestimmt- und Unbestimmtheit, Kraftgrößen- und Drehwinkelverfahren

5.1 Übersicht, Brauchbarkeitsuntersuchungen

Die Kinematik beschreibt die Bewegungen starrer Körper in geometrischer Hinsicht. Mit Hilfe von kinematischen Betrachtungen können wir sicherstellen, daß ein gewähltes Tragwerk weder im ganzen noch in einzelnen Teilen beweglich ist. Eine solche Untersuchung ist von Bedeutung, da Tragwerke, die sich im ganzen oder in Teilen spannungsfrei bewegen können, unbrauchbar sind. Derartige Tragwerke werden in der Statik als kinematische Tragwerke, in der Mechanik als kinematische Ketten bezeichnet. Bei ihnen kann im Rahmen der Theorie I. Ordnung das Gleichgewicht nicht erfüllt werden.

Wegen der Bedeutung der Kinematik für die Untersuchung der Brauchbarkeit von Tragwerken geben wir im Abschn. 5.2 eine kurze Einführung in die Kinematik starrer Körper.

Eine Brauchbarkeitsuntersuchung kann unterbleiben, wenn wir als Tragwerk eines der bekannten stabilen Grundsysteme gewählt haben, also z.B. einen einfachen Träger auf zwei Lagern, einen stabilen Gelenk- oder Durchlaufträger, einen Dreigelenkrahmen oder -bogen oder einen eingespannten Rahmen oder Bogen.

Die Brauchbarkeitsuntersuchung kann alternativ durchgeführt werden durch die Berechnung der Determinante D des Gleichungssystems, das für die Bestimmung der unbekannten Stütz- und Schnittgrößen des Tragwerks gelöst werden muß: Im Falle $D = 0$ ist das Tragwerk verschieblich und deshalb unbrauchbar.

Ein Tragwerk ist bereits unbrauchbar, wenn sich seine Teile nur anfänglich, d.h. um unendlich kleine Wege spannungsfrei bewegen können. Andererseits gibt es bewegliche Systeme, die nach einer endlichen Bewegung einen Zustand annehmen, in dem das Gleichgewicht möglich wird (Bild 5.1).

5.1 a) Tragwerk im unverformten Zustand: unbrauchbar, b) Tragwerk nach endlicher Verschiebung: Gleichgewicht möglich

Die statische Bestimmtheit oder Unbestimmtheit eines Tragwerks ist bei der Anwendung des Kraftgrößenverfahrens (KGV) (s. Abschn. 6 und 7) von Interesse. Der Grad n der statischen Unbestimmtheit gibt an, wieviele Formänderungs-, Elastizitäts- oder Verträglichkeitsbedingungen erforderlich sind, um sämtliche Stütz- und Schnittgrößen des Tragwerks berechnen zu können. Im Abschn. 5.3 geben wir einige Verfahren an, mit deren Hilfe der Grad der statischen Unbestimmtheit bei Stab- und Fachwerken ermittelt werden kann.

Die geometrische oder kinematische Bestimmtheit eines Tragwerks ist Ausgangspunkt des Drehwinkelverfahrens (DV) (s. Abschn. 8). Wenn wir mit Einheitsverformungszuständen rechnen, machen wir das Tragwerk als erstes in Gedanken geometrisch oder kinematisch bestimmt, d.h., wir versetzen es in Gedanken in einen Zustand, in dem sämtliche durch Lasten verursachte Verformungen bestimmt, und zwar gleich Null sind. Um diesen Zustand zu erreichen, bringen wir an jedem Knoten eine Festhaltung an, die eine Verdrehung des Knotens verhindert, einer Verschiebung des Knotens jedoch keinen Widerstand entgegensetzt. Ist das Tragwerk verschieblich, bringen wir außerdem Festhaltungen an, die Verschiebungen des Tragwerks verhindern. Die Anzahl dieser zweiten Art von Festhaltungen hängt nicht von der Anzahl der Knoten, sondern vom Grad der Verschieblichkeit des Tragwerks ab. Der Grad der geometrischen oder kinematischen Unbestimmtheit des Tragwerks ist dann gleich der Anzahl sämtlicher Festhaltungen; er gibt an, wieviele Einheitsverformungszustände wir bei der Berechnung des Tragwerks ansetzen müssen.

Im Abschn. 8 wird die Herstellung der geometrischen oder kinematischen Bestimmtheit eines Tragwerks ausführlich erläutert.

Einer Gegenüberstellung von Kraftgrößen- und Drehwinkelverfahren ist der Abschn. 5.4 gewidmet.

5.2 Einführung in die Kinematik starrer Körper

5.2.1 Grundbegriffe

Jeden Teil einer kinematischen Kette, dessen Punkte sich nicht gegeneinander verschieben können, bezeichnen wir als Scheibe.

Sämtliche hier betrachteten Verschiebungen oder Verdrehungen sind virtuell, d. h. gedacht, infinitesimal klein und mit den Randbedingungen des Systems verträglich.

Bei einer infinitesimalen Verdrehung bewegen sich die Punkte einer Scheibe mit sehr guter Näherung nicht auf einem Kreisbogen um den Drehpunkt, sondern auf der Tangente an diesen Kreisbogen (5.2), und für die Winkelfunktionen gilt

$$\sin \alpha \approx \tan \alpha \approx \alpha; \quad \cos \alpha \approx 1$$

Wenn wir diese Näherungen beachten, können wir in unseren Zeichnungen infinitesimale Verschiebungsgrößen in beliebiger Vergrößerung darstellen.

Die augenblickliche Bewegung einer Scheibe i läßt sich stets durch eine Drehung um ihren Hauptpol oder momentanen Drehpol (i) darstellen. Der Hauptpol (i) der Scheibe i

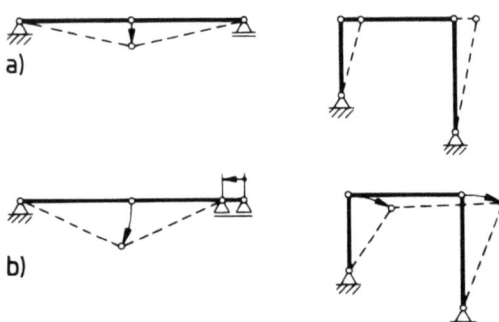

5.2
a) Infinitesimale Verschiebungen, vergrößert dargestellt
b) endliche Verschiebungen

muß nicht auf der Scheibe *i* liegen, er befindet sich bei einer reinen Verschiebung oder Translation der Scheibe im Unendlichen.

Besitzt die Scheibe *i* ein unverschiebliches Kipplager, so ist der Lagerpunkt zugleich der Hauptpol (*i*) dieser Scheibe.

Ist die Scheibe *i* in einem Punkt verschieblich gelagert, so ist die Gerade, die im Lagerpunkt auf der Verschiebungsrichtung senkrecht steht, eine Ortslinie für den Hauptpol (*i*) der Scheibe.

Die Verbindungsgeraden zwischen dem Hauptpol und den Punkten der Scheibe nennen wir Polstrahlen; der Vektor der infinitesimalen Verschiebung eines Punktes steht senkrecht auf seinem Polstrahl.

Sind die beiden Scheiben (*i*) und (*j*) in einem Punkt miteinander verbunden, so bezeichnen wir diesen Punkt als den Nebenpol oder Relativpol (*i, j*) dieser Scheiben. In diesem Punkt führen die Scheiben *i* und *j* dieselbe Bewegung aus.

Auch für zwei Scheiben (*i*) und (*k*), die nicht miteinander verbunden sind, läßt sich ein Nebenpol (*i, k*) angeben, in dem beide Scheiben dieselbe Bewegung ausführen, wenn man sie bis zu diesem Punkt hin vergrößert.

Für die Haupt- und Nebenpole einer kinematischen Kette mit den Scheiben *i, j* und *k* gelten die folgenden Regeln:

Die Hauptpole (*i*) und (*j*) und der Nebenpol (*i, j*) der Scheiben *i* und *j* liegen auf einer Geraden.

Die Nebenpole (*i, j*), (*i,k*) und (*j, k*) der drei Scheiben *i, j* und *k* liegen auf einer Geraden.

Fallen die Nebenpole (*i, j*) und (*j, k*) in einem Punkt zusammen, so liegt auch der Nebenpol (*i, k*) in diesem Punkt.

Werden diese Regeln bei einem Tragwerk erfüllt, d.h., läßt sich nach diesen Regeln ein Polplan ohne Widersprüche zeichnen, ist das Tragwerk eine kinematische Kette und daher unbrauchbar. Umgekehrt weist ein Polplan mit mindestens einem Widerspruch darauf hin, daß das Tragwerk unverschieblich und damit brauchbar ist.

5.2.2 Anwendungen

Beispiel 1 Gegeben ist das Gelenkviereck *abcd* (Bild **5.**3a), das aus den vier „Scheiben" 1, 2, 3 und 4 besteht. Gesucht ist der Polplan, d.h. der Plan der Haupt- und Nebenpole.

Scheibe 1 ist statisch bestimmt gelagert und dadurch fest mit der Erdscheibe verbunden. Diese Tatsache drückt sich in ihrem Polplan (**5.**3b) durch einen Widerspruch aus: Einerseits ist das unverschiebliche Kipplager *a* der geometrische Ort für den Hauptpol (1), andererseits liegt der Hauptpol auf der Lotrechten durch das verschiebliche Kipplager *b*. Wir berücksichtigen die Unverschieblichkeit der Scheibe 1 in Bild **5.**3a dadurch, daß wir sie nicht in den Polplan aufnehmen.

Scheibe 2 hat ihren Hauptpol (2) im unverschieblichen Kipplager *a*; an ihrem oberen Ende *c* befindet sich der Nebenpol (2,4).

Scheibe 3: Hauptpol (3) im verschieblichen Kipplager *b*, Nebenpol (3,4) am oberen Ende *d*.

Scheibe 4: Ihr Hauptpol (4) ist der Schnittpunkt der Geraden durch (2,4) und (2) mit der Geraden durch (3,4) und (3).

Als letztes bestimmen wir den Nebenpol (2,3); seine Ortslinien sind

1. die Gerade durch (2) und (3) und
2. die Gerade durch (2,4) und (3,4).

Beispiel 1 Der Polplan, der sich so ergibt, weist keine Widersprüche auf; diese Tatsache bestätigt beispiel-
Forts. haft die Verschieblichkeit eines Gelenkvierecks.

Bild **5.**3c zeigt den Sonderfall eines rechteckigen Gelenkvierecks; bei ihm liegen Hauptpol (4) und Nebenpol (2,3) im Unendlichen. Die Scheibe 4 führt deswegen als virtuelle Bewegung eine reine Translation oder Verschiebung aus.

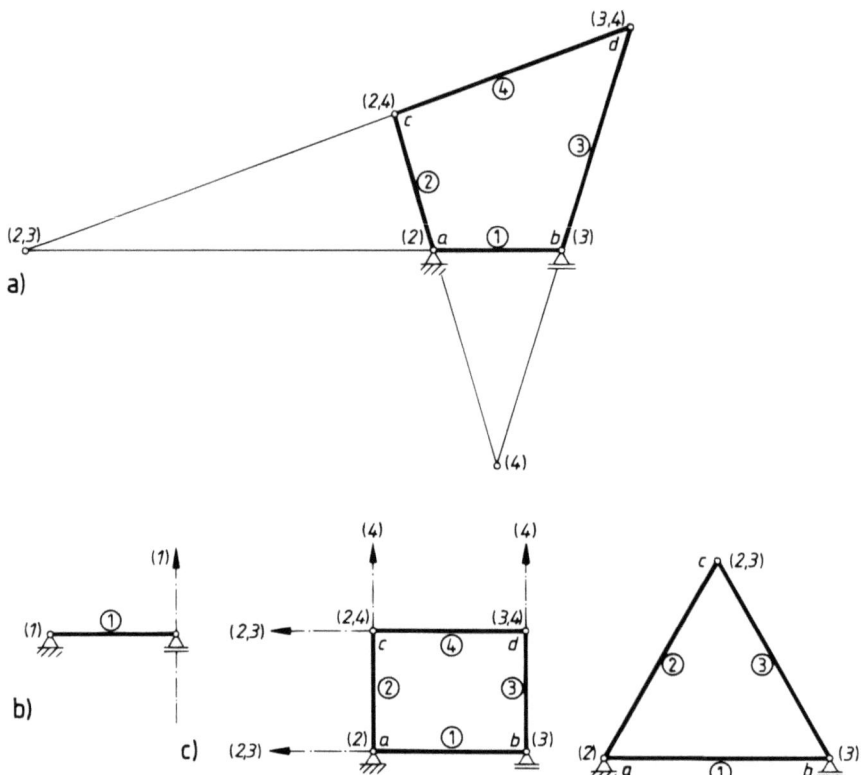

5.3 a) Gelenkviereck *abcd*, Polplan
b) Polplan Scheibe 1
c) Sonderfall: rechteckiges Gelenkviereck

5.4 Polplan eines statisch bestimmt gelagerten Stabdreiecks

Beispiel 2 Gegeben ist das statisch bestimmt gelagerte Stabdreieck *abc* (Bild **5.**4); gesucht ist der Polplan.

Die Scheibe 1 ist statisch bestimmt gelagert und dadurch unverschieblich mit der Erdscheibe verbunden; wir brauchen also nur die Haupt- und Nebenpole der Scheiben 2 und 3 zu konstruieren.

Scheibe 2: Der Hauptpol (2) liegt im unverschieblichen Kipplager *a*, der Nebenpol (2,3) am oberen Ende der Scheibe im Gelenk *c*.

Scheibe 3: Der Hauptpol (3) liegt im verschieblichen Kipplager, der Nebenpol (2,3) wie bereits festgestellt im verbindenden Gelenk *c* der Scheiben 2 und 3.

Der Polplan, den wir damit erhalten haben, weist einen Widerspruch auf: Die Hauptpole (2) und (3) und der Nebenpol (2,3) liegen nicht auf einer Geraden. Der Polplan bestätigt uns also, daß ein Dreieck aus gelenkig verbundenen Stäben in sich unverschieblich ist.

5.2.3 Die F'-Figur oder kinematische Verschiebungsfigur

Mit Hilfe einer F'-Figur können wir die Verschiebungen der Punkte einer **zwangläufigen kinematischen Kette** in ihrer Größe relativ zueinander bestimmen. Die Kenntnis dieser Verschiebungen ist für die kinematische Ermittlung der Einflußlinien von Kraftgrößen statisch bestimmter Tragwerke von Bedeutung.

Wir erhalten eine F'-Figur, wenn wir einer zwangläufigen kinematischen Kette, deren Bild wir als F-Figur bezeichnen, eine virtuelle Bewegung erteilen, die Verschiebungsvektoren ausgezeichneter Punkte in den Plan des Systems eintragen, diese Vektoren im Uhrzeigersinn um 90° drehen und die Spitzen der gedrehten Vektoren verbinden. Die gedrehten Verschiebungsvektoren liegen dann auf dem Polstrahl ihres Ausgangspunktes.

Die Verbindungsgerade zweier Punkte c und d, die einer Scheibe angehören, ist parallel zur Verbindungsgeraden der Punkte c' und d', die die Endpunkte der gedrehten Verschiebungsvektoren sind.

Mit Hilfe der Strahlensätze läßt sich zeigen, daß die F-Figur einer starren Scheibe und ihre F'-Figur **ähnliche Figuren** sind und in bezug auf den Hauptpol dieser starren Scheibe **ähnlich liegen**. Aus diesem Grunde kann die F'-Figur einer starren Scheibe durch eine Parallelenkonstruktion gezeichnet werden.

Im Nebenpol (i, j) einer Scheibenkette haben die beiden Scheiben (i) und (j) denselben Verschiebungsvektor und deswegen auch denselben gedrehten Vektorendpunkt.

Ist die F'-Figur, die wir zur F-Figur eines **Systems gelenkig verbundener Scheiben** gezeichnet haben, der F-Figur **nicht ähnlich**, so ist das System der Scheiben eine **kinematische Kette**.

5.2.4 Anwendungen

Beispiel 3 Gegeben ist das Gelenkviereck $abcd$ des Beispiels 1 (Bild **5.2**a); gesucht ist die F'-Figur. Wir zeichnen das Gelenkviereck auf (**5.5**), erteilen dem Punkt c eine virtuelle Verschiebung und tragen diese als Vektor in beliebiger, aber zweckmäßiger Größe senkrecht zum Polstrahl des Punktes c auf. Dieser Polstrahl $(4)-(2)-(2,4)$ fällt mit der Achse des Stabes ac zusammen. Als nächstes drehen wir den Vektor im Uhrzeigersinn um 90° und erhalten dadurch den Punkt

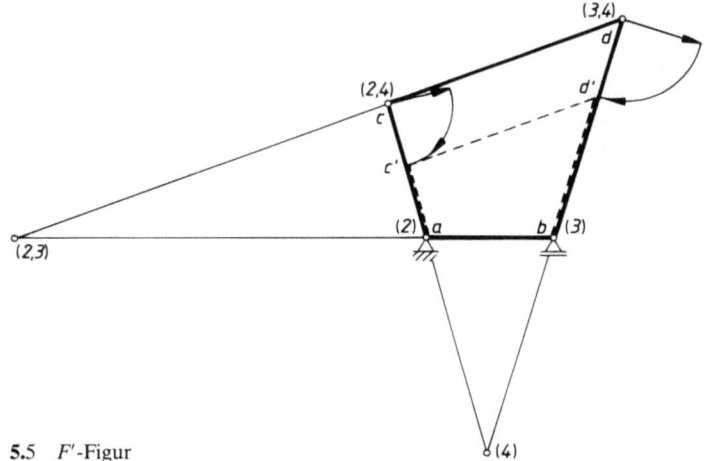

5.5 F'-Figur

Beispiel 3 c'. Die Strecke ac' ist die F'-Figur der Scheibe 2. Die F'-Figur der Scheibe 4 mit dem End-
Forts. punkt d' ergibt sich, wenn wir durch c' eine Parallele zu cd ziehen. Der Punkt d' ist nach dem Strahlensatz der Endpunkt des gedrehten Verschiebungsvektors für den Punkt d. Schließlich ist die Strecke bd' die F'-Figur der Scheibe 3.

Die F'-Figur $abc'd'$ ist der F-Figur $abcd$ nicht ähnlich; dadurch wird angezeigt, daß das Gelenkviereck $abcd$ verschieblich ist.

Beispiel 4 Gegeben ist die Scheibenkette oder F-Figur nach Bild 5.6; gesucht sind Polplan und F'-Figur.

Das statisch bestimmt gelagerte System besteht aus den durch zweistäbigen Knotenpunktanschluß entstandenen und darum in sich unverschieblichen Fachwerkscheiben 1 und 4 sowie den beiden Gelenkstäben 2 und 3.

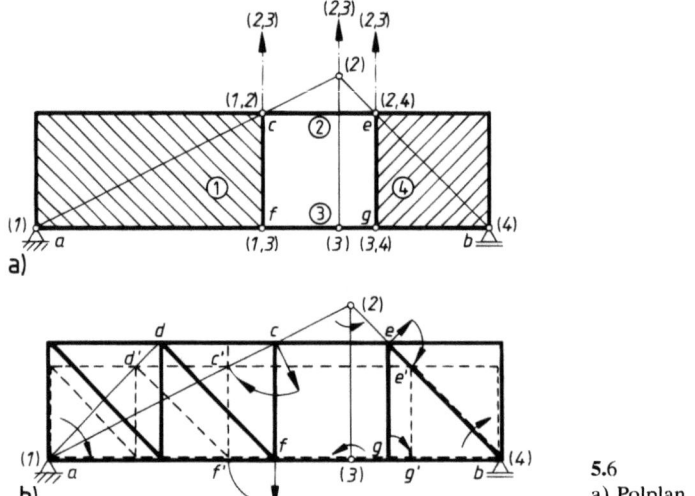

5.6
a) Polplan, b) F'-Figur

1. Polplan

Für die Ermittlung des Polplanes zeichnen wir von den Fachwerkscheiben nur die Umrisse (5.6a). Haupt- und Nebenpole lassen sich wie folgt nacheinander bestimmen: Der Hauptpol (1) liegt im unverschieblichen Kipplager (Punkt a); die Nebenpole (1,2), (1,3), (2,4), (3,4) befinden sich in den die Scheiben verbindenden Gelenken; der Hauptpol (3) ist der Schnittpunkt der horizontalen Geraden durch (1) und (1,3) mit der Geraden durch (2) und (2,3), die noch bestimmt werden muß.

Der Hauptpol (4) liegt einerseits auf der Lotrechten durch den horizontal verschieblichen Lagerpunkt b, andererseits auf der Horizontalen durch (3) und (3,4), d.h. der Hauptpol (4) liegt im Lagerpunkt b.

Daraus folgt, daß der Lagerpunkt b bei einer infinitesimalen Bewegung der Scheibenkette **keine Verschiebung** erfährt.

Der Hauptpol (2) liegt einerseits auf der Geraden durch (1) und (1,2), andererseits auf der Geraden durch (4) und (2,4).

Die beiden Ortslinien für die Bestimmung des Nebenpoles (2,3) sind
a) die Gerade durch (1,3) und (1,2) und b) die Gerade durch (3,4) und (2,4).
Da diese beiden Geraden parallel verlaufen, liegt (2,3) im Unendlichen.

Als letztes kann der Hauptpol (3) bestimmt werden: die Gerade durch den Hauptpol (2) und den im Unendlichen liegenden Nebenpol (2,3), die sein zweiter geometrischer Ort ist, verläuft parallel zu den Geraden durch (1,2) und (1,3) sowie (2,4) und (3,4), d.h. lotrecht.

Der Polplan enthält **keine Widersprüche**, das gegebene System ist eine **kinematische Kette**.

5.2.4 Anwendungen

Beispiel 4 **2. F'-Figur (5.6 b)**
Forts.

Wir beginnen mit der Scheibe 1; F-Figur und F'-Figur sind ähnlich und liegen ähnlich in bezug auf den Hauptpol (1).

Im Punkt c tragen wir senkrecht zum Polstrahl $(1)-(1,2)$ in beliebiger aber zweckmäßiger Größe den Vektor der virtuellen Verschiebung an, drehen ihn um 90° im Uhrzeigersinn und erhalten dadurch den Punkt c'. Durch das Zeichnen von Parallelen zur F-Figur ergibt sich das Netz der F'-Figur; für die Festlegung des Punktes d' benötigen wir allerdings noch den Polstrahl ad.

Scheibe 2: Der Punkt c' gehört auch zur Scheibe 2; deren F'-Figur ist parallel zur Scheibe selbst, und ihr Endpunkt e' ergibt sich als Schnittpunkt mit dem Polstrahl $(2)-(2,4)-(4)$. Die Strecke ee' ist der Betrag des gedrehten Verschiebungsvektors des Punktes e.

Scheibe 4: Nachdem der Punkt e' bekannt ist, der auch zur Scheibe 4 gehört, läßt sich deren F'-Figur durch das Zeichnen von Parallelen zu Obergurt und linkem Vertikalstab konstruieren. Diagonale, Untergurt und rechte Vertikale der F'-Figur liegen auf den entsprechenden Stäben der F-Figur, sind aber kürzer als diese.

Scheibe 3: Die F'-Figur dieser Scheibe liegt in derselben Geraden wir ihre F-Figur; sie reicht vom Punkt f', dem Endpunkt des gedrehten Verschiebungsvektors des Punktes f, bis zum Punkt g', dem Endpunkt des gedrehten Verschiebungsvektors des Punktes g.

Die F'-Figur ist der F-Figur **nicht ähnlich**; daraus folgt, daß das gegebene System eine **kinematische Kette** und deswegen als Tragwerk **unbrauchbar** ist.

Beispiel 5 Gegeben ist der dreistielige, eingeschossige Gelenkrahmen nach Bild 5.7a; gesucht sind Polplan, F'-Figur und Systemdeterminante D [2][3].

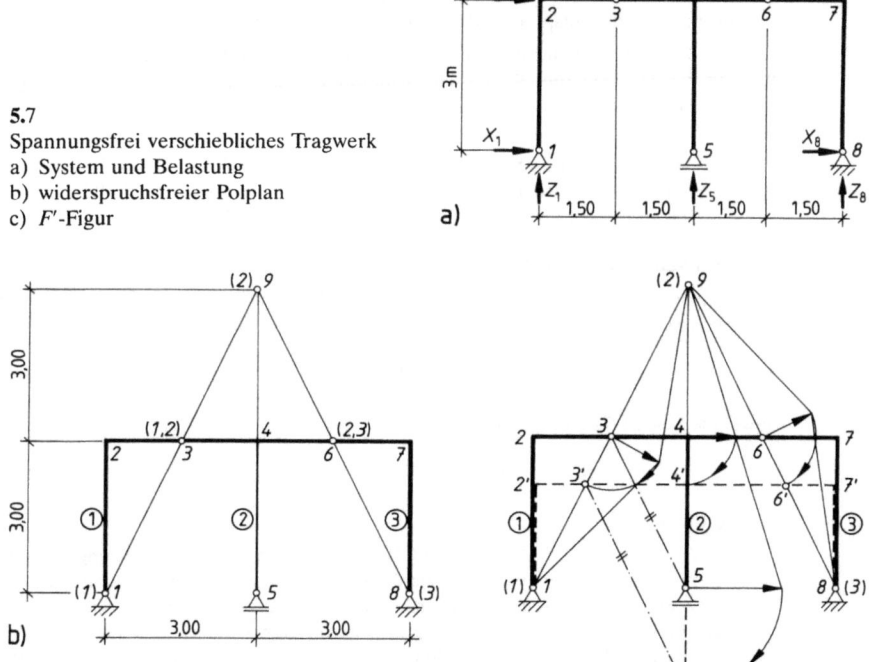

5.7
Spannungsfrei verschiebliches Tragwerk
a) System und Belastung
b) widerspruchsfreier Polplan
c) F'-Figur

Beispiel 5 **1. Polplan** (Bild 5.7b)
Forts.
Die unverschieblichen Kipplager in den Punkten 1 und 8 sind die Hauptpole (1) und (3) für die Scheiben 1 und 3; in den Gelenken 3 und 6 liegen die Nebenpole (1,2) und (2,3). Für den Hauptpol (2) ergeben sich drei Ortslinien:

die Gerade durch den Hauptpol (1) und den Nebenpol (1,2),

die Lotrechte durch das verschiebliche Kipplager im Punkt 5 sowie

die Gerade durch den Hauptpol (3) und den Nebenpol (2,3).

Alle drei Ortslinien schneiden sich im Punkt 9; es läßt sich also ein widerspruchsloser Polplan zeichnen, d.h., das System ist eine kinematische Kette und mindestens anfänglich spannungsfrei verschieblich.

2. F'-Figur (Bild 5.7c)

Scheibe 1: Wir erteilen dem Punkt 3 eine virtuelle Rechtsdrehung um den Hauptpol (1), tragen den Verschiebungsvektor in beliebiger, aber zweckmäßiger Größe senkrecht zum Polstrahl (1)−(1,2) an und drehen ihn um 90° im Uhrzeigersinn. Dadurch erhalten wir den Punkt 3'. Dieser Punkt ist der Endpunkt der im Punkt 1 beginnenden F'-Figur der Scheibe 1. F- und F'-Figur sind ähnlich und liegen ähnlich in bezug auf den Hauptpol (1).

Scheibe 2: Wir beginnen im Punkt 3', der auch zur Scheibe 2 gehört. Dem Riegelstück 36 der F-Figur entspricht in der F'-Figur die Strecke 3'6', die parallel zum Riegel verläuft. Der Punkt 6' liegt auf dem Polstrahl (3)−(2,3).

Für den Punkt 5', den Endpunkt des gedrehten Verschiebungsvektors des Punktes 5, ist die erste Ortslinie der vom Hauptpol (2) ausgehenden Polstrahl durch den Punkt 5, der zugleich die Lotrechte durch diesen Punkt ist.

Die zweite Ortslinie ist die Parallele zur Strecke 35 durch den Punkt 3'; wie wir im Abschn. 5.2.3 festgehalten haben, ist innerhalb einer Scheibe die Verbindungsgerade zweier Punkte der F-Figur parallel zur entsprechenden Strecke der F'-Figur.

Scheibe 3: Wir beginnen mit dem Punkt 6', der auch zur Scheibe 3 gehört, und ziehen von ihm aus die Parallele zum Riegel. Der Endpunkt ist der Punkt 7', der auf dem Stiel 78 liegt, denn in diesem Stiel verläuft der Polstrahl des Punktes 7. Die Strecke 7'8 ist die F'-Figur des rechten Stiels.

Die F'-Figur des gesamten Systems ist nicht ähnlich zur F-Figur; das System ist eine kinematische Kette, was wir mit Hilfe des Polplanes bereits festgestellt hatten.

3. Berechnung der Systemdeterminante D (Bild 5.7a)

Das gegebene System ist statisch bestimmt: Zur Berechnung der fünf Lagerkräfte X_1, Z_1, Z_5, X_8 und Z_8 stehen die am Gesamtsystem aufzustellenden drei Gleichgewichtsbedingungen

$$\Sigma X = 0 \qquad \Sigma Z = 0 \qquad \Sigma M_5 = 0$$

sowie die beiden Gelenkbedingungen

$$\Sigma M_{3li} = 0 \qquad \text{und} \qquad \Sigma M_{6re} = 0$$

zur Verfügung.

Die Systemdeterminante D ist von der Belastung des Systems unabhängig, sie wird nur aus den Beiträgen der Lagerkräfte zu den Gleichgewichtsbedingungen errechnet und könnte deshalb auch am unbelasteten System ermittelt werden. Da wir aber in den Beispielen 6 und 7 unverschiebliche Varianten des Systems untersuchen wollen, stellen wir die vollständigen Gleichgewichtsbedingungen auf, in denen außer den Lagerkräften auch die Belastung mit der Horizontalkraft $X_2 = 1$ kN berücksichtigt wird.

5.2.4 Anwendungen

Beispiel 5 Gleichgewichtsbedingungen
Forts.

1. $\xrightarrow{\pm} \Sigma X = X_1 + X_2 + X_8 \qquad = 0$

2. $\uparrow + \Sigma Z = Z_1 + Z_5 + Z_8 \qquad = 0$

3. $\curvearrowright \Sigma M_5 = Z_1 \cdot 3 - Z_8 \cdot 3 + X_2 \cdot 3 = 0$

4. $\curvearrowright \Sigma M_{3l} = -X_1 \cdot 3 + Z_1 \cdot 1{,}5 \qquad = 0$

5. $\curvearrowright \Sigma M_{6r} = -X_8 \cdot 3 - Z_8 \cdot 1{,}5 \qquad = 0$

In Matrizenschreibweise:

$$\begin{bmatrix} 1 & 0 & 0 & 1 & 0 \\ 0 & 1 & 1 & 0 & 1 \\ 0 & 3 & 0 & 0 & -3 \\ -3 & 1{,}5 & 0 & 0 & 0 \\ 0 & 0 & 0 & -3 & -1{,}5 \end{bmatrix} \cdot \begin{bmatrix} X_1 \\ Z_1 \\ Z_5 \\ X_8 \\ Z_8 \end{bmatrix} + \begin{bmatrix} 1 \\ 0 \\ 3 \\ 0 \\ 0 \end{bmatrix} = 0$$

Die Berechnung der Systemdeterminante ergibt

$$D = 0$$

Dieses Ergebnis zeigt ebenfalls, daß das gewählte System als Tragwerk **unbrauchbar** ist.

Das hier behandelte Tragwerk, dessen Verschieblichkeit erst durch einen Polplan oder die Berechnung der Systemdeterminante D erkannt wird, ist ein Beispiel für den **Ausnahmefall der Statik**.

Beispiel 6 Wir übernehmen das Tragwerk des Beispiels 5 und seine Belastung, verschieben jedoch das rechte Gelenk des Riegels um 5 cm nach links in den Punkt 6″ (4,50; 3,00) und ermitteln wieder Polplan, Systemdeterminante und Lagerkräfte.

Polplan

Der Polplan (**5.**8) weist einen **Widerspruch** auf: die drei Ortslinien für den Hauptpol (2) schneiden sich nicht mehr im Punkt 9 (3,00; 6,00), sondern bilden ein „fehlerzeigendes Dreieck". Das System ist demnach **unverschieblich**. Das fehlerzeigende Dreieck ist allerdings sehr klein, denn die Gerade durch die Pole (3) und (2,3) trifft die Lotrechte durch die Punkte 4 und 5 im Punkt 9″ (3,00; 5,806).

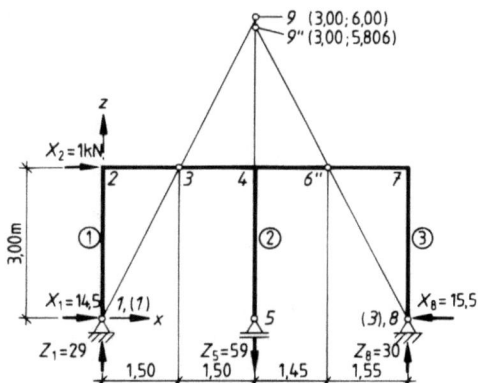

5.8
Ungünstige Anordnung der Gelenke:
Widerspruch im Polplan gering,
Systemdeterminante klein

Beispiel 6 Gleichgewichtsbedingungen, Systemdeterminante und Lagerkräfte
Forts. Wir können die ersten vier Gleichgewichtsbedingungen unverändert aus dem Beispiel 5 übernehmen, die fünfte muß der geänderten Lage des rechten Gelenks angepaßt werden:

$\curvearrowright \Sigma M_{6\text{re}} = -X_8 \cdot 3 - Z_8 \cdot 1{,}55 = 0$

Für das Gleichungssystem wählen wir die **Rasterdarstellung**; in der letzten Zeile stehen die gesuchten Lagerkräfte in kN und die Determinante D.

X_1	Z_1	Z_5	X_8	Z_8	rechte Seite
1	0	0	1	0	−1
0	1	1	0	1	0
0	3	0	0	−3	−3
−3	1,5	0	0	0	0
0	0	0	−3	−1,55	0
14,5	29	−59	−15,5	30	$D = 0{,}45$

Die geringe Belastung 1 kN verursacht große Lagerkäfte; das ist die Folge davon, daß das System **beinahe noch verschieblich** ist. Diese Tatsache ist auch an der kleinen Systemdeterminante zu erkennen.

Tragwerke dieser Art sollten nicht ausgeführt werden.

Beispiel 7 Wir gehen wieder vom Beispiel 5 aus, legen jetzt aber die Gelenke des Riegels in die Punkte 3′′′ (0,5; 3,00) und 6′′′ (3,50; 3,00) (**5.9** a). Wie zuvor zeichnen wir den Polplan und berechnen wir Systemdeterminante und Lagerkräfte.

Der Polplan ist in Bild **5.**9 a eingezeichnet, er zeigt für den Hauptpol (2) einen großen Widerspruch. Das Tragwerk ist unverschieblich.

Von den Gleichgewichtsbedingungen der Beispiele 5 und 6 können wir die ersten drei, die sich auf das Tragwerk als Ganzes beziehen, unverändert übernehmen; die letzten beiden beziehen sich auf die Gelenke im Riegel und müssen wie folgt geändert werden:

4. $\curvearrowright \Sigma M_{3\text{li}} = -X_3 \cdot 3 + Z_1 \cdot 0{,}5 = 0$
5. $\curvearrowright \Sigma M_{6\text{re}} = -X_8 \cdot 3 - Z_8 \cdot 2{,}5 = 0$

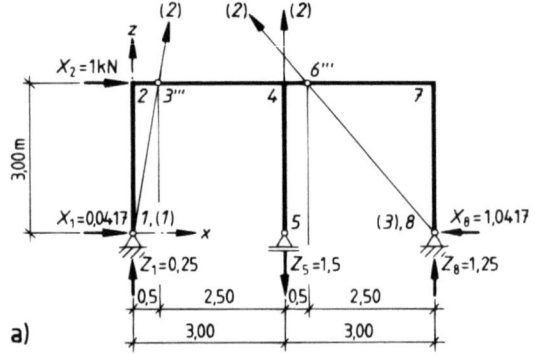 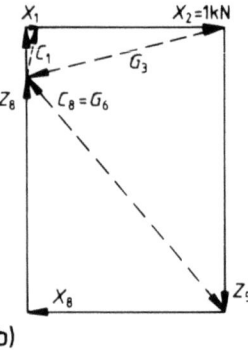

5.9 Stabiler Gelenkrahmen
a) System, Belastung, Polplan mit Widerspruch
b) Kräfteplan: C_1, C_8 resultierende Lagerkräfte in den Punkten 1 und 8, G_3, G_6 Gelenkdrücke

Beispiel 7 Wir erhalten damit das folgende Raster, in dessen letzter Zeile die Lagerkräfte in kN und die
Forts. Systemdeterminante D stehen:

X_1	Z_1	Z_5	X_8	Z_8	rechte Seite
1	0	0	1	0	−1
0	1	1	0	1	0
0	3	0	0	−3	−3
−3	0,5	0	0	0	0
0	0	0	−3	−2,5	0
0,0417	0,25	−1,5	−1,0417	1,25	$D = 18$

Bild **5.**9b zeigt das Krafteck der äußeren Kräfte, mit dem eine einfache Kontrolle des Rechenergebnisses möglich ist.

5.3 Bestimmung des Grades der statischen Unbestimmtheit eines Tragwerks

5.3.1 Übersicht

Wenn die Stütz- und Schnittgrößen eines Tragwerks nicht allein mit Hilfe der Gleichgewichtsbedingungen bestimmt werden können und deshalb das von Hand durchgeführte Kraftgrößenverfahren angewendet wird, steht am Anfang die Bestimmung des **Grades der statischen Unbestimmtheit** des Tragwerks. Für die Lösung dieser Teilaufgabe gibt es eine große Anzahl von Verfahren, von denen wir aber angesichts der geringen Bedeutung der Handrechnung im folgenden nur ein einfaches und anschauliches Verfahren für Stabwerke vorstellen; bei den Fachwerken beschränken wir uns auf eine Ergänzung der bereits im Teil 1 dieses Werkes enthaltenen Erläuterungen zu den **Aufbau- und Abzählkriterien einfacher Fachwerke**.

Der Grad der statischen Unbestimmtheit gibt an, wie viele konstruktive Bindungen innerhalb eines Tragwerks oder zwischen dem Tragwerk und der Erdscheibe gelöst werden müssen, damit das Tragwerk allein mit Hilfe der Gleichgewichtsbedingungen berechnet werden kann [7]; er ist ohne Bedeutung, wenn das Tragwerk mit Hilfe des Drehwinkel- oder des allgemeinen Verschiebungsgrößenverfahrens berechnet wird.

5.3.2 Stabwerke

Die Bestimmung des Grades n der statischen Unbestimmtheit erfolgt in zwei Schritten [7]:

1. Schritt: Wir schließen alle Mechanismen des Tragwerks, d. h. wir sorgen dafür, daß in jedem Punkt der Achse eines jeden Stabes, in den Anschlüssen aller Stäbe an die Knoten sowie in sämtlichen Lagern alle möglichen Schnittgrößen übertragen werden können; das sind im Bereich der ebenen Statik drei (M, Q, N), im Bereich der räumlichen Statik sechs ($M_x, M_y, M_z, Q_y, Q_z, N$). Die Anzahl der hinzugefügten konstruktiven Bindungen bezeichnen wir mit t.

2. Schritt: Wir zerteilen das durch den 1. Schritt entstandene statische System durch Schnitte in statisch bestimmte Teilsysteme; die Anzahl der erforderlichen Schnitte nennen wir r. Durch jeden Schnitt werden 3 oder 6 konstruktive Bindungen beseitigt, je nachdem, ob das Tragwerk mit der Statik der Ebene oder des Raumes berechnet werden muß. Insgesamt werden durch r Schnitte $3r$ oder $6r$ konstruktive Bindungen beseitigt.

Der Grad n der statischen Unbestimmtheit ist dann bei einem Problem der ebenen Statik

$$n = 3r - t \tag{5.1}$$

und bei einem Problem der räumlichen Statik

$$n = 6r - t \tag{5.2}$$

Ein Problem der räumlichen Statik liegt nicht nur bei räumlichen, sondern auch bei ebenen Tragwerken vor, wenn diese räumlich beansprucht sind.

Das hier vorgestellte Verfahren liefert kein Kriterium dafür, ob das untersuchte Tragwerk unverschieblich und damit brauchbar ist oder nicht, es macht also die im Abschn. 5.2 behandelten kinematischen Untersuchungen oder die Berechnung der Systemdeterminante nicht überflüssig.

5.3.3 Anwendungen

Beispiel 8 Wir untersuchen die Tragwerke der Beispiele 5, 6 und 7 auf ihre statische Bestimmt- oder Unbestimmtheit. Daß sich die drei Gelenkrahmen hinsichtlich der Lage der Gelenke in den Riegeln unterscheiden, ist für diese Untersuchung ohne Bedeutung.

Bild **5.**10a zeigt das Tragwerk mit den bereits geschlossenen Mechanismen:

Die unverschieblichen Kipplager a und c erhalten je eine zusätzliche konstruktive Bindung, um das Verdrehen der Stiele zu verhindern; das verschiebliche Kipplager b muß durch eine Festhaltung gegen Verschieben und eine zweite gegen Verdrehen gesichert werden, und schließlich muß in den Riegelgelenken durch je eine zusätzliche konstruktive Bindung die Biegesteifigkeit hergestellt werden.

Das so entstandene System zerteilen wir durch zwei Schnitte in drei statisch bestimmte eingespannte Stützen mit Kragarmen (**5.**10b).

Für den Grad der statischen Unbestimmtheit erhalten wir dann mit Formel (5.1)

$$n = 3r - t = 3 \cdot 2 - 6 = 0$$

Das Ergebnis bestätigt uns, daß die Tragwerke statisch bestimmt sind.

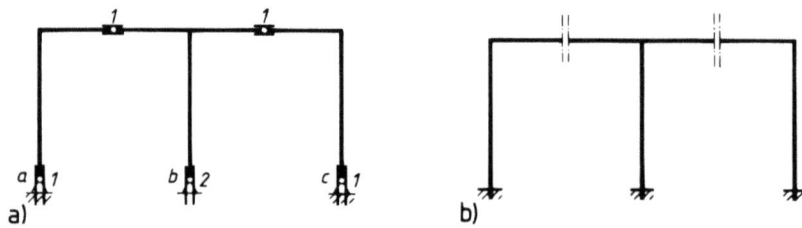

5.10 Gelenkrahmen
a) Mechanismen geschlossen, b) Zerlegung in statisch bestimmte Systeme

5.3.3 Anwendungen

Beispiel 9 Gegeben ist das Tragwerk nach Bild **5.**11 a; gesucht ist der Grad der statischen Unbestimmtheit.

Das Tragwerk besitzt drei unverschiebliche Kipplager, die im ersten Schritt durch je eine zusätzliche konstruktive Bindung in feste Einspannungen verwandelt werden (**5.**11 b). Durch zwei Schnitte erzeugen wir dann im zweiten Schritt drei statisch bestimmte Systeme (**5.**11 c). Der Grad der statischen Unbestimmtheit des gegebenen Tragwerks ergibt sich mit Gl. (5.1) zu
$$n = 3r - t = 3 \cdot 2 - 3 = 3$$

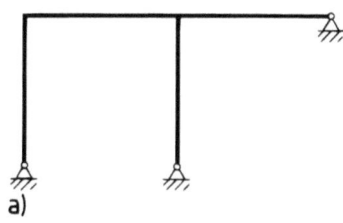
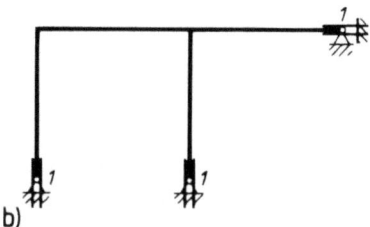
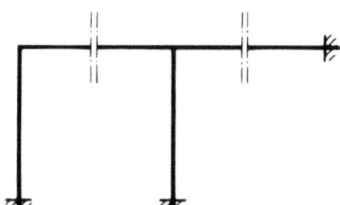

5.11
Gelenkig gelagerter Rahmen
a) gegebenes System
b) Mechanismen geschlossen
c) Zerlegung in statisch bestimmte Systeme

Beispiel 10 Gegeben ist der vierstielige dreigeschossige Stockwerkrahmen nach Bild **5.**12 a, der mit der Erdscheibe durch eine feste Einspannung sowie zwei unverschiebliche und ein verschiebliches Kipplager verbunden ist. Das obere Stockwerk ist mit dem mittleren durch Gelenke verbunden, außerdem ist im linken und rechten Feld des obersten Riegels je ein Gelenk angeordnet. Gesucht ist der Grad der statischen Unbestimmtheit.

Wir schließen die Mechanismen des gegebenen Tragwerks, indem wir im verschieblichen Kipplager zwei, in den unverschieblichen Kipplagern und in den Gelenken des obersten Rahmenriegels je eine konstruktive Bindung hinzufügen (**5.**12 b). Das dadurch entstehende System zerteilen wir durch 9 Schnitte in drei statisch bestimmte fest eingespannte Stützen mit Kragarmen. Der Grad der statischen Unbestimmtheit des gegebenen Tragwerks ist dann mit Gl. (5.1)
$$n = 3r - t = 3 \cdot 9 - 10 = 17$$

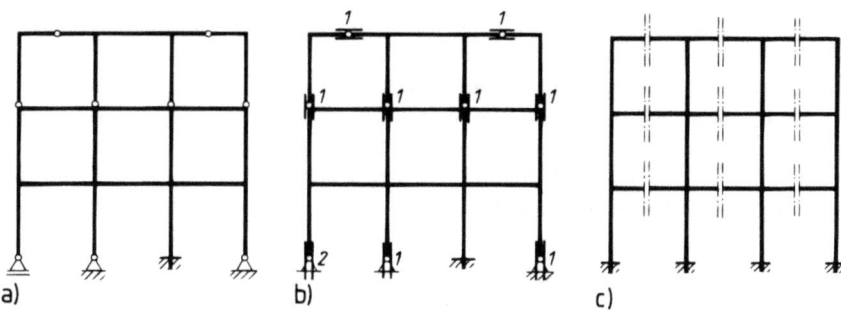

5.12 Stockwerkrahmen
a) gegebenes System, b) Mechanismen geschlossen, c) Zerlegung in statisch bestimmte Systeme

Beispiel 11 Gegeben ist ein eingeschossiger räumlicher Rahmen mit vier lotrechten Stielen, die unter den Ecken eines aus horizontalen Rahmenriegeln gebildeten Rechtecks angeordnet sind (**5.13a**). Die Stiele sind in den Punkten b und c fest eingespannt, in den Punkten a und d horizontal verschieblich sowie um x-, y- und z-Achse drehbar gelagert.

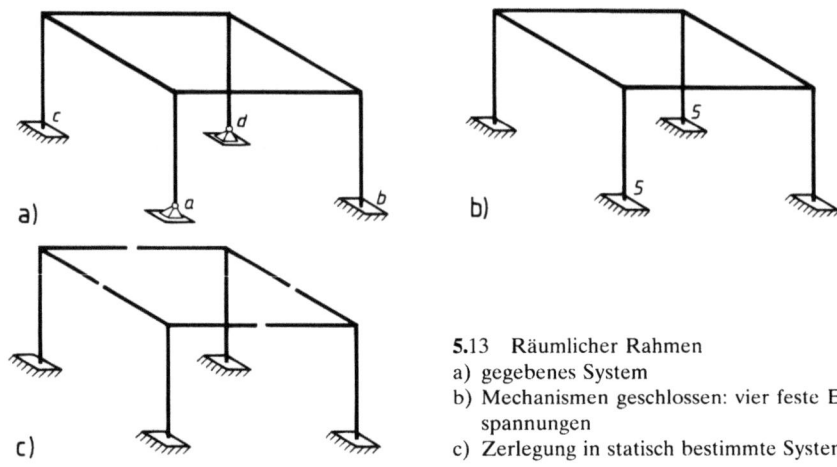

5.13 Räumlicher Rahmen
a) gegebenes System
b) Mechanismen geschlossen: vier feste Einspannungen
c) Zerlegung in statisch bestimmte Systeme

Da im gegebenen Tragwerk oberhalb der Lager keine Gelenke vorhanden sind, besteht das Schließen sämtlicher Mechanismen darin, in den Lagerpunkten a und d feste Einspannungen herzustellen. Dazu müssen in jedem dieser Lager fünf zusätzliche konstruktive Bindungen angeordnet werden, die die fünf vorhandenen Freiheitsgrade beseitigen, nämlich die möglichen Verschiebungen in x- und y-Achse sowie die möglichen Verdrehungen um x-, y- und z-Achse (**5.13b**).

Um das nach dem Anbringen der zusätzlichen konstruktiven Bindungen entstandene statische System in statisch bestimmte Teilsysteme zu zerlegen, sind vier Schnitte erforderlich (**5.13c**), von denen jeder sechs konstruktive Bindungen beseitigt. Der Grad der statischen Unbestimmtheit des gegebenen Tragwerks ist deswegen (Gl. (5.2))

$$n = 6r - t = 6 \cdot 4 - 10 = 14$$

Jedes statisch bestimmte Teilsystem ist ein räumliches System, nämlich eine fest eingespannte Stütze mit räumlich angeordneten Kragarmen.

5.3.4 Fachwerke

In Teil 1, Abschn. 6.2 dieses Werkes haben wir bei der Behandlung einfacher ebener und räumlicher Fachwerke die **Aufbaukriterien** des **zweistäbigen** und **dreistäbigen Knotenpunktanschlusses** kennengelernt.

Diese Kriterien sind **notwendig und hinreichend** für ein in sich unverschiebliches, innerlich statisch bestimmtes Fachwerk. Die Lagerung dieser Fachwerke wird von den Aufbaukriterien nicht erfaßt und kann statisch bestimmt oder statisch unbestimmt sein.

Aus den Aufbaukriterien haben wir **Abzählkriterien** abgeleitet, die ebenfalls die innere Unverschieblichkeit betreffen und auch **notwendig, nicht aber hinreichend** sind.

Mit s Anzahl der Stäbe und k Anzahl der Knoten

erhielten wir für die Anzahl der Stäbe eines in sich unverschieblichen, innerlich statisch bestimmten Fachwerks die Formeln

$$s = 2k - 3 \text{ für ein ebenes und} \tag{5.3}$$

$$s = 3k - 6 \text{ für ein räumliches Fachwerk.} \tag{5.4}$$

Ist die Zahl s der vorhandenen Stäbe kleiner als diese Formeln angeben, so ist das Fachwerk **in sich verschieblich**, d.h. eine kinematische Kette, ist sie größer, so ist das Fachwerk **innerlich statisch unbestimmt**.
Für die Berechnung der Stabkräfte eines Fachwerks mit k Knoten stehen uns in der Ebene $2k$, im Raum $3k$ Gleichgewichtsbedingungen zur Verfügung. Zu berechnen sind bei Fachwerken, die die Aufbaukriterien erfüllen und statisch bestimmt gelagert sind,
in der Ebene

$s = 2k - 3$ Stabkräfte und $a = 3$ Lagerkräfte,

zusammen $s + a = 2k - 3 + 3 = 2k$ Unbekannte,

im Raum

$s = 3k - 6$ Stabkräfte und $a = 6$ Lagerkräfte,

zusammen $s + a = 3k - 6 + 6 = 3k$ Unbekannte.

Die Anzahl der Gleichungen ist also unter den getroffenen Voraussetzungen jeweils genau so groß wie die der Unbekannten.
Die in Abschn. 5.1 besprochene Brauchbarkeitsuntersuchung mit Hilfe der Systemdeterminante D ist auch auf statisch bestimmte Fachwerke anwendbar: Wenn die Determinante der Knotengleichgewichtsbedingungen, die zur Berechnung von Stab- und Lagerkräften aufgestellt wird, den Wert Null hat, ist das System unbrauchbar.
Ein Fachwerk, bei dem sich die Summe $s + a$ größer als $2k$ bzw. $3k$ ergibt, ist **statisch unbestimmt**; der Grad der statischen Unbestimmtheit ist für

ebene Fachwerke: $n = s + a - 2k$

räumliche Fachwerke: $n = s + a - 3k$

Es gibt Fachwerke, bei denen wir eine statische Unbestimmtheit nicht **eindeutig lokalisieren können**, weil wir verschiedene Stäbe und Lagerkräfte als überzählige konstruktive Bindungen ansehen können.
Im Gegensatz zu ebenen Stabwerken, die auch räumlich belastet werden können, sind **ebene Fachwerke für eine räumliche Belastung ungeeignet**; bei ebenen Fachwerken müssen die Wirkungslinien aller Lasten und Lagerkräfte stets in der Fachwerkebene liegen.

5.4 Kraftgrößenverfahren und Drehwinkelverfahren

5.4.1 Übersicht über die Berechnungsverfahren

Um die Stütz- und Schnittgrößen **statisch bestimmter Systeme** zu ermitteln, genügt es, die Gleichgewichtsbedingungen anzuwenden; Formänderungen statisch bestimmter Systeme haben keinen Einfluß auf innere und äußere Kraftgrößen.
Bei **statisch unbestimmten Systemen** sind Gleichgewichtsbetrachtungen allein für die Ermittlung der Stütz- und Schnittgrößen nicht ausreichend, es müssen auch Formände-

rungen in die Berechnungen mit einbezogen werden. Dafür stehen drei verschiedene Verfahren zur Verfügung:

1. Die Differentialgleichungsmethode

Sie hat geringe praktische Bedeutung; ihre Grundlagen und ihre Anwendung in der Form des Reduktionsverfahrens werden im Teil 2 dieses Werkes, Abschn. 4 und 13, vorgestellt.

2. Das Kraftgrößenverfahren (KGV)

Beim KGV werden äußere und innere Kräfte und Momente als Unbekannte eingeführt und mit Hilfe von Formänderungsbedingungen, Verträglichkeitsbedingungen oder Elastizitätsgleichungen bestimmt. Dabei können die Einflüsse sämtlicher Schnittgrößen berücksichtigt werden, es ist aber auch möglich und in vielen Fällen zulässig, die Auswirkungen der Querkräfte oder der Quer- und Längskräfte zu vernachlässigen. Eine Einführung in das KGV ist im Teil 2 dieses Werkes, Abschn. 10 zu finden, eine Vertiefung an Hand von vielen Beispielen bieten die Abschn. 6 und 7 im vorliegenden Teil 3.

3. Das Verschiebungsgrößenverfahren (VV)

Es wird auch als Weggrößenverfahren (WGV), Deformationsmethode oder Formänderungsgrößenverfahren bezeichnet. Der Name kommt daher, daß Verschiebungsgrößen, und zwar Knotenverschiebungen und -verdrehungen, als Unbekannte eingeführt werden. Zur Berechnung der Unbekannten stellen wir Gleichgewichtsbedingungen auf.

In seiner allgemeinen Form berücksichtigt das Verschiebungsgrößenverfahren die Verformungen infolge von Momenten, Längskräften und Querkräften; wegen der Möglichkeit, es in Matrizenform darzustellen, ist es besonders gut für die Anwendung in programmgesteuerten Rechenanlagen geeignet. Die Grundlagen dieses Verfahrens werden im Abschn. 10 erläutert.

Eine Vereinfachung, die bei ebenen Problemen angewendet wird und gut für die Handrechnung geeignet ist, nennen wir Drehwinkelverfahren. Bei ihm vernachlässigen wir Längs- und Querkraftverformungen, berücksichtigen also nur den Einfluß der Biegemomente; ferner drücken wir die gegenseitigen Verschiebungen von Knoten durch Stabdrehwinkel aus. Das Drehwinkelverfahren wird im Abschn. 8 abgeleitet und durch zahlreiche Beispiele erläutert.

Kraftgrößen- und Drehwinkelverfahren sind duale Wege zu den Stütz- und Schnittgrößen eines Tragwerks, was durch die folgende Gegenüberstellung der Rechenschritte beider Verfahren deutlich gemacht werden soll. Diese Gegenüberstellung, die das Grundsätzliche, die Gemeinsamkeiten und die Unterschiede beider Verfahren erkennen läßt, wird möglich, weil wir bei beiden Verfahren mit Einheitszuständen arbeiten: Beim KGV mit Einheitsbelastungs-, beim DV mit Einheitsverdrehungszuständen.

4. Die Methode der finiten Elemente (FEM)

Die Ermittlung der Schnittgrößen von Flächentragwerken wie Scheiben oder Schalen ist im allgemeinen in einer geschlossenen Lösung nicht möglich. Nur einfache geometrische wie symmetrische Systeme und bestimmte Formen der Belastung sind einer analytischen Behandlung zugänglich. Daher wendet man bei beliebig geformten Flächentragwerken numerische Lösungsverfahren an.

Ein solches Verfahren ist die Methode der finiten Elemente.

5.4.1 Übersicht über die Berechnungsverfahren

Bei dieser Methode denken wir uns das Tragwerk in mehr oder weniger kleine **endliche Teile, die finiten Elemente**, eingeteilt. Das bedeutet eine physikalische **Idealisierung** des Tragwerks.

Bei **Flächentragwerken** sind diese Elemente i. a. **Dreiecke** oder **Vierecke**, bei **Stabwerken und Fachwerken die Stäbe**. An jedem Element müssen wie bei jedem brauchbaren Tragwerk die folgenden Bedingungen erfüllt sein:

1. Jedes Element muß sich im Gleichgewicht befinden (**Gleichgewichtsbedingung**).
2. Die Verschiebungen und Dehnungen der Elemente müssen verträglich sein, d. h. es darf kein Klaffen oder Durchdringen erfolgen (**geometrische oder kinematische Verträglichkeit**).
3. Die elastischen Dehnungen infolge der vorhandenen Spannungen erfolgen nach dem dem Material eigentümlichen Gesetz (**Spannungs-Dehnungs-Gesetz, Werkstoffgesetz**).

Die Zahl der angenommenen Elemente bestimmt die Genauigkeit des Ergebnisses. Je größer die Zahl ist, je feiner das System eingeteilt wird, um so genauer ist das Ergebnis, um so größer ist aber auch der Rechenaufwand (5.14). Um genügend genaue Ergebnisse zu erzielen, ist vor allem in der **Nähe von Einzelkräften** oder von **Unstetigkeiten in der Geometrie** des Systems eine besonders feine Einteilung angebracht.

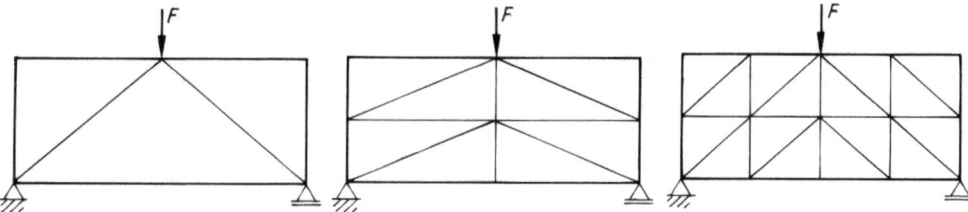

5.14 Einteilung einer Scheibe in finite Elemente

Bei der Einteilung des Systems in finite Elemente ist die **Kenntnis des Tragverhaltens** der Konstruktion unbedingt Voraussetzung, weil sich sonst falsche Ergebnisse einstellen können. Diese Kenntnis erhält man nur, wenn man alle Verfahren der Baustatik beherrscht und anwendet.

Da die Methode der finiten Elemente das Aufstellen und Lösen einer großen Zahl linearer Gleichungen erfordert, ist der Einsatz programmierbarer Rechner unumgänglich.

Die vorgenannten drei Bedingungen müssen **längs der Ränder der Elemente** erfüllt sein, sind also **Übergangsbedingungen** zwischen den Elementen. Zur Begrenzung des großen Rechenaufwandes erfüllt man diese Bedingungen jedoch nur **in einzelnen Punkten der Elemente**. In diesen Punkten, die man als **Strukturknoten** oder **Knoten** bezeichnet, denkt man sich die Elemente untereinander verbunden. In den Knoten werden die vorgenannten drei Bedingungen exakt erfüllt.

Bei der Methode der finiten Elemente gehen wir von **Formänderungen** aus, und zwar von den Verschiebungsgrößen der Strukturknoten. Gemäß der obengenannten 2. Bedingung über die **kinematische Verträglichkeit** haben die Elemente in den Strukturknoten die **gleichen Verschiebungen und Verdrehungen**. Die Verschiebungsgrößen bestimmen die Kräfte in den Elementen in Abhängigkeit von der 3. Bedingung des **Spannungs-Dehnungs-Gesetzes**. Unter Berücksichtigung der 1. Bedingung, die das Gleichgewicht der Kräfte im Knoten fordert, ergibt sich ein lineares Gleichungssystem für die Verschiebungsgrößen der Knoten. Sind diese Verschiebungsgrößen bekannt, können wir mit Hilfe des Spannungs-Dehnungs-Gesetzes die gesuchten **Knotenkräfte** ermitteln.

5.4.2 Gegenüberstellung KGV-DV

5.4.2.1 Kraftgrößenverfahren

1. Wirkliches System mit wirklicher Belastung, Grad der statischen Unbestimmtheit
Eingespannter Rahmen mit horizontaler und lotrechter Einzellast (**5.**15a).

Das System ist dreifach statisch unbestimmt

2. Wahl eines statisch bestimmten Hauptsystems

Aus der unendlich großen Anzahl der möglichen statisch bestimmten Hauptsysteme ist ein Hauptsystem zu wählen, das gut konditioniert, d.h. unempfindlich ist gegenüber kleinen Fehlern in der Lastspalte. Diese Forderung wird erfüllt, wenn die Tragverhalten des wirklichen Systems und des statisch bestimmten Hauptsystems möglichst weitgehend übereinstimmen. In einem solchen Fall ergibt sich eine Systemdeterminante D, die deutlich größer ist als Null.

Wir machen den Rahmen durch einen Schnitt in Riegelmitte (Punkt m) statisch bestimmt (**5.**15b). Dieser Schnitt löst 3 konstruktive Bindungen, d.h. er hebt im Punkt m die Möglichkeit auf, Momente, Querkräfte und Längskräfte zu übertragen. M_m, Q_m und N_m werden zu statisch unbestimmten Schnittgrößen; wir legen fest

$$M_m = X_1, \qquad Q_m = X_2, \qquad N_m = X_3$$

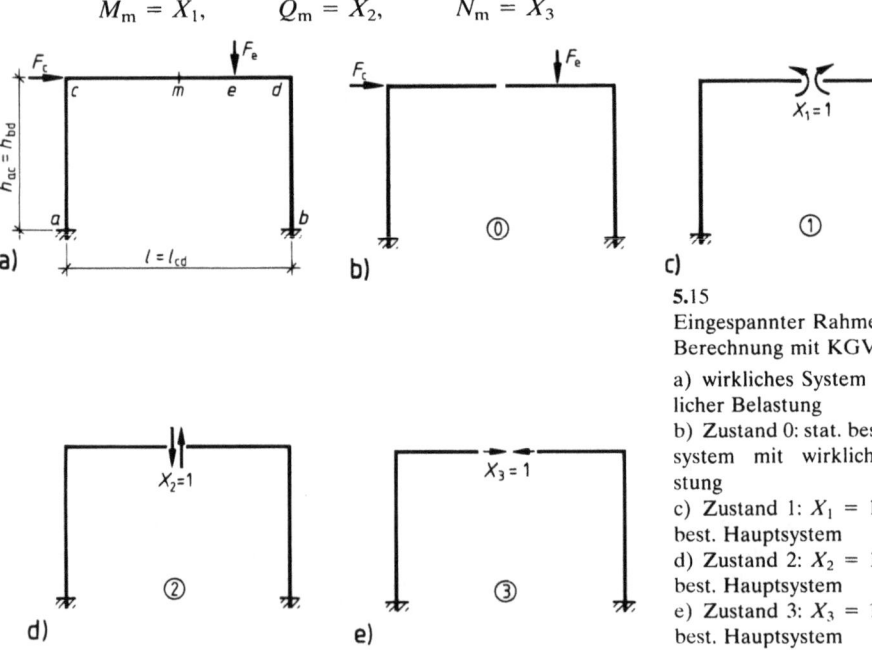

5.15
Eingespannter Rahmen, Berechnung mit KGV

a) wirkliches System mit wirklicher Belastung
b) Zustand 0: stat. best. Hauptsystem mit wirklicher Belastung
c) Zustand 1: $X_1 = 1$ am stat. best. Hauptsystem
d) Zustand 2: $X_2 = 1$ am stat. best. Hauptsystem
e) Zustand 3: $X_3 = 1$ am stat. best. Hauptsystem

3. Untersuchung des Zustandes 0

Im Zustand 0 greift die wirkliche Belastung am statisch bestimmten Hauptsystem an (**5.**15b). Wir erhalten im Punkt i die Schnittgrößen M_{i0}, Q_{i0}, N_{i0}.

Der Zustand 0 erfüllt die Gleichgewichtsbedingungen, nicht jedoch die Verträglichkeits- oder Kontinuitätsbedigungen des wirklichen Systems:

Zwischen den Schnittflächen in Riegelmitte (Punkt m) treten die den drei gelösten konstruktiven Bindungen komplementären Verschiebungsgrößen auf, nämlich

1. die gegenseitige Verdrehung δ_{10},
2. die gegenseitige lotrechte Verschiebung δ_{20},
3. die gegenseitige waagerechte Verschiebung δ_{30}.

Der erste Fußzeiger dieser Verschiebungsgrößen weist auf die zugeordnete statisch Unbestimmte hin, der zweite Fußzeiger 0 gibt als Ursache die gegebene Belastung an.

4. Untersuchung der Einheitsbelastungszustände

Zu jeder gelösten konstruktiven Bindung gehört ein Einheitsbelastungszustand.

Jeder dieser Einheitsbelastungszustände erfüllt die Gleichgewichtsbedingungen, nicht jedoch die Verträglichkeitsbedingungen des wirklichen Systems.

4.1 Zustand 1

Statisch Unbestimmte $X_1 = 1$ als Doppelmoment an den Schnittflächen des Punktes m (**5.**15c). Im beliebigen Punkt i ergeben sich die Schnittgrößen M_{i1}, Q_{i1}, N_{i1}.

Die Schnittflächen im Punkt m erfahren

die gegenseitige Verdrehung δ_{11},

die gegenseitige lotrechte Verschiebung δ_{21},

die gegenseitige waagerechte Verschiebung δ_{31}.

4.2 Zustand 2

Statisch Unbestimmte $X_2 = 1$ als lotrechte Doppelkraft an den Schnittflächen des Punktes m (**5.**15d). Im beliebigen Punkt i ergeben sich die Schnittgrößen M_{i2}, Q_{i2}, N_{i2}.

Die Schnittflächen im Punkt m erfahren

die gegenseitige Verdrehung δ_{12},

die gegenseitige lotrechte Verschiebung δ_{22},

die gegenseitige waagerechte Verschiebung δ_{32}.

4.3 Zustand 3

Statisch Unbestimmte $X_3 = 1$ als horizontale Doppelkraft an den Schnittflächen des Punktes m (**5.**15e).

Im beliebigen Punkt i ergeben sich die Schnittgrößen M_{i3}, Q_{i3}, N_{i3}.
Die Schnittflächen im Punkt m erfahren

 die gegenseitige Verdrehung δ_{13},

 die gegenseitige lotrechte Verschiebung δ_{23},

 die gegenseitige waagerechte Verschiebung δ_{33}.

5. Aufstellung der drei Verträglichkeits-, Kontinuitäts- oder Formänderungsbedingungen oder Elastizitätsgleichungen

Am statisch bestimmten Hauptsystem müssen unter der Wirkung

0. der Belastung,
1. des X_1-fachen Zustandes 1,
2. des X_2-fachen Zustandes 2 und
3. des X_3-fachen Zustandes 3

die Schnittflächen in Riegelmitte genau zusammenpassen. Diese allgemeine Forderung läßt sich in drei Verträglichkeitsbedingungen aufspalten: Für die Schnittflächen in Riegelmitte muß unter der Wirkung der Belastung und einer Linearkombination der Zustände 1 bis 3 gleich Null sein

5.1 die gegenseitige Verdrehung,

5.2 die gegenseitige lotrechte Verschiebung und

5.3 die gegenseitige waagerechte Verschiebung.

Mit den oben eingeführten Verschiebungsgrößen δ_{io} und δ_{ij} wird aus den Verträglichkeitsbedingungen ein Gleichungssystem für die Berechnung der Unbekannten X_i:

5.1 $\delta_{10} + X_1\delta_{11} + X_2\delta_{12} + X_3\delta_{13} = 0$

5.2 $\delta_{20} + X_1\delta_{21} + X_2\delta_{22} + X_3\delta_{23} = 0$ (5.3)

5.3 $\delta_{30} + X_1\delta_{31} + X_2\delta_{32} + X_3\delta_{33} = 0$

6. Stütz- und Schnittgrößen des wirklichen Systems

Nach der Berechnung der X_i aus den Gl. (5.3) erhalten wir die Stütz- und Schnittgrößen des wirklichen Systems durch Überlagerung

0. des Zustandes 0,
1. des X_1-fachen Zustandes 1,
2. des X_2-fachen Zustandes 2 und
3. des X_3-fachen Zustandes 3.

Es ist z.B. das Biegemoment im Punkt i

$$M_i = M_{i0} + M_{i1}X_1 + M_{i2}X_2 + M_{i3}X_3 \tag{5.4}$$

7. Einheiten

In den Einheitsbelastungszuständen (5.15) setzen wir die Größen X_1, X_2 und X_3 einheitenlos an, in den Elastizitätsgleichungen (5.3) erscheinen sie jedoch als Kraftgrößen mit den Einheiten kNm oder kN. Dieses Vorgehen ist historisch bedingt, jedoch physikalisch nicht korrekt [5]. Eine physikalisch korrekte Formulierung erhalten wir, wenn wir in den Einheitsbelastungszuständen 5.15c, d, e das Moment $M_m = 1$ kNm und die Kräfte $Q_m = 1$ kN und $N_m = 1$ kN ansetzen, die Formänderungsarbeiten $1 \cdot \delta$ mit den Maßeinheiten kNm · rad = kNm oder kN · m = kNm ausrechnen und sie in den formal unveränderten Linearkombinationen (5.3) miteinander verknüpfen. Die Faktoren X_1, X_2 und X_3, die in diesen Linearkombinationen von Formänderungsarbeiten des Zustandes 0 und der Einheitsbelastungszustände 1, 2 und 3 auftreten, sind dann einheitenlos.

Bei dieser Formulierung des Kraftgrößenverfahrens entsprechen die Unbekannten X_i den ebenfalls einheitenlosen Unbekannten Y_i des Drehwinkelverfahrens.

5.4.2.2 Drehwinkelverfahren

1. Wirkliches System mit wirklicher Belastung, Grad der geometrischen Unbestimmtheit

Eingespannter Rahmen mit horizontaler und vertikaler Einzellast (5.16a). Das System ist dreifach geometrisch oder kinematisch unbestimmt, es kann nämlich auftreten

1. der Knotendrehwinkel φ_c,
2. der Knotendrehwinkel φ_d,
3. infolge einer Verschiebung des Riegels cd der Stabdrehwinkel ψ_{ac}.

Der Stabdrehwinkel ψ_{bd} ist vom Stabdrehwinkel ψ_{ac} abhängig, er hat im vorliegenden Beispiel die gleiche Größe.

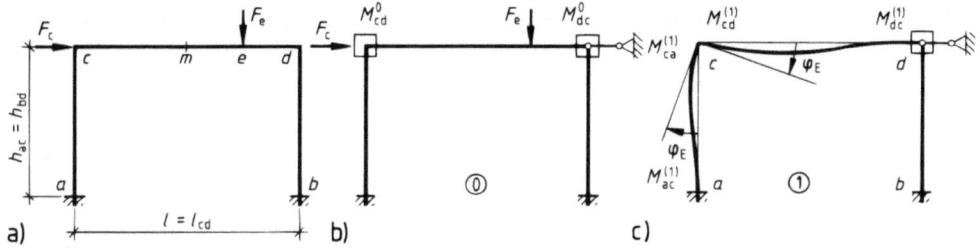

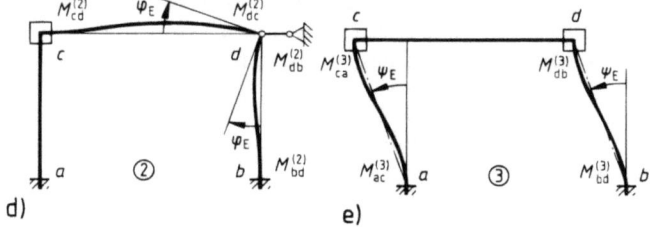

5.16 Eingespannter Rahmen, Berechnung mit DV
a) wirkliches System mit wirklicher Belastung
b) Zustand 0: geometrisch bestimmtes Hauptsystem mit wirklicher Belastung und Stabendmomenten
c) Zustand 1: Einheitsverdrehung des Knotens c mit Stabendmomenten
d) Zustand 2: Einheitsverdrehung des Knotens d mit Stabendmomenten
e) Zustand 3: Einheitsverdrehung des Stabes ac mit Stabendmomenten

2. Bestimmung des geometrisch oder kinematisch bestimmten Hauptsystems (5.16 b)

Es gibt keine Wahlmöglichkeit: Zu jedem Tragystem gehört genau ein geometrisch oder kinematisch bestimmtes Hauptsystem. Beim vorliegenden Rahmen müssen durch insgesamt drei Festhaltungen die Verdrehungen der Knoten c und d sowie die Verschiebung des Riegels cd verhindert werden.

3. Stabendmomente des Zustandes 0

Im Zustand 0 greift die wirkliche Belastung am geometrisch bestimmten Hauptsystem an (**5.**16 b) und verursacht die Stabendmomente M_{ij}^0.

Im vorliegenden Beispiel treten nur die von der Last F_c verursachten Stabendmomente M_{cd}^0 und M_{dc}^0 auf; die Last F_c wird als Längskraft durch den Riegel geleitet und von dessen Festhaltung aufgenommen.

Der Zustand 0 erfüllt die Verträglichkeits- oder Kontinuitätsbedingungen, nicht jedoch die Gleichgewichtsbedingungen des wirklichen Systems: Im geometrisch bestimmten Hauptsystem sind Festhaltemomente an den Knoten c und d sowie eine Festhaltekraft am Riegel cd erforderlich. Diese Kraftgrößen können im wirklichen System nicht aufgenommen werden.

4. Stabendmomente der Einheitsverdrehungszustände

Zu jeder Festhaltung, die wir am wirklichen System angebracht haben, gehört ein **Einheitsverdrehungszustand**. Dieser entsteht dadurch, daß diese Festhaltung gelöst und dem System die dann mögliche Einheitsverdrehung φ_E oder ψ_E erteilt wird.

Um einfache Formeln für die Stabendmomente zu erhalten, setzen wir als Einheitsverdrehung nicht 1 rad an, sondern

$$\varphi_E = \psi_E = l_c/EI_c \text{ rad}$$

Dabei sind l_c und I_c die Länge und das Flächenmoment 2. Grades eines beliebigen Vergleichs- oder Bezugsstabes. Hinsichtlich der Einheiten s. Ziffer 7 dieser Übersicht.

Im vorliegenden Beispiel wählen wir als Bezugsstab den Riegel cd und erhalten damit die Einheitsverdrehungen $\varphi_E = \psi_E = l_{cd}/EI_{cd}$.

$\varphi_E = \psi_E$ braucht für die Ermittlung der Schnittgrößen nicht zahlenmäßig berechnet zu werden; die Einheitsverdrehung erscheint nur als Faktor in den Formeln für die Berechnung von Verschiebungsgrößen.

Wie der Volleinspannzustand erfüllt auch jeder der drei Einheitsverformungszustände die Kontinuitäts- oder Verträglichkeitsbedingungen, nicht aber die Gleichgewichtsbedingungen des wirklichen Systems.

4.1 Einheitsverdrehungszustand 1 (5.16 c)

Wir lösen die Festhaltung des Knotens c und verdrehen ihn rechtsherum um

$$\varphi_E = l_{cd}/EI_{cd}.$$

Dadurch entstehen die Momente

$$M_{ac}^{(1)}, M_{ca}^{(1)}, M_{cd}^{(1)}, M_{dc}^{(1)},$$

die als Schnittgrößen einerseits an den Knoten, andererseits an den Stabenden wirken.

4.2 Einheitsverdrehungszustand 2 (5.16 d)

Wir lösen die Festhaltung des Knotens d und verdrehen ihn rechtsherum um

$$\varphi_E = l_{cd}/EI_{cd}.$$

Wir erhalten die Momente

$$M_{cd}^{(2)}, M_{dc}^{(2)}, M_{db}^{(2)}, M_{bd}^{(2)}$$

4.3 Einheitsverdrehungszustand 3 (5.16 e)

Wir lösen die Festhaltung des Riegels und verschieben ihn soweit nach links, bis der Stiel ac den Stabdrehwinkel

$$\psi_E = l_{cd}/EI_{cd}$$

erhält. Da der Rahmen symmetrisch zur lotrechten Achse durch den Punkt m ist, erfährt der Stiel bd den gleichen Stabdrehwinkel. Wir erhalten die Momente

$$M_{ac}^{(3)}, M_{ca}^{(3)}, M_{bd}^{(3)}, M_{db}^{(3)}.$$

5. Aufstellung der Gleichgewichtsbedingungen

Der gesuchte Gleichgewichtszustand des wirklichen Systems, in dem es **keine Festhaltemomente** an den Knoten c und d sowie **keine Festhaltekraft** am Riegel cd gibt, läßt sich darstellen durch eine Überlagerung

0.   des Zustandes 0,
1.   des Y_1-fachen Zustandes 1,
2.   des Y_2-fachen Zustandes 2 und
3.   des Y_3-fachen Zustandes 3.

Für die Bestimmung der drei Faktoren Y_1, Y_2 und Y_3 stehen nach den vorstehenden Ausführungen drei Gleichgewichtsbedingungen zur Verfügung, nämlich

1.   am herausgeschnittenen Knoten c: $\Sigma M_c = 0$
2.   am herausgeschnittenen Knoten d: $\Sigma M_d = 0$
3.   am herausgeschnittenen Riegel cd: $\Sigma X_{\text{Riegel}} = 0$

Diese drei Gleichgewichtsbedingungen schreiben wir im folgenden ausführlich hin.

5.1 Momentengleichgewicht am Knoten c

$$\Sigma M_c = M_{cd}^0 + (M_{ca}^{(1)} + M_{cd}^{(1)}) Y_1 + M_{cd}^{(2)} Y_2 + M_{ca}^{(3)} Y_3 = 0 \tag{5.5}$$

5.2 Momentengleichgewicht am Knoten d

$$\Sigma M_d = M_{dc}^0 + M_{dc}^{(1)} Y_1 + (M_{dc}^{(2)} + M_{db}^{(2)}) Y_2 + M_{db}^{(3)} Y_3 = 0 \tag{5.6}$$

5.3 Verschiebungsgleichgewicht des Riegels

Zur Vereinfachung und Verallgemeinerung der Rechnung benutzen wir statt der Komponentenbedingung $\Sigma X_{\text{Riegel}} = 0$ eine Arbeitsgleichung des Prinzips der virtuellen Verschiebungsgrößen (PvV), die wir wie folgt erhalten:

Wir fügen in die Stiele des wirklichen Systems nach dem Aufbringen der wirklichen Belastung unmittelbar über den Einspannungen a und b sowie unter den Knoten c und d Gelenke ein. Zugleich lassen wir die noch unbekannten Momente M_{ac}, M_{bd}, M_{ca} und M_{db}, die jetzt nicht mehr übertragen werden können, als äußere Momente jeweils oberhalb und unterhalb des zugehörigen Gelenks wirken: auf der einen Seite des Gelenks als **Stabend-**, auf der anderen als **Einspann-** oder **Knotenmoment**. Das geänderte System ist eine **zwangläufige kinematische Kette** oder ein **Gelenkknotensystem** und befindet sich im (labilen) Gleichgewicht (**5.17a**).

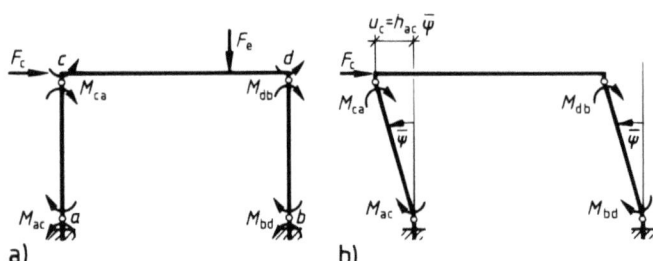

5.17 Gelenkknotensystem
a) mit wirklicher Belastung und wirklichen Schnittgrößen, Ausgangszustand
b) nach virtueller Verschiebung mit den Kraftgrößen, die virtuelle Arbeit leisten

Wir erteilen der zwangläufigen kinematischen Kette eine **virtuelle Bewegung**, indem wir die Rahmenstiele um den infinitesimal kleinen, sonst aber beliebigen Winkel $\bar{\psi}_{\text{ac}} = \bar{\psi}_{\text{bd}} = \bar{\psi}$ linksherum verdrehen (**5.17b**).

Nach der Arbeitsgleichung ist die **Summe der virtuellen Arbeiten**, die dabei geleistet wird, **gleich Null**.

Da die Einspannungen a, b und die Knoten c, d bei der virtuellen Bewegung keine Drehung erfahren, leisten von den Doppelmomenten nur die **Stabendmomente** virtuelle Arbeit. Hinzu kommt die virtuelle Arbeit der Belastung; sie beschränkt sich auf einen Beitrag der Horizontalkraft F_c, da F_e bei einer infinitesimal kleinen Verschiebung des Riegels horizontal, d. h. senkrecht zu seiner Wirkungslinie verschoben wird und deshalb keine virtuelle Arbeit leistet.

Die Stabendmomente und die Last F_c leisten **negative** virtuelle Arbeit, denn die Verdrehung der Stiele erfolgt **entgegen dem Drehsinn der Momente**, und die Kraft F_c wird **entgegen ihrem Richtungssinn verschoben**.

Wir erhalten die Arbeitsgleichung

$$\Sigma \bar{W} = -(M_{\text{ac}} + M_{\text{ca}} + M_{\text{bd}} + M_{\text{db}})\bar{\psi} - F_c h_{\text{ac}} \bar{\psi} = 0 \qquad (5.7)$$

und nach Kürzen von $-\bar{\psi}$

$$M_{\text{ac}} + M_{\text{ca}} + M_{\text{bd}} + M_{\text{db}} + F_c h_{\text{ac}} = 0$$

Die darin enthaltenen endgültigen Stabendmomente ergeben sich im allgemeinen Fall durch die oben beschriebene Überlagerung der Zustände 0, 1, 2 und 3:

$$M_{ij} = M_{ij}^0 + M_{ij}^{(1)} Y_1 + M_{ij}^{(2)} Y_2 + M_{ij}^{(3)} Y_3 \qquad (5.8)$$

5.4.2 Gegenüberstellung KGV−DV

so daß die Arbeitsgleichung die folgende Form annimmt:

$$\begin{aligned}
& M_{ac}^0 + M_{ca}^0 + M_{bd}^0 + M_{db}^0 \\
& + (M_{ac}^{(1)} + M_{ca}^{(1)} + M_{bd}^{(1)} + M_{db}^{(1)}) \, Y_1 \\
& + (M_{ac}^{(2)} + M_{ca}^{(2)} + M_{bd}^{(2)} + M_{db}^{(2)}) \, Y_2 \\
& + (M_{ac}^{(3)} + M_{ca}^{(3)} + M_{bd}^{(3)} + M_{db}^{(3)}) \, Y_3 \\
& + F_c \, h_{ac} \qquad\qquad\qquad = 0
\end{aligned} \qquad (5.9)$$

Wir verzichten darauf, diese Gleichung ohne die Summanden hinzuschreiben, die gleich Null sind; durch die vorstehende allgemeine Form wird bereits deutlich, daß wir mit Hilfe des PvV die erforderliche dritte Gleichung für die Berechnung der Unbekannten Y_i erhalten haben.

6. Stütz-, Schnitt- und Verschiebungsgrößen des wirklichen Systems
Nach Berechnung der Y_i aus den Gl. (5.5), (5.6) und (5.9) erhalten wir die Stütz-, Schnitt- und Verschiebungsgrößen des wirklichen Systems durch Überlagerung des Zustandes 0 und der Y_i-fachen Zustände i (i = 1 bis 3). Es ist z. B. das Biegemoment im Punkt j

$$M_j = M_j^0 + M_j^{(1)} Y_1 + M_j^{(2)} Y_2 + M_j^{(3)} Y_3 \qquad (5.10)$$

Die endgültige Verdrehung der Knoten c bzw. d, die im Zustand 1 bzw. 2 die Einheitsverdrehung φ_E erfahren, in den anderen Zuständen aber festgehalten werden, ist

$$\varphi_c = \varphi_E \, Y_1 \qquad \text{bzw.} \qquad \varphi_d = \varphi_E \, Y_2$$

und die Verdrehung des Stieles ac ergibt sich sinngemäß zu

$$\psi_{ac} = \psi_E \, Y_3$$

Schließlich gilt für die Verschiebung der Knoten c und d

$$u_c = u_d = h_{ac} \, \psi_{ac} = h_{ac} \, \psi_E \, Y_3$$

7. Maßeinheiten
Die Einheitsverdrehungen $\varphi_E = \psi_E = l_c/EI_c$ haben die Einheit rad. Das erreichen wir dadurch, daß wir sie nicht der vollständigen, aus Maßzahl und Maßeinheit bestehenden physikalischen Größe l_c/EI_c gleichsetzen, sondern nur deren Maßzahl. Bei der Berechnung dieser Maßzahl verwenden wir die Kraft- und die Längeneinheit, die wir am Anfang der Berechnung festgelegt haben, um sie dann auch ohne Ausnahme zu benutzen. Die festgelegten Maßeinheiten gelten z. B. für die Volleinspannmomente M^0 und die Stabendmomente $M^{(i)}$.

6 Kraftgrößenverfahren, einfach statisch unbestimmte Systeme

6.1 Allgemeines

Bei der Berechnung eines einfach statisch unbestimmten Systems mit dem Kraftgrößenverfahren schaffen wir uns durch Entfernen einer Lagerkraft oder eines Einspannmoments oder durch Einfügen eines Gelenks ein statisch bestimmtes Haupt- oder Grundsystem. Die der entfernten konstruktiven Bindung zugeordnete Kraftgröße ist dann die statisch unbestimmte Größe oder kurz die statisch Unbestimmte X_1, die wir berechnen müssen. Den Angriffspunkt von X_1 nennen wir Punkt 1.

Auf das statisch bestimmte Grundsystem lassen wir als erstes die gegebene Belastung wirken, wodurch wir den Zustand 0, den Zustand $X_1 = 0$ oder den Lastspannungszustand erhalten. Seine Stütz- und Schnittgrößen bezeichnen wir mit A_0, B_0, M_0, Q_0, N_0.

Die Biegelinie des Zustandes 0 weist im Punkt 1 eine Formänderung auf, die im wirklichen System nicht auftreten kann: eine Durchbiegung, wenn X_1 eine Lagerkraft ist, eine Endverdrehung, wenn X_1 ein Einspannmoment ist, oder einen Knick in der Biegelinie, wenn X_1 das Biegemoment im Punkt 1 ist. Diese Formänderung bezeichnen wir mit δ_{10}; von den Fußzeigern gibt der erste den Ort und die Richtung an, nämlich Punkt 1 und die Richtung von X_1; der zweite Fußzeiger weist auf die Ursache hin, wobei „0" für die gegebene Belastung steht.

Als zweites lassen wir die statisch Unbestimmte in der Größe 1 auf das statisch bestimmte Grundsystem wirken, was den Zustand 1, den Zustand $X_1 = 1$ oder den Einheitsbelastungszustand $X_1 = 1$ ergibt. Seine Stütz- und Schnittgrößen sind A_1, B_1, M_1, Q_1, N_1, und im Punkt 1 entsteht die im wirklichen System nicht mögliche Formänderung δ_{11}.

Als nächstes können wir die statisch Unbestimmte X_1 berechnen aus der Bedingung, daß sie die im statisch bestimmten Grundsystem unter der wirklichen Belastung auftretende Formänderung δ_{10} rückgängig machen muß; anders ausgedrückt: Die Summe der Formänderungen im Punkt 1 aus wirklicher Belastung und aus der statisch Unbestimmten muß gleich Null sein. Da δ_{11} die Formänderung infolge $X_1 = 1$ ist, müssen wir als Formänderung infolge der wirklichen Größe von X_1 das Produkt $X_1 \delta_{11}$ ansetzen. Die Formänderungsbedingung, Verträglichkeitsbedingung oder Elastizitätsgleichung eines einfach statisch unbestimmten Systems lautet demnach

$$\delta_{10} + X_1 \delta_{11} = 0 \tag{6.1}$$

und es ergibt sich

$$X_1 = -\delta_{10}/\delta_{11} \tag{6.2}$$

Wenn die statisch Unbestimmte X_1 berechnet ist, können wir sämtliche Stütz- und Schnittgrößen des wirklichen Systems durch Überlagerung des Zustandes 0 mit dem X_1-fachen Zustand 1 ermitteln. Wir erhalten z.B. die endgültige Lagerkraft A zu

$$A = A_0 + A_1 X_1 \tag{6.3}$$

und das endgültige Moment M zu

$$M = M_0 + M_1 X_1 \tag{6.4}$$

6.2.1 Belastung durch Gleichlast

Mit Spaltenvektoren können wir schreiben

$$\begin{bmatrix} M \\ Q \\ N \\ C \end{bmatrix} = \begin{bmatrix} M_0 \\ Q_0 \\ N_0 \\ C_0 \end{bmatrix} + \begin{bmatrix} M_1 \\ Q_1 \\ N_1 \\ C_1 \end{bmatrix} X_1 \qquad (6.5)$$

6.2 Zweifeldträger

6.2.1 Belastung durch Gleichlast

6.2.1.1 Mittlere Lagerkraft B als statisch unbestimmte Größe X_1

Wir betrachten den Träger mit zwei gleichen Feldern und konstanter Biegesteifigkeit EI unter Gleichlast q. Das System ist 1fach statisch unbestimmt (**6.1**).
Als statisch bestimmtes Grund- oder Hauptsystem wählen wir den Träger auf zwei Lagern mit der Stützweite $L = 2l$; dadurch wird die mittlere Stützkraft B zur statisch unbestimmten Größe X_1, und der Punkt b wird zugleich der Punkt 1.
Den Zustand 0 „wirkliche Belastung auf dem statisch bestimmten Grundsystem" zeigt Bild **6.1**b, die zugehörige M_0-Fläche Bild **6.1**c, und in Bild **6.1**d ist die zugehörige Biegelinie mit der Durchbiegung δ_{10} im Punkt 1 dargestellt.
Als nächstes untersuchen wir den Zustand 1 oder „$X_1 = 1$ am statisch bestimmten Grundsystem". Wir führen die statisch Unbestimmte im Sinne der erwarteten Stützkraft, also aufwärts gerichtet ein (**6.1**e); es ergeben sich durchgehend negative Momente M_1 (**6.1**f) sowie aufwärts gerichtete Durchbiegungen (**6.1**g). Im Punkt $1 = b$ tritt die Durchbiegung δ_{11} auf.
Die Formänderungsbedingung lautet nun: Die Durchbiegung, die durch die wirkliche Belastung am statisch bestimmten Hauptsystem im Punkt 1 verursacht wird, muß durch die statisch Unbestimmte X_1 rückgängig gemacht werden: Die Summe der Durchbiegungen im Punkt 1 muß gleich Null sein. Die Summanden sind die Durchbiegung infolge der wirklichen Belastung δ_{10} und die X_1-fache Durchbiegung δ_{11}; dabei ist X_1 die gesuchte Stützkraft und δ_{11} die Durchbiegung infolge $X_1 = 1$. Als Formel geschrieben:

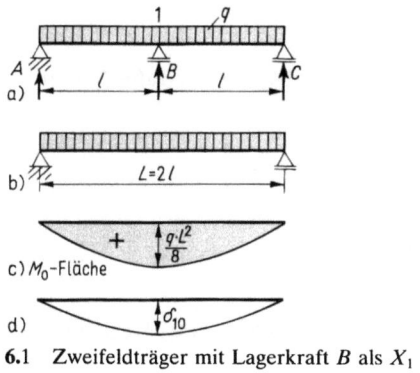
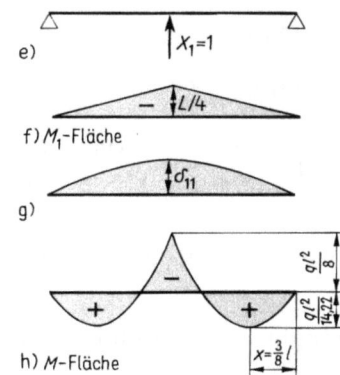

6.1 Zweifeldträger mit Lagerkraft B als X_1

$$\delta_{10} + X_1 \delta_{11} = 0 \quad \text{oder} \quad X_1 = -\delta_{10}/\delta_{11}$$

Die Durchbiegungen δ_{10} und δ_{11} berechnen wir mit Hilfe des Prinzips der virtuellen Kraftgrößen (s. Abschn. 1.3 und 1.4). Dabei ist es zweckmäßig, die virtuelle Kraft $\bar{F} = 1$, die wir bei der Berechnung von δ_{10} und δ_{11} in gleicher Weise ansetzen müssen, in Richtung von X_1 wirken zu lassen. Die virtuellen Momentenflächen sind dann identisch mit der M_1-Fläche, und die Durchbiegung δ_{10} ergibt sich formal durch Kopplung der M_1- und der M_0-Fläche, während δ_{11} aus der Kopplung der M_1-Fläche mit sich selbst hervorgeht.

Zu den Einheiten ist zu bemerken, daß $X_1 = 1$ wie die virtuelle Kraft $\bar{F} = 1$ einheitenlos ist; die Schnittgrößen Q_1 und N_1 sind ebenfalls einheitenlos, während M_1 und $\bar{M}$ die Einheit einer Länge haben. Als Vorzeichenregel gilt: Verschiebungen oder Durchbiegungen in Richtung der angesetzten virtuellen Kraft ergeben sich positiv; das negative Vorzeichen bei einer Verschiebung bedeutet, daß sie entgegen der Richtung der angesetzten virtuellen Kraft erfolgt. Da wir X_1 und $\bar{F}_1$ stets dieselbe Richtung geben, sind Verschiebungen oder Durchbiegungen δ_{11} immer positiv.

Berechnung der Verschiebungsgrößen

Sowohl die lastunabhängige Verschiebungsgröße oder Vorzahl δ_{11} als auch die lastabhängige Verschiebungsgröße, das Belastungsglied oder Lastglied δ_{10} sind der Biegesteifigkeit EI des Trägers umgekehrt proportional. Deswegen kürzt sich EI bei der Berechnung von X_1 nach Gl. (6.2) heraus. Die Biegesteifigkeit EI des Zweifeldträgers ist also ohne Einfluß auf die Größe der statisch Unbestimmten X_1 und damit auch ohne Einfluß auf sämtliche Stütz- und Schnittgrößen des wirklichen Systems. Es ist darum zweckmäßig, EI aus der Zahlenrechnung herauszuhalten und mit den EI-fachen Verschiebungsgrößen zu arbeiten. Zur Abkürzung setzen wir

$$EI\delta = \delta'.$$

Erstreckt sich das Integral einer Verschiebungsgröße über Stäbe oder Stababschnitte mit verschiedenen Flächenmomenten I, so machen wir ein Flächenmoment I zum Vergleichsflächenmoment I_c und ermitteln die Verschiebungsgrößen EI_c-fach. Bei jedem der Summanden, aus dem sich die Verschiebungsgröße zusammensetzt, erscheint dann der Faktor I_c/I. Zur Abkürzung setzen wir ebenfalls

$$EI_c\delta = \delta'.$$

Gl. (6.2) nimmt dann die Form an

$$X_1 = -\delta'_{10}/\delta'_{11}$$

Die lastunabhängige Verschiebung oder Vorzahl δ_{11} ergibt sich mit Tafel **1.20** zu

$$\delta_{11} = \int_0^L \frac{M_1^2 \, dx}{EI} \quad \frac{\text{cm}^2 \cdot \text{cm}}{\text{kN/cm}^2 \cdot \text{cm}^4} = \frac{\text{cm}}{\text{kN}}$$

$$\delta'_{11} = EI\delta_{11} = \int_0^L M_1^2 \, dx = 1/3 \cdot L \cdot (L/4)^2 = L^3/48$$

Die lastabhängige Verschiebung, das Belastungsglied oder Lastglied hat die Größe (**1.20**)

6.2.1 Belastung durch Gleichlast

$$\delta_{10} = \int_0^L \frac{M_1 M_0 \, dx}{EI} \qquad \frac{\text{cm} \cdot \text{kNcm} \cdot \text{cm}}{\text{kN/cm}^2 \cdot \text{cm}^4} = \text{cm}$$

$$\delta'_{10} = EI\delta_{10} = \int_0^L M_1 M_0 \, dx = 5/12 \cdot L \, (-L/4)(+q\,L^2/8) = -5q\,L^4/384$$

Damit ergibt sich die statisch Unbestimmte zu

$$X_1 = -\delta_{10}/\delta_{11} = -EI\,\delta_{10}/(EI\,\delta_{11}) = -\delta'_{10}/\delta'_{11}$$

$$= -\frac{-5q\,L^4}{384}\frac{48}{L^3} = +5/8 \cdot q\,L = 5/8 \cdot q\,2l \qquad X_1 = 1{,}25\,q\,l \text{ kN}$$

Als letztes ermitteln wir die endgültigen Stütz- und Schnittgrößen oder die Stütz- und Schnittgrößen des wirklichen Systems:

Mit $\quad A_0 = q\,L/2 = q\,l \quad$ und $\quad A_1 = -0{,}5 \quad$ ergibt sich

$$A = A_0 + A_1 X_1 = q\,l + (-0{,}5) \cdot 1{,}25\,q\,l$$
$$= q\,l - 0{,}625\,q\,l = 0{,}375\,q\,l = C \qquad\qquad B = X_1 = 1{,}25\,q\,l$$

Moment über dem mittleren Lager

$$M_b = M_{0b} + M_{1b} X_1 = q\,L^2/8 + (-L/4) \cdot 5/8 \cdot q\,L$$
$$= 4q\,L^2/32 - 5q\,L^2/32 = -q\,L^2/32 = -q\,(2l)^2/32 \qquad M_b = -q\,l^2/8$$

Größte Feldmomente:

$$\max M_{F1} = \max M_{F2} = A^2/2q = (0{,}375\,q\,l)^2/2q$$
$$= 0{,}07031\,q\,l^2 = 9/128 \cdot q\,l^2 \approx q\,l^2/14{,}22$$

an der Stelle $x = 0{,}375\,l$ von den Trägerenden.

6.2.1.2 Stützmoment M_B als statisch unbestimmte Größe X_1

Eine andere Möglichkeit für die Wahl des statisch bestimmten Grundsystems soll ebenfalls am Träger auf 3 Lagern gezeigt werden: Wir schalten über der Mittelstütze ein Gelenk ein und erhalten eine Kette von zwei Trägern auf je zwei Lagern (**6.2b**).

Das Biegemoment M_b über dem mittleren Lager wird dadurch zur statisch Unbestimmten X_1, und Punkt b wird zugleich Punkt 1.

Den Zustand 0 „wirkliche Belastung am statisch bestimmten Grundsystem" zeigt Bild **6.2b**, die zugehörige M_0-Fläche und Biegelinie die Bilder **6.2c** und d. δ_{10} ist jetzt die gegenseitige Verdrehung der Trägerenden oder der Knick in der Biegelinie über dem mittleren Lager.

Im Zustand 1 „$X_1 = 1$ am statisch bestimmten Grundsystem" greift ein Momentenpaar der Größe 1 an den Trägerenden über dem mittleren Lager an (**6.2e**); M_1-Fläche und Biegelinie zeigen die Bilder **6.2f** und g. Den unter der Wirkung des Momentenpaares X_1 über dem mittleren Lager entstehenden Knick in der Biegelinie, der gleich der gegenseitigen Verdrehung der Endquerschnitte an derselben Stelle ist, bezeichnen wir mit δ_{11}.

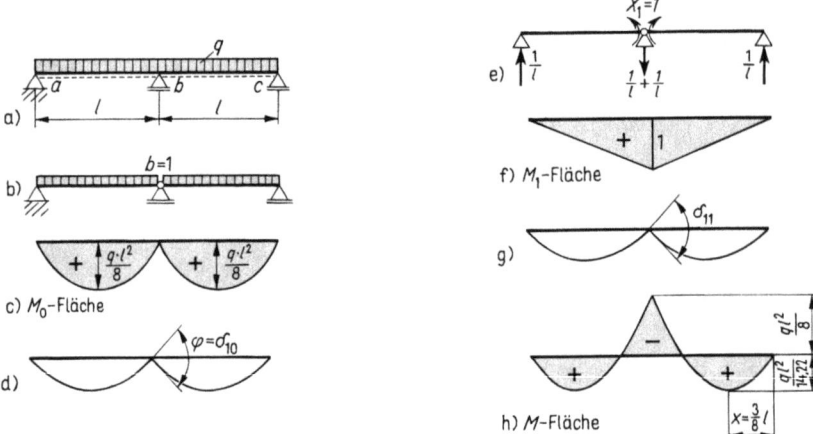

6.2 Zweifeldträger mit Stützmoment M_B als X_1

Die Formänderungs- oder Verträglichkeitsbedingung lautet:

Die statisch Unbestimmte X_1 muß den unter der wirklichen Belastung im statisch bestimmten Grundsystem entstehenden Knick in der Biegelinie wieder rückgängig machen; anders formuliert: **Die Summe der gegenseitigen Verdrehungen der Endquerschnitte über dem mittleren Lager muß gleich Null sein.** Dabei ist zu bedenken, daß δ_{11} die gegenseitige Verdrehung infolge $X_1 = 1$ ist; als Formänderung infolge der wirklichen Größe von X_1 muß darum eingeführt werden $X_1 \delta_{11}$. Es ergibt sich wieder

$$\delta_{10} + X_1 \delta_{11} = 0; \qquad X_1 = -\delta_{10}/\delta_{11}$$

Die Formänderungen sind hier gegenseitige **Verdrehungen**; sie werden ebenfalls mit Hilfe des **Prinzips der virtuellen Kraftgrößen** bestimmt, wobei die virtuelle Belastung aus einem **virtuellen Momentenpaar** $\bar{M} = 1$ besteht. Die virtuellen Momente werden wie X_1 mit positivem Biegesinn eingeführt, d.h. sie erzeugen in der gestrichelten Faser, die an der Trägerunterseite liegt, Zug. Dann sind M_1-Fläche und $\bar{M}$-Fläche identisch, und die Formänderungen δ_{10} bzw. δ_{11} ergeben sich durch Kopplung der M_1-Fläche mit der M_0-Fläche bzw. der M_1-Fläche mit sich selbst.

$X_1 = 1$ ist wie die virtuellen Momente einheitenlos; die Momente M_1 sind ebenfalls einheitenlos, während die Schnittgrößen Q_1 und N_1 die Einheit cm^{-1} erhalten. Gegenseitige Verdrehungen im Sinne von X_1 und M_1 ergeben sich positiv.

Berechnung der Verschiebungsgrößen (**1.20**).

Lastunabhängige Verschiebungsgröße oder Vorzahl δ_{11}:

$$\delta_{11} = 2\int_0^l \frac{M_1^2 \, dx}{EI} \qquad \frac{\text{cm}}{\text{kN/cm}^2 \cdot \text{cm}^4} = \frac{1}{\text{kNcm}}$$

$$\delta'_{11} = EI\delta_{11} = 2\int_0^l M_1^2 \, dx = 2 \cdot 1/3 \cdot l \cdot 1^2 = 2\,l/3$$

6.2.2 Verformungsfälle

Belastungsglied oder Lastglied δ_{10}:

$$\delta_{10} = 2\int_0^l \frac{M_1 M_0 \, dx}{EI} \qquad \frac{\text{kNcm} \cdot \text{cm}}{\text{kN/cm}^2 \cdot \text{cm}^4} = 1$$

$$\delta'_{10} = EI\delta_{10} = 2\int M_1 M_0 \, dx = 2 \cdot 1/3 \cdot l \cdot 1 \cdot q\, l^2/8 = q\, l^3/12$$

Berechnung der statisch Unbestimmten X_1:

$$X_1 = -\delta_{10}/\delta_{11} = -EI\delta_{10}/EI\delta_{11} = -\delta'_{10}/\delta'_{11}$$

$$= -\frac{q\, l^3 \cdot 3}{12 \cdot 2\, l} = -q\, l^2/8 = M_b \text{ kNcm}$$

Die endgültige Momentenfläche zeigt Bild **6.2**h; auch die übrigen Stütz- und Schnittgrößen ergeben sich wie unter 6.2.1.

6.2.2 Verformungsfälle

6.2.2.1 Allgemeines

Tragwerke werden nicht nur durch **Lastfälle** beansprucht, in denen Lasten und Lastmomente wirken, sondern auch durch **Verformungsfälle**, in welchen den Tragwerken Verformungen aufgezwungen oder eingeprägt werden. Zu den Verformungsfällen gehören **gleichmäßige** und **ungleichmäßige Temperaturänderungen** von Stabquerschnitten, vorgegebene **Lagerverschiebungen** und **-verdrehungen** sowie das **Schwinden** bei Beton- und Stahlbetonbauwerken, das einer Temperaturabnahme gleichzusetzen ist.

Verformungsfälle führen **nur bei statisch unbestimmten Tragwerken** zu Schnittgrößen und Spannungen; bei statisch bestimmten Tragwerken verursachen aufgezwungene Verformungen keine Zwängungen und deswegen auch keine Zwangschnittgrößen.

Die Beanspruchung des statisch unbestimmten Tragwerks durch Verformungsfälle ist um so **geringer**, je **weicher** das Tragwerk gegenüber den aufgezwungenen Verformungen ist. Sind andererseits bei einem Tragwerk die Zwängungen so groß, daß in einigen Querschnitten infolge des Auftretens von Rissen oder der Bildung plastischer Gelenke die Biegesteifigkeit verloren geht und dadurch ein statisch bestimmtes System entsteht, so verschwinden die Zwängungen und die Beanspruchungen aus den vorgegebenen Verformungen. Diese Tatsache ist der Anlaß dafür, daß bei einer Bemessung nach der **Traglasttheorie**, die die Ausbildung von plastischen Gelenken zuläßt, die Schnittgrößen infolge vorgegebener Verformungen **keine Rolle spielen**.

Bei einem Lastfall kann dagegen in einem statisch unbestimmten System die Bildung von Gelenken durch Rißbildung oder Plastizierung allenfalls zu einer **Umlagerung** der Schnittgrößen, nicht jedoch zu deren **Verschwinden** führen: Zum Abtragen von Lasten gehört stets ein **Gleichgewichtszustand** mit Stütz- und Schnittgrößen.

Der Berechnung von Verformungsfällen liegen dieselben Überlegungen zugrunde wie der Berechnung von Lastfällen:

Wir wählen ein statisch bestimmtes Hauptsystem, erteilen ihm die vorgegebenen Verschiebungsgrößen und stellen zur Bestimmung der statisch Unbestimmten eine Verträglichkeitsbedingung auf. Aus dieser Verträglichkeitsbedingung kann die Biegesteifigkeit EI nicht herausgekürzt werden, da sie zwar in der Vorzahl δ_{11}, nicht aber in der vorgegebenen Verschiebungsgröße enthalten ist. Dadurch wird die statisch Unbestimmte der Biegesteifigkeit direkt proportional: Je größer die Biegesteifigkeit des Tragwerks ist, umso größer sind die Stütz- und Schnittgrößen, die von den vorgegebenen Verformungen im Tragwerk verursacht werden.

Da Verformungsfälle im allgemeinen zusätzlich zu Lastfällen auftreten, stellen wir auch bei Verformungsfällen die Elastizitätsgleichungen mit den EI- bzw. EI_c-fachen δ-Werten auf; die vorgegebenen Verschiebungsgrößen werden dazu mit EI bzw. EI_c multipliziert.

6.2.2.2 Lagersenkung beim Zweifeldträger

Wir betrachten einen unbelasteten Zweifeldträger, dessen Lager A infolge Nachgiebigkeit des Baugrundes eine Senkung von 0,6 cm erfährt (**6.3**).

Durch Entfernen des linken Lagers bilden wir ein statisch bestimmtes Grundsystem. An diesem Punkt bringen wir $X_1 = 1$ an, erhalten die in Bild **6.3**c gezeigte M_1-Fläche und an der Stelle $2 = b$ das Moment $M_{b1} = 1 \cdot l$.

Die vorgegebene Verschiebung δ_{1s} hat denselben Angriffspunkt und den entgegengesetzten Richtungssinn wie die statisch Unbestimmte; es ist also

$$\delta_{1s} = -0,6 \text{ cm und } \delta'_{1s} = EI\delta_{1s} = 21\,000 \cdot 5740 \, (-0,6) = -7,2324 \cdot 10^7 \text{ kNcm}^3$$

Die Vorzahl δ_{11} ergibt sich wieder mit Hilfe des Arbeitssatzes und unter Anwendung der $M\bar{M}$-Tafel **1.20**, Zeile 2 und Spalte b (2 Dreiecke mit der Ordinate l).

$$\delta'_{11} = EI\delta_{11} = \int M_1^2 \, dx = 2 \cdot 1/3 \cdot l \cdot l^2 = 2/3 \cdot 500^3 = 8,3333 \cdot 10^7 \text{ cm}^3$$

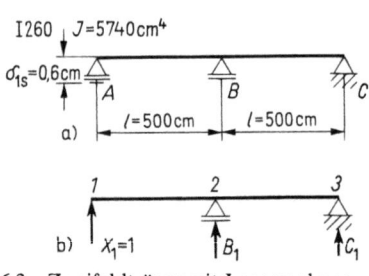
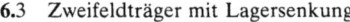
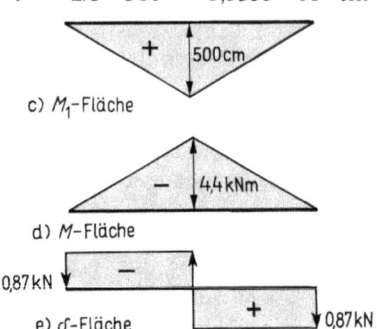

6.3 Zweifeldträger mit Lagersenkung

Es ist hier zu beachten, daß die Durchbiegung im Lager A nicht gleich Null, sondern δ_{1s} ist. Somit lautet die Elastizitätsgleichung

$$X_1 \delta_{11} = \delta_{1s}$$

und wir erhalten

$$X_1 = \delta'_{1s}/\delta'_{11} = -7,2324 \cdot 10^7/(8,3333 \cdot 10^7) = -0,87 \text{ kN}$$

Als nächstes werden Stützkräfte, Momente und Querkräfte nach den Gl. (6.3) und (6.4) ermittelt; dabei sind in diesem Fall die Werte M_0, Q_0 und A_0 gleich Null, weil der Träger unbelastet ist.

$$M_x = +M_{x1} X_1$$

An der Stelle 2 ($x = l = 5{,}00$ m) ist

$$M_2 = +M_{21}\, X_1 = 1 \cdot 5{,}00\, (-0{,}87) = -4{,}40 \text{ kNm}$$

$$A = A_1\, X_1 = 1\, (-0{,}87) = -0{,}87 \text{ kN} \qquad B = B_1\, X_1$$

$$B_1 = -\frac{1 \cdot 10{,}00}{5{,}00} = -2{,}00 \qquad B = (-2{,}00)\,(-0{,}87) = +1{,}74 \text{ kN}$$

Ebenso ist

$$Q_x = Q_{x1}\, X_1, \quad \text{z.B.}$$

$$Q_{21} = Q_{211}\, X_1$$

$$Q_{211} = +1{,}00$$

$$Q_{21} = -1{,}00 \cdot 0{,}87 = -0{,}87 \text{ kN}$$

Erhält der in 1 um 0,6 cm abgesunkene Träger zusätzlich eine Belastung, so sind die Beanspruchungen daraus mit den oben berechneten zu überlagern.

6.2.3 Temperaturänderung beim Zweifeldträger

Wir betrachten den Zweifeldträger nach Bild **6.4**a, der einer Temperaturänderung unterliegt.

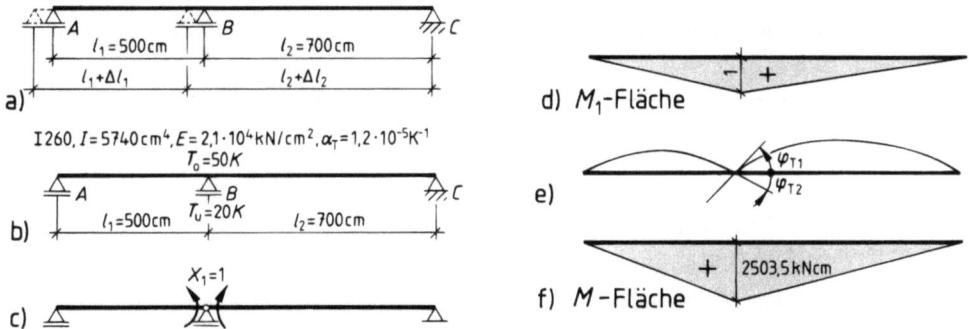

6.4 Gleichmäßige und ungleichmäßige Temperaturänderung (Erwärmung) des Trägers auf 3 Lagern

Der Zweifeldträger hat gleichbleibenden Querschnitt, die Temperaturänderung ist in beiden Feldern gleich.
Bei **gleichmäßiger** Temperaturänderung, d.h. wenn die Temperaturänderung an der oberen Seite gleich der an der unteren Seite ist, ändert der Zweifeldträger nur seine **Länge**. Dies kann ohne Zwang geschehen, da der Zweifeldträger neben einem unverschieblichen zwei verschiebliche Kipplager hat. Er erhält somit keine Beanspruchung (**6.4**a).
Bei **ungleichmäßiger Temperaturänderung**, d.h. wenn die Temperatur an der oberen Seite von der an der unteren Seite verschieden ist, erfährt der Träger eine Verkrümmung. Diese wird wegen der statisch unbestimmten Lagerung des Trägers behindert, wodurch Zwangskräfte entstehen, die sich in einer Biegebeanspruchung äußern (**6.4**b bis f).

Als Beispiel untersuchen wir den Träger nach Bild **6.4**b Die Temperaturänderung gegenüber der Aufstelltemperatur beträgt an der Oberseite $T_o = 50$ K, an der Unterseite $T_u = 20$ K. Dadurch ergibt sich gemäß Abschn. 1.2.3.5 die über die Trägerhöhe ungleichmäßige Temperaturänderung $\Delta T = T_u - T_o = 20 - 50 = -30$ K.

Da der Träger einfach statisch unbestimmt ist, müssen wir eine statisch Unbestimmte berechnen. Das statisch bestimmte Grundsystem bilden wir durch Einschalten eines Gelenkes über dem Innenlager, womit das Stützmoment M_B als statisch Unbestimmte X_1 gewählt wird. Diese ergibt sich mit Gl. (6.2) zu

$$X_1 = -\frac{\delta_{1\Delta T}}{\delta_{11}}$$

In dieser Gleichung ist $\delta_{1\Delta T}$ die gegenseitige Verdrehung der Trägerenden über dem Innenlager infolge der ungleichmäßigen Temperaturänderung ΔT; sie wird nach Abschn. 1.2.3.5 und Bild **6.4**e

$$\delta_{1\Delta T} = \varphi_{T1} + \varphi_{T2} = \varkappa\, l_1/2 + \varkappa\, l_2/2 = \frac{\alpha_T \Delta T}{d}\left(\frac{l_1}{2} + \frac{l_2}{2}\right) = \frac{\alpha_t \Delta T}{2d}(l_1 + l_2)$$

Auf einen anderen Weg zur Bestimmung von $\delta_{1\Delta T}$ führt uns die Annahme von $\alpha_T\, \Delta T/d$ als Ersatzmoment M, das über beide Felder konstant verläuft. Dann wird mit Hilfe der $M\,\bar{M}$-Tafel **1.**20, Zeile 1, Spalte b (1/b) auch

$$\delta_{1\Delta T} = 1/2 \cdot \frac{\alpha_T \Delta T}{d}(l_1 + l_2).$$

Die Vorzahl δ_{11}, die die gegenseitige Verdrehung der Trägerenden über dem Innenlager infolge $X_1 = 1$ bedeutet, wird unter Anwendung der $M\,\bar{M}$-Tafel **1.**20, Zeile 2 und Spalte b (2/b)

$$\delta_{11} = \frac{1}{EI}\frac{1}{3}(l_1 + l_2)$$

Die Bestimmungsgleichung für die statisch Unbestimmte X_1 wird damit

$$X_1 = -\frac{3}{2}\frac{EI\,\alpha_T\, \Delta T}{d}\frac{l_1 + l_2}{l_1 + l_2}$$

Durch Kürzen fallen die Stützweiten l_1 und l_2 heraus. Die Beanspruchung eines Durchlaufträgers bei ungleichmäßiger Temperaturänderung ist also **von den Stützweiten unabhängig**. Unter Berücksichtigung von $\Delta T = -30$ K ergibt sich mit $\alpha_T = 1{,}2 \cdot 10^{-5}$ K^{-1}

$$X_1 = -\frac{3}{2}\frac{2{,}1 \cdot 10^4 \cdot 5740 \cdot 1{,}2 \cdot 10^{-5}(-30)}{26} = 2503{,}5 \text{ kNcm}.$$

Nach Gl. (6.4) wird

$$M = M_0 + M_1\, X_1.$$

Da in jedem statisch bestimmten System eine Beanspruchung infolge Temperaturänderung nicht auftreten kann, weil sich diese Systeme zwangfrei verformen können, erfährt auch unser Grundsystem keine Beanspruchung; es ist $M_0 \equiv 0$. Damit ist

$$M = M_1\, X_1$$

Die Momentenfläche ist die mit X_1 multiplizierte M_1-Fläche (**6.4**f).

6.3 Zweigelenkrahmen

6.3.1 Allgemeines

Bei Rahmen treten unter vertikaler Belastung neben vertikalen Lagerkräften auch horizontale Lagerkräfte auf. Diese entstehen dadurch, daß sich die Stielfüße voneinander entfernen wollen, was aber durch die festen Lager oder ein Zugband verhindert wird.
Die horizontale **Lagerkraft**, Horizontalschub genannt, oder die Zugbandkraft vermindert die Biegemomente im Riegel und bei vielen Belastungen auch in den Stielen, wie man an den folgenden Beispielen erkennen kann.

6.3.2 Beispiel 1

Im folgenden Beispiel betrachten wir einen Zweigelenkrahmen, der neben verschiedenen Belastungen auch einer gleichmäßigen und ungleichmäßigen Temperaturänderung unterliegt.

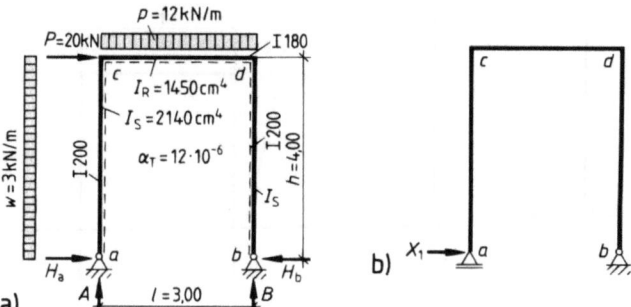

6.5 Zweigelenkrahmen   a)

Abmessungen und Lasten sind in Bild **6.5**a angegeben. Die gleichmäßig verteilte Temperaturänderung beträgt $T_0 = -15$ K. Die ungleichmäßige Temperaturänderung beträgt

$$\Delta T = T_i - T_a = +20 \text{ K}$$

Gesucht sind die M-, Q- und N-Flächen.
Zuerst bestimmen wir mit Gl. (5.1) den Grad der statischen Unbestimmtheit. Dazu verwandeln wir die verschieblichen Kipplager in a und b durch Hinzufügen von je einer konstruktiven Bindung in feste Einspannungen ($t = 1 + 1 = 2$) und zerlegen dann den eingespannten Rahmen mit einem Schnitt durch den Riegel ($r = 1$) in zwei statisch bestimmte eingespannte Stützen mit Kragarmen. Gl. (5.1) liefert nun

$$n = 3r - t = 3 \cdot 1 - 2 = 1$$

Das System ist also einfach statisch unbestimmt. Es wird statisch bestimmt gemacht durch Beseitigen der horizontalen Lagerkraft H_a, die als statisch unbestimmte Größe X_1 eingeführt wird. Bild **6.5**b zeigt das statisch bestimmte Grundsystem mit der statisch unbestimmten Größe X_1. Diese wird im vorliegenden Fall für alle gegebenen Belastungsfälle nacheinander bestimmt mit der Gleichung

$$X_1 = -\frac{\delta_{10}}{\delta_{11}} \text{ kN}$$

Ermittlung der Verschiebungen und statisch Unbestimmten
Die δ-Werte werden in folgender Reihenfolge ermittelt:

1. δ_{11}; δ_{11} ist unabhängig von der Belastung und wird bei jedem Lastfall gebraucht
2. δ_{10p} aus der gleichmäßigen Belastung $p = 12$ kN/m des Riegels
3. δ_{10P} aus der horizontalen Kraft $P = 20$ kN im Punkte c
4. δ_{10w} aus der Windbelastung $w = 3$ kN/m auf den linken Stiel ac
5. δ_{1T} aus der gleichmäßigen Temperaturänderung $T_0 = -15$ K
6. $\delta_{1\Delta T}$ aus der ungleichmäßigen Temperaturänderung $\Delta T = T_i - T_a = +20$ K

Bei 2. bis 6. werden nach Vorliegen der δ_{10}-Werte sofort die statisch Unbestimmten X_1 berechnet.

1. Ermittlung von δ_{11}. δ_{11} ist die Verschiebung des Punktes a infolge der statisch Unbestimmten $X_1 = 1$. Das statisch bestimmte Grundsystem wird daher mit $X_1 = 1$ belastet (Zustand 1); die dabei entstehende M_1-Fläche ist mit sich selbst zu kombinieren.
Ermittlung der M_1-Fläche (**6.6**)

$$A_1 = B_1 = 0 \qquad H_{b1} = 1$$
$$M_{c1} = -1 \cdot h = -1 \cdot 4 = -4{,}0 \text{ m}$$
$$M_{d1} = -1 \cdot h = -4{,}0 \text{ m}$$

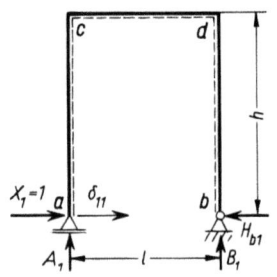
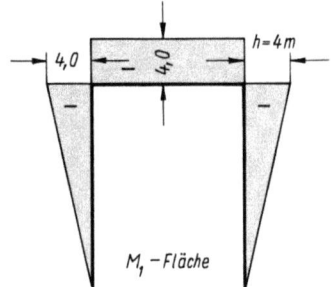

6.6 M_1-Fläche aus $X_1 = 1$

Im Riegel ist das Moment konstant $M_1 = -4{,}0$ m.
In der Formel

$$\delta_{11} = \int \frac{M_1^2 \, ds}{EI}$$

erstreckt sich das Integral über den ganzen Rahmen.
Man kann δ_{11} zerlegen in den Teil δ_{11R} aus der Momentenfläche M_1 des Riegels und δ_{11S} aus der Momentenfläche M_1 der Stiele. Es ist dann

$$\delta_{11} = \delta_{11R} + \delta_{11S}$$

Um die Zahlenrechnung zu vereinfachen, führen wir das Vergleichsflächenmoment $I_c = I_S = 2140$ cm^4 ein und berechnen die EI_c-fachen Verschiebungsgrößen:

$$\delta'_{11} = EI_c \delta_{11} = EI_c \int_R \frac{M_1^2 \, dx}{EI_R} + EI_c \int_S \frac{M_1^2 \, dx}{EI_S}$$
$$= \int_R M_1^2 \cdot I_c/I_R \, dx + \int_S M_1^2 \cdot I_c/I_S \, dx$$
$$= \delta'_{11R} + \delta'_{11S}$$

6.3.2 Beispiel 1

Bei der Auswertung der Integrale erscheint dann bei jedem Summanden einer der Ausdrücke $l \cdot I_c/I_R$ und $h \cdot I_c/I_S$, die wir zu den reduzierten Stablängen l' und h' zusammenfassen:

$$l' = l \cdot I_c/I_R = 3{,}00 \cdot 2140/1450 = 4{,}428 \text{ m}$$

$$h' = h \cdot I_c/I_S = 4{,}00 \cdot 2140/2140 = 4{,}000 \text{ m} = h$$

a) Bestimmung von δ'_{11R} mit Gl. (1.10)

$$\delta'_{11R} = \int_0^l M_1^2 \cdot I_c/I_R \cdot dx$$

Mit der $M\bar{M}$-Tafel **1.20**, Zeile 1 und Spalte a, ergibt sich

$$\delta'_{11R} = l'(-h)(-h) = 4{,}428 \cdot 4^2 = 70{,}8 \text{ m}^3$$

b) Bestimmung von δ_{11S}

$$\delta'_{11S} = 2\int_0^h M_1^2 \cdot I_c/I_S \cdot dx = 2\int_0^h M_1^2 \cdot dx$$

Mit der $M\bar{M}$-Tafel **1.20**, Zeile 2 und Spalte b, ergibt sich

$$\delta'_{11S} = 2 \cdot \frac{1}{3} h'(-h)(-h) = \frac{2}{3} h^3 = \frac{2}{3} \cdot 4{,}0^3 = 42{,}66 \text{ m}^3$$

Damit beträgt

$$\delta'_{11} = 70{,}8 + 42{,}66 = 113{,}46 \text{ m}^3$$

2. Ermittlung von δ_{10p} und X_{1p} (**6.7**). δ_{10p} ist die Verschiebung des Punktes a in Richtung X_1 infolge $p = 12$ kN/m im statisch bestimmten Grundsystem. Um diese Verschiebung zu bestimmen, belasten wir das statisch bestimmte Grundsystem in Richtung der gesuchten Verschiebung mit einer virtuellen Kraft $\bar{F} = 1$. Ihre M-Fläche ist ebenfalls virtuell, sonst aber gleich der M-Fläche infolge X_1.

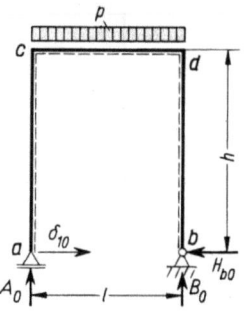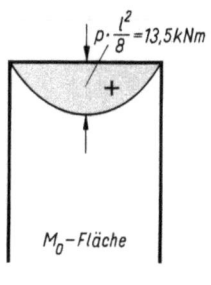

6.7 M_0-Fläche aus p

Ermittlung der M_0-Fläche infolge Riegelbelastung p

$$A_0 = B_0 = \frac{p\,l}{2} = 12 \cdot \frac{3{,}0}{2} = 18 \text{ kN} \qquad H_{b0} = 0$$

$$M_{c0} = M_{d0} = 0$$

$$M_{x0} = A_0 x - \frac{p\,x^2}{2} = \frac{p\,l}{2} x - \frac{p\,x^2}{2} = \frac{12}{2}(3-x^2)$$

$$M_{l/2,0} = \frac{p\,l^2}{8} = \frac{12 \cdot 3^2}{8} = 13{,}5 \text{ kNm}$$

Die M_0-Fläche ist also eine quadratische Parabel.

Wir müssen über den ganzen Rahmen integrieren. Da jedoch die Momentenfläche M_0 infolge p nur im Riegel vorhanden ist, liefert nur der Riegel einen Beitrag. Es ist also

$$\delta'_{10p} = \int M_1 M_0 \cdot I_c/I_R \cdot dx$$

Mit der $M \bar{M}$-Tafel **1.**20, Zeile 1 und Spalte g, ergibt sich

$$\delta'_{10p} = \frac{2}{3} l' (-h) \frac{p l^2}{8} = -\frac{2}{3} \cdot 4{,}428 \cdot 4{,}0 \cdot 13{,}5 = -160 \text{ kN m}^3$$

Dann beträgt

$$X_{1p} = -\frac{\delta'_{10p}}{\delta_{11}} = -\frac{EI_c \, \delta_{10p}}{EI_c \, \delta_{11}} = -\frac{-160}{113{,}46} = +1{,}41 \text{ kN}$$

3. Ermittlung von δ'_{10P} und X_{1P} (6.8)

Berechnung der M_0-Fläche

$$A_0 = -B_0 = -\frac{Ph}{l} = -\frac{20 \cdot 4}{3} = -26{,}60 \text{ kN}$$

$$H_{b0} = P = 20 \text{ kN}$$

$$M_{c0} = 0$$

$$M_{d0R} = A\,l = -26{,}6 \cdot 3{,}0 = -80 \text{ kNm}$$

$$M_{d0S} = -H_{b0}\,h = -20 \cdot 4{,}0 = -80 \text{ kNm}$$

$$M_{d0R} = M_{d0S}$$

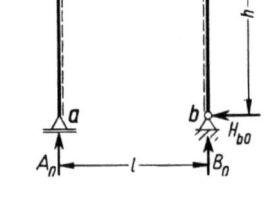
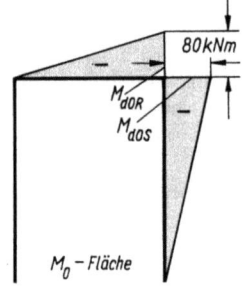

6.8 M_0-Fläche aus P

Die Formel für das Lastglied

$$\delta'_{10P} = \int M_0 M_1 \cdot I_c/I \cdot dx$$

erstreckt sich wieder über den ganzen Rahmen.

Da die Momente M_0 aus P im linken Stiel gleich Null sind, liefern nur der Riegel und der rechte Stiel Beiträge zu δ'_{10P}.

a) Ermittlung von δ'_{10P} für den Riegel

$$\delta'_{10R} = \int_0^l M_1 M_0 \cdot I_c/I_R \cdot dx.$$

Die Momentenfläche M_1 im Riegel ist ein Rechteck, die M_0-Fläche im Riegel ein Dreieck; so erhält man mit der $M \bar{M}$-Tafel **1.**20, Zeile 1 und Spalte b,

$$\delta'_{10R} = \frac{1}{2} 4{,}428 \, (-80) \, (-4{,}0) = 708 \text{ kNm}^3$$

6.3.2 Beispiel 1

b) Ermittlung von δ'_{10P} für den Stiel

$$\delta'_{10S} = \int_0^h M_1 M_0 \cdot I_c/I_S \cdot dx = \int_0^h M_1 M_0 \, dx$$

Beide Momentenflächen M_1 und M_0 am Stiel sind Dreiecke. Mit der $M\bar{M}$-Tafel **1.**20, Zeile 2 Spalte b errechnet sich

$$\delta'_{10S} = \frac{1}{3} 4(-80)(-4) = +426{,}6 \text{ kNm}^3$$

Damit beträgt

$$\delta'_{10P} = 708 + 426{,}6 = 1134{,}6 \text{ kNm}^3$$

und $\quad X_{1P} = -\dfrac{EI_c \, \delta_{10P}}{EI_c \, \delta_{11}} = -\dfrac{1134{,}6 \text{ kNm}^3}{113{,}46 \text{ m}^3} = -10 \text{ kN}$

4. Ermittlung von δ'_{10w} und X_{1w} (6.9)
Berechnung der M_0-Fläche

$\Sigma M_b = 0 = A_0 \, l + w \dfrac{h^2}{2}$

$A_0 = -\dfrac{w h^2}{2 l} = -\dfrac{3 \cdot 4^2}{2 \cdot 3} = -8 \text{ kN}$

$\Sigma V = 0 = A_0 + B_0$

$B_0 = -A_0 = +8 \text{ kN}$

$\Sigma H = 0 = w h - H_{b0}$

$H_{b0} = w h = 3 \cdot 4 = 12 \text{ kN}$

$M_{y0} = -w \dfrac{z^2}{2} = -3 \dfrac{z^2}{2}$

$M_{c0} = -3 \dfrac{h^2}{2} = -3 \dfrac{4{,}0^2}{2} = -24 \text{ kNm}$

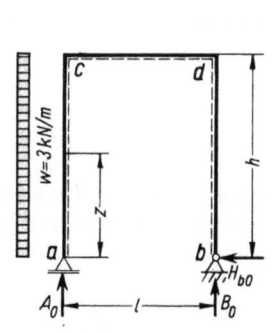
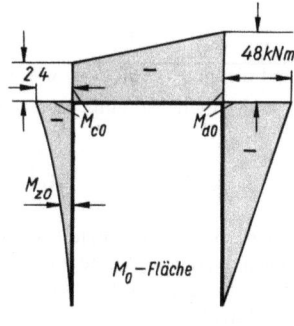

6.9 M_0-Fläche aus w

$M_{d0} = -H_{b0} \, h = -12 \cdot 4 = -48 \text{ kNm}$

Es ist wieder über den ganzen Rahmen zu integrieren

$$\delta'_{10w} = \int M_1 M_0 \cdot I_c/I \cdot dx$$

Da sich in diesem Fall die Momentenfläche M_0 über beide Stiele und den Riegel erstreckt, liefern beide Stiele und der Riegel Beiträge zu δ'_{10w}

$$\delta'_{10w} = \underbrace{\int M_1 M_0 \cdot I_c/I_R \cdot dx}_{\text{Riegel}} + \underbrace{\int M_1 M_0 \, dx}_{\text{Stiel } ac} + \underbrace{\int M_1 M_0 \, dx}_{\text{Stiel } bd}$$

a) **Ermittlung von δ'_{10R} für den Riegel.** Da die M_0-Fläche ein Trapez mit den Ordinaten -24 und -48, die M_1-Fläche ein Rechteck mit der Ordinate $-4,0$ ist, erhält man mit der $M\,\bar{M}$-Tafel 1.20, Zeile 1 und Spalte d,

$$\delta'_{10R} = \frac{1}{2}4{,}428(-4)\,[(-24)+(-48)] = 637{,}6 \text{ kNm}^3$$

b) **Ermittlung von δ'_{10S}**

Für den Stiel ac. Die M_0-Fläche ist eine Parabel entsprechend Tafel 1.20, Spalte k. Somit beträgt δ'_{10} mit Zeile 2 und Spalte k

$$\delta'_{10} = \frac{1}{4}4{,}0(-4)(-24) = 96 \text{ kNm}^3$$

Für den Stiel bd. Die M_0-Fläche ist ein Dreieck. Damit ergibt sich nach Tafel 1.20, Zeile 2 und Spalte b

$$\delta'_{10} = \frac{1}{3}4(-4)(-48) = +256 \text{ kNm}^3$$

Damit beträgt

$$\delta'_{10w} = 637{,}6 + 96{,}0 + 256 = 989{,}6 \text{ kNm}^3$$

und $\quad X_{1w} = -\dfrac{989{,}6}{113{,}46} = -0{,}87 \text{ kN}$

5. **Ermittlung von δ_{1T} und X_{1T}.** In diesem Fall wird die Verschiebung des Punktes a im statisch bestimmten Hauptsystem nicht durch eine Belastung hervorgerufen, sondern infolge Verkürzung des Riegels durch die Temperaturabnahme von $T_0 = 15$ K. Das Belastungsglied δ_{10} wird also ersetzt durch das Belastungsglied δ_{1T}, das gleich der Verkürzung des Riegels ist. Nach Abschn. 1.2.3.3 beträgt die Verkürzung

$$\Delta l_T = \delta_{1T} = \varepsilon_T l = \alpha_T T_0 l = 1{,}2 \cdot 10^{-5} \cdot 15 \cdot 3{,}0 = 5{,}4 \cdot 10^{-4} \text{ m}$$

δ_{1t} hat die gleiche Richtung wie X_1.

Die statisch Unbestimmte lautet jetzt

$$X_{1T} = -\frac{\delta_{1T}}{\delta_{11}} = \frac{\alpha_T T_0 l}{\int M_1^2\, ds/EI}$$

Bei den vorher errechneten X_1-Werten gingen lediglich die Verhältnisse der Steifigkeiten EI in die Berechnung der δ_{ik}-Werte ein. Bei tatsächlich bewirkten Formänderungen infolge von Stützensenkungen und -verdrehungen oder Temperaturänderungen müssen jedoch die absoluten Werte von E und I berücksichtigt werden.

Da nämlich nicht δ_{11} errechnet wurde, sondern $EI_c\,\delta_{11}$, muß auch δ_{1T} mit EI_c multipliziert werden, wobei E in kN/m² und I_c in m⁴ einzuführen sind, weil bisher alle Maße in kN und m eingesetzt wurden.

$$E = 21\,000 \text{ kN/cm}^2 = 210\,000\,000 \text{ kN/m}^2 = 2{,}1 \cdot 10^8 \text{ kN/m}^2$$
$$I_c = 2140 \text{ cm}^4 = 2140 \cdot 10^{-8} \text{ m}^4$$

Damit ergibt sich

$$EI_c \cdot \delta_{1T} = 2{,}1 \cdot 10^8 \cdot 2140 \cdot 10^{-8} \cdot 5{,}4 \cdot 10^{-4} = 2{,}43 \text{ kNm}^3$$

$$X_{1T} = -\frac{EI_c\,\delta_{1T} \text{ kNm}^3}{EI_c\,\delta_{11} \cdot \text{m}^3} = -\frac{EI_c\,\alpha_T T_0 l}{\int M_1^2\, I_c/I \cdot ds} = -\frac{2{,}43}{113{,}46} = -0{,}0214 \text{ kN}$$

X_{1T} ist also eine nach links gerichtete Lagerkraft im Punkt a.

6.3.2 Beispiel 1

6. **Ermittlung von $\delta_{1\Delta T}$ und $X_{1\Delta T}$.** Die Verschiebung des Punktes a im statisch bestimmten Grundsystem ist jetzt durch die ungleichmäßige Temperaturänderung $\Delta T = +20$ K verursacht. Das Belastungsglied $\delta_{1\Delta T}$ erhalten wir aus der Koppelung der $M_{\Delta T}$-Fläche (**6.10**) mit der M_1-Fläche (**6.6**).
Die Anteile des Riegels und der Stiele liefern nach Tafel **1.20**, Zeile 1, Spalten a und b

$$\delta_{1\Delta T} = 3 \cdot 1{,}33 \cdot 10^{-3} \cdot (-4) + 2 \cdot \frac{1}{2} \cdot 4 \cdot 1{,}2 \cdot 10^{-3} \cdot (-4)$$

$$= -0{,}016 - 0{,}0192 = -0{,}0352 \text{ m}$$

Im statisch bestimmten Grundsystem wird der Punkt a also infolge $\delta_{1\Delta T}$ nach **links** verschoben. Um wieder mit dem oben errechneten Wert $EI_c \cdot \delta_{11}$ arbeiten zu können, muß $\delta_{1\Delta T}$ mit EI_c multipliziert werden

$$EI_c \, \delta_{1\Delta T} = 2{,}1 \cdot 10^8 \cdot 2140 \cdot 10^{-8} \cdot (-0{,}0352) = -158{,}19 \text{ kNm}^3$$

Die statisch unbestimmte Horizontalkraft berechnen wir zu

$$X_{1\Delta T} = -\frac{EI_c \, \delta_{1\Delta T}}{EI_c \, \delta_{11}} = -\frac{-158{,}19 \text{ kN m}^3}{113{,}46 \text{ m}^3} \qquad X_{1\Delta T} = +1{,}394 \text{ kN}$$

$X_{1\Delta T}$ stellt also eine nach rechts gerichtete Lagerkraft im Punkt a dar.

Ermittlung der Momente, Längskräfte und Querkräfte am statisch unbestimmten System

a) **Für die Belastung $p = 12$ kN/m des Riegels**
Allgemein ist nach Gl. (6.3) und (6.4)

$$A = A_0 + A_1 X_1$$
$$B = B_0 + B_1 X_1$$
$$H_b = H_{b0} + H_{b1} X_1$$
$$M = M_0 + M_1 X_1$$
$$N = N_0 + N_1 X_1$$
$$Q = Q_0 + Q_1 X_1$$
$$A_1 = 0 \quad B_1 = 0$$
$$H_{b1} = 1$$
$$X_{1p} = +1{,}41 \text{ kN}$$
$$H_{bp} = 0 + 1 \cdot 1{,}41 = 1{,}41 \text{ kN}$$
$$A = B = 18 + 0 = 18 \text{ kN}$$

Momente (**6.11**)

$$M_c = M_d = 0 - 4 \cdot 1{,}41 = -5{,}64 \text{ kNm}$$
$$M_{1/2} = +13{,}5 - 4 \cdot 1{,}41 = +7{,}86 \text{ kNm}$$

Längskräfte (**6.12**)

$$N_S = N_{S0} + N_{S1} X_1$$
$$N_{S1} = 0 \quad N_{S0} = -A_0 = -18 \text{ kN} \qquad N_S = 18 \text{ kN}$$
$$N_R = N_{R0} + N_{R1} X_1 \quad N_{R0} = 0 \qquad N_R = -1$$
$$N_R = 0 - 1 \cdot 1{,}41 = -1{,}41 \text{ kN}$$

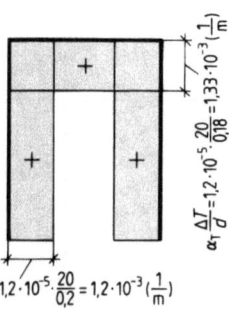

6.10 $M_{\Delta T}$-Fläche infolge $\Delta T = +20$ K

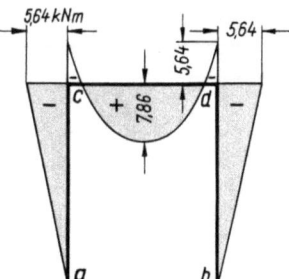

6.11 M-Fläche aus $p = 12$ kN/m

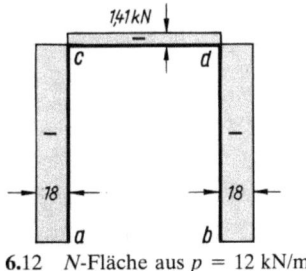

6.12 N-Fläche aus $p = 12$ kN/m

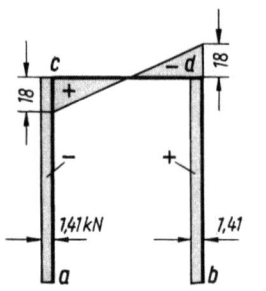

6.13 Q-Fläche aus $p = 12$ kN/m

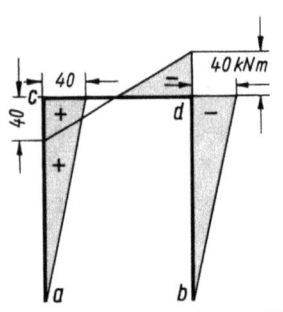

6.14 M-Fläche aus $P = 20$ kN/m

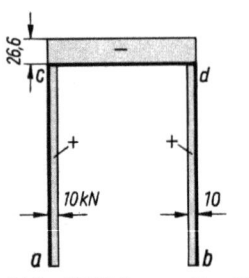

6.15 N-Fläche aus $P = 20$ kN/m

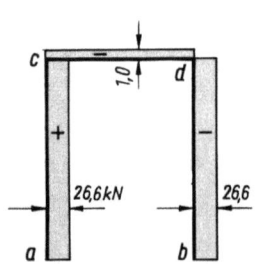

6.16 Q-Fläche aus $P = 20$ kN/m

Querkräfte (6.13)

Stiel ac: $Q_S = Q_{S0} + Q_{S1} X_1$

$Q_{S0} = 0 \quad Q_{S1} = -1$

$Q_S = -1 \cdot 1{,}41 = -1{,}41$ kN

Stiel bd: $Q_{S0} = 0 \quad Q_{S1} = +1$

$Q_S = +1 \cdot 1{,}41 = +1{,}41$ kN

Riegel: $Q_c = Q_{c0} - Q_{c1} X_1$

$Q_{c0} = 1{,}8$ kN $\quad Q_{c1} = 0$

$Q_c = 18$ kN

$Q_d = Q_{d0} - Q_{d1} X_1$

$Q_{d0} = -18$ kN $\quad Q_{d1} = 0 \quad Q_d = -18$ kN

b) Für die horizontale Last $P = 20$ kN

$A_0 = -26{,}6$ kN $\quad B_0 = +26{,}6$ kN $\quad H_{b0} = +20$ kN

$X_{1P} = -10$ kN

$A = -26{,}6 + 0 \cdot X_1 = -26{,}6$ kN $\quad B = +26{,}6$ kN

$H_b = 20 + 1{,}0 (-10) = 10$ kN

Momente (6.14)

$M_c = 0 + (-4{,}0)(-10) = +40$ kNm

$M_d = -80 + (-4{,}0)(-10) = -40$ kNm

Längskräfte (6.15)

Stiel ac: $N_0 = -A_0 = +26{,}6$ kN $\quad N_1 = 0$

$N = +26{,}6 + 0 (-10) = +26{,}6$ kN

Stiel bc: $N_0 = -B_0 = -26{,}6$ kN $\quad N_1 = 0$

$N = -26{,}6$ kN

Riegel: $N_0 = -P = -20$ kN $\quad N_1 = -1$

$N = -20 + (-1{,}0)(-10) = -10$ kN

Querkräfte (6.16)

Stiel ac: $Q = 0 + (-1{,}0)(-10) = +10$ kN

Stiel bd: $Q_0 = +20$ kN $\quad Q_1 = +10$

$Q = +20 + 1{,}0 (-10) = +10$ kN

Riegel: $Q_{c0} = -Q_{d0} = -26{,}6$ kN

$Q_1 = 0 \quad Q_c = -26{,}6$ kN $\quad Q_d = +26{,}6$ kN

6.3.2 Beispiel 1

c) Für die Windbelastung $w = 3$ kN/m

$$A_0 = -8 \text{ kN} = -B_0 \quad H_{b0} = +12 \text{ kN}$$

$$X_{1w} = -8,7 \text{ kN}$$

$$A = -8 \text{ kN} \quad B = +8 \text{ kN}$$

$$H_b = +12 + (1,0)(-8,7) = +3,3 \text{ kN}$$

Momente (6.17)

Stiel bd: $\quad M_d = -48 + (-4)(-8,7) = -13,2$ kNm

Stiel ac: $\quad M_z = -3 z^2/2 + (-z)(-8,7)$

$\qquad\qquad = -1,5 z^2 + 8,7 z$

für $\quad z = h = 4,0$ m $\quad$ wird

$\qquad\qquad M_c = -1,5 \cdot 4,0^2 + 8,7 \cdot 4,0$

$\qquad\qquad\quad = -24 + 34,8 = +10,8$ kNm

oder $\quad M_0 = M_{c0} - M_{c1} X_1$

$\qquad M_{c0} = -24$ kNm $\quad M_{c1} = -4,0$ m

$\qquad M_c = -24 + (-4,0)(-8,7) = +10,8$ kNm

Riegel: $\quad M_{cR} = M_{cS} = +10,8$ kNm

$\qquad\qquad M_{dR} = M_{dS} = -13,2$ kNm

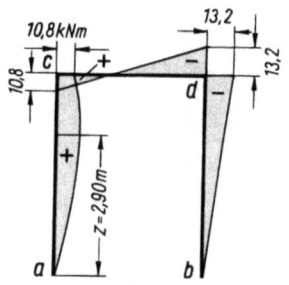

6.17 M-Fläche aus $w = 3$ kN/m

Längskräfte (6.18)

Stiel bd: $\quad N_0 = -8$ kN $\quad N_1 = 0 \quad N = -8$ kN

Stiel ac: $\quad N_0 = +8$ kN $\quad N_1 = 0 \quad N = +8$ kN

Riegel: $\quad N_0 = -H_{b0} = -12$ kN $\quad N_1 = -1$

$\qquad\qquad N = -12 + (-1,0)(-8,7) = -3,3$ kN

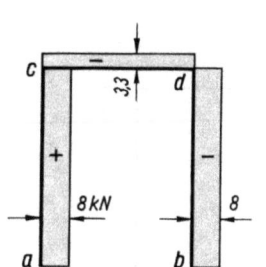

6.18 N-Fläche aus $w = 3$ kN/m

Querkräfte (6.19)

Riegel: $\quad Q_c = -8$ kN

$\qquad\qquad Q_d = -8$ kN

Stiel bd: $\quad Q_0 = +12$ kN

$\qquad\qquad Q_1 = +10$ kN

$\qquad\qquad Q = 12 + 1,0(-8,7) = +3,3$ kN

Stiel ac: $\quad Q_z = -3 z + (-1,0)(-8,7)$

$\qquad\qquad\quad = -3 z + 8,7$

$\qquad\qquad Q = 0$ bei

$\qquad\qquad z = \dfrac{8,7}{3} = 2,90$ m $\quad$ wegen $\quad 0 = -3z + 8,7$

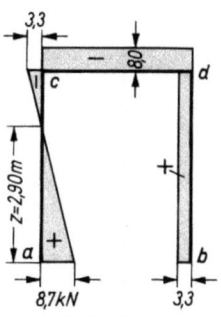

6.19 Q-Fläche aus $w = 3$ kN/m

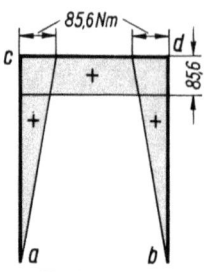

6.20 M-Fläche aus $T_0 = -15$ K

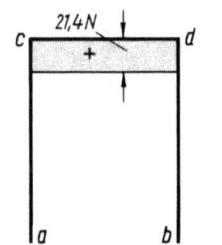

6.21 N-Fläche aus $T_0 = -15$ K

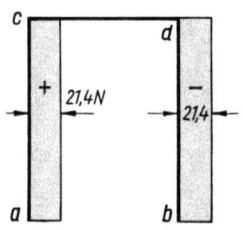

6.22 Q-Fläche aus $T_0 = -15$ K

An dieser Stelle tritt auch das größte Moment im Stiel ac auf

$$\max M = -\frac{1}{2} \cdot 3 \cdot 2{,}90^2$$
$$+(-2{,}90)(-8{,}7) = +12{,}6 \text{ kNm}$$
$$Q_c = -3 \cdot 4{,}0 + 8{,}7 = -3{,}3 \text{ kN}$$

d) Für die gleichmäßige Temperaturabnahme

$$A_0 = B_0 = H_{b0} = 0$$
$$X_{1T} = -0{,}0214 \text{ kN} = -21{,}4 \text{ N}$$

Momente (6.20)

$$M_c = M_d = +(-4{,}0)(-21{,}4) = +85{,}6 \text{ Nm}$$

Längskräfte (6.21)

$$N_S = 0$$
$$N_R = +(-1)(-21{,}4) = +21{,}4 \text{ N}$$

Querkräfte (6.22)

$$Q_R = 0$$

Stiel ac: $Q = 0 + (-1)(-21{,}4) = +21{,}4$ N
Stiel bd: $Q = 0 + (+1{,}0)(-21{,}4) = -21{,}4$ N

e) Für die ungleichmäßige Temperaturänderung

$$A_0 = B_0 = H_{b0} = 0$$
$$X_{1\Delta T} = +1{,}39 \text{ kN}$$

Momente (6.23)

$$M_c = M_d = +(-4{,}0) \cdot 1{,}39$$
$$= -5{,}58 \text{ kNm} = 5580 \text{ Nm}$$

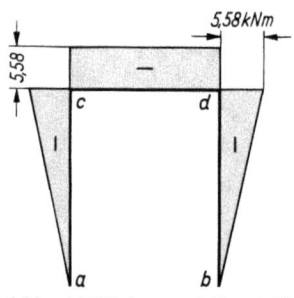

6.23 M-Fläche aus $\Delta T = +20$ K

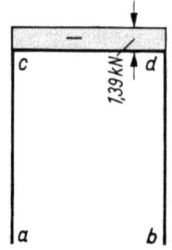

6.24 N-Fläche aus $\Delta T = +20$ K

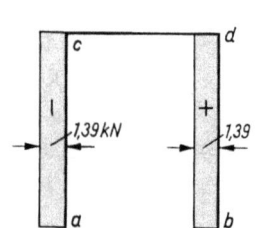

6.25 Q-Fläche aus $\Delta T = +20$ K

6.3.3 Beispiel 2: Zweigelenkrahmen mit Zugband

Längskräfte (6.24)

$$N_S = 0 \qquad N_R = +(-1) \cdot 1{,}39 = -1{,}39 \text{ kN}$$

Querkräfte (6.25)

$$Q_R = 0$$

Stiel ac: $\quad Q = 0 + (-1) \cdot 1{,}39 = -1{,}39$ kN

Stiel bd: $\quad Q = 0 + (+1) \cdot 1{,}39 = +1{,}39$ kN

6.3.3 Beispiel 2: Zweigelenkrahmen mit Zugband

1. Aufgabenstellung

Gegeben ist der Zweigelenkrahmen mit Zugband nach Bild 6.26, dessen Riegel mit der Gleichlast $q = 30$ kN/m belastet ist; gesucht sind die Stütz- und Schnittgrößen.

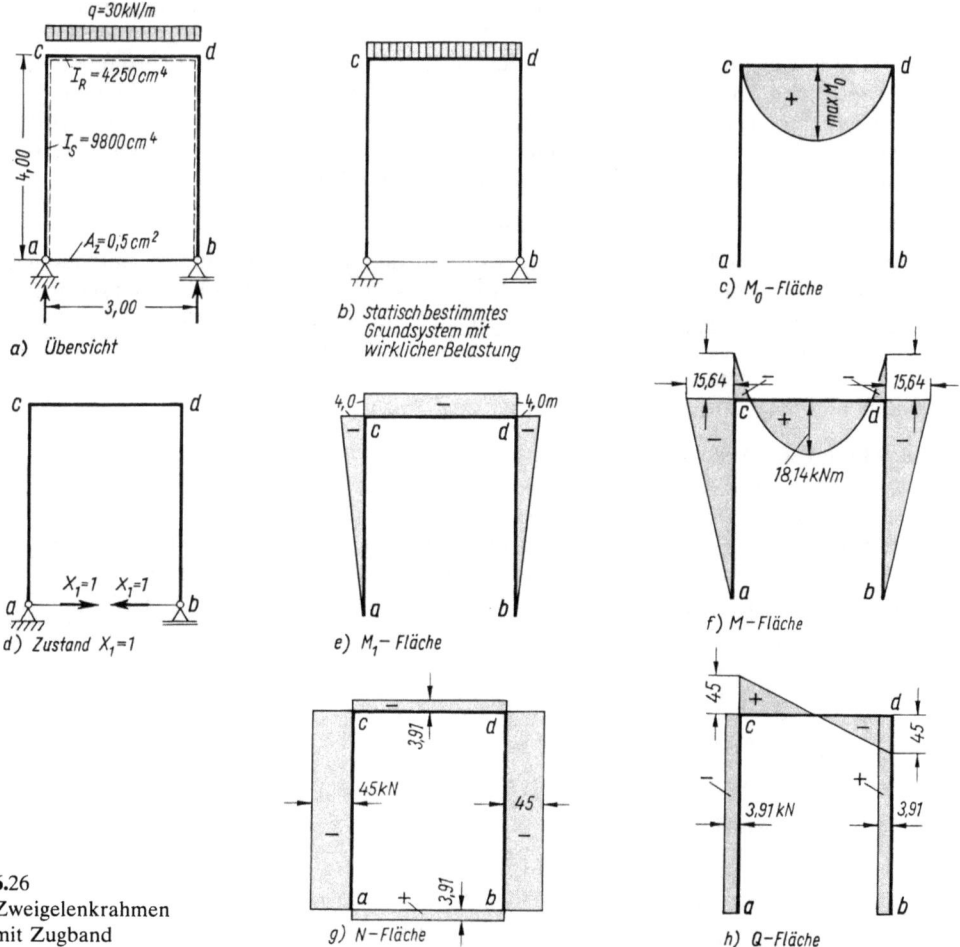

6.26 Zweigelenkrahmen mit Zugband

2. Grad der statischen Unbestimmtheit

Das Tragwerk ist **einfach statisch unbestimmt**: nach Durchschneiden des Zugbandes als überzählige konstruktive Bindung ergibt sich ein zweifach geknickter statisch bestimmt gelagerter Träger.

3. Allgemeine Vorbemerkungen

Im Gegensatz zum Zweigelenkrahmen mit zwei unverschieblichen Kipplagern (Abschn. 6.3.2) ist beim Zweigelenkrahmen mit Zugband der Abstand der Fußpunkte a und b nicht konstant, sondern in Abhängigkeit von der Dehnung des Zugbandes veränderlich. Die Dehnung des Zugbandes hängt von der Zugbandkraft und dem Zugbandquerschnitt ab. Je weicher das Zugband im Vergleich zu Riegel und Stielen ist, um so mehr nehmen Zugbandkraft und Rahmenwirkung des Tragwerks ab, um so weniger werden die Feldmomente des Riegels durch die Horizontalkraft im Zugband vermindert. Der Grenzfall des unendlich weichen Zugbandes, das trotz großer Dehnung keine Zugkraft aufnimmt, ist schließlich der zweifach geknickte Träger mit statisch bestimmter Lagerung.

Ein Zugband kann **nur Zugkräfte und keine Druckkräfte** aufnehmen; wir sprechen von einem Zweigelenkrahmen mit Zugband aber auch dann, wenn die Lagerpunkte a und b durch einen zug- und druckfesten Stab, z.B. aus vorgespanntem Beton, verbunden sind. Werden die Lager a und b tatsächlich durch ein druckschlaffes Zugband verbunden, liegt genau genommen ein **Tragwerk mit veränderlicher Gliederung** vor: Unter einer aufwärts gerichteten Riegelbelastung wird der Fußpunkt b in Richtung auf den Fußpunkt a verschoben, das Zugband ist schlaff und das System verhält sich als **zweifach geknickter statisch bestimmter Träger** ohne Rahmenwirkung.

4. Statisch bestimmtes Grundsystem, Zustände 0 und 1

Wir wählen als statisch bestimmtes Grundsystem den Zweigelenkrahmen mit durchgeschnittenem Zugband, machen also die Zugbandkraft zur statisch Unbestimmten X_1. Der Zustand 0 ist in Bild **6.26**b, die M_0-Fläche in Bild **6.26**c dargestellt; sie erstreckt sich nur über den Riegel und ist eine quadratische Parabel mit dem Pfeil max $M_0 = ql^2/8 = 30 \cdot 3^2/8 = 33{,}75$ kNm. Bild **6.26**d zeigt den Zustand 1, Bild **6.26**e die M_1-Fläche mit den Eckmomenten $M_c = M_d = -1 \cdot 4 = -4$ m.

5. Berechnung der Verschiebungsgrößen

Der Zweigelenkrahmen mit Zugband ist ein **gemischtes System**. Bei der Berechnung der Verschiebungsgrößen können wir bei den Biegegliedern Riegel und Stiele die Beiträge der Längs- und Querkräfte vernachlässigen, beim Zugband muß der allein vorhandene Beitrag der Längskraft berücksichtigt werden. Maßgebend ist also Gl. (1.8).

Wir machen das Flächenmoment I_R zum Vergleichsflächenmoment I_c und ermitteln die EI_c-fachen Verschiebungsgrößen δ_{11} und δ_{10}. In den Beiträgen der Längskräfte tritt dadurch der Faktor $EI_c/EA_Z = I_c/A_Z$ mit der Einheit m² auf.

Es ist $\quad I_c = I_R = 4250 \text{ cm}^4 = 4250 \cdot 10^{-8} \text{ m}^4$

$\qquad\quad I_S = 9800 \text{ cm}^4 = 9800 \cdot 10^{-8} \text{ m}^4$

$\qquad\quad A_Z = 0{,}5 \text{ cm}^2 = 0{,}5 \cdot 10^{-4} \text{ m}^2$

Die reduzierten Stablängen sind

$\qquad l'_R = l_R = l_c = 3{,}0 \text{ m}$

$\qquad l'_S = l_S\, I_c/I_S = 4{,}0 \cdot 4250 \cdot 10^{-8}/(9800 \cdot 10^{-8}) = 1{,}735 \text{ m}$

$\qquad l'_Z = l_Z\, I_c/A_Z = 3{,}0 \cdot 4250 \cdot 10^{-8}/(0{,}5 \cdot 10^{-4}) = 2{,}55 \text{ m}^3$

Vorzahl δ'_{11}

$$\delta'_{11} = \underbrace{\int M_1^2 \cdot I_c/I \cdot dx}_{\text{Riegel und Stiele}} + \underbrace{\int N_1^2 \cdot I_c/A_Z \cdot dx}_{\text{Zugband}}$$

mit Tafel **1.**20 1/a für den Riegel und 2/b für die Stiele erhalten wir

$$\delta'_{11} = 3{,}0(-4{,}0)^2 + 2 \cdot 1/3 \cdot 1{,}735\,(-4{,}0)^2 + 2{,}55 \cdot 1{,}0^2$$
$$= 48{,}0 + 18{,}5 + 2{,}55 = 69{,}05 \text{ m}^3$$

Belastungsglied δ'_{10}

$$\delta'_{10} = \underbrace{\int M_1 M_0 \cdot I_c/I \cdot dx}_{\text{Riegel und Stiele}} + \underbrace{\int N_1 N_0 \cdot I_c/A_Z \cdot dx}_{\text{Zugband}}$$

Da die M_0-Fläche sich nur über den Riegel erstreckt, liefern die Stiele zum 1. Integral keinen Beitrag; das 2. Integral entfällt ganz, da N_0 gleich Null ist: das durchgeschnittene Zugband ist unter äußerer Belastung kraftlos. Es verbleibt also nur (Tafel **1.**20 1/g)

$$\delta'_{10} = 2/3 \cdot 3{,}0 \cdot 33{,}75\,(-4{,}0) = -270 \text{ kNm}^3$$

6. Berechnung der statisch Unbestimmten

$$X_1 = -\delta'_{10}/\delta'_{11} = -(-270)/69{,}05 = +3{,}91 \text{ kN}$$

7. Schnittgrößen des wirklichen Systems

Momente: $M = M_0 + M_1 X_1$ (**6.26f**)

Eckmomente:

$$M_c = M_d = 0 + (-4{,}0)\,3{,}91 = -15{,}64 \text{ kNm}$$

Moment in Riegelmitte:

$$M_m = 33{,}75 + (-4{,}0)\,3{,}91 = +18{,}11 \text{ kNm}$$

Längskräfte: $N = N_0 + N_1 X_1$ (**6.26g**)   Querkräfte: $Q = Q_0 + Q_1 X_1$ (**6.26h**)

Stiele: $N_S = -q l_R/2 + 0\,X_1$ Stiel ac: $Q_S = 0 + (-1)\,3{,}91 = -3{,}91$ kN
$\qquad\qquad = -30 \cdot 3{,}0/2 + 0 = -45$ kN   Stiel bd: $Q_S = 0 + (+1)\,3{,}91 = +3{,}91$ kN

Riegel: $N_R = 0 + (-1)\,X_1 = -3{,}91$ kN

Die Q-Fläche des Riegels wird von der statisch Unbestimmten nicht beeinflußt, sie ist gleich der Q-Fläche eines einfachen Trägers auf zwei Lagern.

6.3.4 Beispiel 3: Zweigelenkrahmen mit geknicktem Riegel

1. Aufgabenstellung

Gegeben ist der in Bild **6.**27 dargestellte Hallenbinder aus Stahlbeton; gesucht sind die Momenten-, Längskraft- und Querkraftflächen für die folgenden Einwirkungen:

6.3 Zweigelenkrahmen

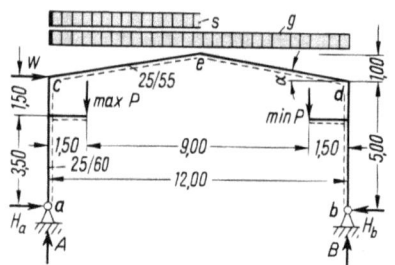

6.27 Zweigelenkrahmen mit geknicktem Riegel

Eigenlast	g	=	7,0 kN/m
Schnee	s	=	4,0 kN/m
Wind	W	=	17,0 kN
Kran	max P	=	125,0 kN
	min P	=	45,0 kN

Als vorgegebene Verformung ist eine gleichmäßige Temperaturzunahme des Riegels um $T_0 = 30$ K anzusetzen.

2. Systemwerte

Geschätzte Abmessungen

Riegel $b/d = 25$ cm/55 cm

$\tan \alpha = 1/6 = 0{,}167$ $\alpha = \arctan(1/6) = 9{,}462°$ $\sin \alpha = 0{,}1644$ $\cos \alpha = 0{,}9864$

wahre Länge des halben Riegels

$$l_{ce} = 6{,}00/\cos \alpha = 6{,}083 \text{ m}$$

Stiel $b/d = 25$ cm/60 cm

$I_R = 2{,}5 \cdot 5{,}5^3/12 = 34{,}8$ dm$^4 \approx 35$ dm^4 $I_S = 2{,}5 \cdot 6^3/12 = 45$ dm^4

$I_c = I_S = 45$ dm^4 $I_c/I_R = 45/35 = 1{,}29$ $I_c/I_S = 45/45 = 1$

Reduzierte Stablängen

$l'_{ce} = l_{ce} \cdot I_S/I_R = 6{,}083 \cdot 45/35 = 7{,}82$ m $= l'_{ed}$

$l'_{ac} = l_{ac} \cdot I_S/I_S = 5{,}00 \cdot 45/45 = 5{,}00$ m $= l'_{bd}$

Das System ist einfach statisch unbestimmt (**6.27**). Als statisch Unbestimmte X_1 wird der Horizontalschub H_b eingeführt. Das statisch bestimmte Grundsystem trägt dann lotrechte Lasten wie ein Träger auf zwei Lagern (**6.28**).
Nach Gl. (6.2) ist

$$X_1 = -\delta_{10}/\delta_{11} = -\delta'_{10}/\delta'_{11}$$

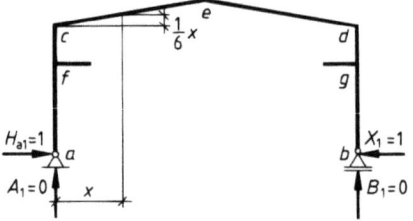

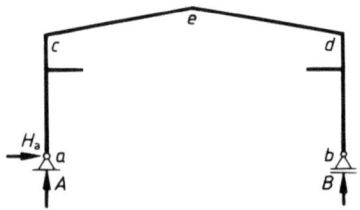

6.28 Statisch bestimmtes Grundsystem

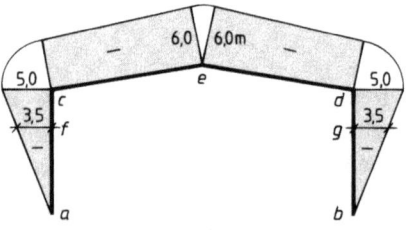

6.29 M_1-Fläche aus $X_1 = 1$

6.3.4 Beispiel 3: Zweigelenkrahmen mit geknicktem Riegel

3. Ermittlung der EI_c-fachen Vorzahl δ'_{11}. Aus der Belastung $X_1 = 1$ ermitteln wir die M_1-Fläche (6.29).

Es wird

$A_1 = B_1 = 0$ $\qquad M_{f1} = -1 \cdot 3{,}5 = -3{,}5$ m $= M_{g1}$

$H_{a1} = 1$ $\qquad M_{c1} = -1 \cdot 6{,}0 = -6{,}0$ m

$M_{c1} = -1 \cdot h = -1 \cdot 5{,}0 = -5{,}0$ m $= M_{d1}$ $\qquad M_{x1} = -1(5 + 1/6 \cdot x) = -5 - 1/6 \cdot x$ m

Die Gleichung für δ_{11} wird gleich mit EI_c multipliziert. Dann ist

$$EI_c \cdot \delta_{11} = \delta'_{11} = \int M_1^2 \, dx \cdot \frac{I_c}{I} = 2 \int_{\text{Stiel}} M_1^2 \, dx \cdot \frac{I_c}{I_S} + 2 \int_0^{l/2} M_1^2 \, dx \cdot \frac{I_c}{I_R}$$

Nach der $M\bar{M}$-Tafel 1.20 Zeile 2, Spalte b bzw. Zeile 3, Spalte d, erhält man

$\delta'_{11} = 2 \cdot 1/3 \cdot 5{,}0 \cdot (-5{,}0)^2 + 2 \cdot 1/6 \cdot 7{,}82 \left[(-5)\{2(-5) + (-6)\} + (-6)\{2(-6) + (-5)\}\right]$

$\qquad = 83{,}3 + 474{,}5 = 557{,}8$ m^3

4. Ermittlung der M_0-Flächen für die verschiedenen Lastfälle

4.1 Für Eigenlast $g = 7$ kN/m (6.30)

$A_{0g} = B_{0g} = 6 \cdot 7 = 42$ kN $\qquad M_{e0g} = g \, l^2/8 = 7 \cdot 12^2/8 = 126$ kNm

$H_{a0g} = 0$ $\qquad M_{c0g} = M_{d0g} = 0$

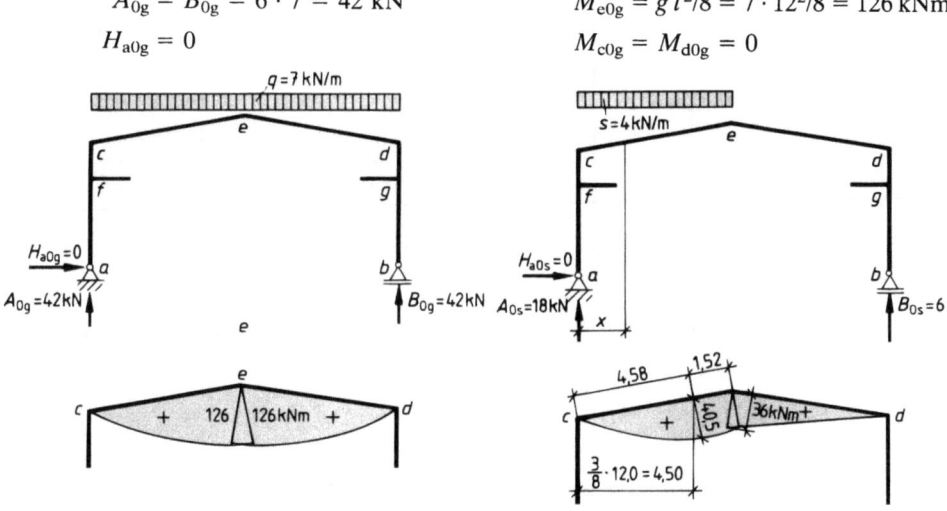

6.30 M_{0g}-Fläche aus Eigenlast $\qquad$ 6.31 M_{0s}-Fläche aus halbseitiger Schneelast

4.2 Für einseitigen Schnee $s = 4$ kN/m (6.31)

Das System muß mit einseitigem Schnee belastet werden, da die Querschnitte nach den ungünstigsten Momenten zu bemessen sind und eine einseitige Schneebelastung möglich ist.

$A_{0s} = 4 \cdot 6{,}0 \cdot 9{,}0/12{,}0 = 18$ kN $\qquad M_{c0s} = M_{d0s} = 0$

$B_{0s} = 4 \cdot 6{,}0 - A_{0s} = 6$ kN $\qquad M_{e0s} = B_{0s} \cdot l/2 = 6 \cdot 6 = 36$ kNm

$H_{a0s} = 0$ $\qquad M_{x0s} = A_{0s} \cdot x - s \cdot x^2/2 = 18\,x - 4 \cdot x^2/2$

Das größte Moment tritt auf bei $Q = 0$

$$Q = 3/8 \cdot q\,l - q\,x = 0 \qquad x = 3/8 \cdot l$$

$$\max M_{0s} = 18 \cdot 3/8 \cdot 12{,}0 - 4(3/8 \cdot 12)^2 \cdot 1/2$$

$$= 81 - 40{,}5 = 40{,}5 \text{ kNm}$$

oder auch $\max M_{0s} = 18 \cdot 4{,}5/2 = 40{,}5 \text{ kNm}$

4.3 Für Wind $W = 17$ kN (6.32)

$$A_{0W} = -B_{0W} = -17 \cdot 5{,}0/12 = -7{,}08 \text{ kN}$$

$$H_{a0W} = -17 \text{ kN}$$

$$M_{d0W} = +7{,}08 \cdot 0 = 0$$

$$M_{e0W} = +7{,}08 \cdot 6{,}0 = 42{,}5 \text{ kNm}$$

$$M_{c0W} = +7{,}08 \cdot 12 = +85 \text{ kNm}$$

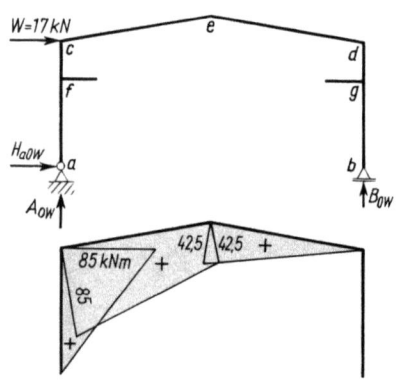

6.32 M_{0W}-Fläche aus Wind

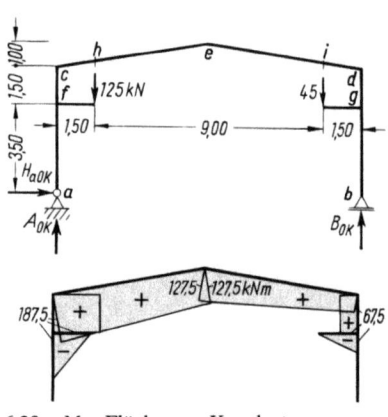

6.33 M_{0P}-Fläche aus Kranlasten

4.4 Für die Kranlasten P (6.33)

$$\max P = 125 \text{ kN} \qquad \min P = 45 \text{ kN}$$

$$A_{0P} = (125 \cdot 10{,}5 + 45 \cdot 1{,}5)/12{,}00 = 115 \text{ kN}$$

$$B_{0P} = 125 + 45 - 115 = 55 \text{ kN}$$

$$H_{a0P} = 0$$

$$M_{f0P} = +125 \cdot 1{,}5 = +187{,}5 \text{ kNm}$$

$$M_{d0P} = 45 \cdot 1{,}5 = 67{,}5 \text{ kNm}$$

$$M_{g0P} = +45 \cdot 1{,}5 = +67{,}5 \text{ kNm}$$

$$M_{h0P} = 115 \cdot 1{,}5 = 172{,}5 \text{ kNm}$$

$$M_{c0P} = 125 \cdot 1{,}5 = 187{,}5 \text{ kNm}$$

$$M_{i0P} = 55 \cdot 1{,}5 = 82{,}5 \text{ kNm}$$

$$M_{e0P} = 115 \cdot 6{,}0 - 125 \cdot 4{,}5 = 127{,}5 \text{ kNm}$$

oder $\quad M_{e0P} = 55 \cdot 6{,}0 - 45 \cdot 4{,}5 = 127{,}5 \text{ kNm}$

6.3.4 Beispiel 3: Zweigelenkrahmen mit geknicktem Riegel

5. Ermittlung der EI_c-fachen Lastglieder δ'_{10} und der EI_c-fachen vorgegebenen Verformung δ_{1T}

5.1 Aus Eigenlast $g = 7$ kN/m

$$\delta'_{10} = 2 \int_0^{6{,}083} M_{0g} M_1 \, ds \cdot \frac{I_c}{I_R}$$

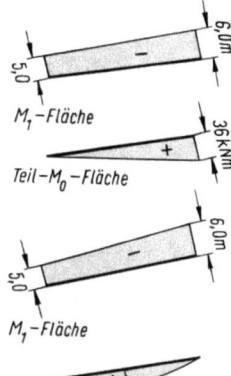

Nach der $M \bar{M}$-Tafel **1.20**, Zeile 3, Spalte i, ist

$$\delta'_{10g} = 2 \cdot 1/12 \cdot 7{,}82 \cdot 126[3(-5) + 5(-6)] = -7391 \text{ kNm}^3$$

5.2 Aus halbseitigem Schnee $s = 4$ kN/m. Zu integrieren ist wieder über den Riegel, der aus zwei gleichlangen Teilen besteht,

$$\delta'_{10} = \int_c^e M_{0s} M_1 \, ds \cdot \frac{I_c}{I_R} + \int_d^e M_{0s} M_1 \, ds \cdot \frac{I_c}{I_R}$$

6.34 Aufgeteilte M_0-Fläche aus halbseitiger Schneelast (s. Bild **6.31**) und zugehörige M_1-Fläche

Die Begrenzungslinie der Momentenflächen ist im Bereich $d-e$ eine Gerade, im Bereich $c-e$ eine Parabel.

Die Koppelung der Momentenflächen wird im Bereich $d-e$ nach Tafel **1.20** (3/c) durchgeführt:

$$\delta'_{10(de)} = 1/6 \cdot 7{,}82(+36) [(-5) + 2(-6)] = -797{,}7 \text{ kNm}^3$$

Im Bereich $c-e$ teilen wir die Parabelfläche in ein Dreieck und eine Parabel (**6.34**) und koppeln die M-Flächen mit Tafel **1.20** (2/d und 3/g). Es ist in $l/4$

$$M_{0s} = 18 \cdot 3 - 4 \cdot 3^2/2 = 54 - 18 = 36 \text{ kNm}$$

Damit beträgt der Pfeil der Parabel:

$$36 - 1/2 \cdot 36 = 18 \text{ kNm}$$

$$\delta'_{10(ce)} = 1/6 \cdot 7{,}82 \cdot 36[2(-6) - 5] + 1/3 \cdot 7{,}82 \cdot 18(-5 - 6) = -797{,}7 - 516{,}2 = -1313{,}9$$

$$\delta'_{10s} = -797{,}7 - 1313{,}9 = -2111{,}6 \text{ kNm}^3$$

5.3 Aus linksseitigem Wind $W = 17$ kN

$$\delta'_{10W} = \int_c^e M_{0W} M_1 \, ds \cdot \frac{I_c}{I_R} + \int_d^e M_{0W} M_1 \, ds \cdot \frac{I_c}{I_R} + \int_a^c M_{0W} M_1 \, ds \cdot \frac{I_c}{I_S}$$

Mit Tafel **1.20** (2/b) erhält man für den Stiel

$$\delta'_{10WS} = 1/3 \cdot 5 \cdot (-5) \, 85 = -708{,}3 \text{ kNm}^3$$

Mit Tafel **1.20** (3/d bzw. 2/d) wird für den Riegel

$$\delta'_{10WR} = 1/6 \cdot 7{,}82[(-5) (2 \cdot 85 + 42{,}5) + (-6) (2 \cdot 42{,}5 + 85)]$$
$$+ 1/6 \cdot 7{,}82 \cdot 42{,}5[2(-6) + (-5)] = -2714{,}4 - 941{,}7 = -3656{,}2 \text{ kNm}^3$$

insgesamt $\delta'_{10W} = -708{,}3 - 3656{,}2 = -4364{,}5 \text{ kNm}^3$

5.4 Aus Kranlast P

$$\delta'_{10P} = \int_c^e M_{0P} M_1 \, ds \cdot \frac{I_c}{I_R} + \int_d^e M_{0P} M_1 \, ds \cdot \frac{I_c}{I_R} + \int_f^c M_{0P} M_1 \, ds \cdot \frac{I_c}{I_S} + \int_g^d M_{0P} M_1 \, ds \cdot \frac{I_c}{I_S}$$

a) Für den linken Stiel: Nach Tafel **1.**20, Zeile 1, Spalte d, ist

$$\delta'_{10(fc)} = 1/2 \cdot 1{,}50 \cdot 187{,}5 \, [(-3{,}5) + (-5)] = -1195{,}3 \text{ kNm}^3$$

b) Für den rechten Stiel

$$\delta'_{10(dg)} = 1/2 \cdot 1{,}50 \cdot 67{,}5 \, [(-3{,}5) + (-5)] = -430{,}3 \text{ kNm}^3$$

c) Für den Riegelabschnitt $c-e$ (Zeile 3, Spalte d) ist

$$\delta'_{10(ce)} = 1/6 \cdot 7{,}82 \, [(-5) \, (2 \cdot 187{,}5 + 127{,}5) + (-6) \, (2 \cdot 127{,}5 + 187{,}5)] = -6735{,}6 \text{ kNm}^3$$

d) Für den Riegelabschnitt $d-e$

$$\delta'_{10(de)} = 1/6 \cdot 7{,}82 \, [(-5) \, (2 \cdot 67{,}5 + 127{,}5) + (-6) \, (2 \cdot 127{,}5 + 67{,}5)] = -4233 \text{ kNm}^3$$

$$\delta'_{10P} = -1195{,}3 - 430{,}3 - 6735{,}3 - 4233 = -12594 \text{ kNm}^3$$

5.5 Aus der gleichmäßigen Temperaturänderung des Riegels $T_0 = +30$ K

$$\delta_{1T} = \alpha_T \, T_0 \, l \qquad \delta_{1T} = -1 \cdot 10^{-5} \cdot 30 \cdot 12 = -3{,}6 \cdot 10^{-3}$$

δ_{1T} ist negativ, weil die Verlängerung des Riegels eine Verschiebung des Lagers b entgegengesetzt der angenommenen Richtung von X_1 verursacht. Die Verschiebung, mit EI_c multipliziert und alle Maße in kN bzw. m eingesetzt, hat den Wert

$$EI_c \, \delta_{1T} = \delta'_{1T} = -3 \cdot 10^7 \cdot 45 \cdot 10^{-4} \cdot 3{,}6 \cdot 10^{-3} = -486 \text{ kNm}^3$$

6. Ermittlung von X_1

6.1 Aus Eigenlast g

$$X_{1g} = -\frac{\delta'_{10g}}{\delta'_{11}} \frac{\text{kNm}^3}{\text{m}^3} = -\frac{-7391}{557{,}8} = +13{,}25 \text{ kN}$$

6.2 Aus halbseitigem Schnee s

$$X_{1s} = -\frac{\delta'_{10s}}{\delta'_{11}} = -\frac{-2111{,}6}{557{,}8} = +3{,}79 \text{ kN}$$

6.3 Aus linksseitigem Wind W

$$X_{1W} = -\frac{\delta'_{10W}}{\delta'_{11}} = -\frac{-4364{,}5}{557{,}8} = +7{,}82 \text{ kN}$$

6.4 Aus Kranlast P

$$X_{1P} = -\frac{\delta'_{10P}}{\delta'_{11}} = -\frac{-12594}{557{,}8} = +22{,}58 \text{ kN}$$

6.5 Aus Temperaturzunahme t

$$X_{1T} = -\frac{\delta'_{1T}}{\delta'_{11}} = -\frac{-486}{557{,}8} = +0{,}87 \text{ kN}$$

7. Ermittlung der Momente, Längs- und Querkräfte am statisch unbestimmten System

Allgemein ist nach Gl. (6.5)

$$M = M_0 + M_1 \, X_1 \qquad N = N_0 + N_1 \, X_1 \qquad Q = Q_0 + Q_1 \, X_1$$

Infolge $X_1 = 1$ ergibt sich im Riegel

$$N_1 = -1 \cdot \cos \alpha = -\cos \alpha$$

6.3.4 Beispiel 3: Zweigelenkrahmen mit geknicktem Riegel

sowie $\quad Q_{1,cc} = -1 \cdot \sin \alpha = -\sin \alpha$
und $\quad Q_{1,ed} = +1 \cdot \sin \alpha = +\sin \alpha$ (6.35)

7.1 Aus Eigenlast
Momente (6.36)

$$M_c = 0 + (-5) \, 13{,}25$$
$$= -66{,}25 \text{ kNm} = M_d$$
$$M_e = +126 + (-6) \, 13{,}25$$
$$= +46{,}5 \text{ kNm}$$

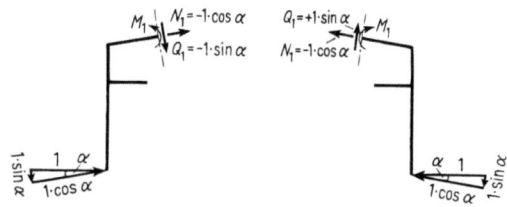

6.35 N_1 und Q_1 im Riegel

Längskräfte (6.37)
im Stiel $a-c$ und Stiel $b-d$

$$N_{ac} = N_{bd} = -42 + 0 = -42 \text{ kN}$$

im Riegel $c-e$ bzw. $d-e$

$$N_c = -A \cdot \sin \alpha - \cos \alpha \cdot X_1$$
$$= -42 \cdot 0{,}164 - 0{,}986 \cdot 13{,}25$$
$$= -19{,}97 \text{ kN}$$
$$N_{el} = -0{,}986 \cdot 13{,}25 = -13{,}07 \text{ kN}$$
$$N_{er} = -13{,}07 \text{ kN}$$

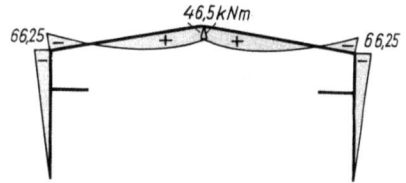

6.36 M-Fläche aus Eigenlast

Querkräfte (6.38)
in den Stielen

$$Q_{ac} = -Q_{bd} = (-1) \, 13{,}25$$
$$= -13{,}25 \text{ kN}$$

im Riegel $Q_c = A \cdot \cos \alpha - \sin \alpha \cdot X_1$
$$= 42 \cdot 0{,}986 - 0{,}164 \cdot 13{,}25$$
$$= 39{,}25 \text{ kN}$$
$$Q_{el} = -0{,}164 \cdot 13{,}25 = -2{,}18 \text{ kN}$$
$$Q_{er} = +2{,}18 \text{ kN}$$
$$Q_d = -42 \cdot 0{,}986 + 13{,}25 \cdot 0{,}164$$
$$= -39{,}25 \text{ kN}$$

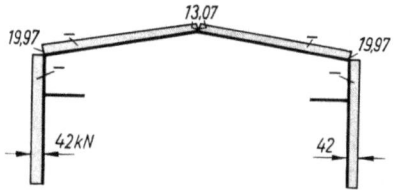

6.37 N-Fläche aus Eigenlast

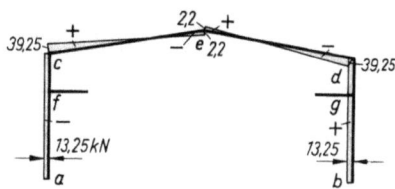

6.38 Q-Fläche aus Eigenlast

7.2 Aus halbseitigem Schnee
Momente (6.39)

$$M_c = M_d = 0 + (-5{,}0) \, 3{,}79$$
$$= -18{,}95 \text{ kNm}$$
$$M_e = 36 + (-6{,}0) \, 3{,}79 = 13{,}26 \text{ kNm}$$

Längskräfte (6.40)
im Stiel $\quad N_{ac} = -18 \text{ kN}$
$a-c \quad N_{bd} = -6 \text{ kN}$
im Riegel $\quad N_c = -18 \cdot 0{,}164 - 0{,}986 \cdot 3{,}79$
$$= -6{,}69 \text{ kN}$$
$$N_{el} = -(18 - 4 \cdot 6) \, 0{,}164$$
$$\quad - 0{,}986 \cdot 3{,}79 = -2{,}75 \text{ kN}$$
$$N_{er} = -(4 \cdot 6 - 18) \, 0{,}164$$
$$\quad - 0{,}986 \cdot 3{,}79 = -4{,}72 \text{ kN}$$
$$N_d = -4{,}72 \text{ kN}$$

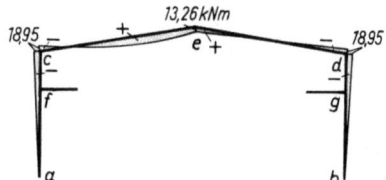

6.39 M-Fläche aus halbseitigem Schnee

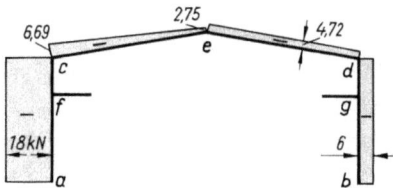

6.40 N-Fläche aus halbseitigem Schnee

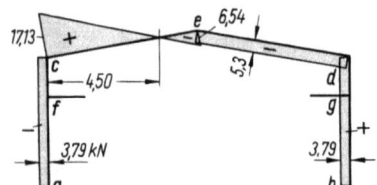

6.41 Q-Fläche aus halbseitigem Schnee

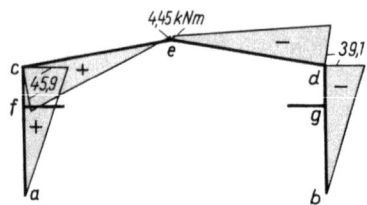

6.42 M-Fläche aus linksseitigem Wind

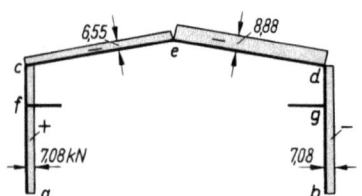

6.43 N-Fläche aus Wind

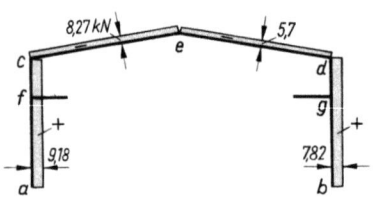

6.44 Q-Fläche aus Wind

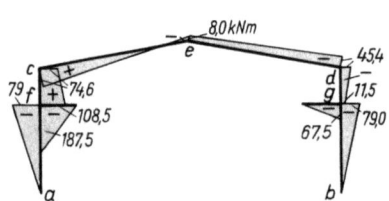

6.45 M-Fläche aus Kranlast

Querkräfte (6.41)
in den Stielen

$$Q_{ac} = (-1) \cdot 3{,}79 = -3{,}79 \text{ kN} = -Q_{bd}$$

im Riegel $Q_c = 18 \cdot 0{,}986 - 0{,}164 \cdot 3{,}79 = 17{,}13$ kN

$$Q_{el} = -6 \cdot 0{,}986 - 0{,}164 \cdot 3{,}79 = -6{,}54 \text{ kN}$$

$$Q_{er} = -6 \cdot 0{,}986 + 0{,}164 \cdot 3{,}79 = -5{,}3 \text{ kN}$$

$$Q_d = -5{,}3 \text{ kN}$$

7.3 Aus linksseitigem Wind
Momente (6.42)

$$M_c = +85 + (-5)\, 7{,}82 = +45{,}9 \text{ kNm}$$

$$M_e = +42{,}5 + (-6)\, 7{,}82 = -4{,}45 \text{ kNm}$$

$$M_d = 0 + (-5)\, 7{,}82 = -39{,}1 \text{ kNm}$$

Längskräfte (6.43)
in den Stielen

$$N_{ac} = -N_{bd} = +7{,}08 \text{ kN}$$

im Riegel

$$N_c = -7{,}08 \cdot 0{,}164 - 0{,}986 \cdot 7{,}82$$
$$= -6{,}55 \text{ kN}$$

$$N_{el} = -6{,}55 \text{ kN}$$

$$N_{er} = -7{,}08 \cdot 0{,}164 - 0{,}986 \cdot 7{,}82 = -8{,}88 \text{ kN}$$
$$= N_d$$

Querkräfte (6.44)
Stiel $a-c$

$$Q_{ac} = +17 + (-1)\, 7{,}82 = +9{,}18 \text{ kN}$$

Stiel $b-d$

$$Q_{bd} = +1 \cdot 7{,}82 = 7{,}82 \text{ kN}$$

Riegel $Q_c = -7{,}08 \cdot 0{,}986 - 0{,}164 \cdot 7{,}82$

$$= -8{,}27 \text{ kN} = Q_{el}$$

$$Q_{er} = -7{,}08 \cdot 0{,}986 + 0{,}164 \cdot 7{,}82 = -5{,}70 \text{ kN}$$
$$= Q_d$$

7.4 Aus Kranlast
Momente (6.45)

$$M_{fu} = -3{,}5 \cdot 22{,}58 = -79{,}0 \text{ kNm}$$

$$M_{fo} = +187{,}5 + (-3{,}5)\, 22{,}58 = +108{,}5 \text{ kNm}$$

$$M_c = +187{,}5 + (-5{,}0)\, 22{,}58 = +74{,}6 \text{ kNm}$$

$$M_e = +127{,}5 + (-6{,}0)\, 22{,}58 = -8{,}0 \text{ kNm}$$

$$M_d = +67{,}5 + (-5{,}0)\, 22{,}58 = -45{,}4 \text{ kNm}$$

$$M_{go} = +67{,}5 + (-3{,}5)\, 22{,}58 = -11{,}5 \text{ kNm}$$

$$M_{gu} = -79{,}0 \text{ kNm}$$

6.3.4 Beispiel 3: Zweigelenkrahmen mit geknicktem Riegel

Längskräfte (6.46)

in den Stielen

Stiel $a-c$ $\quad N_{af} = -115$ kN

$\qquad N_{fc} = -115 + 125 = +10$ kN

Stiel $b-d$ $\quad N_{bg} = -55$ kN

$\qquad N_{gd} = -55 + 45 = -10$ kN

im Riegel $N_c = +10 \cdot 0{,}164 - 0{,}986 \cdot 22{,}58$

$\qquad\qquad = -20{,}6$ kN $= N_{cl}$

$\qquad N_{cr} = -10 \cdot 0{,}164 - 0{,}986 \cdot 22{,}58$

$\qquad\qquad = -23{,}9$ kN $= N_d$

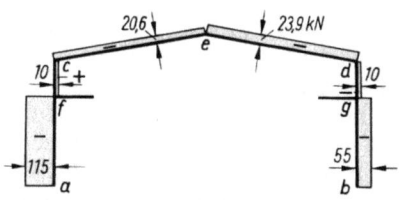

6.46 N-Fläche aus Kranlast

Querkräfte (6.47)

in den Stielen

$Q_{ac} = -Q_{bd} = (-1) \, 22{,}58 = -22{,}58$ kN

$Q_{fr} = +115$ kN

$Q_{gl} = -45$ kN

im Riegel $Q_c = -10 \cdot 0{,}986 - 0{,}164 \cdot 22{,}58$

$\qquad\qquad = -9{,}86 - 3{,}71 = -13{,}58$ kN $= Q_{cl}$

$\qquad Q_{cr} = -10 \cdot 0{,}986 + 0{,}164 \cdot 22{,}58$

$\qquad\qquad = -6{,}15$ kN $= Q_d$

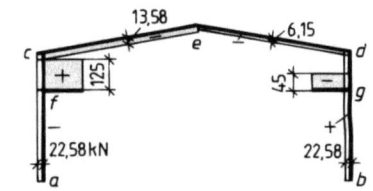

6.47 Q-Fläche aus Kranlast

7.5 Aus Temperatur $T_0 = +30$ K

Momente (6.48)

$M_c = M_d = (+0{,}87)(-5) = -4{,}35$ kNm

$M_e = (+0{,}87)(-6) = -5{,}22$ kNm

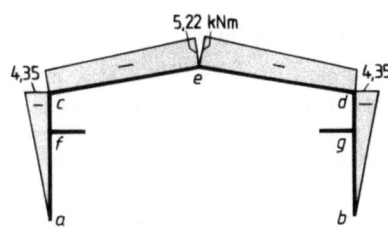

6.48 M-Fläche infolge Temperatur

Längskräfte (6.49)

in den Stielen

$\qquad N = 0$

im Riegel $N = -0{,}986 \cdot (+0{,}87) = -0{,}86$ kN

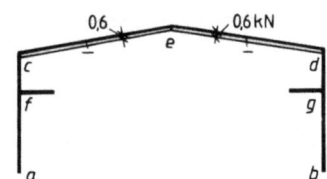

6.49 N-Fläche infolge Temperatur

Querkräfte (6.50)

in den Stielen

$\qquad Q_{ac} = -Q_{bd} = (+0{,}87)(-1) = -0{,}87$ kN

im Riegel $Q_{ce} = -0{,}164 \cdot 0{,}87 = -0{,}14$ kN

$\qquad Q_{ed} = +0{,}164 \cdot 0{,}87 = +0{,}14$ kN

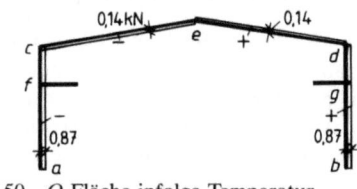

6.50 Q-Fläche infolge Temperatur

8. Verformungskontrolle. Für jeden Lastfall sollte eine Verformungskontrolle durchgeführt werden. Wir überprüfen als Beispiel, ob mit der endgültigen Momentenfläche des Lastfalles 1. Eigenlast g die Verträglichkeitsbedingung „gegenseitige Verschiebung der Lagerpunkte a und b gleich Null" erfüllt wird. Dazu denken wir uns in b das feste Lager durch ein horizontal verschiebliches ersetzt, an dem wir den errechneten Horizontalschub $X_{1g} = H_{bg} = 13{,}25$ kN als äußere Kraft wirken lassen (vgl. **6.29**). Der Spannungszustand des wirklichen Systems bleibt dann erhalten. Nun lassen wir in a und b die virtuelle Doppelkraft $\bar{F} = 1$ gegeneinander gerichtet angreifen und ermitteln die virtuelle Momentenfläche, die mit der M_1-Fläche identisch ist. Die gegenseitige Verschiebung der Lagerpunkte a und b infolge der endgültigen M-Fläche erhalten wir also durch **Koppelung der M- und der M_1-Fläche (6.36)**. Bei der Ausrechnung zerlegen wir die M-Fläche des halben Riegels in ein verschränktes Trapez mit den Endordinaten $-66{,}25$ kNm und $+46{,}50$ kNm sowie in eine quadratische Parabel mit dem Pfeil $7 \cdot 6^2/8 = 31{,}5$ kNm; es ergibt sich

$$EI_c \delta_{ab} = \int M_1 \, M \, I_c/I \cdot ds = 2\{1/3 \cdot 5(-5)\,(-66{,}25)$$
$$+ 1/6 \cdot 7{,}82 \langle -5[2(-66{,}25) + 46{,}5)] - 6(-66{,}25 + 2 \cdot 46{,}5)\rangle$$
$$+ 1/3 \cdot 7{,}82 \cdot 31{,}5(-5 - 6)\}$$
$$= 2(552{,}1 + 351{,}3 - 903{,}3) = 2(903{,}4 - 903{,}3) \approx 0$$

6.4 Versteifter Stabbogen oder Langerscher Balken

1. Aufgabenstellung

Gegeben ist der in Bild **6.51**a dargestellte versteifte Stabbogen oder Langersche Balken mit der Stützweite $l = 60$ m und dem Pfeil des Stabbogens $f = 8{,}00$ m; gesucht sind die Momentenflächen für die Eigenlast $g = 20$ kN/m sowie für Vollbelastung und linksseitige Belastung durch die Verkehrslast $p = 25$ kN/m.

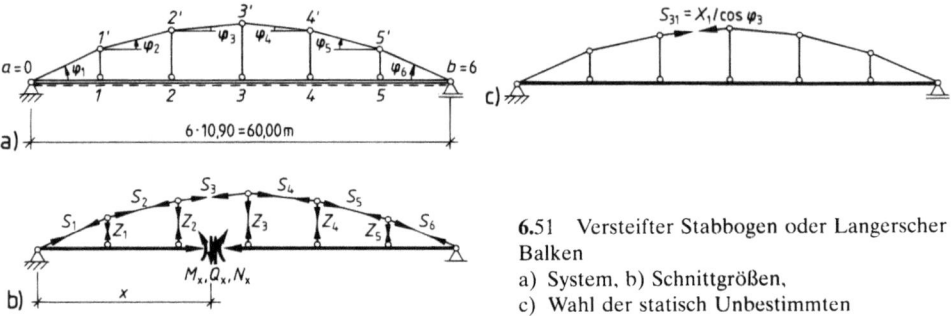

6.51 Versteifter Stabbogen oder Langerscher Balken
a) System, b) Schnittgrößen,
c) Wahl der statisch Unbestimmten

2. Allgemeine Vorbemerkungen, Wahl des statisch bestimmten Grundsystems

Der hier gegebene Langersche Balken ist wie der im Teil 1, Abschn. 7.5 dieses Werkes behandelte statisch bestimmt gelagert, besitzt jedoch **kein Gelenk im Versteifungsträger**. Deswegen legt jeder lotrechte Schnitt **vier Schnittgrößen** frei (**6.51**b): M, Q und N im Versteifungsträger sowie eine Stabkraft S_i des Stabbogens. Das gegebene System ist demnach einfach innerlich statisch unbestimmt.

Als statisch Unbestimmte führen wir die **horizontale Komponente des Stabes S_3** ein, und zwar als Zugkraft (**6.51**c). Das statisch bestimmte Grundsystem ist dann ein einfacher Träger auf zwei Lagern, und im Zustand 0 sind bei Belastung des Versteifungsträgers sowohl die **Stäbe des Stabbogens** als auch die **Hängestangen** spannungslos. Bei der Ermittlung der Verschiebungsgrößen berücksichtigen wir die Beiträge der Momente und Längskräfte im Versteifungsträger sowie der Längskräfte im Stabbogen; der Beitrag der Längskräfte in den Hängestangen wird wegen Geringfügigkeit vernachlässigt.

6.4 Versteifter Stabbogen oder Langerscher Balken

3. Systemwerte

Lagerpunkte und obere Enden der Hängestangen liegen auf einer quadratischen Parabel mit der Gleichung

$$z = -2/225 \cdot x^2 + 24/45 \cdot x$$

Daraus ergeben sich die folgenden Koordinaten:

Punkt	0	1'	2'	3'	4'	5'	6
x m	0	10	20	30	40	50	60
x m	0	4,444	7,111	8,000	7,111	4,444	0

Neigungswinkel der Stäbe des Stabbogens:

$\varphi_1 = \arctan(4{,}444/10) \quad\quad = 23{,}963° = -\varphi_6$

$\varphi_2 = \arctan((7{,}111-4{,}444)/10)$
$\quad\quad\quad\quad\quad\quad\quad\quad = 14{,}931° = -\varphi_5$

$\varphi_3 = \arctan((8{,}000-7{,}111)/10)$
$\quad\quad\quad\quad\quad\quad\quad\quad = 5{,}080° = -\varphi_4$

Länge der Stäbe des Stabbogens:

$l_1 = 10/\cos 23{,}963° = 10{,}943 \text{ m} = l_6$

$l_2 = 10/\cos 14{,}931° = 10{,}349 \text{ m} = l_5$

$l_3 = 10/\cos 5{,}080° = 10{,}039 \text{ m} = l_4$

Querschnittswerte:

Versteifungsträger: $I_y = 500000 \text{ cm}^4 = 0{,}005 \text{ m}^4$

$\quad\quad\quad\quad\quad\quad A_V = \quad 350 \text{ cm}^2 = 0{,}035 \text{ m}^2$

Stabbogen: $\quad\quad A_S = \quad 250 \text{ cm}^2 = 0{,}025 \text{ m}^2$

Die Verschiebungsgrößen werden EI_c-fach ermittelt mit $I_c = I_y = 0{,}005 \text{ m}^4$; für die Beiträge der Längskräfte ergeben sich dann die folgenden Verhältniswerte:

$I_c/A_V = 0{,}005/0{,}035 = 0{,}14286 \text{ m}^2$

$I_c/A_S = 0{,}005/0{,}025 = 0{,}2 \text{ m}^2$

4. Berechnung von δ_{11}

Im Zustand 1 besteht Symmetrie hinsichtlich der Längskräfte und Momente des Tragwerks; es genügt also, die linke Hälfte zu untersuchen.
Wenn die Stabkraft S_3 im Zustand 1 die Horizontalkomponente $X_1 = 1$ besitzen soll, muß sie die Größe $S_{31} = 1/\cos \varphi_3 = 1{,}0039$ erhalten. Der Kräfteplan 6.52b zeigt, daß wegen der lotrechten Hängestangen $X_1 = 1$ nicht nur die Horizontalkomponente des Stabes S_3, sondern aller Stäbe des Stabbogens wird.
Rechnerisch ergibt sich

$S_{21} = 1/\cos \varphi_2 = 1{,}0349$

$S_{11} = 1/\cos \varphi_1 = 1{,}0943$

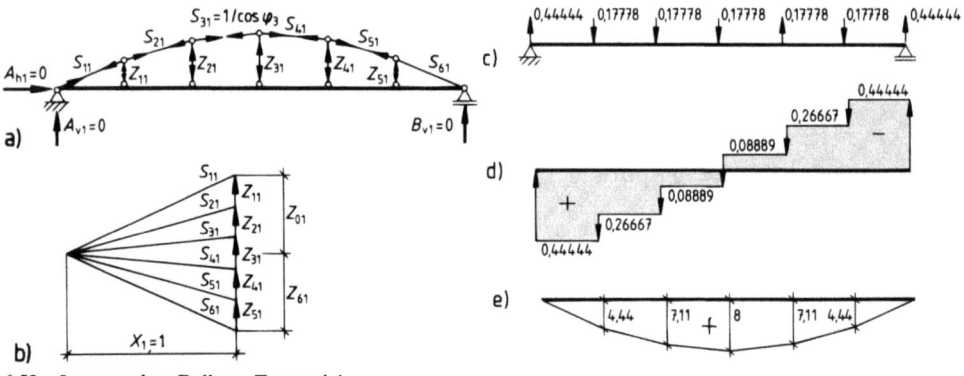

6.52 Langerscher Balken, Zustand 1
a) statisch bestimmtes Grundsystem mit $X_1 = 1$
b) Kräfteplan Stabbogen und Hängestangen
c) Belastung des Versteifungsträgers
d) Q_1-Fläche und e) M_1-Fläche des Versteifungsträgers

und die Hängestangen erhalten Druckkräfte der Größe

$$Z_{11} = -1 (\tan \varphi_1 - \tan \varphi_2) = -0{,}17778$$

$$Z_{21} = -1 (\tan \varphi_2 - \tan \varphi_3) = -0{,}17778$$

$$Z_{31} = -2 \tan \varphi_3 \qquad = -0{,}17778$$

Die Kräfte der Hängestangen Z_{11} bis Z_{51} sind **gleich groß**: sie sind der Neigungsänderung der Stäbe des Stabbogens proportional; diese ist konstant, da die Knotenpunkte des Stabbogens auf einer **Parabel 2. Grades** liegen, deren Neigungsänderung oder 2. Ableitung konstant ist. Die lotrechte Komponente von S_{11} ist

$$Z_{01} = 1 \cdot \tan \varphi_1 = 0{,}44444;$$

sie wirkt am Versteifungsträger **aufwärts**; die waagerechte Komponente $S_{1x} = X_1 = 1$ verursacht im Versteifungsträger die Längskraft $N_1 = -1$.
Bild **6.**52c zeigt die Belastung des Versteifungsträgers im Zustand 1, Bild **6.**52d die Q-Fläche; aus ihr ergeben sich die folgenden Momente (**6.**52e und **6.**53, Spalte 2):

$$M_{11} = 0{,}44444 \cdot 10 \qquad = 4{,}4444 \text{ m}$$

$$M_{21} = 4{,}4444 + 0{,}26667 \cdot 10 = 7{,}1111 \text{ m}$$

$$M_{31} = 7{,}1111 + 0{,}08889 \cdot 10 = 8 \text{ m}$$

Ausgehend von Gl. (1.8) berechnen wir nun

$$\delta'_{11} = EI_c \delta_{11} = \int M_1^2 \, dx + \int N_1^2 \, I_c/A_V \cdot dx + \Sigma S_{1s}^2 I_c/A_S = \delta'_{11M} + \delta'_{11N} + \delta'_{11S}$$

Mit den vorstehend ermittelten Werten ergibt sich der Beitrag der Momente im Versteifungsträger (Tafel **1.**20, 10/b und 10/e)

$$\begin{aligned}\delta'_{11M} = \ & 2 \cdot 1/3 \cdot 10 \cdot 4{,}4444^2 \\ & + 2 \cdot 1/3 \cdot 10 \, (4{,}4444^2 + 4{,}4444 \cdot 7{,}1111 + 7{,}1111^2) \\ & + 2 \cdot 1/3 \cdot 10 \, (7{,}1111^2 + 7{,}1111 \cdot 8 + 8^2) \\ = \ & 1954{,}23 \text{ m}^3\end{aligned}$$

6.4 Versteifter Stabbogen oder Langerscher Balken

der Beitrag der Längskräfte im Versteifungsträger

$$\delta'_{11N} = (-1^2)\ 60 \cdot 0{,}14286 = 8{,}57\ m^3$$

der Beitrag der Stabkräfte des Stabbogens

$$\delta'_{11S} = 2\ (1{,}0943^2 \cdot 10{,}943 + 1{,}0349^2 \cdot 10{,}349 + 1{,}0039^2 \cdot 10{,}039)\ 0{,}2 = 13{,}72\ m^3$$

Insgesamt erhalten wir

$$\delta'_{11} = \delta'_{11M} + \delta'_{11N} + \delta'_{11S} = 1954{,}23 + 8{,}57 + 13{,}72 = 1976{,}52\ m^3$$

5. Berechnung von δ_{10}

5.1 Lastfall Eigenlast

Bild **6.**54a zeigt den Versteifungsträger mit der Eigenlast $g = 20$ kN/m, Bild **6.**54b die zugehörige Momentenfläche mit dem Pfeil

$$\max M_{0g} = gl^2/8 = 20 \cdot 60^2/8 = 9000\ kNm$$

Die Momente in den übrigen Sechstelspunkten werden mit der Formel $M = \max M_{0g}\ 4\xi\xi'$ ermittelt (Tafel **6.**53, Spalte 3 bis 6).
Bild **6.**54c zeigt die abschnittsweise Zerlegung der M_{0g}-Fläche in Trapeze und Parabeln. Die Parabeln haben einheitlich den Pfeil $gl^2/8 = 20 \cdot 10^2/8 = 250$ kNm; die Zerlegung ist erforderlich, um M_{0g}- und M_1-Fläche mit Tafel **1.**20 koppeln zu können. Wir benutzen die Kombinationen 2/c, 3/d und 3/g und erhalten

$$\delta'_{10g} = EI_c\delta_{10g} = \int M_1\ M_{0g}\ dx =$$

$$= 2\ [1/3 \cdot 10 \cdot 4{,}4444 \cdot 5000$$
$$+ 1/6 \cdot 10\ (4{,}4444\ (2 \cdot 5000 + 8000) + 7{,}1111\ (5000 + 2 \cdot 8000))$$
$$+ 1/6 \cdot 10\ (7{,}1111\ (2 \cdot 8000 + 9000) + 8\ (8000 + 2 \cdot 9000))$$
$$+ 1/3 \cdot 10 \cdot 4{,}4444 \cdot 250$$
$$+ 1/3 \cdot 10\ (4{,}4444 + 7{,}1111)\ 250$$
$$+ 1/3 \cdot 10\ (7{,}1111 + 8)\ 250]$$
$$= 2\,250\,364\ kNm^3$$

Stabbogen und Hängestangen sind kraftlos und liefern keinen Beitrag zu δ'_{10g}.

5.2 Lastfall Vollbelastung mit $p = 25$ kN/m

Verschiebungs- und Schnittgrößen dieses Lastfalles lassen sich aus dem Lastfall Eigenlast durch Malnehmen mit $p/g = 25/20 = 1{,}25$ ermitteln:

$$\delta'_{10p} = EI_c\delta_{10p} = 1{,}25\ \delta'_{10g} = 2\,812\,955\ kNm^3$$

$M_{0p} = 1{,}25\ M_{0g}$ (s. Tafel **6.**53, Spalte 7).

5.3 Lastfall $p = 25$ kN/m auf der linken Hälfte des Versteifungsträgers

Da die Last auf der linken Hälfte des Versteifungsträgers aus Symmetriegründen denselben Beitrag zu δ'_{10} liefert wie die Last auf der rechten Hälfte, ist

$$\delta'_{10\,p\,\text{links}} = 0,5\, \delta'_{10p} = 1406478 \text{ kNm}^3$$

Das Mittenmoment ist halb so groß wie unter Vollbelastung durch p:

$$M_{3p\,\text{links}} = 0,5\, M_{3p} = 5625 \text{ kNm};$$

zum Lager b hin nehmen die Momente geradlinig ab; in der linken Hälfte muß an die Verbindungslinie von $M_{3p\,\text{links}}$ und $M_a = 0$ eine quadratische Parabel mit dem Pfeil $p(l/2)^2/8 = 25 \cdot 30^2/8 = 2812,5$ kNm angehängt werden.

Die Momente in den Sechstelspunkten zeigt Tafel **6.53**, Spalte 8.

6. Berechnung der statisch Unbestimmten

6.1 Lastfall Eigenlast $g = 20$ kN/m

$$X_{1g} = -\delta'_{10g}/\delta'_{11} = -2\,250\,364/1976,52 = -1138,6 \text{ kN}$$

6.2 Lastfall Vollbelastung mit $p = 25$ kN/m

$$X_{1p} = -\delta'_{10p}/\delta'_{11} = -2\,812\,955/1976,52 = -1423,2 \text{ kN}$$

6.3 Lastfall linksseitige Belastung mit $p = 25$ kN/m

$$X_{1p\,\text{links}} = -\delta'_{10p\,\text{links}}/\delta'_{11} = -1\,406\,478/1976,52 = -711,6 \text{ kN}$$

7. Berechnung der endgültigen Momente

Wir benutzen Gl. (6.4)

$$M = M_0 + M_1 X_1,$$

verzichten aber auf die Wiedergabe sämtlicher Zwischenrechnungen.

Tafel **6.53** Berechnung der endgültigen Momente

1	2	3	4	5	6	7	8	9	10	11	12	13
Pkt.	M_1	ξ	ξ'	$4\xi\xi'$	M_{0g}	M_{0p}	$M_{0p\,\text{li}}$	$M_1 X_{1g}$	$M_1 X_{1p\,\text{li}}$	M_g	M_p	$M_{p\,\text{links}}$
a = 0	0	0	1	0	0	0	0	0	0	0	0	0
1	4,44444	1/6	5/6	5/9	5000	6250	4375	−5060,2	−3162,6	−60,2	−75,2	1212,4
2	7,11111	2/6	4/6	8/9	8000	10000	6250	−8096,3	−5060,2	−96,3	−120,4	1189,8
3	8	3/6	3/6	1	9000	11250	5625	−9108,4	−5692,7	−108,4	−135,5	−67,7
4	7,11111	4/6	2/6	8/9	8000	10000	3750	−8096,3	−5060,2	−96,3	−120,4	−1310,2
5	4,44444	5/6	1/6	5/9	5000	6250	1875	−5060,2	−3162,6	−60,2	−75,2	−1287,6
b = 6	0	1	0	0	0	0	0	0	0	0	0	0

6.4 Versteifter Stabbogen oder Langerscher Balken

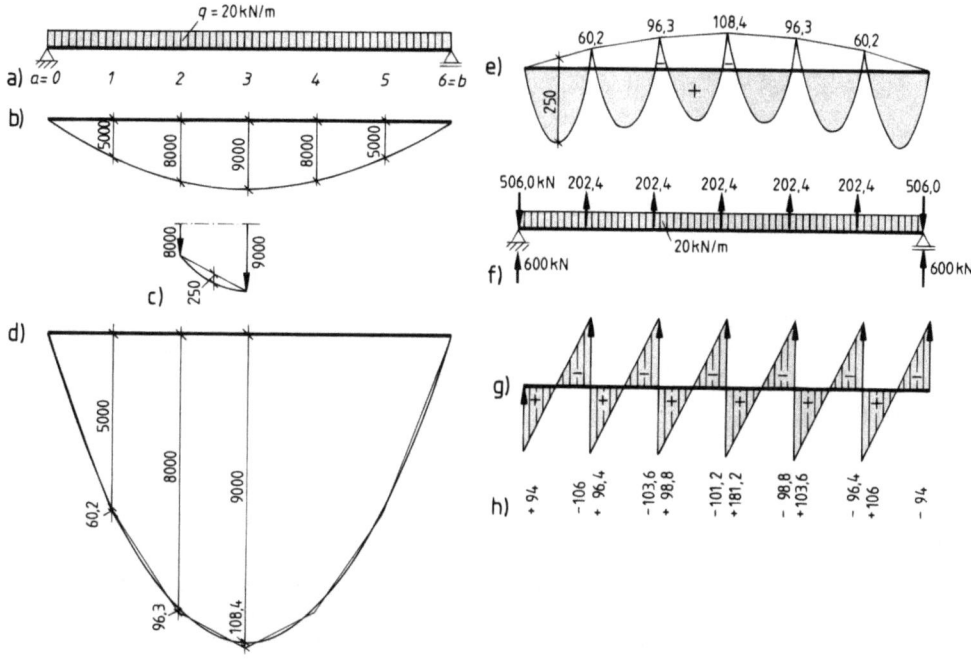

6.54 Langerscher Balken unter Eigenlast
a) Versteifungsträger mit Belastung, b) M_0-Fläche, c) Zerlegung der M_0-Fläche zur Berechnung von δ'_{10g}, d) Überlagerung von M_0 und $M_1 X_1$, e) M-Fläche von der Grundlinie abgetragen (zehnfacher Maßstab von c) und d)), f) Gesamtbelastung des Versteifungsträgers, g) Q-Fläche, h) Querkräfte

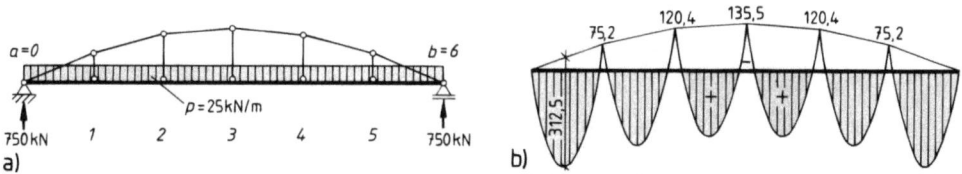

6.55 Langerscher Balken mit Vollbelastung durch $p = 25$ kN/m²
a) System und Belastung, b) Momentenfläche

Tafel **6.**53 zeigt in Spalte 6 die Momente M_{0g}, in Spalte 9 die Produkte $M_1 X_{1g}$ und in Spalte 11 die endgültigen M_g. Aus diesen erhalten wir durch Malnehmen mit 1,25 die Momente M_p (Spalte 12).

Für den Lastfall p_{links} ist aus Tafel **6.**53 zu entnehmen $M_{0p\,\text{links}}$ (Spalte 8), $M_1 X_{1p\,\text{links}}$ (Spalte 10) und das endgültige Moment $M_{p\,\text{links}}$ (Spalte 13).

Die Momentenflächen sind in den Bildern **6.**54e, **6.**55b und **6.**56c aufgezeichnet.

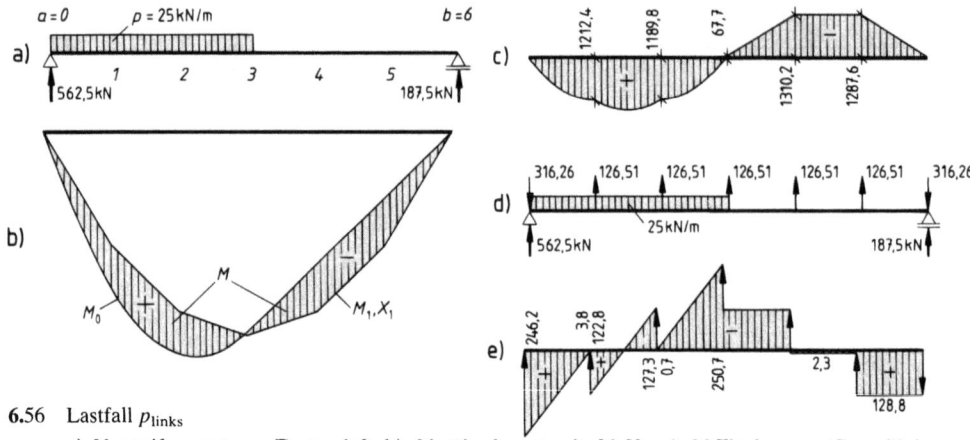

6.56 Lastfall p_{links}
a) Versteifungsträger, Zustand 0, b) M_0 überlagert mit $M_1 X_1$, c) M-Fläche von Grundlinie aus abgetragen (gleicher Maßstab wie b)), d) Versteifungsträger, endgültiger Zustand, e) Q-Fläche

8. Berechnung der endgültigen Querkräfte

Um die endgültige Querkraftfläche zeichnen zu können, ermitteln wir in Tafel **6.57** mit Gl. (6.5) die lotrechte Belastung des Versteifungsträgers, d. h. die Lagerkräfte, die lotrechten Komponenten der Stabkräfte S_1 und S_6 sowie die Kräfte in den Hängestangen. Für die Lagerkräfte ist mit $A_1 = B_1 = 0$

$$A = A_0 \quad \text{und} \quad B = B_0$$

Tafel **6.57** Lotrechte Belastung des Versteifungsträgers
Vorzeichenfestsetzung: Aufwärts gerichtete Kräfte sind positiv

	Zustand 1	g	p	p_{links}
A	0	600,00	750,00	562,50
$S_1 \sin \varphi_1$	0,44444	−506,01	−632,52	−316,26
Z_1 bis Z_5	−0,17778	202,41	253,01	126,51
$S_6 \sin \varphi_6$	0,44444	−506,01	−632,52	−316,26
B	0	600,00	750,00	187,50

die Kräfte in Stabbogen und Hängestangen sind dagegen im Zustand 0 gleich Null, so daß gilt

$$Z_i = Z_{i1} X_1 \quad \text{und} \quad S_i = S_{i1} X_1$$

Diese Belastungen wurden in die Bilder **6.54** (Lastfall g) und **6.56**d (Lastfall p_{links}) eingetragen und zur Berechnung der dort angegebenen Querkräfte in den Sechstelspunkten benutzt. Die Querkraftflächen zeigen die Bilder **6.54**g und **6.56**e.

9. Änderung der Querschnittsgrößen des Systems, Schlußbemerkung

Eine Bemessung des Langerschen Balkens aufgrund der errechneten Schnittgrößen führt zu Querschnittswerten, die von den unter Textziffer 3 angenommenen erheblich abweichen, nämlich

6.4 Versteifter Stabbogen oder Langerscher Balken

$I_y = 0{,}02036 \text{ m}^4$ statt $0{,}005 \text{ m}^4$,

$A_B = 0{,}0444 \text{ m}^2$ statt $0{,}035 \text{ m}^2$,

$A_S = 0{,}026 \text{ m}^2$ statt $0{,}025 \text{ m}^2$.

Damit erhalten die im Vorstehenden ermittelten Schnittgrößen den Charakter einer Näherungslösung. Für eine neue Ermittlung der Schnittgrößen mit den geänderten Querschnittswerten nehmen wir das bei der Bemessung ermittelte I_y als Vergleichsflächenmoment I_c an und erhalten damit

$I_c/I_y = 1$

$I_c/A_B = 0{,}02036/0{,}0444 = 0{,}45856 \text{ m}^2$

$I_c/A_S = 0{,}02036/0{,}026 = 0{,}7831 \text{ m}^2$

Mit dieser Annahme ändern sich δ'_{10} und δ'_{11M} nicht; lediglich die Beiträge δ'_{11N} der Längskraft und δ'_{11S} des Stabbogens nehmen neue Werte an, und es ergibt sich

$\delta'_{11} = \delta'_{11M} + \delta'_{11N} + \delta'_{11S}$

$= 1954{,}23 + 8{,}57 \cdot 0{,}45856/0{,}1429 + 13{,}72 \cdot 0{,}7831/0{,}2$

$= 2035{,}5 \text{ kNm}^3$

Es ist also sehr einfach, eine Änderung der Querschnittswerte bei der Berechnung der Verschiebungsgrößen zu berücksichtigen, wenn wir mit einem Vergleichsflächenmoment I_c arbeiten.

Da sich die Verschiebungsgröße δ_{11} trotz der erheblichen Änderungen der Querschnittswerte nur um etwa 3% verändert hat, ist zu überlegen, ob wir die Berechnung mit den neuen Querschnittswerten bis zu einer neuen Bemessung fortführen müssen. Im allgemeinen wird das nicht erforderlich sein, weil auch bei den endgültigen Schnittgrößen nur eine unwesentliche Änderung zu erwarten ist; in unserem Beispiel liegt jedoch ein Sonderfall vor:

Wir haben bei der Wahl des statisch bestimmten Grundsystems nicht die Regel beachtet, daß dieses ein möglichst ähnliches Tragverhalten haben soll wie das wirkliche System. Diese Regel bezweckt, daß die Momente $M_1 X_1$ nur eine kleine Korrektur der Momente M_0 bedeuten, wodurch die Auswirkungen von Ungenauigkeiten verschiedener Art klein gehalten werden. Bei dem von uns gewählten statisch bestimmten Grundsystem ergeben sich die endgültigen Momente für die Vollbelastung mit g und p aber, wie die Momentenfläche 6.54d zeigt, als Differenzen von fast gleich großen Momenten M_0 und $M_1 X_1$; sie sind deshalb sehr fehlerempfindlich. Als Beispiel errechnen wir mit den neuen Querschnittswerten das Mittenmoment des Versteifungsträgers:

Es ist $\quad X_{1g} = -2250364/2035{,}5 = 1105{,}6 \text{ kN}$

und weiter $\quad M_{3g} = 9000 - 8 \cdot 1105{,}6 = -155{,}5 \text{ kNm}$,

das sind 44% mehr als mit den zuerst angenommenen Querschnittswerten.

Die Fehlerempfindlichkeit der Berechnung unseres statisch bestimmten Grundsystems wird vermindert, wenn wir im Zustand 0 an der Schnittstelle des Stabbogens die geschätzte endgültige Stabkraft S_3 als äußere Kraft anbringen und bei der Ermittlung von δ'_{10} berücksichtigen. Bei guter Schätzung von S_3 ist die statisch Unbestimmte X_1 nur eine kleine Korrektur der angenommenen Stabkraft. Ein solches Verfahren wird sinngemäß bei der Berechnung von Bogen angewendet.

6.5 Zwei durch einen Stab verbundene eingespannte Stützen

Für das in Bild **6.**58 dargestellte System, bestehend aus zwei eingespannten Stützen und einem gelenkig angeschlossenen Riegel, der hier nur Längskräfte erhält, sollen die Einspannmomente infolge der horizontalen Kraft W bestimmt werden.

Solche Systeme werden in der Praxis oft verwendet. Durch den Riegel wird erreicht, daß beide eingespannten Stützen zur Aufnahme von einseitig angreifenden horizontalen Kräften, z. B. aus Wind und auch Kranschub, mitwirken.

$$I = I_c = 11\,690 \text{ cm}^4 = 1{,}169 \cdot 10^{-4} \text{ m}^4$$
$$A = 22 \text{ cm}^2 = 2{,}2 \cdot 10^{-3} \text{ m}^2$$
$$I_c/A = 1{,}169 \cdot 10^{-4}/(2{,}2 \cdot 10^{-3}) = 0{,}053 \text{ m}^2$$

Das System ist einfach statisch unbestimmt. Schneidet man den Riegel durch, so erhält man als statisch bestimmtes Grundsystem zwei eingespannte Stützen (**6.**59), und die Stabkraft des Riegels wird zur statisch Unbestimmten X_1 (**6.**60). Aus $X_1 = 1$ entsteht die M_1-Fläche (**6.**61).

$$M_{a1} = M_{b1} = -1 \cdot 6{,}0 \text{ m}$$

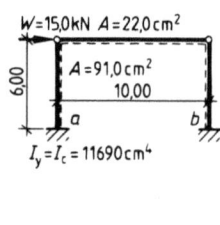

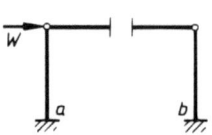

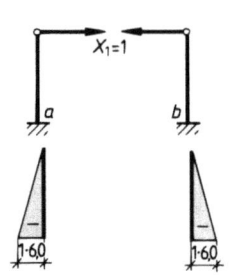

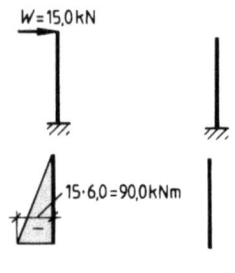

6.59 Statisch bestimmtes Grundsystem   **6.**60 M_1-Fläche aus $X_1 = 1$ **6.**61 M_0-Fläche aus Wind

Damit ergibt sich mit der $M\bar{M}$-Tafel **1.**20, Zeile 10, Spalte b,

$$\delta'_{11} = EI_c \cdot \delta_{11} = 2 \cdot 1/3 \,(-6{,}0)^2 \cdot 6{,}0 - 1^2 \cdot 10{,}0 \cdot I_c/A$$
$$= 144 + 10{,}0 \cdot 0{,}053 = 144{,}5 \text{ m}^3$$

Aus der Kraft $W = 15{,}0$ kN entsteht im Zustand 0 die in Bild **6.**61 dargestellte Momentenfläche M_0

$$M_{a0} = -15{,}0 \cdot 6{,}00 = -90{,}0 \text{ kNm}$$
$$M_{b0} = 0$$

Mit Tafel **1.**20 (2/b) wird

$$\delta'_{10} = 1/3 \cdot 6{,}0 \,(-6{,}0)(-90{,}0) = 1080 \text{ kNm}^3$$
$$X_1 = -\frac{\delta'_{10}}{\delta'_{11}} = -\frac{1080}{144{,}5} = -7{,}47 \text{ kN}$$

Damit ergeben sich folgende Momente:

$$M_a = -90,0 + (-6,0)(-7,47) = -90,0 + 44,76$$
$$= -45,2 \text{ kNm}$$
$$M_b = +(-6,0)(-7,47) = +44,8 \text{ kNm}$$

Die endgültigen Einspannmomente M_a und M_b werden ungleich, weil die Längskraftverformung des Riegels berücksichtigt wurde. Vernachlässigt man sie, was der Annahme einer unendlich großen Dehnsteifigkeit EA des Riegels entspricht, so ergibt sich $\delta'_{11} = 144 \text{ m}^3$; $X_1 = 7,5 \text{ kN}$ und $M_a = -M_b = -45 \text{ kNm}$.

Alle weiteren Stütz- und Schnittgrößen können jetzt wie bei statisch bestimmten Systemen berechnet werden.

6.6 Kehlbalkendach

1. Aufgabenstellung, System, Belastung

Für das Kehlbalkendach nach Bild **6.**62 sind die Lagerkräfte, Momente und Längskräfte je lfd. m Hauslänge zu ermitteln.

Berechnung der Dachneigung

$\tan \alpha = 4,5/5,0 = 0,9$

$\alpha = 42°$

$\cos \alpha = 0,7433$

$\sin \alpha = 0,6690$

Die Traufe liegt 8,00 m über Gelände

Belastung

Dacheigenlast

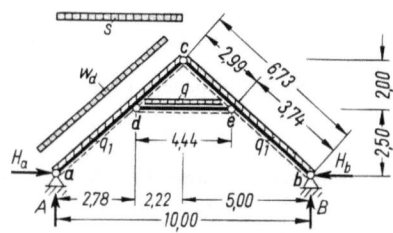

6.62 Kehlbalkendach

$q_1 = 0,80 \text{ kN/m}^2$ Dachfläche

Schnee

$s = 0,53 \text{ kN/m}^2$ Grundfläche

Wind

Druck: $w_d = +0,64 \cdot 0,80 = +0,51 \text{ kN/m}^2$ Dachfläche

Sog: $w_s = -0,60 \cdot 0,80 = -0,48 \text{ kN/m}^2$ Dachfläche

Kehlbalkenbelastung

$q = 1,00 \text{ kN/m}^2$

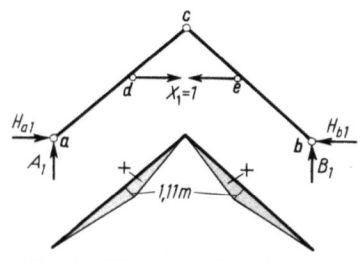

6.63 Statisch bestimmtes Grundsystem

6.64 M_1-Fläche aus $X_1 = 1$

Das Kehlbalkendach ist einfach statisch unbestimmt. Beseitigt man nämlich an einer Stelle des Kehlbalkens $d-e$ die Zug- und Drucksteifigkeit, so erhält man als statisch bestimmtes Grundsystem ein Sparrendach, das statisch wie ein Dreigelenkrahmen zu behandeln ist (**6.63**). Die Längskraft des Kehlbalkens wird damit als statisch Unbestimmte $X_1 = 1$ eingeführt (**6.63**). In Gl. (6.2)

$$X_1 = -\delta'_{10}/\delta'_{11}$$

ist die EI-fache Vorzahl δ'_{11} von der Belastung unabhängig und deshalb nur einmal zu bestimmen; dagegen muß das EI-fache Belastungsglied δ'_{10} für die Lastfälle Dacheigenlast, Schneelast, Windlast und die Belastung des Kehlbalkens jeweils gesondert berechnet werden. Bei beiden Verschiebungsgrößen wird nur der Beitrag der Momente berücksichtigt.

2. Ermittlung von δ'_{11}. δ'_{11} ist die EI-fache gegenseitige Verschiebung der Punkte d und e infolge $X_1 = 1$.

$$\delta'_{11} = \int M_1^2 \, ds$$

Stützgrößen

$$A_1 = B_1 = 0 \qquad H_{a1} = H_{b1} = -2{,}0/4{,}5 = -0{,}444$$

Momente (**6.64**)

$$M_{d1} = M_{e1} = +0{,}444 \cdot 2{,}5 = 1{,}11 \text{ m}$$

Nach Tafel **1.**20, Zeile 10, Spalte e, ist

$$\delta'_{11} = 2 \cdot 1/3 \cdot 6{,}73 \cdot 1{,}11^2 = 5{,}53 \text{ m}^3$$

3. Ermittlung von δ_{10g} und X_{1g}. Aus $g = 0{,}8$ kN/m² Dachfläche (**6.65**) errechnen wir die Belastung der Grundfläche

$$\bar{g} = \frac{g}{\cos \alpha} = \frac{0{,}80}{0{,}7433} = 1{,}08 \text{ kN/m}^2$$

$$A_0 = B_0 = \frac{1{,}08 \cdot 10{,}0}{2} = 5{,}4 \text{ kN}$$

$$H_{a0} = H_{b0} = \frac{1{,}08 \cdot 10{,}0^2}{8 \cdot 4{,}5} = 3{,}0 \text{ kN}$$

$$M_{d0} = M_{e0} = 5{,}40 \cdot 2{,}78 - 3{,}00 \cdot 2{,}5 - 1{,}08 \cdot 2{,}78^2/2 = 3{,}34 \text{ kNm}$$

$$\max M_0 = 1{,}08 \cdot 5{,}0^2/8 = 3{,}38 \text{ kNm}$$

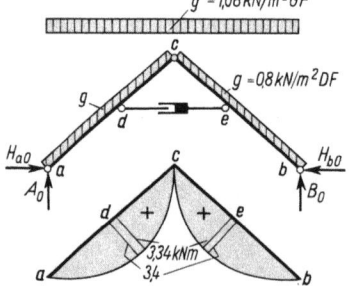

6.65 M_0-Fläche aus Dacheigenlast

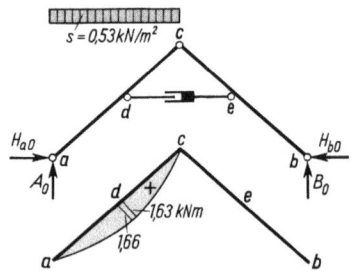

6.66 M_0-Fläche aus halbseitiger Schneelast

6.6 Kehlbalkendach

Nach Tafel **1.**20, Zeile 4, Spalte g, ist

$$\delta'_{10g} = 2 \cdot 1/3 \cdot 6{,}73 \cdot 3{,}38 \cdot 1{,}11 \ (1 + 2{,}99 \cdot 3{,}74/6{,}73^2) = 20{,}98 \ \text{kNm}^3$$

$$X_{1g} = -\delta'_{10g}/\delta'_{11} = -20{,}98/5{,}53 = -3{,}79 \ \text{kN}$$

4. Ermittlung von δ_{10s} und X_{1s} aus halbseitiger Schneebelastung (6.66)

$$s = 0{,}53 \ \text{kN/m}^2 \ \text{Grundfläche}$$

$$A_{0s} = 0{,}53 \cdot 5{,}0 \cdot 7{,}5/10{,}00 = 1{,}99 \ \text{kN}$$

$$B_{0s} = 0{,}53 \cdot 5{,}0 - 1{,}99 = 0{,}66 \ \text{kN}$$

$$H_{a0s} = H_{b0s} = (1{,}99 \cdot 5{,}0 - 0{,}53 \cdot 5{,}0^2 \cdot 1/2)/4{,}5 = 0{,}74 \ \text{kN}$$

$$M_{d0s} = 1{,}99 \cdot 2{,}78 - 0{,}74 \cdot 2{,}5 - 0{,}53 \cdot 2{,}78^2 \cdot 1/2 = 1{,}63 \ \text{kNm}$$

$$\max M_{0s} = 0{,}53 \cdot 5{,}0^2/8 = 1{,}66 \ \text{kNm}$$

Mit Tafel **1.**20, Zeile 4 und Spalte g, ergibt sich

$$\delta'_{10s} = 1/3 \cdot 6{,}73 \cdot 1{,}66 \cdot 1{,}11 \ (1 + 2{,}99 \cdot 3{,}74/6{,}73^2) = 5{,}15 \ \text{kNm}^3 \quad X_{1s} = -5{,}15/5{,}53 = -0{,}93 \ \text{kN}$$

5. Ermittlung von δ_{10s} und X_{1s} aus voller Schneebelastung (6.67)

Die Werte können sofort aus Textziffer 4. (Schnee halbseitig) gefunden werden.

$$A_{0s} = B_{0s} = 1{,}99 + 0{,}66 = 2{,}65 \ \text{kN}$$

$$H_{a0s} = H_{b0s} = 2 \cdot 0{,}74 = 1{,}48 \ \text{kN}$$

$$M_{d0} = 1{,}64 \ \text{kNm wie unter 4.}$$

$$\max M_0 = 0{,}53 \cdot 5{,}0^2/8 = 1{,}66 \ \text{kNm wie unter 4.}$$

$$X_{1s} = -2 \cdot 0{,}93 = -1{,}86 \ \text{kN}$$

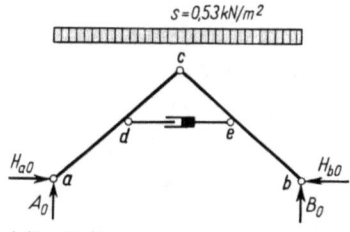

6.67 Vollschnee

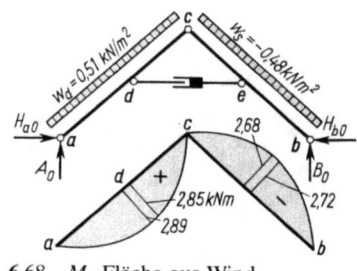

6.68 M_0-Fläche aus Wind

6. Ermittlung von δ_{10w} und X_{1w}. Aus der Windbelastung (6.68) ergeben sich mit der lotrechten und der waagerechten Komponente von Winddruck und -sog

$$W_{dv} = w_d \cdot l/2 = 0{,}51 \cdot 5{,}00 = 2{,}55 \ \text{kN}$$

$$W_{dh} = w_d \cdot h = 0{,}51 \cdot 4{,}50 = 2{,}30 \ \text{kN}$$

$$W_{sv} = w_s \cdot l/2 = -0{,}48 \cdot 5{,}00 = -2{,}40 \ \text{kN}$$

$$W_{sh} = w_s \cdot h = -0{,}48 \cdot 5{,}00 = -2{,}16 \ \text{kN}$$

die Stützgrößen wie folgt:

$\curvearrowright \Sigma M_a = 2{,}55 \cdot 2{,}50 - 2{,}40 \cdot 7{,}50 + (2{,}30 + 2{,}16)\, 2{,}25 - B_0 \cdot 10{,}00 = 0$

$\qquad B_0 = -0{,}16 \text{ kN}$

$\curvearrowright \Sigma M_b = -2{,}55 \cdot 7{,}50 + 2{,}40 \cdot 2{,}50 + (2{,}30 + 2{,}16)\, 2{,}25 + A_0 \cdot 10{,}00 = 0$

$\qquad A_0 = +0{,}31$

$\curvearrowright \Sigma M_{cl} = 0{,}31 \cdot 5{,}00 - 2{,}55 \cdot 2{,}50 - 2{,}30 \cdot 2{,}25 - H_{a0} \cdot 4{,}50 = 0$

$\qquad H_{a0} = -2{,}22 \text{ kN}$

$\curvearrowright \Sigma M_{cr} = 0{,}16 \cdot 5{,}00 - 2{,}40 \cdot 2{,}50 - 2{,}16 \cdot 2{,}25 + H_{b0} \cdot 4{,}50 = 0$

$\qquad H_{b0} = 2{,}24 \text{ kN}$

Momente im linken Sparren:

$\qquad \max M_0 = 0{,}51 \cdot 6{,}73^2/8 = 2{,}89 \text{ kNm}$

$\qquad M_d = x(l-x)\,q/2 = 3{,}74 \cdot 2{,}99 \cdot 0{,}51/2 = 2{,}85 \text{ kNm}$

Momente im rechten Sparren:

$\qquad \max M_0 = -0{,}48 \cdot 6{,}73^2/8 = -2{,}72 \text{ kNm}$

$\qquad M_e = -x(l-x)\,q/2 = -3{,}74 \cdot 2{,}99 \cdot 0{,}48/2 = -2{,}68 \text{ kNm}$

Mit Tafel **1**.20, Zeile 4 und Spalte g, erhalten wir

$\delta'_{10w} = 1/3 \cdot 6{,}73 \cdot 1{,}11 \cdot 2{,}89\, (1 + 2{,}99 \cdot 3{,}74/6{,}73^2)$

$\qquad\quad + 1/3 \cdot 6{,}73 \cdot 1{,}11\, (-2{,}72)\, (1 + 2{,}99 \cdot 3{,}74/6{,}73^2) = 8{,}97 - 8{,}44 = 0{,}53 \text{ kNm}^3$

$X_{1w} = -0{,}53/5{,}53 = -0{,}095 \text{ kN}$

Hätten Winddruck und Windsog dem Betrage nach die gleiche Größe, wäre die Längskraft im Kehlbalken gleich Null: Die beiden Sparren würden sich antimetrisch verformen, wodurch sich der Abstand der beiden Punkte d und e nicht ändern würde.

7. Ermittlung von δ_{10K} und X_{1K}

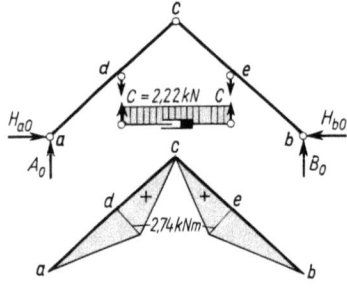

6.69 M_0-Fläche aus der Kehlbalkenbelastung

Stützkräfte aus der Kehlbalkenbelastung (**6.**69)

$\qquad C = 1/2 \cdot 4{,}44 \cdot 1{,}00 = 2{,}22 \text{ kN}$

$\qquad A_0 = B_0 = C = 2{,}22 \text{ kN}$

$\qquad H_{a0} = H_{b0} = 2{,}22\,(5{,}0 - 2{,}22)/4{,}5 = 1{,}37 \text{ kN}$

$\qquad M_{d0} = M_{e0} = 2{,}22 \cdot 2{,}78 - 1{,}37 \cdot 2{,}5$

$\qquad\qquad\qquad\quad = 6{,}17 - 3{,}43 = 2{,}74 \text{ kNm}$

Mit Tafel **1**.20 (10/e) ergibt sich

$\qquad \delta'_{10K} = 2 \cdot 1/3 \cdot 6{,}73 \cdot 1{,}11 \cdot 2{,}74 = 13{,}65 \text{ kNm}^3$

$\qquad X_{1K} = -13{,}65/5{,}53 = -2{,}47 \text{ kN}$

8. Ermittlung der endgültigen Lager-, Längskräfte und Momente mit Gl. (6.5)

In den Lastfällen 1 bis 4 sind die Längskräfte längs der Sparren veränderlich; wir berechnen nur die Werte in den Lagerpunkten a und b.

1. Lastfall: g

$\qquad A = B = 5{,}4 \text{ kN} \qquad H_a = H_b = 3{,}00 + (-0{,}444)\,(-3{,}79) = 4{,}68 \text{ kN}$

6.6 Kehlbalkendach

Die Längskräfte werden aus A und H_a zusammengesetzt.

$$S_a = S_b = -A \cdot \sin \alpha - H_a \cdot \cos \alpha = -5{,}40 \cdot 0{,}6690 - 4{,}68 \cdot 0{,}7433 = -7{,}09 \text{ kN}$$

Momente

$$M_d = M_e = 3{,}34 + 1{,}11 \, (-3{,}79) = -0{,}87 \text{ kNm}$$

2. Lastfall: Schnee halbseitig

$$A = 1{,}99 \text{ kN} \qquad B = 0{,}66 \text{ kN}$$
$$H_a = H_b = 0{,}74 + 0{,}444 \cdot 0{,}93 = 1{,}15 \text{ kN}$$
$$M_d = 1{,}63 - 1{,}11 \cdot 0{,}93 = 0{,}60 \text{ kNm}$$
$$M_e = -1{,}11 \cdot 0{,}93 = -1{,}03 \text{ kNm}$$
$$S_a = -H_a \cdot \cos \alpha - A \cdot \sin \alpha = -1{,}15 \cdot 0{,}7433 - 1{,}99 \cdot 0{,}6690 = -2{,}19 \text{ kN}$$
$$S_b = -H_b \cdot \cos \alpha - B \cdot \sin \alpha = -1{,}15 \cdot 0{,}7433 - 0{,}66 \cdot 0{,}6690 = -1{,}30 \text{ kN}$$

3. Lastfall: Volle Schneebelastung

$$A = B = 1{,}99 + 0{,}66 = 2{,}65 \text{ kN}$$
$$H_a = H_b = 2 \cdot 1{,}15 = 2{,}3 \text{ kN}$$
$$M_d = M_e = +0{,}60 - 1{,}03 = -0{,}43 \text{ kNm}$$
$$S_a = S_b = -2{,}19 - 1{,}30 = -3{,}49 \text{ kN}$$

4. Lastfall: Wind

$$A = +0{,}31 \text{ kN};$$
$$B = -0{,}16 \text{ kN}$$
$$H_a = -2{,}22 - 0{,}444 \, (-0{,}095) = -2{,}18 \text{ kN}$$
$$H_b = +2{,}24 - 0{,}444 \, (-0{,}095) = +2{,}28 \text{ kN}$$
$$M_d = 2{,}85 + 1{,}11 \, (-0{,}095) = 2{,}74 \text{ kNm}$$
$$M_e = -2{,}68 + 1{,}11 \, (-0{,}095) = -2{,}79 \text{ kNm}$$
$$S_a = +2{,}18 \cdot 0{,}7433 - 0{,}31 \cdot 0{,}6690 = +1{,}41 \text{ kN}$$
$$S_b = -2{,}28 \cdot 0{,}7433 + 0{,}16 \cdot 0{,}6690 = -1{,}59 \text{ kN}$$

5. Lastfall: Kehlbalkenbelastung

$$A = B = 2{,}22 \text{ kN}$$
$$H_a = H_b = 1{,}37 + 0{,}444 \cdot 2{,}47 = 2{,}47 \text{ kN}$$
$$M_d = M_e = 2{,}74 - 1{,}11 \cdot 2{,}47 = 0$$

Die Kehlbalkenbelastung wird in den Sparren nur durch Längskräfte S_{ad} und S_{be} getragen.

$$S_{ad} = S_{be} = -H_a \cdot \cos \alpha - A \cdot \sin \alpha$$
$$= -2{,}47 \cdot 0{,}7433 - 2{,}22 \cdot 0{,}6690$$
$$= -3{,}33 \text{ kN}$$
$$S_{dc} = S_{ad} + C \cdot \sin \alpha - X_{1K} \cdot \cos \alpha$$
$$= -3{,}33 + 1{,}49 + 1{,}84 = 0 \qquad \textbf{(6.70)}$$

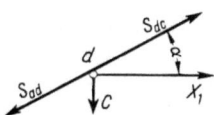

6.70 Längskräfte am Knoten d

9. Zusammenstellung und Überlagerung der Stütz- und Schnittgrößen

Nach DIN 1055 T4 Abschn. 4 genügt es bei Dächern bis 45° Neigung, die gleichzeitige Einwirkung von Schneelast s und Windlast w durch folgende Ansätze zu berücksichtigen: a) $s + w/2$ oder b) $w + s/2$. In diesen Kombinationen gelten Wind- und Schneelast als Hauptlasten. Werden die zulässigen Spannungen des Lastfalles HZ ausgenutzt, so sind Schnee und Wind mit ihren vollen Werten anzusetzen.

In der folgenden Tabelle werden die vollen Werte von Wind- und Schneelast mit den anderen Lasten überlagert, so daß die zulässigen Spannungen des Lastfalles HZ ausgenutzt werden könnten. Es wird hier nicht untersucht, ob sich mit halbierter Wind- oder Schneelast und den für Hauptlasten gültigen Spannungen kleinere Querschnitte ergeben.

In den Extremwert einer Stütz- oder Schnittgröße geht zunächst der Beitrag der Eigenlast ein, und zwar sowohl in das Maximum wie in das Minimum. Bei den übrigen Lastfällen sind positive Werte Beiträge zum Maximum, negative Werte Beiträge zum Minimum, jedoch darf von den drei Schnee- und den zwei Wind-Lastfällen jeweils höchstens einer hinzugenommen werden.

Lastfall	A kN max	min	B kN max	min	H_a kN max	min	H_b kN max	min
1 g	+5,40	+5,40	+5,40	+5,40	+4,68	+4,68	+4,68	+4,68
2 s links	+1,99		+0,66		+1,15		+1,15	
2' s rechts	+0,66		+1,99		+1,15		+1,15	
3 s voll	+2,65		+2,65		+2,30		+2,30	
4 w von links	+0,31			−0,16		−2,18	+2,28	
4' w von rechts		−0,16	+0,31		+2,28			−2,18
5 q Kehlbalken	+2,22		+2,22		+2,47		+2,47	
	+10,58	+5,24	+10,58	+5,24	+11,73	+2,40	+11,73	+2,40

Lastfall	M_d kNm max	min	M_e kNm max	min	S_a kN max	min	S_b kN max	min
1 g	−0,87	−0,87	−0,87	−0,87	−7,09	−7,09	−7,09	−7,09
2 s links	+0,60			−1,03		−2,19		−1,30
2' s rechts		−1,03	+0,60			−1,30		−2,19
3 s voll		−0,43		−0,43		−3,49		−3,49
4 w von links	+2,74			−2,79	+1,41			−1,59
4' w von rechts		−2,79	+2,74			−1,59	+1,41	
5 q Kehlbalken	0	0	0	0		−3,33		−3,33
	+2,47	−4,69	+2,47	−4,69	−5,68	−15,50	−5,68	−15,50

6.7 Zweigelenkbogen

Der Zweigelenkbogen ist die häufigste Bogenart; er gehört mit dem Dreigelenkbogen, dem eingespannten Bogen und den Rahmen zu den Systemen, bei welchen auch unter vertikaler Belastung horizontale Lagerkräfte auftreten. Sie entstehen dadurch, daß sich das Tragwerk spreizen möchte, dabei jedoch in den Lagerpunkten, die bei den Bogen Kämpfer genannt werden, festgehalten wird. So wirken bei dem Zweigelenkbogen nach Bild **6.**71 neben den senkrechten Lagerkräften A und B auch die Horizontalschübe H_a und H_b als Stützgrößen.

6.7 Zweigelenkbogen

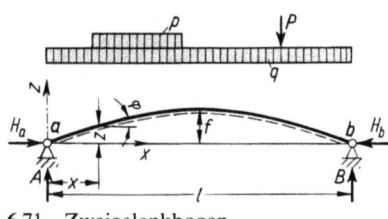

6.71 Zweigelenkbogen

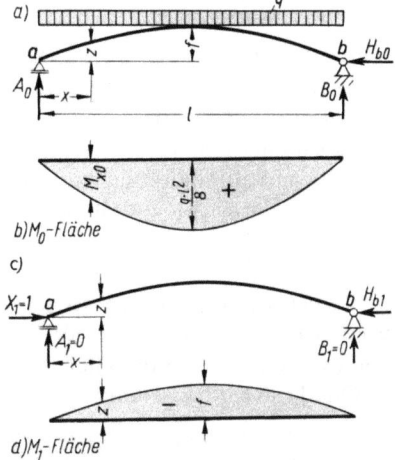

b) M_0-Fläche

c)

d) M_1-Fläche

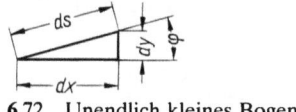

6.72 Unendlich kleines Bogenstück

6.73 Zweigelenkbogen mit M_0- und M_1-Fläche

Der Horizontalschub, meist mit H bezeichnet, wirkt insofern günstig, als er in jedem Querschnitt des Bogens ein **negatives** Moment erzeugt, welches dem ohne Berücksichtigung des Horizontalschubs errechneten Moment, dem **Balkenmoment** M_0, entgegenwirkt. Das Biegemoment des Bogens läßt sich also darstellen als

$$M(x) = M_0(x) - H \cdot z(x);$$

es ist **wesentlich kleiner** als das Balkenmoment $M_0(x)$, welches das Moment am **Ersatzbalken** ist, einem einfachen Balken auf zwei Lagern mit gleicher Stützweite und Belastung wie der Bogen.

Der Zweigelenkbogen ist einfach statisch unbestimmt, was wir z. B. mit Gl. (5.1) feststellen können. Um ihn zu berechnen, verwandeln wir im Punkt a (**6.71**) das unverschiebliche Kipplager in ein horizontal verschiebliches und erhalten damit als statisch bestimmtes Grundsystem einen gekrümmten Träger (**6.73** a).

Das Moment aus einer beliebigen Belastung dieses statisch bestimmten Grundsystems ist das Balkenmoment. Im Bogenpunkt mit der Abszisse x hat es den Wert $M_0(x)$ (**6.73** b).

Die im Punkt a eingeführte statisch Unbestimmte $X_1 = 1$ liefert für den Bogenpunkt mit der Abszisse x das Moment

$$M_1(x) = -X_1 \, z(x) = -1 \, z(x) \quad \textbf{(6.73c)} \tag{6.6}$$

Die M_1-Fläche (**6.73** d) hat die Form des Bogens, und ihre größte Ordinate ist gleich dem Pfeil f des Bogens.

Die statisch Unbestimmte X_1 berechnen wir mit Gl. (6.2): $X_1 = -\delta_{10}/\delta_{11}$.

Die Verschiebungsgrößen δ_{10} und δ_{11} sind die **Verschiebungen des Lagers** a infolge der Belastung bzw. $X_1 = 1$. Wir berechnen sie mit Hilfe von Gl. (1.8):

$$\delta_{10} = \int \frac{M_1 M_0}{EI} \, ds + \int \frac{N_1 N_0}{EA} \, ds + \int \frac{Q_1 Q_0}{G a_Q A} \, ds \tag{6.7}$$

$$\delta_{11} = \int \frac{M_1^2}{EI} \, ds + \int \frac{N_1^2}{EA} \, ds + \int \frac{Q_1^2}{G a_Q A} \, ds \tag{6.8}$$

Die Integrale erstrecken sich über den Bogen; deshalb haben wir das $\mathrm{d}x$ der Gl. (1.8) durch $\mathrm{d}s$ ersetzt.

Den Einfluß der Querkraft auf die Verschiebungsgrößen können wir wie bei geraden Trägern vernachlässigen, nicht jedoch den Einfluß der Längskraft. Dieser ist um so größer, je flacher der Bogen ist.

Bei der Berechnung der Verschiebungsgrößen ist zu beachten, daß wir M_0 und M_1 in Abhängigkeit von x formuliert haben; wir müssen also in den Integralen $\mathrm{d}s$ durch $\mathrm{d}x$ ersetzen. Aus Bild **6.**72 lesen wir für ein Bogenstück der Länge $\mathrm{d}s$ die Beziehung ab

$$\mathrm{d}s = \mathrm{d}x/\cos \varphi$$

worin $\varphi = \varphi(x)$ die Neigung der Bogenachse an der Stelle x ist. Diese Neigung hat in jedem Bogenpunkt eine andere Größe.

Wir setzen $\mathrm{d}s = \mathrm{d}x/\cos \varphi$ in die Gleichungen (6.7) und (6.8) ein, vernachlässigen die Beiträge der Querkraft und erhalten

$$\delta_{10} = \int \frac{M_1 M_0}{EI} \frac{\mathrm{d}x}{\cos \varphi} + \int \frac{N_1 N_0}{EI} \frac{\mathrm{d}x}{\cos \varphi} \qquad \delta_{11} = \int \frac{M_1^2}{EI} \frac{\mathrm{d}x}{\cos \varphi} + \int \frac{N_1^2}{EA} \frac{\mathrm{d}x}{\cos \varphi}$$

Als nächstes setzen wir (**6.**74)

$$N_0 = -Q_{\text{Balken}} \sin \varphi \qquad \text{und} \qquad N_1 = -1 \cos \varphi,$$

führen ein Vergleichsflächenmoment I_c ein und multiplizieren die Gleichungen mit EI_c

$$\delta'_{10} = EI_c \delta_{10} = \int (-z) M_0 \frac{I_c}{I} \frac{\mathrm{d}x}{\cos \varphi} + \int (-\cos \varphi)(-Q_{\text{Balken}} \sin \varphi) \frac{I_c}{A} \frac{\mathrm{d}x}{\cos \varphi}$$

$$= -\int z M_0 \frac{I_c}{I} \frac{\mathrm{d}x}{\cos \varphi} + \int Q_{\text{Balken}} \sin \varphi \frac{I_c}{A} \mathrm{d}x \qquad (6.9)$$

$$\delta'_{11} = EI_c \delta_{11} = \int z^2 \frac{I_c}{I} \frac{\mathrm{d}x}{\cos \varphi} + \int \cos \varphi \frac{I_c}{A} \mathrm{d}x \qquad (6.10)$$

Sonderfälle

1. Bogen mit konstantem Querschnitt ($I_c = I = \text{const}$, $A = \text{const}$)

$$\delta'_{10} = -\int \frac{z M_0}{\cos \varphi} \mathrm{d}x + \frac{I}{A} \int Q_{\text{Balken}} \sin \varphi \, \mathrm{d}x \qquad (6.11)$$

$$\delta'_{11} = \int \frac{z^2}{\cos \varphi} \mathrm{d}x + \frac{I}{A} \int \cos \varphi \, \mathrm{d}x \qquad (6.12)$$

2. Bogen mit $I = I(x) = I_c/\cos \varphi(x)$ und $A = A(x) = A_c/\cos \varphi(x)$

Diese Annahme ergibt eine Vereinfachung der Rechnung hinsichtlich der Beiträge der Momente; die Formeln nehmen dann die folgende Gestalt an

$$\delta'_{10} = -\int z M_0 \, \mathrm{d}x + \frac{I_c}{A_c} \int Q_{\text{Balken}} \sin \varphi \cos \varphi \, \mathrm{d}x \qquad (6.13)$$

$$\delta'_{11} = \int z^2 \, \mathrm{d}x + \frac{I_c}{A_c} \int \cos^2 \varphi \, \mathrm{d}x \qquad (6.14)$$

6.7 Zweigelenkbogen

Da im Bogenscheitel $\varphi_S = 0°$ und cos $\varphi_S = 1$ ist, ergibt sich $I_c = I_S$ und $A_c = A_S$; die Vergleichswerte I_c und A_c sind also die Werte im Bogenscheitel. Es sind zugleich die **kleinsten** Werte. Konstruktiv ist es allerdings beim Zweigelenkbogen nicht begründet, Flächenmoment I und Querschnittsfläche A zu den Kämpfergelenken hin zunehmen zu lassen, da die Biegemomente zu den Lagern hin auf Null abnehmen.

Nach Berechnung der statisch Unbestimmten erhalten wir die Schnittgrößen des Zweigelenkbogens mit Gl. (6.5), (6.6) und Bild **6.**74:

$$\begin{aligned}
M &= M_0 + M_1 X_1 = M_0 - z X_1 \\
N &= N_0 + N_1 X_1 = -Q_{\text{Balken}} \sin\varphi - \cos\varphi\, X_1 \\
Q &= Q_0 + Q_1 X_1 = Q_{\text{Balken}} \cos\varphi - \sin\varphi\, X_1
\end{aligned} \qquad (6.15)$$

In den Gleichungen (6.7) bis (6.15) sind alle Größen außer E, I_c, A_c und X_1 Funktionen von x. Auf den Zusatz (x) wurde jedoch verzichtet, um die Übersichtlichkeit der Formeln zu erhöhen.

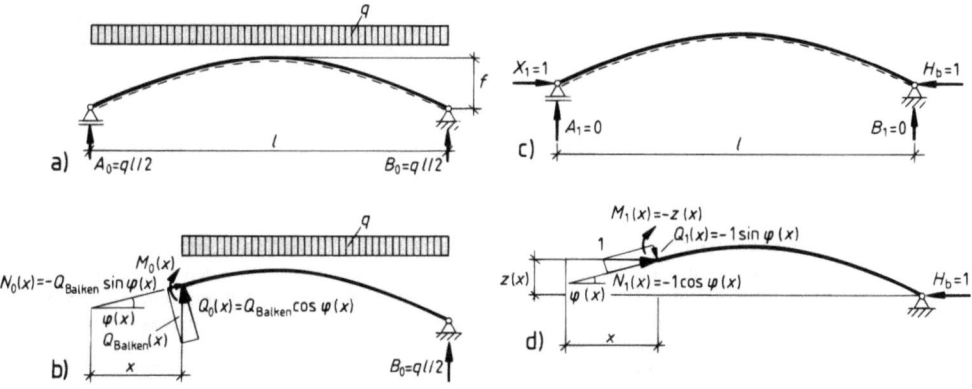

6.74 Berechnung der Quer- und Längskräfte
a) und b) Q_0 und N_0, c) und d) Q_1 und N_1

Beispiel **1. Aufgabenstellung**

Gegeben ist der in Bild **6.**75a dargestellte Zweigelenkbogen mit der Stützweite $l = 30$ m und dem Pfeil $f = 3{,}30$ m; gesucht sind seine Schnittgrößen unter

1. Vollbelastung mit $p = 20$ kN/m sowie
2. halbseitiger Belastung rechts mit $p = 20$ kN/m.

Für den Verlauf der Querschnittswerte sind 2 Varianten zu untersuchen, nämlich

a) I = const; A = const und
b) $I = I_c/\cos\varphi$; $A = A_c/\cos\varphi$.

Wie wir im folgenden ausrechnen werden, sind im Fall b) das Flächenmoment I und die Querschnittsfläche A des Bogens an den Kämpfern $1/\cos\varphi_0 = 1{,}09$ mal so groß wie die entsprechenden Werte im Scheitel, die mit I_c und A_c bezeichnet werden.

Bei der Berechnung der Verschiebungsgrößen sind die Beiträge der Momente und Längskräfte zu berücksichtigen; abschließend soll für $I = I_c/\cos\varphi$ und $A = A_c/\cos\varphi$ eine Zusatzberechnung erstellt werden, in der nur der Einfluß der Momente angesetzt wird.

2. Systemwerte

2.1 Berechnungsverfahren

Die Verschiebungsgrößen ermitteln wir mit Gl. (6.11) bis (6.14); die Integration erfolgt numerisch mit Hilfe der Simpson-Regel, wozu wir die Bogensehne in acht Abschnitte teilen;

Beispiel Forts.

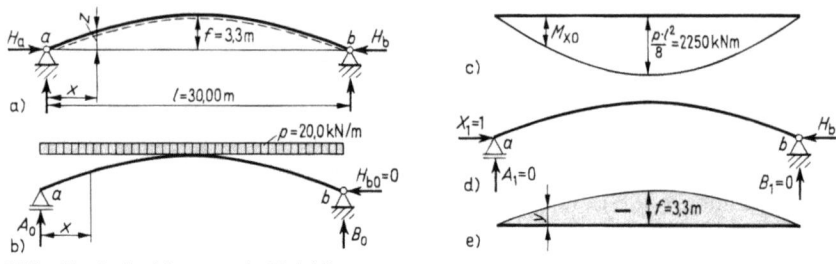

6.75 Zweigelenkbogen mit Gleichlast
a) wirkliches System, b) Zustand 0, c) M_0-Fläche, d) Zustand 1, e) M_1-Fläche

die Teilpunkte sind $i = 0$ bis 8; dabei fallen die Teilpunkte 0 und 8 mit den Lagerpunkten a und b zusammen (**6.78a**). Die halbseitige Belastung des Bogens ist **nicht symmetrisch** und verlangt die Integration über die ganze Bogensehne; um ein einheitliches Rechenschema zu erhalten, verzichten wir beim Lastfall Vollbelastung auf die Vereinfachung, die die Berücksichtigung von dessen Symmetrie bringen würde und integrieren ebenfalls von $x = 0$ bis $x = l$. Die Simpson-Regel nimmt dann die Form an

$$\int_{x=0}^{x=l} f(x)\mathrm{d}x = \Delta x/3 \cdot (f(0) + 4f(1) + 2f(2) + 4f(3) + 2f(4)$$
$$+ 4f(5) + 2f(6) + 4f(7) + f(8)) \tag{6.16}$$

$f(i)$ bezeichnet jeweils den Wert des unter dem Integral stehenden Ausdruckes an der Stelle $x = x_i$; bei den Beiträgen der Längskräfte ist in vorstehender Formel noch der Faktor I_c/A_c zu ergänzen. Die Faktoren 1, 4, 2, die die Funktionswerte $f(i)$ bei der Summierung mit der Simpson-Regel erhalten, sind in Tafel **6.76**, Spalte 14, aufgelistet. In der Zusatzberechnung, in der der Beitrag der Längskräfte an den Verschiebungsgrößen vernachlässigt wird, benutzen wir die Integrationstafel **1.20**.

2.2 Querschnittswerte

Beim Bogen mit konstantem Querschnitt ist

$$I = 30\,000 \text{ cm}^4, A = 100 \text{ cm}^2,$$
$$I/A = 300 \text{ cm}^2 = 0{,}03 \text{ m}^2,$$

und beim Bogen mit $I = I_c/\cos \varphi$, $A = A_c/\cos \varphi$ rechnen wir mit

$$I_c = 30\,000 \text{ cm}^2, A_c = 100 \text{ cm}^2,$$
$$I_c/A_c = 300 \text{ cm}^2 = 0{,}03 \text{ m}^2.$$

Damit ergeben sich für die Simpson-Regel die Faktoren

$$\Delta x/3 = (l/8)/3 = (30/8)/3 = 1{,}25 \text{ m}$$

bei den Beiträgen der Momente und

$$I/A \cdot \Delta x/3 = I_c/A_c \cdot \Delta x/3 = 0{,}03 \cdot 1{,}25 = 0{,}0375 \text{ m}^3$$

bei den Beiträgen der Längskräfte.

6.7 Zweigelenkbogen

Beispiel Forts. 2.3 Geometrische Werte der Bogenachse

Die im folgenden beschriebenen Werte werden mit einem Rechenprogramm für die Achtelspunkte der Bogensehne ermittelt und in den Spalten 0 bis 9 des zweidimensionalen Feldes $b(8,24)$ abgelegt. Die Zeilen 0 bis 8 dieses Feldes sind den Teilpunkten 0 bis 8 zugeordnet. Tafel **6.**76 zeigt das gesamte Feld einschließlich der im weiteren Laufe der Berechnung erläuterten Spalten 10 bis 24.

Tafel **6.**76 Beispiel Zweigelenkbogen, Feld $b(8,24)$

Spalte	Inhalt der Spalte
0	Numerierung der Achtelspunkte
1 bis 9	geometrische Werte der Bogenachse
10, 11	Zustand 0, Vollbelastung mit $p = 20$ kN/m, Querkraft des Ersatzbalkens, Moment M_0
12, 13	Zustand 0, halbseitige Belastung rechts mit $p = 20$ kN/m, Querkraft des Ersatzbalkens, Moment M_0
14	Faktor der Summanden der Simpson-Regel
15 bis 17	endgültige Schnittgrößen bei Vollbelastung mit $p = 20$ kN/m
18 bis 20	endgültige Schnittgrößen bei halbseitiger Belastung rechts mit $p = 20$ kN/m
21	Längskräfte bei Vollbelastung mit $p = 20$ kN/m, nur Anteil der Momente an den Verschiebungsgrößen berücksichtigt
22 bis 24	Schnittgrößen bei halbseitiger Belastung rechts mit $p = 20$ kN/m, nur Anteil der Momente an den Verschiebungsgrößen berücksichtigt

0	1	2	3	4	5	6	7	8	9	10	11	12
i	x	z	z'	φ rad	$\varphi°$	$\sin \varphi$	$\cos \varphi$	$\sin^2 \varphi$	$\cos^2 \varphi$	Q_{Balken}	M_0	Q_{Balken}
$b(i,0)$	$b(i,1)$	$b(i,2)$	$b(i,3)$	$b(i,4)$	$b(i,5)$	$b(i,6)$	$b(i,7)$	$b(i,8)$	$b(i,9)$	$b(i,10)$	$b(i,11)$	$b(i,12)$
$0 = a$	0	0	0,44	0,41451	23,749	0,40274	0,91532	0,1622	0,8378	300	0	75
1	3,75	1,4438	0,33	0,31875	18,263	0,31338	0,94963	0,098205	0,90179	225	984,38	75
2	7,5	2,475	0,22	0,21655	12,407	0,21486	0,97664	0,046166	0,95383	150	1687,5	75
3	11,25	3,0938	0,11	0,10956	6,2773	0,10934	0,994	0,011955	0,98804	75	2109,4	75
4	15	3,3	0	0	0	0	1	0	1	0	2250	75
5	18,75	3,0938	−0,11	−0,10956	−6,2773	−0,10934	0,994	0,011955	0,98804	−75	2109,4	0
6	22,5	2,475	−0,22	−0,21655	−12,407	−0,21486	0,97664	0,046166	0,95383	−150	1687,5	−75
7	26,25	1,4438	−0,33	−0,31875	−18,263	−0,31338	0,94963	0,098205	0,90179	−225	984,38	−150
$8 = b$	30	0	−0,44	−0,41451	−23,749	−0,40274	0,91532	0,1622	0,8378	−300	0	−225

13	14	15	16	17	18	19	20	21	22	23	24
M_0	Faktor S. R.	M	N	Q	M	N	Q	N	M	N	Q
$b(i,13)$	$b(i,14)$	$b(i,15)$	$b(i,16)$	$b(i,17)$	$b(i,18)$	$b(i,19)$	$b(i,20)$	$b(i,21)$	$b(i,22)$	$b(i,23)$	$b(i,24)$
0	1	0	−741,64	1,4344	0	−340,61	−67,931	−744,9	0	−342,24	−68,649
281,25	4	5,1421	−714,6	1,1161	−208,37	−345,55	−35,053	−717,98	−210,94	−347,24	−35,611
562,5	2	8,815	−694,64	0,76526	−276,84	−347,32	0,38263	−698,12	−281,25	−349,06	0
843,75	4	11,019	−682,39	0,38943	−205,43	−345,3	37,47	−685,93	−210,94	−347,07	37,275
1125	2	11,753	−678,26	0	5,8767	−339,13	75	−681,82	0	−340,91	75
1265,6	4	11,019	−682,39	−0,38943	216,45	−337,09	37,08	−685,93	210,94	−338,87	37,275
1125	2	8,815	−694,64	−0,76526	285,66	−347,32	−0,38263	−698,12	281,25	−349,06	0
703,13	4	5,1421	−714,6	−1,1161	213,51	−369,05	−36,169	−717,98	210,94	−370,74	−35,611
0	1	0	−741,64	−1,4344	0	−401,03	−69,366	−744,9	0	−402,66	−68,649

Beispiel Forts.

Die Bogenachse ist eine quadratische Parabel mit der Gleichung

$$z = 4f/l^2 \cdot (l - x)\, x = 4 \cdot 3{,}30/30^2 \cdot (30 - x)\, x$$
$$= 0{,}146667\,(30 - x)\, x = 0{,}44\,x - 0{,}0146667\,x^2$$

Die z-Werte in den Achtelspunkten stehen in Spalte 2 von Tafel **6.76** und Feld $b(8,24)$; ihre Bezeichnung ist dementsprechend $b(i,2)$, $i = 0$ bis 8. Neigung der Bogenachse:

$$z' = \tan \varphi(x) = 0{,}44 - 0{,}029333\,x$$

Die z'-Werte der Achtelspunkte sind aufgelistet in Spalte 3 von Tafel **6.76** und Feld $b(8,24)$; ihre Bezeichnung ist $b(i,3)$, $i = 0$ bis 8.

Die Spalten 4 bis 9 von Tafel **6.76** und Feld $b(4,24)$ enthalten die folgenden Werte:

Spalte 4: $b(i,4) = \varphi$ in rad
Spalte 5: $b(i,5) = \varphi$ in °
Spalte 6: $b(i,6) = \sin \varphi$
Spalte 7: $b(i,7) = \cos \varphi$
Spalte 8: $b(i,8) = \sin^2 \varphi$
Spalte 9: $b(i,9) = \cos^2 \varphi$

3. Vollbelastung mit Gleichlast, Berechnung von X_1

3.1 Q_{Balken}, M_0

Q_{Balken} ist die Querkraft des Ersatzbalkens; ihren Wert im Achtelspunkt i des Ersatzbalkens nennen wir $Q_{\text{Balken},i}$. Die Querkraft des Bogens im Zustand 0 (statisch bestimmtes Hauptsystem) bezeichnen wir mit Q_0.

Die Lagerkräfte des statisch bestimmten Grundsystems sind

$$A_0 = B_0 = pl/2 = 20 \cdot 30/2 = 300 \text{ kN};$$

die Querkräfte in den Achtelspunkten des Ersatzbalkens errechnen wir mit der Gleichung

$$Q_{\text{Balken},i} = b(i,10) = 300 - 75\,i \quad (\textbf{6.76, Spalte 10})$$

Das maximale Moment hat die Größe

$$\max M_0 = pl^2/8 = 20 \cdot 30^2/8 = 2250 \text{ kNm} \quad (\textbf{6.75c});$$

sein Verlauf ist quadratisch-parabolisch und affin zur Bogenachse; wir erhalten die Werte in den Achtelspunkten zweckmäßigerweise durch Verzerrung der z-Werte in Spalte 2:

$$M_i = b(i,11) = 2250\, z_i/3{,}3 \quad (\textbf{6.76, Spalte 11})$$

3.2 Verschiebungsgrößen für $I = \text{const}$ und $A = \text{const}$

3.2.1 Belastungsglied δ_{10}, Beitrag der Momente

Nach Gl. (6.11) ist

$$\delta'_{10M} = -\int z\, M_0/\cos \varphi \cdot dx$$

Die numerische Integration mit Hilfe der Simpson-Regel (6.16) hat die Form

$$\delta'_{10M} = -\Delta x/3 \cdot ((z\,M_0/\cos \varphi)_0 + 4\,(z\,M_0/\cos \varphi)_1$$
$$+ 2\,(z\,M_0/\cos \varphi)_2 + 4\,(z\,M_0/\cos \varphi)_3 + \ldots)$$

Wir setzen für eine bessere Verständlichkeit die Maßzahlen ein:

$$\delta'_{10M} = -1{,}25\,(0 \cdot 0/0{,}91532 + 4 \cdot 1{,}4438 \cdot 984{,}38/0{,}94963$$
$$+ 2 \cdot 2{,}475 \cdot 1687{,}5/0{,}97664$$
$$+ 4 \cdot 3{,}0938 \cdot 2109{,}4/0{,}994 + \ldots)$$

6.7 Zweigelenkbogen

Beispiel Forts. und ersetzen sie dann zwecks Verallgemeinerung durch die Elementbezeichnungen:

$$\delta'_{10M} = -1{,}25\ (b(0{,}14) \cdot b(0{,}2) \cdot b(0{,}11)/b(0{,}7)$$
$$+ b(1{,}14) \cdot b(1{,}2) \cdot b(1{,}11)/b(1{,}7)$$
$$+ b(2{,}14) \cdot b(2{,}2) \cdot b(2{,}11)/b(2{,}7) \ldots)$$

Schließlich benutzen wir das Summenzeichen:

$$\delta'_{10M} = -1{,}25 \sum_{i=0}^{8} (b(i,14) \cdot b(i,2) \cdot b(i,11)/b(i,7))$$

Für die nun erforderliche Zahlenrechnung genügt ein Taschenrechner mit Basic und Matrixoperationen; wir erhalten

$$\delta'_{10M} = -120\,563\ \text{kNm}^3$$

3.2.2 Belastungsglied δ'_{10}, Beitrag der Längskräfte

Aus Gl. (6.11) erhalten wir

$$\delta'_{10N} = I/A \cdot \int Q_{\text{Balken}} \sin\varphi\ \mathrm{d}x$$

Das Ansetzen der Simpson-Regel und ihre Umformung für die Verarbeitung mit dem Rechner erfolgt sinngemäß zu Textziffer 3.2.1.

$$\delta'_{10N} = 0{,}0375 \sum_{i=0}^{8} (b(i,14) \cdot b(i,10) \cdot b(i,6)) = 37{,}509\ \text{kNm}^3$$

3.2.3 Vorzahl δ'_{11}, Beitrag der Momente

Aus Gl. (6.12) ergibt sich

$$\delta'_{11M} = \int z^2/\cos\varphi \cdot \mathrm{d}x$$

Die unter 3.2.1 erläuterte Umformung liefert

$$\delta'_{11M} = 1{,}25 \sum_{i=0}^{8} (b(i,14) \cdot (b(i,2))^2/b(i,7)) = 176{,}83\ \text{m}^3$$

3.2.4 Vorzahl δ'_{11}, Beitrag der Längskräfte

Aus Gl. (6.12) erhalten wir

$$\delta'_{11N} = I/A \cdot \int \cos\varphi\ \mathrm{d}x$$

und weiter nach der Umformung

$$\delta'_{11N} = 0{,}0375 \sum_{i=0}^{8} (b(i,14) \cdot b(i,7)) = 0{,}87324\ \text{m}^3$$

3.2.5 Berechnung der statisch Unbestimmten

$$X_1 = -\delta'_{10}/\delta'_{11} = -(\delta'_{10M} + \delta'_{10N})/(\delta'_{11M} + \delta'_{11N})$$
$$= -(-120\,563 + 37{,}509)/(176{,}83 + 0{,}87324) = 678{,}26\ \text{kN}$$

3.3 Verschiebungsgrößen für

$$I = I_c/\cos\varphi, \quad A = A_c/\cos\varphi$$

Beispiel Forts.

3.3.1 Belastungsglied δ'_{10}, Beitrag der Momente

Gl. (6.13) liefert

$$\delta'_{10M} = -\int z\, M_0\, dx$$

Die Anwendung der Simpsonschen Regel in Verbindung mit unserem zweidimensionalen Feld $b(8,24)$ führt zu

$$\delta'_{10M} = -1{,}25 \sum_{i=0}^{8} (b(i,14) \cdot b(i,2) \cdot b(i,11)) = -118916\ \text{kNm}^3$$

3.3.2 Belastungsglied δ'_{10}, Anteil der Längskräfte

Nach Gl. (6.13) ist

$$\delta'_{10N} = I_c/A_c \cdot \int Q_{\text{Balken}} \sin\varphi \cos\varphi\, dx$$

Die Umformung ergibt

$$\delta'_{10N} = 0{,}0375 \sum_{i=0}^{8} (b(i,14) \cdot b(i,10) \cdot b(i,6) \cdot b(i,7)) = 35{,}549\ \text{kNm}^3$$

3.3.3 Vorzahl δ'_{11}, Beitrag der Momente

Maßgebend ist Gl. (6.14):

$$\delta'_{11M} = \int z^2\, dx$$

umgeformt gilt

$$\delta'_{11M} = 1{,}25 \sum_{i=0}^{8} (b(i,14) \cdot (b(i,2))^2) = 174{,}41\ \text{m}^3$$

3.3.4 Vorzahl δ'_{11}, Beitrag der Längskräfte

Nach Gl. (6.14) ist

$$\delta'_{11N} = I_c/A_c \cdot \int \cos^2\varphi\, dx$$

Die Umformung ergibt

$$\delta'_{11N} = 0{,}0375 \sum_{i=0}^{8} (b(i,14) \cdot (b(i,7))^2) = 0{,}84786\ \text{m}^3$$

3.3.5 Berechnung der statisch Unbestimmten

$$X_1 = -\delta'_{10}/\delta'_{11} = -(\delta'_{10M} + \delta'_{10N})/(\delta'_{11M} + \delta'_{11N})$$
$$= -(-118916 + 35{,}509)/(174{,}41 + 0{,}84786) = 678{,}32\ \text{kN}$$

4. Halbseitige Belastung mit Gleichlast

4.1 Q_{Balken}, M_0

Bei Belastung der rechten Hälfte des Bogens mit $p = 20$ kN/m ergeben sich die Lagerkräfte

$$A_0 = 0{,}25\ pl/2 = 0{,}25 \cdot 20 \cdot 30/2 = 75\ \text{kN}$$
$$B_0 = 0{,}75\ pl/2 = 0{,}75 \cdot 20 \cdot 30/2 = 225\ \text{kN}$$

Die Querkraft des Ersatzbalkens ist in der linken Hälfte konstant $+75$ kN und nimmt in der rechten Hälfte von $+75$ kN geradlinig auf -225 kN ab (Tafel **6.76**, Spalte 12, Spaltenelemente $b(i,12)$ mit $i = 0$ bis 8).

6.7 Zweigelenkbogen

Beispiel Forts.

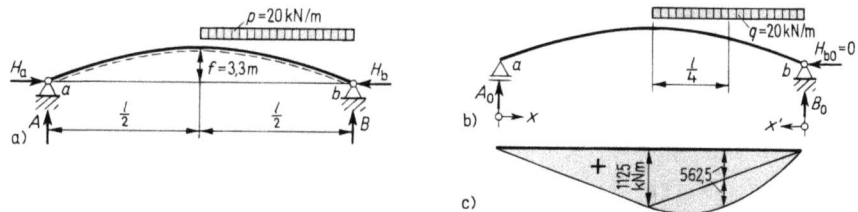

6.77 Zweigelenkbogen mit halbseitiger Gleichlast
a) wirkliches System mit wirklicher Belastung, b) Zustand 0, c) M_0-Fläche

Das Mittenmoment des Ersatzbalkens hat die Größe max $M_0 = A_0 \, l/2 = 75 \cdot 30/2 = 1125$ kNm, der Momentenverlauf ist in der linken Hälfte geradlinig, in der rechten Hälfte schließt sich an diese Gerade tangential eine Parabel mit dem Pfeil $M = 20 \cdot 15^2/8 = 562{,}5$ kNm an (**6.77**c). Die Momente der Achtelspunkte sind in Tafel **6.**76, Spalte 13, aufgelistet, sie erhalten dementsprechend die Bezeichnungen $b(i,13)$, $i = 0$ bis 8.

4.2 Bogen mit $I = $ const und $A = $ const

Wegen der Symmetrie des Bogens liefert die Belastung der **linken Bogenhälfte** denselben Beitrag zum Belastungsglied δ'_{10} wie die Belastung der **rechten Bogenhälfte**; für halbseitige Belastung ist das Belastungsglied darum **halb so groß** wie für Vollbelastung. Da die von der Belastung unabhängige Vorzahl δ'_{11} sich nicht ändert, wird für halbseitige Belastung **der Horizontalschub halb so groß** wie für Vollbelastung; im vorliegenden Fall ist also

$$X_1 = 678{,}26/2 = 339{,}13 \text{ kN}.$$

4.3 Bogen mit $I = I_c/\cos\varphi$, $A = A_c/\cos\varphi$

Sinngemäß zu Abschn. 4.2 erhalten wir

$$X_1 = 678{,}32/2 = 339{,}16 \text{ kN}$$

5. Berechnung der Schnittgrößen

5.1 Allgemeines

Da sich die Horizontalschübe der beiden untersuchten Bogen nur unwesentlich unterscheiden, ermitteln wir die Schnittgrößen nur für den Bogen mit konstantem I und A, d.h. also für

$$X_1 = 678{,}26 \text{ kN}.$$

Nach Gl. (6.15) ist allgemein

$$M = M_0 \qquad\qquad - z\, X_1$$
$$N = -Q_{\text{Balken}} \sin\varphi - \cos\varphi\, X_1$$
$$Q = Q_{\text{Balken}} \cos\varphi - \sin\varphi\, X_1$$

Wir berechnen die Schnittgrößen für die Achtelspunkte $i = 0$ bis 8 des Bogens unter Benutzung eines programmierbaren Rechners und tragen sie in die Spalten 15 bis 20 von Tabelle **6.**76 und Feld $b(8,24)$ ein.

5.2 Vollbelastung

$$M_i = M_{0i} - z_i\, X_1$$

Mit den Werten für M_0 in Spalte 11 und für z in Spalte 2 erhalten wir die Werte für M in Spalte 15

$$b(i,15) = b(i,11) - b(i,2) \cdot X_1$$

Beispiel Forts.

Sinngemäß ergibt sich für die Längskraft, die wir in die Spalte 16 eintragen,

$$N_i = -Q_{Balken,i} \sin \varphi_i - \cos \varphi_i \, X_1$$
$$b(i,16) = -b(i,10) \cdot b(i,6) - b(i,7) \cdot X_1$$

und schließlich für die Querkraft in Spalte 17

$$Q_i = Q_{Balken,i} \cos \varphi_i - \sin \varphi_i \cdot X_1$$
$$b(i,17) = b(i,10) \cdot b(i,7) - b(i,6) \cdot X_1$$

5.3 Halbseitige Belastung rechts

Es gelten ebenfalls die Gl. (6.15). Die Ausgangswerte M_{0i} und $Q_{Balken,i}$ stehen in den Spalten 13 und 12, der Horizontalschub hat die Größe $X_1 = 339{,}13$ kN, und die Ergebnisse schreiben wir in die Spalten 18 bis 20.

$$M_i = M_{0i} - z_i \, X_i$$
$$b(i,18) = b(i,13) - b(i,2) \cdot X_1$$
$$N_i = -Q_{Balken,i} \sin \varphi_i - \cos \varphi_i \, X_1$$
$$b(i,19) = -b(i,12) \cdot b(i,6) - b(i,7) \cdot X_1$$
$$Q_i = Q_{Balken,i} \cos \varphi_i - \sin \varphi_i \, X_1$$
$$b(i,20) = b(i,12) \cdot b(i,7) - b(i,6) \cdot X_1$$

5.4 Zustandsflächen

Bild **6.78** zeigt M-, N- und Q-Flächen für Voll- und halbseitige Belastung.

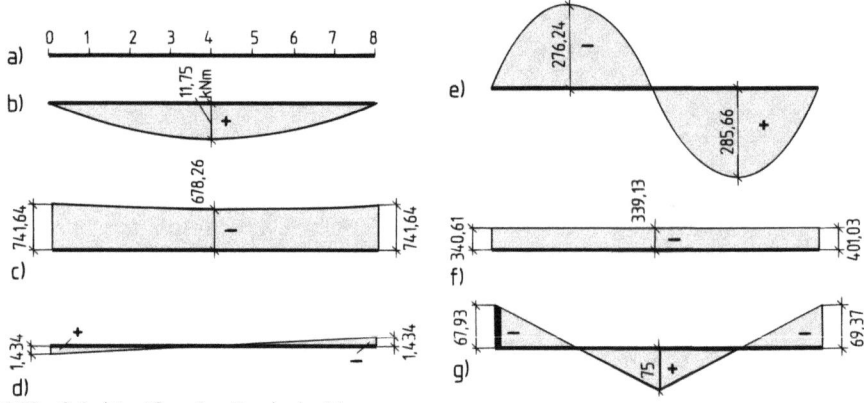

6.78 Schnittgrößen des Zweigelenkbogens
 a) Achtelspunkte
 b) Momente, c) Längskräfte, d) Querkräfte für Vollbelastung
   (Tafel **6.76**, Spalten 15, 16, 17)
 e) Momente, f) Längskräfte, g) Querkräfte für halbseitige Belastung
   (Tafel **6.76**, Spalten 18, 19, 20)

6. Zusatzberechnung mit Vernachlässigung des Anteils der Längskräfte

6.1 Allgemeines

Wir untersuchen nur den Sonderfall des Bogens mit $I = I_c/\cos \varphi$ und $A = A_c/\cos \varphi$. Da die M_0-Fläche für Vollbelastung ebenso eine quadratische Parabel ist wie die M_1-Fläche (**6.75**c, e), würde sich übrigens eine Änderung im Verlauf von I längs des Bogens auf beide Momentenflächen im gleichen Verhältnis auswirken und deswegen die Größe von X_1 nicht beeinflussen.

Beispiel Forts.

6.2 Vollbelastung

6.2.1 Verschiebungsgrößen

$$\delta'_{10M} = -\int z\, M_0\, dx$$

Mit Tafel **1.**20, 6/g erhalten wir

$$\delta'_{10M} = -8/15 \cdot l\, M_1\, M_0 = 8/15 \cdot 30 \cdot 3{,}30 \cdot 2250$$
$$= -118\,800 \text{ kNm}^3$$

$$\delta'_{11M} = \int z^2\, dx$$

Ebenfalls mit Tafel **1.**20, 6/g ergibt sich

$$\delta'_{11M} = 8/15 \cdot l\, M_1^2 = 8/15 \cdot 30 \cdot 3{,}30^2$$
$$= 174{,}24 \text{ m}^3$$

6.2.2 Horizontalschub

$$X_1 = -(-118\,800/174{,}24) = 681{,}82 \text{ kN}$$

Dieser Horizontalschub ist nur 0,52 % größer als der unter Textziffer 3.2.5 ermittelte. Bei Vernachlässigung des Anteils der Längskräfte an den Verschiebungsgrößen sind die Horizontalschübe von Zweigelenkbogen und Dreigelenkbogen gleich groß, und zwar gleich

$$X_1 = H = pl^2/8f = 20 \cdot 30^2/(8 \cdot 3{,}30) = 681{,}82 \text{ kN}$$

6.2.3 Schnittgrößen

Da bei Vollbelastung mit Gleichlast die **Bogenachse** mit der **Stützlinie** zusammenfällt, sind Momente und Querkräfte **gleich Null**, wovon wir uns durch Anwendung der ersten und dritten Gl. (6.15) auf einige Achtelspunkte leicht überzeugen können; die Längskräfte ergeben sich zu

$$N_1 = -Q_{\text{Balken},i} \sin \varphi_i - \cos \varphi_i\, X_1.$$

Wir schreiben sie in die Spalte 21 von Tafel **6.**76 und Feld b(8,24) und erhalten sie mit der folgenden Gleichung:

$$b(i,21) = -b(i,10) \cdot b(i,6) - b(i,7) \cdot X_1$$

6.3 Halbseitige Belastung rechts

Der Horizontalschub ist halb so groß wie bei Vollbelastung:

$$X_1 = 340{,}91 \text{ kN}$$

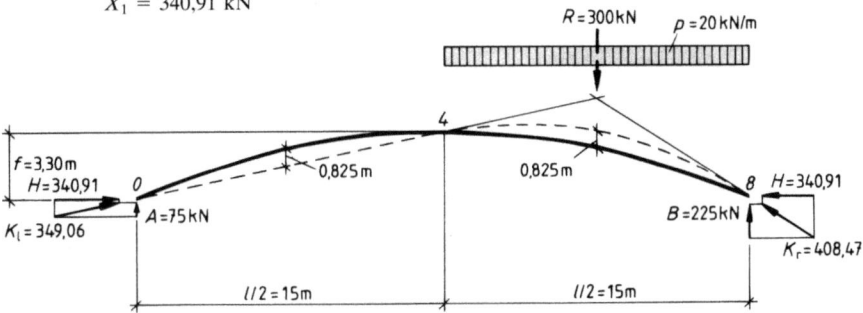

6.79 Stützlinie des Zweigelenkbogens mit halbseitiger Belastung und $H = 340{,}91$ kN (Textziffer 6.3)
$K_{l,r}$ = Kämpferdrücke (Gelenkdrücke) links und rechts

Beispiel Forts.

Die Schnittgrößen berechnen wir sinngemäß zu Textziffer 5.2 mit den Gl. (6.15) und tragen sie in die Spalten 22 bis 24 von Tafel **6.**76 und Feld $b(i,24)$ ein. Die Stützlinie dieses Belastungsfalles weicht stark von der Bogenachse ab, so daß im Bogen nicht nur Längskräfte, sondern auch Querkräfte und Momente entstehen (**6.**79).

$$M_i = M_{0i} - z_i X_1$$

$$b(i,22) = b(i,13) - b(i,2) \cdot X_1$$

$$N_i = -Q_{\text{Balken},i} \sin \varphi_i - \cos \varphi_i X_1$$

$$b(i,23) = -b(i,12) \cdot b(i,6) - b(i,7) \cdot X_1$$

$$Q_i = Q_{\text{Balken},i} \cos \varphi_i - \sin \varphi_i X_1$$

$$b(i,24) = b(i,12) \cdot b(i,6) - b(i,7) \cdot X_1$$

6.4 Zustandsflächen

M und Q sind unter Vollbelastung gleich Null; die übrigen Schnittgrößen unterscheiden sich von den entsprechenden der Textziffer 5 in Bild **6.**78 nur so wenig, daß wir auf die Darstellung der Zustandsflächen verzichten können.

7 Kraftgrößenverfahren, mehrfach statisch unbestimmte Systeme

7.1 Allgemeines

Mehrfach statisch unbestimmte Tragwerke werden grundsätzlich in gleicher Weise wie einfach statisch unbestimmte berechnet. Das System wird in ein statisch bestimmtes Grundsystem umgewandelt, an dem neben der gegebenen Belastung die statisch unbestimmten Größen als äußere Kräfte und Momente angreifen. Es sind so viele Formänderungsbedingungen oder Elastizitätsgleichungen aufzustellen und zu lösen, wie statisch unbestimmte Größen vorhanden sind.

7.2 Gleichungen für ein zweifach statisch unbestimmtes System

Als Beispiel betrachten wir den Träger über drei Feldern unter Gleichlast (7.1). Wir bestimmen den Grad n der statischen Unbestimmtheit aus der Anzahl der Zwischenlager zu

$$n = 2$$

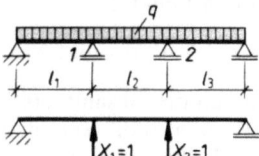

Der Träger auf 4 Lagern ist zweifach statisch unbestimmt (vgl. Teil 2, Abschn. Durchlaufträger, Clapeyronsche Dreimomentengleichung). Zu seiner Berechnung bilden wir in gleicher Weise wie beim Beispiel nach Bild 6.1 ein statisch bestimmtes Grundsystem, indem wir hier die zwei Innenlager entfernen (7.2b). Das statisch bestimmte Grundsystem ist ein Träger auf zwei Lagern mit der Stützweite $l = l_1 + l_2 + l_3$.

7.1 Lagerkräfte als statisch Unbestimmte

Anstelle der entfernten Lager bringen wir die statisch Unbestimmten X_1 bei Punkt 1 und X_2 bei Punkt 2 an. Zur Berechnung der beiden statisch Unbestimmten sind 2 Formänderungsbedingungen erforderlich. Diese lauten: Bei 1 und 2 dürfen im endgültigen System keine senkrechten Verschiebungen (Durchbiegungen) vorhanden sein, da ja hier starre Lager angeordnet sind. Weil die beiden Lager 1 und 2 am statisch bestimmten Grundsystem fehlen, werden sich in den Punkten 1 und 2 die Durchbiegungen δ_{10} und δ_{20} einstellen.

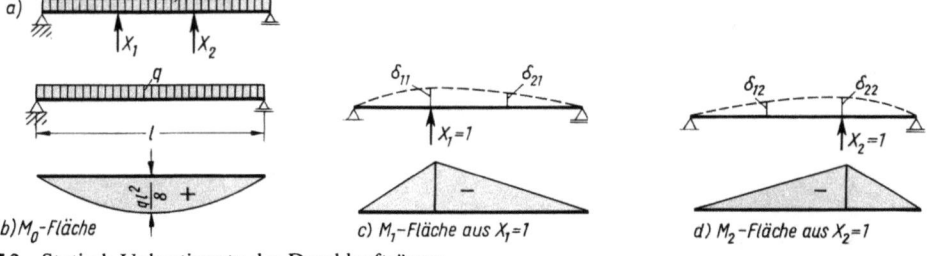

7.2 Statisch Unbestimmte des Durchlaufträgers

Der erste Fußzeiger bezieht sich wieder auf den Ort (hier 1 bzw. 2) und der zweite auf die Ursache (hier Zustand 0, also infolge der Belastung). δ_{10} und δ_{20} sind demnach die lotrechten Verschiebungen der Punkte 1 und 2 infolge der gegebenen Belastung am statisch bestimmten Grundsystem (7.2).

Durch Anbringen der statisch Unbestimmten X_1 und X_2 sollen diese Verschiebungen zu Null gemacht werden. Dabei ist zu beachten, daß die Kraft $X_1 = 1$ nicht nur im Punkt 1, sondern auch im Punkt 2 eine Verschiebung verursacht, so wie die Kraft $X_2 = 1$ nicht nur den Punkt 2, sondern auch den Punkt 1 verschiebt.

Wenn man die Verschiebungen der Punkte 1 und 2 infolge der Kräfte $X_1 = 1$ und $X_2 = 1$ kennt, kann man auch die Verschiebungen aus den endgültigen Kräften X_1 und X_2 angeben.

Wir bezeichnen nun mit (7.2 c, d)

δ_{11} die Verschiebung des Punktes 1 infolge $X_1 = 1$

δ_{21} die Verschiebung des Punktes 2 infolge $X_1 = 1$

δ_{22} die Verschiebung des Punktes 2 infolge $X_2 = 1$

δ_{12} die Verschiebung des Punktes 1 infolge $X_2 = 1$

Dann sind die Verschiebungen aus den endgültigen Kräften X_1 und X_2 im Punkt 1:

$X_1 \, \delta_{11}$ und $X_2 \, \delta_{12}$

und im Punkt 2:

$X_1 \, \delta_{21}$ und $X_2 \, \delta_{22}$

Da nun die Gesamtverschiebungen der Lagerpunkte 1 und 2 am statischen unbestimmten System, also die Summen der Verschiebungen aus der gegebenen Belastung und den statisch Unbestimmten X_1 und X_2 gleich Null sein müssen, erhält man folgende zwei Elastizitätsgleichungen

Für Punkt 1:

$\delta_{10} + X_1 \, \delta_{11} + X_2 \, \delta_{12} = 0$

Für Punkt 2:

$\delta_{20} + X_1 \, \delta_{21} + X_2 \, \delta_{22} = 0$

In der Schreibweise mit Matrix und Spaltenvektoren

$$\begin{bmatrix} \delta_{11} & \delta_{12} \\ \delta_{12} & \delta_{22} \end{bmatrix} \cdot \begin{bmatrix} X_1 \\ X_2 \end{bmatrix} = - \begin{bmatrix} \delta_{10} \\ \delta_{20} \end{bmatrix}$$

$$\boldsymbol{\delta} \cdot \boldsymbol{X} = -\boldsymbol{\delta}_0 \qquad (7.1)$$

und als Raster

X_1	X_2	rechte Seite
δ_{11}	δ_{12}	$-\delta_{10}$
δ_{21}	δ_{22}	$-\delta_{20}$

7.2 Gleichungen für ein zweifach statisch unbestimmtes System

Aus diesen Elastizitätsgleichungen lassen sich die beiden statisch Unbestimmten X_1 und X_2 berechnen, sobald die Verschiebungsgrößen δ bekannt sind. Diese lassen sich aber nach Abschn. 1.3.5 bestimmen.

Um δ_{10} zu ermitteln, versieht man das Grundsystem mit der gegebenen Belastung q und bestimmt die Durchbiegung im Punkt 1, wozu man den Träger mit der gedachten Kraft $X_1 = 1$ im Punkt 1 belastet (7.2c). Es ist

$$\delta_{10} = \int M_0 M_1 \frac{\mathrm{d}x}{EI}$$

und entsprechend (7.2d)

$$\delta_{20} = \int M_0 M_2 \frac{\mathrm{d}x}{EI}$$

δ_{11} ist die Verschiebung des Punktes 1 infolge $X_1 = 1$. Man belastet also das Grundsystem mit $X_1 = 1$ als Ursache und bestimmt die Durchbiegung im Punkt 1, wozu man wieder den Träger mit der gedachten Kraft $X_1 = 1$ im Punkt 1 belastet. Es ist

$$\delta_{11} = \int M_1 M_1 \frac{\mathrm{d}x}{EI} = \int M_1^2 \frac{\mathrm{d}x}{EI}$$

δ_{21} ist die Verschiebung des Punktes 2 infolge $X_1 = 1$. Man muß das Grundsystem mit $X_1 = 1$ als Ursache belasten und die Durchbiegung im Punkt 2 berechnen, wozu im Punkt 2 die gedachte Kraft $X_2 = 1$ angesetzt werden muß. Es ist

$$\delta_{21} = \int M_1 M_2 \frac{\mathrm{d}x}{EI}$$

Für die Berechnung von δ_{22} ist $X_2 = 1$ sowohl Ursache als auch gedachte Kraft. Es ist

$$\delta_{22} = \int M_2 M_2 \frac{\mathrm{d}x}{EI} = \int M_2^2 \frac{\mathrm{d}x}{EI}$$

Endlich ist δ_{12} die Durchbiegung des Punktes 1 infolge $X_2 = 1$. Es sind also die Momentenflächen M_1 und M_2 miteinander zu „koppeln", und es ist zu bilden

$$\delta_{12} = \int M_2 M_1 \frac{\mathrm{d}x}{EI}$$

Stellt man die Werte δ_{21} und δ_{12} nebeneinander, so sieht man, daß sie gleich sind. Es ist

$$\delta_{12} = \delta_{21} = \int M_1 M_2 \frac{\mathrm{d}x}{EI}$$

Dies bestätigt den Maxwellschen Satz [s. Abschn. 3.2], wonach die Durchbiegung des Punktes 2 infolge einer Kraft 1 im Punkt 1 gleich der Durchbiegung des Punktes 1 infolge einer Kraft 1 im Punkt 2 ist. Die Auswertung der Integrale läßt sich mit der $M\bar{M}$-Tafel **1.20** ausführen.

Sind sämtliche δ-Werte bekannt, berechnen wir die statisch Unbestimmten aus den zwei Elastizitätsgleichungen. Danach können sämtliche äußeren und inneren Kräfte an dem statisch unbestimmten System ermittelt werden. Die Formeln lauten im allgemeinen Fall für die Lagerkräfte, Momente, Quer- und Längskräfte

$$\begin{bmatrix} C \\ M \\ Q \\ N \end{bmatrix} = \begin{bmatrix} C_0 \\ M_0 \\ Q_0 \\ N_0 \end{bmatrix} + \begin{bmatrix} C_1 \\ M_1 \\ Q_1 \\ N_1 \end{bmatrix} X_1 + \begin{bmatrix} C_2 \\ M_2 \\ Q_2 \\ N_2 \end{bmatrix} X_2 \qquad (7.2)$$

In dieser Gleichung gibt der erste Spaltenvektor Lagerkraft und Schnittgrößen des wirklichen Zustandes an; der zweite, dritte und vierte Spaltenvektor enthält die entsprechenden Werte der Zustände 0, 1 und 2, während X_1 und X_2 die Lösungen der Elastizitätsgleichungen für die gegebene Belastung sind.

Schlußbemerkung

Wir haben als statisch bestimmtes Grundsystem für den Dreifeldträger den an seinen Enden gelagerten Träger gewählt, weil bei diesem die gegenseitige Beeinflussung der statisch Unbestimmten X_1 und X_2 besonders deutlich wird. Für die Praxis ist diese Wahl ungünstig, weil der Einfeldträger des statisch bestimmten Grundsystems ein völlig anderes Tragverhalten hat als der Dreifeldträger des wirklichen Systems; die statisch Unbestimmten bewirken deshalb nicht nur eine kleine Korrektur des Zustandes 0, sondern eine grundlegende Änderung des Tragverhaltens. Anders ausgedrückt: Die endgültige Momentenfläche ergibt sich als **Differenz zweier etwa gleich großer Momentenflächen**, nämlich der M_0-Fläche einerseits und der Summe der $M_1 X_1$- und der $M_2 X_2$-Fläche andererseits. Die Differenz zweier etwa gleich großer Zahlen ist aber stets besonders empfindlich gegenüber Rechenungenauigkeiten. Diese Tatsache veranschaulichen wir in Bild **7.**3 für den Dreifeldträger mit $l = l_1 + l_2 + l_3$, $l_1 = l_2 = l_3 = l/3$ und Vollbelastung durch Gleichlast q, indem wir dem von uns aus didaktischen Gründen gewählten statisch bestimmten Grundsystem des Einfeldträgers das in der Praxis übliche gegenüberstellen, welches aus einer Kette von drei Einfeldträgern besteht (s. Teil 2, Abschn. 11 Durchlaufträger).

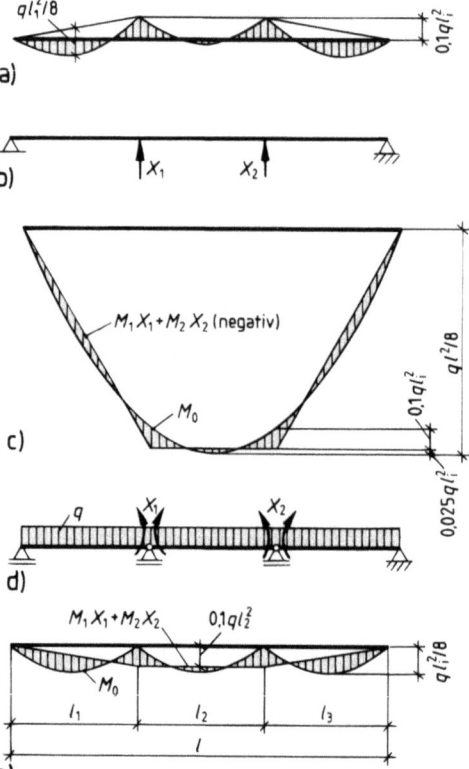

7.3 Dreifeldträger mit verschiedenen statisch bestimmten Hauptsystemen

a) endgültige Momentenfläche des wirklichen Systems

b) ein Einfeldträger als statisch bestimmtes Grundsystem

c) Überlagerung von M_0- und $M_1 X_1 + M_2 X_2$-Fläche

d) Kette von drei Einfeldträgern als statisch bestimmtes Hauptsystem

e) Überlagerung von M_0- und $M_1 X_1 + M_2 X_2$-Fläche; es ist $l_1 = l_2 = l_3 = l_i = l/3$

7.3 Gleichungen für ein mehrfach statisch unbestimmtes System

7.3.1 Allgemeines

Wir erläutern das Aufstellen der Elastizitätsgleichungen für ein mehrfach statisch unbestimmtes System am Beispiel des **Durchlaufträgers über fünf Felder** (**7.4**a). Die Anzahl der statisch Unbestimmten ist gleich der Anzahl der inneren Lager, also gleich vier. Aus didaktischen Gründen wählen wir ein statisch bestimmtes Grundsystem, **in dem sich alle statisch Unbestimmten gegenseitig beeinflussen**; ein solches erhalten wir, wenn wir wie im Abschn. 7.2 die Lagerkräfte der inneren Lager als statisch unbestimmte Größen ansetzen (**7.4**b, c). Wie wir in der Schlußbemerkung des Abschn. 7.2 bereits erwähnt haben, verwenden wir in der Baupraxis nicht den hier gewählten, an den Enden gelagerten Einfeldträger als statisch bestimmtes Grundsystem, sondern eine Kette von Einfeldträgern mit den Stützmomenten als Unbekannten (**7.5**). Dadurch wird die Berechnung einfacher, übersichtlicher und weniger fehleranfällig.

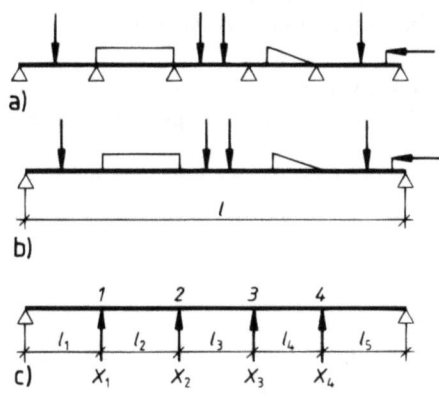
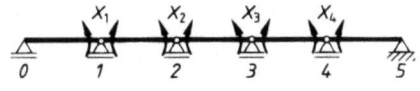

7.4 Lagerkräfte als statisch Unbestimmte

7.5 Stützmomente als statisch Unbestimmte

7.3.2 Aufstellen der Elastizitätsgleichungen

Für jede statisch Unbestimmte ist aufgrund einer Verträglichkeitsbedingung eine Elastizitätsgleichung aufzustellen. Da alle vier statisch Unbestimmten Lagerkräfte sind, lassen sich die vier Verträglichkeitsbedingungen folgendermaßen zusammenfassen:

In jedem Lagerpunkt muß die Summe der lotrechten Verschiebungen des statisch bestimmten Grundsystems, verursacht durch die Belastung und die statisch Unbestimmten X_i, (i = 1 bis 4), gleich Null sein.

Wir bezeichnen nun wieder die lotrechte Verschiebung des Lagerpunktes i infolge der Belastung mit δ_{i0}, infolge der statisch Unbestimmten X_k mit δ_{ik} und erhalten damit die folgenden Elastizitätsgleichungen

Lagerpunkt 1:

$$\delta_{10} + X_1 \delta_{11} + X_2 \delta_{12} + X_3 \delta_{13} + X_4 \delta_{14} = 0$$

Lagerpunkt 2:

$$\delta_{20} + X_1 \delta_{21} + X_2 \delta_{22} + X_3 \delta_{23} + X_4 \delta_{24} = 0$$

Lagerpunkt 3:

$$\delta_{30} + X_1\delta_{31} + X_2\delta_{32} + X_3\delta_{33} + X_4\delta_{34} = 0$$

Lagerpunkt 4:

$$\delta_{40} + X_1\delta_{41} + X_2\delta_{42} + X_3\delta_{43} + X_4\delta_{44} = 0$$

Von den beiden Fußzeigern *ik* der Verschiebungsgrößen gibt der **erste** den **Ort der Verschiebung** an, nämlich den Angriffspunkt der statisch Unbestimmten X_i; Richtung und positiver Richtungssinn von X_i und δ_{ik} stimmen überein. Der **zweite** Fußzeiger gibt die **Ursache der Verschiebung** an, im vorliegenden Beispiel die statisch Unbestimmte X_k; der zweite Fußzeiger 0 weist auf die **Belastung** als Ursache hin.

Die Verschiebungsgrößen δ_{ik} sind **nur vom Tragwerk und nicht von der Belastung** abhängig; sie werden als **Vorzahlen** bezeichnet und bilden die **Elastizitäts- oder Nachgiebigkeitsmatrix** δ des Tragwerks. Die Verschiebungsgrößen δ_{i0} nennen wir **Belastungsglieder**. Bei dem hier angesetzten statisch bestimmten Grundsystem sind sowohl alle δ_{ik} als auch alle δ_{i0} von Null verschieden.

In der Schreibweise mit den Vorzahlen als Nachgiebigkeitsmatrix sowie den Unbekannten und den Belastungsgliedern als Spaltenvektoren nehmen die Elastizitätsgleichungen die folgende Form an:

$$\begin{pmatrix} \delta_{11} & \delta_{12} & \delta_{13} & \delta_{14} \\ \delta_{21} & \delta_{22} & \delta_{23} & \delta_{24} \\ \delta_{31} & \delta_{32} & \delta_{33} & \delta_{34} \\ \delta_{41} & \delta_{42} & \delta_{43} & \delta_{44} \end{pmatrix} \begin{pmatrix} X_1 \\ X_2 \\ X_3 \\ X_4 \end{pmatrix} = \begin{pmatrix} -\delta_{10} \\ -\delta_{20} \\ -\delta_{30} \\ -\delta_{40} \end{pmatrix}$$

$$\boldsymbol{\delta}\, \boldsymbol{X} = -\boldsymbol{\delta}_0 \qquad (7.3)$$

Schließlich schreiben wir die Elastizitätsgleichungen noch als Raster:

X_1	X_2	X_3	X_4	rechte Seite
δ_{11}	δ_{12}	δ_{13}	δ_{14}	$-\delta_{10}$
δ_{21}	δ_{22}	δ_{23}	δ_{24}	$-\delta_{20}$
δ_{31}	δ_{32}	δ_{33}	δ_{34}	$-\delta_{30}$
δ_{41}	δ_{42}	δ_{43}	δ_{44}	$-\delta_{40}$

Da für die Vorzahlen gilt $\delta_{ik} = \delta_{ki}$, ist die Matrix der Vorzahlen in jedem Fall **symmetrisch zu ihrer Hauptdiagonale** $\delta_{11} - \delta_{22} - \delta_{33} - \delta_{44}$.

Aus dem System der Elastizitätsgleichungen berechnen wir die statisch Unbestimmten; anschließend erhalten wir sämtliche Stütz- und Schnittgrößen durch Überlagerung des Zustandes 0 sowie der X_i-fachen Zustände i ($i = 1$ bis 4). In Erweiterung der Formeln des Abschn. 7.2 ergibt sich für Lagerkräfte, Momente, Quer- und Längskräfte

$$\begin{bmatrix} C \\ M \\ Q \\ N \end{bmatrix} = \begin{bmatrix} C_0 \\ M_0 \\ Q_0 \\ N_0 \end{bmatrix} + \begin{bmatrix} C_1 \\ M_1 \\ Q_1 \\ N_1 \end{bmatrix} X_1 + \begin{bmatrix} C_2 \\ M_2 \\ Q_2 \\ N_2 \end{bmatrix} X_2 + \begin{bmatrix} C_3 \\ M_3 \\ Q_3 \\ N_3 \end{bmatrix} X_3 + \begin{bmatrix} C_4 \\ M_4 \\ Q_4 \\ N_4 \end{bmatrix} X_4 \qquad (7.4)$$

7.3.3 Dreimomentengleichungen

Wenn wir für die Berechnung eines Durchlaufträgers als statisch bestimmtes Grundsystem die Kette der Einfeldträger und als statisch Unbestimmte die Stützmomente annehmen (7.5), werden die Elastizitätsgleichungen zu Dreimomentengleichungen: In der Kontinuitätsbedingung für den Träger über dem Lager i erscheinen neben dem Stützmoment X_i nur – soweit vorhanden – die benachbarten Stützmomente X_{i-1} und X_{i+1}. Das Gleichungssystem nimmt dann für einen Fünffeldträger die folgende Form an:

$$\begin{bmatrix} \delta_{11} & \delta_{12} & 0 & 0 \\ \delta_{21} & \delta_{22} & \delta_{23} & 0 \\ 0 & \delta_{32} & \delta_{33} & \delta_{34} \\ 0 & 0 & \delta_{43} & \delta_{44} \end{bmatrix} \begin{Bmatrix} X_1 \\ X_2 \\ X_3 \\ X_4 \end{Bmatrix} = \begin{Bmatrix} -\delta_{10} \\ -\delta_{20} \\ -\delta_{30} \\ -\delta_{40} \end{Bmatrix} \qquad (7.3\,\mathrm{a})$$

Die Nachgiebigkeitsmatrix $\boldsymbol{\delta}$ ist darin eine Bandmatrix mit maximal drei von Null verschiedenen Elementen je Zeile.

Ausführliche Angaben zur Berechnung von Durchlaufträgern sind in Teil 2 dieses Werkes, Abschn. 11, enthalten.

7.4 Anwendungen

7.4.1 Beispiel 1: Zweifach statisch unbestimmter Rahmen

Für den in Bild 7.6 dargestellten Rahmen mit den angegebenen Belastungen sind die Momente, Längs- und Querkräfte zu bestimmen.

Um den Grad der statischen Unbestimmtheit zu bestimmen, erzeugen wir im Lager b durch Hinzufügen einer konstruktiven Bindung eine feste Einspannung und zerschneiden das System dann in Riegelmitte in zwei statisch bestimmte eingespannte Stützen mit horizontalen Kragarmen. Mit Gl. (5.1) erhalten wir

$$n = 3r - t = 3 \cdot 1 - 1 = 2$$

Als statisch Unbestimmte führen wir ein
– das Lagermoment M_a am Lager a als X_1
– den Horizontalschub H_a als X_2

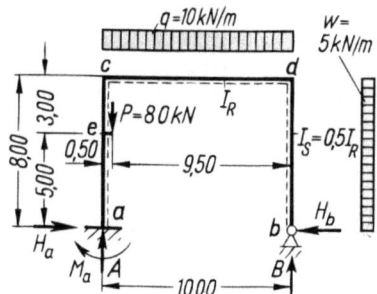

7.6 Rahmen mit Dachlast, Wind- und Kranlast

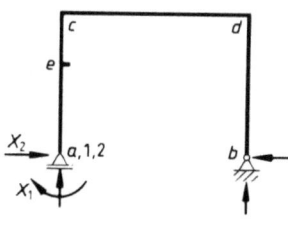

7.7 Statisch Unbestimmte

Im statisch bestimmten Grundsystem (7.7) greifen also im Punkte a die Unbestimmten X_1 und X_2 an. Die Elastizitätsgleichungen lauten (s. Abschn. 7.2)

$$\delta_{10} + X_1 \delta_{11} + X_2 \delta_{12} = 0 \qquad \text{oder} \qquad X_1 \delta_{11} + X_2 \delta_{12} = -\delta_{10}$$
$$\delta_{20} + X_1 \delta_{21} + X_2 \delta_{22} = 0 \qquad \qquad X_1 \delta_{21} + X_2 \delta_{22} = -\delta_{20}$$

In diesen Gleichungen sind die Beiwerte der statisch Unbestimmten X_1 und X_2, die Vorzahlen δ_{11}, $\delta_{12} = \delta_{21}$ und δ_{22}, von der Belastung unabhängig. Dagegen sind die Verschiebungsgrößen δ_{10} und δ_{20} für die gegebenen Belastungen q, w und P zu bestimmen.

δ_{11} ist die Verdrehung im Punkt a, in dem die statisch Unbestimmte X_1 angreift, infolge der statisch Unbestimmten X_1

δ_{12} ist die Verdrehung des Punktes a, in dem das statisch unbestimmte Moment X_1 angreift, infolge der statisch Unbestimmten X_2

δ_{21} ist die Verschiebung des Punktes a, in dem die statisch unbestimmte Kraft X_2 angreift, infolge der statisch Unbestimmten X_1

δ_{22} ist die Verschiebung des Punktes a, in dem die statisch Unbestimmte X_2 angreift, infolge der statisch Unbestimmten X_2

Allgemein gilt mit m und n als Fußzeigern: δ_{mn} ist die Verschiebung (oder Verdrehung) des Punktes, in dem die Kraft (oder das Moment) X_m angreift, in Richtung von X_m infolge der statisch Unbestimmten X_n.

1. Ermittlung von δ'_{11}. Die EI_c-fache Verdrehung des Punktes a infolge $X_1 = 1$ beträgt

$$EI_c \, \delta_{11} = \delta'_{11} = \int M_1^2 \, ds \cdot I_c / I \qquad \text{m} = \text{m} \cdot \text{m}^4 / \text{m}^4$$

Mit

$I_c = I_R$ ist

für den Riegel

$l'_R = l_R \, I_c / I_R = l_R = 10 \text{ m}$

für den Stiel

$l'_S = l_S \, I_c / I_S = l_S \, I_c / 0{,}5 \, I_c$
$\qquad = 8/0{,}5 = 16 \text{ m}$

Ermittlung der M_1-Fläche (7.8)

Lagerkräfte

$$A_1 = -B_1 = -\frac{1}{l} = -\frac{1}{10{,}0} = -0{,}1 \, \frac{1}{\text{m}} \qquad H_{b1} = 0$$

Momente

$\qquad M_{a1} = +1 \qquad M_{c1} = +1 \qquad M_{d1} = 0$

Längskräfte

$\qquad$ Stiel $ac \quad N_{ac1} = +0{,}1 \qquad$ Stiel $bd \quad N_{bd1} = -0{,}1 \qquad$ Riegel $\quad N_{cd1} = 0$

Querkräfte

$\qquad$ Stiele $\quad Q_1 = 0 \qquad$ Riegel $\quad Q_{cd1} = -0{,}1$

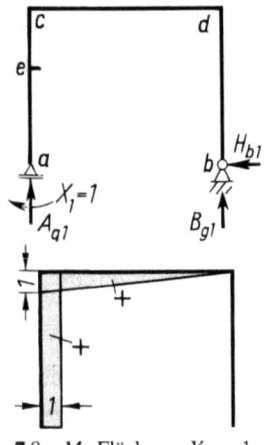

7.8 M_1-Fläche $= X_1 = 1$

7.4.1 Beispiel 1: Zweifach statisch unbestimmter Rahmen

Mit der Tafel **1.20**, Zeile 1 und Spalte a für den Stiel und Zeile 2, Spalte b für den Riegel erhält man unter Beachtung der angenommenen Verhältniswerte der Flächenmomente

$$\delta'_{11} = 1 \cdot 16 \cdot 1 \cdot 1 + 1/3 \cdot 10 \cdot 1 \cdot 1 = 16 + 3{,}33 = 19{,}33 \text{ m}$$

2. Ermittlung von δ'_{22}. Die EI_c-fache Verschiebung des Punktes a infolge $X_2 = 1$ beträgt

$$EI_c\, \delta_{22} = \delta'_{22} = \int M_2^2\, ds \cdot I_c/I \qquad \text{m}^3 = \text{m}^2 \cdot \text{m} \cdot \text{m}^4/\text{m}^4$$

Ermittlung der M_2-Fläche (7.9)

Lagerkräfte

$$A_2 = B_2 = 0 \qquad H_{b2} = X_2 = 1$$

Momente

$$M_{c2} = -1 \cdot 8{,}0 \qquad M_{d2} = -1 \cdot 8{,}0$$

Längskräfte

Stiele $N_{ac2} = N_{bd2} = 0$ \qquad Riegel $N_{cd2} = -1$

Querkräfte

Riegel $Q_{cd2} = 0$

linker Stiel $Q_{ac2} = -1$ \qquad rechter Stiel $Q_{db2} = +1$

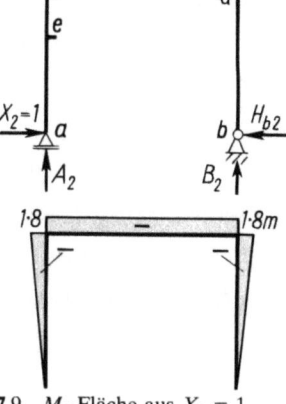

7.9 M_2-Fläche aus $X_2 = 1$

Mit Tafel **1.20** (2/b) für die Stiele und (1/a) für den Riegel erhält man

$$\delta'_{22} = 2 \cdot 1/3 \cdot 16{,}0 \cdot 8{,}0^2 + 1 \cdot 10{,}0 \cdot 8{,}0 \cdot 8{,}0$$
$$= 682{,}67 + 640 = 1322{,}67 \qquad \text{m}^3 = \text{m}^2 \cdot \text{m} \cdot \text{m}^4/\text{m}^4$$

3. Ermittlung von $\delta'_{12} = \delta'_{21}$. δ_{12} ist die Verdrehung des Punktes a infolge $X_2 = 1$ und δ_{21} ist die Verschiebung des Punktes a infolge $X_1 = 1$.

$$EI_c\, \delta_{12} = \delta'_{12} = \int M_1 M_2\, ds \cdot I_c/I \qquad \text{m}^2 = \text{m} \cdot \text{m} \cdot \text{m}^4/\text{m}^4$$

Es sind also die M_1- und die M_2-Fläche miteinander zu überlagern. Mit Tafel **1.20** (1/b) erhält man

$$\delta'_{12} = 1/2 \cdot 16{,}0 \cdot 1\,(-8{,}0) + 1/2 \cdot 10{,}0 \cdot 1\,(-8{,}0)$$
$$= -64{,}0 - 40{,}0 = -104{,}0 \qquad \text{m}^2 = \text{m} \cdot \text{m} \cdot \text{m}^4/\text{m}^4$$

4. Ermittlung von δ'_{10} und δ'_{20} infolge q. δ_{10} ist die Verdrehung des Punktes a infolge der gegebenen Belastung q in der Drehrichtung von X_1, δ_{20} ist die Verschiebung des Punktes a infolge der gegebenen Belastung q in Richtung X_2. Allgemein ist

$$EI_c\, \delta_{10} = \delta'_{10} = \int M_1 M_0\, ds \cdot I_c/I \qquad \text{kNm}^2 = \text{kNm} \cdot \text{m} \cdot \text{m}^4/\text{m}^4$$

$$EI_c\, \delta_{20} = \delta'_{20} = \int M_2 M_0\, ds \cdot I_c/I \qquad \text{kNm}^3 = \text{kNm} \cdot \text{m} \cdot \text{m} \cdot \text{m}^4/\text{m}^4$$

Infolge $q = 10$ kN/m erhält man:

Lagerkräfte

$$A_0 = B_0 = \frac{10{,}0 \cdot 10{,}0}{2} = 50{,}0 \text{ kN} \qquad H_{b0} = 0$$

Momente

$$M_{c0} = M_{d0} = 0 \qquad M_R = ql^2/8 = 10{,}0 \cdot 10^2/8 = 125{,}0 \text{ kNm}$$

Längskräfte

Stiele $N_0 = -50{,}0$ kN $\qquad$ Riegel $N_0 = 0$

Querkräfte

Stiele $Q_0 = 0$

Riegel $Q_{c0} = +50{,}0$ kN $\qquad Q_{d0} = -50{,}0$ kN

Die Überlagerung der M_0- mit der M_1-Fläche ergibt mit Tafel **1.**20 (2/g)

$$\delta'_{10} = 1/3 \cdot 10{,}0 \cdot 1{,}0 \cdot 125{,}0 \cdot 1{,}0 = 416{,}7 \text{ kNm}^2$$

die der M_0- mit der M_2-Fläche mit Tafel **1.**20 (1/g)

$$\delta'_{20} = 2/3 \cdot 10{,}0 \cdot (-8{,}0) \; 125{,}0 \cdot 1{,}0 = -6666{,}7 \text{ kNm}^2$$

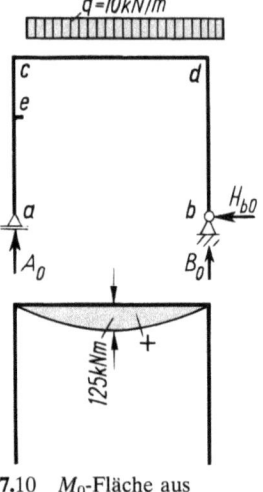

7.10 M_0-Fläche aus $q = 10$ kN/m

5. Ermittlung von δ'_{10} und δ'_{20} infolge w (7.11)

Lagerkräfte

$$A_0 = -B_0 = \frac{5{,}0 \cdot 8{,}0^2}{2 \cdot 10{,}0} = 16{,}0 \text{ kN}$$

$$H_{b0} = -5{,}0 \cdot 8{,}0 = -40{,}0 \text{ kN}$$

Momente

$$M_{c0} = 0 \qquad M_{d0} = +16{,}0 \cdot 10{,}0 = 160{,}0 \text{ kNm}$$

$$M_{z0} = -H_{b0} \cdot z - wz^2/2 = +40{,}0\, z - 2{,}5\, z^2$$

Die M_0-Fläche im Stiel ist eine quadratische Parabel mit dem Scheitel bei d

Längskräfte

Stiel ac $\quad N_0 = -16{,}0$ kN

Stiel bd $\quad N_0 = +16{,}0$ kN

Riegel $\quad N_0 = 0$

Querkräfte

Stiel ac $\quad Q_0 = 0$

Stiel bd $\quad Q_{z0} = H_{b0} + w \cdot z = -40{,}0 + 5{,}0\, z$

Riegel $\quad Q_0 = +16{,}0$ kN

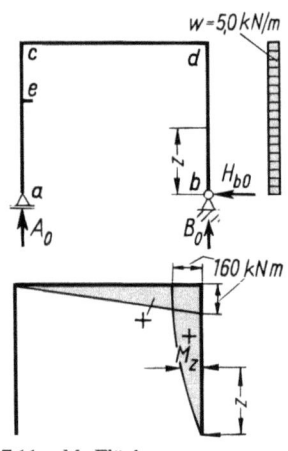

7.11 M_0-Fläche aus $w = 5{,}0$ kN/m

7.4.1 Beispiel 1: Zweifach statisch unbestimmter Rahmen

Mit Tafel **1.**20 (2/c) erhält man

$$\delta'_{10} = 1/6 \cdot 10{,}0 \cdot 160{,}0 \cdot 1{,}0 = 266{,}7 \text{ kNm}^2$$

Mit Tafel **1.**20 (1/b) für den Riegel und (2/h) für den Stiel ergibt sich

$$\delta'_{20} = 1/2 \cdot 10{,}0 \cdot (-8{,}0) \, 160{,}0 + 5/12 \cdot 16{,}0 \, (-8) \, 160{,}0$$
$$= -6400 - 8533 = -14\,933 \text{ kNm}^3$$

6. Ermittlung von δ'_{10} und δ'_{20} infolge $P = 80{,}0$ kN (7.12)

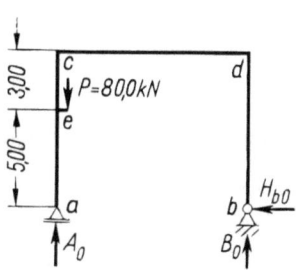

Lagerkräfte

$$A_0 = \frac{80{,}0 \cdot (10{,}0 - 0{,}5)}{10{,}0} = 76{,}0 \text{ kN}$$

$$B_0 = 80{,}0 - 76{,}0 = 4{,}0 \text{ kN} \qquad H_{b0} = 0$$

Momente

$$M_{eu0} = 0 \qquad\qquad M_{eo0} = +80{,}0 \cdot 0{,}5 = 40{,}0 \text{ kNm}$$

$$M_{c0} = 40{,}0 \text{ kNm} \qquad M_{d0} = 0$$

Längskräfte

Riegel $\quad N_0 = 0$

Stiel $ac \quad N_{ac0} = -76{,}0$ kN

Stiel $bd \quad N_{bd0} = -4{,}0$ kN

$\qquad\qquad N_{ec0} = +4{,}0$ kN

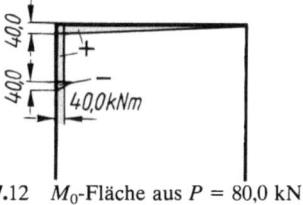

Querkräfte

Riegel $\quad Q_{d0} = Q_{c0} = -4{,}0$ kN $\qquad$ Stiele $\quad Q_0 = 0$

7.12 M_0-Fläche aus $P = 80{,}0$ kN

Nach Tafel **1.**20 (2/b) für den Riegel und (1/a) für den Stiel sowie mit $l'_{ec} = 6$ m ergibt sich

$$\delta'_{10} = 1/3 \cdot 10{,}0 \cdot 1 \cdot 40{,}0 + 1 \cdot 6{,}0 \cdot 1 \cdot 40{,}0 = 133{,}3 + 240 = 373{,}3 \text{ kNm}^2$$

Mit Tafel **1.**20 (1/b) für den Riegel und (1/d) für den Stiel erhält man

$$\delta'_{20} = 1/2 \cdot 10{,}0 \, (-8{,}0) \, 40{,}0 + 1/2 \cdot 6{,}0 \cdot 40{,}0 \, (-8{,}0 - 5{,}0)$$
$$= -1600 - 1560 = -3160 \text{ kNm}^3$$

7. Ermittlung der statisch Unbestimmten X_1 und X_2. Wir schreiben das Gleichungssystem unter Zuhilfenahme von Matrizen hin:

$$\begin{bmatrix} \delta'_{11} & \delta'_{12} \\ \delta'_{21} & \delta'_{22} \end{bmatrix} \cdot \begin{bmatrix} X_{1q} & X_{1w} & X_{1P} \\ X_{2q} & X_{2w} & X_{2P} \end{bmatrix} = - \begin{bmatrix} \delta'_{10q} & \delta'_{10w} & \delta'_{10P} \\ \delta'_{20q} & \delta'_{20w} & \delta'_{20P} \end{bmatrix}$$

$$\begin{bmatrix} 19{,}33 & -104 \\ -104 & 1322{,}7 \end{bmatrix} \cdot \begin{bmatrix} X_{1q} & X_{1w} & X_{1P} \\ X_{2q} & X_{2w} & X_{2P} \end{bmatrix} = - \begin{bmatrix} 416{,}7 & 266{,}7 & 373{,}3 \\ -6666{,}7 & -14\,933 & -3160 \end{bmatrix}$$

In mathematischer Kurzschrift nimmt es die folgende Form an:

$$\boldsymbol{\delta'} X = -\boldsymbol{\delta'_0}$$

Die Lösung erhalten wir, indem wir von der EI_c-fachen Nachgiebigkeitsmatrix $\boldsymbol{\delta'}$ die Kehr- oder inverse Matrix $(\boldsymbol{\delta'})^{-1}$ bilden und diese mit der negativen Matrix der EI_c-fachen Lastglieder $-\boldsymbol{\delta'_0}$ multiplizieren:

$$X = (\boldsymbol{\delta'})^{-1} (-\boldsymbol{\delta'_0})$$

Es ergibt sich

$$\begin{bmatrix} X_{1q} & X_{1w} & X_{1P} \\ X_{2q} & X_{2w} & X_{2P} \end{bmatrix} = \begin{bmatrix} 9,6 & 81,4 & -11,2 \\ 5,8 & 17,7 & 1,5 \end{bmatrix}$$

8. Endgültige Stütz- und Schnittgrößen

Die Stütz- und Schnittgrößen des wirklichen Systems erhalten wir mit Hilfe von Gl. (7.2); die Berechnung der einzelnen Werte erfolgt zweckmäßigerweise in einer Tafel (**7.13**).

Tafel 7.13 Berechnung der Stütz- und Schnittgrößen (Kräfte in kN, Momente in kNm)

Zustand	0			1	2	wirkliches System		
Stütz- oder Schnittgröße	Lastfall					Lastfall		
	q	w	P			q	w	P
A	50	16	76	−0,1	0	49	7,9	77,12
B	50	−16	4	0,1	0	51	−7,9	2,88
H_a	0	0	0	0	1	5,8	17,7	1,5
H_b	0	−40	0	0	1	5,8	−22,3	1,5
M_a	0	0	0	1	0	9,6	81,4	−11,2
M_{eu}	0	0	0	1	−5	−19,4	−7,1	−18,7
M_{eo}	0	0	40	1	−5	−19,4	−7,1	21,3
M_c	0	0	40	1	−8	−36,8	−60,2	16,8
M_d	0	160	0	0	−8	−46,4	18,4	−12
Q_{ac}	0	0	0	0	−1	−5,8	−17,7	−1,5
Q_{bo}	0	−40	0	0	1	5,8	−22,3	1,5
Q_{du}	0	0	0	0	1	5,8	17,7	1,5
Q_{cr}	50	16	−4	−0,1	0	49	7,9	−2,88
Q_{dl}	−50	16	−4	−0,1	0	−51	7,9	−2,88
N_{ae}	−50	−16	−76	0,1	0	−49	−7,9	−77,12
N_{ec}	−50	−16	4	0,1	0	−49	−7,9	2,88
N_{bd}	−50	16	−4	−0,1	0	−51	7,9	−2,88
N_{cd}	0	0	0	0	−1	−5,8	−17,7	−1,5

Zur Erläuterung dieser Tafel rechnen wir die für die Lagerkraft A angegebenen Werte vor: Allgemein gilt

$$A = A_0 + A_1 X_1 + A_2 X_2$$

Für die Lastfälle q, w, P erhalten wir

$$A_q = A_{0q} + A_{1q} X_{1q} + A_{2q} X_{2q} = 50 - 0,1 \cdot 9,6 + 0 \cdot 5,8 \quad = 49 \text{ kN}$$

$$A_w = A_{0w} + A_{1w} X_{1w} + A_{2w} X_{2w} = 16 - 0,1 \cdot 81,4 + 0 \cdot 17,7 = 7,9 \text{ kN}$$

$$A_P = A_{0P} + A_{1P} X_{1P} + A_{2P} X_{2P} = 76 - 0,1 \, (-11,2) + 0 \cdot 1,5 = 77,12 \text{ kN}$$

Die Zustandsflächen zeigt Bild **7.14**.

7.4.2 Beispiel 2: Symmetrischer eingespannter Rahmen mit lotrechten Stielen ...

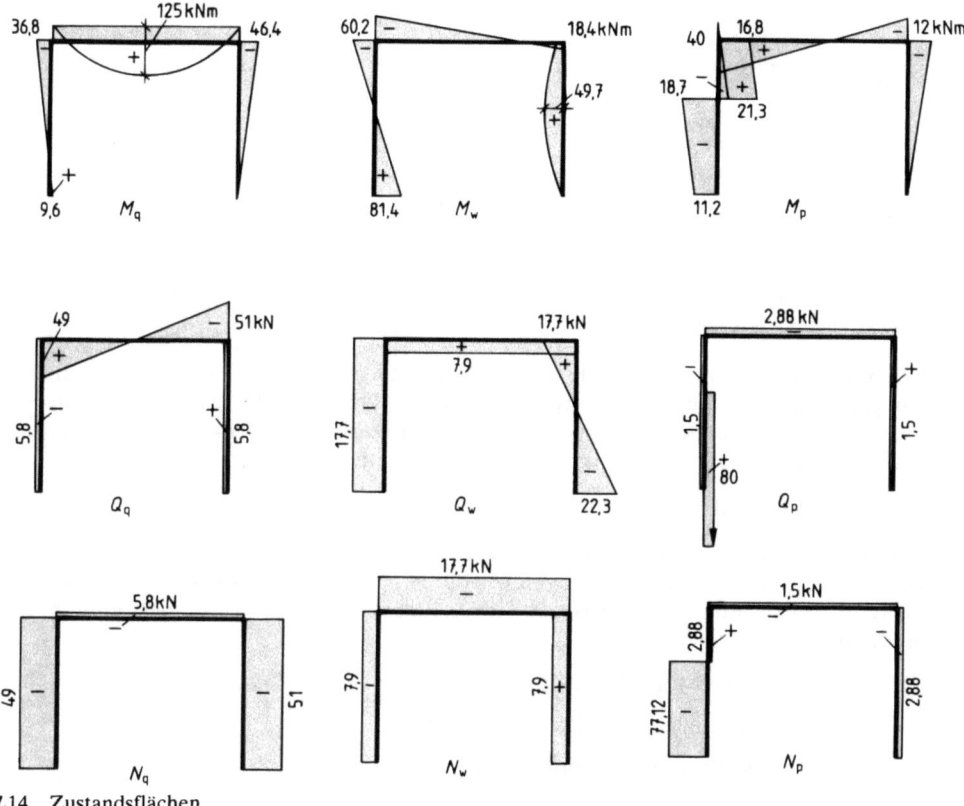

7.14 Zustandsflächen

7.4.2 Beispiel 2: Symmetrischer eingespannter Rahmen mit lotrechten Stielen und waagerechtem Riegel

1. Aufgabenstellung

Gegeben ist der Rahmen nach Bild **7.**15 mit Gleichlast q auf dem Riegel und Wind-Einzellast W an der Ecke c. Gesucht sind die M-, N- und Q-Flächen.

2. Systemwerte, statisch bestimmtes Grundsystem

Der Berechnung sind die folgenden Werte zugrunde zu legen:

$$\text{Riegel: } I_R = 44{,}5 \text{ dm}^4, \quad \text{Stiele: } I_S = 34{,}5 \text{ dm}^4$$

Wir setzen $I_c = I_R$ und erhalten damit

$$l' = l \; I_c/I_R = l \qquad = 6{,}50 \text{ m},$$
$$h' = h \; I_c/I_S = 4{,}50 \cdot 44{,}50/34{,}5 = 5{,}80 \text{ m}$$

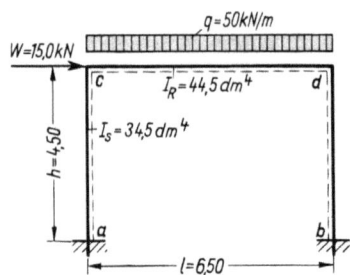
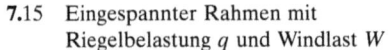

7.15 Eingespannter Rahmen mit Riegelbelastung q und Windlast W

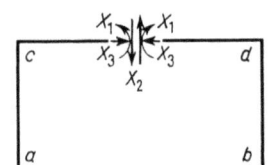

7.16 Statisch Unbestimmte X_1, X_2 und X_3

Der Rahmen ist **dreifach statisch unbestimmt**: Gemäß Gl. (5.1) brauchen zusätzliche Bindungen nicht eingeführt zu werden, da beide Rahmenstiele fest eingespannt sind ($t = 0$); ein Schnitt durch den Riegel ($r = 1$) beseitigt drei konstruktive Bindungen und erzeugt zwei statisch bestimmte Stützen mit waagerechten Kragarmen. Es ergibt sich also

$$n = 3 \cdot 1 - 0 = 3.$$

Um die Symmetrie des Systems für die Berechnung der Verschiebungsgrößen δ'_{ij} und δ'_{i0} auszunutzen (s. Ziffer 4 und 5), erzeugen wir durch einen Schnitt in Riegelmitte ein **symmetrisches statisch bestimmtes Grundsystem**; die statisch Unbestimmten sind dann (7.16)

$$\text{das Moment in Riegelmitte} \quad M_m = X_1,$$
$$\text{die Querkraft in Riegelmitte} \quad Q_m = X_2,$$
$$\text{die Längskraft in Riegelmitte} \quad N_m = X_3.$$

3. Einheitsbelastungszustände

Die Einheitsbelastungszustände und ihre M-Flächen zeigen die Bilder 7.17, 7.18, 7.19. Die zugehörigen Stütz- und Schnittgrößen sind so einfach zu berechnen, daß wir sie gleich in die Spalten „Zustand 1, 2, 3" der Tafel 7.23 eintragen.

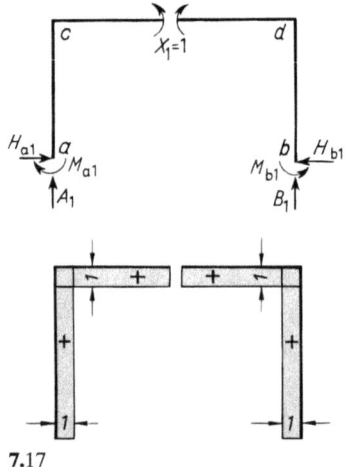

7.17

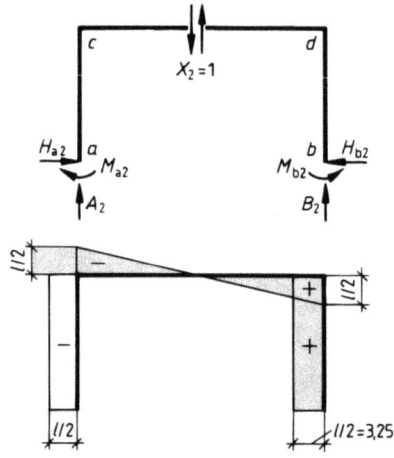

7.18 M_2-Fläche infolge $X_2 = 1$

7.4.2 Beispiel 2: Symmetrischer eingespannter Rahmen mit lotrechten Stielen ...

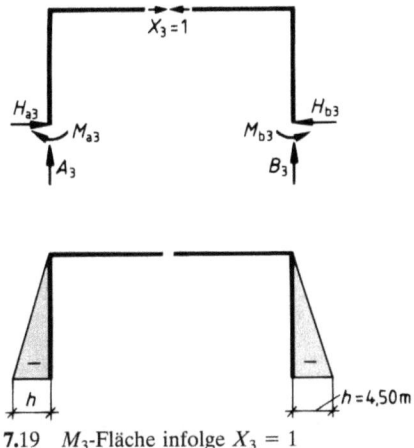

7.19 M_3-Fläche infolge $X_3 = 1$

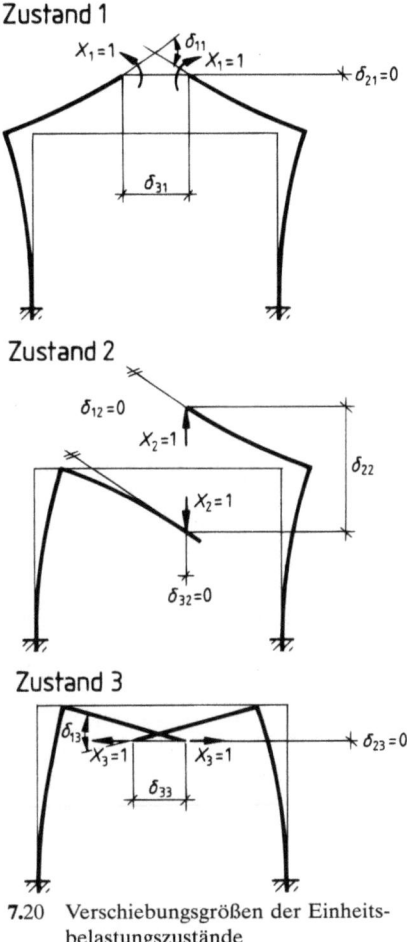

7.20 Verschiebungsgrößen der Einheitsbelastungszustände

4. Berechnung der Vorzahlen $\delta'_{ij} = EI\,\delta_{ij}$

M_1- und M_3-Fläche sind wie der Rahmen selbst **symmetrisch** zur Lotrechten durch die Riegelmitte; die M_2-Fläche ist zur selben Achse **antimetrisch**, d.h. symmetrisch liegende Punkte der Trägerachse erhalten im Zustand 3 Momente mit dem gleichen absoluten Betrag, jedoch mit umgekehrtem Vorzeichen. Wie sich nun leicht durch Berechnen der entsprechenden Vorzahlen zeigen läßt, ergibt die **Kombination einer symmetrischen und einer antimetrischen Momentenfläche** nach Gl. (1.9) den Wert **Null**; anders ausgedrückt: Die Integration über die linke Tragwerkshälfte ergibt einen Zahlenwert mit demselben absoluten Betrag wie die Integration über die rechte Tragwerkshälfte; beide Zahlenwerte erhalten aber verschiedene Vorzeichen. In unserem Beispiel gilt also $\delta'_{12} = \delta'_{21} = \delta'_{23} = \delta'_{32} = 0$. Diese Tatsache läßt sich hinsichtlich der Schnittflächen in Riegelmitte geometrisch folgendermaßen deuten:

> Im Zustand 2 gibt es keine gegenseitige Verdrehung,
>
> im Zustand 1 gibt es keine gegenseitige lotrechte Verschiebung,
>
> im Zustand 3 gibt es keine gegenseitige lotrechte Verschiebung, und
>
> im Zustand 2 gibt es keine gegenseitige waagerechte Verschiebung.

Sämtliche Verschiebungsgrößen der Einheitsbelastungszustände sind in Bild **7.**20 anschaulich dargestellt. Die Berechnung der von Null verschiedenen Vorzahlen ergibt

$\delta'_{11} = \int M_1^2 \, dx \, I_c/I = 1 \cdot 6{,}50 \cdot 1 \cdot 1 + 2 \cdot 1 \cdot 5{,}80 \cdot 1 \cdot 1 = 18{,}11 \text{ m}$

$\delta'_{13} = \int M_1 M_3 \, dx \, I_c/I = 2 \cdot 0{,}5 \cdot 5{,}80 \cdot 1 \, (-4{,}5) = -26{,}12 \text{ m}^2 = \delta'_{31}$

$\delta'_{22} = \int M_2^2 \, dx \, I_c/I = 2 \cdot 1/3 \cdot 6{,}5/2 \cdot (6{,}5/2)^2$
$\qquad\quad + 2 \cdot 1 \cdot 5{,}80 \, (6{,}5/2)^2 = 22{,}85 + 122{,}5 = 145{,}5 \text{ m}^3$

$\delta'_{33} = \int M_3^2 \, dx \, I_c/I = 2 \cdot 1/3 \cdot 5{,}80 \cdot 4{,}5^2 = 78{,}36 \text{ m}^3$

5. Zustände 0, Berechnung der Lastglieder $\delta'_{i0} = EI_c \, \delta_{i0}$

Belastungen und M_0-Flächen sind in den Bildern **7.21** und **7.22** dargestellt; die zugehörigen Quer- und Längskräfte zeigt Tafel **7.23**.

Gleichlast auf dem Riegel (**7.21**):

$\delta'_{10q} = \int M_1 M_0 \, dx \, I_c/I = 1/3 \cdot 6{,}5 \cdot 1 \, (-264) + 2 \cdot 5{,}80 \cdot 1 \, (-264) = -3637 \text{ kNm}^2$

$\delta'_{20q} = 0$, da die M_1-Fläche antimetrisch und die M_{0q}-Fläche symmetrisch ist

$\delta'_{30q} = \int M_3 M_0 \, dx \, I_c/I = 2 \cdot 1/2 \cdot 5{,}80 \, (-4{,}5) \, (-264) = 6895{,}6 \text{ kNm}^3$

Windlast (**7.22**):

$\delta'_{10W} = \int M_1 M_0 \, dx \, I_c/I = 1/2 \cdot 5{,}80 \cdot 1 \, (-67{,}5) = -195{,}9 \text{ kNm}^2$

$\delta'_{20W} = \int M_2 M_0 \, dx \, I_c/I = 1/2 \cdot 5{,}80 \, (-6{,}5/2) \, (-67{,}5) = 636{,}7 \text{ kNm}^3$

$\delta'_{30W} = \int M_3 M_0 \, dx \, I_c/I = 1/3 \cdot 5{,}80 \, (-4{,}5) \, (-67{,}5) = 587{,}7 \text{ kNm}^3$

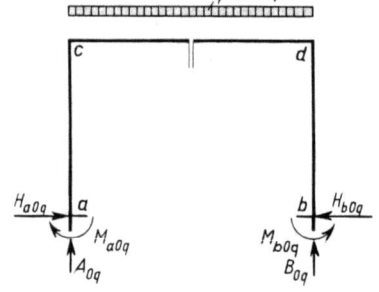
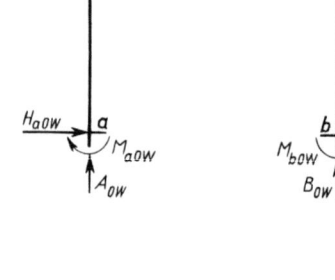
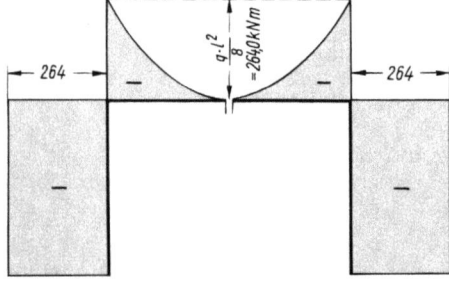
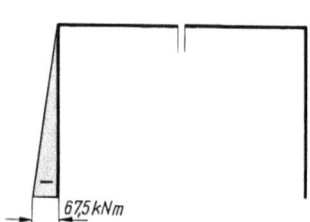

7.21 M_0-Fläche infolge q

7.22 M_0-Fläche infolge W'

7.4.2 Beispiel 2: Symmetrischer eingespannter Rahmen mit lotrechten Stielen ...

6. System der Elastizitätsgleichungen und Lösung

In der Matrizenschreibweise sieht das System der Elastizitätsgleichungen folgendermaßen aus:

$$\begin{bmatrix} \delta'_{11} & \delta'_{12} & \delta'_{13} \\ \delta'_{21} & \delta'_{22} & \delta'_{23} \\ \delta'_{31} & \delta'_{32} & \delta'_{33} \end{bmatrix} \begin{bmatrix} X_{1q} & X_{1W} \\ X_{2q} & X_{2W} \\ X_{3q} & X_{3W} \end{bmatrix} = - \begin{bmatrix} \delta'_{10q} & \delta'_{10W} \\ \delta'_{20q} & \delta'_{20W} \\ \delta'_{30q} & \delta'_{30W} \end{bmatrix}$$

$$\boldsymbol{\delta}' \cdot \boldsymbol{X} = -\boldsymbol{\delta}'_0$$

$$\begin{bmatrix} 18{,}11 & 0 & -26{,}12 \\ 0 & 145{,}5 & 6 \\ -26{,}12 & 0 & 78{,}36 \end{bmatrix} \begin{bmatrix} X_{1q} & X_{1W} \\ X_{2q} & X_{2W} \\ X_{3q} & X_{3W} \end{bmatrix} = \begin{bmatrix} 3637 & 195{,}9 \\ 0 & -636{,}7 \\ -6895{,}6 & -587{,}7 \end{bmatrix}$$

Die Lösung erhalten wir, indem wir von der EI_c-fachen Nachgiebigkeitsmatrix $\boldsymbol{\delta}'$ die Kehr- oder inverse Matrix $(\boldsymbol{\delta}')^{-1}$ bilden und diese mit der negativen Matrix der EI_c-fachen Lastglieder $-\boldsymbol{\delta}'_0$ multiplizieren:

$$\boldsymbol{X} = (\boldsymbol{\delta}')^{-1}(-\boldsymbol{\delta}'_0)$$

Das Ergebnis lautet

$$\begin{bmatrix} X_{1q} & X_{1W} \\ X_{2q} & X_{2W} \\ X_{3q} & X_{3W} \end{bmatrix} = \begin{bmatrix} 142{,}3 \text{ kNm} & 0 \text{ kNm} \\ 0 \text{ kN} & -4{,}38 \text{ kN} \\ -40{,}55 \text{ kN} & -7{,}50 \text{ kN} \end{bmatrix}$$

7. Berechnung der Stütz- und Schnittgrößen des wirklichen Systems

Wir berechnen die Stütz- und Schnittgrößen des wirklichen Systems in der Tafel **7.23**; dabei benutzen wir sinngemäß die Gl. (7.4). Zur Erläuterung schreiben wir für das Moment M_a den Gang der Berechnung ausführlich hin.

Tafel **7.23** Berechnung der Stütz- und Schnittgrößen (Kräfte in kN, Momente in kNm)

Zustand	0		1	2	3	wirkliches System	
Stütz- oder Schnittgröße	Lastfall					Lastfall	
	q	W				q	W
A	162,5	0	0	1	0	162,5	−4,38
H_a	0	−15	0	0	−1	40,55	−7,50
M_a	−264	−67,5	1	−3,25	−4,5	60,85	−19,52
B	162,5	0	0	−1	0	162,5	4,38
H_b	0	0	0	0	−1	40,55	7,50
M_b	−264	0	1	3,25	−4,5	60,78	19,52
M_c	−264	0	1	−3,25	0	−121,7	14,24
M_d	−264	0	1	3,25	0	−121,7	−14,24
Q_{ac}	0	15	0	0	1	−40,55	−7,50
Q_{bd}	0	0	0	0	−1	40,55	7,50
Q_{cr}	162,5	0	0	1	0	162,5	−4,38
Q_{dl}	−162,5	0	0	1	0	−162,5	−4,38
N_{ac}	−162,5	0	0	−1	0	−162,5	4,38
N_{bd}	−162,5	0	0	1	0	−162,5	−4,38
N_{cd}	0	0	0	0	1	−40,55	−7,50

$$M_a = M_{a0} + M_{a1}X_1 + M_{a2}X_2 + M_{a3}X_3$$

$$M_{aq} = -264 + 1 \cdot 142{,}3 + (-3{,}25)\,0 + (-4{,}5)\,(-40{,}55) = 60{,}78 \text{ kNm}$$

$$M_{aW} = -67{,}5 + 1 \cdot 0 + (-3{,}25)\,(-4{,}38) + (-4{,}5)\,(-7{,}50) = -19{,}52 \text{ kNm}$$

Die Bilder **7.24** und **7.25** zeigen die Zustandsflächen.

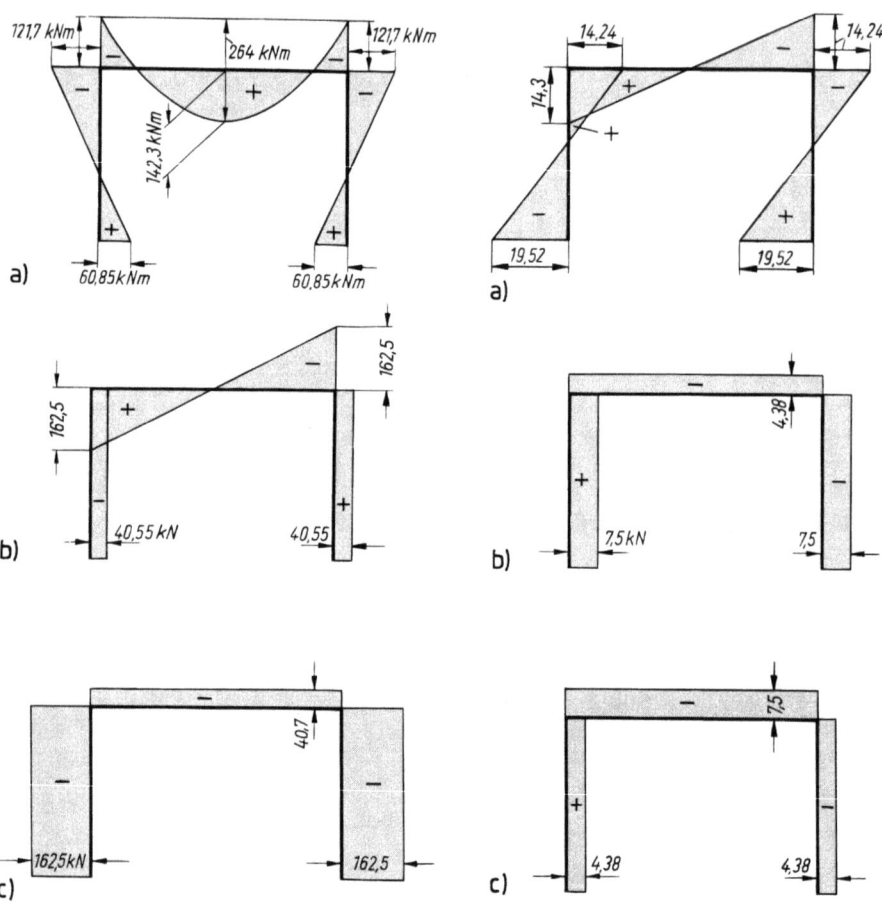

7.24 Zustandsflächen für Riegelbelastung
  a) M-Fläche infolge q
  b) Q-Fläche infolge q
  c) N-Fläche infolge q

7.25 Zustandsflächen für Windlast W
  a) M-Fläche infolge W
  b) Q-Fläche infolge W
  c) N-Fläche infolge W

8. Kontrolle

Eine einfache Kontrolle ist mit Hilfe der Rahmenformeln möglich ([1], [9]):

Mit $c = I_R\, h/(I_S\, l) = 44{,}5 \cdot 4{,}5/(34{,}5 \cdot 6{,}5) = 0{,}8930$ erhalten wir für die Belastung q

$A = B = ql/2 = 50 \cdot 6{,}50/2 = 162{,}5$ kN

$H_a = H_b = ql^2/(4h(c+2)) = 50 \cdot 6{,}5^2/(4 \cdot 4{,}5(0{,}8930+2)) = 40{,}55$ kN

$M_a = M_b = ql^2/(12(c+2)) = 50 \cdot 6{,}5^2/(12(0{,}8930+2)) = 60{,}85$ kNm

und für die Belastung durch W

$A = -B = -3\,Whc/(l(6c+1))$
$= -3 \cdot 15 \cdot 4{,}50 \cdot 0{,}8930/(6{,}50(6 \cdot 0{,}9830+1)) = -4{,}38$ kN

$M_a = -M_b = -Wh(3c+1)/(2(6c+1))$
$= -15 \cdot 4{,}5(3 \cdot 0{,}8930+1)/(2(6 \cdot 0{,}8930+1)) = -19{,}53$ kNm

$M_c = -M_d = 3\,Whc/(2(6c+1))$
$= 3 \cdot 15 \cdot 4{,}5 \cdot 0{,}8930/(2(6 \cdot 0{,}8930+1)) = 14{,}22$ kNm

7.4.3 Beispiel 3: Symmetrischer eingespannter Rahmen mit geneigten Stielen

1. Aufgabenstellung

Gegeben ist der Rahmen nach Bild **7.26** mit lotrechter Gleichlast auf der linken Hälfte des Riegels. Gesucht sind die Stütz- und Schnittgrößen.

2. Systemwerte, statisch bestimmtes Grundsystem

Der Berechnung sind die folgenden Querschnittswerte zugrunde zu legen:

Riegel: $I_R = 44{,}5$ dm^4, Stiele $I_S = 34{,}5$ dm^4

Wir setzen $I_c = I_R$ und erhalten damit
die reduzierte Riegellänge

$l'_R = l_R\,I_c/I_R = l_R = 3{,}5$ m,

die reduzierte Stiellänge

$l'_S = l_{ac}\,I_c/I_S = l_{bd}\,I_c/I_S = h/\cos \alpha \cdot I_c/I_S$

und weiter mit $\alpha = \arctan(1{,}5/3{,}5) = 18{,}43°$

$l'_S = 4{,}5/\cos 18{,}43° \cdot 44{,}5/34{,}5 = 6{,}118$ m

Der Rahmen ist wie der des Beispiels 2 **dreifach statisch unbestimmt**. In Übereinstimmung mit diesem Beispiel erzeugen wir das statisch bestimmte Grundsystem durch einen **Schnitt in Riegelmitte** und setzen als statisch Unbestimmte an (**7.27**)

das Moment in Riegelmitte $\quad M_m = X_1$,

die Querkraft in Riegelmitte $\quad Q_m = X_2$,

die Längskraft in Riegelmitte $\quad N_m = X_3$.

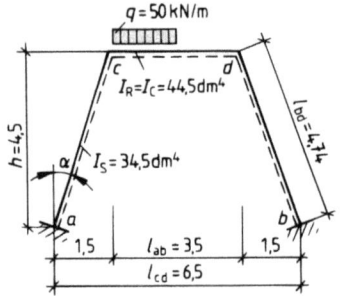

7.26 Eingespannter Rahmen mit geneigten Stielen

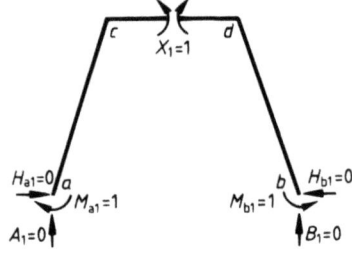

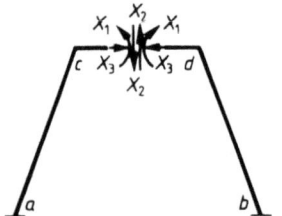

7.27 Statisch Unbestimmte in der Riegelmitte

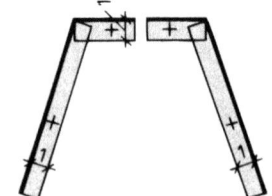

7.28 M_1-Fläche infolge $X_1 = 1$
Quer- und Längskräfte treten nicht auf

3. Einheitsbelastungszustände und Vorzahlen δ'_{ij}

Bild 7.28 zeigt den Zustand 1 und die zugehörige Momentenfläche; Quer- und Längskräfte treten nicht auf. In den Bildern 7.29 und 7.30 sind die Zustände 2 und 3 einschließlich ihrer Stütz- und Schnittgrößen dargestellt. Die für das Berechnen der endgültigen Stütz- und Schnittgrößen ausgezeichneter Punkte erforderlichen Zustandsgrößen sind in Tafel 7.32 zusammengestellt.

Die Vorzahlen δ'_{ij} ergeben sich aus den Momentenflächen der Einheitsbelastungszustände wie folgt:

$$\delta'_{11} = \int M_1^2 \, I_c/I \cdot dx \quad [\text{Tafel } \mathbf{1.20}, 10/a]$$

$$= 1 \cdot 3{,}5 \cdot 1 \cdot 1 + 2 \cdot 1 \cdot 6{,}118 \cdot 1 \cdot 1 = 15{,}74$$

$$\delta'_{12} = \int M_1 M_2 \, I_c/I \cdot dx = 0 = \delta'_{21},$$

da die M_1-Fläche symmetrisch und die M_2-Fläche antimetrisch ist;

$$\delta'_{13} = \int M_1 M_3 \, I_c/I \cdot dx \quad [\text{Tafel } \mathbf{1.20}, 1/b]$$

$$= 2 \cdot 1/2 \cdot 6{,}118 \cdot 1 \, (-4{,}5) = -27{,}53 = \delta'_{31}$$

$$\delta'_{22} = \int M_2^2 \, I_c/I \cdot dx \quad [\text{Tafel } \mathbf{1.20}, 10/b]$$

$$= 2 \cdot 1/3 \cdot 1{,}75 \cdot 1{,}75 \cdot 1{,}75 + 2 \cdot 1/3 \cdot 6{,}118 \, (1{,}75^2 + 1{,}75 \cdot 3{,}25 + 3{,}25^2)$$

$$= 3{,}57 + 78{,}77 = 82{,}34$$

$$\delta'_{23} = \int M_2 M_3 \, I_c/I \cdot dx = 0 = \delta'_{32}$$

7.4.3 Beispiel 3: Symmetrischer eingespannter Rahmen mit geneigten Stielen

da die M_2-Fläche antimetrisch und die M_3-Fläche symmetrisch ist;

$$\delta'_{33} = \int M_3^2 \, I_c/I \cdot dx \text{ [Tafel 1.20, 10/b]}$$
$$= 2 \cdot 1/3 \cdot 6{,}118 \cdot 4{,}5^2 = 82{,}59$$

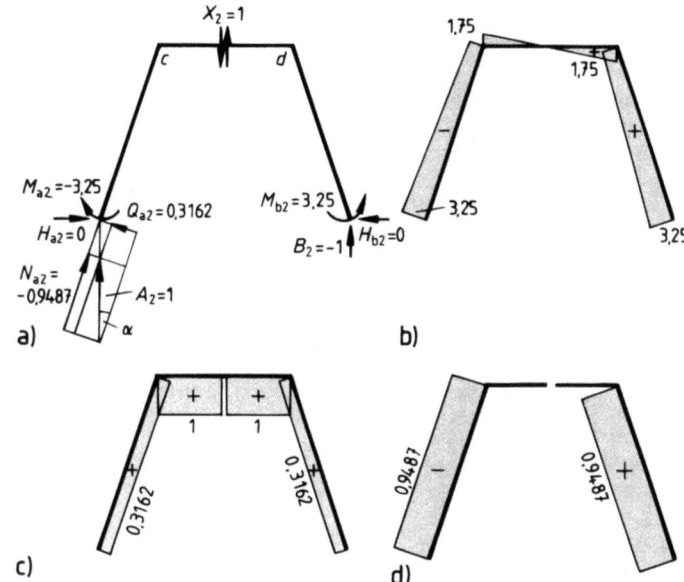

7.29 Zustand 2
a) Belastung und Stützgrößen
b) Momente
c) Querkräfte
d) Längskräfte

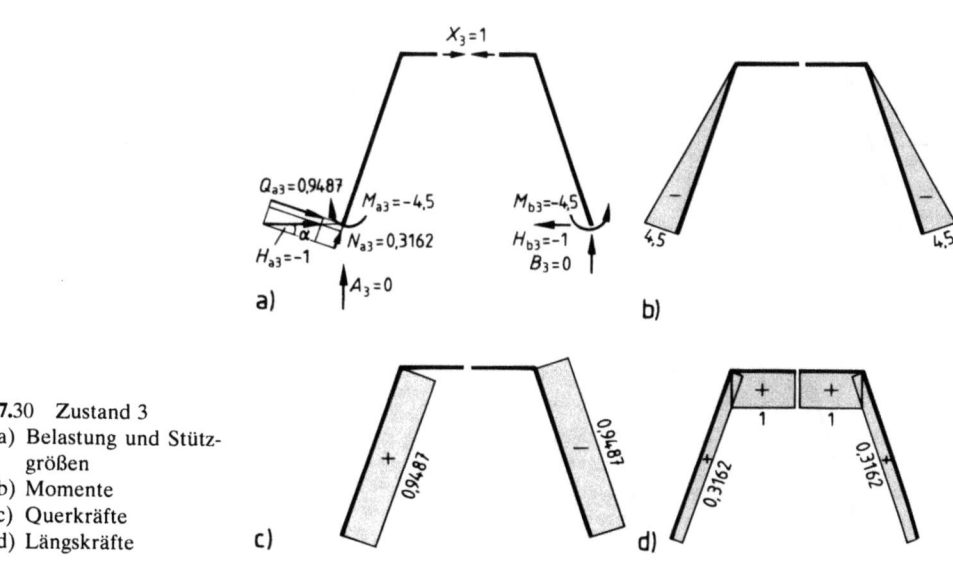

7.30 Zustand 3
a) Belastung und Stützgrößen
b) Momente
c) Querkräfte
d) Längskräfte

4. Zustand 0 und Belastungsglieder δ'_{i0}

Bild 7.31 zeigt den Zustand 0 und seine Zustandsgrößen; die EI_c-fachen Lastglieder nehmen die folgenden Werte an:

$$\delta'_{10} = \int M_1 M_0 \, I_c/I \cdot dx \quad \text{[Tafel 1.20, 1/k und 1/d]}$$

$$= 1/3 \cdot 1{,}75 \cdot 1 \, (-76{,}56) + 1/2 \cdot 6{,}118 \cdot 1 \, (-76{,}56 - 207{,}81)$$

$$= -44{,}66 - 869{,}89 = -914{,}55$$

$$\delta'_{20} = \int M_2 M_0 \, I_c/I \cdot dx \quad \text{[Tafel 1.20, 2/k und 3/d]}$$

$$= 1/4 \cdot 1{,}75 \, (-1{,}75) \, (-76{,}56)$$
$$+ 1/6 \cdot 6{,}118 \, \{-1{,}75 \, [2 \, (-76{,}56) - 207{,}81]$$
$$+ (-3{,}25) \, [-76{,}56 + 2 \, (-207{,}81)]\}$$
$$= 58{,}62 + 2275{,}09 = 2333{,}71$$

$$\delta'_{30} = \int M_3 M_0 \, I_c/I \cdot dx \quad \text{[Tafel 1.20, 2/d]}$$

$$= 1/6 \cdot 6{,}118 \, (-4{,}5) \, (2 \, (-207{,}81) - 76{,}56)$$

$$= 2258{,}37$$

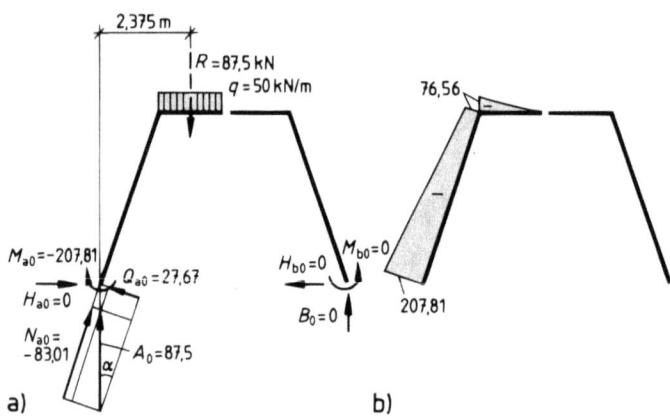

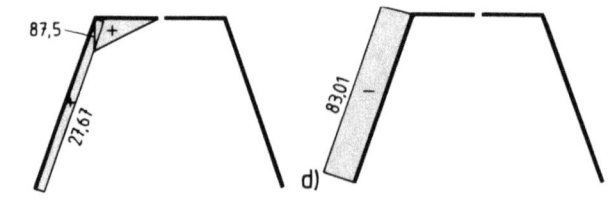

7.31 Zustand 0
a) Belastung und Stützgrößen
b) Momente
c) Querkräfte
d) Längskräfte

7.4.3 Beispiel 3: Symmetrischer eingespannter Rahmen mit geneigten Stielen   179

5. Gleichungssystem und Lösung

Mit den in den Textziffern 3 und 4 ermittelten Verschiebungsgrößen erhalten wir das folgende Gleichungssystem:

$$X_1 \cdot 15{,}74 + X_2 \cdot 0 + X_3 (-27{,}53) - 914{,}55 = 0$$
$$X_1 \cdot 0 + X_2 \cdot 82{,}34 + X_3 \cdot 0 + 2333{,}71 = 0$$
$$X_1 (-27{,}53) + X_2 \cdot 0 + X_3 \cdot 82{,}59 + 2258{,}37 = 0$$

Schreiben wir die Vorzahlen als Nachgiebigkeitsmatrix und die Unbekannten und Lastglieder als Spaltenvektoren, nimmt es die folgende Form an:

$$\begin{bmatrix} 15{,}74 & 0 & -27{,}53 \\ 0 & 82{,}34 & 0 \\ -27{,}53 & 0 & 82{,}59 \end{bmatrix} \begin{bmatrix} X_1 \\ X_2 \\ X_3 \end{bmatrix} = \begin{bmatrix} 914{,}55 \\ -2333{,}71 \\ -2258{,}37 \end{bmatrix}$$

Es hat die Lösung

$$X_1 = 24{,}65 \text{ kNm}, \qquad X_2 = -28{,}34 \text{ kN}, \qquad X_3 = -19{,}13 \text{ kN}$$

6. Berechnung der Stütz- und Schnittgrößen des wirklichen Systems

Wir berechnen die Zustandsgrößen des wirklichen Systems in Tafel **7.32**; dabei benutzen wir sinngemäß Gl. (7.4). Zur Erläuterung der Tafel schreiben wir die Berechnung des Einspannmoments M_a ausführlich hin.

Tafel **7.32** Berechnung der Stütz- und Schnittgrößen des wirklichen Systems (Kräfte in kN, Momente in kNm)

Zustand	0	1	2	3	wirkliches System
Stütz- oder Schnittgröße					
A	87,5	0	1	0	59,16
H_a	0	0	0	−1	19,13
M_a	−207,81	1	−3,25	−4,5	−4,97
B	0	0	−1	0	28,34
H_b	0	0	0	−1	19,13
M_b	0	1	3,25	−4,5	18,63
M_c	−76,56	1	−1,75	0	−2,32
M_m	0	1	0	0	24,65
M_d	0	1	1,75	0	−24,95
Q_{ac}	27,67	0	0,3162	0,9487	0,56
Q_{bd}	0	0	0,3162	−0,9487	9,19
Q_{cr}	87,5	0	1	0	59,16
Q_{dl}	0	0	1	0	−28,34
N_{ac}	−83,01	0	−0,9487	0,3162	−62,17
N_{bd}	0	0	0,9487	0,3162	−32,94
N_{cd}	0	0	0	1	−19,13
		$X_1 = 24{,}65$ kNm	$X_2 = -28{,}34$ kN	$X_3 = -19{,}13$ kN	

$$M_a = M_{a0} + M_{a1}X_1 + M_{a2}X_2 + M_{a3}X_3$$
$$= -207{,}81 + 1 \cdot 24{,}65 + (-3{,}25)(-28{,}34)$$
$$+ (-4{,}5)(-19{,}13)$$
$$= -4{,}97 \text{ kNm}$$

Beim Übergang vom statisch bestimmten Hauptsystem zum wirklichen System vermindert sich also das linke Einspannmoment um ca. 98%. Die Forderung, daß das Tragverhalten des statisch bestimmten Hauptsystems sich möglichst wenig vom Tragverhalten des wirklichen Systems unterscheiden soll, wird demnach von dem gewählten statisch bestimmten Hauptsystem nicht erfüllt. Die unter Textziffer 7 durchgeführte Formänderungskontrolle zeigt jedoch, daß die Berechnung ausreichend genau ist.

Das maximale Riegelmoment ist in Tafel **7**.32 nicht erfaßt; es tritt auf an der Stelle

$$x = Q_{cr}/q = 59{,}16/50 = 1{,}18 \text{ m}$$

rechts von der Ecke c. Um seine Größe zu ermitteln, schneiden wir das Riegelstück mit positiver Querkraft heraus (**7.33**b) und stellen die Summe der Momente um dessen rechtes Ende auf:

$$\sum M_x = 0 = M_c + Q_{cr} \cdot 1{,}18 - 50 \cdot 1{,}18^2/2 - \max M_R$$

Wir erhalten

$$\max M_R = -2{,}32 + 59{,}16 \cdot 1{,}18 - 50 \cdot 1{,}18^2/2 = 32{,}68 \text{ kNm}$$

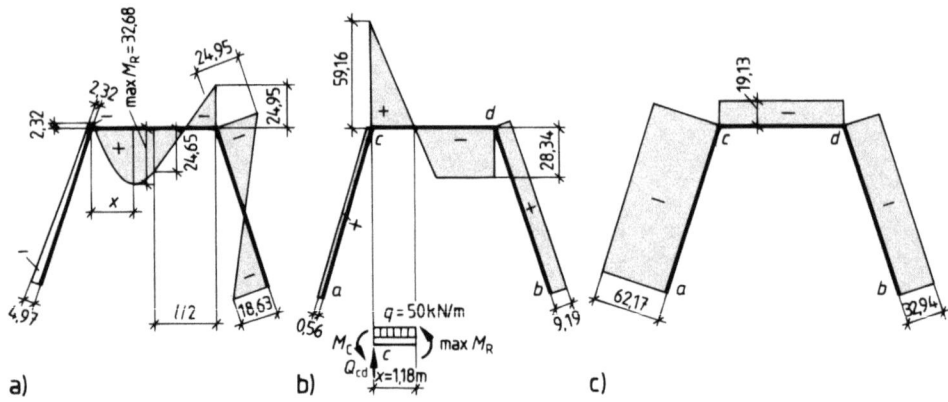

7.33 Zustandsflächen des wirklichen Systems
  a) M-Fläche, b) Q-Fläche und Ermittlung von $\max M_R$, c) N-Fläche

7. Formänderungskontrollen

Unter Benutzung des Reduktionssatzes (s. Abschn. 7.6.1) wollen wir nachprüfen, ob die Rahmenecken c und d im wirklichen System infolge der Belastung die gleiche horizontale Verschiebung erfahren. Das muß der Fall sein, da wir die Formänderungen infolge von Längskräften, die die Länge des Riegels beeinflussen, vernachlässigen. Wir ermitteln die Verschiebungen der Ecken c und d getrennt, indem wir dem virtuellen Zustand das statisch bestimmte Grundsystem nach Bild **7**.27 zugrunde legen und eine horizontale virtuelle Kraft zunächst an der Ecke c (**7.34**) und danach an der Ecke d (**7.35**) anbringen.

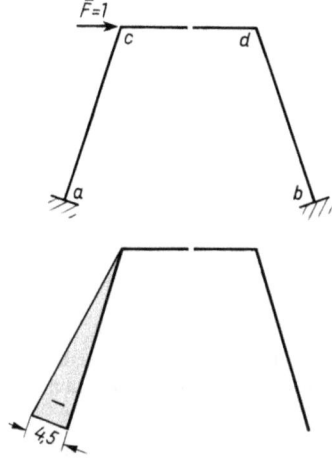
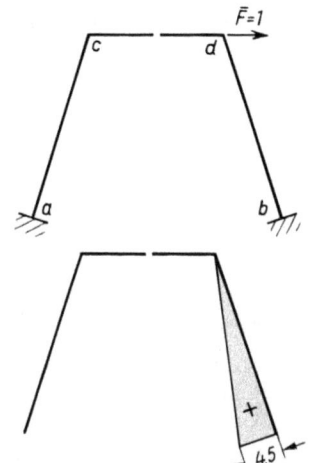

7.34 $\bar{M}_0$-Fläche infolge $\bar{F} = 1$ bei c 7.35 $\bar{M}_0$-Fläche infolge $\bar{F} = 1$ bei d

Die EI_c-fache horizontale Verschiebung der Ecke c beträgt [Tafel **1.**20, 2/d]

$$\delta_c = 1/6 \cdot 6{,}118 \, (-4{,}5) \, (2 \, (-4{,}97) - 2{,}32) = 56{,}26 \text{ kNm}^3$$

und die EI_c-fache Verschiebung der Ecke d ergibt sich mit demselben Formfaktor zu

$$\delta_d = 1/6 \cdot 6{,}118 \cdot 4{,}5 \, (2 \cdot 18{,}63 - 24{,}95) = 56{,}48 \text{ kNm}^3 \approx 56{,}26 \text{ kNm}^3$$

7.4.4 Beispiel 4: Geschlossener Rahmen

1. Aufgabenstellung

Gegeben ist der geschlossene Rahmen nach Bild **7.**36; gesucht sind die Stütz- und Schnittgrößen für

         Gleichlast $q_o = 10$ kN/m auf dem oberen Riegel,

         Gleichlast $q_r = 5$ kN/m auf dem rechten Stiel,

         Gleichlast $q_u = 8$ kN/m auf dem unteren Riegel.

Bei der Berechnung der Verschiebungsgrößen sind nur die Beiträge der Momente zu berücksichtigen.

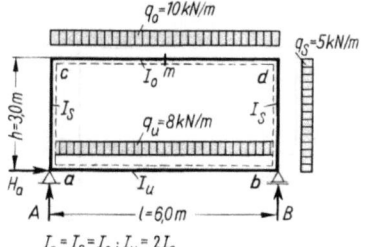
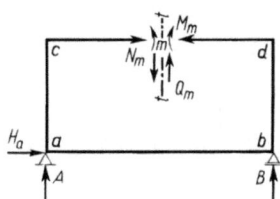

7.36 Geschlossener Rahmen   7.37 Statisch Unbestimmte

2. Systemwerte, statisch bestimmtes Grundsystem

Der Berechnung sind die folgenden Verhältnisse der Biegesteifigkeiten zugrunde zu legen:

$$I_o = I_S = I_c; \quad I_u = 2I_c$$

Damit erhalten wir die folgenden reduzierten Stablängen:

$$l'_o = l'_{cd} = l_o\, I_c/I_o = l_o \quad = 6\text{ m}$$
$$l'_S = l'_{ac} = l'_{bd} = l_S\, I_c/I_S = l_S = 3\text{ m}$$
$$l'_u = l'_{ab} = l_u\, I_c/I_u = l_u\, I_c/2I_c = 3\text{ m}$$

Die gestrichelte Stabseite legen wir an die **Innenseite** des Rahmens; im Gegensatz zur üblichen Regelung erhalten dann im **unteren Riegel** Momente, die **unten Zug erzeugen**, das **negative Vorzeichen**.

Der Rahmen ist **statisch bestimmt gelagert** oder **äußerlich statisch bestimmt**, als geschlossener Stabzug ohne Gelenke jedoch **innerlich dreifach statisch unbestimmt**. Wir erzeugen das statisch bestimmte Hauptsystem, indem wir den oberen Riegel in der Mitte (Punkt m) durchschneiden. Die freigeschnittenen Kraftgrößen ordnen wir den statisch Unbestimmten wie folgt zu:

$$X_1 = M_m; \quad X_2 = Q_m; \quad X_3 = N_m.$$

3. Einheitsbelastungszustände und Vorzahlen

$$\delta'_{ik} = EI_c\, \delta_{ik}$$

Die Bilder **7.38** bis **7.40** zeigen die Einheitsbelastungszustände und die zugehörigen Momentenflächen. Die **lotrechte Achse durch den Punkt m des Rahmens ist Symmetrieachse** für die Momente M_1 und M_3 und **Antimetrieachse** für die Momente M_2. Aus dieser Tatsache folgt

$$\delta'_{12} = \delta'_{21} = \delta'_{23} = \delta'_{32} = 0$$

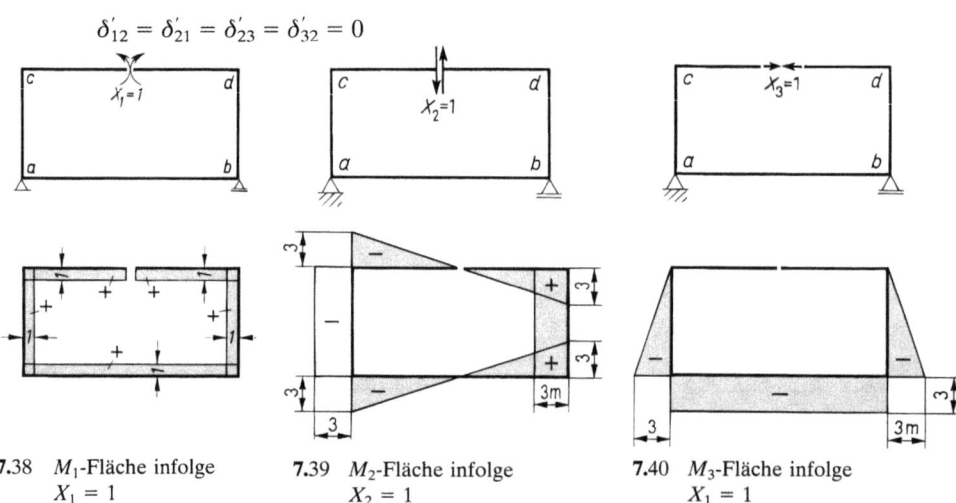

7.38 M_1-Fläche infolge $X_1 = 1$

7.39 M_2-Fläche infolge $X_2 = 1$

7.40 M_3-Fläche infolge $X_1 = 1$

7.4.4 Beispiel 4: Geschlossener Rahmen

Für die übrigen Vorzahlen ergeben sich gemäß Abschn. 1.4.2 die folgenden Werte:

$$\delta'_{11} = \int M_1^2 \, I_c/I \cdot ds = 1 \cdot 6 \cdot 1^2 + 2 \cdot 1 \cdot 3 \cdot 1^2 + 1 \cdot 3 \cdot 1^2 = 15$$

$$\delta'_{13} = \int M_1 M_3 \, I_c/I \cdot ds = 0 + 2 \cdot 1/2 \cdot 3 \cdot 1 \,(-3) + 1 \cdot 3 \cdot 1 \,(-3) = -18 = \delta'_{31}$$

$$\delta'_{22} = \int M_2^2 \, I_c/I \cdot ds = 2 \cdot 1/3 \cdot 6/2 \cdot 3^2 + 2 \cdot 1 \cdot 3 \cdot 3^2 + 2 \cdot 1/3 \cdot 3/2 \cdot 3^2 = 81$$

$$\delta'_{33} = \int M_3^2 \, I_c/I \cdot ds = 0 + 2 \cdot 1/3 \cdot 3 \cdot 3^2 + 1 \cdot 3 \cdot 3^2 = 45$$

Die Matrix der Vorzahlen oder Nachgiebigkeitsmatrix hat also die Form

$$\begin{bmatrix} \delta'_{11} & \delta'_{12} & \delta'_{13} \\ \delta'_{21} & \delta'_{22} & \delta'_{23} \\ \delta'_{31} & \delta'_{32} & \delta'_{33} \end{bmatrix} = \begin{bmatrix} 15 & 0 & -18 \\ 0 & 81 & 0 \\ -18 & 0 & 45 \end{bmatrix}$$

Das System der drei Elastizitätsgleichungen ließe sich demnach aufspalten in ein System von zwei Gleichungen für die Unbekannten X_1 und X_3 und eine davon unabhängige Gleichung für X_2. Da uns Rechner zur Verfügung stehen, die die im folgenden erläuterten Matrizenoperationen ausführen können, machen wir von dieser Möglichkeit keinen Gebrauch. Im Zustand 1 treten weder Quer- noch Längskräfte auf; die Quer- und Längskräfte der Zustände 2 und 3, die wir für die Berechnung der Schnittgrößen des wirklichen Systems in Tafel 7.44 benötigen, haben wir ihrer Einfachheit halber nicht einzeln ausgerechnet und aufgezeichnet, sondern gleich in die dafür vorgesehenen Spalten dieser Tafel eingetragen.

4. Zustände 0 und Lastglieder $\delta'_{i0} = EI_c \, \delta_{i0}$

4.1 Gleichlast $q_0 = 10$ kN/m auf dem oberen Riegel = Zustand q_0 und Lastglieder δ_{iq0}. Bild 7.41 zeigt die Momentenfläche M_{0q0}, und die zugehörigen Lastglieder ergeben sich wie folgt:

$$\delta'_{1q0} = \int M_1 M_{0q0} \, I_c/I \cdot ds = 2 \cdot 1/3 \cdot 6/2 \cdot 1 \,(-45) + 2 \cdot 1 \cdot 3 \cdot 1 \,(-45) + 1 \cdot 3 \cdot 1 \,(-45)$$
$$= -495$$

$$\delta'_{2q0} = \int M_2 M_{0q0} \, I_c/I \cdot ds = 0, \text{ da } M_2 \text{ antimetrisch und } M_{0q0} \text{ symmetrisch zur}$$
$$\text{lotrechten Achse durch } m \text{ ist}$$

$$\delta'_{3q0} = \int M_3 M_{0q0} \, I_c/I \cdot ds = 0 + 2 \cdot 1/2 \cdot 3 \,(-3)(-45) + 1 \cdot 3 \,(-3)(-45) = 810$$

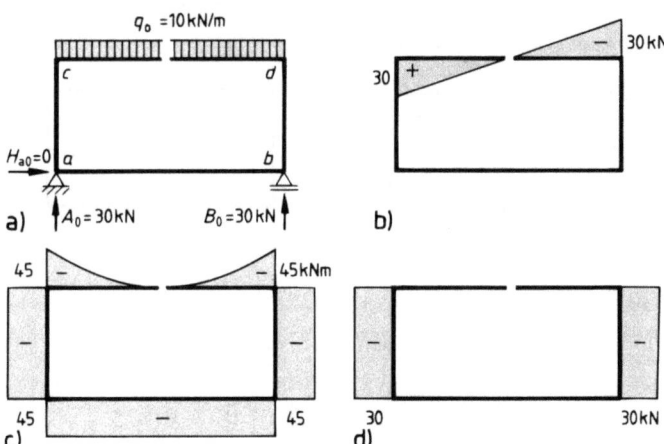

7.41
Zustand 0, Lastfall q_0
a) System und Belastung
b) Querkräfte
c) Momente
d) Längskräfte

4.2 Gleichlast $q_r = 5$ kN/m auf dem rechten Stiel = Zustand q_r und Lastglieder δ'_{iqr}.
Bild 7.42 zeigt die Momentenfläche M_{0qr}; mit ihr ergeben sich die Lastglieder

$$\delta'_{1qr} = \int M_1 M_{0qr} I_c/I \cdot ds = 1/3 \cdot 3 \cdot 1 \, (-22{,}5) + 1/2 \cdot 3 \cdot 1 \, (-22{,}5) = -56{,}25$$
$$\delta'_{2qr} = \int M_2 M_{0qr} I_c/I \cdot ds = 1/3 \cdot 3 \cdot 3 \, (-22{,}5) + 1/6 \cdot 3 \, (-3 + 2 \cdot 3) \, (-22{,}5) = -101{,}25$$
$$\delta'_{3qr} = \int M_3 M_{0qr} I_c/I \cdot ds = 1/4 \cdot 3 \, (-3) \, (-22{,}5) + 1/2 \cdot 3 \, (-3) \, (-22{,}5) = 151{,}88$$

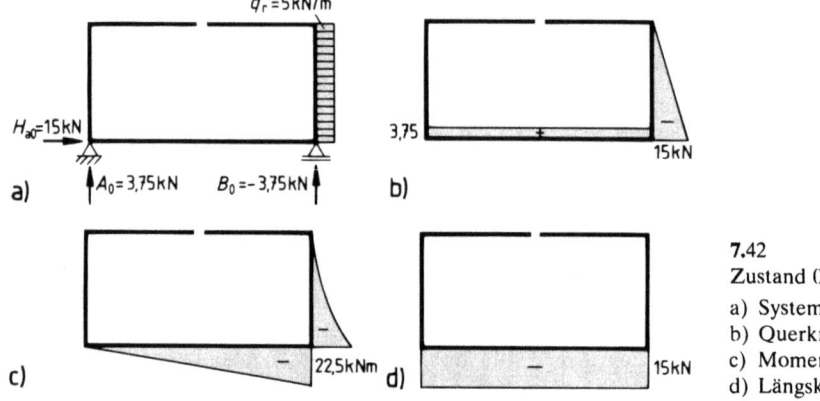

7.42
Zustand 0, Lastfall q_r
a) System und Belastung
b) Querkräfte
c) Momente
d) Längskräfte

4.3 Gleichlast $q_u = 8$ kN/m auf dem unteren Riegel = Zustand q_u und Lastglieder δ'_{iqu}.
Bild 7.43 zeigt die Momentenfläche M_{0qu}; die zugehörigen Lastglieder sind

$$\delta'_{1qu} = \int M_1 M_{0qu} I_c/I \cdot ds = 2/3 \cdot 3 \cdot 1 \, (-36) = -72$$
$$\delta'_{2qu} = \int M_2 M_{0qu} I_c/I \cdot ds = 0 \text{ wegen Antimetrie von } M_2 \text{ und Symmetrie von } M_{0qu}$$
$$\delta'_{3qu} = \int M_3 M_{0qu} I_c/I \cdot ds = 2/3 \cdot 3 \, (-3) \, (-36) = 216$$

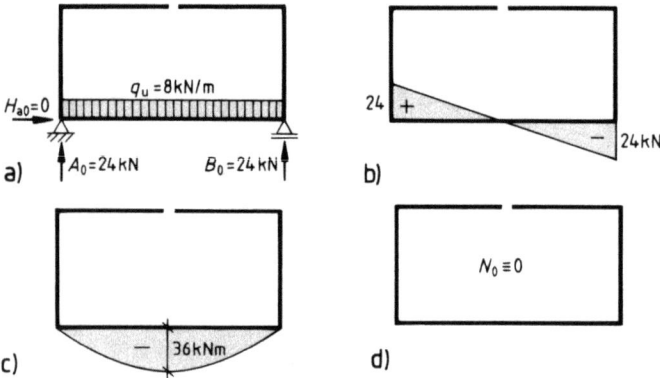

7.43
Zustand 0, Lastfall q_u
a) System und Belastung
b) Querkräfte
c) Momente
d) Längskräfte

4.4 Matrix der Lastglieder
Die Lastglieder der drei Lastfälle fassen wir zu einer Matrix zusammen:

$$\boldsymbol{\delta}'_0 = \begin{bmatrix} \delta'_{1qo} & \delta'_{1qr} & \delta'_{1qu} \\ \delta'_{2qo} & \delta'_{2qr} & \delta'_{2qu} \\ \delta'_{3qo} & \delta'_{3qr} & \delta'_{3qu} \end{bmatrix} = \begin{bmatrix} -495 & -56{,}25 & -72 \\ 0 & -101{,}25 & 0 \\ 810 & 151{,}88 & 216 \end{bmatrix}$$

7.4.4 Beispiel 4: Geschlossener Rahmen

5. Gleichungssystem und Lösung

Für jeden Lastfall läßt sich wie im Beispiel des Abschn. 7.4.3, Textziffer 5, ein Gleichungssystem mit drei Unbekannten aufstellen, das die Matrix der Vorzahlen sowie die Spaltenvektoren der Unbekannten und der Lastglieder enthält. Die Matrizenrechnung ermöglicht es, die drei Gleichungssysteme zusammenzufassen und in einem Zuge zu lösen. Wir bilden dazu aus den drei Spaltenvektoren der Unbekannten und den drei Spaltenvektoren der Lastglieder je eine Matrix, ermitteln die Kehr- oder inverse Matrix der Vorzahlen und multiplizieren diese mit der Matrix der Lastglieder. Als Ergebnis erhalten wir die Matrix der Unbekannten.

Dieser Rechengang sieht im einzelnen folgendermaßen aus:

$$\begin{bmatrix} \delta'_{11} & \delta'_{12} & \delta'_{13} \\ \delta'_{21} & \delta'_{22} & \delta'_{23} \\ \delta'_{31} & \delta'_{32} & \delta'_{33} \end{bmatrix} \cdot \begin{bmatrix} X_{1qo} & X_{1qr} & X_{1qu} \\ X_{2qo} & X_{2qr} & X_{2qu} \\ X_{3qo} & X_{3qr} & X_{3qu} \end{bmatrix} = - \begin{bmatrix} \delta'_{1qo} & \delta'_{1qr} & \delta'_{1qu} \\ \delta'_{2qo} & \delta'_{2qr} & \delta'_{2qu} \\ \delta'_{3qo} & \delta'_{3qr} & \delta'_{3qu} \end{bmatrix}$$

In mathematischer Kurzschrift:

$$\boldsymbol{\delta'} \cdot \boldsymbol{X} = -\boldsymbol{\delta'_0}$$

Vorzahlen und Lastglieder eingesetzt:

$$\begin{bmatrix} 15 & 0 & -18 \\ 0 & 81 & 0 \\ -18 & 0 & 45 \end{bmatrix} \cdot \begin{bmatrix} X_{1qo} & X_{1qr} & X_{1qu} \\ X_{2qo} & X_{2qr} & X_{2qu} \\ X_{3qo} & X_{3qr} & X_{3qu} \end{bmatrix} = \begin{bmatrix} 495 & 56{,}25 & 72 \\ 0 & 101{,}25 & 0 \\ -810 & -151{,}88 & -216 \end{bmatrix}$$

Die Lösung lautet in allgemeiner Form und mathematischer Kurzschrift

$$\boldsymbol{X} = (\boldsymbol{\delta'})^{-1} (\boldsymbol{\delta'_0})$$

Die statisch Unbestimmten und ihre Maßzahlen stellen sich in Matrizenform folgendermaßen dar

$$\begin{bmatrix} X_{1qo} & X_{1qr} & X_{1qu} \\ X_{2qo} & X_{2qr} & X_{2qu} \\ X_{3qo} & X_{3qr} & X_{3qu} \end{bmatrix} = \begin{bmatrix} 21{,}92 & -0{,}5772 & -1{,}846 \\ 0 & 1{,}25 & 0 \\ -9{,}231 & -3{,}606 & -5{,}538 \end{bmatrix}$$

6. Berechnung der Schnittgrößen des wirklichen Systems

Wir berechnen die Schnittgrößen des wirklichen Systems in Tafel **7.44**; dabei benutzen wir sinngemäß Gl. (7.4). Zur Erläuterung der Tafel schreiben wir die Berechnung des Eckmomentes M_b ausführlich hin.

$$M_b = M_{b0} + M_{b1} X_1 + M_{b2} X_2 + M_{b3} X_3$$

Lastfall q_o:

$$M_b = -45 + 1 \cdot 21{,}92 + 3 \cdot 0 + (-3)(-9{,}231) = 4{,}613 \text{ kNm}$$

Lastfall q_r:

$$M_b = -22{,}50 + 1 \cdot (-0{,}577) + 3 \cdot 1{,}25 + (-3)(-3{,}606) = -8{,}509 \text{ kNm}$$

Lastfall q_u:

$$M_b = 0 + 1 \cdot (-1{,}846) + 3 \cdot 0 + (-3)(-5{,}538) = 14{,}768 \text{ kNm}$$

Tafel **7.44** Berechnung der Schnittgrößen (Kräfte in kN, Momente in kNm)

Stütz- oder Schnittgröße	Zustände des statisch bestimmten Hauptsystems						Zustände des wirklichen Systems		
	q_o	q_r	q_u	0 / 1	2	3	q_o	q_r	q_u
M_a	−45	0	0	1	−3	−3	4,613	6,491	14,786
M_b	−45	−22,50	0	1	3	−3	4,613	−8,509	14,768
M_c	−45	0	0	1	−3	0	−23,08	−4,327	−1,846
M_d	−45	0	0	1	3	0	−23,08	3,173	−1,846
Q_{ar}	0	3,75	24	0	−1	0	0	2,5	24
Q_{ao}	0	0	0	0	0	1	−9,231	−3,606	−5,538
Q_{bl}	0	3,75	−24	0	−1	0	0	2,5	−24
Q_{bo}	0	−15	0	0	0	−1	9,231	−11,394	5,538
Q_{cr}	30	0	0	0	1	0	30	1,25	0
Q_{cu}	0	0	0	0	0	1	−9,231	−3,606	−5,538
Q_{dl}	−30	0	0	0	1	0	−30	1,25	0
Q_{du}	0	0	0	0	0	−1	9,231	3,606	5,538
N_{ab}	0	−15	0	0	0	−1	9,231	−11,394	5,538
N_{ac}	−30	0	0	0	−1	0	−30	−1,25	0
N_{bd}	−30	0	0	0	1	0	−30	1,25	0
N_{cd}	0	0	0	0	0	1	−9,231	−3,606	−5,538
X_1 kNm							21,92	−0,577	−1,846
X_1 kN							0	1,25	0
X_3 kN							−9,231	−3,606	−5,538

Um die Berechnung der Schnittgrößen zu erleichtern und übersichtlicher zu machen, haben wir am Fuß der Tafel **7.44** unter den Spalten „Zustände des wirklichen Systems" die Maßzahlen der jeweiligen statisch Unbestimmten aufgelistet.

Die Extremwerte der Feldmomente sind nicht in der Tafel **7.44** enthalten; wir berechnen sie im folgenden.

Lastfall q_o:

Es tritt ein maximales Feldmoment auf, das aus Symmetriegründen in der Riegelmitte liegt und deswegen gleich der statisch Unbestimmten X_1 ist:

$$\max M_{cd} = M_m = X_1 = 21{,}92 \text{ kNm}$$

Lastfall q_r:

Die Feldmomente erreichen von b aus gemessen an der Stelle $z = Q_{bo}/q_r = 11{,}394/5 = 2{,}28$ m das Maximum

$$\max M_{bd} = Q_{bo}^2/2q_r + M_b = 11{,}395^2/10 - 8{,}509$$
$$= 12{,}98 - 8{,}509 = 4{,}47 \text{ kNm}$$

Lastfall q_u:

Da wir die gestrichelte Stabseite an die Oberseite des unteren Riegels gelegt haben, erscheint der Extremwert des Feldmoments als Minimum:

$$\min M_{ab} = M_a - q_u l_{ab}^2/8 = 14{,}768 - 36 = -21{,}232 \text{ kNm}$$

7.4.4 Beispiel 4: Geschlossener Rahmen

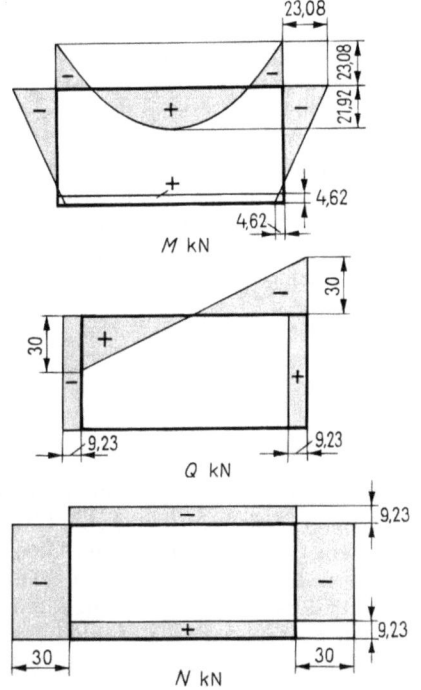

7.45 Endgültige Schnittgrößen infolge Belastung des oberen Riegels mit $q_o = 10$ kN/m

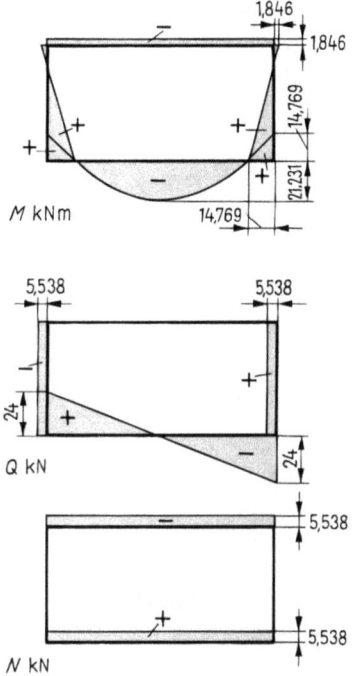

7.47 Endgültige Schnittgrößen für $q_u = 8$ kN/m auf dem unteren Riegel

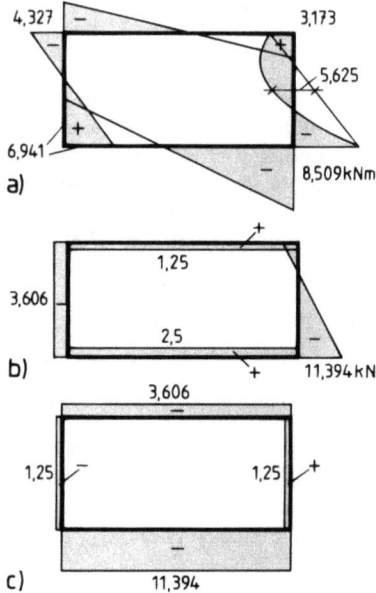

7.46 Endgültige Schnittgrößen infolge Belastung des rechten Riegels mit $q_r = 5$ kN/m
a) Momente, b) Querkräfte, c) Längskräfte

7. Formänderungskontrollen

7.1 Lastfall q_o. Als Formänderungskontrolle führen wir durch die Mitte des oberen Riegels einen Schnitt und lassen die dort vorhandenen Schnittgrößen $M_m = X_1$ und $N_m = X_3$ als äußere Kraftgrößen wirken. Durch diesen Eingriff bleiben die Schnittgrößen des wirklichen Systems unverändert. Wir überprüfen dann, ob die **gegenseitige Verdrehung der Schnittflächen** gleich Null ist, indem wir an den Schnittflächen das virtuelle Momentenpaar $\bar{M} = 1$ anbringen und die dadurch entstehende $\bar{M}$-Fläche, die gleich der M_1-Fläche ist, mit der M-Fläche kombinieren. Bei dieser Rechnung zerlegen wir die M-Fläche des oberen Riegels in ein Rechteck mit der Ordinate $-23,08$ kNm und die Parabel mit dem Pfeil $q_0 l^2/8 = +45,00$ kNm.

Wir enthalten

$$\delta'_m = 1 \cdot 6 \cdot (-23{,}08) \cdot 1 + 2/3 \cdot 6 \cdot (+45{,}00) \cdot 1$$
$$+ 2 \cdot 0{,}5 \cdot 3 \cdot (-23{,}08 + 4{,}613) \cdot 1 + 1 \cdot 3 \cdot 4{,}613 \cdot 1$$
$$= -138{,}46 + 180{,}00 - 55{,}40 + 13{,}84 = -0{,}02 \approx 0$$

7.2 Lastfall q_r. Wie beim ersten Lastfall führen wir durch die Mitte des oberen Riegels einen Schnitt und bringen die freigeschnittenen Kraftgrößen $M_m = X_1 = -0{,}577$ kNm, $Q_m = X_2 = 1{,}25$ kN und $N_m = X_3 = -3{,}606$ kN als äußere Kraftgrößen an. Dieses Mal überprüfen wir die **gegenseitige horizontale Verschiebung der Schnittflächen**, indem wir die virtuelle Doppelgröße $\bar{N}_m = 1$ anbringen und die dadurch entstehende $\bar{M}$-Fläche, die gleich der M_3-Fläche ist, mit der endgültigen Momentenfläche kombinieren.

Wir erhalten

$$\delta'_m = 1/6 \cdot 3 \cdot (-3)(-4{,}237 + 2 \cdot 6{,}491)$$
$$+ 1/6 \cdot 3 \cdot (-3)[3{,}173 + 2 \cdot (-8{,}509)]$$
$$+ 1/3 \cdot 3 \cdot (-3) \cdot 5{,}625$$
$$+ 1/2 \cdot 3 \cdot (-3)(6{,}491 - 8{,}509)$$
$$= -13{,}12 + 20{,}77 - 16{,}88 + 9{,}08 = 30{,}00 - 29{,}85 = -0{,}15 \approx 0$$

7.3 Lastfall q_u. Wie beim ersten und zweiten Lastfall führen wir durch die Mitte des oberen Riegels einen Schnitt und bringen die dadurch frei werdenden Schnittgrößen $M_m = -1{,}846$ kNm und $N_m = -5{,}538$ kN als äußere Kraftgrößen an. Wir überprüfen wieder die **gegenseitige Verdrehung der Schnittflächen**, indem wir das virtuelle Momentenpaar $\bar{M} = 1$ an den Schnittflächen anbringen und die dadurch entstehende $\bar{M}$-Fläche, die gleich der M_1-Fläche ist, mit der M-Fläche kombinieren.

Wir erhalten

$$\delta'_m = -1 \cdot 6 \cdot 1 \cdot (-1{,}846) + 2 \cdot 1/2 \cdot 3 \cdot 1 \cdot (14{,}768 - 1{,}846)$$
$$+ 1 \cdot 3 \cdot 1 \cdot 14{,}768 + 2/3 \cdot 3 \cdot 1 \cdot (-36)$$
$$= -11{,}076 + 38{,}766 + 44{,}304 - 72{,}000 = -0{,}006 \approx 0$$

7.4 Verallgemeinerung der durchgeführten Kontrollen. Die an dem geschlossenen Rahmen durchgeführten Verformungskontrollen können wir verallgemeinern zu dem Satz, daß die Kombination der Momentenfläche eines jeden Einheitsspannungszustandes $X_i = 1$ mit der endgültigen Momentenfläche Null ergeben muß:

$$\int M_i M \, I_c/I \cdot dx = 0 \qquad \text{für} \qquad i = 1 \ldots n$$

7.4.5 Beispiel 5: Stockwerkrahmen mit zwei Geschossen und zwei an den unteren Enden gelenkig gelagerten Stielen

1. Aufgabenstellung

Gegeben ist der Stockwerkrahmen nach Bild **7.48**; gesucht sind die Stütz- und Schnittgrößen für die Lastfälle

1.1 Gleichlast $q_{cd} = 50$ kN/m auf dem Riegel cd und Gleichlast $q_{ef} = 40$ kN/m auf dem Riegel ef,

1.2 Windlasten $W_c = W_e = 25$ kN in den Knoten c und e.

Wie in den vorhergehenden Beispielen ist bei der Berechnung der Verschiebungsgrößen nur der Beitrag der Momente zu berücksichtigen.

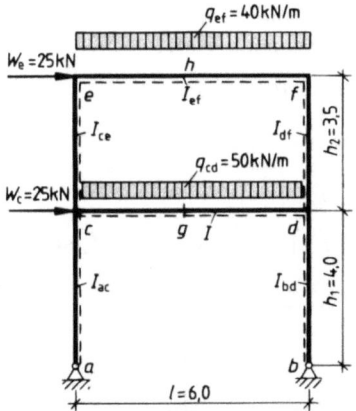

7.48 Stockwerkrahmen mit Belastung

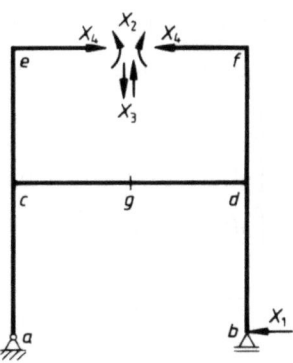

7.49 Statisch bestimmtes Grundsystem mit den gewählten statisch Unbestimmten X_1 bis X_4

2. Systemwerte, statisch bestimmtes Grundsystem

Um den Grad der statischen Unbestimmtheit des gegebenen Stockwerksrahmens zu bestimmen, stellen wir in den Lagern a und b feste Einspannungen her, indem wir in jedem Lager eine konstruktive Bindung hinzufügen ($t = 2$). Anschließend schneiden wir beide Riegel durch ($r = 2$), wodurch wir zwei statisch bestimmte fest eingespannte Stützen mit je zwei Kragarmen erhalten. Nach Gl. (5.1) ergibt sich dann der Grad der statischen Unbestimmtheit zu

$$n = 3r - t = 3 \cdot 2 - 2 = 4$$

Das statisch bestimmte Grundsystem stellen wir her, indem wir das Lager b waagerecht verschieblich machen und den Riegel ef in der Mitte (Punkt h) durchschneiden. Die gelösten konstruktiven Bindungen weisen wir den statisch Unbestimmten folgendermaßen zu (**7.49**):

$$X_1 = H_b, \quad X_2 = M_h, \quad X_3 = Q_h, \quad X_4 = N_h$$

Für die Flächenmomente I sind folgende Werte gegeben:

$$I_{ac} = I_{bd} = 35 \text{ dm}^4, \quad I_{ce} = I_{df} = 26 \text{ dm}^4, \quad I_{cd} = 78{,}2 \text{ dm}^4, \quad I_{ef} = 45{,}5 \text{ dm}^4.$$

Wir wählen $I_c = I_{cd}$ und erhalten damit die reduzierten Stablängen $l' = l\, I_c/I$

$$l'_{ac} = l'_{bd} = 4 \cdot 78{,}2/35 = 8{,}937 \text{ m}$$
$$l'_{cd} = 6 \cdot 78{,}2/78{,}2 = 6 \text{ m}$$
$$l'_{ce} = l'_{df} = 3{,}5 \cdot 78{,}2/26 = 10{,}527 \text{ m}$$
$$l'_{cf} = 6 \cdot 78{,}2/45{,}5 = 10{,}312 \text{ m}$$

3. Einheitsbelastungszustände und Vorzahlen $\delta'_{ik} = EI_c\, \delta'_{ik}$

Die Bilder 7.50 bis 7.53 zeigen die Einheitsbelastungszustände und die zugehörigen Momentenflächen; M_1-, M_2- und M_4-Fläche sind **symmetrisch**, die M_3-Fläche ist **antimetrisch**. Als Folge davon ergibt sich

$$\delta'_{13} = \delta'_{31} = \delta'_{23} = \delta'_{32} = \delta'_{34} = \delta'_{43} = 0$$

Für die von Null verschiedenen Vorzahlen erhalten wir die folgenden Werte:

$$\delta'_{11} = \int M_1^2\, I_c/I \cdot ds = 1 \cdot 6 \cdot 4^2 + 2 \cdot 1/3 \cdot 8{,}973 \cdot 4^2 = 191{,}328$$
$$\delta'_{12} = \int M_1 M_2\, I_c/I \cdot ds = 1 \cdot 6\, (-4)\, (-1) = 24 = \delta'_{21}$$
$$\delta'_{14} = \int M_1 M_4\, I_c/I \cdot ds = 1 \cdot 6\, (-4) \cdot 3{,}5 = -84 = \delta'_{41}$$
$$\delta'_{22} = \int M_2^2\, I_c/I \cdot ds = 1 \cdot 10{,}312 \cdot 1^2 + 2 \cdot 1 \cdot 10{,}527 \cdot 1^2 + 1 \cdot 6 \cdot 1^2 = 37{,}366$$

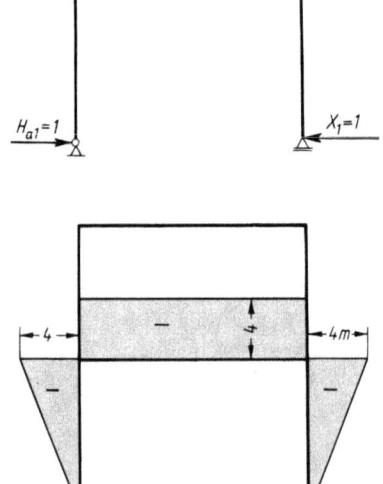

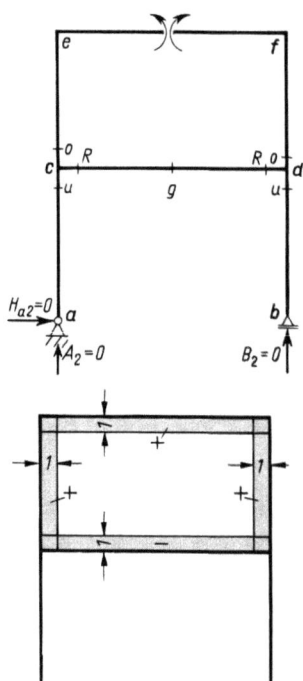

7.50 M_1-Fläche infolge $X_1 = 1$ **7.51** M_2-Fläche infolge $X_2 = 1$

7.4.5 Beispiel 5: Stockwerkrahmen mit zwei Geschossen ...

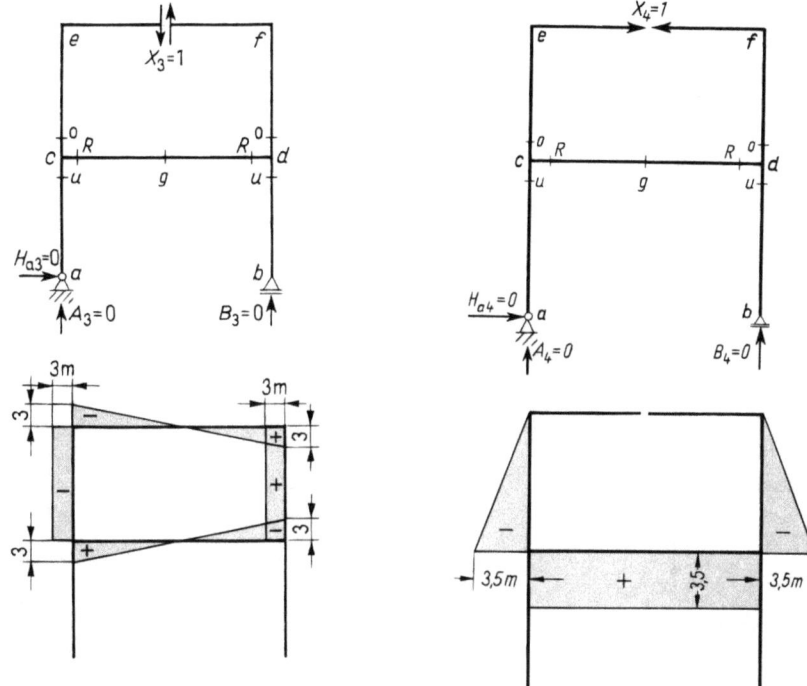

7.52 M_3-Fläche infolge $X_3 = 1$ **7.53** M_4-Fläche infolge $X_4 = 1$

$$\delta'_{24} = \int M_2 M_4 \, I_c/I \cdot ds$$
$$= 2 \cdot 1/2 \cdot 10{,}527 \cdot 1 \, (-3{,}5) + 1 \cdot 6 \, (-1) \cdot 3{,}5 = -57{,}844 = \delta'_{42}$$
$$\delta'_{33} = \int M_3^2 \, I_c/I \cdot ds$$
$$= 2 \cdot 1/3 \cdot 10{,}312/2 \cdot 3^2 + 2 \cdot 1 \cdot 10{,}527 \cdot 3^2 + 2 \cdot 1/3 \cdot 6/2 \cdot 3^2 = 238{,}422$$
$$\delta'_{44} = \int M_4^2 \, I_c/I \cdot ds = 2 \cdot 1/3 \cdot 10{,}527 \cdot 3{,}5^2 + 1 \cdot 6 \cdot 3{,}5^2 = 159{,}471$$

Die **Nachgiebigkeitsmatrix** des statisch bestimmten Grundsystems hat demnach die Form

$$\boldsymbol{\delta}' = \begin{bmatrix} \delta'_{11} & \delta'_{12} & \delta'_{13} & \delta'_{14} \\ \delta'_{21} & \delta'_{22} & \delta'_{23} & \delta'_{24} \\ \delta'_{31} & \delta'_{32} & \delta'_{33} & \delta'_{34} \\ \delta'_{41} & \delta'_{42} & \delta'_{43} & \delta'_{44} \end{bmatrix} = \begin{bmatrix} 191{,}328 & 24 & 0 & -84 \\ 24 & 37{,}366 & 0 & -57{,}844 \\ 0 & 0 & 238{,}422 & 0 \\ -84 & -57{,}844 & 0 & 159{,}471 \end{bmatrix}$$

Die Quer- und Längskräfte der Einheitsbelastungszustände stellen wir nicht in Bildern dar, sondern tragen sie gleich in die dafür vorgesehenen Spalten der Tafel **7.58** ein.

4. Zustände 0 und Lastglieder $\delta'_{i0} = EI_c \, \delta_{i0}$

4.1 Übersicht

Die Bilder **7.54** bis **7.57** zeigen das statisch bestimmte Grundsystem, nacheinander belastet mit q_{ef}, q_{cd}, W_e, W_c, sowie die zugehörigen Momentenflächen. Da wir als ersten Lastfall

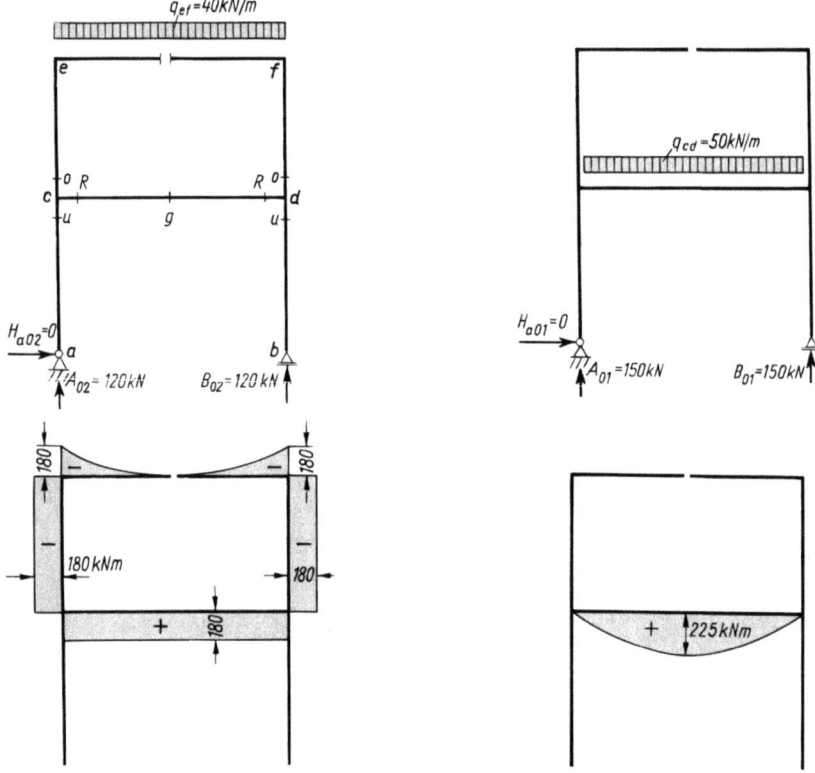

7.54 M-Fläche aus q_{ef} **7.55** M-Fläche aus q_{cd}

$q_{ef} + q_{cd}$ untersuchen, müssen wir hierfür die M_i-Flächen sowohl mit der M_{qef}-Fläche als auch mit der M_{qcd}-Fläche kombinieren, während für den zweiten Lastfall $W_e + W_c$ die M_i-Flächen mit der M_{We}- und der M_{Wc}-Fläche zu kombinieren sind. In der folgenden Berechnung fassen wir gleich sämtliche Anteile eines Lastgliedes zusammen.

4.2 Lastfall $q_{ef} + q_{cd}$

$$\delta'_{1q} = \int M_1 M_0 \, I_c/I \cdot \mathrm{d}s = 1 \cdot 6 \, (-4) \, 180 + 2/3 \cdot 6 \, (-4) \, 225 = -7920$$

$$\delta'_{2q} = \int M_2 M_0 \, I_c/I \cdot \mathrm{d}s = 2 \cdot 1/3 \cdot 10{,}312/2 \cdot 1 \, (-180) + 2 \cdot 1 \cdot 10{,}527 \cdot 1 \, (-180)$$
$$+ 1 \cdot 6 \, (-1) \, 180 + 2/3 \cdot 6 \, (-1) \, 225 = -6338{,}4$$

$$\delta'_{3q} = \int M_3 M_0 \, I_c/I \cdot \mathrm{d}s = 0$$

$$\delta'_{4q} = \int M_4 M_0 \, I_c/I \cdot \mathrm{d}s = 2 \cdot 1/2 \cdot 10{,}527 \, (-3{,}5) \, (-180) + 1 \cdot 6 \cdot 3{,}5 \cdot 180$$
$$+ 2/3 \cdot 6 \cdot 3{,}5 \cdot 225 = 13562$$

4.3 Lastfall $W_e + W_c$

$$\delta'_{1W} = \int M_1 M_0 \, I_c/I \cdot \mathrm{d}s = 1/2 \cdot 6 \, (-4) \, 187{,}5 + 1/3 \cdot 8{,}937 \, (-4) \, 100$$
$$+ 1/2 \cdot 6 \, (-4) \, 100 + 1/3 \cdot 8{,}937 \, (-4) \, 100 = -5833{,}2$$

7.4.5 Beispiel 5: Stockwerkrahmen mit zwei Geschossen ...

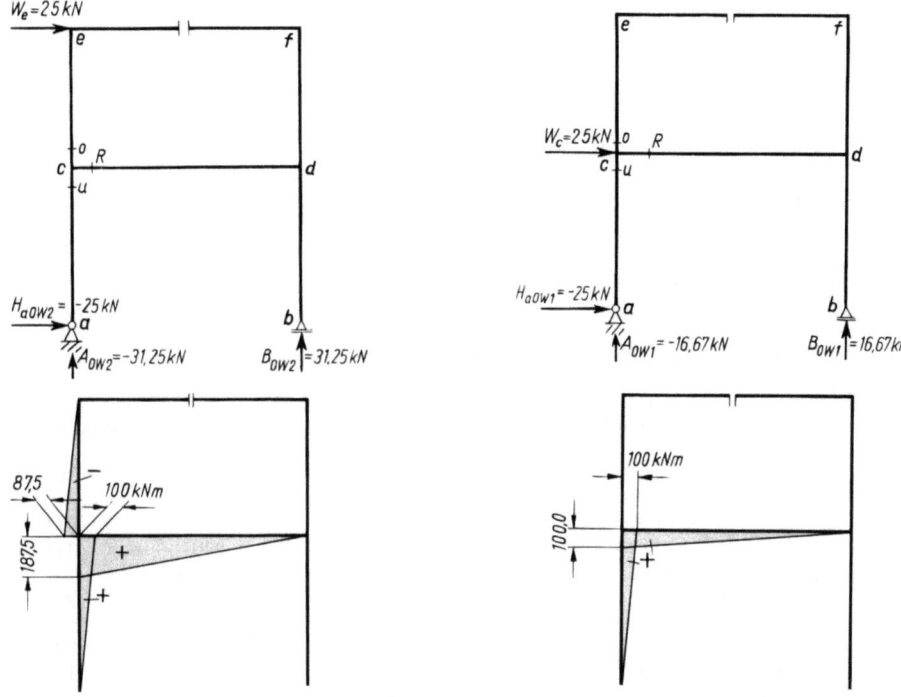

7.56 M-Fläche aus W_e **7.57** M-Fläche aus W_c

$$\delta'_{2w} = \int M_2 M_0 \, I_c/I \cdot ds$$
$$= 1/2 \cdot 10{,}527 \cdot 1 \, (-87{,}5) + 1/2 \cdot 6 \, (-1) \, 187{,}5 + 1/2 \cdot 6 \, (-1) \, 100 = -1323{,}1$$

$$\delta'_{3w} = \int M_3 M_0 \, I_c/I \cdot ds$$
$$= 1/2 \cdot 10{,}527 \, (-3) \, (-87{,}5) + 1/6 \cdot 6 \, (2 \cdot 3 - 3) \, 187{,}5$$
$$+ 1/6 \cdot 6 \, (2 \cdot 3 - 3) \, 100 = 2244{,}2$$

$$\delta'_{4w} = \int M_4 M_0 \, I_c/I \cdot ds$$
$$= 1/3 \cdot 10{,}527 \, (-3{,}5) \, (-87{,}5) + 1/2 \cdot 6 \cdot 3{,}5 \cdot 187{,}5$$
$$+ 1/2 \cdot 6 \cdot 3{,}5 \cdot 100 = 4093{,}4$$

4.4 Matrix der Lastglieder

Wir fassen die Lastglieder der Lastfälle ($q_{cd} + q_{ef}$) und ($W_c + W_e$) zu einer Matrix zusammen:

$$\boldsymbol{\delta}'_0 = \begin{bmatrix} \delta'_{1q} & \delta'_{1w} \\ \delta'_{2q} & \delta'_{2w} \\ \delta'_{3q} & \delta'_{3w} \\ \delta'_{4q} & \delta'_{4w} \end{bmatrix} = \begin{bmatrix} -7920 & -5833{,}2 \\ -6388{,}4 & -1323{,}1 \\ 0 & 2244{,}2 \\ 13562 & 4093{,}4 \end{bmatrix}$$

5. Gleichungssystem und Lösung

Wir benutzen wieder die Matrizenschreibweise; sie lautet in Kurzfassung

$$\delta' X = -\delta'_0$$

und ausführlich, wobei wir gleich die Maßzahlen einsetzen:

$$\begin{bmatrix} 191{,}328 & 24 & 0 & -84 \\ 24 & 37{,}366 & 0 & -57{,}844 \\ 0 & 0 & 238{,}422 & 0 \\ -84 & -57{,}844 & 0 & 159{,}471 \end{bmatrix} \cdot \begin{bmatrix} X_{1q} & X_{1W} \\ X_{2q} & X_{2W} \\ X_{3q} & X_{3W} \\ X_{4q} & X_{4W} \end{bmatrix} = \begin{bmatrix} 7920 & 5833{,}2 \\ 6388{,}4 & 1323{,}1 \\ 0 & -2244{,}3 \\ -13562 & -4093{,}4 \end{bmatrix}$$

Tafel 7.58 Berechnung der Schnittgrößen (Kräfte in kN, Momente in kNm)

Stütz- oder Schnittgröße	Zustände des statisch bestimmten Hauptsystems						Zustände des wirklichen Systems	
	0		1	2	3	4		
	q	W					q	W
A	270	−47,92	0	0	0	0	270	−47,92
B	270	47,92	0	0	0	0	270	47,92
H_a	0	−50	1	0	0	0	9,385	−25
H_b	0	0	1	0	0	0	9,385	25
M_{cu}	0	200	−4	0	0	0	−37,54	100
M_{cR}	180	287,5	−4	−1	3	3,5	−112,723	115,514
M_{co}	−180	−87,5	0	1	−3	−3,5	75,183	−15,514
M_g	405	143,75	−4	−1	0	3,5	112,277	0
M_{du}	0	0	−4	0	0	0	−37,54	−100
M_{dR}	180	0	−4	−1	−3	3,5	−112,723	−115,514
M_{do}	−180	0	0	1	3	−3,5	75,183	15,514
M_e	−180	0	0	1	−3	0	−86,629	28,236
M_f	−180	0	0	1	3	0	−86,629	−28,236
Q_{ac}	0	50	−1	0	0	0	−9,385	25
Q_{bd}	0	0	1	0	0	0	9,385	25
Q_{cR}	150	−47,92	0	0	−1	0	150	−38,508
Q_{dR}	−150	−47,92	0	0	−1	0	−150	−38,508
Q_{ce}	0	25	0	0	0	1	−46,232	12,5
Q_{df}	0	0	0	0	0	−1	46,232	12,5
Q_{eR}	120	0	0	0	1	0	120	−9,412
Q_{fR}	−120	0	0	0	1	0	−120	−9,412
N_{ac}	−270	47,92	0	0	0	0	−270	47,92
N_{bd}	−270	−47,92	0	0	0	0	−270	−47,92
N_{cd}	0	0	−1	0	0	−1	36,847	−12,5
N_{ce}	−120	0	0	0	−1	0	−120	9,412
N_{df}	−120	0	0	0	1	0	−120	−9,412
N_{ef}	0	0	0	0	0	1	−46,232	−12,5
			X_1 kN				9,385	25
			X_2 kNm				93,371	0
			X_3 kN				0	−9,412
			X_4 kN				−46,232	−12,5

7.4.5 Beispiel 5: Stockwerkrahmen mit zwei Geschossen ...

Die Lösung erhalten wir mit Hilfe der Kehrmatrix der Vorzahlen $(\delta')^{-1}$; sie lautet in allgemeiner Form

$$X = (\delta')^{-1} (\delta'_0)$$

Für das vorliegende Beispiel erhalten wir

$$\begin{bmatrix} X_{1q} & X_{1W} \\ X_{2q} & X_{2W} \\ X_{3q} & X_{3W} \\ X_{4q} & X_{4W} \end{bmatrix} = \begin{bmatrix} 9{,}385 & 25 \\ 93{,}371 & 0 \\ 0 & -9{,}412 \\ -46{,}232 & -12{,}5 \end{bmatrix}$$

6. Berechnung der Schnittgrößen des wirklichen Systems

Wir berechnen die Schnittgrößen des wirklichen Systems in Tafel **7.58**, wobei wir Gl. (7.4) benutzen. Zur Erläuterung der Tafel schreiben wir die Berechnung der Momente M_{cR} ausführlich hin:

$$M_{cR} = M_{cR0} + M_{cR1}X_1 + M_{cR2}X_2 + M_{cR3}X_3 + M_{cR4}X_4$$

Lastfall $q_{ef} + q_{cd}$:

$$M_{cR} = 180 + (-4)\,9{,}385 + (-1)\,93{,}371 + 3 \cdot 0 + 3{,}5\,(-46{,}232) = -112{,}723 \text{ kNm}$$

Lastfall $W_e + W_c$:

$$M_{cR} = 287{,}5 + (-4)\,25 + (-1) \cdot 0 + 3\,(-9{,}412) + 3{,}5\,(-12{,}5) = 115{,}514 \text{ kNm}$$

Um die Berechnung der Schnittgrößen zu erleichtern und übersichtlicher zu machen, haben wir am Fuß der Tafel **7.58** in den Spalten „Zustände des wirklichen Systems" die Maßzahlen der jeweiligen statisch Unbestimmten aufgelistet.

7. Formänderungskontrollen

7.1 Allgemeines

Wir führen Formänderungskontrollen gemäß Beispiel 7.4.4, Textziffer 7.4 durch, indem wir jede Momentenfläche eines Einheitsbelastungszustandes mit jeder endgültigen Momentenfläche kombinieren. Dieser Kontrolle liegt folgender Gedankengang zugrunde:

Wir nehmen an, daß die endgültigen Momentenflächen am statisch bestimmten Grundsystem auftreten, und zwar dadurch, daß außer den Belastungen $q_{cd} + q_{ef}$ oder $W_c + W_e$ auch die zugehörigen, im vorstehenden ermittelten statisch Unbestimmten X_i angreifen. Setzen wir jetzt als virtuelle Kraftgrößen nacheinander X_1 bis X_4 an und kombinieren wir die M_1 bis M_4-Fläche mit jeder der beiden endgültigen M-Flächen, so liefert $\int M_1 M \, I_c/I \cdot ds$ die EI_c-fachen Verschiebungen des Lagers b, die übrigen Integrale die gegenseitigen Verdrehungen und gegenseitigen lotrechten und waagerechten Verschiebungen der Schnittflächen beiderseits des Punktes h infolge der jeweiligen endgültigen M-Fläche. Da die endgültigen M-Flächen die Verträglichkeitsbedingungen des statisch bestimmten Grundsystems erfüllen, müssen alle $2 \cdot 4$ Integrale gleich Null sein.

7.2 Lastfall 1: Gleichlasten q_{cd} und q_{ef} auf den Riegeln

Die Momentenflächen der Bilder **7.50** bis **7.53** werden nacheinander mit der M-Fläche **7.59**a kombiniert.

$$\int M_1 M\, I_c/I \cdot ds$$
$$= 1 \cdot 6\,(-4)\,(-112{,}723) + 2/3 \cdot 6\,(-4)\,225$$
$$+ 2 \cdot 1/3 \cdot 8{,}937\,(-4)\,(-37{,}54) = 0{,}005 \approx 0$$

$$\int M_2 M\, I_c/I \cdot ds$$
$$= 1 \cdot 10{,}312 \cdot 1\,(-86{,}629) + 2/3 \cdot 10{,}312 \cdot 1 \cdot 180$$
$$+ 2 \cdot 1/2 \cdot 10{,}527 \cdot 1\,(-86{,}629 + 75{,}183)$$
$$+ 1 \cdot 6\,(-1)\,(-112{,}723) + 2/3 \cdot 6\,(-1)\,225$$
$$= -0{,}03 \approx 0$$

$$\int M_3 M\, I_c/I \cdot ds = 0$$

da M_3 antimetrisch und M symmetrisch ist

$$\int M_4 M\, I_c/I \cdot ds$$
$$= 2 \cdot 1/6 \cdot 10{,}527\,(-3{,}5)\,(-86{,}62 + 2 \cdot 75{,}183)$$
$$+ 1 \cdot 6 \cdot 3{,}5\,(-112{,}723) + 2/3 \cdot 6 \cdot 3{,}5 \cdot 225$$
$$= -0{,}08 \approx 0$$

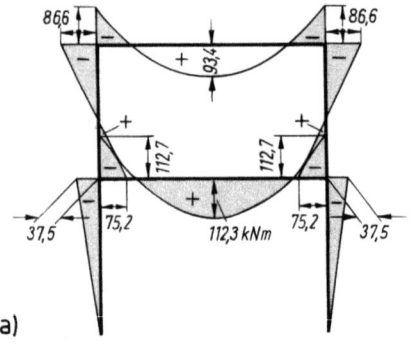

a)

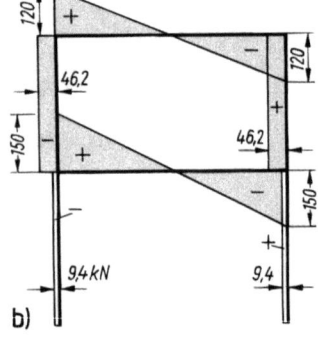

b)

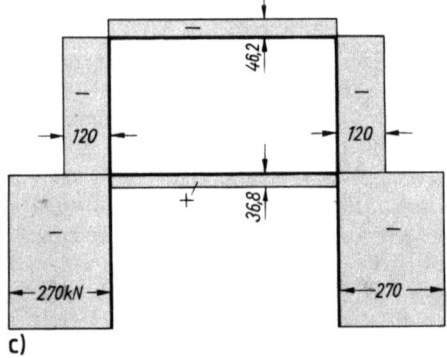

c)

7.59
Lastfall 1: Gleichlast auf beiden Riegeln
a) Momente
b) Querkräfte
c) Längskräfte

7.4.5 Beispiel 5: Stockwerkrahmen mit zwei Geschossen ...

7.3 Lastfall 2: Windlasten W_c und W_e

Die Momentenflächen der Bilder **7.50** bis **7.53** werden nacheinander mit der M-Fläche (**7.60**a) kombiniert

$$\int M_1 M\, I_c/I \cdot ds = 0$$

$$\int M_2 M\, I_c/I \cdot ds = 0$$

da M_1 und M_2 symmetrisch und M antimetrisch ist

$$\int M_3 M\, I_c/I \cdot ds$$
$$= 2 \cdot 1/3 \cdot 10{,}312/2 \cdot (-3)\, 28{,}236$$
$$+ 1/2 \cdot 10{,}527\, (-3)\, (28{,}236 - 15{,}514)$$
$$+ 1/2 \cdot 10{,}527 \cdot 3\, (-28{,}236 + 15{,}514)$$
$$+ 2 \cdot 1/3 \cdot 6/2 \cdot 3 \cdot 115{,}514$$
$$= 0{,}14 \approx 0$$

$$\int M_4 M\, I_c/I \cdot ds = 0$$

da M_4 symmetrisch und M antimetrisch ist.

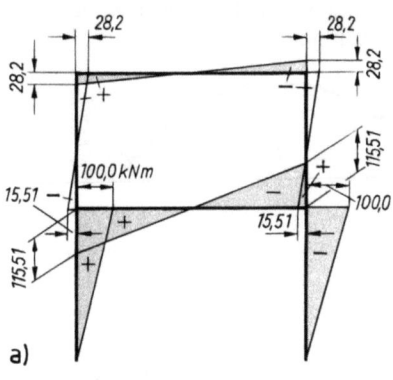

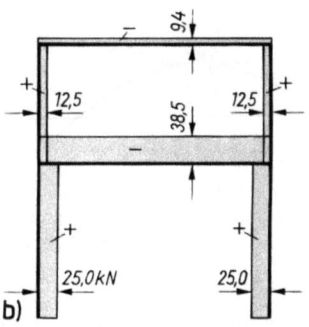

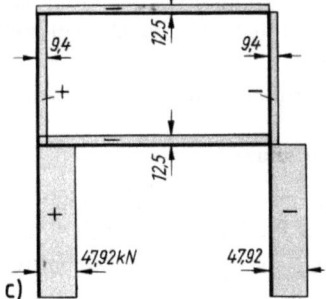

7.60
Lastfall 2: Windkräfte W_c und W_e
a) Momente
b) Querkräfte
c) Längskräfte

7.4.6 Beispiel 6: Eingespannter Bogen

1. Allgemeines

Für einen eingespannten Bogen ist ein Pfeilverhältnis

Bogenpfeil/Bogenstützweite = $f/l \geq 1/6$ bis $1/7$

empfehlenswert; bei flachen eingespannten Bogen ergeben sich sehr große Momente infolge von Bogenverkürzung, Schwinden, Temperaturänderungen und Widerlagerverschiebungen.

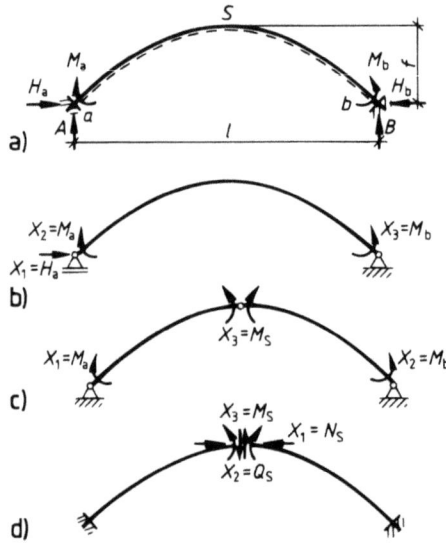

Der Anwendungsbereich der Zweigelenkbogen liegt etwa bei

$1/6$ bis $1/7 \geq f/l \geq 1/10$ bis $1/12$

und der der Dreigelenkbogen etwa bei

$f/l \leq 1/10$ bis $1/12$.

Der eingespannte Bogen ohne Gelenke ist wie der eingespannte zweistielige Rahmen **dreifach statisch unbestimmt**. Ein statisch bestimmtes Hauptsystem erhalten wir demnach, indem wir drei konstuktive Bindungen beseitigen, z. B.

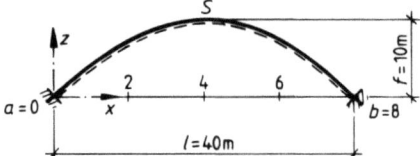

7.61 a) Eingespannter Bogen und statisch bestimmte Hauptsysteme, b) gekrümmter Träger, c) Dreigelenkbogen, d) gekrümmte Kragarme

7.62 Eingespannter Bogen, Zahlenbeispiel

a) beide Einspannungen sowie die horizontale Festhaltung im Lager a (Bild **7.61** b) oder
b) beide Einspannungen sowie die Biegesteifigkeit im Bogenscheitel (Bild **7.61** c) oder
c) die Biege-, Quer- und Längskraftsteifigkeit im Bogenscheitel (Bild **7.61** d).

Das statisch bestimmte Hauptsystem ist dann a) ein gekrümmter, statisch bestimmt gelagerter Einfeldträger, b) ein Dreigelenkbogen und c) ein System aus zwei gekrümmten Kragträgern.

Für unser Beispiel wählen wir das statisch bestimmte Hauptsystem c) (Bild **7.61** d).

2. Aufgabenstellung

Gegeben ist der symmetrische eingespannte Bogen nach Bild **7.62** mit $l = 40$ m und $f = 10$ m; das Pfeilverhältnis ist $f/l = 1/4$.
Gesucht sind die Stütz- und Schnittgrößen für Voll- und halbseitige Belastung mit $p = 100$ kN/m.

3. Systemwerte
Die Bogenachse ist eine **quadratische Parabel** mit der Gleichung

$$z = 4f/l^2 \cdot (l - x)x = 4fx/l - 4fx^2/l^2$$
$$= 4 \cdot 10\, x/40 - 4 \cdot 10\, x^2/40^2$$
$$= x - 0{,}025\, x^2$$

Die Neigung der Bogenachse folgt der Gleichung

$$z' = 1 - 0{,}05\, x$$

Der zu $z'(x)$ gehörende Neigungswinkel $\varphi(x)$ ist

positiv für $0 \leq x < l/2$,

gleich Null für $x = l/2$, d.h. im Scheitel,

negativ für $l/2 < x \leq l$.

$\varphi(x)$ ist **antimetrisch** zum Bogenscheitel ebenso wie $\sin \varphi(x)$, während $\cos \varphi(x)$ im Bereich $0 \leq x \leq l$ symmetrisch ist.

Wir berechnen **geometrische Größen** und **Kraftgrößen** in den Achtelspunkten $i = 0$ bis 8; deren Abstand beträgt $l/8 = 5$ m. Die im Laufe der Berechnung benötigten geometrischen Größen sind in Tafel **7.63** zusammengestellt.

Tafel **7.63** Systemwerte des eingespannten Bogens

0	1	2	3	4	5	6	7	8	9
i	x	z	z'	φ rad	φ °	$\sin \varphi$	$\cos \varphi$	$\sin^2 \varphi$	$\cos^2 \varphi$
0	0	0	1	0,7854	45	0,70711	0,70711	0,5	0,5
1	5	4,375	0,75	0,6435	36,87	0,6	0,8	0,36	0,64
2	10	7,5	0,5	0,46365	26,565	0,44721	0,89443	0,2	0,8
3	15	9,375	0,25	0,24498	14,036	0,24254	0,97014	0,058824	0,94118
4	20	10	0	0	0	0	1	0	1
5	25	9,375	−0,25	−0,24498	−14,036	−0,24254	0,97014	0,058824	0,94118
6	30	7,5	−0,5	−0,46365	−26,565	−0,44721	0,89443	0,2	0,8
7	35	4,375	−0,75	−0,6435	−36,87	−0,6	0,8	0,36	0,64
8	40	0	−1	−0,7854	−45	−0,70711	0,70711	0,5	0,5

Der Bogen hat im **Scheitel** den Querschnitt

$$A_S = b_S\, h_S = 0{,}5 \cdot 1{,}20 = 0{,}6 \text{ m}^2 = A_c$$

und das **Flächenmoment 2. Grades**

$$I_S = 0{,}5 \cdot 1{,}2^3/12 = 0{,}072 \text{ m}^4 = I_c$$

Mit diesen Werten ergibt sich

$$I_S/A_S = I_c/A_c = 0{,}12 \text{ m}^2$$

Die Formeln für die Berechnung der Verschiebungsgrößen leiten wir für einen beliebigen Verlauf der Querschnittswerte des Bogens ab, die Zahlenrechnung führen wir jedoch nur für

$$A(x) = A_c/\cos \varphi(x) \text{ und } I(x) = I_c/\cos \varphi(x)$$

durch. Bei dieser Annahme ergeben sich in den Kämpfern ($\varphi(0) = -\varphi(l) = 45°$, s. **7.63**) die Werte

$$b_K = b_S/\cos 45° = 0{,}5/0{,}7071 = 0{,}7071 \text{ m}$$

$$h_K = h_S = 1{,}2 \text{ m}$$

$$A_K = b_K h_K = 0{,}7071 \cdot 1{,}2 = 0{,}84853 \text{ m}^2 = A_c/\cos 45°$$

$$I_K = b_K h^3/12 = 0{,}7071 \cdot 1{,}2^3/12 = 0{,}101823 \text{ m}^4 = I_c/\cos 45°$$

Wie die Momentenflächen des wirklichen Systems zeigen werden, läßt sich die Verstärkung des eingespannten Bogens zu den Kämpfern hin damit begründen, daß dort die größten Momente auftreten.

Wir erzeugen das statisch bestimmte Hauptsystem, indem wir den Bogen im Scheitel durchschneiden; die statisch Unbestimmten bezeichnen wir wie folgt (**7.61**):

$$X_1 = N_S$$
$$X_2 = Q_S$$
$$X_3 = M_S$$

Für Vollbelastung mit Gleichlast ermitteln wir die Vorzahlen δ'_{ik} und Lastglieder δ'_{i0} der Elastizitätsgleichungen einmal nur aus den Beiträgen der Momente und zum andern aus den Beiträgen von Momenten und Längskräften; bei halbseitiger Belastung berücksichtigen wir nur die Beiträge der Momente.

4. Einheitsbelastungszustände und Vorzahlen δ'_{ik}

4.1 Einheitsbelastungszustände

Die Bilder **7.64** bis **7.66** zeigen für die drei Einheitsbelastungszustände jeweils unter
a) das statisch bestimmte Hauptsystem und seine Belastung durch $X_i = 1$,
b) die M_i-Fläche von der Bogenachse abgetragen,
c) die M_i-Fläche von der Bogensehne abgetragen,

ferner für die Zustände $X_1 = 1$ und $X_2 = 1$ unter

d) eine Zeichnung zur Erläuterung der Berechnung der Schnittgrößen $Q_i(x)$ und $N_i(x)$.

Wir stellen die Ergebnisse übersichtlich zusammen:

$$M_1(x) = -f + z(x) \qquad M_2(x) = -(l/2 - x) \qquad M_3 = 1$$

$$Q_1(x) = \sin \varphi(x) \qquad\qquad N_1(x) = \cos \varphi(x)$$

$$Q_2(x) = \cos \varphi(x) \qquad\qquad N_2(x) = -\sin \varphi(x)$$

$$Q_3(x) \equiv 0 \qquad\qquad\qquad\; N_3(x) \equiv 0$$

Die Werte der Winkelfunktionen sind für die Achtelspunkte in Tafel **7.63** zusammengestellt.

7.4.6 Beispiel 6: Eingespannter Bogen

4.2 Vorzahlen δ'_{ik}, Beiträge der Momente

$$\delta'_{ikM} = EI_c \delta_{ikM} = \int M_i(x) M_k(x) \, I_c/I(x) \cdot ds$$

Wir verzichten im folgenden auf die Angabe der funktionalen Abhängigkeit von x und schreiben kürzer

$$\delta'_{ikM} = \int M_i M_k \, I_c/I \cdot ds$$

Da wir nicht längs des Bogens, sondern längs der **Bogensehne** integrieren wollen, ersetzen wir ds durch $dx/\cos \varphi$ und erhalten für den Fall eines beliebigen Verlaufs der Querschnittsgrößen

$$\delta'_{ikM} = \int M_i M_k \, I_c/(I \cos \varphi) \cdot dx$$

Für den Sonderfall $I = I_c/\cos \varphi$ oder $I \cos \varphi = I_c$, den wir der Zahlenrechnung zugrundelegen, wird daraus

$$\delta'_{ikM} = \int M_i M_k \cdot dx$$

Eine Betrachtung der M_1-, M_2- und M_3-Fläche zeigt, daß wir die δ'_{ikM} mit Hilfe der **Integrationstafel 1.20** berechnen können. Im einzelnen erhalten wir

$$\delta'_{11M} = \int M_1^2 \, dx = 2 \cdot 1/5 \cdot l/2 \cdot f^2 = 2 \cdot 1/5 \cdot 20 \cdot 10^2 = 800$$

$\delta'_{12M} = \delta'_{21M} = \int M_1 M_2 \, dx = 0$, da M_1 symmetrisch und M_2 antimetrisch ist

$$\delta'_{13M} = \delta'_{31M} = \int M_1 M_3 \, dx = 2 \cdot 1/3 \cdot l/2 \cdot (-f) \, 1 = 2 \cdot 1/3 \cdot 20 \, (-10) = -133{,}33$$

$$\delta'_{22M} = \int M_2^2 \, dx = 2 \cdot 1/3 \cdot l/2 \cdot l^2/4 = 2 \cdot 1/3 \cdot 20 \cdot 40^2/4 = 5333{,}33$$

$\delta'_{23M} = \delta'_{32M} = \int M_2 M_3 \, dx = 0$, da M_2 antimetrisch und M_3 symmetrisch ist

$$\delta'_{33M} = \int M_3^2 \, dx = 1 \cdot l \cdot 1^2 = 40$$

4.3 Vorzahlen δ'_{ik}, Beiträge der Längskräfte

$$\delta'_{ikN} = EI_c \delta_{ikN} = \int N_i N_k \, I_c/A \cdot ds$$

Um längs der Bogensehne integrieren zu können, ersetzen wir ds durch $dx/\cos \varphi$ und erhalten für den Fall eines beliebigen Verlaufs der Querschnittsgrößen

$$\delta'_{ikN} = \int N_i N_k \, I_c/(A \cos \varphi) \cdot dx$$

Für den hier zugrunde gelegten Sonderfall

$$A = A_c/\cos \varphi \quad \text{oder} \quad A \cos \varphi = A_c$$

ergibt sich

$$\delta'_{ikN} = \int N_i N_k \, I_c/A_c \cdot dx = I_c/A_c \int N_i N_k \, dx$$

Diese Integrale lassen sich **nicht** mit Hilfe der Tafel **1.20** lösen, wir müssen wie beim Zweigelenkbogen (Abschn. 6.7) die Simpsonregel (Gl. (6.16)) anwenden:

$$\int_0^8 f(x) \, dx = \Delta x/3 \cdot (f(0) + 4f(1) + 2f(2) + 4f(3) + 2f(4) \\ + 4f(5) + 2f(6) + 4f(7) + f(8))$$

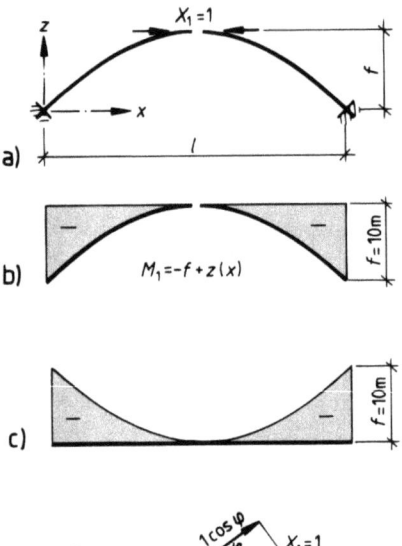

7.64 Zustand 1
a) $X_1 = 1$ am statisch bestimmten Hauptsystem
b) Momente M_1 vom Bogen aus aufgetragen
c) Momente M_1 von der Bogensehne aus aufgetragen
d) Berechnung von Q_1 und N_1

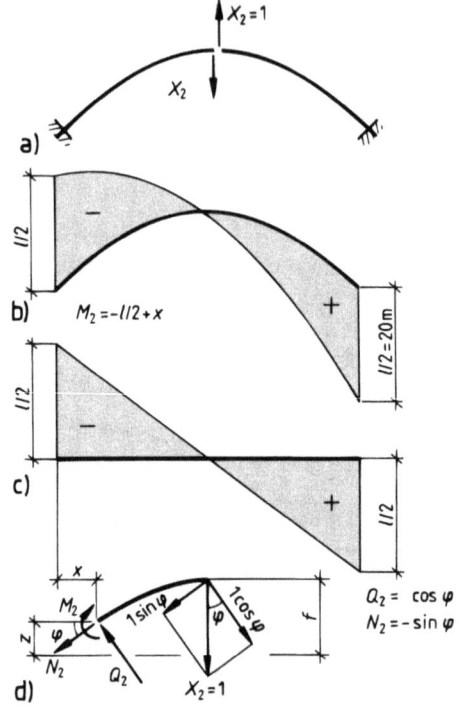

7.65 Zustand 2
a) $X_2 = 1$ am statisch bestimmten Hauptsystem
b) Momente M_2 vom Bogen aus aufgetragen
c) Momente M_2 von der Bogensehne aus aufgetragen
d) Berechnung von Q_2 und N_2

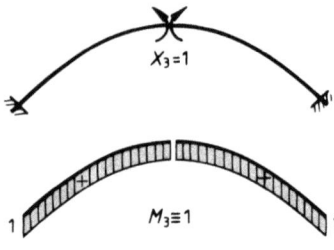

7.66 Zustand 3
a) $X_3 = 1$ am statisch bestimmten Hauptsystem
b) Momente M_3 vom Bogen aus aufgetragen
c) Momente M_3 von der Bogensehne aus aufgetragen

$f(i)$ bezeichnet den Wert des unter dem Integral stehenden Ausdrucks im Achtelspunkt i.

Die Funktionen unter den Integralen sind entweder symmetrisch oder antimetrisch. Im Fall der Symmetrie vereinfacht sich die Simpsonregel wie folgt:

$$\int_0^8 f(x)\,dx = 2\Delta x/3 \cdot (f(0) + 4f(1) + 2f(2) + 4f(3) + f(4));$$

im Fall der Antimetrie ist der Wert des Integrals gleich Null.

7.4.6 Beispiel 6: Eingespannter Bogen

Bei Symmetrie fassen wir die beiden Quotienten $2\Delta x/3$ und I_c/A_c zusammen und erhalten vor der Klammer den Faktor

$$2\Delta x/3 \cdot I_c/A_c = 2 \cdot 5/3 \cdot 0{,}072/0{,}6 = 0{,}4 \text{ m}^3$$

Unter Beachtung dieser Vorbemerkungen ergeben sich die Beiträge der Längskräfte zu den Vorzahlen wie folgt:

$$\delta'_{11N} = I_c/A_c \cdot \int N_1^2 \, dx = I_c/A_c \cdot \int \cos^2 \varphi \, dx$$
$$= 0{,}4 \, (1 \cdot 0{,}5 + 4 \cdot 0{,}64 + 2 \cdot 0{,}8 + 4 \cdot 0{,}9412 + 1 \cdot 1) = 3{,}7699$$
$$\delta'_{12N} = \delta'_{21N} = I_c/A_c \cdot \int N_1 N_2 \, dx = I_c/A_c \cdot \int \cos \varphi \, (-\sin \varphi) \, dx = 0,$$

da $\cos \varphi$ symmetrisch und $\sin \varphi$ antimetrisch ist

$$\delta'_{13N} = \delta'_{31N} = I_c/A_c \cdot \int N_1 N_3 \, dx = 0, \text{ da } N_3 \equiv 0$$
$$\delta'_{22N} = I_c/A_c \cdot \int N_2^2 \, dx = I_c/A_c \cdot \int \sin^2 \varphi \, dx$$
$$= 0{,}4 \, (1 \cdot 0{,}5 + 4 \cdot 0{,}36 + 2 \cdot 0{,}2 + 4 \cdot 0{,}05882 + 1 \cdot 0) = 1{,}0301$$
$$\delta'_{23N} = \delta'_{32N} = I_c/A_c \cdot \int N_2 N_3 \, dx = 0, \text{ da } N_3 \equiv 0$$
$$\delta'_{33N} = I_c/A_c \cdot \int N_3^2 \, dx = 0, \text{ da } N_3 \equiv 0$$

4.4 Darstellung der Vorzahlen als Matrizen
Beitrag der Momente:

$$\boldsymbol{\delta}'_M = \begin{bmatrix} 800 & 0 & -133{,}33 \\ 0 & 5333{,}33 & 0 \\ -133{,}33 & 0 & 40 \end{bmatrix}$$

Beitrag der Längskräfte:

$$\boldsymbol{\delta}'_N = \begin{bmatrix} 3{,}7699 & 0 & 0 \\ 0 & 1{,}0301 & 0 \\ 0 & 0 & 0 \end{bmatrix}$$

Beitrag der Momente und Längskräfte:

$$\boldsymbol{\delta}'_{MN} = \begin{bmatrix} 803{,}77 & 0 & -133{,}33 \\ 0 & 5334{,}36 & 0 \\ -133{,}33 & 0 & 40 \end{bmatrix}$$

5. Lastzustände (Zustände 0) und Lastglieder δ'_{i0}

5.1 Berechnungsformeln
In sinngemäßer Übertragung der Formeln für die Vorzahlen schreiben wir für beliebigen Verlauf der Querschnittsgrößen

$$\delta'_{i0M} = \int M_i M_0 \, I_c/I \cdot ds = \int M_i M_0 \, I_c/(I \cos \varphi) \cdot dx$$
$$\delta'_{i0N} = \int N_i N_0 \, I_c/A \cdot ds = \int N_i N_0 \, I_c/(A \cos \varphi) \cdot dx$$

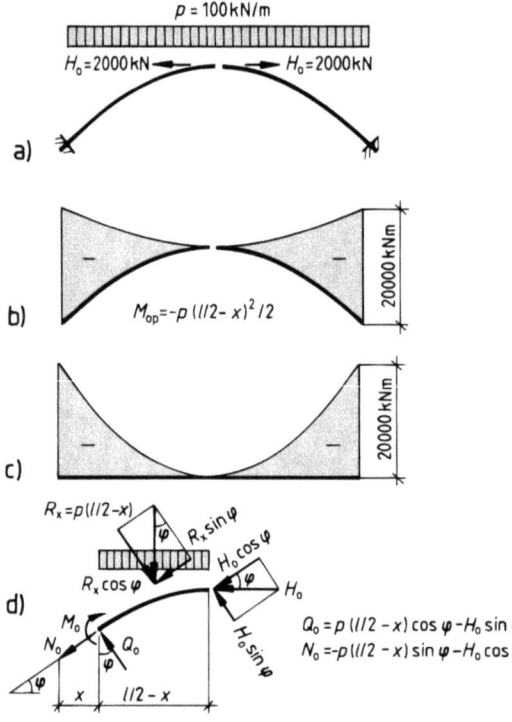

7.67 Vollbelastung mit $p = 100$ kN/m
a) statisch bestimmtes Hauptsystem mit Belastung
b) Momente M_{0p} vom Bogen aus aufgetragen
c) Momente M_{0p} von der Bogensehne aus aufgetragen
d) Berechnung von Q_0 und N_0

Für den Sonderfall

$$I = I_c/\cos\varphi, \quad I_c = I\cos\varphi$$

$$A = A_c/\cos\varphi, \quad A_c = A\cos\varphi$$

lauten die Formeln

$$\delta'_{i0M} = \int M_i M_0 \, dx$$

$$\delta'_{i0N} = I_c/A_c \cdot \int N_i N_0 \, dx$$

5.2 Vollbelastung des Bogens mit $p = 100$ kN/m (7.67)

Um zu erreichen, daß sich das Tragverhalten des statisch bestimmten Hauptsystems möglichst wenig von dem des wirklichen Systems unterscheidet, bringen wir im Zustand 0 zusätzlich zu der lotrechten Belastung an den Schnittstellen im Bogenscheitel den Horizontalschub H_0 an, den ein Dreigelenkbogen mit gleicher Form der Achse und gleicher Belastung hat. Als statisch Unbestimmte X_1 ergibt sich dann nicht der gesamte Horizontalschub des eingespannten Bogens, sondern nur die Verbesserung, die wir dem Horizontalschub H_0 erteilen müssen.

Nach Teil 1 dieses Werkes, Abschn. 5.9.3, ist

$$H_0 = pl^2/8f = 100 \cdot 40^2/(8 \cdot 10) = 2000 \text{ kN}$$

und wir erhalten als Momente aus den Belastungen Gleichlast und Horizontalschub im Kämpfer

$$M_k = -100 \cdot 20 \cdot 10 + 2000 \cdot 10 = 0 \text{ kNm}$$

und im Viertelspunkt

$$M_{1/4} = -100 \cdot 10 \cdot 5 + 2000 \cdot 2{,}5 = 0 \text{ kN}$$

Wie sich auch mit Hilfe der Formeln für die Schnittgrößen beweisen läßt, erhält der Parabelbogen unter der Wirkung von p und zugehörigem H_0 weder Momente noch Querkräfte. Es treten nur Längskräfte auf; für sie gilt (7.67)

$$N_0 = -Q_{\text{Balken}} \sin\varphi - H_0 \cos\varphi$$

dabei ist $Q_{\text{Balken}} = p(l/2 - x)$ die Querkraft eines einfachen Balkens auf zwei Lagern mit Vollbelastung $p = 100$ kN/m.

7.4.6 Beispiel 6: Eingespannter Bogen

Lastglieder, Beitrag der Momente

Wegen $M_0 \equiv 0$ wird auch der Beitrag der Momente zu den Lastgliedern gleich Null:

$$\delta'_{10M} = \delta'_{20M} = \delta'_{30M} = 0$$

Lastglieder, Beitrag der Längskräfte:

$$\begin{aligned}
\delta'_{10N} &= I_c/A_c \cdot \int N_1 N_0 \, dx \\
&= I_c/A_c \cdot \int \cos \varphi \, (-Q_{\text{Balken}} \sin \varphi - H_0 \cos \varphi) \\
&= I_c/A_c \cdot \int (-Q_{\text{Balken}} \sin \varphi \cos \varphi - H_0 \cos^2 \varphi)
\end{aligned}$$

Die Gesamtfunktion unter dem Integral ist symmetrisch; mit Hilfe der Simpsonregel ergibt sich

$$\begin{aligned}
\delta'_{10N} = 0{,}4 \, (&1 \, (-2000 \cdot 0{,}7071^2 - 2000 \cdot 0{,}7071^2) \\
&+ 4 \, (-1500 \cdot 0{,}6 \cdot 0{,}8 - 2000 \cdot 0{,}8^2) \\
&+ 2 \, (-1000 \cdot 0{,}4472 \cdot 0{,}8944 - 2000 \cdot 0{,}8944^2) \\
&+ 4 \, (-500 \cdot 0{,}2425 \cdot 0{,}9701 - 2000 \cdot 0{,}9701^2) \\
&+ 1 \, (0 \cdot 0 \cdot 1 - 2000 \cdot 1^2)) \\
= \, &-9600
\end{aligned}$$

$$\delta'_{20N} = I_c/A_c \cdot \int N_2 N_0 \, dx = 0, \text{ da } N_2 \text{ antimetrisch und } N_0 \text{ symmetrisch verläuft}$$

$$\delta'_{30N} = I_c/A_c \cdot \int N_3 N_0 \, dx = 0, \text{ da } N_3 \equiv 0 \text{ ist.}$$

5.3 Halbseitige Belastung links mit $p = 100$ kN/m (7.68)

Wir setzen nicht zusätzlich zu der linksseitigen Gleichlast den Horizontalschub H_0 an und erhalten die folgenden Schnittgrößen (7.67):

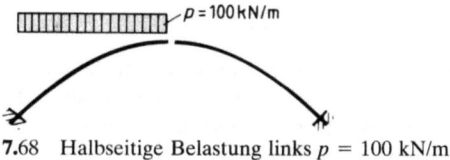

7.68 Halbseitige Belastung links $p = 100$ kN/m

linke Bogenhälfte:

$$\begin{aligned}
M_0 &= -q(l/2 - x) \, (l/2 - x)/2 = -q(l/2 - x)^2/2 \\
Q_0 &= q(l/2 - x) \cos \varphi = Q_{\text{Balken}} \cos \varphi \\
N_0 &= -q(l/2 - x) \sin \varphi = -Q_{\text{Balken}} \sin \varphi
\end{aligned}$$

rechte Bogenhälfte:

$$M_0 \equiv 0; \qquad Q_0 \equiv 0; \qquad N_0 \equiv 0$$

Bei den Lastgliedern wie bei den Vorzahlen berücksichtigen wir unter halbseitiger Gleichlast nur den Anteil der Momente und erhalten mit Hilfe von Tafel 1.20:

$$\delta'_{10M} = \int M_1 M_0 \, dx = 1/5 \cdot l/2 \cdot (-f) \, (-pl^2)/8$$
$$= \cdot 1/5 \cdot 20 \, (-10) \, (-20\,000) = 800\,000$$

$$\delta'_{20M} = \int M_2 M_0 \, dx = 1/4 \cdot l/2 \cdot (-l/2) \, (-pl^2/8)$$
$$= 1/4 \cdot 20 \, (-20) \, (-20\,000) = 2\,000\,000$$

$$\delta'_{30M} = \int M_3 M_0 \, dx = 1/3 \cdot l/2 \cdot 1 \, (-pl^2/8)$$
$$= 1/3 \cdot 20 \cdot 1 \, (-20\,000) = -133\,333$$

6. Gleichungssysteme und Lösungen

6.1 Vollbelastung mit Gleichlast, nur Anteil der Momente an den Verschiebungsgrößen berücksichtigt

$$\delta'_M X = -\delta'_{0M}$$

$$\begin{bmatrix} 800 & 0 & -133{,}33 \\ 0 & 5333{,}33 & 0 \\ -133{,}33 & 0 & 40 \end{bmatrix} \begin{bmatrix} X_1 \\ X_2 \\ X_3 \end{bmatrix} = \begin{bmatrix} 0 \\ 0 \\ 0 \end{bmatrix}$$

Die Lösung lautet $X_1 = X_2 = X_3 = 0$

6.2 Vollbelastung mit Gleichlast, Anteile der Momente und Längskräfte an den Verschiebungsgrößen berücksichtigt

$$\delta'_{MN} X = -\delta'_{0MN}$$

$$\begin{bmatrix} 803{,}77 & 0 & -133{,}33 \\ 0 & 5334{,}36 & 0 \\ -133{,}33 & 0 & 40 \end{bmatrix} \begin{bmatrix} X_1 \\ X_2 \\ X_3 \end{bmatrix} = \begin{bmatrix} 9600 \\ 0 \\ 0 \end{bmatrix}$$

Die Lösung lautet:

$$X_1 = 26{,}72 \text{ kN} \qquad X_2 = 0 \text{ kN} \qquad X_3 = 89{,}0 \text{ kNm}$$

Die statisch Unbestimmte X_1 wurde als Zugkraft angesetzt; sie ergibt sich positiv, wirkt also tatsächlich im statisch bestimmten Hauptsystem als Zugkraft im Scheitel. Wie wir in Textziffer 7 ermitteln werden, setzt sich der Horizontalschub im wirklichen System zusammen aus der Druckkraft H_0 und der Zugkraft X_1; die statisch Unbestimmte X_1 bewirkt dabei, daß der Horizontalschub des eingespannten Bogens dem absoluten Betrage nach kleiner ist als der Horizontalschub des Dreigelenkbogens.

6.3 Halbseitige Belastung links durch Gleichlast, nur Anteil der Momente an den Verschiebungsgrößen berücksichtigt

$$\delta'_M X = -\delta'_{0M}$$

$$\begin{bmatrix} 800 & 0 & -133{,}33 \\ 0 & 5333{,}33 & 0 \\ -133{,}33 & 0 & 40 \end{bmatrix} \begin{bmatrix} X_1 \\ X_2 \\ X_3 \end{bmatrix} = \begin{bmatrix} -800\,000 \\ -2\,000\,000 \\ 133\,333 \end{bmatrix}$$

7.4.6 Beispiel 6: Eingespannter Bogen

Das Gleichungssystem hat die Lösung

$$X_1 = N_S = -1000 \text{ kN} \quad = -H_0$$
$$X_2 = Q_S = -375 \text{ kN}$$
$$X_3 = M_S = 0 \text{ kNm}$$

7. Stütz- und Schnittgrößen des wirklichen Systems

7.1 Vollbelastung mit Gleichlast, Berücksichtigung nur des Beitrags der Momente zu den Verschiebungsgrößen

Alle drei statisch Unbestimmten sind gleich Null; die Schnittgrößen des wirklichen Systems und des statisch bestimmten Hauptsystems sind identisch.
Momente und Querkräfte treten nicht auf, für die Längskräfte in den Achtelspunkten gilt (Tafel **7.**69, Spalte 5)

$$N = -Q_{\text{Balken}} \sin \varphi - H_0 \cos \varphi = -p(l/2 - x) \sin \varphi - pl^2/8f \cdot \cos \varphi$$

Die Stützkräfte sind

$$A = B = 2000 \text{ kN} \qquad H = H_0 = 2000 \text{ kN}$$

7.2 Vollbelastung mit Gleichlast, Berücksichtigung der Beiträge von Momenten und Längskräften zu den Verschiebungsgrößen

$$M = M_0 + M_1 X_1 + M_2 X_2 + M_3 X_3$$
$$= 0 + (-f + z) \, 26{,}72 - (l/2 - x) \, 0 + 1 \cdot 89{,}0$$
$$Q = Q_0 + Q_1 X_1 + Q_2 X_2 + Q_3 X_3$$
$$= 0 + \sin \varphi \cdot 26{,}72 + \cos \varphi \cdot 0 + 0 \cdot 89{,}0$$
$$N = N_0 + N_1 X_1 + N_2 X_2 + N_3 X_3$$
$$= -Q_{\text{Balken}} \sin \varphi - H_0 \cos \varphi + \cos \varphi \cdot 26{,}72 - \sin \varphi \cdot 0 + 0 \cdot 89{,}0$$

Die Ergebnisse der Zahlenrechnung für die Achtelspunkte sind in den Spalten 6, 7 und 8 der Tafel **7.**69 aufgelistet. Die Stützkräfte sind

$$A = B = 2000 \text{ kN} \qquad H = 2000 - 26{,}72 = 1973{,}28 \text{ kN}$$

7.3 Halbseitige Belastung links mit Gleichlast, Berücksichtigung nur des Beitrages der Momente bei den Verschiebungsgrößen

Für die Achtelspunkte zeigen die Spalten 9, 10 und 11 der Tafel **7.**69 die Schnittgrößen des Zustandes 0, die Spalten 12, 13 und 14 die des wirklichen Zustandes; M, N und Q wurden mit den folgenden Formeln ermittelt:

$$M = M_0 + M_1 X_1 + M_2 X_2 + M_3 X_3$$
$$= M_0 + (-f + z) \, (-1000) - (l/2 - x) \, (-375) + 1 \cdot 0$$
$$Q = Q_0 + Q_1 X_1 + Q_2 X_2 + Q_3 X_3$$
$$= Q_0 + \sin \varphi \, (-1000) + \cos \varphi \, (-375) + 0 \cdot 0$$
$$N = N_0 + N_1 X_1 + N_2 X_2 + N_3 X_3$$
$$= N_0 + \cos \varphi \, (-1000) - \sin \varphi \, (-375) + 0 \cdot 0$$

Tafel 7.69 Schnittgrößen des eingespannten Bogens. Die Zahlen in den folgenden Erläuterungen geben die Nummern der Spalten an

1	2	3	4	5	6	7	8	9	10
i	M_1	M_2	Q_{Balken}	$N = N_0$	M	Q	N	M_0	Q_0
0	−10	−20	2000	−2828,4	−178,1	18,89	−2809,5	−20000	1414,2
1	−5,625	−15	1500	−2500	−61,224	16,029	−2478,6	−11250	1200
2	−2,5	−10	1000	−2236,1	22,26	11,947	−2212,2	−5000	894,43
3	−0,625	−5	500	−2061,6	72,351	6,4794	−2035,6	−1250	485,07
4	0	0	0	−2000	89,048	0	−1973,3	0	0
5	−0,625	5	−500	−2061,6	72,351	−6,4794	−2035,6	0	0
6	−2,5	10	−1000	−2236,1	22,26	−11,947	−2212,2	0	0
7	−5,625	15	−1500	−2500	−61,224	−16,029	−2478,6	0	0
8	−10	20	−2000	−2828,4	−178,1	−18,89	−2809,5	0	0

1	11	12	13	14
i	N_0	M	Q	N
0	−1414,2	−2500	441,94	−1856,2
1	−900	0	300	−1475
2	−447,21	1250	111,8	−1173,9
3	−121,27	1250	−121,27	−1000,5
4	0	0	−375	−1000
5	0	−1250	−121,27	−1061,1
6	0	−1250	111,8	−1062,1
7	0	0	300	−1025
8	0	2500	441,94	−972,27

1   Numerierung der Achtelspunkte
2   Momente im Zustand 1
3   Momente im Zustand 2
4   Querkräfte des Ersatzbalkens bei Vollbelastung mit $p = 100$ kN/m
5   Längskräfte bei Vollbelastung
     a) im Zustand 0.
     b) im wirklichen Zustand bei Vernachlässigung des Beitrages der Längskräfte zu den Verschiebungsgrößen
6, 7, 8   Schnittgrößen bei Vollbelastung, wirklicher Zustand, Verschiebungsgrößen mit Beiträgen von Momenten und Längskräften
9, 10, 11   Schnittgrößen bei halbseitiger Belastung links, Zustand 0
12, 13, 14   Schnittgrößen bei halbseitiger Belastung links, wirklicher Zustand, Verschiebungsgrößen nur aus den Beiträgen der Momente

Die lotrechten Lagerkräfte sind

$A = 1625$ kN $B = 375$ kN

Als Horizontalschub ergibt sich $H = 1000$ kN. In Bild 7.72a ist das Gleichgewicht der äußeren Kräfte am Bogen dargestellt. Dazu wurden auch die Kämpferdrücke ermittelt; für sie gilt

$$K_l = \sqrt{A^2 + H^2} = \sqrt{Q_0^2 + N_0^2}$$

$$K_r = \sqrt{B^2 + H^2} = \sqrt{Q_8^2 + N_8^2}$$

Die Zahlenrechnung ergibt

$$K_l = \sqrt{1625^2 + 1000^2} = \sqrt{441,94^2 + 1856,2^2} = 1908 \text{ kN}$$

$$K_r = \sqrt{375^2 + 1000^2} = \sqrt{441,94^2 + 972,27^2} = 1068 \text{ kN}$$

7.4.6 Beispiel 6: Eingespannter Bogen

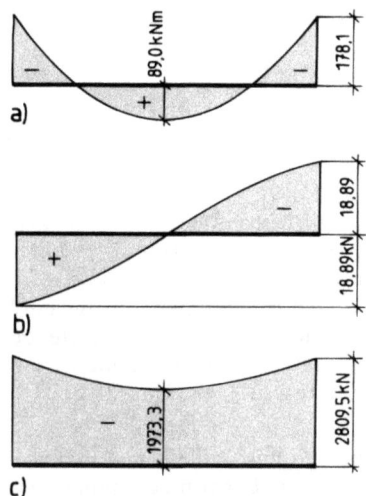

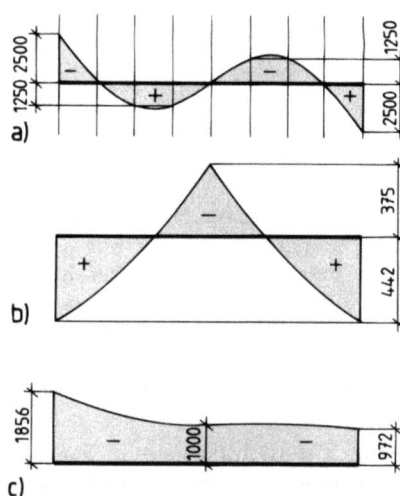

7.70 Eingespannter Bogen unter Vollbelastung mit $p = 100$ kN/m, Beiträge der Längskräfte zu den Verschiebungsgrößen berücksichtigt
a) Momente in kNm, b) Querkräfte in kN, c) Längskräfte in kN

7.71 Eingespannter Bogen unter halbseitiger Belastung links mit $p = 100$ kN/m, nur Beiträge der Momente zu den Verschiebungsgrößen berücksichtigt
a) Momente in kNm, b) Querkräfte in kN, c) Längskräfte in kN

Bild **7.72b** zeigt die **Stützlinie** des Bogens. Die **lotrechte Ausmitte** e_z der Resultierenden des jeweiligen Querschnitts ergibt sich aus der Formel $e_z = M/H$. Wegen $H = 1000$ kN brauchen wir in Tafel **7.69** Spalte 12 nur das Komma um drei Stellen nach links zu versetzen, um die e_z der Achtelspunkte zu erhalten.

Das Bild **7.72** dient der Veranschaulichung der Tragwirkung eines eingespannten Bogens wie auch der Kontrolle, ob Stützkräfte und Kämpferschnittkräfte zusammenpassen. Bei einiger Übung und Erfahrung läßt sich aus dem Verlauf der Stützlinie auch auf die Plausibilität der Rechenergebnisse schließen.

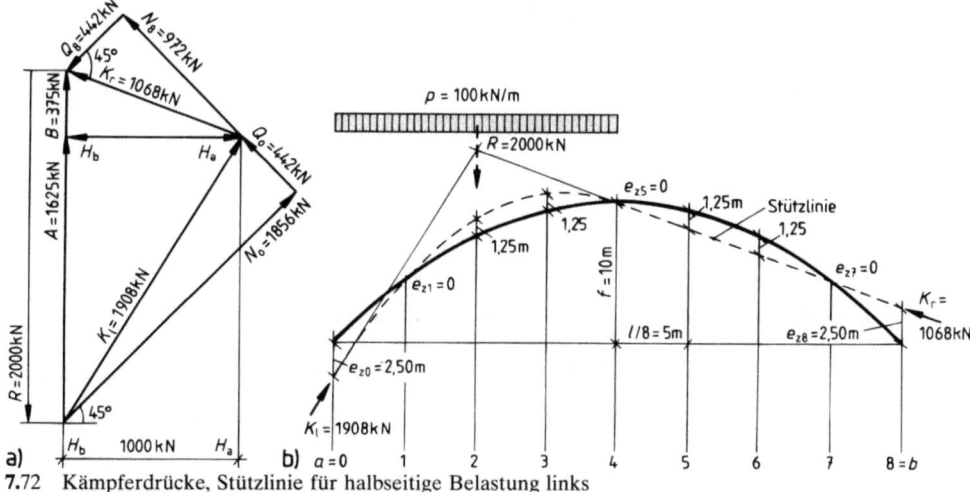

7.72 Kämpferdrücke, Stützlinie für halbseitige Belastung links
a) Kämpferdrücke K_l und K_r, Stützkräfte A, H_a, B, H_b, Schnittkräfte Q_0, N_0, Q_8, N_8, b) Stützlinie

7.5 Einflußlinien

7.5.1 Allgemeines, Überblick

Einflußlinien dienen der Ermittlung von Stütz- und Schnittgrößen infolge von beweglichen Einzellasten, die in Form von Rad- und Achslasten z.B. bei Brücken unter Straßen- und Eisenbahnen oder bei Kranbahnen auftreten. Eine Einflußlinie wird für eine Stütz- oder Schnittgröße in einem Punkt, z.B. für das Moment im Scheitel eines eingespannten Bogens ermittelt. Wir untersuchen, welche Werte die betreffende Kraftgröße annimmt, wenn die Einzellast 1 über das gesamte Tragwerk wandert, und tragen diese Werte als Einflußordinaten η unter dem jeweiligen Lastangriffspunkt ab.

Einflußlinien statisch bestimmter Stab- und Fachwerke werden ausführlich im Abschn. 8 von Teil 1 dieses Werkes behandelt; sie setzen sich aus geraden Linien zusammen und werden analytisch oder mit Hilfe der kinematischen Methode bestimmt.

Die Einflußlinien von Durchlaufträgern haben wir in Teil 2, Abschn. 11.8, ermittelt. Dabei begannen wir jeweils mit den Einflußlinien der statisch unbestimmten Stützmomente. Wir formulierten die Elastizitätsgleichungen, berechneten analog zur Ermittlung der Kehrmatrix $(\delta')^{-1}$ (s. Abschn. 7.4) aus den $6EI$-fachen Verschiebungsgrößen δ_{ij} die β-Matrix und stellten die statisch Unbestimmten in Abhängigkeit von den Belastungsgliedern δ_{im} dar. Mit Hilfe des Satzes von Maxwell ersetzten wir dann die δ_{im}, d. h. die gegenseitigen Verdrehungen der Trägerendquerschnitte über den inneren Lagern, die infolge der im Punkt m stehenden Einzellast 1 auftraten, durch die δ_{mi}, das sind die Durchbiegungen des Trägers im Punkt m infolge $X_i = 1$. Auf diese Weise konnten wir die Einflußlinien der statisch unbestimmten Stützmomente als Biegelinien mit Hilfe der ω-Zahlen ermitteln.

Die Einflußlinien der Feldmomente und Querkräfte ergaben sich durch Überlagerung gemäß Gl. (7.4); wenn wir Stützkräfte C und Schnittgrößen M, Q, N zusammenfassend mit S bezeichnen, lautet diese Gleichung

$$S = S_0 + S_1 X_1 + S_2 X_2 + S_3 X_3 \ldots$$

Bei ihrer Anwendung auf Einflußlinien können wir schreiben

$$\eta = \eta_0 + S_1 \eta_1 + S_2 \eta_2 + S_3 \eta_3 \ldots$$

Darin sind

η die Ordinaten der gesuchten Einflußlinie für S im wirklichen System,

η_0 die Ordinaten der Einflußlinie für S im statisch bestimmten Hauptsystem,

$\eta_1, \eta_2, \eta_3 \ldots$ die Ordinaten der Einflußlinien der statisch Unbestimmten X_1, X_2, X_3,

$S_1, S_2, S_3 \ldots$ die Beträge der Kraftgröße S infolge von $X_1 = 1, X_2 = 1, X_3 = 1$ im statisch bestimmten Hauptsystem.

7.5.1 Allgemeines, Überblick

Im Abschn. 11.8.5 von Teil 2 dieses Werkes zeigen wir schließlich, daß nach dem **Satz von Land** Einflußlinien auf folgende Weise als **Biegelinien** dargestellt werden können:
a) Einflußlinie für das **Moment** im Punkt *n*: Wir führen im Punkt *n* ein **Gelenk** ein und erzwingen darin einen **Knick** von der Größe -1. Das negative Vorzeichen besagt, daß die gegenseitige Verdrehung der Stabenden entgegen dem positiven Drehsinn des Moments M_n erfolgt (**7.73**).

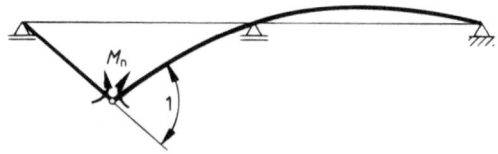

7.73
Einflußlinie für M_n als Biegelinie infolge der aufgezwungenen Verformung $\varphi_n = -1$

b) Einflußlinie für die **Querkraft** im Punkt *n*: Wir führen im Punkt *n* einen **Mechanismus** ein, der die Übertragung von Querkräften unmöglich macht, die Weiterleitung von Momenten und Längskräften aber nicht behindert (**Gelenkstäbe** parallel zur Stabachse, **Schieber** senkrecht zur Stabachse, **7.74**) und erzwingen an dieser Stelle eine **gegenseitige Verschiebung** der Größe -1 senkrecht zur Stabachse. Das negative Vorzeichen besagt, daß die Verschiebung entgegen dem positiven Richtungssinn der Querkraft Q_n erfolgt.

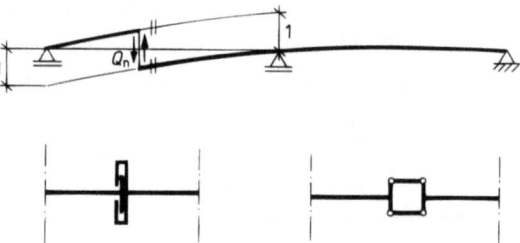

7.74
Einflußlinie für Q_n als Biegelinie infolge der aufgezwungenen Verformung $w_n = -1$; Mechanismen für die gegenseitige Verschiebung senkrecht zur Stabachse

c) Einflußlinie für die **Lagerkraft** C_i: Wir beseitigen die Festhaltung in Richtung von C_i und **verschieben** den Lagerpunkt *i* entgegen dem positiven Richtungssinn von C_i um 1.
Für die Berechnung der Einflußlinien von **Bogen** und **Rahmen** ist noch zu ergänzen:
d) Einflußlinie für die **Längskraft** N_n: Wir ordnen im Punkt *n* zwei **Pendelstäbe** senkrecht zur Stabachse oder eine **Schiebehülse** an, wodurch die Übertragung von Längskräften verhindert, die Weiterleitung von Momenten und Querkräften aber nicht beeinträchtigt wird, und erzwingen in *n* eine **Spreizung** der Größe -1. Das negative Vorzeichen besagt, daß die gegenseitige Verschiebung der Stabenden im Punkt *n* entgegen der positiven Richtung der Längskraft N_n erfolgt (**7.75**).

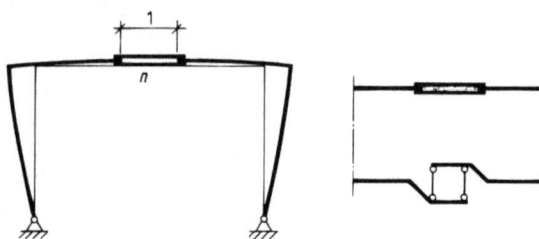

7.75
Einflußlinie für N_n als Biegelinie infolge der aufgezwungenen Verschiebung $u_m = -1$; Mechanismen für die gegenseitige Verschiebung in Richtung der Stabachse

e) Einflußlinie für das Einspannmoment M_a: Wir führen in a ein Gelenk ein und verdrehen das dortige Trägerende um -1; das negative Vorzeichen besagt wieder, daß die aufgezwungene oder eingeprägte Verdrehung entgegen dem positiven Drehsinn von M_a erfolgt.

Nachdem wir einem Durchlaufträger, Bogen oder Rahmen eine der obengenannten Verformungen aufgezwungen haben, sind die lotrechten Komponenten der Verschiebungen die Einflußordinaten der zugehörigen Stütz- oder Schnittgröße.

Bevor wir im Abschn. 7.5.2 für das geschilderte Verfahren die Ableitung bringen, beschreiben wir noch einmal ausführlich die Ermittlung der Einflußlinien für die statisch unbestimmten Stützmomente eines Durchlaufträgers. In den Anwendungen rechnen wir Zahlenbeispiele für die Einflußlinien der statisch Unbestimmten eines Durchlaufträgers, eines Zweigelenkbogens und eines eingespannten Bogens.

Um bei einem n-fach statisch unbestimmten Durchlaufträger die Einflußlinie für das Stützmoment X_r zu erhalten, berechnen wir sämtliche Stützmomente X_i ($i = 1$ bis n) für den Verformungsfall $\varphi_r = -1$, d.h. für den Fall, daß über dem Lager r in der Trägerachse ein Knick von der Größe $\varphi_r = -1$ erzwungen wird, während der Träger über den anderen $n - 1$ Lagern ohne Knick durchläuft. In dieser Berechnung erhält die rechte Seite der Elastizitätsgleichung für X_r, auf der bei der Berechnung von Lastfällen das negative Lastglied steht, den Wert -1, während auf den rechten Seiten aller anderen $n - 1$ Elastizitätsgleichungen der Wert 0 steht. Das ist der mathematische Ausdruck für die den Elastizitätsgleichungen zugrunde liegenden Verträglichkeitsbedingungen des gegebenen Verformungsfalls, die in Worten lauten:

> Lager r: Die Summe gegenseitiger Verdrehungen der Trägerendquerschnitte über dem Lager r infolge der Wirkungen aller statisch Unbestimmten X_i ist gleich -1;
>
> Lager i ($i = 1$ bis n außer r): Die Summe gegenseitiger Verdrehungen der Trägerendquerschnitte über dem Lager i infolge der Wirkungen aller statisch Unbestimmten X_i ist gleich Null.

Aus der Momentenfläche, die von sämtlichen X_i ($i = 1$ bis n einschließlich r) dieses Verformungsfalls verursacht wird, berechnen wir mit Hilfe der ω-Zahlen die Biegelinie, die über dem Lager r den Knick $\varphi_r = -1$ hat und zugleich die Einflußlinie für X_r ist.

7.5.2 Ableitung des Verfahrens

Gesucht ist die Einflußlinie für das Stützmoment M_c des Zweifeldträgers nach Bild 7.76. Wir ermitteln sie, indem wir die Einflußordinate η_n für die Stellung der Last $F = 1$ im beliebigen Punkt n ableiten.

Bild 7.76a zeigt das wirkliche System mit der Last $F_n = 1$, Bild 7.76b die zugehörige Momentenfläche mit dem noch unbekannten Stützmoment M_{cn}. Wir denken uns nun über dem mittleren Lager c ein Gelenk angeordnet und beiderseits desselben M_{cn} wirkend (7.76c). Durch diesen Eingriff erhalten wir ein statisch bestimmtes Hauptsystem, das die gleichen Schnitt- und Verschiebungsgrößen aufweist wie das wirkliche System.

Dem wirklichen Zustand überlagern wir nun einen virtuellen Zustand, und zwar lassen wir an den Endquerschnitten im Punkt c eine virtuelle Doppelgröße $\bar{M}_c$ angreifen, die so groß ist, daß sie die virtuelle gegenseitige Verdrehung der Endquerschnitte $\bar{\varphi}_c = -1$ erzeugt. Das negative Vorzeichen besagt, daß die virtuelle gegenseitige Verdrehung entgegen den Drehsinnen einer positiven Doppelgröße M_c erfolgt.

Wir betrachten nun die virtuelle Arbeit, die wirkliche Belastung und wirkliche Schnittgrößen auf den Verschiebungsgrößen des virtuellen Zustandes leisten:

Die virtuelle Arbeit der wirklichen Belastung ist

$$\bar{W}_a = M_{cn} \cdot 1 - F_n \bar{\eta}_n$$
$$= M_{cn} \cdot 1 - 1 \eta_n$$

Bei der virtuellen Arbeit der Schnittgrößen berücksichtigen wir nur den Anteil der Momente:

$$\bar{W}_i = -\int M \bar{M}/EI \cdot ds$$

Die Arbeitsgleichung lautet also

$$\bar{W}_a + \bar{W}_i = M_{cn} \cdot 1 - 1\eta_n$$
$$- \int M \bar{M}/EI \cdot ds = 0$$

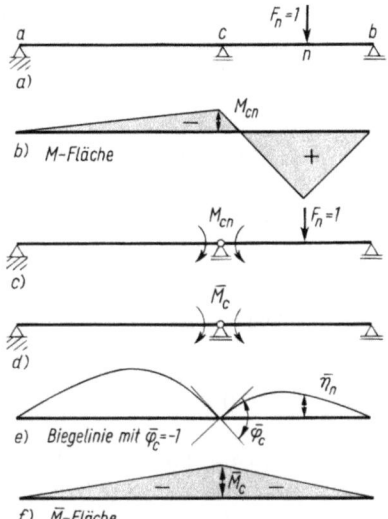

7.76 Anwendung des Prinzips der virtuellen Verrückungen: Einflußlinie für M_c

Das Integral ist ein Vielfaches der gegenseitigen wirklichen Verdrehung der Endquerschnitte über dem Lager c infolge von $F_n = 1$ und M_{cn}; diese gegenseitige Verdrehung erhalten wir nämlich, wenn wir im virtuellen Zustand das virtuelle Moment $\bar{M}_c = 1$ als Doppelgröße ansetzen und die dadurch erzeugte virtuelle Momentenfläche mit der wirklichen kombinieren. Im wirklichen Zustand ist aber die gegenseitige Verdrehung der Endquerschnitte über dem Lager c gleich Null, und deswegen ist auch das Integral gleich Null. Wir erhalten damit die einfache Beziehung

$$M_{cn} = \bar{\eta}_n$$

Diese Beziehung gilt für jede beliebige Lage des Punktes n. Damit ist bewiesen, daß die Biegelinie mit dem Knick $\varphi_c = -1$ zugleich die Einflußlinie für das Moment M_c ist.

7.5.3 Anwendungen

7.5.3.1 Durchlaufträger über 5 Felder

Wir greifen zurück auf das Beispiel im Abschn. 11.8.3 von Teil 2 dieses Werkes (**7.77**) und ermitteln die Einflußlinien der Stützmomente X_2 bis X_5 mit dem in Abschn. 7.5.1 beschriebenen Verfahren.

Um die Einflußlinie für X_2 zeichnen zu können, lösen wir als erstes ein System aus den vier Dreimomentengleichungen für X_2 bis X_5, das für den Träger über dem Lagerpunkt 2 die gegenseitige Verdrehung der Trägerendquerschnitte $\varphi_2 = -1$ vorsieht. Die linke Seite dieses Gleichungssystems ist die gleiche wie bei der Berechnung der Stützmomente infolge von Belastungen, sie enthält die $6EI_c$-fachen Vorzahlen und die statisch Unbestimmten. Mit den Bezeichnungen und Maßen von Bild **7.77** läßt sie sich folgendermaßen entwickeln:

stat. Unbestimmte: X_2 X_3 X_4 X_5
Fünftels-
punkte m: 12 16   22 26   32 36   42 46   52 56
             14 18   24 28   34 38   44 48   54 58
Lager: 1   2   3   4   5   6
Feld: 12   23   34   45   56

$l_{12}=4{,}4\,\text{m}$ | $l_{23}=5{,}2\,\text{m}$ | $l_{34}=4{,}8\,\text{m}$ | $l_{45}=5{,}6\,\text{m}$ | $l_{56}=4{,}0\,\text{m}$

$I_{12}=I_c$ | $I_{23}=1{,}3\,I_c$ | $I_{34}=1{,}5\,I_c$ | $I_{45}=2{,}0\,I_c$ | $I_{56}=I_c$

$l'_{12}=4{,}4\,\text{m}$ | $l'_{23}=4{,}0\,\text{m}$ | $l'_{34}=3{,}2\,\text{m}$ | $l'_{45}=2{,}8\,\text{m}$ | $l'_{56}=4{,}0\,\text{m}$

7.77
Fünffeldträger, Zahlenwerte

$$\begin{bmatrix} 2(l_{12}+l_{23}) & l_{23} & 0 & 0 \\ l_{23} & 2(l_{23}+l_{34}) & l_{34} & 0 \\ 0 & l_{34} & 2(l_{34}+l_{45}) & l_{45} \\ 0 & 0 & l_{45} & 2(l_{45}+l_{56}) \end{bmatrix} \begin{bmatrix} X_2 \\ X_3 \\ X_4 \\ X_5 \end{bmatrix}$$

$$= \begin{bmatrix} 2(4{,}4+4{,}0) & 4{,}0 & 0 & 0 \\ 4{,}0 & 2(4{,}0+3{,}2) & 3{,}2 & 0 \\ 0 & 3{,}2 & 2(3{,}2+2{,}8) & 2{,}8 \\ 0 & 0 & 2{,}8 & 2(2{,}8+4{,}0) \end{bmatrix} \begin{bmatrix} X_2 \\ X_3 \\ X_4 \\ X_5 \end{bmatrix}$$

$$= \begin{bmatrix} 16{,}8 & 4{,}0 & 0 & 0 \\ 4{,}0 & 14{,}4 & 3{,}2 & 0 \\ 0 & 3{,}2 & 12{,}0 & 2{,}8 \\ 0 & 0 & 2{,}8 & 13{,}6 \end{bmatrix} \begin{bmatrix} X_2 \\ X_3 \\ X_4 \\ X_5 \end{bmatrix}$$

Auf der rechten Seite des Gleichungssystems stehen statt der bei Lastfällen üblichen Lastglieder die vorgegebenen gegenseitigen Verdrehungen der Trägerendquerschnitte über den Lagerpunkten, und zwar ebenfalls $6EI_c$-fach; vorgegeben ist bei der Ermittlung der X_2-Linie nur ein Knick in der Biegelinie über dem Lager 2; über den Lagern 3, 4 und 5 läuft der Träger ohne Knicke durch. Die rechte Seite des Gleichungssystems ist also der Spaltenvektor

$$\begin{bmatrix} 6EI_c \cdot (-1) \\ 6EI_c \cdot 0 \\ 6EI_c \cdot 0 \\ 6EI_c \cdot 0 \end{bmatrix}$$

Die Ordinaten der Einflußlinien sind unabhängig von der absoluten Größe der Biegesteifigkeiten EI und hängen nur von den Verhältnissen der Biegesteifigkeiten der einzelnen Felder untereinander ab. Deshalb können wir der Einfachheit halber $6EI_c = 1$ setzen, so daß die rechte Seite des Gleichungssystems, als Zeilenvektor geschrieben, folgende Form erhält:

$$(-1\,;\,0\,;\,0\,;\,0)$$

Für die Einflußlinien von X_3, X_4 und X_5 ergeben sich Gleichungssysteme, die in ihren linken Seiten mit dem Gleichungssystem für X_2 übereinstimmen; die rechten Seiten unterscheiden sich nur durch die Stellung der vorgegebenen gegenseitigen Verdrehung -1, die für die Berechnung der Einflußlinie von X_3, X_4, X_5 in der 2., 3., 4. Zeile steht.

7.5.3 Anwendungen

Mit Hilfe der Matrizenrechnung können wir alle vier Gleichungssysteme gemeinsam lösen. Wir bilden dazu aus den vier Spaltenvektoren der Unbekannten und der rechten Seiten je eine Matrix; um die Unbekannten den vier Gleichungssystemen und damit den vier Einflußlinien zuordnen zu können, führen wir bei den Unbekannten einen weiteren Fußzeiger ein; es ist dann

X_{22} das Stützmoment X_2 im Verformungsfall $\varphi_2 = -1$,

X_{45} das Stützmoment X_4 im Verformungsfall $\varphi_5 = -1$

und wir können unser Problem folgendermaßen mit Hilfe von Matrizen darstellen:

$$\begin{bmatrix} 16{,}8 & 4{,}0 & 0 & 0 \\ 4{,}0 & 14{,}4 & 3{,}2 & 0 \\ 0 & 3{,}2 & 12{,}0 & 2{,}8 \\ 0 & 0 & 2{,}8 & 13{,}6 \end{bmatrix} \begin{bmatrix} X_{22} & X_{23} & X_{24} & X_{25} \\ X_{32} & X_{33} & X_{34} & X_{35} \\ X_{42} & X_{43} & X_{44} & X_{45} \\ X_{52} & X_{53} & X_{54} & X_{55} \end{bmatrix} = \begin{bmatrix} -1 & 0 & 0 & 0 \\ 0 & -1 & 0 & 0 \\ 0 & 0 & -1 & 0 \\ 0 & 0 & 0 & -1 \end{bmatrix}$$

$$\boldsymbol{\delta^* \, X = \varphi^*}$$

Der Kopfzeiger * bedeutet, daß es sich um die $6\,EI_c$-fachen Werte handelt; außerdem haben wir gesetzt $6\,EI_c = 1$ oder $EI_c = 1/6\ \text{kNm}^2$.

Die Lösung des Gleichungssystems erhalten wir wieder mit Hilfe der Kehrmatrix $(\boldsymbol{\delta^*})^{-1}$:

$$\boldsymbol{X = (\delta^*)^{-1}\, \varphi^*}$$

und in ausführlicher Darstellung mit den Momenten in kNm

$$\begin{bmatrix} X_{22} & X_{23} & X_{24} & X_{25} \\ X_{32} & X_{33} & X_{34} & X_{35} \\ X_{42} & X_{43} & X_{44} & X_{45} \\ X_{52} & X_{53} & X_{54} & X_{55} \end{bmatrix} = \begin{bmatrix} -0{,}06404 & 0{,}01897 & -0{,}005314 & 0{,}001094 \\ 0{,}01897 & -0{,}07967 & 0{,}02232 & -0{,}004595 \\ -0{,}005314 & 0{,}02232 & -0{,}09379 & 0{,}01931 \\ 0{,}001094 & -0{,}004595 & 0{,}01931 & -0{,}0775 \end{bmatrix}$$

Die zugehörigen Momentenflächen sind in Bild 7.78 aufgezeichnet.

Im Gegensatz zu den Ordinaten der Einflußlinien sind diese Momente nicht unabhängig von den absoluten Werten der Biegesteifigkeiten des Trägers: Das Moment, das über dem Lager i einen Knick $\varphi_i = -1$ erzeugt und damit der Biegelinie des Trägers die Form der Einflußlinie für X_i gibt, muß um so größer sein, je größer die Biegesteifigkeiten des Trägers sind. Dieses Moment erhöht sich proportional zu den Biegesteifig-

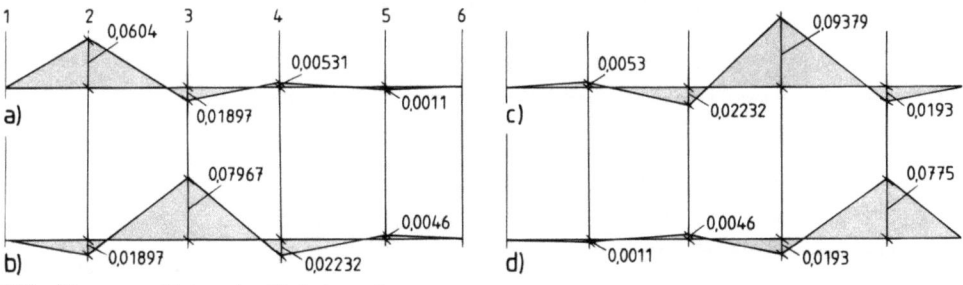

7.78 Momentenflächen der Einheitsverformungszustände
a) $\varphi_2 = -1$, b) $\varphi_3 = -1$, c) $\varphi_4 = -1$, d) $\varphi_5 = -1$

keiten des Trägers; so führt eine Verdoppelung der Biegesteifigkeiten sämtlicher Felder zu einer Verdoppelung sämtlicher Momente, die Durchbiegungen, d. h. die Einflußordinaten, bleiben jedoch unverändert.

Die Berechnung der Einflußlinien/Biegelinien aus den Momentenflächen des Bildes **7.78** ist in Teil 2, Abschn. 11.8.3 enthalten; hier soll nur noch einmal der Gang der Berechnung angegeben werden.

Die Einflußordinate $\eta_{ij,k}$ für das Stützmoment X_k im Innenfeld ij setzt sich zusammen aus je einem Beitrag des linken Stützmomentes X_{ik} und des rechten Stützmomentes X_{jk}. Mit Hilfe der Zahlen ω und ω' können wir schreiben

$$\eta_{ij,k} = \frac{X_{ik} l_{ij}^2}{6 EI_{ij}} \omega'_D + \frac{X_{jk} l_{ij}^2}{6 EI_{ij}} \omega_D = \frac{X_{ik} l_{ij}^2 I_c}{6 EI_{ij} I_c} \omega'_D + \frac{X_{jk} l_{ij}^2 I_c}{6 EI_{ij} I_c} \omega_D$$

$$= \frac{X_{ik} l_{ij} l'_{ij}}{6 EI_c} \omega'_D + \frac{X_{jk} l_{ij} l'_{ij}}{6 EI_c} \omega_D$$

Da wir bei der Errechnung der Stützmomente $6 EI_c = 1$ gesetzt haben, müssen wir diesen Wert auch bei der Berechnung der Durchbiegungsordinaten η verwenden; damit vereinfacht sich die Formel für η zu

$$\eta_{ij,k} = X_{ik} l_{ij} l'_{ij} \omega'_D + X_{jk} l_{ij} l'_{ij} \omega_D$$

Für die X_4-Linie im Feld 23 ergibt sich z. B.

$$\eta_{23,4} = X_{24} l_{23} l'_{23} \omega'_D + X_{34} l_{23} l'_{23} \omega_D$$
$$= -0{,}005314 \cdot 5{,}2 \cdot 4{,}0 \, \omega'_D + 0{,}2232 \cdot 5{,}2 \cdot 4{,}0 \, \omega_D$$

7.79
Einflußlinien der Stützmomente
a) X_2, b) X_3, c) X_4, d) X_5

Bei der Berechnung der Einflußordinaten des linken bzw. rechten Endfeldes fällt der erste bzw. zweite Beitrag weg.
Bild **7.**79 zeigt die Einflußlinien.

7.5.3.2 Zweigelenkbogen

Für den Zweigelenkbogen des Abschn. 6.7 (Bild **6.**75) sind die Einflußlinien des Horizontalschubes, des Moments im Scheitel sowie des Moments, der Querkraft und der Längskraft im linken Viertelspunkt zu ermitteln. Zur Vereinfachung der Rechnung nehmen wir an

$$I(x) = I_c/\cos \varphi(x), \quad A(x) = A_c/\cos \varphi(x);$$

wir können dann nämlich über die **Bogensehne** statt über den **Bogen** integrieren und die Durchbiegungen mit Hilfe der ω-Zahlen ermitteln. Bei der Berechnung von Verschiebungsgrößen berücksichtigen wir nur die Beiträge der Momente.

1. Einflußlinie für $X_1 = H$

Wir ermitteln als erstes die Einflußlinie des **Horizontalschubes** X_1 und erteilen dazu wie im Abschn. 7.5.1 beschrieben dem Lagerpunkt a die horizontale Verschiebung $u_a = -1$. Diese Verschiebung erfolgt **entgegen** dem Richtungssinn von X_1, d.h. nach **links**. Die Formänderungsbedingung für die Berechnung von X_1 lautet mit den wirklichen Verschiebungsgrößen

$$X_1 \delta_{11} = -1$$

Die Vorzahl δ_{11} hat die Größe (7.80)

$$\delta_{11} = \int M_1^2/EI_c \cdot dx = 8/15 \cdot l f^2/EI_c = 8 \cdot 30 \cdot 3{,}3^2/(15\ EI_c) = 174{,}24/EI_c$$

so daß wir erhalten

$$X_1 = -1/\delta_{11} = -15\ EI_c/(8\ l f^2) = -EI_c/174{,}24\ \text{kN}$$

Ein positiver Horizontalschub ist eine **Druckkraft**; in unserem Verformungsfall ergibt sich also eine **Zugkraft**, die ein positives Moment im Scheitel verursacht, nämlich

$$M_S = -X_1 f = 15\ EI_c/(8\ lf) = EI_c/52{,}8$$

Die **lotrechten Verschiebungen** des Bogens, die sich infolge einer Momentenparabel mit dem Pfeil $EI_c/52{,}8$ ergeben, sind die Einflußordinaten für den Horizontalschub X_1. Wir ermitteln die lotrechten Verschiebungen am Ersatzbalken mit Hilfe der ω-Zahlen; es ist

$$\eta = M_S\ l^2/(3\ EI_c) \cdot \omega_P'' = 15\ EI_c/(8\ lf) \cdot l^2/(3\ EI_c) \cdot \omega_P''$$
$$= 15\ l/(24\ f) \cdot \omega_P'' = 5{,}6818\ \omega_P''$$

Die Einflußlinie ist in Bild **7.**80d gezeichnet, die Einflußordinaten der Achtelspunkte sind in Tafel **7.**81, Spalte 2 aufgelistet.

Die vorstehende Rechnung zeigt deutlich, daß im Verformungsfall $u_a = -1$ der entstehende Horizontalschub X_1 der Biegesteifigkeit EI_c des Bogens proportional ist; die Biege-/Einflußlinie ist dagegen von EI_c unabhängig – sie hängt allerdings vom Verlauf der Querschnittsgrößen längs des Bogens ab.

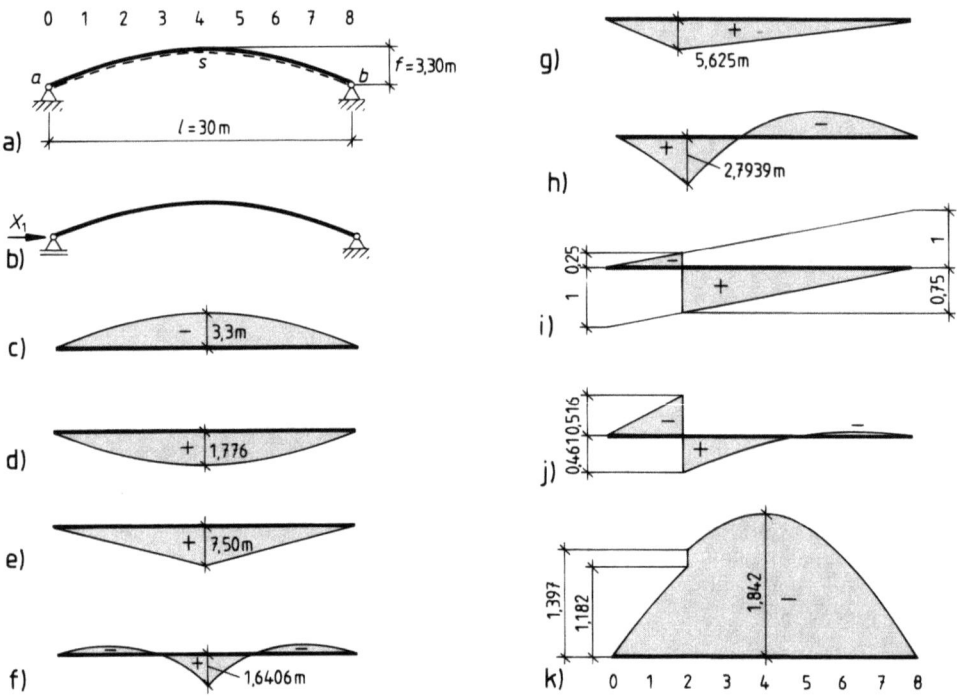

7.80 Einflußlinien eines Zweigelenkbogens
a) System, b) statisch bestimmtes Hauptsystem, c) M_1 (Momente infolge $X_1 = 1$), d) X_1-Linie, e) M_{S0}-Linie, f) M_S-Linie (Einflußlinie für das Moment im Scheitel), g) $M_{1/4,0}$-Linie, h) $M_{1/4}$-Linie, i) Q_{Balken}-Linie, j) $Q_{1/4}$-Linie, k) $N_{1/4}$-Linie

Tafel **7.81** Zweigelenkbogen, Ordinaten der Einflußlinien

1	2	3	4	1a	5	6	7
i	$X_1 = H$	M_S	$M_{1/4}$	i	Q_{Balken}	$Q_{1/4}$	$N_{1/4}$
0	0	0	0	0	0	0	0
1	0,68942	−0,40008	1,1062	1	−0,125	−0,27021	−0,64646
2	1,2651	−0,42479	2,4939	2 l	−0,25	−0,51598	−1,1818
				2 r	0,75	0,46066	−1,3967
3	1,6438	0,20052	0,61914	3	0,625	0,25722	−1,7397
4	1,7756	1,6406	−0,64452	4	0,5	0,10682	−1,8415
5	1,6438	0,20052	−1,2559	5	0,375	0,013057	−1,686
6	1,2651	−0,42479	−1,2561	6	0,25	−0,027657	−1,2893
7	0,68942	−0,40008	−0,76881	7	0,125	−0,026048	−0,70017
8	0	0	0	8	0	0	0

7.5.3 Anwendungen

Um in den folgenden Ableitungen die Formeln übersichtlicher zu machen, verzichten wir auf Fußzeiger, die den Bezugspunkt (S, $l/4$) und die Art der Schnittgröße (M, Q, N) angeben.

2. Einflußlinie für das Moment im Scheitel

Wie wir im Abschn. 7.5.1 festgestellt haben, gilt für das Moment im Scheitel wie für alle anderen Momente

$$M = M_0 + M_1 X_1$$

Bei der Untersuchung des Einflusses von Wanderlasten sind unter M, M_0 und X_1 Einflußlinien zu verstehen, während M_1 ein fester Wert ist, nämlich $M_1 = -z_1 = -3{,}30$ m. Wir können also schreiben

$$\eta = \eta_0 + (-3{,}30)\,\eta_1$$

Die Einflußlinien η, η_0, η_1 sind in Bild **7.**80 f, e, d gezeichnet; die Ordinaten von η in den Achtelspunkten zeigt Tafel **7.**81 Spalte 3.

3. Einflußlinie für das Moment im linken Viertelspunkt

Für die Schnittgröße gilt wieder

$$M = M_0 + M_1 X_1$$

und bei der Ermittlung der Einflußlinie wird daraus mit $M_1 = -2{,}475$ m

$$\eta = \eta_0 + (-2{,}475)\,\eta_1$$

Die Einflußlinien η, η_0, η_1 sind in Bild **7.**80 h, g, d gezeichnet; die Ordinaten von η in den Achtelspunkten zeigt Tafel **7.**81 Spalte 4.

4. Einflußlinie für die Querkraft im linken Viertelspunkt

Für die Schnittgröße gilt (Gl. (6.15))

$$Q = Q_0 + Q_1 X_1 = Q_{\text{Balken}} \cos\varphi - \sin\varphi\, X_1$$

In dieser Formel ist φ der Neigungswinkel des Bogens im linken Viertelspunkt; aus Tafel **6.**76 Spalten 5, 7 und 6 können wir entnehmen

$$\varphi = 12{,}407°;\ \cos\varphi = 0{,}97664;\ \sin\varphi = 0{,}21486$$

Q, Q_{Balken} und X_1 sind für unsere Aufgabenstellung Einflußlinien, so daß wir schreiben können

$$\eta = \eta_0\, 0{,}97664 + 0{,}21486\, \eta_1$$

Die Einflußlinien η, η_0, η_1 sind in Bild **7.**80 j, i und d gezeichnet, die Ordinaten der Achtelspunkte in den Spalten 6, 5 und 2 von Tafel **7.**81 aufgelistet.

5. Einflußlinie für die Längskraft im linken Viertelspunkt

Ebenfalls nach Gl. (6.15) ist

$$N = N_0 + N_1 X_1 = -Q_{\text{Balken}} \sin\varphi - \cos\varphi\, X_1$$
$$= -Q_{\text{Balken}}\, 0{,}21486 - 0{,}97664\, X_1$$

Für unsere Aufgabenstellung sind N, Q_{Balken}, X_1 Einflußlinien, so daß wir schreiben können

$$\eta = -\eta_0\, 0{,}21486 - 0{,}97664\, \eta_1$$

Die Einflußlinien η, η_0, η_1 sind in Bild **7.80**k, i und d gezeichnet, die Ordinaten der Achtelspunkte in den Spalten 7, 5 und 2 von Tafel **7.81** aufgelistet.

7.5.3.3 Eingespannter Bogen

1. Aufgabenstellung

Für den eingespannten Bogen des Abschn. 7.4.6 (**7.61**) sind die Einflußlinien der statisch Unbestimmten, des Moments im Scheitel sowie des Moments, der Querkraft und der Längskraft im linken Viertelspunkt zu ermitteln. Bei der Berechnung der Vorzahlen δ_{ij} sollen nur die Beiträge der Momente berücksichtigt werden.

2. Systemwerte

Das Flächenmoment 2. Grades folgt der Funktion

$$I(x) = I_c/\cos \varphi(x),$$

dabei ist $I_c = I_S = 0{,}5 \cdot 1{,}2^3/12 = 0{,}072$ m^4. Mit dem Elastizitätsmodul $E = 3000$ kN/cm$^2 = 3 \cdot 10^7$ kN/m^2 ergibt sich die Vergleichsbiegesteifigkeit

$$EI_c = EI_S = 2\,160\,000 \text{ kN/m}^2$$

Die für die Berechnung benötigten geometrischen Werte sind in Tafel **7.63** enthalten.

3. Statisch bestimmtes Hauptsystem, Vorzahlen

Für die Ermittlung der Einflußlinien wählen wir als statisch bestimmtes Haupsystem den gekrümmten statisch bestimmt gelagerten Einfeldträger (**7.61**b) und setzen

$$X_1 = H_a \qquad X_2 = M_a \qquad X_3 = M_b$$

Bild **7.82** zeigt das statisch bestimmte Hauptsystem, die statisch Unbestimmten und die Momentenflächen der Einheitsbelastungszustände. Wegen $I(x) = I_c/\cos \varphi(x)$ können wir bei der Berechnung der Vorzahlen längs der Bogensehne integrieren und erhalten mit Tafel **1.20**

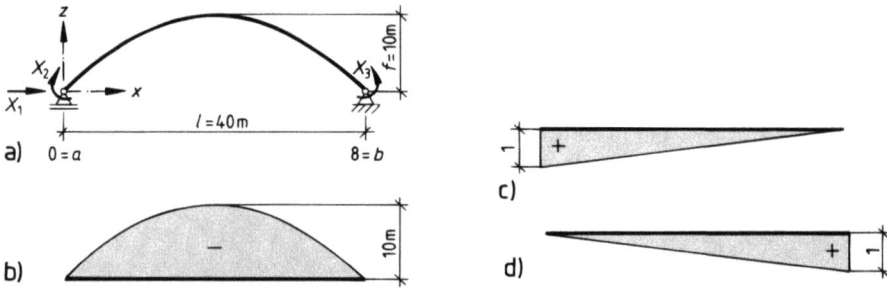

7.82 Eingespannter Bogen
 a) statisch bestimmtes Hauptsystem mit statisch Unbestimmten, b) M_1, c) M_2, d) M_3

7.5.3 Anwendungen

$$\delta'_{11} = \int M_1^2 \, dx = 8/15 \cdot 40 \cdot 10^2 = 2133{,}33$$

$$\delta'_{12} = \delta'_{21} = \int M_1 M_2 \, dx = 1/3 \cdot 40 \, (-10) \, 1 = -133{,}333$$

$$\delta'_{13} = \delta'_{31} = \int M_1 M_3 \, dx = 1/3 \cdot 40 \, (-10) \, 1 = -133{,}333$$

$$\delta'_{22} = \int M_2^2 \, dx = 1/3 \cdot 40 \cdot 1^2 = 13{,}3333$$

$$\delta'_{23} = \delta'_{32} = \int M_2 M_3 \, dx = 1/6 \cdot 40 \cdot 1 \cdot 1 = 6{,}66667$$

$$\delta'_{33} = \int M_3^2 \, dx = 1/3 \cdot 40 \cdot 1^2 = 13{,}3333$$

4. Einflußlinien der statisch Unbestimmten X_i

Als erstes ermitteln wir die drei Einflußlinien der statisch Unbestimmten. Jede von ihnen ergibt sich als Biegelinie, verursacht durch eine vorgegebene Verformung. Wir haben also drei Verformungsfälle zu untersuchen, drei Gleichungssysteme mit je drei Unbekannten zu lösen und insgesamt $3 \cdot 3 = 9$ statisch Unbestimmte zu berechnen.

Die vorgegebene Verformung erhält die Größe $\delta_i = -1$; sie steht auf der rechten Seite des Gleichungssystems und ist der statisch Unbestimmten X_i zugeordnet, deren Einflußlinie ermittelt wird (Zeile i). Die Gleichungen der beiden anderen statisch Unbestimmten jedes Gleichungssystems erhalten die rechte Seite 0.

Da wir die Vorzahlen EI_c-fach errechnet haben, müssen wir auch die vorgegebenen Verformungen EI_c-fach in unsere Formänderungsbedingungen einführen. Wir setzen darum an bei der Ermittlung der X_1-Linie

$$\delta'_1 = EI_c \delta_1 = EI_c u_a = -2\,160\,000 \text{ kNm}^3,$$

bei der Ermittlung der X_2- bzw. X_3-Linie

$$\delta'_2 = EI_c \delta_2 = EI_c \varphi_a = -2\,160\,000 \text{ kNm}^2 \text{ bzw.}$$

$$\delta'_3 = EI_c \delta_3 = EI_c \varphi_b = -2\,160\,000 \text{ kNm}^2.$$

Die Spaltenvektoren der rechten Seiten der Gleichungssysteme lauten also

X_1-Linie: $\quad X_2$-Linie: $\quad X_3$-Linie:

$$\begin{bmatrix} -2\,160\,000 \\ 0 \\ 0 \end{bmatrix} \quad \begin{bmatrix} 0 \\ -2\,160\,000 \\ 0 \end{bmatrix} \quad \begin{bmatrix} 0 \\ 0 \\ -2\,160\,000 \end{bmatrix}$$

Mit Hilfe der Matrizendarstellung fassen wir die drei linearen Gleichungssysteme zu einer Matrizengleichung zusammen. Um die statisch Unbestimmten der drei Verformungsfälle unterscheiden zu können, geben wir ihnen als zweiten Fußzeiger den Fußzeiger der vorgegebenen Verformung, der auch der Fußzeiger der Einflußlinie ist. Wir erhalten so das folgende Gleichungssystem:

$$\begin{bmatrix} 2133{,}33 & -133{,}333 & -133{,}333 \\ -133{,}333 & 13{,}3333 & 6{,}66667 \\ -133{,}333 & 6{,}66667 & 13{,}3333 \end{bmatrix} \begin{bmatrix} X_{11} & X_{12} & X_{13} \\ X_{21} & X_{22} & X_{23} \\ X_{31} & X_{32} & X_{33} \end{bmatrix}$$

$$= \begin{bmatrix} -2\,160\,000 & 0 & 0 \\ 0 & -2\,160\,000 & 0 \\ 0 & 0 & -2\,160\,000 \end{bmatrix}$$

Es hat die Lösung

$$\begin{bmatrix} X_{11} & X_{12} & X_{13} \\ X_{21} & X_{22} & X_{23} \\ X_{31} & X_{32} & X_{33} \end{bmatrix} = \begin{bmatrix} -6075 & -40500 & -40500 \\ -40500 & -486000 & -162000 \\ -40500 & -162000 & -486000 \end{bmatrix} \begin{matrix} \text{kN} \\ \text{kNm} \\ \text{kNm} \end{matrix}$$

Für die Berechnung der Biegelinien der drei Verformungsfälle zerlegen wir die Matrix der statisch Unbestimmten in drei Spaltenvektoren: Zu einer Biegelinie gehören die drei statisch Unbestimmten, die denselben zweiten Fußzeiger haben. Wir benutzen die ω-Zahlen, und zwar bei der Berücksichtigung des Einflusses von X_1 mit seiner parabolischen Momentenfläche die Zahlen ω_P'', bei der Berücksichtigung der Einflüsse der dreieckförmigen Momentenflächen von X_2 und X_3 die Zahlen ω_D' und ω_D. Für alle drei Biegelinien gilt die Gleichung

$$\eta_i = X_{1i} fl^2/(3EI_c) \cdot \omega_P'' + X_{2i} l^2/(6EI_c) \cdot \omega_D' + X_{3i} l^2/(6EI_c) \cdot \omega_D$$

Mit $\omega_P'' = \xi - 2\xi^3 + \xi^4$; $\quad \omega_D' = 2\xi - 3\xi^2 + \xi^3$; $\quad \omega_D = \xi - \xi^3$; $\quad \xi = i/8$,

$f = 10$ m, $l = 40$ m, $EI_c = 2160000$ kNm^2

erhalten wir

$$\eta_i = 0{,}0024691\, X_{1i}\omega_P'' + 0{,}00012346\, (X_{2i}\omega_D' + X_{3i}\omega_D)$$

X_2- und X_3-Linie sind symmetrisch bezüglich $x = l/2$; deswegen verzichten wir auf das Berechnen und Zeichnen der X_3-Linie.

Tafel 7.83 zeigt in den Spalten 2 und 3 die Ordinaten der Achtelspunkte von X_1- und X_2-Linie; die Einflußlinien selbst sind in Bild 7.84a und b dargestellt.

5. Einflußlinien für das Moment im Scheitel sowie für Moment, Quer- und Längskraft im linken Viertelspunkt

Diese Einflußlinien werden durch Überlagerung ermittelt. Dazu passen wir die allgemeine Formel für die Ermittlung einer Stütz- oder Schnittgröße S an unsere Aufgabe an. Aus

$$S = S_0 + S_1 X_1 + S_2 X_2 + S_3 X_3$$

machen wir

$$\eta = \eta_0 + S_1 \eta_1 + S_2 \eta_2 + S_3 \eta_3$$

In dieser Formel bedeuten η die gesuchte Einflußlinie für S, η_0 die Einflußlinie für S im statisch bestimmten Hauptsystem, η_1, η_2, η_3 die Einflußlinien der statisch Unbestimmten X_1, X_2, X_3 (Bild 7.84, Tafel 7.83, Spalten 2 und 3; X_3 verläuft symmetrisch zu X_2), S_1, S_2, S_3 den Wert von S infolge von $X_1 = 1, X_2 = 1, X_3 = 1$.

In den folgenden Ableitungen verzichten wir auf Fußzeiger, die den Bezugspunkt der gesuchten Einflußlinie bezeichnen.

Moment im Scheitel

$$\eta = \eta_0 + M_1 \eta_1 + M_2 \eta_2 + M_3 \eta_3$$

Für den Scheitel ist $M_1 = -10$ und $M_2 = M_3 = 0{,}5$; die Einflußlinien η_0 und η zeigt Bild 7.84c und d, die zugehörigen Ordinaten der Achtelspunkte sind in Tafel 7.83, Spalte 4 und 5 aufgelistet.

7.5.3 Anwendungen

Tafel 7.83 Eingespannter Bogen, Ordinaten der Einflußlinien

1	2	3	4	5	6	7	1a	8	9	10
i	$X_1 = H$	$X_2 = M_a$	M_{S0}	M_S	$M_{l/4,0}$	$M_{l/4}$	i	Q_{Balken}	$Q_{l/4}$	$N_{l/4}$
0	0	0	0	0	0	0	0	0	0	0
1	0,1794	−2,632	2,5	−0,2856	3,75	0,5927	1	−0,125	−0,1187	−0,1413
2	0,5273	−2,109	5	−0,5078	7,5	2,373	2 l	−0,25	−0,3756	−0,4018
							2 r	0,75	0,5188	−0,849
3	0,824	−0,3662	7,5	0,06592	6,25	0,2899	3	0,625	0,2429	−1,043
4	0,9375	1,25	10	1,875	5	−0,7813	4	0,5	0,02796	−1,062
5	0,824	1,978	7,5	0,06592	3,75	−1,038	5	0,375	−0,08549	−0,8785
6	0,5273	1,641	5	−0,5078	2,5	−0,752	6	0,25	−0,00608	−0,5415
7	0,1794	0,6494	2,5	−0,2856	1,25	−0,2667	7	0,125	−0,04182	−0,1797
8	0	0	0	0	0	0	8	0	0	0

Moment im linken Viertelspunkt

$$\eta = \eta_0 + M_1\,\eta_1 + M_2\,\eta_2 + M_3\,\eta_3$$

Die Einflußlinie η_0 zeigt Bild 7.84e; ferner ist $M_1 = -7,5$; $M_2 = 0,75$; $M_3 = 0,25$; die endgültige Einflußlinie zeigt Bild 7.84f, die Ordinaten der Achtelspunkte beider Einflußlinien sind in Tafel 7.83, Spalte 6 und 7, aufgelistet.

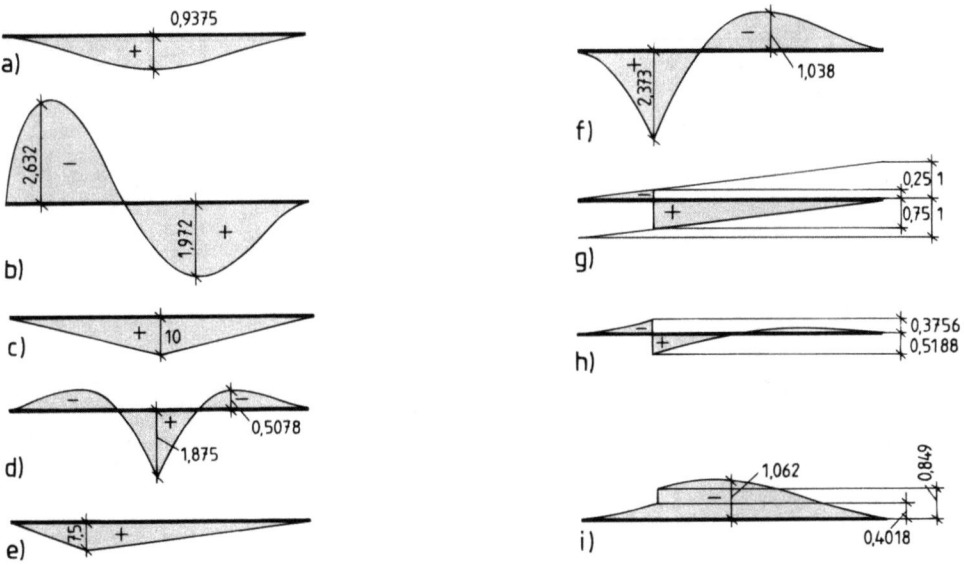

7.84 Eingespannter Bogen, Einflußlinien
a) X_1-Linie = H-Linie, b) X_2-Linie = M_a-Linie, c) M_{S0}-Linie, d) M_S-Linie, e) $M_{l/4,0}$-Linie,
f) $M_{l/4}$-Linie, g) $Q_{l/4,0}$-Linie, h) $Q_{l/4}$-Linie, i) $N_{l/4}$-Linie

Quer- und Längskraft im linken Viertelspunkt

Im Zustand 0 greifen wir sowohl bei Q als auch bei N auf die Querkraft des Ersatzbalkens Q_{Balken} zurück. Wie beim Zweigelenkbogen ist (Gl. (6.15))

$$Q_0 = Q_{\text{Balken}} \cos \varphi \qquad N_0 = -Q_{\text{Balken}} \sin \varphi$$

Für den Winkel φ ist der Neigungswinkel des Bogens im linken Viertelspunkt einzusetzen; wir erhalten (Tafel 7.63)

$$\varphi = 26{,}565°, \qquad \cos \varphi = 0{,}89443, \qquad \sin \varphi = 0{,}44721$$

Wir bezeichnen die Ordinaten der Einflußlinie für Q_{Balken} mit η_0; nach Bild 7.85 ist ferner

$$Q_1 = -\sin \varphi \qquad N_1 = -\cos \varphi$$
$$Q_2 = -0{,}025 \cos \varphi \qquad N_2 = +0{,}025 \sin \varphi$$
$$Q_3 = +0{,}025 \cos \varphi \qquad N_3 = -0{,}025 \sin \varphi$$

so daß sich ergibt für die Querkraft

$$\eta = \eta_0 \cos \varphi - \sin \varphi \cdot \eta_1 - 0{,}025 \cos \varphi \cdot \eta_2 + 0{,}025 \cos \varphi \cdot \eta_3$$

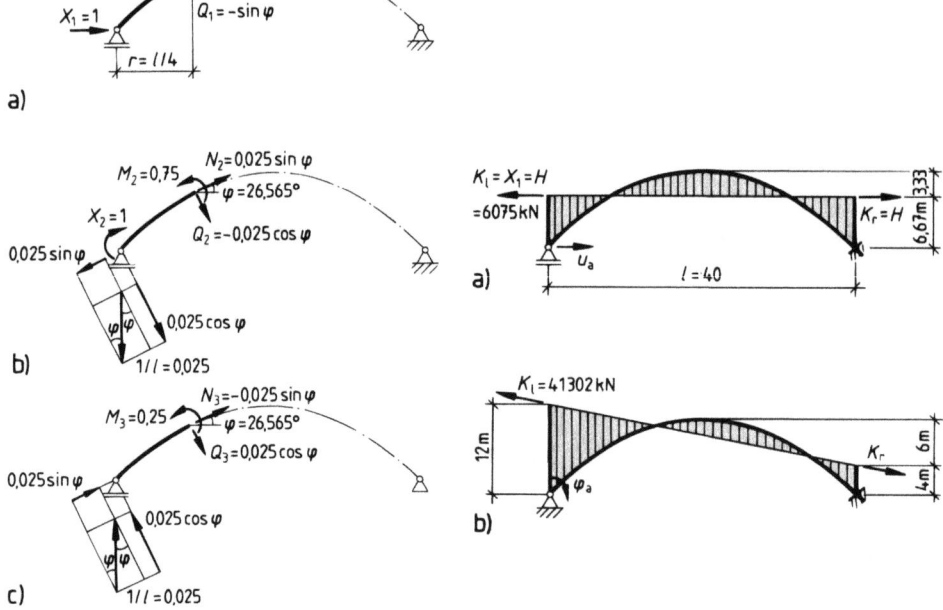

7.85 Schnittgröße im linken Viertelspunkt infolge der Einheitsbelastungszustände
a) $X_1 = 1$, b) $X_2 = 1$, c) $X_3 = 1$

7.86 Resultierende Kämpferdrücke für die Verformungszustände
a) $u_a = -1$ und b) $\varphi_a = -1$

und für die Längskraft

$$\eta = -\eta_0 \sin \varphi - \cos \varphi \cdot \eta_1 + 0,025 \sin \varphi \cdot \eta_2 - 0,025 \sin \varphi \cdot \eta_3$$

Die Einflußlinien η_0 und η zeigt Bild **7.**84g, h, i; die zugehörigen Ordinaten der Achtelspunkte sind in Tafel **7.**83, Spalten 8, 9, 10 aufgelistet.

6. Resultierende Kämpferkräfte für $u_a = -1$ und $\varphi = -1$

Um anschaulich zu machen, welche äußeren Kraftgrößen erforderlich sind, um die vorgegebenen Verformungen $u_a = -1$ und $\varphi_a = -1$ zu erzeugen, ist in Bild **7.**86a und b der Bogen mit den zugehörigen resultierenden Kämpferkräften K_l und K_r gezeichnet. Unter $u_a = -1$ treten mit $M_a = X_{21} = M_b = X_{31} = -40500$ kNm keine lotrechten Lagerkräfte auf; die Kämpferkräfte sind gleich dem Horizontalschub $X_{11} = -6075$ kN und haben die lotrechte Ausmitte

$$z_K = X_{21}/X_{11} = 40500/6075 = 6,667 \text{ m}.$$

Im Verformungsfall $\varphi_a = -1$ hat die linke Kämpferkraft K_l die lotrechte Ausmitte

$$z_{Kl} = X_{22}/X_{12} = 486000/40500 = 12 \text{ m},$$

für K_r erhalten wir

$$z_{Kr} = X_{32}/X_{12} = 162000/40500 = 4 \text{ m}.$$

Wegen der ungleichen Einspannmomente ergeben sich die lotrechten Lagerkräfte

$$A = -B = (X_{22} - X_{32})/l = (486000 - 162000)/40 = 8100 \text{ kN}$$

und die Kämpferkräfte

$$K_l = K_r = \sqrt{40500^2 + 8100^2} = 41302 \text{ kN}.$$

Aus Bild **7.**86 können die Momente jedes Bogenpunktes ermittelt werden durch Multiplikation des Horizontalschubes X_1 mit dem lotrechten Abstand des Bogenpunktes von der Wirkungslinie der Kämpferkräfte.

7.5.3.4 Einflußlinie für das Feldmoment eines Zweifeldträgers

Gegeben ist der Zweifeldträger nach Bild **7.**87, gesucht ist die Einflußlinie für das Moment im Punkt 2 ($x = 0,4\,l$). Wir ermitteln sie direkt als Biegelinie des Verformungsfalls mit dem aufgezwungenen Knick $\varphi_2 = -1$ im Punkt 2.
Bild **7.**87c zeigt das statisch bestimmte Grundsystem mit dem erzwungenen Knick $\varphi_2 = -1$ im Punkt 2. Als Folge dieses Knickes tritt über dem Lager b der Knick $\varphi_b = \delta_{10} = 0,40$ auf, der durch die statisch Unbestimmte X_1 beseitigt werden muß. δ_{10} ist positiv, da die Verdrehung des Trägerstücks 2-b denselben Drehsinn hat wie X_1. In der Elastizitätsgleichung

$$\delta_{10} + X_1\delta_{11} = 0 \qquad X_1 = -\delta_{10}/\delta_{11}$$

ist δ_{10} das Lastglied, das wir bei dem vorliegenden Verformungsfall nicht mit Hilfe der

Arbeitsgleichung errechnen, sondern direkt aus der vorgegebenen Verformung ableiten. Die Vorzahl δ_{11} hat die Größe

$$\delta_{11} = \int M_1^2/EI \cdot dx = (1/3 \cdot l_1 \cdot 1^2 + 1/3 \, l_2 \cdot 1^2)/EI$$
$$= (1/3 \cdot 8 + 1/3 \cdot 10)/EI = 6/EI$$

Damit erhalten wir

$$X_1 = -0{,}40/(6/EI) = -0{,}40 \, EI/6 = -0{,}06667 \, EI$$

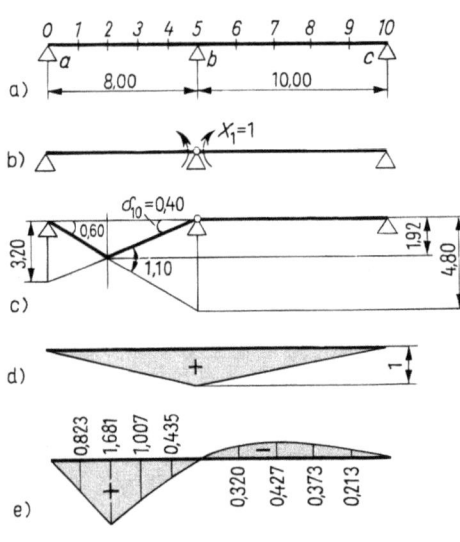

7.87 M_2-Linie, berechnet als Verformungsfall
a) wirkliches System
b) statisch bestimmtes Grundsystem, Zustand $X_1 = 1$
c) Zustand 0, statisch bestimmtes Grundsystem mit aufgezwungener Verformung
d) M_1-Fläche
e) E-Linie für M_2, Ordinaten in m

Die statisch Unbestimmte ist der Biegesteifigkeit des Trägers proportional: Je steifer der Träger ist, um so größer muß der Betrag des Stützmoments $M_b = X_1$ sein, das den Knick über dem Lager b rückgängig macht, der im statisch bestimmten Grundsystem infolge der aufgezwungenen Verformung $\varphi_2 = -1$ auftritt.

Die Biegelinie des wirklichen Systems erhalten wir durch Überlagerung der „Biegelinie" des Zustandes 0 (7.87c, Tafel 7.88, Zeile 1) und der Biegelinie infolge $X_1 = -0{,}06667 \, EI$ (Zustand I)

$$\eta = \eta_0 + \eta_1$$

Die Ordinaten η_1 errechnen wir feldweise mit Hilfe der ω-Zahlen:

Feld 1:

$$\eta_1 = X_1 l_1^2/6EI \cdot \omega_D$$
$$= -0{,}06667 \, EI \, 8^2/6EI \cdot \omega_D$$
$$= -0{,}07111 \, \omega_D$$

Feld 2:

$$\eta_1 = X_1 l_2^2/6EI \cdot \omega_D'$$
$$= -0{,}06667 \, EI \, 10^2/6EI \cdot \omega_D'$$
$$= -1{,}1111 \, \omega_D'$$

Die Ordinaten η_1 sind von der Biegesteifigkeit des Trägers unabhängig und in Tafel 7.88, Zeile 3 aufgeführt. Die endgültigen Durchbiegungs-/Einflußordinaten η stehen in Tafel 7.88, Zeile 4.

Tafel 7.88

	Punkt	0	1	2	3	4	5	6	7	8	9	10
1	η_0	0	0,96	1,92	1,28	0,64	0	0	0	0	0	0
2	ω_D, ω_D'	0	0,192	0,336	0,384	0,288	0	0,288	0,384	0,336	0,192	0
3	η_1	0	−0,137	−0,239	−0,273	−0,205	0	−0,320	−0,427	−0,373	−0,213	0
4	η	0	+0,823	+1,681	+1,007	+0,435	0	−0,320	−0,427	−0,373	−0,213	0

7.6.1 Ableitung

Zum gleichen Ergebnis kommen wir, wenn wir wie in den vorhergehenden Beispielen die Einflußlinie des Zustandes 0 und die M_1-fache Einflußlinie für X_1 nach der Gleichung

$$\eta = \eta_0 + M_1\, \eta_1$$

überlagern. Bei einem Vergleich beider Berechnungswege erkennen wir, daß die Biegelinie des Verformungszustandes 0 (**7.87c**) gleich der Einflußlinie des Zustandes 0 und die Biegelinie infolge $X_1 = -0{,}06667\ EI$ (Tafel **7.88**, Zeile 3) gleich der M_1-fachen X_1-Linie ist.

Wegen $M_1 = 0{,}40$ erhalten wir die Ordinaten der X_1-Linie, wenn wir die Ordinaten η_1 (Tafel **7.88**, Zeile 3) durch 0,40 teilen.

7.6 Reduktionssatz

7.6.1 Ableitung

Bei dem Träger auf drei Lagern (**7.89**) suchen wir die Durchbiegung δ_m im Punkt m infolge Vollbelastung mit Gleichlast q. Nach Abschn. 1.3.5 können wir δ_m mit dem Prinzip der virtuellen Kraftgrößen berechnen:

$$\delta_m = \int M\,\bar M\,\frac{\mathrm dx}{EI} \qquad (7.5)$$

mit M = Moment aus der wirklichen Belastung q und $\bar M$ = Moment aus der virtuellen Last $\bar F_m = 1$ im Punkt m in Richtung der gesuchten Durchbiegung. M und $\bar M$ sind nach unseren bisherigen Ableitungen am statisch unbestimmten System zu ermitteln. Im folgenden wird ein einfacherer Weg gezeigt.

Die Momente M berechnen wir nach Abschn. 6.1 aus Gl. (6.5):

$$M = M_0 + M_1\,X_1 \qquad (7.6)$$

Die darin enthaltene statisch Unbestimmte ergibt sich aus der Formänderungsbedingung (6.1)

$$\delta_{10} + X_1\,\delta_{11} = 0 \qquad (7.7)$$

Sinngemäß gilt für die virtuellen Momente $\bar M$ infolge $\bar F = 1$

$$\bar M = \bar M_0 + M_1\,\bar X_1 \qquad (7.8)$$

und für die hierin auftretende virtuelle statisch Unbestimmte gilt die Formänderungsbedingung

$$\bar\delta_{10} + \bar X_1\,\delta_{11} = 0 \qquad (7.9)$$

Setzen wir Gl. (7.6) und (7.8) in Gl. (7.5) ein, so erhalten wir

$$\delta_m = \int M\,\bar M\,\frac{\mathrm dx}{EI} = \int (M_0 + M_1\,X_1)(\bar M_0 + M_1\,\bar X_1)\,\frac{\mathrm dx}{EI}$$

Die rechte Seite dieser Gleichung läßt sich in zweifacher Weise umformen:

1. $\delta_m = \int (M_0 + M_1 X_1) \bar{M}_0 \dfrac{dx}{EI} + \int (M_0 + M_1 X_1) M_1 \bar{X}_1 \dfrac{dx}{EI}$

    $= \int M \bar{M}_0 \dfrac{dx}{EI} + \bar{X}_1 \int (M_1 M_0 + M_1^2 X_1) \dfrac{dx}{EI}$

    $= \int M \bar{M}_0 \dfrac{dx}{EI} + \bar{X}_1 \left(\int M_1 M_0 \dfrac{dx}{EI} + X_1 \int M_1^2 \dfrac{dx}{EI} \right)$

    $= \int M \bar{M}_0 \dfrac{dx}{EI} + \bar{X}_1 (\delta_{10} + X_1 \delta_{11})$

Da die letzte Klammer nach Gl. (7.7) gleich Null ist, bleibt übrig

$$\delta_m = \int M \bar{M}_0 \dfrac{dx}{EI} \qquad (7.10)$$

In Worten: **Wir erhalten die gesuchte Durchbiegung δ_m, wenn wir die Momente M infolge der wirklichen Belastung des wirklichen Systems kombinieren mit den Momenten $\bar{M}_0$ aus der virtuellen Belastung des statisch bestimmten Grundsystems.**

2. $\delta_m = \int M_0 (\bar{M}_0 + M_1 \bar{X}_1) \dfrac{dx}{EI} + \int M_1 X_1 (\bar{M}_0 + M_1 \bar{X}_1) \dfrac{dx}{EI}$

    $= \int M_0 \bar{M} \dfrac{dx}{EI} + X_1 \int (M_1 \bar{M}_0 + M_1^2 \bar{X}_1) \dfrac{dx}{EI}$

    $= \int M_0 \bar{M} \dfrac{dx}{EI} + X_1 \left(\int M_1 \bar{M}_0 \dfrac{dx}{EI} + \bar{X}_1 \int M_1^2 \dfrac{dx}{EI} \right)$

    $= \int M_0 \bar{M} \dfrac{dx}{EI} + X_1 (\bar{\delta}_{10} + \bar{X}_1 \delta_{01})$

Wieder ist die Klammer im letzten Ausdruck gleich Null [Gl. (7.9)], und wir erhalten

$$\delta_m = \int M_0 \bar{M} \dfrac{dx}{EI} \qquad (7.11)$$

In Worten: **Wir erhalten die gesuchte Durchbiegung δ_m, wenn wir die Momente M_0 aus der wirklichen Belastung am statisch bestimmten Grundsystem kombinieren mit den Momenten $\bar{M}$ aus der virtuellen Belastung am wirklichen System.**

Zusammenfassend und verallgemeinernd können wir feststellen:
Bei der Bestimmung einer Formänderung eines statisch unbestimmten Systems mit Hilfe des Prinzips der virtuellen Belastungen brauchen wir nur eine der unter dem Integral stehenden Momentenflächen am wirklichen, statisch unbestimmten System zu berechnen; die andere können wir an einem beliebigen statisch bestimmten Grundsystem ermitteln.

7.6.2 Anwendungen

Zu diesem Ergebnis kommen wir auch, wenn wir uns die Bedeutung der Integrale in statischer Hinsicht klarmachen: Durch Einsetzen von Gl. (7.8) in Gl. (7.5) erhalten wir

$$\delta_m = \int M(\bar{M}_0 + M_1 \bar{X}_1) \frac{dx}{EI}$$

$$= \int M \bar{M}_0 \frac{dx}{EI} + \bar{X}_1 \int M M_1 \frac{dx}{EI}$$

Das letzte Integral ist die Arbeit, die die statisch Unbestimmte $X_1 = 1$ ((**7.89**e; Momente M_1 (**7.89**f)) längs der Durchbiegung leistet, die im statisch unbestimmten System unter der wirklichen Belastung (Momente M (**7.89**g)) im Angriffspunkt von X_1 auftritt. Im statisch unbestimmten System gibt es aber keine Durchbiegung am mittleren Lager, dem Angriffspunkt von X_1; die wirklichen Momente M sind vielmehr so verteilt, daß die Lagerungsbedingung $w_a = w_b = w_c = 0$ erfüllt ist, d.h. daß bei a, b und c keine Durchbiegungen vorhanden sind. Es gilt also

$$\int M M_1 \frac{dx}{EI} = 0$$

und in der Verallgemeinerung auf n-fach statisch unbestimmte Systeme mit $i = 1 \ldots n$

$$\int M M_i \frac{dx}{EI} = 0 \qquad (7.12)$$

Für die Durchbiegung ergibt sich also auch nach dieser Betrachtung

$$\delta_m = \int M \bar{M}_0 \frac{dx}{EI}$$

Gl. (7.10) haben wir in den Abschn. 7.4.3 und 7.4.4 bereits als Verformungskontrolle benutzt.

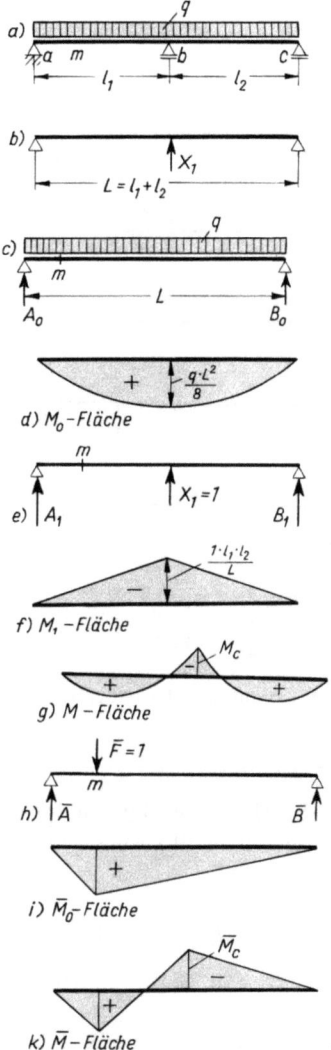

7.89 Durchbiegung im Punkt m

7.6.2 Anwendungen

7.6.2.1 Träger auf 3 Lagern (7.90)

Gesucht ist die EI-fache Durchbiegung in Feldmitte, und zwar soll sie berechnet werden 1. ohne und 2. mit Benutzung des Reduktionssatzes.
Als statisch Unbestimmte X_1 führen wir das Stützmoment M_b ein (**7.90**b). Dann ergeben sich die in Bild **7.90**d, f, g, i und k dargestellten Momentenflächen aus der gegebenen Belastung q, aus $X_1 = 1$ und aus $\bar{F} = 1$ am statisch bestimmten Grundsystem und am statisch unbestimmten System.

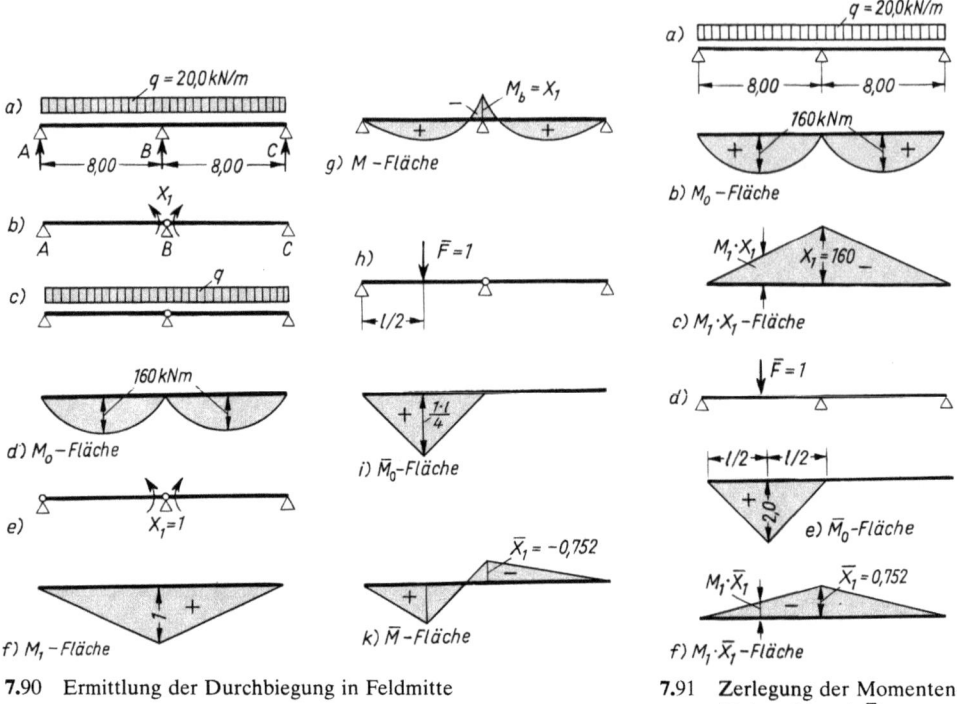

7.90 Ermittlung der Durchbiegung in Feldmitte

7.91 Zerlegung der Momentenflächen M und $\bar{M}$

Die ausführliche Berechnung der statisch Unbestimmten X_1 und $\bar{X}_1$ sowie der Momentenflächen am statisch unbestimmten System soll hier nicht durchgeführt werden. Es ist (s. [9]):

$$M_B = X_1 = 1/8 \cdot q\, l^2 = 1/8 \cdot 20{,}0 \cdot 8^2 = -160 \text{ kNm}$$

$$\bar{M}_B = \bar{X}_1 = -0{,}094\, \bar{F}\, l = -0{,}09375 \cdot 8 = -0{,}75$$

Mit diesen Werten für X_1 bzw. $\bar{X}_1$ können die Momente M und $\bar{M}$ an jeder Stelle berechnet werden.

1. Ermittlung von δ_m ohne Berücksichtigung des Reduktionssatzes. Die Gleichung

$$EI\, \delta_m = \int_0^{l_1+l_2} M\, \bar{M}\, \mathrm{d}x$$

verlangt, daß die endgültigen Momentenflächen des wirklichen und des virtuellen Zustandes zu kombinieren sind. Für die rechnerische Durchführung dieser Aufgabe zerlegen wir die beiden Momentenflächen M und $\bar{M}$ gemäß Bild **7.91** b, c, e, f in die Teilflächen M_0, $M_1 X_1$, $\bar{M}_0$, $M_1 \bar{X}_1$ und kombinieren der Reihe nach jede Teilfläche des wirklichen Zustandes mit jeder Teilfläche des virtuellen Zustandes. Die Zahlenrechnung ergibt

7.6.2 Anwendungen

$$EI\,\delta_m = \int M_0\,\bar{M}_0\,dx + \int M_0\,(M_1\,\bar{X}_1) + \int (M_1\,X_1)\,\bar{M}_0 + \int (M_1\,X_1)\,M_1\,\bar{X}_1$$

$$= 5/12 \cdot 8 \cdot 160 \cdot 2 + 2 \cdot 1/3 \cdot 8 \cdot 160\,(-0{,}75) + 1/6 \cdot 8\,(-160)\,2\,(1 + 0{,}5)$$

$$+ 2 \cdot 1/3 \cdot 8\,(-160)\,(-0{,}75)$$

$$= 1066{,}7 - 640 - 640 + 640 = 426{,}7 \text{ kNm}^3$$

2. Ermittlung von $EI\,\delta_m$ mit dem Reduktionssatz

2.1 $EI\,\delta_m = \int M\,\bar{M}_0\,dx$

Die M-Fläche zerlegen wir gemäß Bild **7.91**b, c in die M_0- und die $M_1\,X_1$-Fläche und erhalten

$$EI\,\delta_m = \int M_0\,\bar{M}_0\,dx + \int (M_1\,X_1)\,\bar{M}_0\,dx$$

$$= 5/12 \cdot 8 \cdot 160 \cdot 2 + 1/6 \cdot 8\,(-160) \cdot 2\,(1 + 0{,}5)$$

$$= 1066{,}7 - 640 = 426{,}7 \text{ kNm}^3$$

2.2 $EI\,\delta_m = \int M_0\,\bar{M}\,dx$

Wir zerlegen die $\bar{M}$-Fläche gemäß Bild **7.91**e, f in die $\bar{M}_0$- und die $M_1\,\bar{X}_1$-Fläche und errechnen

$$EI\,\delta_m = \int M_0\,\bar{M}_0\,dx + \int M_0\,(M_1\,\bar{X}_1)\,dx$$

$$= 5/12 \cdot 8 \cdot 160 \cdot 2 + 2 \cdot 1/3 \cdot 8 \cdot 160\,(-0{,}75)$$

$$= 1066{,}7 - 640 = 426{,}7 \text{ kNm}^3$$

7.6.2.2 Eingespannter Rahmen

Bei dem eingespannten Rahmen aus Abschn. 7.4.2 soll die horizontale Verschiebung des Punktes d infolge der Windkraft $W = 15{,}0$ kN berechnet werden.
Die Momentenfläche infolge der Windkraft $W = 15{,}0$ kN wird aus dem Beispiel des Abschn. 7.4.2 übernommen ((**7.25**, **7.92**).
Nach Gl. (7.10) ist

$$EI_c\,\delta_d = \int M\,\bar{M}_0\,dx\,\frac{I_c}{I} \qquad \text{kNm}^3 = \text{kNm} \cdot \text{m} \cdot \text{m} \cdot \frac{\text{m}^4}{\text{m}^4}$$

Hierin ist M das Moment der gegebenen Belastung am statisch unbestimmten System und $\bar{M}_0$ das Moment an einem auf beliebige Weise statisch bestimmt gemachten Grundsystem infolge $\bar{F} = 1$, z.B. auch an dem in Bild **7.93**a dargestellten Rahmenteil, der im Punkt d mit $\bar{F} = 1$ belastet wird. Die Momentenfläche $\bar{M}_0$ zeigt Bild (**7.93**b).

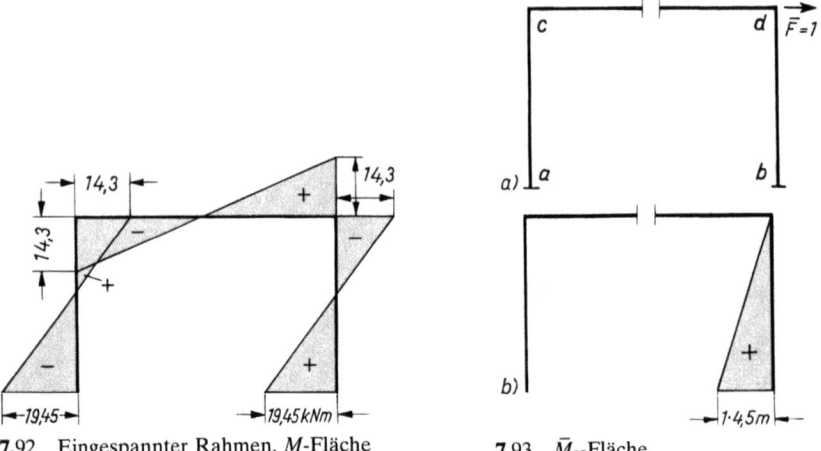

7.92 Eingespannter Rahmen, M-Fläche **7.93** $\bar{M}_0$-Fläche

Mit der $M\bar{M}$-Tafel **1.**20 (Zeile 2, Spalte f) erhält man

$$EI\,\delta_d = \frac{4,5}{6}\,5,80 \cdot (2 \cdot 19,45 - 14,3) = 107,1 \text{ kNm}^3$$

$E = 3000 \text{ kN/cm}^2 = 3 \cdot 10^7 \text{ kN/m}^2 \qquad I_c = 44,5 \text{ dm}^4 = 44,5 \cdot 10^{-4} \text{ m}^4$

$$\delta_d = \frac{107,1}{EI_c} = \frac{107,1}{3 \cdot 10^7 \cdot 44,5 \cdot 10^{-4}} = 8,02 \cdot 10^{-4} \text{ m} = 0,08 \text{ cm}$$

8 Weggrößenverfahren

8.1 Einführung, Übersicht

Die Berechnung statisch unbestimmter Systeme mit Hilfe von Verschiebungen und Verdrehungen als Unbekannten bezeichnen wir als Weggrößenverfahren. Die ersten Buchveröffentlichungen darüber stammen von Ostenfeld und Mann aus den Jahren 1926/27. Grundlage des Weggrößenverfahrens ist der Kirchhoffsche Eindeutigkeitssatz:

> Zu bestimmten Kraftgrößen (Kräften und Momenten) eines Systems gehören eindeutige Verschiebungsgrößen (Verschiebungen und Verdrehungen) und umgekehrt zu bestimmten Verschiebungsgrößen eindeutige Kraftgrößen.

Als Folge dieses Satzes können wir sowohl Kraftgrößen als Unbekannte einführen und mit Hilfe von Formänderungsbedingungen berechnen (Kraftgrößenverfahren) als auch Verschiebungsgrößen zu Unbekannten machen und aus Gleichgewichtsbedingungen berechnen (Weggrößenverfahren).

Beim allgemeinen Weggrößenverfahren werden Stabverformungen aus Momenten, Quer- und Längskräften berücksichtigt. Läßt man den Einfluß der Quer- und Längskräfte unberücksichtigt, was im allgemeinen zulässig ist, erhält man als einfache Variante des allgemeinen Weggrößenverfahrens das Drehwinkelverfahren. Bei ihm treten weniger unbekannte Formänderungen auf als beim allgemeinen Weggrößenverfahren.

Im folgenden wird das Drehwinkelverfahren für ebene Tragwerke behandelt. Wir betrachten Systeme aus geraden Stäben mit konstanter Biegesteifigkeit, die an ihren Enden mit den Knoten des Systems biegesteif oder gelenkig verbunden sind. Längenänderungen von Stäben werden nur berücksichtigt, soweit sie durch Erwärmung hervorgerufen werden (Abschn. 8.5.1).

Als unbekannte Verschiebungsgrößen werden beim Drehwinkelverfahren die bei einer Belastung eines Tragwerks entstehenden Knotendrehwinkel und Stabdrehwinkel eingeführt. Ein Stabdrehwinkel tritt auf, wenn die an den Enden eines Stabes liegenden Knoten ungleiche Verschiebungen senkrecht zur Stabachse erfahren.

Im Gegensatz zur 7. Auflage benutzen wir in der vorliegenden 8. Auflage bei der Darstellung des Drehwinkelverfahrens Teilzustände, die wir mit Zustand 0, 1, 2 usw. bezeichnen. Diese Zustände ermitteln wir nicht am wirklichen System, sondern am kinematisch oder geometrisch bestimmten Hauptsystem. Das erhalten wir, wenn wir am wirklichen System jede Verdrehung von Knoten und Stäben durch zusätzlich angebrachte Festhaltungen verhindern.

Im Zustand 0 greift die wirkliche Belastung am kinematisch oder geometrisch bestimmten Hauptsystem an; in den Einheitsverdrehungszuständen 1, 2 usw. ist das Tragwerk unbelastet, wir lösen jeweils eine Festhaltung und erzwingen die dadurch mögliche Knotenverdrehung φ_E oder Stabverdrehung ψ_E.

Schließlich stellen wir den wirklichen Zustand durch eine Überlagerung des Zustandes 0 und der jeweils mit einem Faktor Y_1, Y_2 usw. multiplizierten Zustände 1, 2 usw. dar.

Für die Berechnung der Größe der Faktoren Y_i liefert uns jeder verdrehbare Knoten und jeder unabhängig verdrehbare Stab auch eine Bestimmungsgleichung:

An jedem verdrehbaren Knoten stellen wir die Gleichgewichtsbedingung für die am Knoten angreifenden Momente auf: An jedem Knoten muß im wirklichen Zustand die Summe der Knotenmomente gleich Null sein. Da zu jedem Knotenmoment ein Stabendmoment gehört, können wir diese Gleichgewichtsbedingung auch so formulieren, daß die Summe der Stabendmomente eines Knotens gleich Null sein muß.

Im Falle eines unabhängig verdrehbaren Stabes erhalten wir eine Gleichgewichtsbedingung mit Hife des Prinzips der virtuellen Verschiebungsgrößen (s. Abschn. 8.4).

Das Arbeiten mit Einheits- oder Teilzuständen stellt eine Analogie zwischen Drehwinkel- und Kraftgrößenverfahren her, die wir im Abschn. 5.4.2 bereits ausführlich dargestellt haben. Im folgenden werden für das Drehwinkelverfahren die Bezeichnungen und Vorzeichenfestsetzungen zusammengestellt und die Stabendmomente der Einheitsverdrehungszustände ermittelt. Anschließend rechnen wir Beispiele von verschieblichen und unverschieblichen Tragwerken vor.

8.2 Grundlagen

8.2.1 Bezeichnungen (5.15, 5.16), Maßeinheiten

M_{ab}^{0} Volleinspannmoment des Stabes ab am Stabende a im geometrisch bestimmten Hauptsystem infolge Belastung oder vorgegebener Verformung (Zustand 0)

M_{ba}^{0} Volleinspannmoment des Stabes ab am Stabende b im geometrisch bestimmten Hauptsystem infolge Belastung oder vorgegebener Verformung (Zustand 0)
M_{ab}^{0} und M_{ba}^{0} entnehmen wir Tabellenwerken ([1], [9]).

$M_{ab}^{(1)}$ Stabendmoment des Stabes ab am Stabende a im Einheitsverdrehungszustand 1
$M_{ab}^{(1)} = f_{ab}^{(1)} c_{ab}$

$M_{ba}^{(1)}$ Stabendmoment des Stabes ab am Stabende b im Einheitsverdrehungszustand 1
$M_{ba}^{(1)} = f_{ba}^{(1)} c_{ab}$

$M_{ab}^{(i)}$ Stabendmoment des Stabes ab am Stabende a im Einheitsverdrehungszustand i
$M_{ab}^{(i)} = f_{ab}^{(i)} c_{ab}$

$M_{ba}^{(i)}$ Stabendmoment des Stabes ab am Stabende b im Einheitsverdrehungszustand i
$M_{ba}^{(i)} = f_{ba}^{(i)} c_{ab}$

M_{ab} endgültiges Moment des Stabes ab am Stabende a

M_{ba} endgültiges Moment des Stabes ab am Stabende b

Y_1 einheitenloser Faktor des Einheitsverdrehungszustandes 1

Y_i einheitenloser Faktor des Einheitsverdrehungszustandes i

$M_{ab} = M_{ab}^{0} + M_{ab}^{(1)} Y_1 + M_{ab}^{(2)} Y_2 \ldots + M_{ab}^{(i)} Y_i \ldots + M_{ab}^{(n)} Y_n$ (8.1)

φ_a Drehwinkel des Knotens a (Knotendrehwinkel) im wirklichen System unter der wirklichen Belastung. Es ist
$\varphi_a = Y_i \varphi_E = Y_i l_c / E I_c$
wenn der Knoten a im Zustand i die Einheitsverdrehung einer φ_E erfährt

φ_b Drehwinkel des Knotens b (Knotendrehwinkel) im wirklichen System unter der wirklichen Belastung. Es ist
$\varphi_b = Y_j \varphi_E = Y_j l_c / E I_c$
wenn der Knoten b im Zustand j die Einheitsverdrehung φ_E erfährt

8.2.1 Bezeichnungen (5.15, 5.16), Maßeinheiten

ψ_{ab} Drehwinkel des Stabes ab (Stabdrehwinkel, Drehwinkel der Stabsehne) im wirklichen System unter der wirklichen Belastung. Es ist

$$\psi_{ab} = Y_k \psi_E = Y_k l_c / EI_c$$

wenn der Stab ab im Zustand k die Einheitsverdrehung ψ_E erfährt

l_c, I_c Länge und Flächenmoment 2. Grades des Vergleichs- oder Bezugsstabes

k_{ab} Biegesteifigkeit des Stabes ab

$$k_{ab} = EI_{ab}/l_{ab} \; [\text{kNm}]$$

k_c Biegesteifigkeit des Bezugsstabes

$$k_c = EI_c/l_c \; [\text{kNm}]$$

φ_E Knoten-Einheitsverdrehung [rad], wir setzen sie gleich der Maßzahl der Größe $1/k_c$, was wir durch geschweifte Klammern anzeigen: $\varphi_E = 1/\{k_c\} = \{l_c/EI_c\} \; [-]$

ψ_E Stab-Einheitsverdrehung [rad], wir setzen sie ebenfalls gleich der Maßzahl der Größe

$1/k_c$: $\psi_E = 1/\{k_c\} = \{l_c/EI_c\} \; [-]$

c_{ab} bezogene Biegesteifigkeit des Stabes ab:

$$c_{ab} = k_{ab}/k_c = EI_{ab} l_c / EI_c l_{ab}$$

$f_{ab}^{(i)}$ einheitenloser Faktor zur Berechnung des Stabendmomentes $M_{ab}^{(i)}$

$f_{ba}^{(i)}$ einheitenloser Faktor zur Berechnung des Stabendmomentes $M_{ba}^{(i)}$

Die Faktoren $f_{ab}^{(i)}$ und $f_{ba}^{(i)}$ hängen ab

1.) von der Art der Anschlüsse des Stabes ab an die benachbarten Bauteile,

2.) von der Art der Einheitsverdrehung (Knotenverdrehung φ_E oder Stabverdrehung ψ_E).

Die Faktoren $f_{ab}^{(i)}$ und $f_{ba}^{(i)}$ sind in Tafel **8.6** zusammengestellt.

Das Arbeiten mit Einheitsverdrehungen der Größe $\varphi_E = \psi_E = \{l_c/EI_c\}$ erleichtert die Handrechnung: Wir können den einheitenlosen Faktor c einführen und erhalten dadurch einfache Formeln für die Stabmomente sowie insgesamt gesehen Maßzahlen, die hinsichtlich ihrer Stellenzahl leicht überschaubar und verarbeitbar sind.

Zu den Maßeinheiten, die wir bei der Berechnung der Stabendmomente der Einheitsverdrehungszustände verwenden, kommen wir mit Hilfe der folgenden, am Moment $X_1 = M_{ab}$ des Abschn. 8.2.3.1 erläuterten Überlegung:

Wie erweitern die Gleichung $M_{ab} = 4 \, EI_{ab}/l_{ab} \cdot \varphi_a$ auf der rechten Seite mit der Biegesteifigkeit des Bezugsstabes $EI_c/l_c = k_c$

$$M_{ab} = 4 \, EI_{ab}/l_{ab} \cdot EI_c/l_c \cdot l_c/EI_c \cdot \varphi_a = 4 \, k_{ab} \, k_c / k_c \cdot \varphi_a$$

Mit $EI_{ab}/l_{ab} \cdot l_c/EI_c = k_{ab}/k_c = c_{ab}$ wird daraus

$$M_{ab} = 4 \, c_{ab} \, EI_c/l_c \cdot \varphi_a = 4 \, c_{ab} \, k_c \, \varphi_a$$

In dieser Gleichung setzen wir für φ_a die Einheitsdrehung $\varphi_E = 1/\{k_c\} \; [-] = \{l_c/EI_c\} \; [-]$ ein. Dadurch erhalten wir das Stabendmoment eines Einheitsverdrehungszustandes, den wir allgemein mit i bezeichnen

$$M_{ab}^{(i)} = 4 \, c_{ab} \, [-] \, k_c \, [\text{kNm}] \cdot 1/\{k_c\} \, [-]$$

Nun ist $k_c \, [\text{kNm}]/\{k_c\} \, [-] = 1 \, [\text{kNm}]$, und wir erhalten schließlich

$$M_{ab}^{(i)} = 4 \, c_{ab} \, [-] \cdot 1 \, [\text{kNm}] = 4 \, c_{ab} \, [\text{kNm}]$$

8.2.2 Vorzeichenfestsetzungen (8.1)

1. Knotendrehwinkel φ sind positiv, wenn die Verdrehung im Uhrzeigersinn erfolgt (**8.1a**).
2. Stabdrehwinkel ψ sind positiv, wenn die Verdrehung entgegen dem Uhrzeigersinn erfolgt (**8.1b**).
3. Stabendmomente erhalten ihr Vorzeichen nach ihrem Drehsinn: Sie sind positiv, wenn sie am Stabende im Uhrzeigersinn wirken (**8.1c**).

Zu jedem Stabendmoment gehört ein Knotenmoment mit entgegengesetztem Drehsinn; beide Momente zusammen bilden die Schnittgröße Biegemoment im Schnitt unmittelbar neben dem Knoten. Für das Knotenmoment ergibt sich demnach die Vorzeichenregel

4. Knotenmomente sind positiv, wenn sie im Gegensinn des Uhrzeigers wirken.

In der Darstellung der *M*-, *Q*- und *N*-Flächen verwenden wir die Vorzeichenfestsetzung für Schnittgrößen (**8.1d**). Danach sind Biegemomente positiv, wenn sie an der gestrichelten Stabseite Zug erzeugen (Vorzeichenfestsetzung nach dem Biegesinn); positive Querkräfte drehen bezüglich des angrenzenden Stababschnittes rechtsherum, positive Längskräfte sind Zugkräfte.

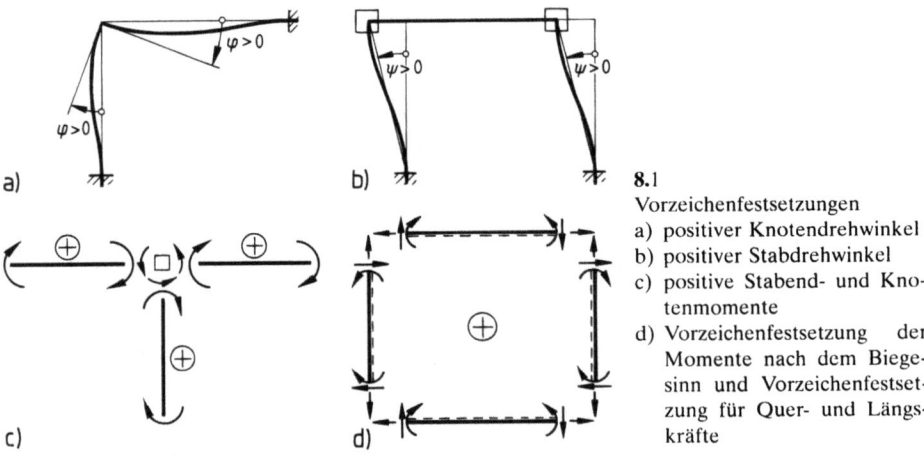

8.1 Vorzeichenfestsetzungen
a) positiver Knotendrehwinkel
b) positiver Stabdrehwinkel
c) positive Stabend- und Knotenmomente
d) Vorzeichenfestsetzung der Momente nach dem Biegesinn und Vorzeichenfestsetzung für Quer- und Längskräfte

8.2.3 Berechnung der Stabendmomente der Einheitsverdrehungszustände

8.2.3.1 An beiden Enden eingespannter Stab, Knotenverdrehung φ_a (8.2)

Bild 8.2a zeigt den Stab *ab* mit der aufgezwungenen Verdrehung φ_a; gesucht sind die Stabendmomente M_{ab} und M_{ba}, die dabei auftreten.

Der Stab ist bei Biegebeanspruchung zweifach statisch unbestimmt; wir wählen $X_1 = M_{ab}$ und $X_2 = M_{ba}$ (**8.2b**), arbeiten mit den *EI*-fachen Verschiebungsgrößen δ' und erhalten die folgenden beiden Verträglichkeitsbedingungen:

Für die Einspannung *a*: Die Summe der von X_1 und X_2 verursachten *EI*-fachen Verdrehungen ist gleich $EI\varphi_a$

$$X_1 \delta'_{11} + X_2 \delta'_{12} = EI\,\varphi_a$$

8.2.3 Berechnung der Stabendmomente der Einheitsverdrehungszustände

Für die Einspannung b: Die Summe der von X_1 und X_2 verursachten EI-fachen Verdrehungen ist gleich Null

$$X_1 \delta'_{21} + X_2 \delta'_{22} = 0$$

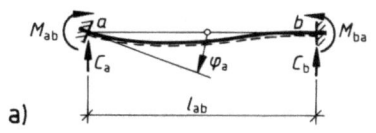

a)

Aus den Einheitsbelastungsungszuständen (8.2 c) ergeben sich die Vorzahlen

$$\delta'_{11} = \int M_1^2 \, dx = 1/3 \cdot l_{ab} \, 1 \cdot 1$$
$$= l_{ab}/3 = \delta'_{22}$$

$$\delta'_{12} = \int M_1 M_2 \, dx = 1/6 \cdot l_{ab} \, 1 \cdot 1$$
$$= l_{ab}/6 = \delta'_{21}$$

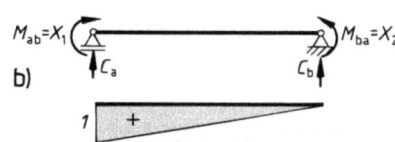

b)

c)

und mit diesen das Gleichungssystem

$$X_1 \, l_{ab}/3 + X_2 \, l_{ab}/6 = EI_{ab} \, \varphi_a$$
$$X_1 \, l_{ab}/6 + X_2 \, l_{ab}/3 = 0$$

d)

Es hat die Lösung (Vorzeichen nach dem Biegesinn)

$$X_1 = M_{ab} = +4 \, EI_{ab}/l_{ab} \cdot \varphi_a$$
$$X_2 = M_{ba} = -2 \, EI_{ab}/l_{ab} \cdot \varphi_a$$

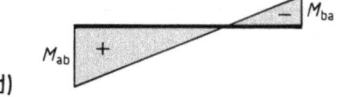

e)

Der Stab erhält die Querkraft

$$Q_{ab} = -6 \, EI_{ab}/l_{ab}^2 \cdot \varphi_a$$

8.2 Knotenverdrehung φ_a
a) System mit aufgezwungener Verformung
b) statisch bestimmtes Hauptsystem
c) Zustände $X_1 = 1$ und $X_2 = 1$, Momentenflächen
d) endgültige Momentenfläche: $M_{ab} = 4 \, EI_{ab}/l_{ab} \cdot \varphi_a$; $M_{ba} = -2 \, EI_{ab}/l_{ab} \cdot \varphi_a$
e) endgültige Querkraftfläche: $Q = -6 \, EI_{ab}/l_{ab}^2 \cdot \varphi_a$

Momenten- und Querkraftfläche zeigt **8.2** d, e.

Setzen wir für den Einheitsverdrehungszustand i $\varphi_a = \varphi_E = l_c/EI_c$ und geben wir wie für das Drehwinkelverfahren vereinbart rechtsdrehenden Stabendmomenten das positive Vorzeichen, erhalten wir

$$M_{ab}^{(i)} = 4 \, EI_{ab} \, l_c/EI_c \, l_{ab} = 4 \, c_{ab}$$
$$M_{ba}^{(i)} = 2 \, EI_{ab} \, l_c/EI_c \, l_{ab} = 2 \, c_{ab}$$

8.2.3.2 An einem Ende eingespannter Stab, Verdrehung des eingespannten Stabendes (Knotenverdrehung φ_a)

Bild **8.3**a zeigt das System mit der aufgezwungenen Verformung, **8.3**b das statisch bestimmte Hauptsystem mit $X_1 = M_{ab}$, **8.3**c die M_1-Fläche. Die EI_{ab}-fache Verträglichkeitsbedingung lautet

$$X_1 \delta'_{11} = EI_{ab} \, \varphi_a$$

Mit $\delta'_{11} = l_{ab}/3$ ergibt sich

$$X_1 = M_{ab} = 3 \, EI_{ab}/l_{ab} \cdot \varphi_a \quad (\textbf{8.3d})$$

Der Stab erhält die Querkraft

$$Q_{ab} = -3\, EI_{ab}/l_{ab}^2 \cdot \varphi_a$$

Für den Einheitsverdrehungszustand i setzen wir wieder $\varphi_a = \varphi_E = l_c/EI_c$ und erhalten

$$M_{ab} = 3\, EI_{ab}\, l_c/EI_c\, l_{ab} = 3\, c_{ab}$$

Dieses Moment ist **positiv** sowohl nach der Vorzeichenregelung des Drehwinkelverfahrens als auch nach dem Biegesinn.

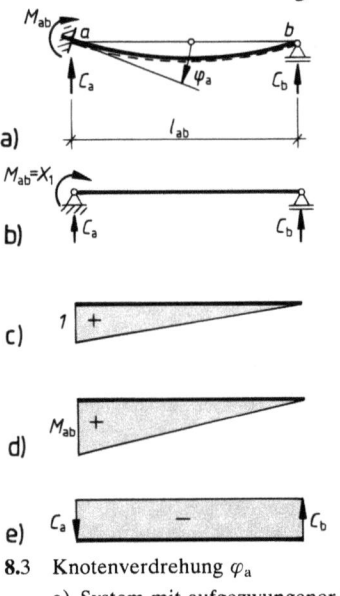
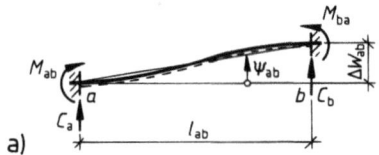
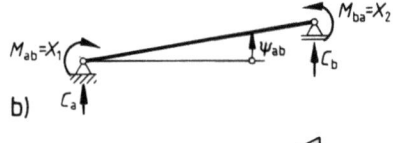
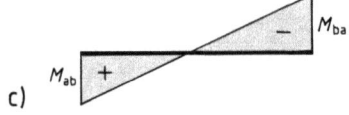

8.3 Knotenverdrehung φ_a
a) System mit aufgezwungener Verformung
b) statisch bestimmtes Hauptsystem
c) Zustand $X_1 = 1$, Momentenfläche
d) endgültige Momentenfläche
  $M_{ab} = 3\, EI_{ab}/l_{ab} \cdot \varphi_a$
e) endgültige Querkraftfläche:
  $Q_{ab} = 3\, EI_{ab}/l_{ab}^2 \cdot \varphi_a$

8.4 Stabverdrehung ψ_{ab}
a) System mit aufgezwungener Verformung
b) statisch bestimmtes Hauptsystem
c) endgültige Momentenfläche:
  $M_{ab} = -M_{ba} = 6\, EI_{ab}/l_{ab} \cdot \psi_{ab}$
d) endgültige Querkraftfläche:
  $Q = -12\, EI_{ab}/l_{ab}^2 \cdot \psi_{ab}$

8.2.3.3 An beiden Enden eingespannter Stab, Stabverdrehung ψ_{ab}

Bild **8.4**a und b zeigt das wirkliche System und das statisch bestimmte Hauptsystem mit der aufgezwungenen Verdrehung ψ_{ab}. Die im statisch bestimmten Hauptsystem vorhandenen vorgegebenen Verdrehungen des Stabes an den Einspannstellen müssen durch die statisch Unbestimmten X_1 und X_2 rückgängig gemacht werden, d.h. die Summe aller Verdrehungen muß an beiden Stabenden gleich Null sein.

Die Verdrehung ψ_{ab} ist
- nach der Vorzeichenfestsetzung des Drehwinkelverfahrens positiv, da sie linksherum erfolgt,
- in der Verträglichkeitsbedingung für die Einspannung a negativ, da sie entgegen dem Drehsinn von X_1 gerichtet ist, und
- in der Verträglichkeitsbedingung für die Einspannung b positiv, da sie den gleichen Drehsinn hat wie X_2.

8.2.3 Berechnung der Stabendmomente der Einheitsverdrehungszustände

Wir erhalten die EI_c-fachen Verträglichkeitsbedingungen

$$X_1 \delta'_{11} + X_2 \delta'_{12} - EI_c \psi_{ab} = 0$$
$$X_1 \delta'_{21} + X_2 \delta'_{22} + EI_c \psi_{ab} = 0$$

Die Vorzahlen können wir aus dem Abschn. 8.2.3.1 übernehmen, so daß sich ergibt

$$X_1 l_{ab}/3 + X_2 l_{ab}/6 = +EI_c \psi_{ab}$$
$$X_1 l_{ab}/6 + X_2 l_{ab}/3 = -EI_c \psi_{ab}$$

Dieses Gleichungssystem hat die Lösung (Vorzeichen nach dem Biegesinn)

$$X_1 = M_{ab} = +6\, EI_{ab}/l_{ab} \cdot \psi_{ab}$$
$$X_2 = M_{ba} = -6\, EI_{ab}/l_{ab} \cdot \psi_{ab}$$

Der Stab erhält die Querkraft

$$Q_{ab} = -12\, EI_{ab}/l_{ab}^2 \cdot \psi_{ab}$$

Die Bilder **8.4**c und d zeigen die Momenten- und die Querkraftfläche.
Setzen wir für den Einheitsverdrehungszustand i $\psi_{ab} = \psi_E = l_c/EI_c$ und führen wir die Vorzeichenregelung des Drehwinkelverfahrens ein, erhalten wir

$$M_{ab}^{(i)} = 6\, EI_{ab}\, l_c/EI_c\, l_{ab} = 6\, c_{ab}$$
$$M_{ba}^{(i)} = 6\, EI_{ab}\, l_c/EI_c\, l_{ab} = 6\, c_{ab}$$

8.2.3.4 An einem Ende eingespannter Stab, Stabverdrehung ψ_{ab}

Bild **8.5**a und b zeigt das wirkliche System und das statisch bestimmte Hauptsystem mit der aufgezwungenen Stabverdrehung ψ_{ab}. Die Verdrehung des Stabendes a muß durch die statisch Unbestimmte X_1 rückgängig gemacht werden, die Summe der Verdrehungen am Lager a muß im wirklichen System gleich Null sein. ψ_{ab} ist nach der Vorzeichenfestsetzung des Drehwinkelverfahrens positiv, in der Verträglichkeitsbedingung für die Einspannung a jedoch negativ, da entgegen dem Drehsinn von X_1 gerichtet.
Die EI_c-fache Verträglichkeitsbedingung lautet

$$X_1 \delta'_{11} - EI_{ab}\, \psi_{ab} = 0$$

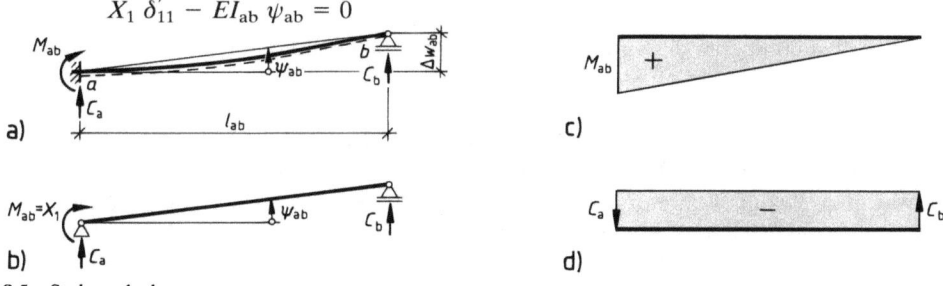

8.5 Stabverdrehung ψ_{ab}
 a) System mit aufgezwungener Verformung
 b) statisch bestimmtes Hauptsystem
 c) endgültige Momentenfläche: $M_{ab} = 3\, EI_{ab}/l_{ab} \cdot \psi_{ab}$
 d) endgültige Querkraftfläche: $Q_{ab} = -3\, EI_{ab}/l_{ab}^2 \cdot \psi_{ab}$

Weiter erhalten wir

$$X_1 \, l_{ab}/3 = EI_{ab} \, \psi_{ab}$$
$$X_1 = M_{ab} = 3 \, EI_{ab}/l_{ab} \cdot \psi_{ab}$$
$$Q_{ab} = -3 \, EI_{ab}/l_{ab}^2 \cdot \psi_{ab}$$

Momenten- und Querkraftflächen sind in Bild **8.**5c und d aufgezeichnet.

Mit $\psi_{ab} = \psi_E = l_c/EI_c$ ergibt sich schließlich für den Einheitsverdrehungszustand i das Volleinspannmoment

$$M_{ab}^{(i)} = 3 \, EI_{ab} \, l_c/EI_c \, l_{ab} = 3 \, c_{ab}$$

8.2.3.5 Zusammenfassung

Tafel **8.**6 zeigt eine Übersicht der in den Abschn. 8.2.3.1 bis 8.2.3.4 abgeleiteten Stabendmomente, die für Berechnungen nach Theorie I. Ordnung gelten. In eckigen Klammern sind außerdem die im Rahmen der Theorie II. Ordnung anzuwendenden Stabendmomente aufgelistet, die mit Hilfe der Funktionen $\alpha(\varepsilon)$, $\beta(\varepsilon)$ und $\gamma(\varepsilon)$ berechnet werden. Wie wir bereits im Abschn. 8.2.1 angegeben haben, bezeichnen wir die bei der Berechnung der Stabendmomente auftretenden Faktoren der bezogenen Biegestabsteifigkeit c_{ab} allgemein mit f_{ab} oder f_{ba}.

8.2.4 Maßeinheiten

Wir wählen am Anfang einer Berechnung eine Kraft- und eine Längeneinheit, z.B. kN und m, und verwenden ausschließlich diese in der gesamten Berechnung, also bei der Berechnung der Volleinspannmomente M^0, der Stabendmomente $M^{(i)}$, der Einheitsverdrehung sowie der wirklichen Verdrehungen von Knoten und Stäben.

8.2.5 Ergänzende Bemerkungen zu den Einheitsverdrehungen

In der Literatur finden sich unter anderen die folgenden Annahmen für die Einheitsverdrehungen:

1. $\quad \varphi_E = \psi_E = 1/EI_c \quad$ (s. [2])

Für die Stabendmomente der Einheitsverdrehungszustände gilt dann

$$M_{ab}^{(i)} = f_{ab}/l'_{ab} \qquad M_{ba}^{(i)} = f_{ba}/l'_{ab}$$

Wenn für das Tragwerk ein einheitlicher E-Modul gilt, ist $l'_{ab} = l_{ab} \, I_c/I_{ab}$ die **reduzierte Stablänge** des Stabes ab. Die Faktoren f können wir Tafel **8.**6 entnehmen.

Das von uns gewählte Verfahren mit den Faktoren c und der Einheitsverdrehung $\varphi_E = l_c/EI_c$ geht in das Verfahren mit der reduzierten Stablänge l' und der Einheitsverdrehung $\varphi_E = 1/EI_c$ über, wenn wir $l_c = 1$ setzen.

2. $\quad \varphi_E = \psi_E = 1 \quad$ (s. [8])

Auch hier kann Tafel **8.**6 benutzt werden: Die Stabendmomente erhalten die Werte

$$M_{ab}^{(i)} = f_{ab} \, EI_{ab}/l_{ab} \qquad M_{ba}^{(i)} = f_{ba} \, EI_{ab}/l_{ab}$$

8.2.5 Ergänzende Bemerkungen zu den Einheitsverdrehungen

φ_E ↶ ψ_E ↶ (+̄)	$M_{ab}^{(i)} = f_{ab}^{(i)} c_{ab}$	Momentenfläche	$M_{ba}^{(i)} = f_{ba}^{(i)} c_{ab}$
	$4 c_{ab}$ $[\alpha\, c_{ab}]$		$2 c_{ab}$ $[\beta\, c_{ab}]$
	$2 c_{ab}$ $[\beta\, c_{ab}]$		$4 c_{ab}$ $[\alpha\, c_{ab}]$
	$3 c_{ab}$ $[\gamma\, c_{ab}]$		0 $[0]$
	0 $[0]$		$3 c_{ab}$ $[\gamma\, c_{ab}]$
	$6 c_{ab}$ $[(\alpha + \beta)\, c_{ab}]$		$6 c_{ab}$ $[(\alpha + \beta)\, c_{ab}]$
	$3 c_{ab}$ $[\gamma\, c_{ab}]$		0 $[0]$
	0 $[0]$		$3 c_{ab}$ $[\gamma\, c_{ab}]$

8.6 Stabendmomente der Einheitsverdrehungszustände für die Berechnung nach Theorie I. Ordnung und [in eckigen Klammern] nach Theorie II. Ordnung

$c_{ab} = EI_{ab}\, l_c / EI_c\, l_{ab}$ [einheitenlos]

$\varphi_E = \psi_E$ = Maßzahl von $\{l_c / EI_c\}$ [einheitenlos]

$\alpha\ = (\varepsilon \sin \varepsilon - \varepsilon^2 \cos \varepsilon) / (2\,(1 - \cos \varepsilon) - \varepsilon \sin \varepsilon)$

$\beta\ = (\varepsilon^2 - \varepsilon \sin \varepsilon) / (2\,(1 - \cos \varepsilon) - \varepsilon \sin \varepsilon)$

$\gamma\ = \varepsilon^2 \sin \varepsilon / (\sin \varepsilon - \varepsilon \cos \varepsilon)$

dabei ist

$\varepsilon\ = l\sqrt{|N|/EI} = l/i \cdot \sqrt{|\varepsilon_N|}$

8.3 Tragwerke mit unverschieblichen Knoten

8.3.1 Übersicht

Wir betrachten in diesem Abschnitt Tragwerke, deren Knoten sich zwar **verdrehen**, aber **nicht verschieben** können. Bei diesen Tragwerken treten **Knotendrehwinkel** φ, jedoch keine Stabdrehwinkel ψ auf.

Die Unverschieblichkeit der Knoten können wir z. B. dadurch gewährleisten, daß wir die Konstruktion durch Anordnung von Aufzugschächten sowie von Wänden oder Verbänden an Treppenhäusern, Giebeln und Brandabschnitten aussteifen. Dieser Fall liegt den Beispielen 1 bis 4 zugrunde. Tragwerke mit **lotrechter Symmetrieachse**, die waagerecht verschieblich sind, bilden einen **Sonderfall**, wenn sie eine **symmetrische Belastung** erhalten: Bei Symmetrie von System und Belastung muß auch die Verformungsfigur symmetrisch sein; daraus folgt, daß Knotenverschiebungen und Stabdrehwinkel nicht auftreten, so daß sie wie **unverschiebliche Tragwerke** behandelt werden können (Beispiel 5).

Tragwerke, die von der Konstruktion oder Lagerung her **unverschieblich** sind, erfahren Knotenverschiebungen und Stabverdrehungen, wenn in ihnen **gleichmäßige Temperaturänderungen** auftreten. Dieser Fall wird im Abschn. 8.5 behandelt.

8.3.2 Anwendungen

8.3.2.1 Beispiel 1

Gegeben ist ein einhüftiger Rahmen aus Stahlbeton B 25/BSt 500 S mit der Riegelbelastung $q = 20$ kN/m (**8.**7a); gesucht sind die Schnittgrößen.

1. Kinematische oder geometrische Unbestimmtheit

Das System ist **einfach geometrisch unbestimmt**: Es enthält nur **einen Knoten** im Sinne des Drehwinkelverfahrens, nämlich den Knoten a, und dieser Knoten kann sich **verdrehen, aber nicht verschieben**. Wir erhalten deshalb das **kinematisch oder geometrisch bestimmte Hauptsystem**, indem wir den Knoten a durch eine **Festhaltung gegen Verdrehen sichern**.

Die Verdrehung des oberen, gelenkig angeschlossenen Endes 3 des Stabes $a3$ läßt sich aus der Verdrehung des Knotens a und der Belastung des Stabes errechnen, ist also keine Unbekannte.

Zum Vergleich ermitteln wir den **Grad der statischen Unbestimmtheit**: Die Einspannung im Punkt 2 ist für eine statisch bestimmte Lagerung genau ausreichend, die weiteren Stützgrößen – drei im Punkt 1 und eine im Punkt 3 – sind **überzählig**, so daß das Tragwerk **vierfach statisch unbestimmt** ist. Zum gleichen Ergebnis kommen wir mit Gl. (5.1): Wir fügen im Punkt 3 (verschiebliches Kipplager) zwei Bindungen hinzu ($t = 2$) und zerlegen das Tragwerk dann durch zwei Schnitte (oberhalb und unterhalb von a; $r = 2$) in drei statisch bestimmte Kragarme. Dadurch erhalten wir

$$n = 3r - t = 3 \cdot 2 - 2 = 4$$

Der hier behandelte Rahmen ist ein Musterbeispiel für die vorteilhafte Anwendung des Drehwinkelverfahrens.

8.3.2 Anwendungen

2. Flächenmomente 2. Grades und Faktoren c

Riegel: $I_{a1} = 0{,}20 \cdot 0{,}50^3/12 = 0{,}0020833 \text{ m}^4$

Stiele: $I_{a2} = I_{a3} = 0{,}20 \cdot 0{,}30^3/12 = 0{,}0004500 \text{ m}^4$

Mit $I_c = I_{a2} = I_{a3} = 0{,}00045 \text{ m}^4$

und $l_c = l_{a2} = l_{a3} = 4 \text{ m}$ erhalten wir

$c_{a1} = EI_{a1} \, l_c/EI_c \, l_{a1} = 0{,}0020833 \cdot 4/(0{,}00045 \cdot 6) = 3{,}086$

$c_{a2} = c_{a3} = 0{,}00045 \cdot 4/(0{,}00045 \cdot 4) = 1$

3. Zustand 0: äußere Belastung am geometrisch bestimmten Hauptsystem

Wenn wir den Knoten a daran hindern, sich zu verdrehen, und die Belastung aufbringen, entstehen an den Enden des Stabes a die Volleinspannmomente

$M_{1a}^0 = -ql^2/12 = -20 \cdot 6^2/12 = -60 \text{ kNm}$

$M_{a1}^0 = +ql^2/12 = +20 \cdot 6^2/12 = +60 \text{ kNm}$

Sie tragen die Vorzeichen des Drehwinkelverfahrens.
Bild **8.**7b und c zeigt den Zustand 0 und die zugehörige Momentenfläche; die Vorzeichen darin richten sich nach dem Biegesinn.

Um im Zustand 0 den Knoten a daran zu hindern, sich infolge der Belastung zu verdrehen, müssen wir auf ihn von außen ein rechtsdrehendes Moment der Größe 60 kNm ausüben.

4. Einheitsverdrehungszustand 1

Knoten a wird gelöst und um $\varphi_E = l_c/EI_c$ verdreht (**8.**7d). Diese aufgezwungene Verformung verursacht nach Tafel **8.**6 folgende Stabendmomente:

$M_{1a}^{(1)} = 2 \, c_{a1} = 2 \cdot 3{,}086 = 6{,}172 \text{ kNm}$

$M_{a1}^{(1)} = 4 \, c_{a1} = 4 \cdot 3{,}086 = 12{,}344 \text{ kNm}$

$M_{2a}^{(1)} = 2 \, c_{a2} = 2 \cdot 1 = 2 \text{ kNm}$

$M_{a2}^{(1)} = 4 \, c_{a2} = 4 \cdot 1 = 4 \text{ kNm}$

$M_{a3}^{(1)} = 3 \, c_{a3} = 3 \cdot 1 = 3 \text{ kNm}$

Alle Momente drehen am Stabende rechtsherum und tragen deshalb nach der Vorzeichenfestsetzung des Drehwinkelverfahrens das positive Vorzeichen. In Bild **8.**7e ist die zugehörige Momentenfläche aufgezeichnet; die Momente sind an der Stabseite angetragen, an der sie Zug erzeugen, und sie sind mit Vorzeichen nach dem Biegesinn versehen.

Damit sich der Knoten a im Zustand 1 um φ_E verdreht, muß auf ihn nach der vorstehenden Rechnung von außen ein rechtsdrehendes Moment der Größe

$12{,}344 + 4 + 3 = 19{,}344 \text{ kNm}$

ausgeübt werden.

5. Berechnung des Faktors Y_1

Die beiden Zustände 1 und 0 erfüllen die Formänderungs-, Verträglichkeits- oder Kontinuitätsbedingungen, die an jedes System zu stellen sind, nicht jedoch die ebenfalls unerläßlichen Gleichgewichtsbedingungen: Wie wir in den Textziffern 3 und 4 errechnet haben, müssen in beiden Zuständen am Knoten a Festhaltemomente wirken, die die Verdrehung des Knotens erzwingen oder verhindern. Den wirklichen oder endgültigen

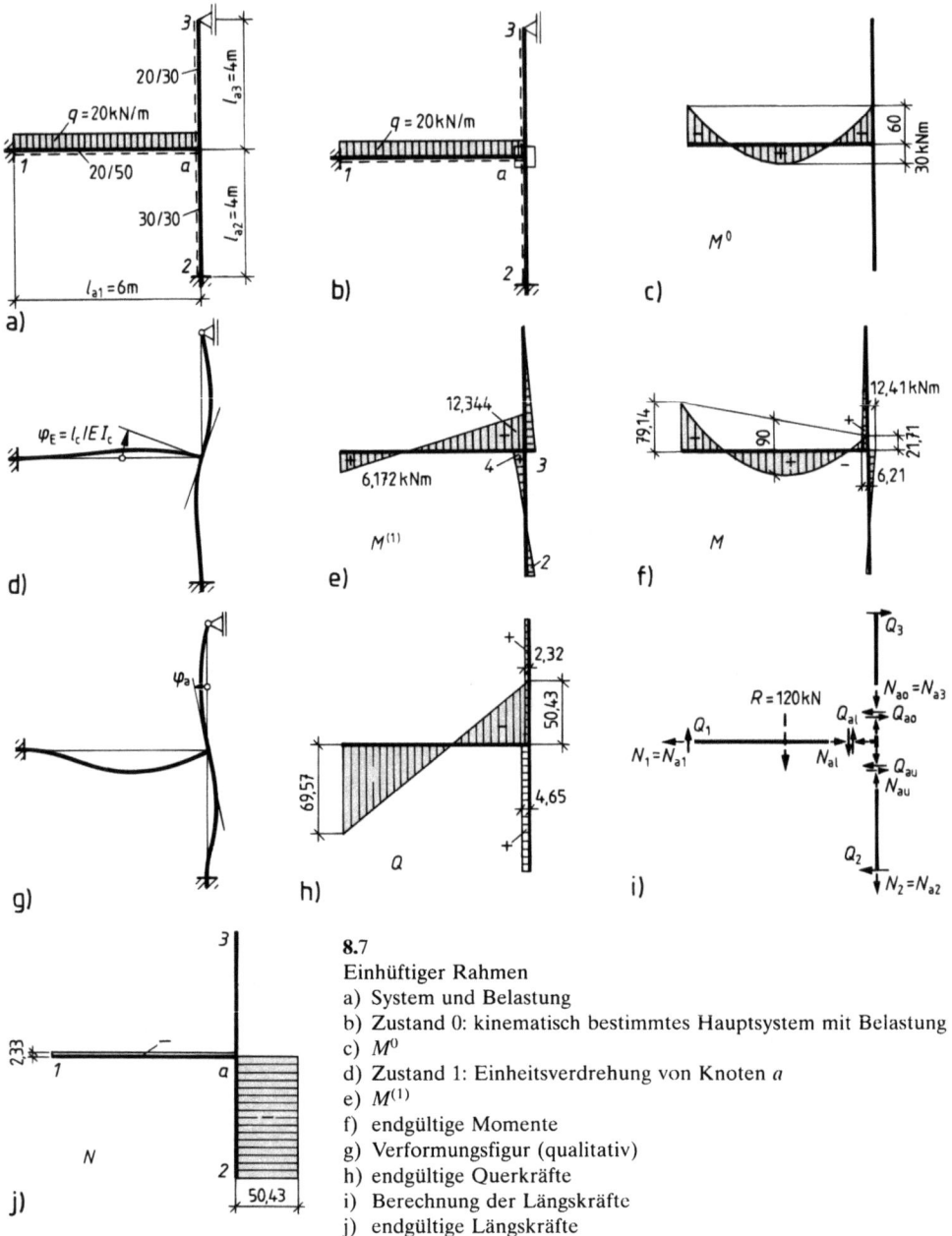

8.7
Einhüftiger Rahmen
a) System und Belastung
b) Zustand 0: kinematisch bestimmtes Hauptsystem mit Belastung
c) M^0
d) Zustand 1: Einheitsverdrehung von Knoten a
e) $M^{(1)}$
f) endgültige Momente
g) Verformungsfigur (qualitativ)
h) endgültige Querkräfte
i) Berechnung der Längskräfte
j) endgültige Längskräfte

Zustand, der außer den Formänderungsbedingungen auch die Gleichgewichtsbedingungen erfüllt, in dem also keine Momente von außen auf den Knoten ausgeübt werden, stellen wir nun durch Überlagerung des Zustandes 0 und des Y_1-fachen Zustandes 1 dar. Y_1 ist dabei ein einheitenloser Faktor, den wir aus der folgenden Gleichgewichtsbedingung errechnen:

8.3.2 Anwendungen

> Infolge des Zustandes 0 und des Y_1-fachen Zustandes 1 ist am Knoten a die Summe der Knotenmomente ebenso wie die Summe der Stabendmomente gleich Null.

Die Zahlenrechnung ergibt

$$\Sigma M_a = (M_{a1}^{(1)} + M_{a2}^{(1)} + M_{a3}^{(1)}) Y_1 + M_{a1}^{(0)} = 0$$

$$(12{,}344 + 4 + 3) Y_1 + 60 = 0$$

$$Y_1 = -60/19{,}344 = -3{,}105$$

6. Endgültige Schnittgrößen, Verformungsfigur

Die endgültigen Stabendmomente mit den Vorzeichen des Drehwinkelverfahrens erhalten wir mit Hilfe von Formel (5.8):

$$M = M^0 + M^{(1)} Y_1$$

$$M_{1a} = -60 - 6{,}171 \cdot 3{,}105 = -79{,}14 \text{ kNm}$$

$$M_{a1} = 60 - 12{,}344 \cdot 3{,}105 = 21{,}71 \text{ kNm}$$

$$M_{2a} = 0 - 2 \cdot 3{,}105 = -6{,}21 \text{ kNm}$$

$$M_{a2} = 0 - 4 \cdot 3{,}105 = -12{,}41 \text{ kNm}$$

$$M_{a3} = 0 - 3 \cdot 3{,}105 = -9{,}30 \text{ kNm}$$

Positive Momente drehen am Stabende rechtsherum, negative linksherum.
Bild **8.7**f zeigt die Momentenfläche, in der die Vorzeichen nach dem Biegesinn festgesetzt wurden: Momente, die an der gestrichelten Stabseite Zug erzeugen, sind positiv. In Bild **8.7**g ist die Verformungsfigur dargestellt.

Die Querkräfte können wir durch sinngemäße Anwendung der Gl. (5.10) ermitteln:

$$Q = Q^0 + Q^{(1)} Y_1$$

In vielen Fällen ist es jedoch zweckmäßiger, sie aus der endgültigen Momentenfläche zu errechnen, was im folgenden geschehen soll (Vorzeichen nach dem Biegesinn).
Riegel $a\,1$

$$Q_1 = q l_{a1}/2 - M_{1a}/l_{a1} + M_{a1}/l_{a1}$$

$$= q l_{a1}/2 - (M_{1a} - M_{a1})/l_{a1}$$

$$= 20 \cdot 6/2 - (-79{,}14 - 21{,}71)/6 = 69{,}57 \text{ kN}$$

$$Q_{a1} = 20 \cdot 6/2 + (-79{,}14 - 21{,}71)/6 = -50{,}43 \text{ kN}$$

Stiel $a\,2$

$$Q_2 = Q_{a2} = Q_{au} = (-M_{a2} + M_{2a})/l_{a2}$$

$$= (12{,}41 + 6{,}21)/4 = 4{,}65 \text{ kN}$$

Stiel $a\,3$

$$Q_3 = Q_{a3} = Q_{ao} = M_{a3}/l_{a3} = 9{,}30/4 = 2{,}32 \text{ kN}$$

Die Querkraftfläche zeigt Bild **8.7**h.

Längskräfte

Im vorliegenden Beispiel lassen sich die Längskräfte eindeutig aus den Querkräften bestimmen (**8.7**i):

$N_1 = N_{a1} = N_{al} = Q_{au} - Q_{ao} = -4{,}65 - 2{,}32 = -2{,}33$ kN

$N_2 = N_{a2} = N_{au} = Q_{al} = -50{,}43$ kN

$N_3 = N_{a3} = N_{ao} = 0$

Die Längskraftfläche zeigt Bild **8.7**j.

Ob sich die Längskräfte eindeutig aus der Querkraftfläche bestimmen lassen, hängt davon ab, wie das Tragwerk gelagert ist. Wenn wir z.B. im vorliegenden Beispiel das lotrecht verschiebliche Kipplager im Punkt 3 durch ein unverschiebliches Kipplager ersetzen, muß durch eine zusätzliche Formänderungsbedingung mit Berücksichtigung der Dehnsteifigkeit EA/l der Stiele ermittelt werden, wie sich im Knoten a die lotrechte Last Q_{al} auf die Stiele $a\,2$ und $a\,3$ verteilt.

7. Verdrehung des Knotens a

Die Verdrehung des Knotens a im wirklichen System ist

$\varphi_a = \varphi_E Y_1 = l_c/EI_c \cdot (-3{,}105)$

Das negative Vorzeichen bedeutet, daß die Verdrehung linksherum erfolgt. Bei der Berechnung von φ_a müssen wir dieselben Einheiten verwenden wie bei der Berechnung der Einspannmomente M^0; wir setzen also

$l_c = 4$ m

$E = 3000$ kN/cm^2 $= 3 \cdot 10^7$ kN/m^2

$I_c = 45\,000$ cm^4 $= 4{,}5 \cdot 10^{-4}$ m^4

und erhalten

$\varphi_a = 4/(3 \cdot 10^7 \cdot 4{,}5 \cdot 10^{-4}) \cdot (-3{,}105) = -0{,}00092$ rad $= -0{,}053°$

8.3.2.2 Beispiel 2

Gegeben ist der in Bild **8.8**a dargestellte stählerne Rahmen; gesucht sind M-, Q- und N-Fläche.

1. Kinematische oder geometrische Unbestimmtheit

Das System ist zweifach geometrisch unbestimmt: Es enthält die beiden Knoten a und b, deren Verdrehungen bei der Berechnung der Schnittgrößen berücksichtigt werden müssen. Im geometrisch bestimmten Hauptsystem werden die Knoten a und b durch Festhaltungen am Verdrehen gehindert.

Zum Vergleich ermitteln wir wieder den Grad der statischen Unbestimmtheit: Eine Einspannung, z.B. die im Punkt 5, ist genau ausreichend für die statisch bestimmte Lagerung; die außerdem vorhandenen Stützgrößen sind überzählig. Es sind dies eine im Punkt 1, drei im Punkt 2, zwei im Punkt 3 und drei im Punkt 4, zusammen also neun. Mit Gl. (5.1) kommen wir zum gleichen Ergebnis: Wir fügen im Punkt 1 zwei und im

8.3.2 Anwendungen

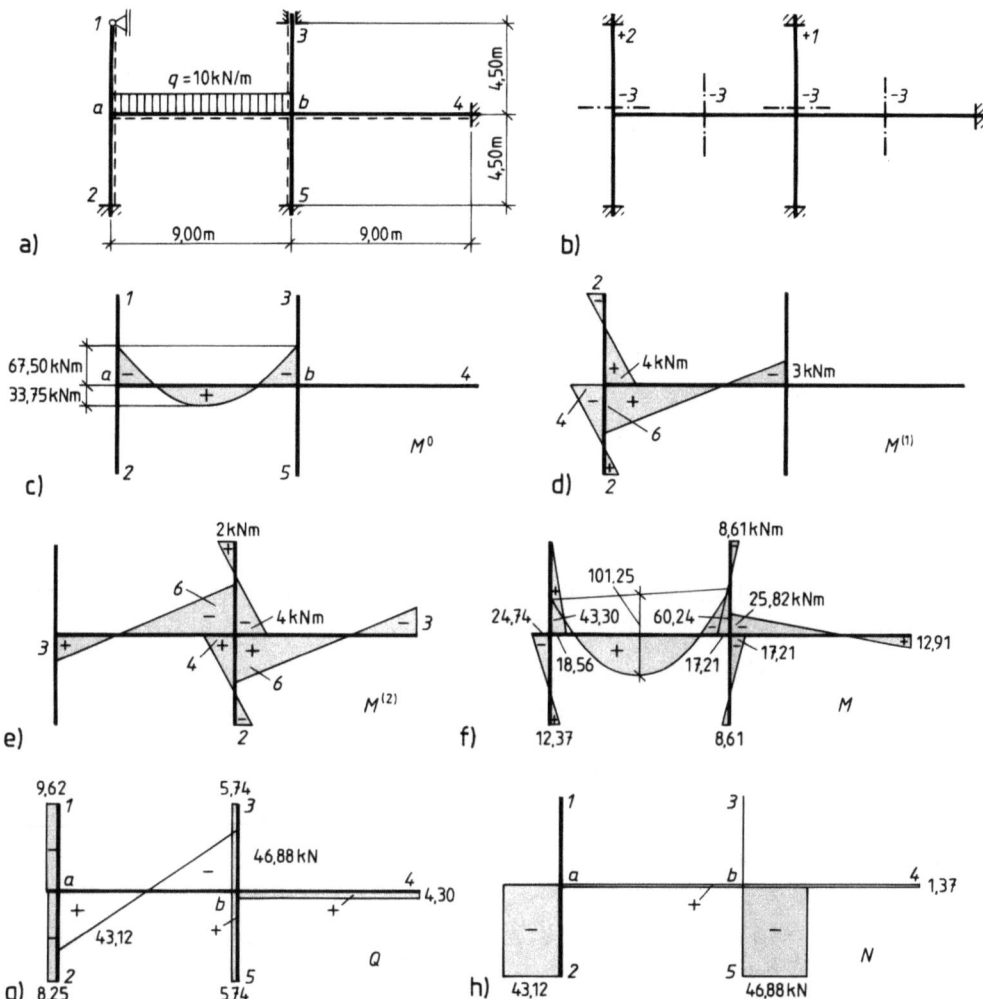

8.8 Zweifach geometrisch unbestimmter Rahmen

a) System und Belastung, b) Bestimmung des Grades der statischen Unbestimmtheit, +2; +1 zusätzliche Bindungen; −3 durch Schnitte beseitigte Bindungen, c) Zustand 0, Momentenfläche, d) Zustand 1, Momentenfläche, e) Zustand 2, Momentenfläche, f) endgültige Momentenfläche, g) endgültige Querkraftfläche, h) endgültige Längskraftfläche

Punkt 3 eine konstruktive Bindung hinzu, erhalten also $t = 3$; durch $r = 4$ Schnitte (**8.**8b) zerlegen wir dann das ergänzte System in fünf voneinander unabhängige statisch bestimmte eingespannte Tragwerke. Es ergibt sich

$$n = 3r - t = 3 \cdot 4 - 3 = 9$$

Auch für dieses System ist die Berechnung mit dem Drehwinkelverfahren bedeutend einfacher als mit dem Kraftgrößenverfahren.

2. Systemwerte

Alle vier Stiele haben die gleiche Länge l und das gleiche Flächenmoment I; diese beiden Größen machen wir zu Bezugsgrößen. Die Flächenmomente I von Stielen und Riegeln legen wir nicht zahlenmäßig fest, sondern nur in ihrem Verhältnis zueinander.

$$l_{a1} = l_{a2} = l_{b3} = l_{b5} = l_c = 4{,}5 \text{ m}$$

$$l_{ab} = l_{b4} = 9 \text{ m}$$

$$I_{a1} = I_{a2} = I_{b3} = I_{b5} = I_c$$

$$I_{ab} = I_{b4} = 3 I_c$$

Mit diesen Werten ergeben sich die folgenden Faktoren c:

$$c_{a1} = EI_{a1}\, l_c/EI_c\, l_{a1} = 1 = c_{a2} = c_{b3} = c_{b5}$$

$$c_{ab} = EI_{ab}\, l_c/EI_c\, l_{ab} = 3 I_c \cdot 4{,}5/(I_c \cdot 9) = 1{,}5 = c_{b4}$$

3. Zustand 0: äußere Belastung am geometrisch bestimmten Hauptsystem

Wenn wir die Knoten a und b durch Festhaltungen an Verdrehungen hindern und auf den Riegel ab die Belastung $q = 10$ kN/m aufbringen, treten im geometrisch bestimmten Hauptsystem die Volleinspannmomente

$$M_{ab}^0 = -67{,}5 \text{ kNm} \qquad M_{ba}^0 = +67{,}5 \text{ kNm}$$

auf. Diese Volleinspannmomente sind Stabendmomente des Riegels ab, und wir haben ihnen hier die Vorzeichen des Drehwinkelverfahrens gegeben; Bild **8.8**c zeigt die M^0-Fläche mit den Vorzeichen nach dem Biegesinn.

4. Einheitsverdrehungszustände

4.1 Zustand 1

Wir lösen die Festhaltung des Knotens a und verdrehen ihn rechtsherum um $\varphi_E = l_c/EI_c$. Nach Tafel **8.6** entstehen dadurch in dem Tragwerk die folgenden Stabendmomente (rechtsherum drehende Stabendmomente sind positiv):

$$M_{a1}^{(1)} = 3\, c_{a1} = 3 \cdot 1 = 3 \text{ kNm}$$

$$M_{a2}^{(1)} = 4\, c_{a2} = 4 \cdot 1 = 4 \text{ kNm}$$

$$M_{ab}^{(1)} = 4\, c_{ab} = 4 \cdot 1{,}5 = 6 \text{ kNm}$$

$$M_{2a}^{(1)} = 2\, c_{a2} = 2 \cdot 1 = 2 \text{ kNm}$$

$$M_{ba}^{(1)} = 2\, c_{ab} = 2 \cdot 1{,}5 = 3 \text{ kNm}$$

Um im Knoten a die Verdrehung φ_E zu erzwingen, muß demnach auf ihn ein rechtsdrehendes Moment der Größe

$$M_{a1}^{(1)} + M_{a2}^{(1)} + M_{a3}^{(1)} = 3 + 4 + 6 = 13 \text{ kNm}$$

ausgeübt werden.

Bild **8.8**d zeigt die $M^{(1)}$-Fläche mit Vorzeichen nach dem Biegesinn.

4.2 Zustand 2

Wir lösen die Festhaltung des Knotens b und verdrehen ihn rechtsherum um $\varphi_E = l_c/EI_c$. Nach Tafel **8.**6 entstehen dadurch in dem Tragwerk die folgenden Stabendmomente (rechtsherum drehende Stabendmomente sind positiv):

$$M^{(2)}_{ba} = 4\,c_{ab} = 4 \cdot 1{,}5 = 6 \text{ kNm}$$
$$M^{(2)}_{b3} = 4\,c_{b3} = 4 \cdot 1 = 4 \text{ kNm}$$
$$M^{(2)}_{b4} = 4\,c_{b4} = 4 \cdot 1{,}5 = 6 \text{ kNm}$$
$$M^{(2)}_{b5} = 4\,c_{b5} = 4 \cdot 1 = 4 \text{ kNm}$$
$$M^{(2)}_{ab} = 2\,c_{ab} = 2 \cdot 1{,}5 = 3 \text{ kNm}$$
$$M^{(2)}_{3b} = 2\,c_{b3} = 2 \cdot 1 = 2 \text{ kNm}$$
$$M^{(2)}_{4b} = 2\,c_{b4} = 2 \cdot 1{,}5 = 3 \text{ kNm}$$
$$M^{(2)}_{5b} = 2\,c_{b5} = 2 \cdot 1 = 2 \text{ kNm}$$

Um im Knoten b die Verdrehung $\varphi_E = l_c/EI_c$ zu erzwingen, muß demnach auf ihn ein rechtsdrehendes Moment der Größe

$$M^{(2)}_{ba} + M^{(2)}_{b3} + M^{(2)}_{b4} + M^{(2)}_{b5} = 6 + 4 + 6 + 4 = 20 \text{ kNm}$$

ausgeübt werden. Bild **8.**8e zeigt die $M^{(2)}$-Fläche mit Vorzeichen nach dem Biegesinn.

5. Berechnung der Faktoren Y_1 und Y_2

Wir stellen den wirklichen Zustand des Systems dar durch Überlagerung des Zustandes 0, des Y_1-fachen Zustandes 1 und des Y_2-fachen Zustandes 2. Für die Berechnung der Faktoren Y_1 und Y_2 stehen uns die Momentengleichgewichtsbedingungen für die Knoten a und b zur Verfügung: Sowohl am Knoten a wie am Knoten b muß nach der angegebenen Überlagerung die Summe der Stabendmomente gleich Null sein.

Momentengleichgewicht am Knoten a:

$$M_a = (M^{(1)}_{a1} + M^{(1)}_{a2} + M^{(1)}_{ab})\,Y_1$$
$$+ M^{(2)}_{ab}\,Y_2 + M^0_{ab} = 0$$
$$(3 + 4 + 6)\,Y_1 + 3\,Y_2 - 67{,}5 = 0$$
$$13\,Y_1 + 3\,Y_2 = 67{,}5$$

Momentengleichgewicht am Knoten b:

$$M_b = M^{(1)}_{ba}\,Y_1$$
$$+ (M^{(2)}_{ba} + M^{(2)}_{b3} + M^{(2)}_{b4} + M^{(2)}_{b5})\,Y_2$$
$$+ M^0_{ba} = 0$$
$$3\,Y_1 + (6 + 4 + 6 + 4)\,Y_2 + 67{,}5 = 0$$
$$3\,Y_1 + 20\,Y_2 = -67{,}5$$

Aufstellung und Lösung des Gleichungssystems

Die beiden Momentengleichgewichtsbedingungen ergeben das Gleichungssystem

$$\begin{bmatrix} 12 & 3 \\ 3 & 20 \end{bmatrix} \begin{bmatrix} Y_1 \\ Y_2 \end{bmatrix} = \begin{bmatrix} +67{,}5 \\ -67{,}5 \end{bmatrix}$$

Es hat die Lösung

$$\begin{bmatrix} Y_1 \\ Y_2 \end{bmatrix} = \begin{bmatrix} 6{,}185 \\ -4{,}303 \end{bmatrix}$$

6. Endgültige Schnittgrößen

6.1 Momente

Wir berechnen die Momente tabellarisch; das endgültige Moment M in der letzten Spalte erhalten wir mit der Formel

$$M = M^0 + M^{(1)}\, 6{,}185 + M^{(2)}\, (-4{,}303)$$

Die Einheit der Momente ist kNm, rechtsherum drehende Stabendmomente sind positiv.

	M^0	$M^{(1)}$	$M^{(2)}$	M
M_{a1}	0	3	0	18,56
M_{a2}	0	4	0	24,74
M_{ab}	−67,5	6	3	−43,30
M_{ba}	67,5	3	6	60,24
M_{b3}	0	0	4	−17,21
M_{b4}	0	0	6	−25,82
M_{b5}	0	0	4	−17,21
M_{2a}	0	2	0	12,37
M_{3b}	0	0	2	−8,61
M_{4b}	0	0	3	−12,91
M_{5b}	0	0	2	−8,61

Bild **8.**8f zeigt die endgültigen Momente mit den Vorzeichen nach dem Biegesinn. Die Gleichgewichtskontrollen an den Knoten ergeben (am Stabende rechtsdrehende Momente sind positiv)

$$M_a = 18{,}56 + 24{,}74 - 43{,}30 = 0$$
$$M_b = 60{,}24 - 17{,}21 - 25{,}82 - 17{,}21 = 0$$

6.2 Querkräfte

Wir ermitteln die Querkräfte in gewohnter Weise aus der Momentenfläche

$$\begin{aligned}
Q_{a1} &= -43{,}30/4{,}5 & &= -9{,}62 \text{ kN} \\
Q_{a2} &= -(24{,}74 + 12{,}37)/4{,}5 & &= -8{,}25 \text{ kN} \\
Q_{ar} &= 10 \cdot 9/2 + (43{,}30 - 60{,}24)/9 & &= 43{,}12 \text{ kN} \\
Q_{bl} &= -10 \cdot 9/2 + (43{,}30 - 60{,}24)/9 & &= -46{,}88 \text{ kN} \\
Q_{b3} &= (17{,}21 + 8{,}61)/4{,}5 & &= 5{,}74 \text{ kN} \\
Q_{b4} &= (25{,}82 + 12{,}91)/4{,}5 & &= 4{,}30 \text{ kN} \\
Q_{b5} &= Q_{b3} & &= 5{,}75 \text{ kN}
\end{aligned}$$

Bild **8.**8g zeigt die Querkraftfläche. Gleichgewichtskontrolle am Riegel *ab*:

$$Q_{ar} - Q_{bl} = 43{,}12 + 46{,}88 = 90{,}00 = q l_{ab}$$

6.3 Längskräfte

Die Stabzüge $2\,a\,1$ und $5\,b\,3$ sind an ihren oberen Enden, den Punkten 3 und 5, **lotrecht verschieblich gelagert**, sie können deshalb lotrechte Kräfte nur in den Einspannungen ihrer Fußpunkte 2 und 5 weiterleiten. Diese Tatsache ermöglicht eine **eindeutige Bestimmung der Längskräfte des Tragwerks**. Wäre das Tragwerk auch in den Punkten 1 und 3 in lotrechter Richtung unverschieblich gelagert, müßten die Längskräfte der Stiele mit Hilfe von zwei Elastizitätsbedingungen bestimmt werden.

Aus der Q-Fläche (**8.**8g) ergeben sich die folgenden Längskräfte:

$N_{a1} = 0$

$N_{a2} = -Q_{ar} = -43{,}12$ kN

$N_{b3} = 0$

$N_{b5} = Q_{bl} = -46{,}88$ kN

$N_{ab} = -Q_{ao} + Q_{au} = -Q_{a1} + Q_{a2} = 9{,}62 - 8{,}25 = 1{,}37$ kN

$N_{b4} = N_{ab} - Q_{bo} + Q_{bu} = N_{ab} - Q_{b3} + Q_{b5} = 1{,}37 - 5{,}74 + 5{,}74 = 1{,}37$ kN

Die Längskraftfläche zeigt Bild **8.**8h.

7. Verdrehungen der Knoten

Die Verdrehungen der Knoten im wirklichen System sind

$\varphi_a = \varphi_E\, Y_1 = l_c/EI_c \cdot 6{,}185$

$\varphi_b = \varphi_E\, Y_2 = l_c/EI_c \cdot (-4{,}303)$

Den Zahlenwert können wir erst ausrechnen, nachdem wir I_c zahlenmäßig festgelegt haben.

8.3.2.3 Beispiel 3

Gegeben ist der in Bild **8.**9a dargestellte Rahmen mit einheitlichem Elastizitätsmodul; gesucht sind M-, Q- und N-Fläche.

1. Kinematische oder geometrische Unbestimmtheit

Das System ist **zweifach geometrisch unbestimmt**: Es enthält die beiden Knoten a und b, deren Verdrehungen bei der Berechnung der Schnittgrößen berücksichtigt werden müssen.

Die Verdrehungen des Knotens 3 und des gelenkig gelagerten Stabendes bei 2 sind **keine Unbekannten**, da wir sowohl den Stab $a\,1$ mit seiner Momentenbelastung im Punkt 3 als auch den einseitig gelenkig gelagerten Stab $b\,2$ als einen **Grundstab** einführen können, dessen Verformungen bekannt sind.

Zum Vergleich ermitteln wir den Grad der **statischen Unbestimmtheit**:

Die Einspannung im Punkt 1 ist **genau ausreichend** für eine statisch bestimmte Lagerung des Stabzuges; die Stützungen in den Punkten a und 2 sind **überzählig**. Die waagerechte Pendelstütze im Punkt a ist einem lotrecht verschieblichen Kipplager gleichwertig, also ein **einwertiges Lager**; das unverschiebliche Kipplager im Punkt 2 ist ein **zweiwertiges Lager**. Der gegebene Rahmen ist also **dreifach statisch unbestimmt**.

Zu diesem Ergebnis kommen wir auch mit Gl. (5.1): Wir fügen drei konstruktive Bindungen hinzu, nämlich im Punkt a zwei und im Punkt b eine, und zerlegen das dadurch entstehende Tragwerk in drei Kragträger, indem wir durch zwei Schnitte die Stiele vom Riegel trennen (**8.9**b). Wir erhalten

$$n = 3r - t = 3 \cdot 2 - 3 = 3$$

2. Systemwerte

Wir wählen die Länge l_{ab} und das Flächenmoment I_{ab} des Riegels als Bezugsgrößen l_c und I_c und erhalten damit die folgenden Faktoren c:

$$c_{ab} = EI_{ab}\, l_c/EI_c\, l_{ab} = EI_{ab}\, l_{ab}/EI_{ab}\, l_{ab} = 1$$
$$c_{a1} = EI_{a1}\, l_c/EI_c\, l_{a1} = 0{,}5 \cdot I_c \cdot 10/(I_c \cdot 8) = 0{,}625$$
$$c_{b2} = c_{a1} \qquad\qquad\qquad\qquad\qquad\qquad = 0{,}625$$

3. Zustand 0

Wenn wir Verdrehungen der Knoten a und b durch Festhaltungen verhindern und die Belastungen aufbringen, treten im Tragwerk die folgenden Volleinspannmomente auf (Vorzeichen nach dem Biegesinn):

Stiel $a1$

Das Kragmoment hat die Größe

$$M_{34} = -80 \cdot 0{,}5 = -40 \text{ kNm}$$

Es ist statisch bestimmt und wird von der Berechnung der Momente in Stielen und Riegel nicht berührt.

Mit Hilfe einer Tafel für Volleinspannmomente ([1], [9]) erhalten wir die folgenden Werte:

$$M^0_{a3} = M_{34}\, l_{13}\, (3l_{a3} - l_{a1})/l^2_{a1} = -40 \cdot 5\, (3 \cdot 3 - 8)/8^2 = -3{,}125 \text{ kNm}$$
$$M^0_{13} = -M_{34}\, l_{a3}\, (3l_{13} - l_{a1})/l^2_{a1} = 40 \cdot 3\, (3 \cdot 5 - 8)/8^2 = 13{,}125 \text{ kNm}$$

Für die Berechnung der Momente ober- und unterhalb des Punktes 3 benötigen wir die über den Stiel konstante Querkraft:

$$Q^0_{a1} = -6\, M_{34}\, l_{a3}\, l_{13}/l^3_{a1} = -6 \cdot 40 \cdot 3 \cdot 5/8^3 = -7{,}031 \text{ kN}$$

Weiter erhalten wir

$$M^0_{3a} = M^0_{a3} - Q^0_{a1} \cdot 3 = -3{,}125 + 7{,}031 \cdot 3 = 17{,}969 \text{ kNm}$$
$$M^0_{31} = M^0_{13} + Q^0_{a1} \cdot 5 = 13{,}125 - 7{,}031 \cdot 5 = -22{,}031 \text{ kNm}$$

Riegel ab

$$M^0_{ab} = M^0_{ba} = -ql^2_{ab}/12 = -10 \cdot 10^2/12 = -83{,}333 \text{ kNm}$$

Stiel $b2$

$$M^0_{b2} = -ql^2_{b2}/8 = -5 \cdot 8^2/8 = -40 \text{ kNm}$$

Bild **8.9**d zeigt die Momentenfläche mit den Vorzeichen nach dem Biegesinn.

8.3.2 Anwendungen

8.9 Zweistieliger unverschieblicher Rahmen
a) System und Belastung
b) Ermittlung des Grades der statischen Unbestimmtheit
c) geometrisch bestimmtes Hauptsystem, Faktoren c
d) Momente M^0 (Volleinspannmomente)
e) Zustand 1, Verformungsfigur und Momente $M^{(1)}$
f) Zustand 2, Verformungsfigur und Momente $M^{(2)}$
g) endgültige Momente M
h) endgültige Querkräfte Q
i) Skizze der Lasten und Querkräfte zur Berechnung der Längskräfte
j) endgültige Längskräfte N

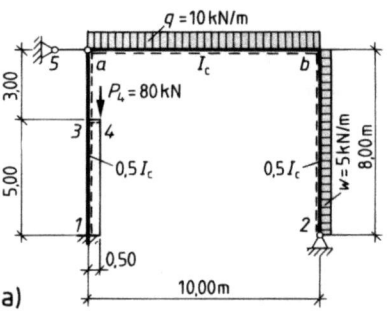

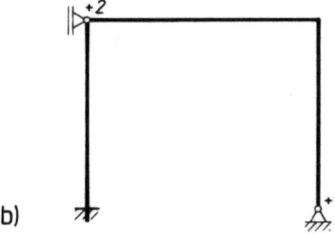

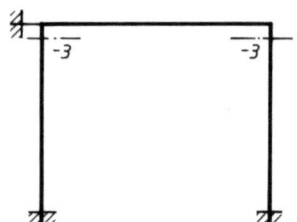

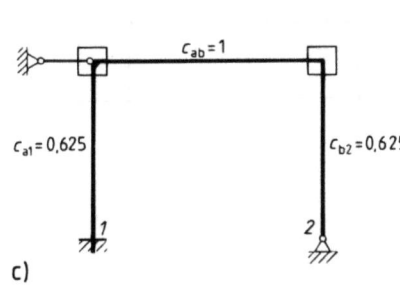

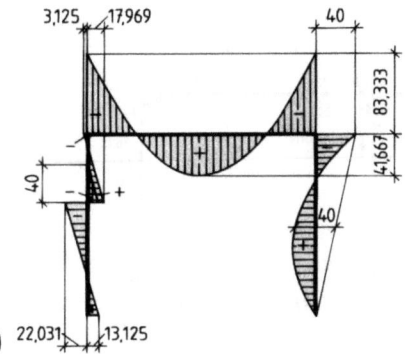

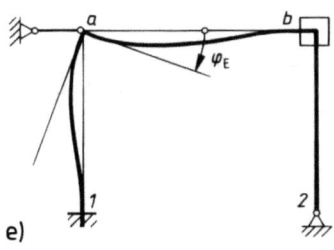

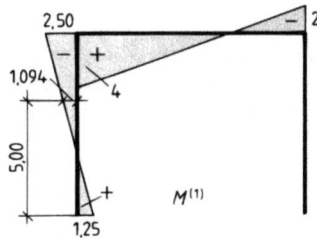

Fortsetzung s. nächste Seite

Bild **8.9**, Fortsetzung

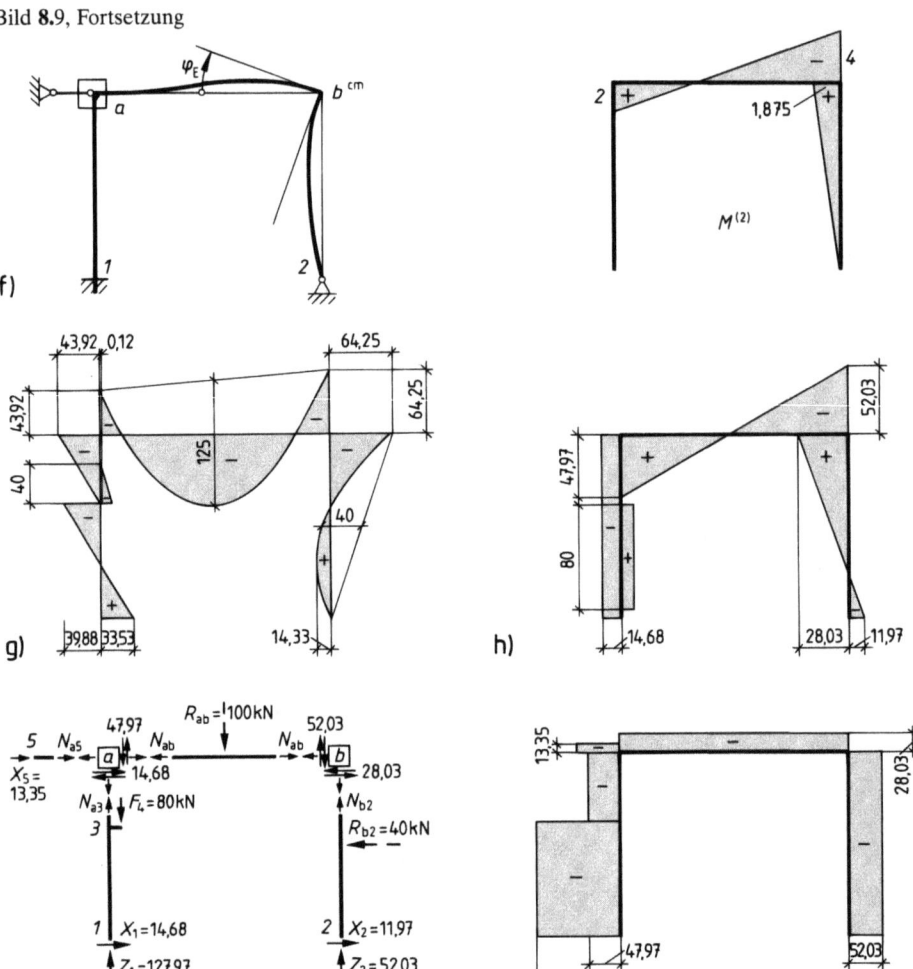

4. Einheitsverdrehungszustände

4.1 Zustand 1

Wir lösen die Festhaltung des Knotens a und verdrehen ihn rechtsherum um $\varphi_E = l_c/EI_c$. Nach Tafel **8.6** entstehen dadurch in dem Tragwerk die folgenden, nach der Vorzeichenfestsetzung des Drehwinkelverfahrens positiven Stabendmomente

$$M_{1a}^{(1)} = 2\,c_{a1} = 2 \cdot 0{,}625 = 1{,}25 \text{ kNm}$$
$$M_{a1}^{(1)} = 4\,c_{a1} = 4 \cdot 0{,}625 = 2{,}50 \text{ kNm}$$
$$M_{ab}^{(1)} = 4\,c_{ab} = 4 \cdot 1 \quad = 4 \text{ kNm}$$
$$M_{ba}^{(1)} = 2\,c_{ab} = 2 \cdot 1 \quad = 2 \text{ kNm}$$

8.3.2 Anwendungen

In Höhe des Kragarmes am linken Stiel (Punkt 3) entsteht das Moment

$$M_3^{(1)} = 1{,}094 \text{ kNm}$$

Bild **8.9**e zeigt die Verformung des Tragwerks und die Momente mit den Vorzeichen nach dem Biegesinn.

4.2 Zustand 2
Wir lösen die Festhaltung des Knotens b und verdrehen ihn rechtsherum um $\varphi_E = l_c/EI_c$. Nach Tafel **8.6** entstehen dadurch in dem Tragwerk die folgenden, nach der Vorzeichenfestsetzung des Drehwinkelverfahrens positiven Stabendmomente:

$$M_{ab}^{(2)} = 2\,c_{ab} = 2 \cdot 1 \quad\quad = 2 \text{ kNm}$$

$$M_{ba}^{(2)} = 4\,c_{ab} = 4 \cdot 1 \quad\quad = 4 \text{ kNm}$$

$$M_{b2}^{(2)} = 3\,c_{b2} = 3 \cdot 0{,}625 = 1{,}875 \text{ kNm}$$

Bild **8.9**f zeigt die Verformung des Tragwerks und die Momente mit den Vorzeichen nach dem Biegesinn.

5. Berechnung der Faktoren Y_1 und Y_2

Wir stellen den wirklichen Zustand des Systems dar durch Überlagerung des Zustandes 0, des Y_1-fachen Zustandes 1 und des Y_2-fachen Zustandes 2. Die Faktoren Y_1 und Y_2 errechnen wir aus dem Gleichgewicht der Momente an den Knoten a und b: An beiden Knoten muß nach der angegebenen Überlagerung die Summe der Stabendmomente gleich Null sein. Bei der Aufstellung der Momentengleichgewichtsbedingungen sind am Stabende rechtsherum drehende Momente positiv.

Momentengleichgewicht am Knoten a:

$$\curvearrowright \Sigma M_a = (M_{a1}^{(1)} + M_{ab}^{(1)})\,Y_1 + M_{ab}^{(2)}\,Y_2 + M_{a1}^0 + M_{ab}^0 = 0$$

$$(2{,}5 + 4)\,Y_1 + 2\,Y_2 + 3{,}125 - 83{,}333 = 0$$

$$6{,}5\,Y_1 + 2\,Y_2 = 80{,}208$$

Momentengleichgewicht am Knoten b:

$$\curvearrowright \Sigma M_b = M_{ba}^{(1)}\,Y_1 + (M_{ba}^{(2)} + M_{b2}^{(2)})\,Y_2 + M_{ba}^0 + M_{b2}^0 = 0$$

$$2\,Y_1 + (4 + 1{,}875)\,Y_2 + 83{,}333 - 40 = 0$$

$$2\,Y_1 + 5{,}875\,Y_2 = -43{,}333$$

Aufstellung und Lösung des Gleichungssystems

Die beiden Gleichgewichtsbedingungen ergeben das Gleichungssystem

$$\begin{bmatrix} 6{,}5 & 2 \\ 2 & 5{,}875 \end{bmatrix} \begin{bmatrix} Y_1 \\ Y_2 \end{bmatrix} = \begin{bmatrix} 80{,}208 \\ -43{,}333 \end{bmatrix}$$

Es hat die Lösung

$$\begin{bmatrix} Y_1 \\ Y_2 \end{bmatrix} = \begin{bmatrix} 16{,}319 \\ -12{,}931 \end{bmatrix}$$

6. Endgültige Schnittgrößen

6.1 Momente

Wir berechnen die Momente tabellarisch und benutzen dabei die Formel

$$M = M^0 + M^{(1)}\, 16{,}319 + M^{(2)}\, (-12{,}931)$$

Es gilt die Vorzeichenregel des Drehwinkelverfahrens, die Maßeinheit ist kNm.

	M^0	$M^{(1)}$	$M^{(2)}$	M kNm
M_{13}	13,13	1,25	0	33,53
M_{31}	22,03	1,09	0	39,88
M_{3a}	17,97	−1,09	0	0,12
M_{a3}	3,13	2,50	0	43,92
M_{ab}	−83,33	4	2	−43,92
M_{ba}	83,33	2	4	64,25
M_{b2}	−40	0	1,88	−64,25

Mit $M_{a3} + M_{ab} = 43{,}92 - 43{,}92 = 0$ und $M_{ba} + M_{b2} = 64{,}25 - 64{,}25 = 0$ sind die Knotengleichgewichtsbedingungen erfüllt.

Bild **8.9**g zeigt die Momentenfläche mit Vorzeichen nach dem Biegesinn.

6.2 Querkräfte

Wir ermitteln die Querkräfte wieder aus der Momentenfläche

$$\begin{aligned}
Q_{13} &= -(33{,}53 + 39{,}88)/5 &&= -14{,}68 \text{ kN}\\
Q_{a3} &= -(0{,}12 + 43{,}92)/3 &&= -14{,}68 \text{ kN}\\
Q_{ar} &= 10 \cdot 10/2 + (43{,}92 - 64{,}25)/10 = 50{,}00 - 2{,}03 &&= 47{,}97 \text{ kN}\\
Q_{bl} &= -10 \cdot 10/2 + (43{,}92 - 64{,}25)/10 = -50{,}00 - 2{,}03 &&= -52{,}03 \text{ kN}\\
Q_{bu} &= 5 \cdot 8/2 + 64{,}25/8 = 20{,}00 + 8{,}03 &&= 28{,}03 \text{ kN}\\
Q_{2o} &= -5 \cdot 8/2 + 64{,}25/8 = -20{,}00 + 8{,}03 &&= -11{,}97 \text{ kN}
\end{aligned}$$

Bild **8.9**h zeigt die Querkraftfläche

6.3 Längskräfte

Bild **8.9**i zeigt ein Schema des Systems mit der Belastung, den herausgeschnittenen Knoten, den Quer- und Längskräften zwischen Stäben und Knoten sowie den Lagerkräften. Die Längskräfte wurden als Zugkräfte eingeführt, sie werden im folgenden berechnet.

Aus den Querkräften Q_{ar} und Q_{bl} sowie der Last F_4 ergeben sich die Längskräfte der Stiele:

$$N_{a3} = -47{,}97 \text{ kN} \quad N_{13} = -47{,}49 - 80{,}00 = -127{,}97 \text{ kN} \quad N_{b1} = -52{,}03 \text{ kN}$$

Die Querkraft Q_{bu} geht als Längskraft in den Riegel:

$$N_{ab} = -28{,}03 \text{ kN}$$

Die Pendelstütze $a5$ nimmt die Resultierende von Q_{bu} und Q_{au} auf:

$$N_{a5} = -28{,}03 + 14{,}68 = -13{,}35 \text{ kN}$$

Die Längskraftfläche ist in Bild **8.9**j dargestellt.

7. Gleichgewichtskontrollen am Gesamtsystem

$$\overset{+}{\rightarrow} \Sigma X = X_1 + X_2 + X_3 - R_{b2} = 14{,}68 + 11{,}97 + 13{,}35 - 40 = 0$$

$$\uparrow + \Sigma Z = Z_1 + Z_2 - F_4 - R_{ab} = 127{,}97 + 52{,}03 - 80{,}00 - 100{,}00 = 0$$

$$\curvearrowright \Sigma M_1 = M_{13} + X_3\,8 + F_4\,0{,}50 + R_{ab}\,5 - R_{b2}\,4 - Z_2\,10$$
$$= 33{,}53 + 13{,}35 \cdot 8 + 80 \cdot 0{,}5 + 100 \cdot 5 - 40 \cdot 4 - 52{,}03 \cdot 10 = 0{,}03 \approx 0$$

8.3.2.4 Beispiel 4

Bild 8.10a zeigt eine stählerne Rahmenkonstruktion mit Belastung durch Gleich- und Einzellasten; gesucht sind die Stütz- und Schnittgrößen.

1. Kinematische oder geometrische Unbestimmtheit

Der Rahmen ist **dreifach geometrisch unbestimmt**: Knoten im Sinne des Drehwinkelverfahrens sind in den Punkten *a*, *b* und *c* vorhanden. Der Stab *b*4 ist eine **Pendel**

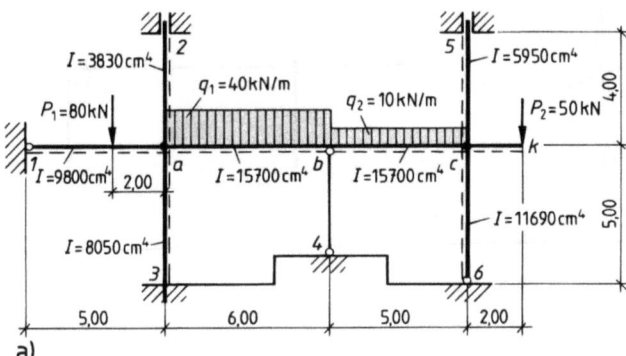

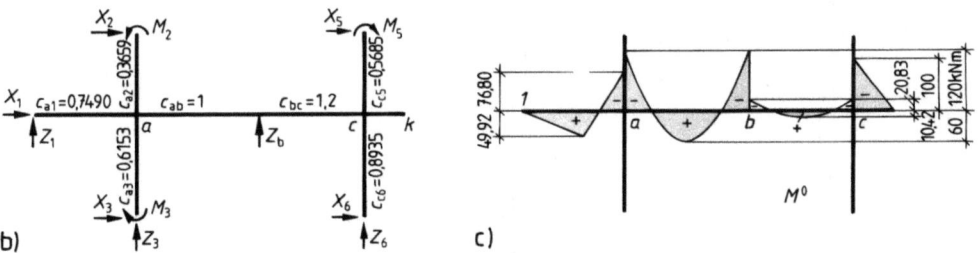

8.10 a) Rahmenkonstruktion, b) Stützgrößen und Faktoren c, c) Zustand 0, Momentenfläche, d) Zustand 1, Momentenfläche, e) Zustand 2, Momentenfläche, f) Zustand 3, Momentenfläche, g) Momentenfläche, h) Querkraftfläche, i) Querkräfte an den Stabenden, j) Längskräfte im Riegel, k) Längskraftfläche, l) Stützgrößen am Rahmen, m) verzerrte Verformungsfigur, n) Durchbiegung der Auskragung

Fortsetzung s. folgende Seiten

Bild **8.**10, Fortsetzung

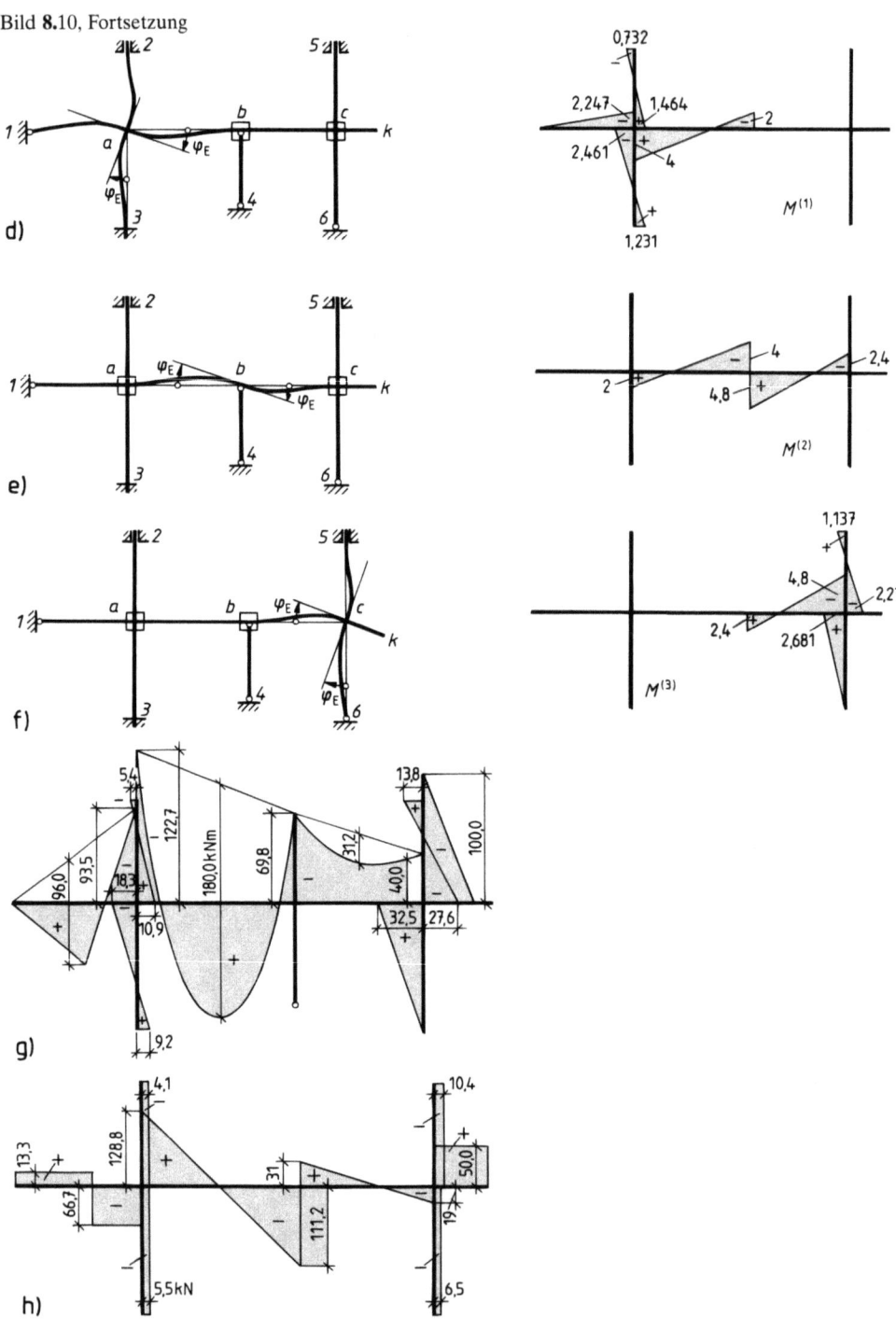

8.3.2 Anwendungen

Bild **8.**10, Fortsetzung

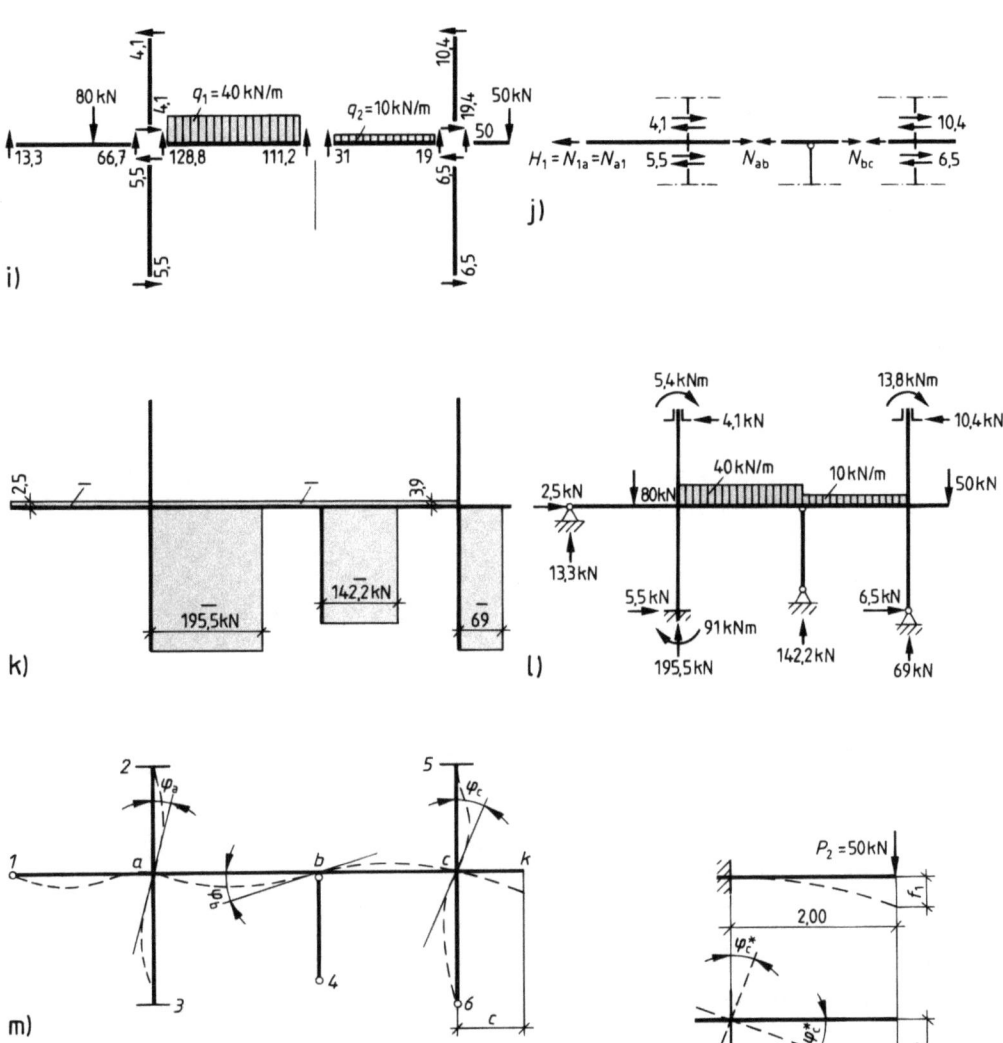

stütze, er wirkt wie ein verschiebliches Kipplager und ist ohne Einfluß auf die Verdrehung des Knotens b.

Zum Vergleich ermitteln wir den Grad der statischen Unbestimmtheit (**8.**10b): Wenn wir annehmen, daß der Rahmen äußerlich statisch unbestimmt ist, können wir sagen, daß die feste Einspannung im Punkt 3 mit den Stützgrößen X_3, Z_3 und M_3 für eine statisch bestimmte Lagerung genau ausreicht; überzählig sind dann X_1, Z_1, X_2, M_2, Z_b, X_5, M_5, X_6, Z_6, insgesamt also 9 Stützgrößen.

2. Systemwerte

Wir wählen den Stab ab als Bezugsstab und erhalten die folgenden Faktoren c:

Stab	I cm^4	l cm	c
$a1$	9 800	500	0,7490
$a2$	3 830	400	0,3659
$a3$	8 050	500	0,6153
ab	15 700	600	1
bc	15 700	500	1,2
$c5$	5 950	400	0,5685
$c6$	11 690	500	0,8935

Bild **8.**10b zeigt die Faktoren c und die Stützgrößen des Rahmens.

3. Zustand 0

Bei der Belastung des kinematisch bestimmten Hauptsystems entstehen die folgenden Stabendmomente ([1], [9]); wir geben rechtsherum drehenden Stabendmomenten das positive Vorzeichen.

$$M^0_{a1} = 80 \cdot 3 \cdot 2\,(5+3)/(2 \cdot 5^2) = 76{,}80 \text{ kNm}$$

$$M^0_{ab} = -40 \cdot 6^2/12 = -120 \text{ kNm}$$

$$M^0_{ba} = 40 \cdot 6^2/12 = 120 \text{ kNm}$$

$$M^0_{bc} = -10 \cdot 5^2/12 = -20{,}83 \text{ kNm}$$

$$M^0_{cb} = 10 \cdot 5^2/12 = 20{,}83 \text{ kNm}$$

$$M^0_{ck} = -50 \cdot 2 = -100 \text{ kNm}$$

Das Kragmoment M^0_{ck} wird in der Momentengleichgewichtsbedingung für den Knoten c (Textziffer 5.3) genauso behandelt wie das Stabendmoment M^0_{cb}.
Das maximale Feldmoment des Stabes $a1$ hat die Größe

$$\max M^0_{a1} = 80 \cdot 3 \cdot 2/5 - 76{,}80 \cdot 3/5 = 49{,}92 \text{ kNm}$$

Bild **8.**10c zeigt die Momentenfläche mit den Vorzeichen nach dem Biegesinn.

4. Einheitsverdrehungszustände

4.1 Zustand 1

Wir lösen die Festhaltung des Knotens a und verdrehen ihn rechtsherum um $\varphi_E = l_c/EI_c$. Nach Tafel **8.**6 entstehen dadurch in dem Tragwerk die folgenden, nach der Vorzeichenfestsetzug des Drehwinkelverfahrens positiven Stabendmomente:

$$M^{(1)}_{a1} = 3 \cdot 0{,}7490 = 2{,}247 \text{ kNm}$$

$$M^{(1)}_{a2} = 4 \cdot 0{,}3659 = 1{,}464 \text{ kNm}$$

$$M^{(1)}_{a3} = 4 \cdot 0{,}6153 = 2{,}461 \text{ kNm}$$

8.3.2 Anwendungen

$$M_{ab}^{(1)} = 4 \cdot 1 \quad\quad = 4 \text{ kNm}$$

$$M_{2a}^{(1)} = 2 \cdot 0{,}3659 = 0{,}731 \text{ kNm}$$

$$M_{3a}^{(1)} = 2 \cdot 0{,}6153 = 1{,}231 \text{ kNm}$$

$$M_{ba}^{(1)} = 2 \cdot 1 \quad\quad = 2 \text{ kNm}$$

Bild **8.**10d zeigt die Verformung des Tragwerks und die Momentenfläche mit den Vorzeichen nach dem Biegesinn.

4.2 Zustand 2

Wir lösen die Festhaltung des Knotens b und verdrehen ihn rechtsherum um $\varphi_E = l_c/EI_c$. Nach Tafel **8.**6 entstehen dadurch in dem Tragwerk die folgenden, nach der Vorzeichenfestsetzung des Drehwinkelverfahrens positiven Stabendmomente:

$$M_{ba}^{(2)} = 4 \cdot 1 \quad\quad = 4 \text{ kNm}$$

$$M_{bc}^{(2)} = 4 \cdot 1{,}2 = 4{,}8 \text{ kNm}$$

$$M_{ab}^{(2)} = 2 \cdot 1 \quad\quad = 2 \text{ kNm}$$

$$M_{cb}^{(2)} = 2 \cdot 1{,}2 = 2{,}4 \text{ kNm}$$

Bild **8.**10e zeigt die Verformung des Tragwerks und die Momentenfläche mit den Vorzeichen nach dem Biegesinn.

4.3 Zustand 3

Wir lösen die Festhaltung des Knotens c und verdrehen ihn rechtsherum um $\varphi_E = l_c/EIc$. Nach Tafel **8.**6 entstehen dadurch in dem Tragwerk die folgenden, nach der Vorzeichenfestsetzung des Drehwinkelverfahrens positiven Stabendmomente:

$$M_{cb}^{(3)} = 4 \cdot 1{,}2 \quad\quad = 4{,}8 \text{ kNm}$$

$$M_{c5}^{(3)} = 4 \cdot 0{,}5685 = 2{,}274 \text{ kNm}$$

$$M_{c6}^{(3)} = 3 \cdot 0{,}8935 = 2{,}681 \text{ kNm}$$

$$M_{bc}^{(3)} = 2 \cdot 1{,}2 \quad\quad = 2{,}4 \text{ kNm}$$

$$M_{5c}^{(3)} = 2 \cdot 0{,}5685 = 1{,}137 \text{ kNm}$$

Der Kragarm ck leistet der Einheitsverdrehung des Knotens c keinen Widerstand; es gibt darum **kein Stabendmoment** $M_{ck}^{(3)}$.

Bild **8.**10f zeigt die Verformung des Tragwerks und die Momentenfläche mit den Vorzeichen nach dem Biegesinn.

5. Berechnung der Faktoren Y_1, Y_2, Y_3

5.1 Momentengleichgewicht am Knoten a:

$$(M_{a1}^{(1)} + M_{a2}^{(1)} + M_{a3}^{(1)} + M_{ab}^{(1)}) Y_1 + M_{ab}^{(2)} Y_2 + M_{a1}^0 + M_{ab}^0 = 0$$

$$(2{,}247 + 1{,}464 + 2{,}461 + 4) Y_1 + 2 Y_2 + 76{,}80 - 120 = 0$$

$$10{,}172 \, Y_1 + 2 \, Y_2 = 43{,}20$$

5.2 Momentengleichgewicht am Knoten b

$$M_{ba}^{(1)} Y_1 + (M_{ba}^{(2)} + M_{bc}^{(2)}) Y_2 + M_{bc}^{(3)} Y_3 + M_{ba}^0 + M_{bc}^0 = 0$$

$$2 Y_1 + (4 + 4{,}8) Y_2 + 2{,}4 Y_3 + 120 - 20{,}83 = 0$$

$$2 Y_1 + 8{,}8 Y_2 + 2{,}4 Y_3 = -99{,}17$$

5.3 Momentengleichgewicht am Knoten c

$$M_{cb}^{(2)} Y_2 + (M_{cb}^{(3)} + M_{c5}^{(3)} + M_{c6}^{(3)}) Y_3 + M_{cb}^0 + M_{ck}^0 = 0$$

$$2{,}4 Y_2 + (4{,}8 + 2{,}274 + 2{,}681) Y_3 + 20{,}83 - 100$$

$$2{,}4 Y_2 + 9{,}754 Y_3 = 79{,}17$$

5.4 Aufstellung und Lösung des Gleichungssystems

Das Gleichungssystem

$$\begin{bmatrix} 10{,}172 & 2 & 0 \\ 2 & 8{,}8 & 2{,}4 \\ 0 & 2{,}4 & 9{,}754 \end{bmatrix} \begin{bmatrix} Y_1 \\ Y_2 \\ Y_3 \end{bmatrix} = \begin{bmatrix} 43{,}20 \\ -99{,}17 \\ 79{,}17 \end{bmatrix}$$

hat die Lösung

$$\begin{bmatrix} Y_1 \\ Y_2 \\ Y_3 \end{bmatrix} = \begin{bmatrix} 7{,}445 \\ -16{,}266 \\ 12{,}118 \end{bmatrix}$$

6. Endgültige Schnitt- und Stützgrößen

6.1 Momente

Wir berechnen die Momente tabellarisch und benutzen dabei die Formel

$$M = M^0 + M^{(1)} \, 7{,}445 + M^{(2)} \, (-16{,}266) + M^{(3)} \, 12{,}12$$

Es gilt die Vorzeichenfestsetzung des Drehwinkelverfahrens; die Maßeinheit ist kNm.

	M^0	$M^{(1)}$	$M^{(2)}$	$M^{(3)}$	M
M_{a1}	76,80	2,247	0	0	93,5
M_{a2}	0	1,464	0	0	10,9
M_{a3}	0	2,461	0	0	18,3
M_{ab}	−120	4	2	0	−122,7
M_{2a}	0	0,732	0	0	5,4
M_{3a}	0	1,231	0	0	9,2
M_{ba}	120	2	4	0	69,8
M_{bc}	−20,83	0	4,8	2,4	−69,8
M_{cb}	20,83	0	2,4	4,8	40
M_{c5}	0	0	0	2,274	27,6
M_{c6}	0	0	0	2,681	32,5
M_{ck}	−100	0	0	0	−100
M_{5c}	0	0	0	1,137	13,8

Bild **8.**10g zeigt die Momentenfläche mit den Vorzeichen nach dem Biegesinn.

6.2 Querkräfte

Wir ermitteln die Querkräfte wieder aus der Momentenfläche.

$Q_{l1} = 80 \cdot 2/5 - 93{,}5/5$ = 13,3 kN
$Q_{a1} = 13{,}3 - 80$ = $-66{,}7$ kN
$Q_{a2} = -(10{,}9 + 5{,}4)/4$ = $-4{,}1$ kN
$Q_{al} = 40 \cdot 6/2 + (122{,}7 - 69{,}8)/6 =$ 128,8 kN
$Q_{a3} = -(18{,}3 + 9{,}1)/5$ = $-5{,}5$ kN
$Q_{bl} = 128{,}8 - 40 \cdot 6$ = $-111{,}2$ kN
$Q_{br} = 10 \cdot 5/2 + (69{,}8 - 40)/5$ = 31 kN
$Q_{cl} = 31 - 5 \cdot 10$ = -19 kN
$Q_{c5} = -(27{,}6 + 13{,}8)/4$ = $-10{,}4$ kN
Q_{ck} = 50 kN
$Q_{c6} = -32{,}5/5$ = $-6{,}5$ kN

Bild **8.10**h zeigt die Querkraftfläche.

6.3 Längskräfte

Die hülsenförmigen Lager in den Punkten 2 und 5, die Momente und Querkräfte, aber keine Längskräfte aufnehmen können, ermöglichen es, die Längskräfte des Rahmens eindeutig zu bestimmen. Die Bilder **8.10**i und **8.10**j sollen die Berechnung veranschaulichen.

Längskräfte des Riegels

Da der Riegel nur an seinem linken Ende Längskräfte abgeben kann, summieren wir die Längskräfte von rechts:

$N_{bc} = -10{,}4 + 6{,}5$ = $-3{,}9$ kN
$N_{ab} = N_{bc}$ = $-3{,}9$ kN
$N_{a1} = N_{bc} - 4{,}1 + 5{,}5 =$ $-2{,}5$ kN

Längskräfte in den unteren Stielen

$N_{a3} = -66{,}7 - 128{,}8$ = $-195{,}5$ kN
$N_{b4} = -111{,}2 - 31$ = $-142{,}2$ kN
$N_{c6} = -19 - 50$ = -69 kN

Bild **8.10**k zeigt die Längskraftfläche.

6.4 Stützgrößen und Gleichgewichtskontrollen

Bild **8.10**l zeigt das System mit Lasten und aus M-, Q- und N-Fläche abgeleiteten Stützgrößen. Die Gleichgewichtskontrolle am Gesamtsystem ergibt

$\downarrow{+}\ \Sigma V = 80 + 40 \cdot 6 + 10 \cdot 5 + 50 - 13{,}3 - 195{,}5 - 142{,}2 = 0$
$\pm\ \Sigma H = 2{,}5 + 5{,}5 + 6{,}5 - 4{,}1 - 10{,}4 \qquad\qquad = 0$
$\curvearrowright\ \Sigma M_3 = -80 \cdot 2 + 40 \cdot 6 \cdot 3 + 10 \cdot 5 \cdot 8{,}5 + 50 \cdot 13$
$\qquad\qquad + 9{,}1 + 5{,}4 + 13{,}8 + 13{,}3 \cdot 5 - 142{,}2 \cdot 6 - 69 \cdot 11$
$\qquad\qquad + 2{,}5 \cdot 5 - 4{,}1 \cdot 9 - 10{,}4 \cdot 9 = 0{,}6 \approx 0$

7. Knotendrehwinkel

Mit den gewählten Einheiten kN und m erhalten wir

$E = 21\,000$ kN/cm^2 $= 2{,}1 \cdot 10^8$ kN/m^2

$I_c = 15\,700$ cm^4 $= 1{,}57 \cdot 10^{-4}$ m^4

$EI_c = 32\,970$ kNm^2

$\varphi_E = l_c/EI_c = 6/32970 = 0{,}000182$ rad

$\varphi_a = \varphi_E \, Y_1 = 0{,}00135$ rad $= 0{,}078°$

$\varphi_b = \varphi_E \, Y_2 = -0{,}00296$ rad $= -0{,}169°$

$\varphi_c = \varphi_E \, Y_3 = 0{,}00221$ rad $= 0{,}126°$

Mit Hilfe der Knotendrehwinkel und der Momentenfläche zeichnen wir die Verformungsfigur (**8.10 m**).

8. Durchbiegung der Auskragung

Die Durchbiegung des freien Endes (Punkt k) setzt sich aus den beiden Anteilen

f_φ Durchbiegung infolge des Knotendrehwinkels φ_c und

f_M Durchbiegung infolge der Biegemomente der Auskragung

zusammen (**8.10 n**). Die Berechnung ergibt

$f = f_\varphi + f_M = \varphi_c \, l_{ck} + P_2 \, l^3/3 \, EI$

$= 0{,}00221 \cdot 200 + 50 \cdot 200^3/(3 \cdot 21\,000 \cdot 15\,700)$

$= 0{,}44 + 0{,}40 = 0{,}84$ cm

8.3.2.5 Beispiel 5

Bild **8.11 a** zeigt einen zweistieligen zweigeschossigen Rahmen mit Symmetrie hinsichtlich System und Belastung; gesucht sind die Stütz- und Schnittgrößen.

1. Kinematische oder geometrische sowie statische Unbestimmtheit, Bemerkungen zum Gang der Berechnung

1.1 Kinematische Verschieblichkeit

Die Knoten des symmetrischen Rahmens erfahren unter Belastung im allgemeinen horizontale Verschiebungen. Kommt aber wie in unserem Beispiel zu der Symmetrie des Systems eine Symmetrie der Belastung hinzu, so stellt sich eine symmetrische Verformungsfigur ein, d. h. die Knoten behalten ihre Lage bei. Wir können den Rahmen unseres Beispiels daher als **unverschieblich** behandeln.

Der Rahmen hat für die Berechnung mit dem Drehwinkelverfahren die vier Knoten 2, 3, 4, 5; bei einer symmetrischen Verformungsfigur ist aber

$\varphi_2 = -\varphi_5$ und $\varphi_3 = -\varphi_4$

so daß nur zwei unbekannte Knotendrehwinkel und Faktoren Y auftreten; das Tragwerk ist unter der gegebenen Belastung **zweifach kinematisch unbestimmt**.

1.2 Gang der Berechnung

Die unbekannten Knotendrehwinkel können auf verschiedenen Wegen ermittelt werden:

Falls der Rahmen nicht nur für symmetrische, sondern auch für unsymmetrische Belastungen zu untersuchen ist, kann es günstiger sein, auch für die symmetrischen Lastfälle das Rechenschema oder -programm für allgemeine Belastungen zu benutzen, eventuell gekürzt um die Verschiebungsgleichungen (s. Abschn. 8.4).

Bei Handrechnung haben wir außerdem die Möglichkeit, nach der Ermittlung der Stabendmomente für die Einheitsverdrehungen aller vier Knoten nur die Momentengleichgewichtsbedingungen für die Knoten 2 und 3 aufzustellen. Die darin enthaltenen Faktoren Y_4 und Y_5 ersetzen wir dann durch $-Y_3$ und $-Y_2$.

Im folgenden gehen wir einen dritten Weg, der zweckmäßig ist, wenn die Berechnung von Hand erfolgt und **nur symmetrische Lastfälle** zu berechnen sind: Wir führen in **einem Einheitsverdrehungszustand die Einheitsverdrehung gleichzeitig und mit entgegengesetztem Drehsinn an zwei symmetrisch liegenden Knoten** durch. Im vorliegenden Beispiel verdrehen wir im Zustand 1 gleichzeitig den Knoten 3 rechtsherum und den Knoten 4 linksherum um $\varphi_E = l_c/EI_c$ sowie im Zustand 2 gleichzeitig den Knoten 2 rechtsherum und den Knoten 5 linksherum um $\varphi_E = l_c/EI_c$. Für die Ermittlung der Stabendmomente, die sich dabei in den Riegeln ergeben, benötigen wir einen neuen Faktor f, den wir unter Textziffer 4 ableiten werden.

1.3 Grad der statischen Unbestimmtheit

Wir benutzen Gl. (5.1): Zusätzliche Stützgrößen brauchen wir nicht einzuführen ($t = 0$), da der Rahmen zwei feste Einspannungen besitzt. Wenn wir beide Riegel in der Symmetrieachse durchschneiden ($r = 2$), erhalten wir zwei statisch bestimmt gelagerte Stützen mit je zwei Auskragungen; das gegebene Tragwerk ist also $n = 3r - t = 3 \cdot 2 - 0 = 6$fach statisch unbestimmt. Wegen der Verbindung der beiden Stiele durch zwei Riegel liegt die statische Unbestimmtheit nicht nur in der Lagerung, sondern auch in der Anordnung der Stäbe.

2. Systemwerte

Wir beziehen die Faktoren c auf die Stiele 23 und 45 und führen die Rechnung tabellarisch durch.

Stab	I cm^4	l cm	c
12, 56	$45 \cdot 50^3/12 =\ \ \ 468750$	350	1,568
23, 45	$45 \cdot 45^3/12 =\ \ \ 341719$	400	1
25	$45 \cdot 85^3/12 = 2302970$	1200	2,246
34	$45 \cdot 50^3/12 =\ \ \ 468750$	1200	0,457

3. Zustand 0

Bei der Belastung des kinematisch bestimmten Hauptsystems entstehen die folgenden Stabendmomente; rechtsherum drehende tragen das positive Vorzeichen.

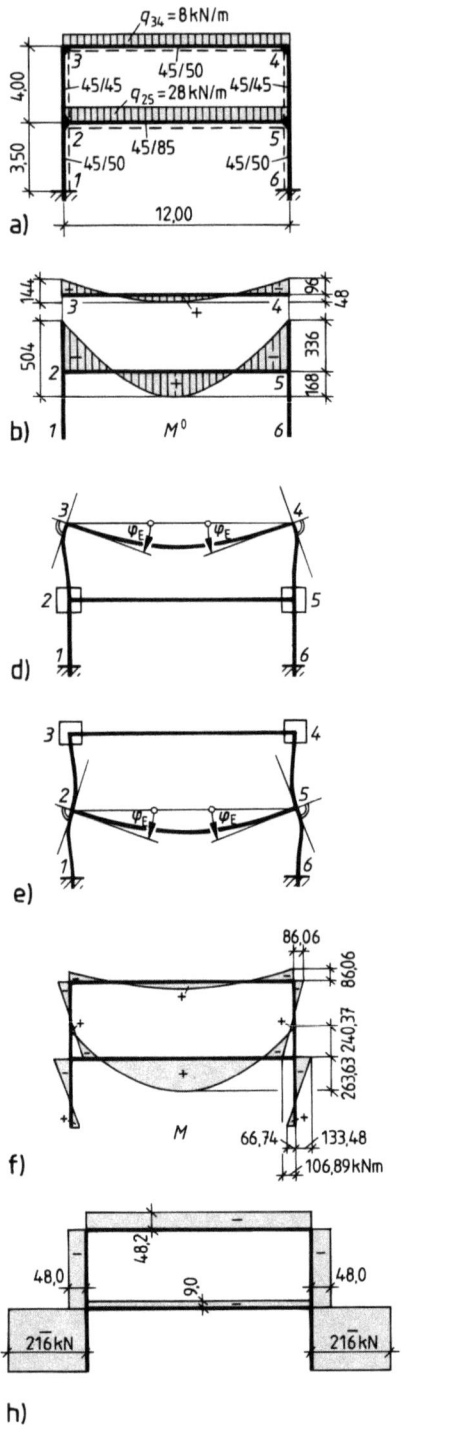
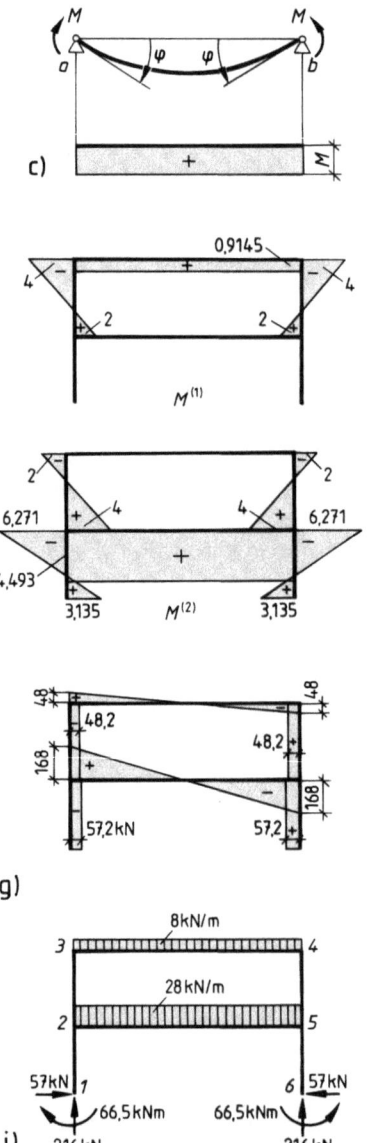

8.11
Zweistieliger zweigeschossiger Rahmen
a) System und Belastung, b) M^0-Fläche, c) Stab mit symmetrischen Stabendmomenten, d) Zustand 1, Verformung und Momentenfläche, e) Zustand 2, Verformung und Momentenfläche, f) endgültige Momentenfläche, g) Querkraftfläche, h) Längskraftfläche, i) Belastung und Stützgrößen

8.3.2 Anwendungen

$$M_{34}^0 = -8 \cdot 12^2/12 = -96 \text{ kNm}$$
$$M_{43}^0 = 96 \text{ kNm}$$
$$M_{25}^0 = -28 \cdot 12^2/12 = -336 \text{ kNm}$$
$$M_{52}^0 = 336 \text{ kNm}$$

Bild **8.**11 b zeigt die M^0-Fläche mit den Vorzeichen nach dem Biegesinn.

4. Einheitsverdrehungszustände

4.1 Stabendmomente des symmetrischen Einheitsverdrehungszustandes

Bild **8.**11 c zeigt den Stab *ab* mit den Endmomenten M, die die Endtangentenwinkel $\pm \varphi$ verursachen. Wir berechnen φ mit der Analogie von Mohr als Lagerkraft aus der Momentenfläche:

$$\varphi = 1/2 \cdot M \, l_{ab}/EI_{ab} = M l_{ab}/2 \, EI_{ab}$$

Umgekehrt erhalten wir aus dem gegebenen Winkel die verursachenden Momente

$$M = 2 \, EI_{ab}/l_{ab}$$

Hat der Winkel die Größe

$$\varphi_E = l_c/EI_c$$

so gehören zu ihm die Stabendmomente

$$M = 2 \, EI_{ab}/l_{ab} \cdot l_c/EI_c = 2 \, EI_{ab} \, l_c/EI_c \, l_{ab} = 2 \, c_{ab}$$

Der Faktor f (s. Tafel **8.**6) hat für den **symmetrischen Einheitsverdrehungszustand** also die Größe 2.

4.2 Zustand 1

Wir lösen die Festhaltungen der Knoten 3 und 4 und verdrehen den Knoten 3 rechtsherum und den Knoten 4 linksherum um $\varphi_E = l_c/EI_c$. Nach Tafel **8.**6 und der vorstehenden Berechnung entstehen dadurch in der linken Tragwerkshälfte die folgenden, nach der Vorzeichenfestsetzung des Drehwinkelverfahrens positiven Stabendmomente

$$M_{23}^{(1)} = 2 \, c_{23} = 2 \cdot 1 = 2 \text{ kNm}$$
$$M_{32}^{(1)} = 4 \, c_{23} = 4 \cdot 1 = 4 \text{ kNm}$$
$$M_{34}^{(1)} = 2 \, c_{34} = 2 \cdot 0{,}4573 = 0{,}9145 \text{ kNm}$$

Bild **8.**11 d zeigt die Verformung des Tragwerks und die $M^{(1)}$-Fläche mit den Vorzeichen nach dem Biegesinn.

4.3 Zustand 2

Wir lösen die Festhaltungen der Knoten 2 und 5 und verdrehen den Knoten 2 rechtsherum und den Knoten 5 linksherum um $\varphi_E = l_c/EI_c$. Nach Tafel **8.**6 und der vorstehenden Berechnung entstehen dadurch in der linken Tragwerkshälfte die folgenden, nach der Vorzeichenfestsetzung des Drehwinkelverfahrens positiven Stabendmomente

$$M_{12}^{(2)} = 2 \, c_{12} = 2 \cdot 1{,}568 = 3{,}135 \text{ kNm}$$
$$M_{21}^{(2)} = 4 \, c_{12} = 4 \cdot 1{,}568 = 6{,}271 \text{ kNm}$$
$$M_{25}^{(2)} = 2 \, c_{25} = 2 \cdot 2{,}246 = 4{,}493 \text{ kNm}$$
$$M_{23}^{(2)} = 4 \, c_{23} = 4 \cdot 1 = 4 \text{ kNm}$$
$$M_{32}^{(2)} = 2 \, c_{23} = 2 \cdot 1 = 2 \text{ kNm}$$

Bild 8.11 e zeigt die Verformung des Tragwerks und die $M^{(2)}$-Fläche mit den Vorzeichen nach dem Biegesinn.

5. Berechnung der Faktoren Y_1 und Y_2

5.1 Momentengleichgewicht am Knoten 3

$$(M_{32}^{(1)} + M_{34}^{(1)}) Y_1 + M_{32}^{(2)} Y_2 + M_{34}^0 = 0$$

$$(4 + 0{,}9145) Y_1 + 2 Y_2 - 96 = 0$$

$$4{,}9145 Y_1 + 2 Y_2 = 96$$

5.2 Momentengleichgewicht am Knoten 2

$$M_{23}^{(1)} Y_1 + (M_{23}^{(2)} + M_{25}^{(2)} + M_{21}^{(2)}) Y_2 + M_{25}^0 = 0$$

$$2 Y_1 + (4 + 4{,}493 + 6{,}271) Y_2 - 336 = 0$$

$$2 Y_1 + 14{,}764 Y_2 = 336$$

5.3 Aufstellung und Lösung des Gleichungssystems

Das Gleichungssystem

$$\begin{bmatrix} 4{,}9145 & 2 \\ 2 & 14{,}764 \end{bmatrix} \begin{bmatrix} Y_1 \\ Y_2 \end{bmatrix} = \begin{bmatrix} 96 \\ 336 \end{bmatrix}$$

hat die Lösung

$$Y_1 = 10{,}872$$
$$Y_2 = 21{,}286$$

6. Endgültige Schnitt- und Stützgrößen

6.1 Momente

Wir führen die Berechnung tabellarisch durch; die allgemeine Formel lautet

$$M = M^0 + M^{(1)} \, 10{,}872 + M^{(2)} \, 21{,}286$$

Es gilt die Vorzeichenregel des Drehwinkelverfahrens, die Maßeinheit ist kNm.

	M^0	$M^{(1)}$	$M^{(2)}$	M
M_{12}	0	0	3,135	66,74
M_{21}	0	0	6,271	133,48
M_{25}	−336	0	4,493	−240,37
M_{23}	0	2	4	106,89
M_{32}	0	4	2	86,06
M_{34}	−96	0,9145	0	−86,06

Bild 8.11 f zeigt die M-Fläche mit den Vorzeichen nach dem Biegesinn.

6.2 Querkräfte

Riegel:

Aus Symmetriegründen erhalten wir

$$Q_{3r} = -Q_{41} = q_{34} \, l_{34}/2 = 8 \cdot 12/2 = 48 \text{ kN}$$
$$Q_{2r} = -Q_{51} = q_{25} \, l_{25}/2 = 28 \cdot 12/2 = 168 \text{ kN}$$

8.4.1 Allgemeines, Grad der Verschieblichkeit

Stiele:
Aus der Momentenfläche ergibt sich

$$Q_{45} = -Q_{23} = (86{,}06 + 106{,}89)/4 = 48{,}2 \text{ kN}$$
$$Q_{56} = -Q_{12} = (133{,}48 + 66{,}74)/3{,}5 = 57{,}2 \text{ kN}$$

Bild **8.**11 g zeigt die Q-Fläche.

6.3 Längskräfte
Die Querkräfte der Riegelenden werden in den Stielen als Längskräfte weitergeleitet:

$$N_{23} = N_{45} = -48 \text{ kN}$$
$$N_{12} = N_{56} = -48 - 168 = -216 \text{ kN}$$

Bild **8.**11 h zeigt die N-Fläche.

7. Gleichgewichtskontrollen am Gesamtsystem

In Bild **8.**11 i ist der Rahmen mit Lasten und Stützgrößen dargestellt. Die Bedingungen $\Sigma V = 0$ und $\Sigma H = 0$ sind offensichtlich erfüllt; wir kontrollieren noch das Gleichgewicht der Momente:

$$\curvearrowright \Sigma M_1 = (q_{34} + q_{25})\, l_{34}\, l_{34}/2 - Z_6\, l_{16} + M_1 - M_6 =$$
$$= (8 + 28)\, 12 \cdot 6 - 216 \cdot 12 + 66{,}74 - 66{,}74 = 2592 - 2592 = 0$$

8.4 Tragwerke mit verschieblichen Knoten

8.4.1 Allgemeines, Grad der Verschieblichkeit

In der Praxis gibt es zahlreiche Tragwerke, deren Knoten bei einer Belastung Verschiebungen erfahren. Für die Berechnung solcher Tragwerke muß das im Abschn. 8.3 vorgestellte Verfahren um Stabdrehwinkel ψ erweitert werden. Der Stab ab erhält einen Stabdrehwinkel ψ_{ab}, wenn die Knoten a und b am Ende des Stabes ungleich große Verschiebungen w_a und w_b senkrecht zur ursprünglichen Achse des Stabes erfahren.
In den Abschn. 8.2.3.3 und 8.2.3.4 (Bilder **8.**4 und **8.**5) haben wir bereits die Stabendmomente des Stabes ab ermittelt, die zum Stabdrehwinkel

$$\psi_{ab} = \Delta w_{ab}/l_{ab} = (w_a - w_b)/l_{ab}$$

gehören; die Knoten a und b erfahren bei dieser aufgezwungenen Verformung keine Verdrehung.
Gegenseitige Verschiebungen u_{ab} der Knoten a und b in Richtung der Achse des Stabes ab berücksichtigen wir im Drehwinkelverfahren nur dann, wenn sie infolge einer gleichmäßigen Temperaturänderung des Stabes auftreten. Dieser Fall einer vorgegebenen Verformung wird im Abschn. 8.5 behandelt.
Bild **8.**12 zeigt Beispiele von verschieblichen Tragwerken. Die Klassifizierung „verschieblich" schließt nicht aus, daß es Belastungen gibt, unter denen keine Knotenverschie-

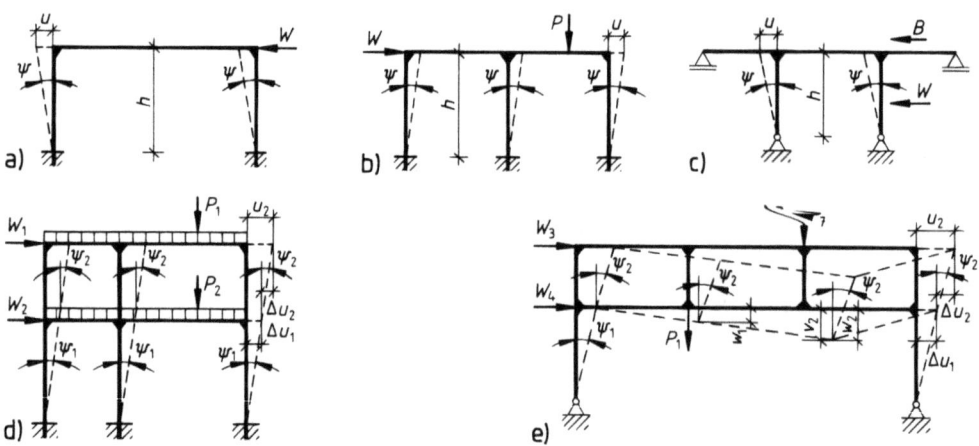

8.12 Rahmen mit verschieblichen Knoten

bungen auftreten. Ein einfaches Beispiel für ein verschiebliches Tragwerk, das keine Verschiebungen erfährt, haben wir im Abschn. 8.3.2.5 kennengelernt, als wir einen symmetrischen Rahmen unter symmetrischer Belastung berechneten.

Bild **8.12**a, b, c zeigt eingeschossige, horizontal verschiebliche Rahmen; Verschiebungen u der Riegel und daraus folgende Stabdrehwinkel ψ der Stiele sind eingezeichnet. Die Stäbe der Riegel erhalten **keine Stabdrehwinkel**. In Bild **8.12**d und e sind zweigeschossige Rahmen dargestellt, bei denen die Stiele eines jeden Stockwerks die gleiche Länge besitzen; infolge der horizontalen Verschiebungen der Riegel erhalten alle **Stiele eines Geschosses den gleichen Stabdrehwinkel**, während von Geschoß zu Geschoß die Stabdrehwinkel **verschieden groß** sein können.

Der Rahmen des Bildes **8.12**e wird als **Vierendeelrahmen** bezeichnet; bei ihm werden die inneren Stiele des oberen Geschosses nicht zur Erdscheibe heruntergeführt. Als Folge davon können die inneren Knoten beider Riegel auch **lotrechte Verschiebungen** erfahren, die zu Stabdrehwinkeln der Stäbe der Riegel führen können. Diese Stabdrehwinkel gehen ebenfalls in unsere Berechnung ein.

Aus Bild **8.12** geht bereits hervor, daß die Tragwerke **verschiedene Grade der Verschieblichkeit** aufweisen können. Den **Grad der Verschieblichkeit** eines Systems bestimmen wir mit Hilfe des **Gelenkknotensystems**, das dieselben Abmessungen wie das wirkliche System besitzt, anstelle steifer Ecken und Einspannungen jedoch Gelenke aufweist. Das Gelenkknotensystem machen wir durch die kleinstmögliche Anzahl von **Zusatzstäben** oder zusätzlichen **Lagern** unverschieblich; die Anzahl der Zusatzstäbe oder zusätzlichen Lager ist gleich dem **Grad der Verschieblichkeit** des Systems sowie gleich der Anzahl der erforderlichen **Stab-Einheitsverdrehungszustände und Verschiebungsgleichungen**.

Bild **8.13** zeigt die ausgesteiften Gelenkknotensysteme der Rahmen des Bildes **8.12**; die Aussteifung wurde sowohl durch Zusatzlager als auch − jeweils darunter − durch Zusatzstäbe vorgenommen. Die eingeschossigen Rahmen haben den Verschieblichkeitsgrad **eins**, die Rahmen **8.12**d und e die Verschieblichkeitsgrade **zwei** und **vier**. Bild **8.14** zeigt einen dreigeschossigen Rahmen und sein durch Zusatzlager und -stäbe ausgesteiftes Gelenkknotensystem; der Grad der Verschieblichkeit ist **drei**.

8.4.2 Kinematisch oder geometrisch bestimmtes Hauptsystem

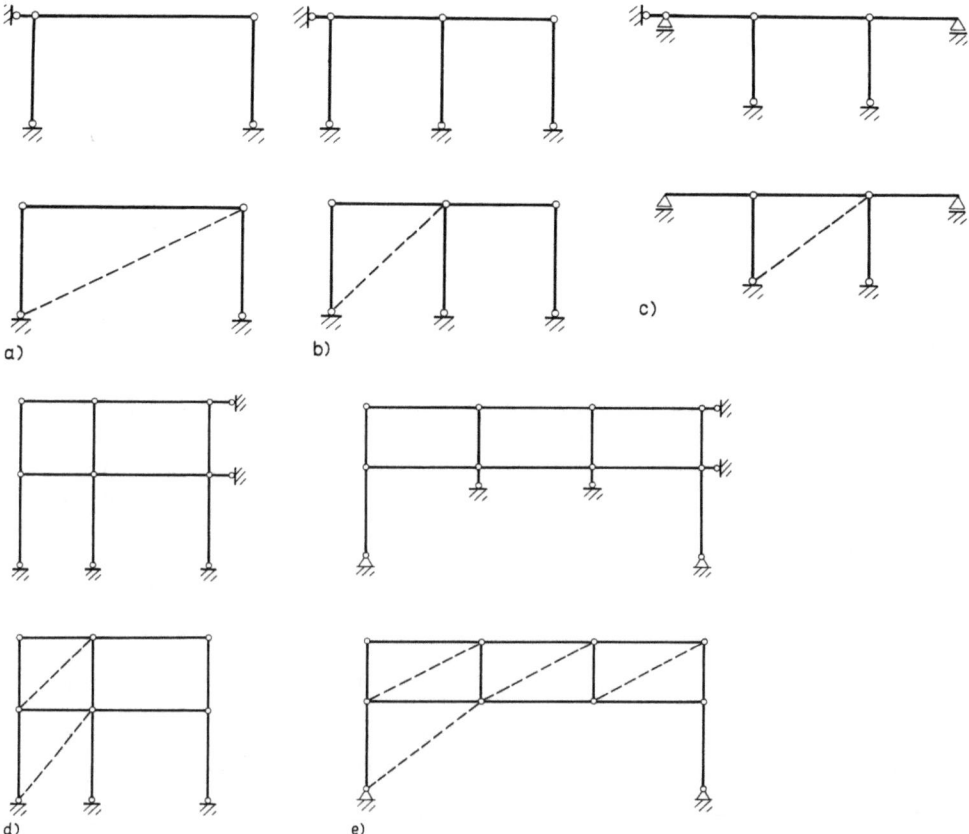

8.13 Mit Lagern oder Zusatzstäben unverschieblich gemachte Gelenkknotensysteme des Bildes 8.12.

Im Rahmen des Abschn. 8.4 setzen wir voraus, daß die Verschiebungen der Tragwerke so klein sind, daß wir die Gleichgewichtsbedingungen am unverformten System aufstellen können; wir bewegen uns also im Bereich der Theorie I. Ordnung. Erläuterungen und ein Beispiel für Berechnungen nach Theorie II. Ordnung enthält Abschn. 8.6.

8.4.2 Kinematisch oder geometrisch bestimmtes Hauptsystem, Stab-Einheitsverdrehungszustände, Verschiebungsgleichungen

8.4.2.1 Allgemeines

Das kinematisch oder geometrisch bestimmte Hauptsystem eines verschieblichen Tragwerkes hat außer Festhaltungen, die ein Verdrehen der Knoten verhindern, noch Festhaltungen, die ein Verschieben von Riegeln und Pfosten unmöglich machen. Diese Festhaltungen sind gleich den Zusatzlagern, die wir auch im Gelenkknotensystem angeordnet hatten. Zu jedem Zusatzlager gehört ein Einheitsverdrehungszustand, in dem dieses Lager gelöst und dem vorher festgehaltenen Riegel oder Pfosten eine Verschiebung erteilt wird, die zur Einheitsverdrehung $\psi_E = l_c/EI_c$ eines ausgezeichneten Stabes führt. Die Festhaltungen der Knoten machen Verschiebungen von Riegeln oder Pfosten ohne Beeinträchtigung ihrer Funktion mit; sie sind drillsteif, aber biegeweich.

Betrachten wir einen der eingeschossigen Rahmen des Bildes 8.12a, b, c, so gibt es im kinematisch bestimmten Hauptsystem neben den drillsteifen und biegeweichen Festhaltungen der Knoten des Riegels ein Zusatzlager in Form eines waagerechten Pendelstabes für den Riegel. Zu den Einheitsverdrehungszuständen der Knoten des Riegels tritt ein Stab-Einheitsverdrehungszustand, in dem das Zusatzlager gelöst und der Riegel so weit nach links verschoben wird, bis jeder Stiel des Rahmens die Einheitsverdrehung $\psi_E = l_c/EI_c$ aufweist.

Das geometrisch bestimmte Hauptsystem des Vierendeelrahmen Bild 8.12d/8.13e hat acht drillsteife und biegeweiche Festhaltungen für die je vier Knoten der beiden Riegel; hinzu kommen die im Gelenkknotensystem gezeichneten zwei waagerechten und zwei lotrechten Pendelstäbe, die das geometrisch bestimmte Hauptsystem unverschieblich machen. Der Rahmen ist also $n = 12$fach geometrisch unbestimmt, sofern nicht Symmetrie von System und Belastung gegeben ist. Im allgemeinen Fall sind der Zustand 0, acht Einheitsverdrehungszustände für Knoten sowie vier Einheitsverdrehungszustände für Stäbe aufzustellen. Der zweistielige dreigeschossige Rahmen des Bildes 8.14 hat bei allgemeiner Belastung in seiner Formänderungsfigur sechs unbekannte Knotendrehwinkel und außerdem in jedem Geschoß einen unbekannten Stabdrehwinkel; insgesamt sind also 9 unbekannte Drehwinkel vorhanden.

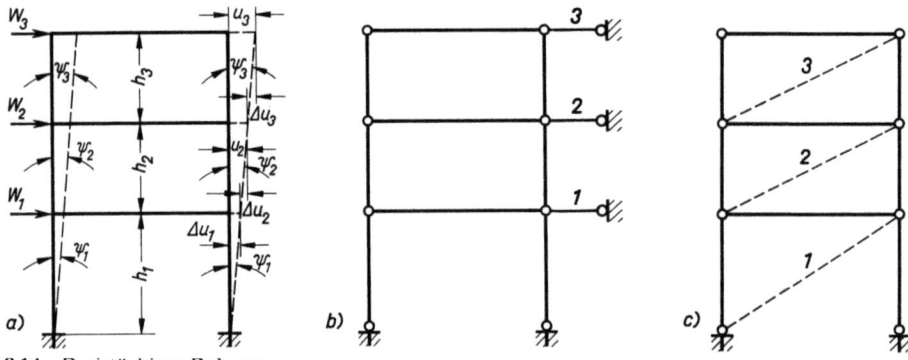

8.14 Dreistöckiger Rahmen
a) Rahmen mit Verschiebungsgrößen, b) Gelenkknotensystem mit äußerer und c) innerer Stabilisierung

Wenn von der Verschiebung eines Riegels oder Stieles verschieden lange Stäbe betroffen werden, wie das z.B. im Beispiel 10, Abschn. 8.5.2.2, der Fall ist, kann nur bei einem Stab die Einheitsverdrehung ψ_E erzeugt werden, die anderen Stäbe erhalten kleinere oder größere Stabdrehwinkel. Das ist bei der Berechnung der Stabendmomente dieses Einheitsverdrehungszustandes zu berücksichtigen.

Den Zustand des wirklichen Systems stellen wir dar durch Überlagerung des Zustandes 0 und sämtlicher n Einheitsverdrehungszustände; vor der Überlagerung muß jeder Einheitsverdrehungszustand i ($i = 1 \ldots n$) mit einem Faktor Y_i multipliziert werden. Für die beliebige Kraftgröße S im wirklichen System gilt dann

$$S = S^0 + S^{(1)} Y_1 + S^{(2)} Y_2 + S^{(3)} Y_3 \ldots + S^{(n)} Y_n$$

8.4.2 Kinematisch oder geometrisch bestimmtes Hauptsystem

Um für die vorstehende Gleichung die Faktoren Y_i ($i = 1 \ldots n$) der n Einheitsverdrehungszustände zu berechnen, benötigen wir n Gleichungen. Wir erhalten sie, wie die folgenden Überlegungen zeigen, aus Gleichgewichtsbedingungen.

Im wirklichen System sind weder drillsteife und biegeweiche Festhaltungen von Knoten noch Zusatzlager in Form von Pendelstäben an verschieblichen Riegeln oder Pfosten vorhanden. Anders ausgedrückt: Der wirkliche Kraftgrößenzustand des Systems ist **ohne Festhaltemomente an den Knoten und ohne Festhaltekräfte an verschieblichen Riegeln, Stielen oder Pfosten** im Gleichgewicht. Aufgrund dieser Tatsache können wir als Bestimmungsgleichungen für die n unbekannten Faktoren Y_i n Gleichgewichtsbedingungen aufstellen, und zwar für jeden drillsteif und biegeweich festgehaltenen Knoten die Gleichgewichtsbedingung

> **Die Summe der Stabendmomente des Knotens ist gleich Null,**

für jeden verschieblichen Riegel, Stiel oder Pfosten die Gleichgewichtsbedingung

> **Am herausgeschnittenen Riegel, Stiel oder Pfosten ist die Summe der Kraftkomponenten in Richtung des Zusatzlagers gleich Null.**

Anstelle der Komponentengleichgewichtsbedingungen für die verschieblichen Riegel, Stiele und Pfosten benutzen wir zweckmäßigerweise Arbeitsgleichungen des Prinzips der virtuellen Verschiebungen, die wir auch als Verschiebungsgleichungen bezeichnen. Deren Aufstellung erläutern wir im folgenden am oberen Riegel und am linken inneren Pfosten des Vierendeelrahmens der Bilder **8.12d/8.13d**. Die Verschiebungsgleichung für einen Rahmen mit geneigten Stielen formulieren wir im Beispiel 8, Abschn. 8.4.3.3.

8.4.2.2 Verschiebungsgleichung für den oberen Riegel des Vierendeelrahmens Bild 8.12d/8.13d

Wir gehen aus vom **belasteten und verformten wirklichen System**, dessen Schnittgrößen noch unbekannt sind, und fügen in jeden Pfosten des oberen Geschos-

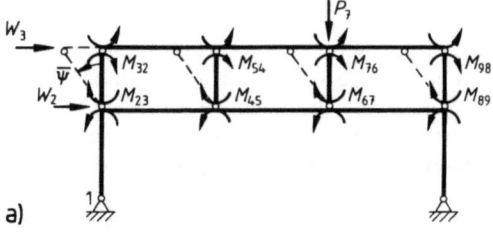

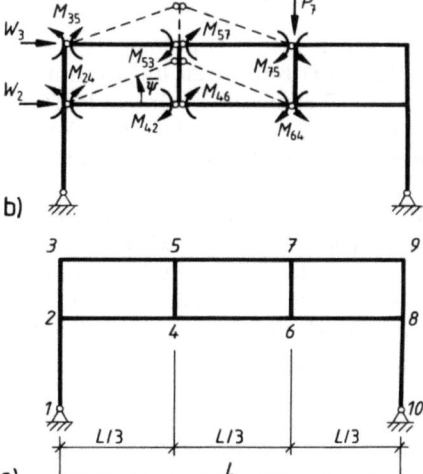

8.15
Beispiele für Verschiebungsgleichungen
a) virtuelle Verschiebung des oberen Riegels
b) virtuelle Verschiebung des linken inneren Pfostens; am verschobenen Pfosten sind nur die rechtsherum drehenden Stabendmomente, nicht aber die linksherum drehenden Knotenmomente gezeichnet
c) Bezeichnung der Knoten und Lagerpunkte

ses unmittelbar vor jedem Stabende ein Gelenk ein; zugleich setzen wir an jedem Gelenk das Moment, das im wirklichen System an dieser Stelle übertragen wird, als **äußere Doppelgröße mit positivem Drehsinn** an (**8.**15a). Durch diese Maßnahme erhalten wir **ohne Beeinflussung des Gleichgewichts** eine zwangläufige **kinematische Kette**, d.h. einen Mechanismus mit einem Freiheitsgrad, der nur eine Art von Bewegung ausführen kann, nämlich eine horizontale Verschiebung des oberen Riegels. Als nächstes verschieben wir den oberen Riegel **virtuell nach links**, so daß die Stiele des oberen Geschosses um den Winkel $\bar{\psi}$ linksherum verdreht werden, und summieren die virtuellen Arbeiten, die dabei von der Belastung und den ober- und unterhalb der Gelenke angebrachten Momenten geleistet werden. Nach einem Axiom der Statik ist die **Summe der virtuellen Arbeiten, die bei der virtuellen Verschiebung eines im Gleichgewicht befindlichen Systems geleistet werden, gleich Null**.

Wir stellen als erstes fest, welche Kraftgrößen **keine** virtuellen Arbeiten leisten: Es sind dies die Lasten W_2 und P_7 sowie die an den Knoten angreifenden Momente; demnach erhalten wir

$$\Sigma \bar{W} = -(M_{23} + M_{32} + M_{45} + M_{54} + M_{89} + M_{98})\,\bar{\psi} - W_3\,l_{23}\,\bar{\psi} = 0$$

Den Winkel $\bar{\psi}$ können wir herauskürzen – im Rahmen einer virtuellen Verschiebung kommt es auf seine Größe nicht an –, und es ergibt sich

$$M_{23} + M_{32} + M_{45} + M_{54} + M_{89} + M_{98} = -W_3\,l_{23}$$

Die in dieser Gleichung auftretenden Stabendmomente sind noch unbekannte **Schnittgrößen des wirklichen Zustandes**; wir ersetzen sie mit Hilfe der Formel

$$M = M^0 + \sum_{i=1}^{n} M^{(i)}\,Y_i$$

durch bekannte Stabendmomente der Zustände 0 bis n und die unbekannten Faktoren Y_i, für die wir dadurch eine Bestimmungsgleichung erhalten.

8.4.2.3 Verschiebungsgleichung für den linken inneren Pfosten des Vierendeelrahmens 8.12d/8.13d

Wir gehen wieder vom belasteten und verformten wirklichen System aus, dessen Schnittgrößen noch unbekannt sind, und fügen an beiden Enden der Stäbe 24, 35, 46 und 57 unmittelbar vor den Pfosten Gelenke ein; zugleich setzen wir an jedem Gelenk das Moment, das dort im wirklichen System übertragen wird, als **äußere Doppelgröße mit positivem Drehsinn** an. Durch diese Maßnahme erhalten wir **ohne Beeinflussung des Gleichgewichts** eine zwangläufige kinematische Kette, die nur eine Art von Bewegung ausführen kann, nämlich die lotrechte Verschiebung des linken inneren Pfostens. Diese Bewegung wird im kinematisch bestimmten Hauptsystem durch ein Zusatzlager verhindert. Wir verschieben nun den linken inneren Pfosten **virtuell nach oben**, wodurch die Stäbe 24 und 35 den Stabdrehwinkel $\bar{\psi}$ erfahren; dieser ist linksherum, entgegen dem Drehsinn positiver Stabendmomente gerichtet.

Die Stäbe 46 und 57, die in unserem Beispiel die gleiche Länge wie die Stäbe 24 und 35 haben, erfahren einen Stabdrehwinkel mit dem gleichen Betrag, der Drehsinn ist jedoch entgegengesetzt. Hätten die Stäbe 24 und 35 eine andere Länge als die Stäbe 46 und 47, würden sich die Stabdrehwinkel nicht nur in ihren Vorzeichen, sondern auch in ihren Beträgen unterscheiden, was in der folgenden Arbeitsgleichung zu berücksichtigen wäre.

8.4.3 Anwendungen

Als nächstes summieren wir die virtuellen Arbeiten, die bei der virtuellen Verschiebung geleistet werden, und setzen sie gleich Null. Die Lasten und die an den Knoten angreifenden Momente liefern keine Beiträge zur virtuellen Arbeit, nur die Momente an den Stabenden gehen in die Arbeitsgleichung ein:

$$\Sigma \overline{W} = -(M_{24} + M_{42} + M_{35} + M_{53})\,\overline{\psi} + (M_{46} + M_{64} + M_{57} + M_{75})\,\overline{\psi} = 0$$

Nach Kürzen von $\overline{\psi}$ ergibt sich

$$-M_{24} - M_{42} - M_{35} - M_{53} + M_{46} + M_{64} + M_{57} + M_{75} = 0$$

Die in dieser Gleichung enthaltenen unbekannten endgültigen Stabendmomente drücken wir mit Hilfe der Formel

$$M = M^0 + \sum_{i=1}^{n} M^{(i)}\, Y_i$$

durch bekannte Stabendmomente der Zustände 0 bis n und die unbekannten Faktoren Y_i aus, so daß wir wieder eine Bestimmungsgleichung für die Faktoren Y_i erhalten. Nachdem wir sämtliche n Bestimmungsgleichungen aufgestellt haben, berechnen wir aus ihnen die Faktoren Y_i ($i = 1 \ldots n$) und schließlich mit der Formel

$$S = S^0 + \sum_{i=1}^{n} S^{(i)}\, Y_i$$

die endgültigen Stütz- und Schnittgrößen.

8.4.2.4 Bemerkung zu den Bezeichnungen

Wenn wir die Verdrehungen von Knoten und Stäben berechnen wollen, müssen wir beachten, daß die Bezeichnung eines Knotens oder Stabes nicht mit der Bezeichnung des Einheitsverdrehungszustandes übereinstimmt, in dem dieser Knoten oder Stab die Einheitsverdrehung erfährt; es ergeben sich deswegen die folgenden Formulierungen:

Im wirklichen System verdreht sich der Knoten r, der im Einheitsverdrehungszustand i gelöst wurde, um den Winkel

$$\varphi_r = \psi_E\, Y_i$$

und der Stab ab, der im Einheitsverdrehungszustand j die Einheitsverdrehung erfuhr, um den Winkel

$$\psi_{ab} = \psi_E\, Y_j$$

8.4.3 Anwendungen

8.4.3.1 Beispiel 6

Gegeben ist der einhüftige Rahmen nach Bild **8.**16a; gesucht sind die Momentenflächen infolge
1. der Riegelbelastung $q = 20$ kN/m und
2. der Horizontalkraft $H_b = 10$ kN.

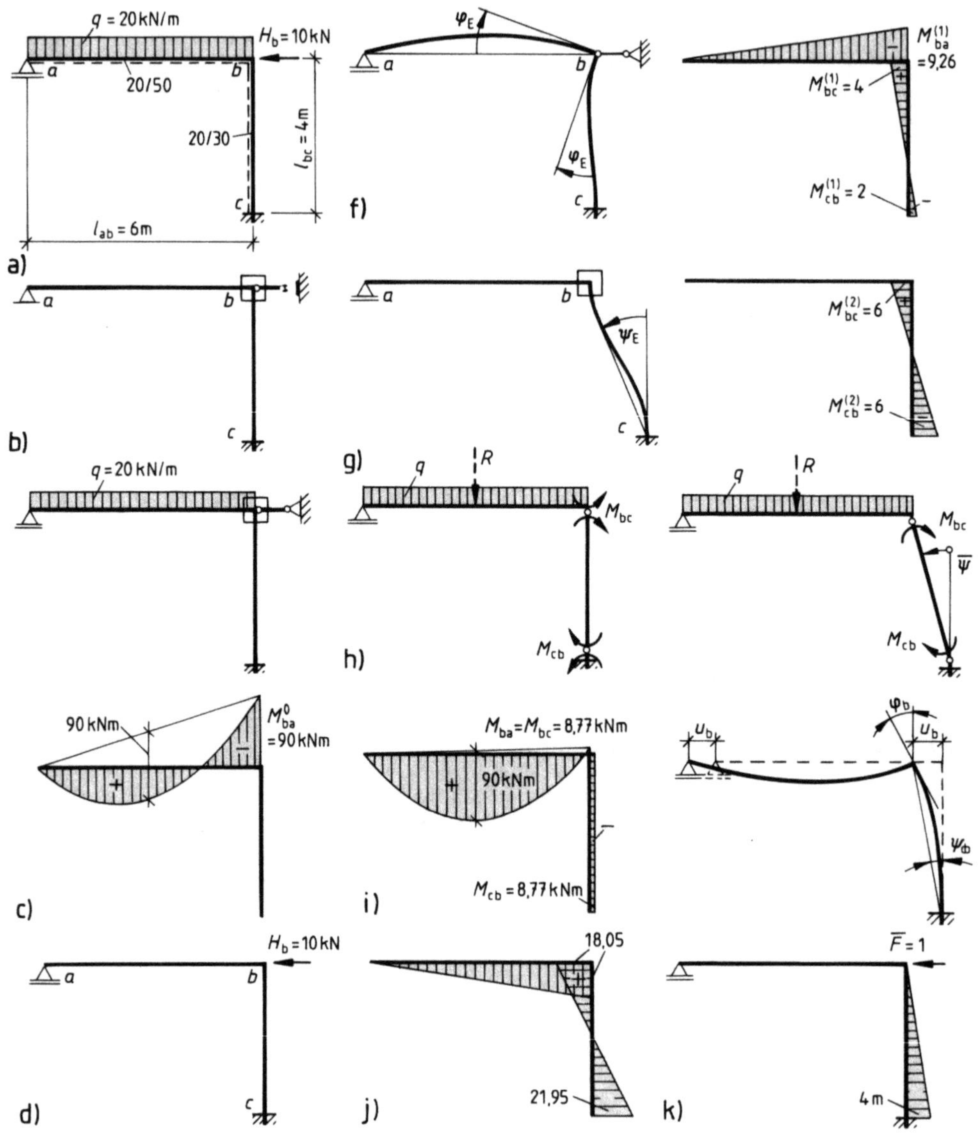

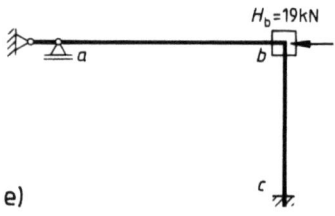

8.16 a) Stahlbetonrahmen mit Belastung, b) geometrisch bestimmtes Hauptsystem, c) Lastfall 1 (Riegelbelastung): kinematisch bestimmtes Hauptsystem mit Belastung und Momentenfläche, d) Lastfall 2: Horizontalkraft H_b, e) kinematisch bestimmtes System zu 8.16d, f) Zustand 1: Verformungsfigur und Momente $M^{(1)}$ in kNm, g) Zustand 2: Verformungsfigur und Momente $M^{(2)}$ in kNm, h) Gelenkknotensystem: Ausgangszustand mit allen Momenten und Zustand nach virtueller Verschiebung mit den Arbeit leistenden Momenten, i) Lastfall 1, Momentenfläche mit Vorzeichen nach dem Biegesinn, Verformungsfigur (schematisch), j) Lastfall 2, Momentenfläche mit Vorzeichen nach dem Biegesinn, k) virtueller Zustand für die Ermittlung der Riegelverschiebung

8.4.3 Anwendungen

1. Kinematische Unbestimmtheit

Das System ist zweifach geometrisch oder kinematisch unbestimmt:
1. am Knoten b kann der Knotendrehwinkel φ_b auftreten und
2. der Stiel bc kann den Stabdrehwinkel ψ_{bc} erhalten, der mit der horizontalen Verschiebung u_b des Riegels verbunden ist.

Das Stabende im Knoten a kann sich zwar ebenfalls verdrehen; diese Verdrehung ist aber keine weitere Unbekannte, sie kann vielmehr aus der Verdrehung des Knotens b und der Belastung des Riegels berechnet werden.

Um das System in das kinematisch bestimmte Hauptsystem zu überführen, sind demnach zwei Festhaltungen erforderlich (**8.16b**):
1. der Knoten b muß an einer Verdrehung gehindert werden und
2. der Riegel ab ist in horizontaler Richtung festzuhalten; dadurch wird die Verdrehung des Stieles bc verhindert.

2. Querschnittswerte, Faktoren c

Flächenmomente 2. Grades:

Stiel: $\quad I_S = I_{bc} = 2{,}0 \cdot 3{,}0^3/12 = 4{,}5 \text{ dm}^4$

Riegel: $\quad I_R = I_{ab} = 5{,}0 \cdot 2{,}0^3/12 = 20{,}833 \text{ dm}^4$

Faktoren c:

Bezugsstab ist der Stiel:

$$l_c/EI_c = l_{bc}/EI_{bc} \quad \text{oder} \quad l_c = l_{bc} \quad \text{und} \quad EI_c = EI_{bc}$$

Damit ergibt sich für den Stiel

$$c_{bc} = EI_{bc}\, l_c/EI_c\, l_{bc} = 1$$

und für den Riegel

$$\begin{aligned} c_{ab} &= EI_{ab}\, l_c/EI_c\, l_{ab} \\ &= 20{,}833 \cdot 10^{-4} \cdot 4{,}0/(4{,}5 \cdot 10^{-4} \cdot 6{,}0) \\ &= 3{,}08637 \end{aligned}$$

3. Zustand 0: Kinematisch bestimmtes Hauptsystem unter wirklicher Belastung

3.1 Lastfall 1: Belastung des Riegels mit $q = 20$ kN/m (**8.16c**)

Mit dem Vorzeichen des Drehwinkelverfahrens ergibt sich das Volleinspannmoment

$$M_{ba}^0 = ql^2/8 = 20 \cdot 6^2/8 = 90 \text{ kNm}$$

Der Stiel bc erhält keine Momente.

3.2 Lastfall 2: Horizontalkraft $H_b = 10$ kN (**8.16d**)

Bei diesem Lastfall treten im Zustand 0 keine Momente in den Stäben auf; die Horizontalkraft H_b geht ohne Beeinflussung des Stiels als Längskraft durch den Riegel in die Festhaltung des Riegels (**8.16e**).

4. Einheitsverdrehungszustände

Die zweifache kinematische Unbestimmtheit führt zu zwei Einheitsverdrehungszuständen:

4.1 Einheitsverdrehung des Knotens b und 4.2 Einheitsverdrehung des Stieles bc

Diese Einheitsverdrehungszustände werden einmal aufgestellt und für beide Belastungsfälle benutzt.

4.1 Zustand 1: Einheitsverdrehung des Knotens b (**8.**16 f)

Berechnung der Stabendmomente:

$$M_{ba}^{(1)} = 3\, c_{ab} = 3 \cdot 3{,}086 = 9{,}26 \text{ kNm}$$
$$M_{bc}^{(1)} = 4\, c_{bc} = 4 \cdot 1 \quad\; = 4 \text{ kNm}$$
$$M_{cb}^{(1)} = 2\, c_{bc} = 2 \cdot 1 \quad\; = 2 \text{ kNm}$$

4.2 Zustand 2: Einheitsverdrehung des Stiels (**8.**16 g)

Berechnung der Stabendmomente:

Der Knoten b wird nicht verdreht; Momente erhält deswegen nur der Stiel:

$$M_{bc}^{(2)} = 6\, c_{bc} = 6 \cdot 1 \quad\; = 6 \text{ kNm}$$
$$M_{cb}^{(2)} = 6\, c_{bc} = 6 \cdot 1 \quad\; = 6 \text{ kNm}$$

5. Aufstellen der Gleichgewichtsbedingungen

5.1 Allgemeines

Der Zustand 0 – kinematisch bestimmtes Hauptsystem unter wirklicher Belastung – erfüllt ebenso wie die Einheitsverformungszustände 1 und 2 die Formänderungs-, Verträglichkeits- oder Kontinuitätsbedingungen, nicht jedoch die Gleichgewichtsbedingungen. Das bedeutet, daß in allen drei Zuständen die Festhaltung des Knotens b ein Moment und die Festhaltung des Riegels ab eine Horizontalkraft aufnehmen muß.

Den Zustand, der sowohl die Formänderungs- als auch die Gleichgewichtsbedingungen erfüllt und der deswegen der gesuchte wirkliche Zustand ist, können wir dadurch darstellen, daß wir überlagern

a) den Zustand 0,
b) den mit einem Faktor Y_1 multiplizierten Zustand 1 und
c) den mit einem Faktor Y_2 multiplizierten Zustand 2.

Diese Überlagerung lautet als Gleichung für das Moment M:

$$M = M^0 + M^{(1)}\, Y_1 + M^{(2)}\, Y_2$$

Die unbekannten Faktoren Y_1 und Y_2 errechnen wir aus den Gleichgewichtsbedingungen für die Momente am Knoten b und die horizontalen Kräfte am Riegel; die Gleichgewichtsbedingungen besagen, daß im wirklichen Zustand das Festhaltemoment am Knoten b und die Festhaltekraft am Riegel gleich Null sind.

5.2 Lastfall 1: Belastung des Riegels

5.2.1 Momentengleichgewicht am Knoten b

Nach den vorstehenden Ausführungen können wir schreiben

$$\curvearrowright \Sigma M_b = M_{ba}^0 + (M_{ba}^{(1)} + M_{bc}^{(1)})\, Y_1 + M_{bc}^{(2)}\, Y_2 = 0$$

8.4.3 Anwendungen

Das Einsetzen der Zahlenwerte für die Stabendmomente ergibt

$$90 + (9{,}26 + 4)\,Y_1 + 6\,Y_2 = 0$$
$$90 + 13{,}26\,Y_1 + 6\,Y_2 = 0$$

5.2.2 Gleichgewicht der horizontalen Kräfte am Riegel mit Hilfe einer Arbeitsgleichung (**8.**16h)

Wir betrachten den Halbrahmen in seinem noch unbekannten wirklichen Zustand mit der gegebenen Riegelbelastung. Um ihn zu einer zwangläufigen kinematischen Kette zu machen, führen wir **unmittelbar unter dem Knoten** b sowie **unmittelbar über dem Knoten** c ein Gelenk ein. An diesen Stellen wirkten zuvor die unbekannten endgültigen inneren Momente M_{bc} und M_{cb}. Wir bringen sie ober- und unterhalb der Gelenke als **unbekannte äußere Doppelgrößen** an. Diese Maßnahmen verwandeln den stabil gelagerten Halbrahmen in ein **labiles Gelenkknotensystem**, das Gleichgewicht bleibt aber erhalten. Als nächstes erteilen wir der zwangläufigen kinematische Kette eine **virtuelle Bewegung**, indem wir den Stiel um den infinitesimal kleinen, sonst aber beliebigen Winkel $\bar{\psi}$ linksherum verdrehen. Nach der Arbeitsgleichung ist die Summe aller virtuellen Arbeiten, die bei dieser virtuellen Bewegung eines im Gleichgewicht befindlichen Systems geleistet wird, gleich Null.

Eine Betrachtung des Gelenkknotensystems zeigt, daß bei einer Linksdrehung des Stiels und der damit verbundenen Verschiebung des Riegels nur die Stabendmomente, d.h. die am Stiel angreifenden Momente M_{bc} und M_{cb} **virtuelle Arbeit leisten**, und zwar **negative**, da der Stiel den entgegengesetzten Drehsinn der Momente hat. Die an den Knoten b und c angreifenden Momente M_{bc} und M_{cb} leisten keine virtuelle Arbeit, da die Knoten sich nicht verdrehen, und die äußere Belastung liefert keinen Beitrag, da ihre Resultierende horizontal verschoben wird.

Nach den Annahmen der Theorie I. Ordnung, die unseren Betrachtungen zugrunde liegt, bewegt sich nämlich der Punkt b bei der Verdrehung des Stiels nicht auf einem Kreisbogen um den Punkt c, sondern auf der horizontalen Tangente an diesen Kreisbogen, die mit der Achse des Riegels zusammenfällt. Die Arbeitsgleichung lautet demnach

$$\Sigma \bar{W} = -M_{bc}\,\bar{\psi} - M_{cb}\,\bar{\psi} = 0$$

und nach Kürzen von $\bar{\psi}$ und Malnehmen mit -1

$$M_{bc} + M_{cb} = 0$$

Für die unbekannten endgültigen Momente setzen wir nun die in Textziffer 5.1 abgeleiteten Werte ein, wobei die Faktoren Y_1 und Y_2 noch unbekannt sind.
Damit erhält die Verschiebungsgleichung die Form

$$\begin{aligned}\Sigma \bar{W} &= M_{bc}^0 + M_{bc}^{(1)}\,Y_1 + M_{bc}^{(2)}\,Y_2 + M_{cb}^0 + M_{cb}^{(1)}\,Y_1 + M_{cb}^{(2)}\,Y_2 \\ &= M_{bc}^0 + M_{cb}^0 + (M_{bc}^{(1)} + M_{cb}^{(1)})\,Y_1 + (M_{bc}^{(2)} + M_{cb}^{(2)})\,Y_2 \\ &= 0 + 0 + (4 + 2)\,Y_1 + (6 + 6)\,Y_2 = 0\end{aligned}$$

und schließlich

$$6\,Y_1 + 12\,Y_2 = 0$$

5.2.3 Gleichungssystem

Das Gleichungssystem zur Bestimmung der unbekannten Faktoren Y_1 und Y_2 lautet

$$13{,}26\, Y_1 + 6\, Y_2 = -90$$
$$6\, Y_1 + 12\, Y_2 = 0$$

in Matrizenform

$$\begin{bmatrix} 13{,}26 & 6 \\ 6 & 12 \end{bmatrix} \begin{bmatrix} Y_1 \\ Y_2 \end{bmatrix} = \begin{bmatrix} -90 \\ 0 \end{bmatrix}$$

5.3 Lastfall 2: Horizontalkraft $H_b = 10$ kN

5.3.1 Momentengleichgewicht am Knoten 2

Wir gehen aus von der unter 5.2.1 aufgestellten Gleichung

$$\curvearrowright \Sigma M_b = M_{ba}^0 + (M_{ba}^{(1)} + M_{bc}^{(1)})\, Y_1 + M_{bc}^{(2)}\, Y_2 = 0$$

und erhalten mit $M_{ba}^0 = 0$

$$(9{,}26 + 4)\, Y_1 + 6\, Y_2 = 0$$
$$13{,}26\, Y_1 + 6\, Y_2 = 0$$

5.3.2 Gleichgewicht der horizontalen Kräfte am Riegel mit Hilfe einer Arbeitsgleichung

Der Arbeitsgleichung liegt das Gelenkknotensystem zugrunde, das wir bereits bei der Belastung des Riegels verwendet haben (**8.**16h). Bei seiner virtuellen Verschiebung nach links wird jedoch im Lastfalll 2 nicht nur von den Stabendmomenten M_{bc} und M_{cb}, sondern **auch von der Horizontalkraft** H_b virtuelle Arbeit geleistet; wir erhalten insgesamt unter Beachtung der Vorzeichen

$$\Sigma \overline{W} = H_b\, \overline{u}_b - M_{bc}\, \overline{\psi} - M_{cb}\, \overline{\psi} = 0$$

Einsetzen von $\overline{u}_b = h\overline{\psi}$ ergibt

$$H_b\, h\overline{\psi} - M_{bc}\, \overline{\psi} - M_{cb}\, \overline{\psi} = 0$$

und Kürzen von $\overline{\psi}$

$$H_b\, h - M_{bc} - M_{cb} = 0$$

Wir multiplizieren mit -1 und stellen die unbekannten endgültigen Momente M_{bc} und M_{cb} wie in 5.2.2 durch Überlagerung des Zustandes 0, des Y_1-fachen Zustandes 1 und des Y_2-fachen Zustandes 2 dar:

$$-H_b\, h + M_{bc}^0 + M_{bc}^{(1)}\, Y_1 + M_{bc}^{(2)}\, Y_2 + M_{cb}^0 + M_{cb}^{(1)}\, Y_1 + M_{cb}^{(2)}\, Y_2$$
$$= -H_b\, h + M_{bc}^0 + M_{cb}^0 + (M_{bc}^{(1)} + M_{cb}^{(1)})\, Y_1 + (M_{bc}^{(2)} + M_{cb}^{(2)})\, Y_2 = 0$$

Einsetzen der Zahlenwerte ergibt

$$10 \cdot 4 + 0 + 0 + (4 + 2)\, Y_1 + (6 + 6)\, Y_2 = 0$$
$$40 + 6\, Y_1 + 12\, Y_2 = 0$$

5.3.3 Gleichungssystem
Das Gleichungssystem zur Bestimmung der unbekannten Faktoren Y_1 und Y_2 lautet

$$13{,}26\, Y_1 + 6\, Y_2 = 0$$
$$6\, Y_1 + 12\, Y_2 = -40$$

in Matrizenform

$$\begin{bmatrix} 13{,}26 & 6 \\ 6 & 12 \end{bmatrix} \begin{bmatrix} Y_1 \\ Y_2 \end{bmatrix} = \begin{bmatrix} 0 \\ -40 \end{bmatrix}$$

5.4 Zusammenfassung und Lösung der Gleichungssysteme
Wir geben den Faktoren Y als zweiten Fußzeiger die Nummer des Lastfalls und fassen die Gleichungssysteme beider Lastfälle zusammen

$$\begin{bmatrix} 13{,}26 & 6 \\ 6 & 12 \end{bmatrix} \begin{bmatrix} Y_{11} & Y_{12} \\ Y_{21} & Y_{22} \end{bmatrix} = \begin{bmatrix} -90 & 0 \\ 0 & -40 \end{bmatrix}$$

Die Lösung lautet

$$\begin{bmatrix} Y_{11} & Y_{12} \\ Y_{21} & Y_{22} \end{bmatrix} = \begin{bmatrix} -8{,}77 & -1{,}95 \\ 4{,}39 & 4{,}31 \end{bmatrix}$$

5.5 Berechnung der endgültigen Momente
Die endgültigen Momente ergeben sich durch Überlagerung mit der Formel

$$M_{ij} = M_{ij}^0 + M_{ij}^{(1)} Y_1 + M_{ij}^{(2)} Y_2$$

Wir setzen die Faktoren Y ein und erhalten für den Lastfall 1

$$M_{ij} = M_{ij}^0 + M_{ij}^{(1)} (-8{,}77) + M_{ij}^{(2)}\, 4{,}39$$

und für den Lastfall 2

$$M_{ij} = M_{ij}^0 + M_{ij}^{(1)} (-1{,}95) + M_{ij}^{(2)}\, 4{,}31$$

Die tabellarische Rechnung liefert die folgenden, mit den Vorzeichen des Drehwinkelverfahrens versehenen Zahlenwerte

| Bezeich- | Zustand | | | Lastfall | |
nung	0	1	2	1	2
M_{ij}	M_{ij}^0 kNm	$M_{ij}^{(1)}$ kNm	$M_{ij}^{(2)}$ kNm	M_{ij} kNm	M_{ij} kNm
M_{ba}	90	9,26	0	8,77	−18,05
M_{bc}	0	4	6	−8,77	18,05
M_{cb}	0	2	6	8,77	21,95

Die Momentenflächen mit den Vorzeichen nach dem Biegesinn sind in den Bildern **8.**16i, j dargestellt. Bild **8.**16i zeigt außerdem die Verformungsfigur des Lastfalles 1.

Bemerkenswert ist im Lastfall 1 der konstante Verlauf des Biegemomentes über die Höhe des Stiels; er ergibt sich daraus, daß im Punkt a keine horizontale Lagerkraft auftreten kann.

6. Verschiebung des Lagers a

6.1 Allgemeines

Die Verschiebung des Lagers a ist gleich der Verschiebung des Riegels ab und des Knotens b; sie ergibt sich mit Hilfe des wirklichen, endgültigen Stabdrehwinkels ψ_{bc} zu

$$u_b = h\,\psi_{bc}$$

ψ_{bc} ist Y_2mal so groß wie die Einheitsverdrehung $\psi_E = l_c/EI_c$; es gilt also

$$u_b = h\,Y_2\,\psi_E = h\,Y_2\,l_c/EI_c$$

Beim Ausrechnen der Zahlenwerte müssen wir **dieselben Einheiten** wie bei der Ermittlung der **Volleinspannmomente** M^0 verwenden, in unserem Beispiel also kN und m; wir setzen ein

$E\ \ = 3000\ \ \ \text{kN/cm}^2 = 30\,000\,000\ \text{kN/m}^2,$

$I_c\ = \ \ \ \ 4{,}5\ \text{dm}^4\ \ \ = 0{,}00045\ \text{m}^4\ \ \ \text{und}$

$EI_c = \ 13\,500\ \text{kN/m}^2$

6.2 Im Lastfall 1 erhalten wir

$$u_b = 4 \cdot 4{,}39 \cdot 4/13\,500 = 0{,}0052\ \text{m} = 0{,}52\ \text{cm}.$$

Die Kontrolle mit Reduktionssatz und PvK liefert (**8.16k**)

$\delta\ = \int M\,\bar{M}\ dx/EI = 0{,}5 \cdot 4 \cdot 8{,}77 \cdot 4/13\,500$

$\ \ \ = 0{,}0052\ \text{m} = 0{,}52\ \text{cm}$

6.3 Im Lastfall 2 ergibt sich

$$u_b = 4 \cdot 4{,}31 \cdot 4/13\,500 = 0{,}00516\ \text{m} = 0{,}51\ \text{cm}$$

Die Kontrolle mit Reduktionssatz und PvK (Tafel **1.20**, Zeile 1/Spalte f) bestätigt diesen Wert:

$\delta\ = \int M\,\bar{M}\ dx/EI$

$\ \ \ = 1/6 \cdot 4 \cdot 4\,(2 \cdot 21{,}95 - 18{,}05)/13\,500 = 0{,}00511\ \text{m} = 0{,}51\ \text{cm}$

7. Berechnung einer Variante des Tragwerks mit einem unverschieblichen Lager im Punkt a (**8.17a**)

Ein unverschiebliches Lager im Punkt a macht den Halbrahmen **einfach kinematisch unbestimmt**; als Unbekannte verbleibt nur der **Drehwinkel des Knotens b** (**8.17b**). Die Knotengleichgewichtsbedingung verkürzt sich deshalb auf

$$\Sigma M_b = M_{ba}^0 + (M_{ba}^{(1)} + M_{bc}^{(1)})\,Y_1 = 0$$

und ergibt

$$90 + (9{,}26 + 4)\,Y_1 = 0; \qquad Y_1 = -6{,}79$$

8.4.3 Anwendungen

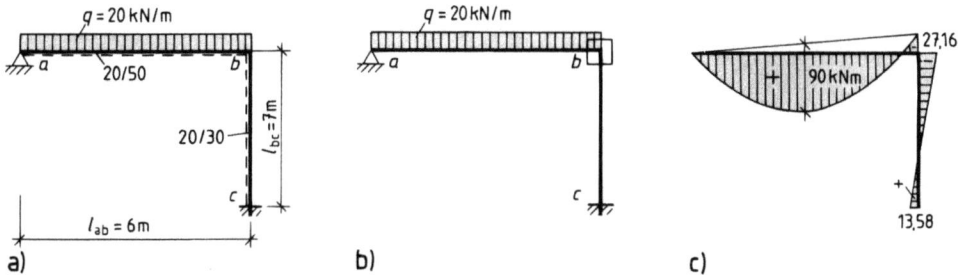

8.17 a) Variante: Kipplager a unverschieblich, b) kinematisch bestimmtes Hauptsystem bei unverschieblichem Kipplager a, c) endgültige Momente; Vorzeichen nach dem Biegesinn

Die Stabendmomente erhalten die Größe

$$M_{ba} = 90 + 9{,}26\,(-6{,}79) = 27{,}16 \text{ kNm}$$
$$M_{bc} = 0 + 4\,(-6{,}79) = -27{,}16 \text{ kNm}$$
$$M_{cb} = 0 + 2\,(-6{,}79) = -13{,}58 \text{ kNm}$$

Die Momentenfläche ist in Bild **8.**17c dargestellt.

Ein Vergleich mit der Momentenfläche des verschieblichen Systems (**8.**16i) zeigt beispielhaft, daß die Verschieblichkeit eines Systems nicht vernachlässigt werden darf.

8.4.3.2 Beispiel 7

Wir beseitigen bei dem Rahmen des Beispiels 3, Abschn. 8.3.2.3, den horizontalen Pendelstab $a5$ am Riegel und ermitteln für den dadurch verschieblich gewordenen Rahmen die Schnittgrößen infolge der unveränderten Belastung (**8.**18a).

Durch diese Aufgabenstellung wird das Beispiel 7 zu einer Ergänzung und Erweiterung des Beispiels 3, dessen Erläuterungen und Ergebnisse wir als bekannt voraussetzen.

1. Kinematische oder geometrische Unbestimmtheit

Der Rahmen wird durch das Beseitigen des horizontalen Pendelstabes $a5$ einfach verschieblich; zu den beiden unbekannten Knotendrehwinkeln φ_a und φ_b kommt wegen $\psi_{a1} = \psi_{b2} = \psi$ ein unbekannter Stabdrehwinkel hinzu. Das Tragwerk ist demnach dreifach kinematisch unbestimmt.

Während sich die kinematische Unbestimmtheit durch das Wegnehmen der Lagerkraft $X_5 = X_a$ um eins erhöht, wird die statische Unbestimmtheit durch diese Maßnahme um eins vermindert: der verschiebliche Rahmen ist nur noch zweifach statisch unbestimmt. Das läßt sich z. B. dadurch anschaulich machen, daß wir die volle Einspannung im Punkt 1 als genau ausreichend für eine statisch bestimmte Lagerung und das zweiwertige Lager bei b als überzählig ansehen.

2. Systemwerte

Die Faktoren c können von Beispiel 3 übernommen werden (**8.**18b).

3. Zustand 0

Auch der Zustand 0 kann von Beispiel 3 übernommen werden: Der Pendelstab $a5$, der im Beispiel 3 zum wirklichen System gehörte, wird im Beispiel 7 für den Zustand 0 als Festhaltung des kinematisch bestimmten Hauptsystems eingeführt (**8.**18c). Die kinematisch bestimmten Hauptsysteme beider Beispiele stimmen überein.

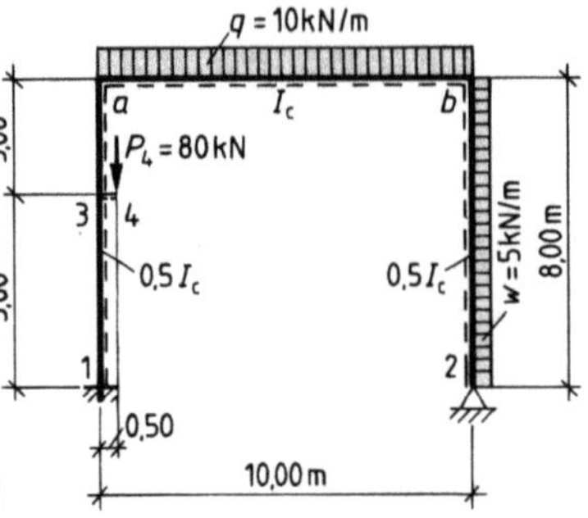

8.18 Zweistieliger verschieblicher Rahmen
a) System und Belastung
b) geometrisch bestimmtes Hauptsystem, Faktoren c
c) Momente M^0 (Volleinspannmomente)
d) Zustand 1, Verformungsfigur und Momente $M^{(1)}$
e) Zustand 2, Verformungsfigur und Momente $M^{(2)}$
f) Zustand 3, Verformungsfigur und Momente $M^{(3)}$
g) zwangläufige kinematische Kette mit virtueller Verschiebung
h) endgültige Momente M
i) endgültige Querkräfte Q
j) endgültige Längskräfte N
k) Lasten und Stützgrößen
l) Verformungsfigur

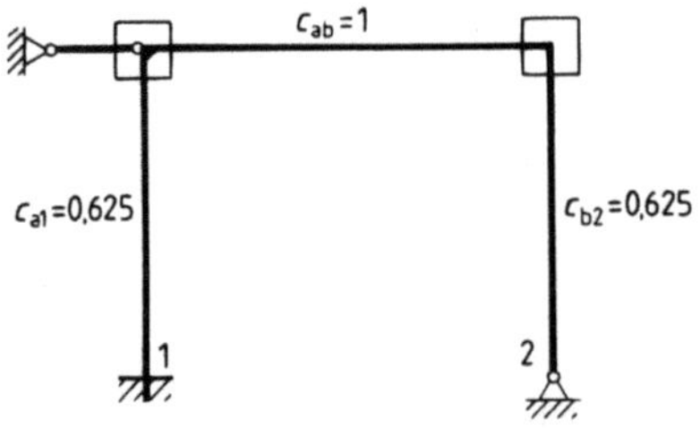

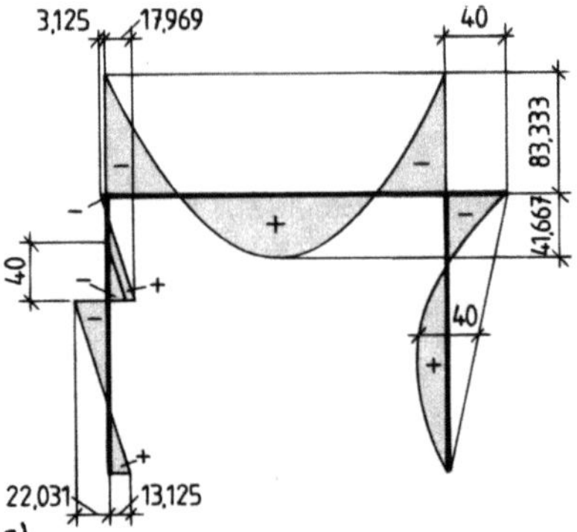

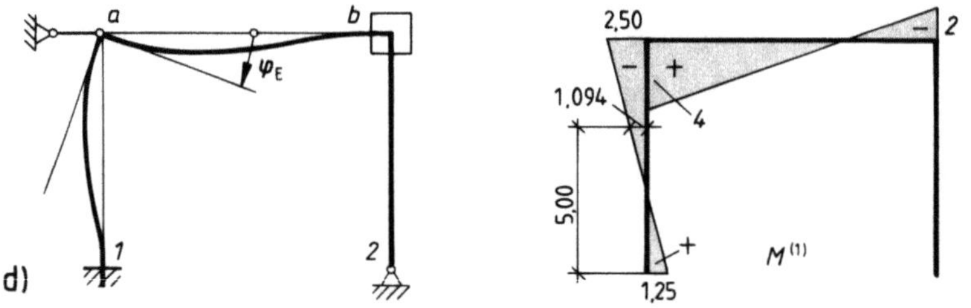

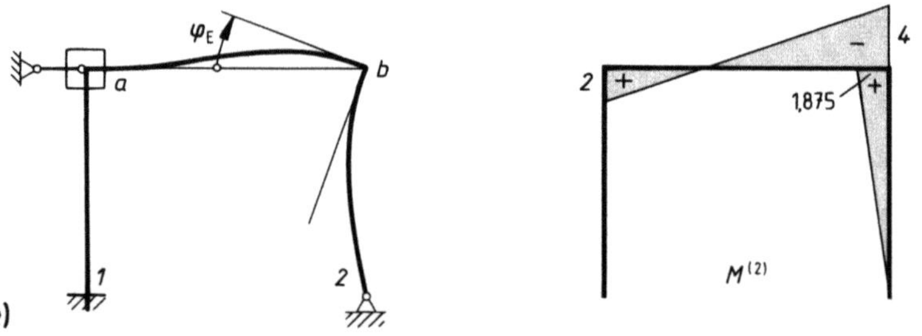

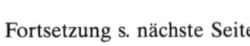

Fortsetzung s. nächste Seite

8.4.3 Anwendungen

Bild **8.**18, Fortsetzung

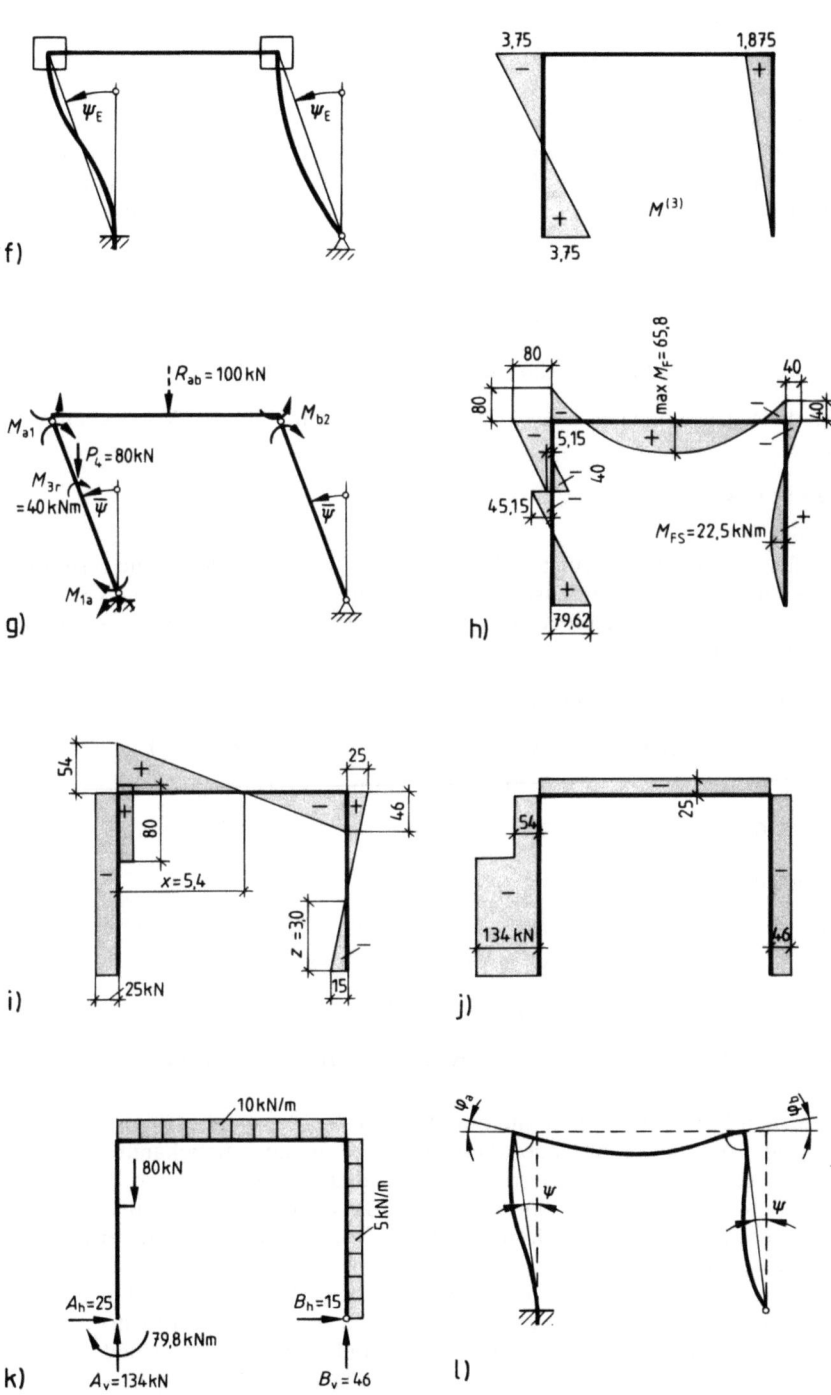

4. Einheitsverdrehungszustände

4.1 Zustand 1: Einheitsverdrehung des Knotens a und

4.2 Zustand 2: Einheitsverdrehung des Knotens b sind dieselben wie im Beispiel 3 (**8.**18d, e).

4.3 Einheitsverdrehung des Stabes $a1$

Wir lösen die Festhaltung des Riegels und verschieben den Riegel so weit nach links, bis der Stiel $a1$ den Stabdrehwinkel $\psi_E = l_c/EI_c$ aufweist. Da beide Stiele die gleiche Länge besitzen, wird auch der Stiel $b2$ um ψ_E linksherum verdreht. Es ergeben sich die Stabendmomente

$$M^{(3)}_{1a} = 6\,c_{a1} = 6 \cdot 0{,}625 = 3{,}75 \text{ kNm}$$

$$M^{(3)}_{a1} = 6\,c_{a1} = 6 \cdot 0{,}625 = 3{,}75 \text{ kNm}$$

$$M^{(3)}_{b2} = 3\,c_{b2} = 3 \cdot 0{,}625 = 1{,}875 \text{ kNm}$$

Bild **8.**18f zeigt die Verformung des Tragwerks und die Momente mit den Vorzeichen nach dem Biegesinn.

5. Berechnung der Faktoren Y

5.1 Vorbemerkung

Die Momentengleichgewichtsbedingungen des Beispiels 3 für die Knoten a und b sind um die Beiträge des Einheitsverdrehungszustandes 3 zu ergänzen, außerdem ist die Gleichgewichtsbedingung für die horizontalen Kräfte am Riegel in Form einer Arbeits- oder Verschiebungsgleichung aufzustellen.

5.2 Momentengleichgewicht am Knoten a:

$$\curvearrowright M_a = (M^{(1)}_{a1} + M^{(1)}_{ab})\,Y_1 + M^{(2)}_{ab}\,Y_2 + M^{(3)}_{a1}\,Y_3 + M^0_{a1} + M^0_{ab} = 0$$

$$(2{,}5 + 4)\,Y_1 + 2\,Y_2 + 3{,}75\,Y_3 + 3{,}125 - 83{,}333 = 0$$

$$6{,}5\,Y_1 + 2\,Y_2 + 3{,}75\,Y_3 = 80{,}208$$

5.3 Momentengleichgewicht am Knoten b:

$$\curvearrowright M_b = (M^{(1)}_{ba}\,Y_1 + (M^{(2)}_{ba} + M^{(2)}_{b2})\,Y_2 + M^{(3)}_{b2}\,Y_3 + M^0_{ba} + M^0_{b2} = 0$$

$$2\,Y_1 + (4 + 1{,}875)\,Y_2 + 1{,}875\,Y_3 + 83{,}333 - 40 = 0$$

$$2\,Y_1 + 5{,}875\,Y_2 + 1{,}875\,Y_3 = -43{,}333$$

5.4 Gleichgewicht der horizontalen Kräfte am Riegel mit Hilfe des Prinzips der virtuellen Verschiebungen

Wir führen an beiden Enden des linken und am oberen Ende des rechten Stiels Gelenke ein und bringen ober- und unterhalb jedes dieser Gelenke die noch unbekannten inneren Momente M_{a1}, M_{1a} und M_{b2} als Doppelgrößen an. Der dadurch entstandenen zwangläufigen kinematischen Kette erteilen wir eine virtuelle Bewegung, indem wir den linken Stiel linksherum um den Winkel $\bar{\psi}$ verdrehen. Da die Stiele gleich lang sind, erfährt der rechte Stiel dieselbe Verdrehung (**8.**18g). Nach dem PvV ist die virtuelle Arbeit, die bei dieser Verschiebung geleistet wird, gleich Null. Zu der virtuellen Arbeit leisten von den sechs eingetragenen Momenten nur die rechtsherum drehenden Stabendmomente Beiträge; für die linksherum drehenden Knotenmomente ergibt sich bei der virtuellen Bewegung kein Winkelweg, da die Knoten und die Einspannung sich nicht verdrehen.

8.4.3 Anwendungen

Die Belastung des Rahmens liefert folgende Beiträge:
Die virtuelle Arbeit der **Gleichlast auf dem Riegel** ist **gleich Null**, da sich der Riegel horizontal verschiebt (Theorie I. Ordnung),
die resultierende **Windkraft** $R_{b2} = 40$ kN leistet positive virtuelle Arbeit auf dem Weg

$$l_{b2}/2 \cdot \bar{\psi} = 4\,\bar{\psi}$$

die **Last auf der Auskragung** ersetzen wir durch eine gleich große Last in der Achse des linken Stiels und das Versatzmoment $P_4\,l_{34} = 80 \cdot 0{,}50 = 40$ kNm; dieses leistet **negative virtuelle Arbeit** auf dem Winkelweg $\bar{\psi}$, während die Last P_4 ebenso wie die Resultierende der Riegelbelastung **parallel zu sich selbst** verschoben wird.
Insgesamt erhalten wir

$$W = 40 \cdot 4\,\bar{\psi} - 40\,\bar{\psi} - M_{a1}\,\bar{\psi} - M_{1a}\,\bar{\psi} - M_{b2}\,\bar{\psi} = 0$$

Wir kürzen durch $\bar{\psi}$

$$160 - 40 - M_{a1} - M_{1a} - M_{b2} = 0$$
$$M_{a1} + M_{1a} + M_{b2} = 120$$

ersetzen die endgültigen Momente mit Gl. (8.1)

$$M_{a1}^0 + M_{a1}^{(1)} Y_1 + M_{a1}^{(2)} Y_2 + M_{a1}^{(3)} Y_3$$
$$+ M_{1a}^0 + M_{1a}^{(1)} Y_1 + M_{1a}^{(3)} Y_2 + M_{a1}^{(3)} Y_3$$
$$+ M_{b2}^0 + M_{b2}^{(1)} Y_1 + M_{b2}^{(2)} Y_2 + M_{b2}^{(3)} Y_3 = 120$$

und fassen die Unbekannten auf der linken Seite der Gleichung zusammen

$$(M_{a1}^{(1)} + M_{1a}^{(1)} + M_{b2}^{(1)})\,Y_1$$
$$+ (M_{a1}^{(2)} + M_{1a}^{(2)} + M_{b2}^{(2)})\,Y_2$$
$$+ (M_{a1}^{(3)} + M_{1a}^{(3)} + M_{b2}^{(3)})\,Y_3$$
$$= 120 - M_{a1}^0 - M_{1a}^0 - M_{b2}^0$$

Die bekannten Stabendmomente der Einheitsverdrehungszustände werden eingesetzt

$$(2{,}50 + 1{,}25 + 0)\;Y_1$$
$$+ (0 \;\;\;\;+ 0 \;\;\; + 1{,}875)\;Y_2$$
$$+ (3{,}75 + 3{,}75 + 1{,}875)\;Y_3$$
$$= 120 - 3{,}125 - 13{,}125 + 40$$

und wir erhalten als dritte Bestimmungsgleichung für die Faktoren Y

$$3{,}75\,Y_1 + 1{,}875\,Y_2 + 9{,}375\,Y_3 = 143{,}25$$

5.5 Aufstellung und Lösung des Gleichungssystems
Das Gleichungssystem lautet

$$\begin{bmatrix} 6{,}5 & 2 & 3{,}75 \\ 2 & 5{,}875 & 1{,}875 \\ 3{,}75 & 1{,}875 & 9{,}375 \end{bmatrix} \begin{bmatrix} Y_1 \\ Y_2 \\ Y_3 \end{bmatrix} = \begin{bmatrix} 80{,}208 \\ -43{,}333 \\ 143{,}333 \end{bmatrix}$$

Es hat die Lösung

$$\begin{bmatrix} Y_1 \\ Y_2 \\ Y_3 \end{bmatrix} = \begin{bmatrix} 8{,}32 \\ -14{,}98 \\ 14{,}96 \end{bmatrix}$$

6. Endgültige Schnittgrößen

6.1 Momente

Wir berechnen die Momente tabellarisch mit der Formel

$$M = M^0 + M^{(1)}\, 8{,}32 + M^{(2)}\, (-14{,}98) + M^{(3)}\, 14{,}96$$

und benutzen dabei die Vorzeichen des Drehwinkelverfahrens; die Maßeinheit ist kNm.

	M^0	$M^{(1)}$	$M^{(2)}$	$M^{(3)}$	M
M_{13}	13,13	1,25	0	3,75	79,62
M_{31}	22,03	1,094	0	0,9375	45,15
M_{3a}	17,97	−1,094	0	−0,9375	5,15
M_{a3}	3,125	2,50	0	3,75	80,02
M_{ab}	−83,333	4	2	0	−80,02
M_{ba}	83,333	2	4	0	40,05
M_{b2}	−40	0	1,875	1,875	−40,05

Bild **8.**18h zeigt die Momentenfläche mit den Vorzeichen nach dem Biegesinn.

6.2 Querkräfte

Wir ermitteln die Querkräfte in gewohnter Weise aus der Momentenfläche

$$\begin{aligned}
Q_{13} &= -(79{,}62 + 45{,}15)/5 & &= -24{,}95 \text{ kN} \\
Q_{a3} &= -(80{,}02 - 5{,}15)/3 & &= -24{,}95 \text{ kN} \\
Q_{34} & & &= 80 \text{ kN} \\
Q_{ar} &= 50 + (80{,}02 - 40{,}05)/10 & &= 54 \text{ kN} \\
Q_{bl} &= 54 - 100 & &= -46 \text{ kN} \\
Q_{bu} &= 20 + 40{,}05/8 & &= 25 \text{ kN} \\
Q_{2o} &= 25 - 40 & &= -15 \text{ kN}
\end{aligned}$$

Bild **8.**18i zeigt die Querkraftfläche.

6.3 Längskräfte

Aus der Querkraftfläche erhalten wir die folgenden Längskräfte

$$\begin{aligned}
N_{a3} & & &= -54 \text{ kN} \\
N_{13} &= -54 - 80 & &= -134 \text{ kN} \\
N_{ab} &= Q_{au} & &= -24{,}95 \text{ kN (von links)} \\
N_{ab} &= -Q_{bu} & &= -25 \text{ kN (von rechts)} \\
N_{bl} &= Q_{bl} & &= -46 \text{ kN}
\end{aligned}$$

Bild **8.**18j zeigt die Längskraftfläche, und in Bild **8.**18k sind die Stützgrößen zusammengestellt.

7. Knoten- und Stabdrehwinkel

Wir haben in Textziffer 2, Systemwerte, der Berechnung des Rahmens einen einheitlichen Elastizitätsmodul sowie das Verhältnis der Flächenmomente $I_{ab} 2I_{a1} = 2I_{b2}$ zugrunde gelegt, da Stütz- und Schnittgrößen des Rahmens nur von dem Verhältnis der Biegesteifigkeiten EI der Stäbe und nicht von der Größe dieser Werte abhängen: Eine Verdoppelung sämtlicher Biegesteifigkeiten würde am Kraftgrößenzustand des Rahmens nichts ändern, die Verformungen des Rahmens jedoch halbieren. Aus dieser Tatsache folgt auch, daß wir Zahlenwerte von Drehwinkeln erst berechnen können, nachdem wir Maßzahlen und Maßeinheiten von Elastizitätsmodul E und Vergleichsflächenmoment I_c festgelegt haben. Wir setzen an

$$E = 21\,000 \text{ kN/cm}^2 = 2{,}1 \cdot 10^8 \cdot \text{kN/m}^2 \text{ (Stahl)}$$
$$I_c = 6000 \text{ cm}^4 = 6 \cdot 10^{-5} \text{ m}^4$$

und erhalten

$$EI_c = 12{,}6 \cdot 10^3 \text{ kNm}^2 = 12\,600 \text{ kNm}^2$$
$$\varphi_E = \psi_E = l_c/EI_c = 10/12\,600 = 7{,}936 \cdot 10^{-4} \text{ rad}$$

Schließlich ergeben sich die Drehwinkel

$$\varphi_a = 8{,}32\,\varphi_E = 0{,}0066 \text{ rad} = 0{,}38° \text{ (rechtsherum)}$$
$$\varphi_b = -14{,}97\,\varphi_E = -0{,}012 \text{ rad} = -0{,}68° \text{ (linksherum)}$$
$$\psi_{a1} = 14{,}96\,\psi_E = 0{,}012 \text{ rad} = 0{,}68° \text{ (linksherum)}$$

Der Riegel verschiebt sich um

$$u = l_{a1}\,\psi_{a1} = 800 \cdot 0{,}012 = 9{,}6 \text{ cm}$$

nach links.

Bild **8.**18k zeigt qualitativ die Verformung des Rahmens.

8.4.3.3 Beispiel 8: Eingeschossiger Rahmen mit geneigten Stielen

Für den Rahmen des Bildes **8.**19a, der durch eine Gleichlast auf dem Riegel und eine Horizontalkraft im Punkt c belastet ist, sollen die Stütz- und Schnittgrößen ermittelt werden.

1. Kinematische oder geometrische Unbestimmtheit

Der Rahmen ist dreifach kinematisch unbestimmt: Wir erhalten das kinematisch bestimmte Hauptsystem, indem wir Verdrehungen der Knoten c und d und Verschiebungen des Riegels cd verhindern (**8.**19b). Die drei Stabdrehwinkel ψ_{ac}, ψ_{cd} und ψ_{bd}, die bei einer Verschiebung des Riegels auftreten, hängen voneinander ab; wir betrachten ψ_{ac} als unabhängige, ψ_{cd} und ψ_{bd} als abhängige Unbekannte. Der Grad der statischen Unbestimmtheit des Rahmens ist ebenfalls gleich drei.

2. Systemwerte

Der Rahmen besteht aus Stahlbeton mit

$$E = 3000 \text{ kN/cm}^2 = 3 \cdot 10^7 \text{ kN/m}^2$$

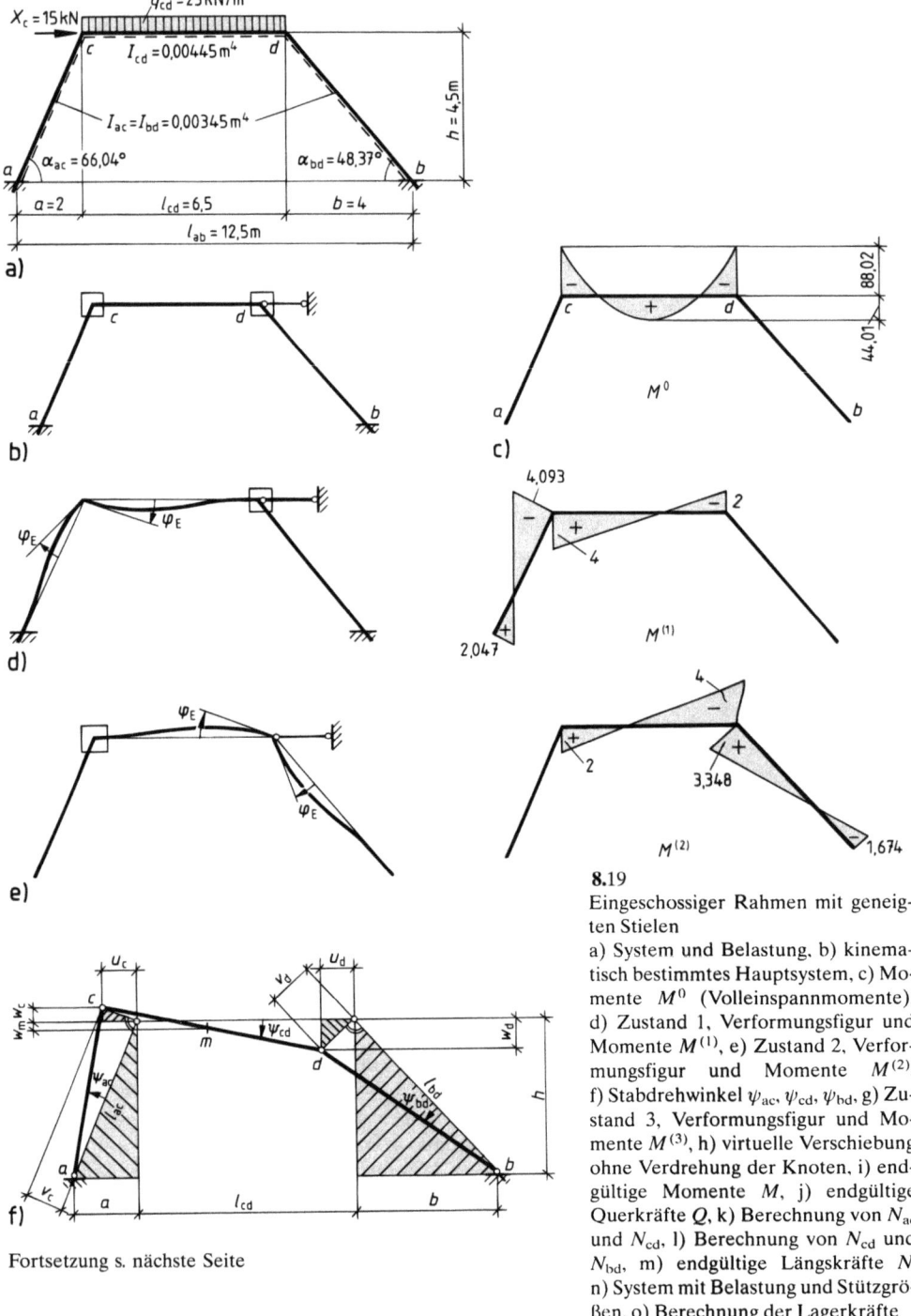

8.19
Eingeschossiger Rahmen mit geneigten Stielen
a) System und Belastung, b) kinematisch bestimmtes Hauptsystem, c) Momente M^0 (Volleinspannmomente), d) Zustand 1, Verformungsfigur und Momente $M^{(1)}$, e) Zustand 2, Verformungsfigur und Momente $M^{(2)}$, f) Stabdrehwinkel ψ_{ac}, ψ_{cd}, ψ_{bd}, g) Zustand 3, Verformungsfigur und Momente $M^{(3)}$, h) virtuelle Verschiebung ohne Verdrehung der Knoten, i) endgültige Momente M, j) endgültige Querkräfte Q, k) Berechnung von N_{ac} und N_{cd}, l) Berechnung von N_{cd} und N_{bd}, m) endgültige Längskräfte N, n) System mit Belastung und Stützgrößen, o) Berechnung der Lagerkräfte

Fortsetzung s. nächste Seite

8.4.3 Anwendungen

Bild **8.**19, Fortsetzung

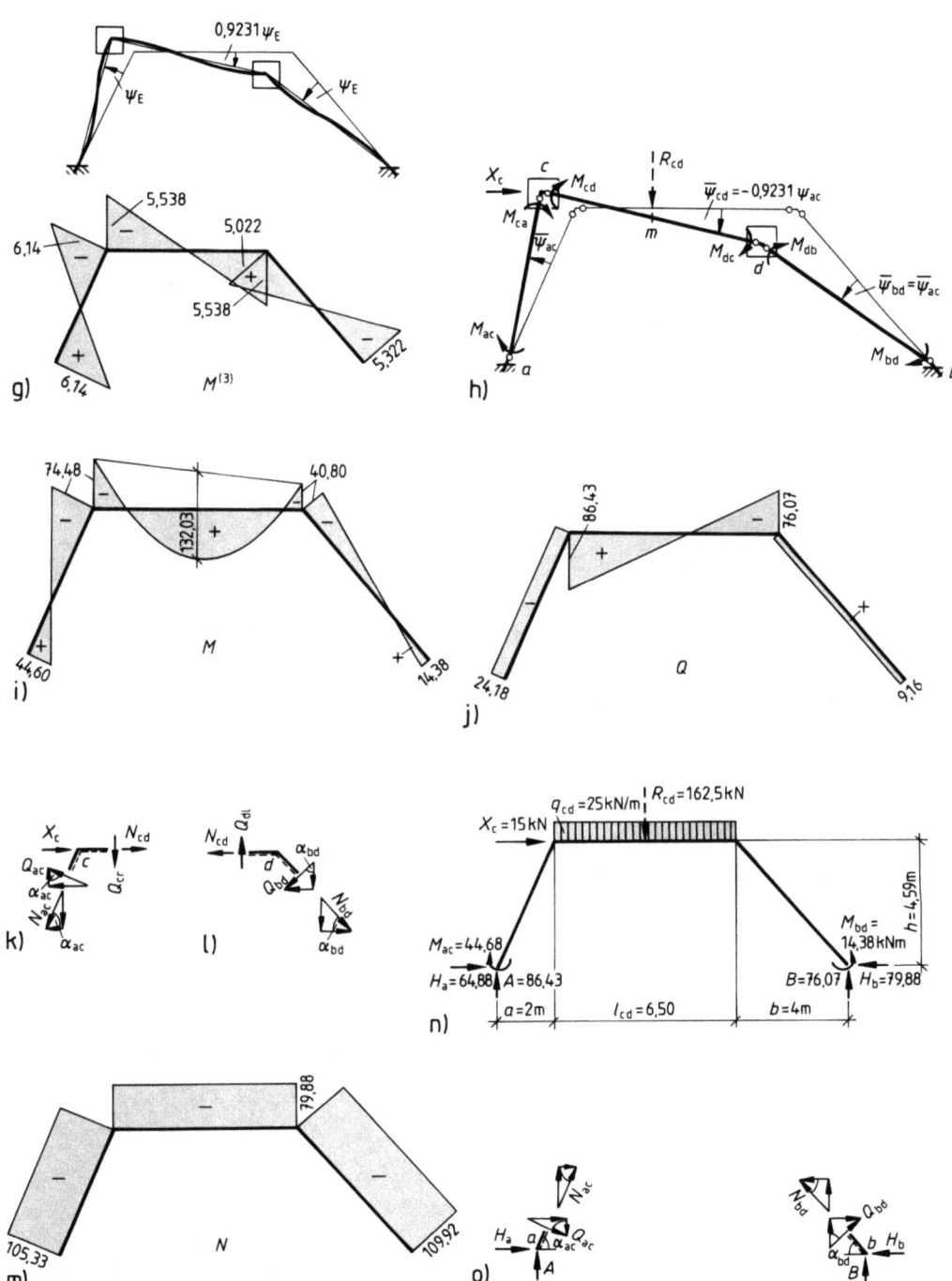

Wir machen den Riegel *cd* zum Bezugsstab:

$$l_c = l_{cd} = 6{,}50 \text{ m}; \qquad I_c = I_{cd} = 0{,}00445 \text{ m}^4$$
$$c_{cd} = 1$$

Linker Stiel:

$$l_{ac} = 4{,}924 \text{ m}; \quad I_{ac} = 0{,}00345 \text{ m}^4$$
$$c_{ac} = I_{ac}\, l_c / I_c\, l_{ac} = 0{,}00345 \cdot 6{,}50/(0{,}00445 \cdot 4{,}924)$$
$$c_{ac} = 1{,}023$$

Rechter Stiel:

$$l_{bd} = 6{,}021 \text{ m}; \quad I_{bd} = 0{,}00345 \text{ m}^4$$
$$c_{bd} = I_{bd}\, l_c / I_c\, l_{bd} = 0{,}00345 \cdot 6{,}50/(0{,}00445 \cdot 6{,}021)$$
$$c_{bd} = 0{,}837$$

Neigungswinkel der Stiele:

$$\alpha_{ac} = \arctan(h/a) = 66{,}04°$$
$$\alpha_{bd} = \arctan(h/b) = 48{,}37°$$

3. Zustand 0: kinematisch bestimmtes Hauptsystem unter wirklicher Belastung

Volleinspannmomente des Riegels mit den Vorzeichen des Drehwinkelverfahrens:

$$M^0_{cd} = -q_{cd}\, l^2_{cd}/12 = -25 \cdot 6{,}50^2/12 = -88{,}02 \text{ kNm}$$
$$M^0_{dc} = q_{cd}\, l^2_{cd}/12 = 25 \cdot 6{,}50^2/12 = 88{,}02 \text{ kNm}$$

Die Horizontalkraft X_c geht ohne Verursachung von Momenten als Längskraft in den Riegel und weiter in dessen Festhaltung.
Bild **8.**19c zeigt die Momentenfläche mit den Vorzeichen nach dem Biegesinn.

4. Einheitsverdrehungszustände

4.1 Zustand 1

Wir lösen die Festhaltung des Knotens *c* und verdrehen ihn rechtsherum um φ_E; durch diese Verformung entstehen die folgenden Stabendmomente:

$$M^{(1)}_{ac} = 2\, c_{ac} = 2 \cdot 1{,}023 = 2{,}047 \text{ kNm}$$
$$M^{(1)}_{ca} = 4\, c_{ac} = 4 \cdot 1{,}023 = 4{,}093 \text{ kNm}$$
$$M^{(1)}_{cd} = 4\, c_{cd} = 4 \cdot 1 = 4 \text{ kNm}$$
$$M^{(1)}_{dc} = 2\, c_{cd} = 2 \cdot 1 = 2 \text{ kNm}$$

Bild **8.**19 d zeigt die Verformung des Tragwerks und die Momente mit den Vorzeichen nach dem Biegesinn.

4.2 Zustand 2

Wir lösen die Festhaltung des Knotens d und verdrehen ihn rechtsherum um φ_E; dadurch entstehen die folgenden Stabendmomente:

$M_{cd}^{(2)} = 2\,c_{cd} = 2 \cdot 1 \quad\; = 2 \text{ kNm}$

$M_{dc}^{(2)} = 4\,c_{cd} = 4 \cdot 2 \quad\; = 4 \text{ kNm}$

$M_{db}^{(2)} = 4\,c_{bd} = 4 \cdot 0{,}837 = 3{,}348 \text{ kNm}$

$M_{bd}^{(2)} = 2\,c_{bd} = 2 \cdot 0{,}837 = 1{,}674 \text{ kNm}$

Bild **8.**19e zeigt die Verformung des Tragwerks und die Momente mit den Vorzeichen nach dem Biegesinn.

4.3 Zustand 3

4.3.1 Abhängigkeiten der Stabdrehwinkel ψ_{cd} und ψ_{bd} vom Stabdrehwinkel ψ_{ac}

Wir betrachten das Gelenkknotensystem des Rahmens und erteilen ihm eine infinitesimale Verschiebung nach links (**8.**19f). Der Stiel ac dreht sich dabei linksherum um den Winkel ψ_{ac}, der Riegel rechtsherum um den Winkel ψ_{cd} und der Stiel bd linksherum um den Winkel ψ_{bd}. Das verschobene Gelenkknotensystem ergänzen wir gemäß Bild **8.**19f so, daß wir zwei Paare ähnlicher Dreiecke erhalten, aus denen wir die folgenden Beziehungen ableiten:

horizontale Verschiebung des Punktes c:

$v_c \;\;\; = \psi_{ac}\, l_{ac}$

$u_c/v_c = h/l_{ac}; \quad u_c = hv_c/l_{ac} = h\,\psi_{ac}\,l_{ac}/l_{ac}; \quad u_c = h\,\psi_{ac}$

lotrechte Verschiebung des Punktes c:
Wir geben der aufwärts gerichteten Verschiebung das negative Vorzeichen

$-w_c/v_c = a/l_{ac}; \quad w_c = -av_c/l_{ac} = -a\,\psi_{ac}\,l_{ac}/l_{ac} \quad w_c = -a\,\psi_{ac}$

horizontale Verschiebung des Punktes d:
wegen der geringen Größe von ψ_{ac} ist $\cos\psi_{ac} \approx 1$ und deswegen $u_d = u_c$

ψ_{bd} in Abhängigkeit von ψ_{ac}:

$v_d/l_{bd} = u_d/h; \quad v_d = u_d\, l_{bd}/h$

$\psi_{bd} \;\;\; = v_d/l_{bd} = u_d\, l_{bd}/hl_{bd} = u_d/h = u_c/h$

$\psi_{bd} \;\;\; = \psi_{ac}$

lotrechte Verschiebung des Punktes d:

$v_d \;\;\; = \psi_{bd}\, l_{bd}$

$w_d/v_d = b/l_{bd}; \quad w_d = bv_d/l_{bd} = b\,\psi_{bd}\,l_{bd}/l_{bd}$

$w_d \;\;\; = b\,\psi_{bd} = b\,\psi_{ac} \neq w_c$

ψ_{cd} in Abhängigkeit von ψ_{ac}:

$\psi_{cd} = (w_c - w_d)/l_{cd} = (-a\,\psi_{ac} - b\,\psi_{bd})/l_{cd}$

$\;\;\;\;\; = -(a+b)/l_{cd} \cdot \psi_{ac} = -6/6{,}5 \cdot \psi_{ac} = -0{,}9231\,\psi_{ac}$

lotrechte Verschiebung des Punktes m (Riegelmitte, Angriffspunkt der Resultierenden der Riegelbelastung):

$$w_m = (w_c + w_d)/2 = (-a\,\psi_{ac} + b\,\psi_{ac})/2$$
$$= (-a + b)/2 \cdot \psi_{ac} = (-2 + 4)/2 \cdot \psi_{ac} = 1\,\psi_{ac}$$

4.3.2 Stabendmomente

Wir lösen die Pendelstütze, die im kinematisch bestimmten Hauptsystem den Riegel festhält, und verschieben den Rahmen so weit nach links, bis sich die Sehne des Stiels ac linksherum um ψ_E verdreht. Nach den vorstehenden Ableitungen verdreht sich dann die Sehne des rechten Stiels ebenfalls linksherum um ψ_E, während die Sehne des Riegels eine Rechtsdrehung um 0,9231 ψ_E erfährt. Infolge dieser vorgegebenen Verformung entstehen die folgenden Stabendmomente:

$$M_{ac}^{(3)} = M_{ca}^{(3)} = 6\,c_{ac} = 6 \cdot 1{,}023 \qquad\qquad = 6{,}14 \text{ kNm}$$
$$M_{cd}^{(3)} = M_{dc}^{(3)} = 6\,c_{cd}\,(-0{,}9231) = 6 \cdot 0{,}837\,(-0{,}9231) = -5{,}538 \text{ kNm}$$
$$M_{db}^{(3)} = M_{bd}^{(3)} = 6\,c_{bd} = 6 \cdot 0{,}837 \qquad\qquad = 5{,}022 \text{ kNm}$$

Bild **8.**19g zeigt die Verformung des Rahmens und die Momente mit den Vorzeichen nach dem Biegesinn.

5. Berechnung der Faktoren Y

5.1 Momentengleichgewicht am Knoten c

$$(M_{ca}^{(1)} + M_{cd}^{(1)})\,Y_1 + M_{cd}^{(2)}\,Y_2 + (M_{ca}^{(3)} + M_{cd}^{(3)})\,Y_3 + M_{cd}^0 = 0$$
$$(4{,}093 + 4)\,Y_1 + 2\,Y_2 + (6{,}14 - 5{,}538)\,Y_3 - 88{,}02 = 0$$
$$8{,}093\,Y_1 + 2\,Y_2 + 0{,}602\,Y_3 = 88{,}02$$

5.2 Momentengleichgewicht am Knoten d

$$M_{dc}^{(1)}\,Y_1 + (M_{dc}^{(2)} + M_{db}^{(2)})\,Y_2 + (M_{dc}^{(3)} + M_{db}^{(3)})\,Y_3 + M_{dc}^0 = 0$$
$$2\,Y_1 + (4 + 3{,}348)\,Y_2 + (-5{,}538 + 5{,}022)\,Y_3 + 88{,}02 = 0$$
$$2\,Y_1 + 7{,}348\,Y_2 - 0{,}516\,Y_3 = -88{,}02$$

5.3 Verschiebungsgleichgewicht

5.3.1 Allgemeines

Wir stellen die Verschiebungsgleichung mit Hilfe des PvV und an Hand von Bild **8.**19h auf. Die kinematische Kette, die wir der Berechnung zugrunde legen, enthält **sechs Gelenke**, und zwar jeweils eins zwischen jedem Stabende und dem angrenzenden Knoten oder Lager. Sie besteht somit aus **drei Stäben und zwei Knoten**. An jedem Gelenk bringen wir als äußere Doppelgröße das unbekannte endgültige innere Moment an, das infolge der Einführung des Gelenks nicht übertragen werden kann. Jede Doppelgröße besteht aus einem Stabend- und einem Knotenmoment. Bei der virtuellen Verschiebung der kinematischen Kette werden die Knoten durch **drillsteife und biegeweiche Festhaltungen** an Verdrehungen gehindert, so daß die Knotenmomente keine virtuelle Arbeit leisten. In Bild **8.**19h sind deswegen nur die **Stabendmomente** gezeichnet, die neben der äußeren Belastung in der Verschiebungsgleichung berücksichtigt werden müssen.

8.4.3 Anwendungen

In der Verschiebungsgleichung treten wie in den Knotengleichgewichtsbedingungen zunächst unbekannte Momente des wirklichen Zustandes und virtuelle Stabdrehwinkel auf. Bei der Umformung der Verschiebungsgleichung reduzieren wir als erstes die virtuellen Stabdrehwinkel auf einen, den wir herauskürzen; als nächstes ersetzen wir die unbekannten endgültigen Momente mit Hilfe von Gl. (8.1) durch bekannte Stabendmomente der Zustände 0 bis 3 und die unbekannten Faktoren Y_i. Dadurch erhält die Verschiebungsgleichung die gleiche Form wie die Knotengleichgewichtsbedingungen.

Die Verschiebungsgleichung sagt aus, daß die Summe der virtuellen Arbeiten, die bei der virtuellen Verschiebung eines im Gleichgewicht befindlichen Systems geleistet werden, gleich Null ist.

5.3.2 Aufstellung der Verschiebungsgleichung

5.3.2.1 Virtuelle Arbeit $\bar{W}_i$ der Stabendmomente

Die Stiele drehen sich linksherum um $\bar{\psi}_{ac}$, der Riegel rechtsherum um $0{,}9231\,\bar{\psi}_{ac}$. Die Stabendmomente werden positiv, d.h. rechtsherum drehend eingeführt, so daß sie an den Stielen negative, am Riegel positive virtuelle Arbeit leisten.

$$\bar{W}_i = -(M_{ac} + M_{ca})\,\bar{\psi}_{ac} - (M_{cd} + M_{dc})\,(-0{,}9231\,\bar{\psi}_{ac}) - (M_{db} + M_{bd})\,\bar{\psi}_{ac}$$

5.3.2.2 Virtuelle Arbeit der Belastung

Die Horizontalkraft X_c wird um $h\,\bar{\psi}_{ac}$ entgegen ihrem Richtungssinn verschoben, leistet also negative virtuelle Arbeit, während sich der Angriffspunkt der Resultierenden R_{cd} um $(-a+b)/2 \cdot \bar{\psi}_{ac} = 1\,\bar{\psi}_{ac}$ nach unten, d.h. in Richtung von R_{cd}, bewegt. Insgesamt erhalten wir

$$\bar{W}_a = -X_c\,h\,\bar{\psi}_{ac} + R_{cd}\,(-a+b)/2 \cdot \bar{\psi}_{ac} = -15 \cdot 4{,}5\,\bar{\psi}_{ac} + 162{,}5\,\bar{\psi}_{ac} = 95\,\bar{\psi}_{ac}$$

5.3.2.3 Zusammenfassung

$$\bar{W}_i + \bar{W}_a = 0 \qquad \bar{W}_i = -\bar{W}_a$$

$$-(M_{ac} + M_{ca})\,\bar{\psi}_{ac} - (M_{cd} + M_{dc})\,(-0{,}9231\,\bar{\psi}_{ac}) - (M_{db} + M_{bd})\,\bar{\psi}_{ac} = -95\,\bar{\psi}_{ac}$$

Wir kürzen durch $-\bar{\psi}_{ac}$ und erhalten die Momentengleichgewichtsbedingung

$$M_{ac} + M_{ca} + (M_{cd} + M_{dc})\,(-0{,}9231) + M_{db} + M_{bd} = 95$$

In der Literatur wird z.T. der Winkel $\bar{\psi}_{ac}$ nicht herausgekürzt, sondern gleich 1 oder -1 gesetzt ([2], [8]); dadurch bleibt formal eine Arbeitsgleichung erhalten.

5.3.2.4 Umformung der Momentengleichgewichtsbedingung

Gemäß Gl. (8.1) ersetzen wir die endgültigen Momente durch die Stabendmomente der Zustände 0 bis 3 und die Faktoren Y:

$$\begin{aligned}
& M_{ac}^0 + M_{ac}^{(1)}\,Y_1 + M_{ac}^{(2)}\,Y_2 + M_{ac}^{(3)}\,Y_3 \\
& + M_{ca}^0 + M_{ca}^{(1)}\,Y_1 + M_{ca}^{(2)}\,Y_2 + M_{ca}^{(3)}\,Y_3 \\
& + (M_{cd}^0 + M_{cd}^{(1)}\,Y_1 + M_{cd}^{(2)}\,Y_2 + M_{cd}^{(3)}\,Y_3)\,(-0{,}9231) \\
& + (M_{dc}^0 + M_{dc}^{(1)}\,Y_1 + M_{dc}^{(2)}\,Y_2 + M_{dc}^{(3)}\,Y_3)\,(-0{,}9231) \\
& + M_{db}^0 + M_{db}^{(1)}\,Y_1 + M_{db}^{(2)}\,Y_2 + M_{db}^{(3)}\,Y_3 \\
& + M_{bd}^0 + M_{bd}^{(1)}\,Y_1 + M_{bd}^{(2)}\,Y_2 + M_{bd}^{(3)}\,Y_3 = 95
\end{aligned}$$

Wir ordnen nach den Zuständen 0 bis 3

$$M_{ac}^0 + M_{ca}^0 + (M_{cd}^0 + M_{dc}^0)(-0,9231)$$
$$+ M_{db}^0 + M_{bd}^0$$
$$+ (M_{ac}^{(1)} + M_{ca}^{(1)} + (M_{cd}^{(1)} + M_{dc}^{(1)})(-0,9231)$$
$$+ M_{db}^{(1)} + M_{bd}^{(1)}) Y_1$$
$$+ (M_{ac}^{(2)} + M_{ca}^{(2)} + (M_{cd}^{(2)} + M_{dc}^{(2)})(-0,9231)$$
$$+ M_{db}^{(2)} + M_{bd}^{(2)}) Y_2$$
$$+ (M_{ac}^{(3)} + M_{ca}^{(3)} + (M_{cd}^{(3)} + M_{dc}^{(3)})(-0,9231)$$
$$+ M_{db}^{(3)} + M_{bd}^{(3)}) Y_3 \qquad = 95$$

und setzen die Maßzahlen ein:

$$0 + 0 + (-88,02 + 88,02)(-0,9231) + 0 + 0$$
$$+ (2,047 + 4,093 + (4 + 2)(-0,9231) + 0 + 0) Y_1$$
$$+ (0 + 0 + (2 + 4)(-0,9231) + 3,348 + 1,674) Y_2$$
$$+ (6,140 + 6,140 + (-5,538 - 5,538)(-0,9231)$$
$$+ 5,022 + 5,022) Y_3 \qquad = 95$$

Zusammenfassen ergibt

$$0,6015\, Y_1 - 0,5165\, Y_2 + 32,548\, Y_3 \qquad = 95$$

5.4 Aufstellung und Lösung des Gleichungssystems

Das Gleichungssystem

$$\begin{bmatrix} 8,093 & 2 & 0,602 \\ 2 & 7,348 & -0,516 \\ 0,602 & -0,516 & 32,548 \end{bmatrix} \begin{bmatrix} Y_1 \\ Y_2 \\ Y_3 \end{bmatrix} = \begin{bmatrix} 88,02 \\ -88,02 \\ 95 \end{bmatrix}$$

hat die Lösung

$$\begin{bmatrix} Y_1 \\ Y_2 \\ Y_3 \end{bmatrix} = \begin{bmatrix} 14,598 \\ -15,784 \\ 2,399 \end{bmatrix}$$

6. Endgültige Schnittgrößen

6.1 Momente

Wir berechnen die Momente tabellarisch mit der Formel

$$M = M^0 + M^{(1)} \cdot 14,598 + M^{(2)} \cdot (-15,784) + M^{(3)} \cdot 2,399$$

und benutzen dabei die Vorzeichen des Drehwinkelverfahrens; die Maßeinheit ist kNm

8.4.3 Anwendungen

	M^0	$M^{(1)}$	$M^{(2)}$	$M^{(3)}$	M
M_{ac}	0	2,047	0	6,14	44,60
M_{ca}	0	4,093	0	6,14	74,48
M_{cd}	−88,02	4	2	−5,538	−74,48
M_{dc}	88,02	2	4	−5,538	40,80
M_{db}	0	0	3,348	5,022	−40,80
M_{bd}	0	0	1,674	5,022	−14,38

Bild **8.**19i zeigt die Momentenfläche mit den Vorzeichen nach dem Biegesinn.

6.2 Querkräfte
Wir ermitteln die Querkräfte in gewohnter Weise aus der Momentenfläche.

$$Q_{ac} = -(44{,}60 + 74{,}48)/4{,}924 \qquad = -24{,}18 \text{ kN}$$

$$Q_{cr} = 25 \cdot 3{,}25 + (74{,}48 - 40{,}80)/6{,}50 = 86{,}43 \text{ kN}$$

$$Q_{dl} = 86{,}43 - 25 \cdot 6{,}5 \qquad = -76{,}07 \text{ kN}$$

$$Q_{bd} = (40{,}80 + 14{,}38)/6{,}021 \qquad = 9{,}16 \text{ kN}$$

Bild **8.**19j zeigt die Querkraftfläche.

6.3 Längskräfte
6.3.1 Allgemeines
Auch bei diesem Rahmen berechnen wir die Längskräfte aus den Querkräften, indem wir an jedem Knoten die beiden Komponentengleichgewichtsbedingungen $\Sigma V = 0$ und $\Sigma H = 0$ ansetzen. Die geneigten Stiele führen dazu, daß an beiden Knoten die Gleichungen voneinander abhängig sind; wegen $N_{cr} = N_{dl} = N_{cd}$ ist eine der vier Gleichungen überzählig und dient als Kontrolle.

6.3.2 Knoten c (**8.**19k)

$$\downarrow^+ \quad \Sigma V = 0 = N_{ac} \sin \alpha_{ac} - Q_{ac} \cos \alpha_{ac} + Q_{cr}$$
$$\overset{+}{\rightarrow} \quad \Sigma H = 0 = W - N_{ac} \cos \alpha_{ac} - Q_{ac} \sin \alpha_{ac} + N_{cr}$$

Die Lösung dieses Gleichungssystems ist

$$N_{ac} = -105{,}33 \text{ kN} \qquad N_{cr} = -79{,}88 \text{ kN}$$

6.3.3 Knoten d (**8.**19l)

$$\downarrow^+ \quad \Sigma V = 0 = -Q_{dl} + Q_{bd} \cos \alpha_{bd} + N_{bd} \sin \alpha_{bd}$$
$$\overset{+}{\rightarrow} \quad \Sigma H = 0 = -N_{dr} - Q_{bd} \sin \alpha_{bd} + N_{bd} \cos \alpha_{bd}$$

Die Auflösung ergibt

$$N_{dr} = -79{,}88 \text{ kN} \qquad N_{bd} = -109{,}92 \text{ kN}$$

Bild **8.**19m zeigt die Längskraftfläche.

7. Stützkräfte, Gleichgewichtskontrollen (8.19 n)

7.1 Einspannung a

$\downarrow+ \quad \Sigma V = 0 = -A + Q_{ac} \cos \alpha_{ac} - N_{ac} \sin \alpha_{ac}$

$ A = Q_{ac} \cos \alpha_{ac} - N_{ac} \sin \alpha_{ac} = 86{,}43 \text{ kN}$

$\overset{+}{\rightarrow} \quad \Sigma H = 0 = H_a + Q_{ac} \sin \alpha_{ac} + N_{ac} \cos \alpha_{ac}$

$\phantom{\overset{+}{\rightarrow} \quad \Sigma H = 0 = } H_a = -Q_{ac} \sin \alpha_{ac} - N_{ac} \cos \alpha_{ac} = 64{,}88 \text{ kN}$

7.2 Einspannung b

$\downarrow+ \quad \Sigma V = 0 = -B - Q_{bd} \cos \alpha_{bd} - N_{bd} \sin \alpha_{bd}$

$ B = -Q_{bd} \cos \alpha_{bd} - N_{bd} \sin \alpha_{bd} = 76{,}07 \text{ kN}$

$\overset{+}{\rightarrow} \quad \Sigma H = 0 = -H_b + Q_{bd} \sin \alpha_{bd} - N_{bd} \cos \alpha_{bd}$

$\phantom{\overset{+}{\rightarrow} \quad \Sigma H = 0 = } H_b = Q_{bd} \sin \alpha_{bd} - N_{bd} \cos \alpha_{bd} = 79{,}88 \text{ kN}$

7.3 Gleichgewichtskontrollen

$\downarrow+ \quad \Sigma V = -A + q_{cd} l_{cd} - B = -86{,}43 + 162{,}5 - 76{,}07 = 0$

$\overset{+}{\rightarrow} \quad \Sigma H = H_a + X_c - H_b = 64{,}88 + 15 - 79{,}88 = 0$

$\curvearrowright \Sigma M_a = M_{ac} + X_c h + q_{cd} l_{cd} (a + l_{cd}/2) + M_{bd} - Bl_{ab}$
$ = 44{,}60 + 15 \cdot 4{,}5 + 25 \cdot 6{,}5 \cdot 5{,}25 - 14{,}38 - 76{,}07 \cdot 12{,}5 = 0$

8.5 Berücksichtigung von Temperaturänderungen

8.5.1 Allgemeines

Neben Lastfällen können auch Verformungsfälle wie vorgegebene Lagerverschiebungen und -verdrehungen, Schwinden und Kriechen, Vorspannung sowie Temperaturänderungen mit Hilfe des Drehwinkelverfahrens berechnet werden. Im folgenden erläutern wir die Ermittlung der Stütz- und Schnittgrößen, die infolge von gleichmäßigen und ungleichmäßigen Änderungen der Temperatur eines Tragwerks auftreten.

Wir greifen zurück auf Abschn. 1.2.3.5 und betrachten einen waagerechten Stab ab mit der Länge l_{ab} und der Dicke $d_{ab} = z_u - z_o$, dessen obere Randfaser o um T_o und dessen untere Randfaser u um $T_u > T_o$ erwärmt wird (**1.5**); der Temperaturverlauf über die Höhe des Stabes ist linear, und in der Schwerachse des Stabes tritt die Erwärmung $T_0 = T_u - (T_u - T_o) z_u/d$ auf. Diesen allgemeinen Fall einer Temperaturänderung zerlegen wir für die rechnerische Behandlung in zwei Teilvorgänge, die auch je für sich auftreten können:

1. Gleichmäßige Erwärmung des Stabes um T_0

Der Stab verlängert sich um

$$\Delta l_{ab} = \varepsilon_T \, l_{ab} = \alpha_T \, T_0 \, l_{ab}$$

und die äquivalente Ersatzkraft N_T, die die gleiche Verlängerung des Stabes verursacht, hat die Größe

$$N_T = \alpha_T \, T_0 \, EA_{ab}$$

8.5.2 Stabendmomente des Zustandes 0

2. Ungleichmäßige Erwärmung des Stabes unter Beibehaltung der Temperatur in der Schwerachse

Die obere Randfaser erwärmt sich um $T_o - T_0 < 0$, die untere um $T_u - T_0$, und der Stab erfährt die Krümmung

$$\varkappa_T = 1/\varrho_T = \alpha_T (T_u - T_o)/d_{ab} = \alpha_T \Delta T/d_{ab}.$$

Das äquivalente Ersatzmomente $M_{\Delta Tab}$, das die gleiche Krümmung verursacht, hat die Größe

$$M_{\Delta Tab} = \alpha_T (T_u - T_o) EI_{ab}/d_{ab} = \alpha_T \Delta T\, EI_{ab}/d_{ab}$$

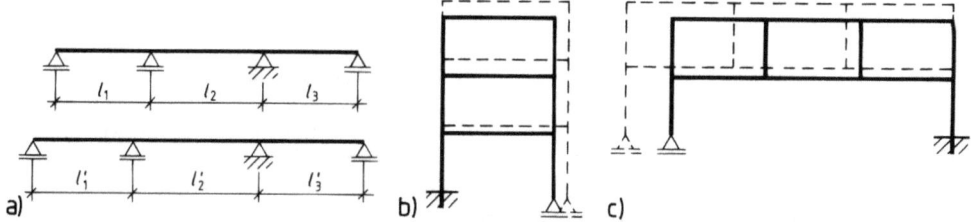

8.20 Verformungsbilder von Systemen, die infolge gleichmäßiger Temperaturänderung keine Spannungen erhalten

Temperaturänderungen verursachen **nicht in allen** Tragwerken Zwängungen und infolgedessen auch Stütz- und Schnittgrößen: In **statisch bestimmten Systemen** können die Verformungen infolge gleichmäßiger oder ungleichmäßiger Erwärmung **ohne Zwang** erfolgen, und in Bild **8.**20 sind ein **Durchlaufträger und zwei Rahmen** gezeichnet, die aufgrund ihrer Lagerung bei gleichmäßigen Temperaturänderungen **keine Spannungen** erhalten.

8.5.2 Stabendmomente des Zustandes 0

8.5.2.1 Gleichmäßige Erwärmung um T_0

Bild **8.**21a zeigt einen Halbrahmen, der eine **gleichmäßige Erwärmung um** T_0 erfahren hat. Infolge der Verlängerung der Stäbe hat sich der Knoten *a* um $u_a = \Delta l_{a1}$ nach rechts und $w_a = \Delta l_{a2}$ nach oben verschoben. Dadurch entstanden die im Gelenkknotensystem **8.**21 b dargestellten Stabdrehwinkel $\psi_{a1} = w_a/l_{a1}$ und $\psi_{a2} = -u_a/l_{a2}$ sowie die in den Abschn. 8.2.3.3 und 8.2.3.4 (Bilder **8.**4 und **8.**5) abgeleiteten Stabmomente

$$M_{1a}^0 = M_{a1}^0 = 6\, EI_{a1}/l_{a1} \cdot \psi_{a1} \quad \text{und}$$
$$M_{a2}^0 \phantom{= M_{a1}^0} = 3\, EI_{a2}/l_{a2} \cdot \psi_{a2}$$

In Bild **8.**21c ist die Momentenfläche mit den Vorzeichen nach dem Biegesinn gezeichnet.

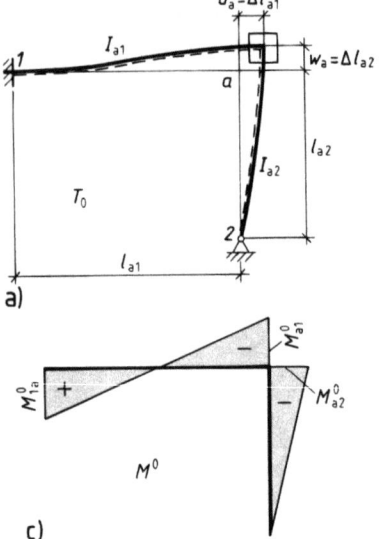
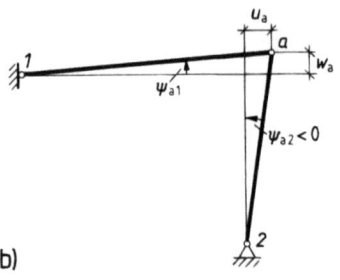

8.21
Halbrahmen mit gleichmäßiger Erwärmung
a) Zustand 0 mit Knotenverschiebungen u_a und w_a
b) Gelenkknotensystem mit Stabdrehwinkeln
c) M^0-Fläche mit Vorzeichen nach dem Biegesinn

8.5.2.2 Ungleichmäßige Temperaturänderung

$\Delta T = T_u - T_o > 0$ unter Beibehaltung der Temperatur T_o in der Schwerachse.

Dem in Bild **8.22**a dargestellten Halbrahmen wird unter Beibehaltung der Temperatur T_0 der Schwerachse eine lineare Temperaturverteilung aufgezwungen mit der Abkühlung $T_o = T_a < 0$ in der oberen und äußeren Faser sowie der Erwärmung $T_u = T_i > 0$ in der unteren und inneren Faser. Bild **8.22**b zeigt das Gelenkknotensystem mit der Verkrümmung der Stäbe infolge ΔT, Bild **8.22**c den Zustand 0 und Bild **8.22**d die zugehörige Momentenfläche mit den Vorzeichen nach dem Biegesinn. Im beidseitig eingespannten Stab 1a tritt auf der ganzen Länge das negative äquivalente Ersatzmoment auf:

$$M^0_{1a} = M^0_{a1} = -M_{\Delta Ta1} = -\alpha_T (T_u - T_o) EI_{a1}/d_{a1},$$

im einseitig eingespannten Stab $a2$ eine dreieckförmige Momentenfläche mit dem Extremwert

$$M^0_{a2} = -1{,}5 \, M_{\Delta Ta2} = -1{,}5 \, \alpha_T (T_i - T_a) EI_{a2}/d_{a2}$$

Diesen Wert haben wir in Teil 2 dieses Werkes, Abschn. 10.2.7 abgeleitet (s. auch [2]).

Im Zustand 0 **8.22**c ist der Stab 1a gerade, da sich die Verkrümmungen infolge von ΔT und M^0 genau aufheben. Dagegen erfahren die Achspunkte des Stabes $a2$ horizontale Verschiebungen $w(z)$, die wir berechnen können aus dem über die Stablänge wirkenden positiven äquivalenten Ersatzmoment $M_{\Delta Ta2}$ und der in Bild **8.22**d dargestellten negativen dreieckförmigen Momentenfläche mit dem Extremwert $1{,}5 \, M_{\Delta Ta2}$. Die Überlagerung beider Momentenflächen ergibt ein verschränktes Trapez mit den Stabendmomenten $-M_{\Delta Ta2}/2$ und $M_{\Delta Ta2}$ (**8.22**e), und die zugehörige Biegelinie folgt der Funktion

$$w(z) = \alpha_T (T_u - T_o) l^2_{a2}/4 \, d_{a2} \cdot \omega_{T1}$$

mit $\quad \omega_{T1} = \omega_\tau = \xi^2 - \xi^3$

(s. Abschn. 2.2 und [2]).

8.5.3 Anwendungen

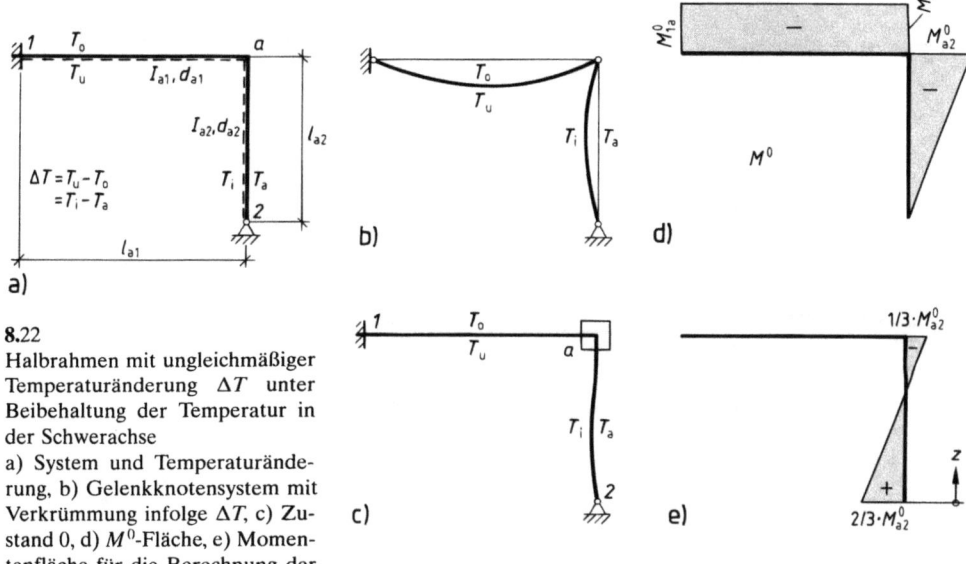

8.22
Halbrahmen mit ungleichmäßiger Temperaturänderung ΔT unter Beibehaltung der Temperatur in der Schwerachse
a) System und Temperaturänderung, b) Gelenkknotensystem mit Verkrümmung infolge ΔT, c) Zustand 0, d) M^0-Fläche, e) Momentenfläche für die Berechnung der Verformung des Rahmens im Zustand 0

8.5.3 Anwendungen

8.5.3.1 Beispiel 9

Der in Bild **8.23**a dargestellte Stahlbetonrahmen aus Beton B 25 erfährt eine gleichmäßige Erwärmung von $T_0 = 35$ K gegenüber der Herstelltemperatur. Gesucht sind die dadurch entstehenden Stütz- und Schnittgrößen.

1. Kinematische Unbestimmtheit

Der Rahmen ist einfach kinematisch unbestimmt: Lediglich die Verdrehung des Knotens a ist unbekannt.

Zum Vergeich stellen wir fest, daß der Grad der statischen Unbestimmtheit gleich drei ist: Der Rahmen wäre mit einer festen Einspannung statisch bestimmt gelagert; die drei Stützgrößen der anderen festen Einspannung sind überzählig.

2. Querschnittswerte, Faktoren c, Materialkennwerte

Riegel a 1:

$$A_{a1} = 0{,}20 \cdot 0{,}50 = 0{,}10 \text{ m}^2; \quad l_{a1} = 6 \text{ m}$$

$$I_{a1} = 0{,}20 \cdot 0{,}50^3/12 = 0{,}002083 \text{ m}^4$$

Stiel a 2:

$$A_{a2} = 0{,}20 \cdot 0{,}30 = 0{,}06 \text{ m}^2; \quad l_{a2} = 4 \text{ m} = l_c$$

$$I_{a2} = 0{,}20 \cdot 0{,}30^3/12 = 0{,}000450 \text{ m}^4 = I_c$$

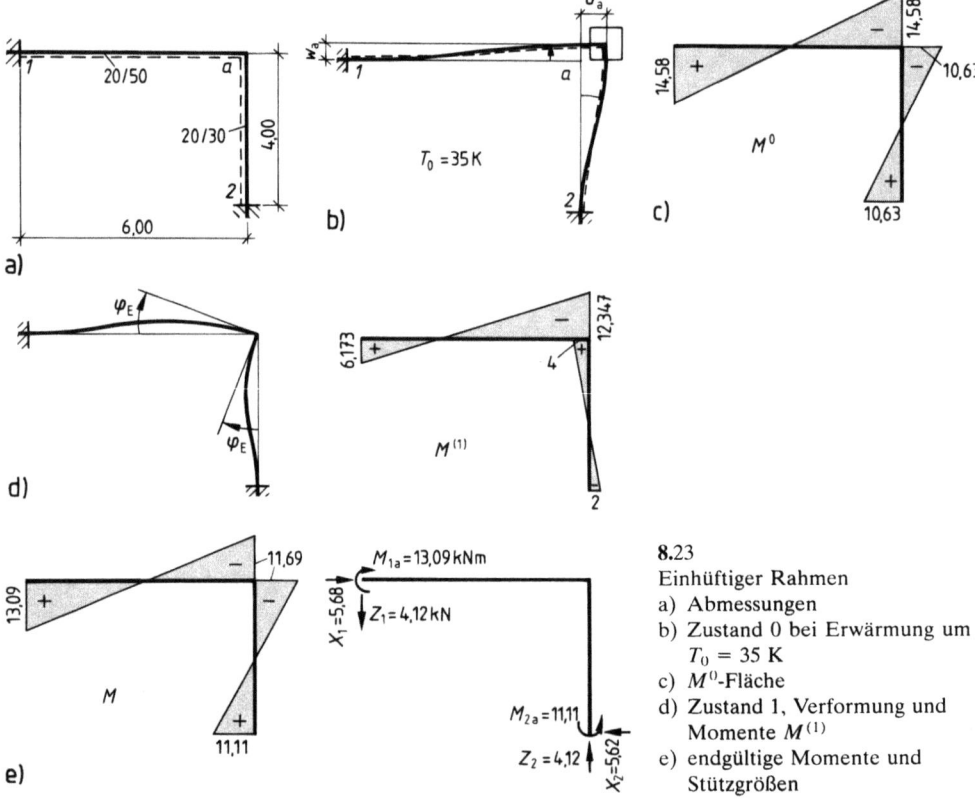

8.23
Einhüftiger Rahmen
a) Abmessungen
b) Zustand 0 bei Erwärmung um $T_0 = 35$ K
c) M^0-Fläche
d) Zustand 1, Verformung und Momente $M^{(1)}$
e) endgültige Momente und Stützgrößen

Wir wählen den Stiel $a2$ als Bezugsstab:

$$c_{a1} = I_{a1}\, l_c/I_c\, l_{a1} = 0{,}002083 \cdot 4/(0{,}000450 \cdot 6) = 3{,}086$$

$$c_{a2} = 1$$

Für Beton B 25 ist $E = 3000$ kN/cm² $= 3 \cdot 10^7$ kN/m² und $\alpha_T = 1 \cdot 10^{-5}$ K^{-1}

3. Zustand 0

Im kinematisch bestimmten Hauptsystem ist der Knoten a mit einer drillsteifen und biegeweichen Festhaltung versehen; er kann sich darum infolge der durch die Erwärmung bedingten Verlängerungen der Stäbe verschieben, aber nicht verdrehen.

Die Verlängerung Δl_{a1} des Riegels verursacht die waagerechte Knotenverschiebung u_a, die Verlängerung Δl_{a2} des Stiels die lotrechte Knotenverschiebung w_a. Wir erhalten

$$\Delta l_{a1} = \alpha_T\, T_0\, l_{a1} = 1 \cdot 10^{-5} \cdot 35 \cdot 6 = 0{,}0021 \text{ m} = u_a$$

$$\Delta l_{a2} = \alpha_T\, T_0\, l_{a2} = 1 \cdot 10^{-5} \cdot 35 \cdot 4 = 0{,}0014 \text{ m} = w_a$$

Bild **8.23** b zeigt den Zustand 0; anhand dieser Zeichnung berechnen wir die Stabdrehwinkel von Riegel und Stiel; nach unserer Vorzeichenfestsetzung sind Stabdrehwinkel positiv, wenn sie linksherum gerichtet sind.

$$\psi_{a1} = w_a/l_{a1} = 0{,}0014/6 = 0{,}000233 \text{ rad}$$

8.5.3 Anwendungen

$$\psi_{a2} = -u_a/l_{a2} = -0,0021/4 = -0,000525 \text{ rad}$$

Nach Abschn. 8.5.2 ergeben sich aus diesen Stabverdrehungen die folgenden Stabendmomente

$$M^0_{a1} = M^0_{1a} = 6\,EI_{a1}/l_{a1} \cdot \psi_{a1}$$
$$= 6 \cdot 3 \cdot 10^7 \cdot 0,002083/6 \cdot \quad 0,000233 = \quad 14,58 \text{ kNm}$$
$$M^0_{a2} = M^0_{2a} = 6\,EI_{a2}/l_{a2} \cdot \psi_{a1}$$
$$= 6 \cdot 3 \cdot 10^7 \cdot 0,000450/5 \cdot (-0,000525) = -10,63 \text{ kNm}$$

Bild **8.**23c zeigt die M^0-Fläche mit den Vorzeichen nach dem Biegesinn. Die Verschiebungen des Knotens *a* im Zustand 0 sind **klein von höherer Ordnung**, so daß wir die weitere Berechnung am **unverformten System**, d.h. im Rahmen der **Theorie I. Ordnung**, durchführen können.

4. Zustand 1

Wir lösen die Festhaltung des Knotens *a* und verdrehen ihn um $\varphi_E = l_c/EI_c$ rechtsherum; dadurch entstehen die Stabendmomente

$$M^{(1)}_{1a} = 2\,c_{a1} = 2 \cdot 3,086 = \quad 6,173 \text{ kNm}$$
$$M^{(1)}_{a1} = 4\,c_{a1} = 4 \cdot 3,086 = 12,347 \text{ kNm}$$
$$M^{(1)}_{a2} = 4\,c_{a2} = 4 \cdot 1 \quad\quad = \quad 4 \text{ kNm}$$
$$M^{(1)}_{2a} = 2\,c_{a2} = 2 \cdot 1 \quad\quad = \quad 2 \text{ kNm}$$

Bild **8.**23d zeigt die Verformungsfigur sowie die $M^{(1)}$-Fläche mit den Vorzeichen nach dem Biegesinn.

5. Knotengleichgewichtsbedingung, Faktor Y_1

$$\Sigma M_a = 0 = M_{a1} + M_{a2}$$
$$= M^0_{a1} + M^{(1)}_{a1}\,Y_1 + M^0_{a2} + M^{(1)}_{a2}\,Y_1$$
$$= 14,58 + 12,347\,Y_1 - 10,63 + 4\,Y_1$$
$$= 16,347\,Y_1 + 3,95$$
$$Y_1 = -0,2416$$

6. Endgültige Schnittgrößen, Gleichgewichtskontrolle

6.1 Momente

$$M \quad = M^0 + M^{(1)}\,Y_1 = M^0 + M^{(1)}\,(-0,2416)$$
$$M_{1a} = \quad 14,58 + \quad 6,173\,(-0,2416) = \quad 13,09 \text{ kNm}$$
$$M_{a1} = \quad 14,58 + 12,347\,(-0,2416) = \quad 11,60 \text{ kNm}$$
$$M_{a2} = -10,63 + \quad 4 \quad\quad (-0,2416) = -11,60 \text{ kNm}$$
$$M_{2a} = -10,63 + \quad 2 \quad\quad (-0,2416) = -11,11 \text{ kNm}$$

6.2 Querkräfte

$$Q_{a1} = -(13{,}09 + 11{,}60)/6 = -4{,}12 \text{ kN}$$
$$Q_{a2} = (11{,}60 + 11{,}11)/4 = 5{,}68 \text{ kN}$$

6.3 Längskräfte

$$N_{a1} = -Q_{a2} = -5{,}68 \text{ kN}$$
$$N_{a2} = Q_{a1} = -4{,}12 \text{ kN}$$

Bild 8.23e zeigt die endgültige Momentenfläche mit den Vorzeichen nach dem Biegesinn und die aus den Schnittgrößen abgeleiteten Stützgrößen.

6.4 Gleichgewichtskontrolle

Wir berechnen die Summe der Momente am Gesamtsystem – der Momentenbezugspunkt ist ohne Bedeutung, da die Lagerkräfte X_1, X_2 und Z_1, Z_2 zwei Kräftepaare bilden.

$$\curvearrowright \Sigma M = 13{,}09 - 11{,}11 + 5{,}68 \cdot 4 - 4{,}12 \cdot 6 = -0{,}02 \approx 0$$

8.5.3.2 Beispiel 10

Gegeben ist der eingespannte Stahlrahmen mit verschieden langen Stielen nach Bild 8.24a. Gesucht sind die Momente infolge der gleichmäßigen Erwärmung um $T_0 = 30$ K.
Wir arbeiten in diesem Beispiel mit der Krafteinheit kN und der Längeneinheit cm.

1. Geometrische Unbestimmtheit, Querschnittswerte, Faktoren c

Der Rahmen ist **dreifach geometrisch unbestimmt**: Zu berechnen sind die Verdrehungen der Knoten a und b sowie die Verdrehung eines Stieles. Die Verdrehung des zweiten Stiels ist keine weitere unabhängige Unbekannte, sie läßt sich vielmehr aus der Verdrehung des ersten Stiels, der Geometrie des Systems und der Riegelverlängerung infolge der Erwärmung des Tragwerks berechnen.

Wir nehmen die **Verdrehung des Stieles $a1$ als Unbekannte an und setzen sie im geometrisch bestimmten Hauptsystem gleich Null.**
Rechter Stiel: Wir benutzen den Stiel $b2$ als Bezugsstab.

$$I_{b2} = 3690 \text{ cm}^2 = I_c; \qquad l_{b2} = 600 \text{ cm} = l_c; \qquad c_{b2} = I_{b2} \, l_c / I_c \, l_{b2} = 1$$

Riegel ab

$$I_{ab} = 8360 \text{ cm}^2; \qquad l_{ab} = 600 \text{ cm}$$
$$c_{ab} = I_{ab} \, l_c / I_c \, l_{ab} = 8360 \cdot 600 / (3690 \cdot 600) = 2{,}2656$$

Linker Stiel $a1$

$$I_{a1} = 3690 \text{ cm}^2; \qquad l_{a1} = 300 \text{ cm}$$
$$c_{a1} = I_{a1} \, l_c / I_c \, l_{a1} = 3690 \cdot 600 / (3690 \cdot 300) = 2$$

Bild 8.24b zeigt die errechneten c-Werte.

2. Zustand 0

Um diesen Zustand mit seinen vorgegebenen Stablängenänderungen herzustellen, verhindern wir im Knoten a die Verdrehung φ_a und die Verschiebung u_a, im Knoten b die Verdre-

8.5.3 Anwendungen

hung φ_b; unter der Wirkung der gleichmäßigen Erwärmung verschiebt sich dann der Knoten a nach oben und der Knoten b nach rechts und oben. Mit dieser Annahme des geometrisch bestimmten Hauptsystem machen wir die Anfangsverdrehung des Stieles $a1$ gleich Null (**8.**24c).

Um die Stabendmomente des Zustandes 0 berechnen zu können, müssen wir zunächst die Längenänderungen der Stäbe ermitteln:

Riegel ab und Stiel $b2$:

$$\Delta l_{ab} = \Delta l_{b2} = \alpha_T \, T_0 \, l = 12 \cdot 10^{-6} \cdot 30 \cdot 600 = 0{,}216 \text{ cm}$$

Stiel $a1$: $\Delta l_{a1} = \qquad\qquad 12 \cdot 10^{-6} \cdot 30 \cdot 300 = 0{,}108$ cm

Für das oben beschriebene geometrisch bestimmte Hauptsystem ergeben sich dann die Volleinspannmomente der Stäbe mit den Vorzeichen des Drehwinkelverfahrens wie folgt (s. Abschn. 8.2.3.3, Bild **8.**4):

Stiel $a1$: $M_{a1}^0 = M_{1a}^0 = 0$

Riegel ab: der Stabdrehwinkel ist

$$\psi_{ab} = (w_b - w_a)/l_{ab} = (\Delta l_{b2} - \Delta l_{a1})/l_{ab}$$

$$M_{ab}^0 = M_{ba}^0 = 6 \, EI_{ab}/l_{ab} \cdot (\Delta l_{b2} - \Delta l_{a1})/l_{ab}$$

$$= 6 \, EI_{ab}/l_{ab}^2 \cdot (\Delta l_{b2} - \Delta l_{a1})$$

$$= 6 \cdot 21\,000 \cdot 8360/600^2 \cdot (0{,}216 - 0{,}108) = 316{,}08 \text{ kNcm}$$

Stiel $b2$: der Stabdrehwinkel ist

$$\psi_{b2} = -u_b/l_{b2} = -\Delta l_{ab}/l_{b2}$$

$$M_{b2}^0 = M_{2b}^0 = 6 \, EI_{b2}/l_{b2} \cdot (-\Delta l_{ab}/l_{b2})$$

$$= -6 \, EI_{b2}/l_{b2}^2 \cdot \Delta l_{ab}$$

$$= -6 \cdot 21\,000 \cdot 3690/600^2 \cdot 0{,}216 = -278{,}96 \text{ kNcm}$$

Bild **8.**24d zeigt die M^0-Fläche mit den Vorzeichen nach dem Biegesinn.

3. Einheitsverdrehungszustände

3.1 Zustand 1

Wir lösen die Festhaltung des Knotens a und verdrehen ihn rechtsherum um $\varphi_E = l_c/EI_c$. Es ergeben sich die Stabendmomente

$$M_{1a}^{(1)} = 2 \, c_{a1} = 4 \qquad\qquad M_{a1}^{(1)} = 4 \, c_{a1} = 8$$

$$M_{ab}^{(1)} = 4 \, c_{ab} = 9{,}062 \qquad\qquad M_{ba}^{(1)} = 2 \, c_{a1} = 4{,}531$$

Die Bilder **8.**24e, f zeigen die Verformung des Rahmens und die $M^{(1)}$-Fläche mit den Vorzeichen nach dem Biegesinn.

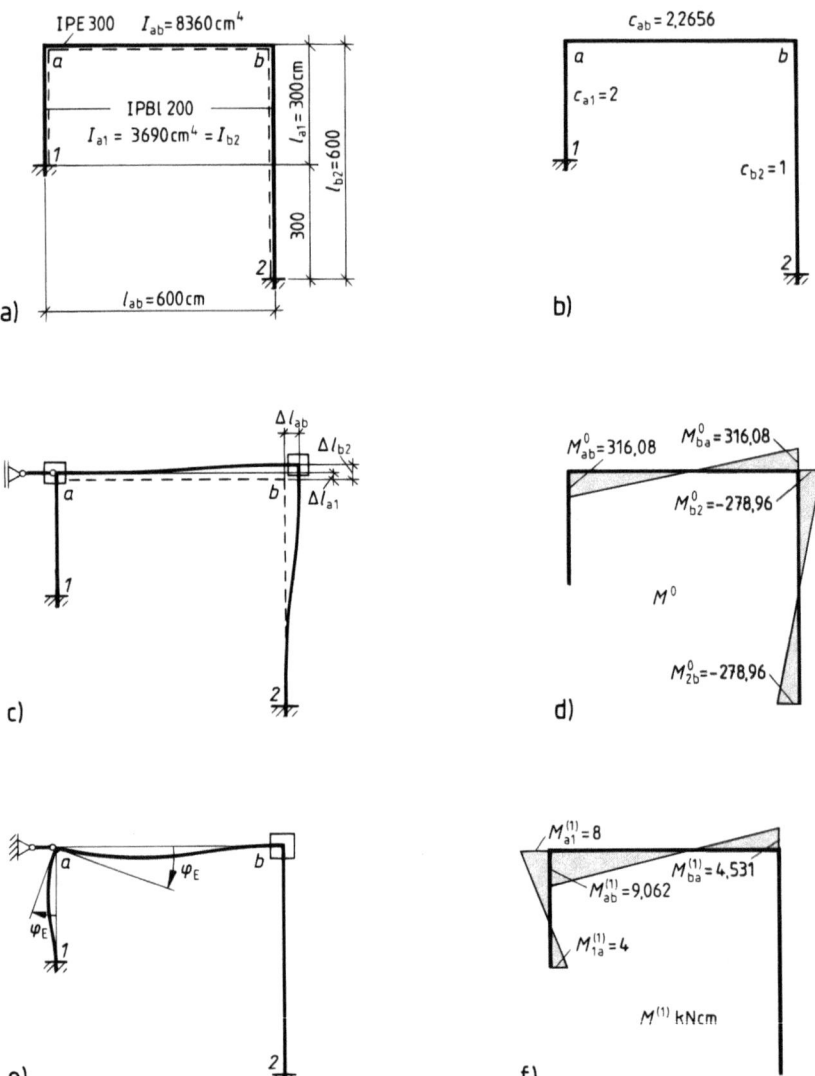

8.24 Stahlrahmen mit ungleich langen Stielen unter gleichmäßiger Erwärmung
a) Abmessungen und Profile, b) Faktoren c, c) Verformung im Zustand 0, d) M^0-Fläche, e) Verformung im Zustand 1, f) $M^{(1)}$-Fläche, g) Verformung im Zustand 2, h) $M^{(2)}$-Fläche, i) Verformung im Zustand 3, j) $M^{(3)}$-Fläche, k) Gelenkknotensystem mit virtueller Verschiebung, l) endgültige Momente in kNcm, m) verzerrte Verformungsfigur

Bilder g) bis l) s. folgende Seite

8.5.3 Anwendungen

Bild **8**.24, Fortsetzung

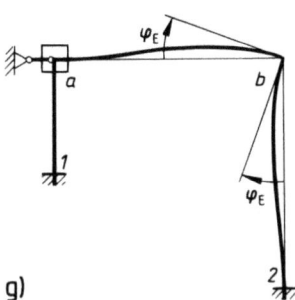
g)

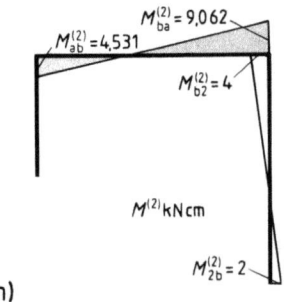
h)

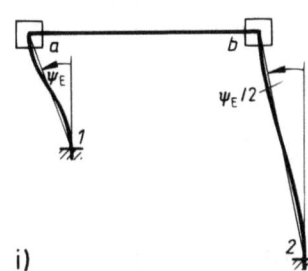
i)

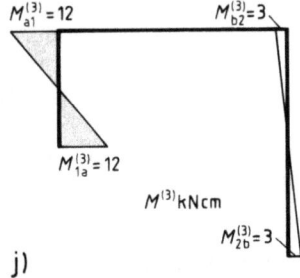
j)

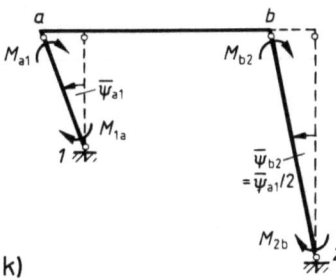
k)

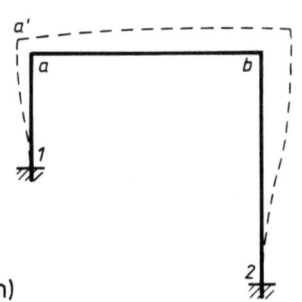
m)

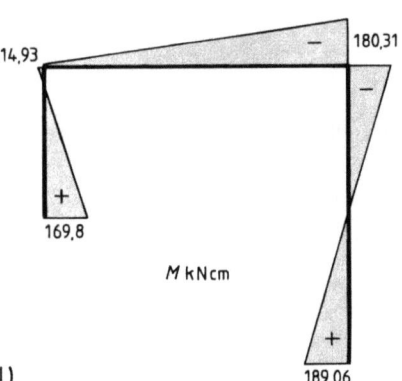
l)

3.2 Zustand 2

Wir lösen die Festhaltung des Knotens b und verdrehen ihn rechtsherum um φ_E. Dadurch entstehen die Stabendmomente

$$M_{ab}^{(2)} = 2\,c_{ab} = 4{,}531 \qquad M_{ba}^{(2)} = 4\,c_{ab} = 9{,}062$$

$$M_{b2}^{(2)} = 4\,c_{b2} = 4 \qquad M_{2b}^{(2)} = 2\,c_{b2} = 2$$

Die Bilder 8.24 g, h zeigen die Verformung des Rahmens und die $M^{(2)}$-Fläche mit den Vorzeichen nach dem Biegesinn.

3.3 Zustand 3

Wir lösen die Festhaltung des Riegels und verschieben ihn soweit nach links, bis der Stiel $a\,1$ die Verdrehung ψ_E aufweist. In den Stielen erhalten wir dann die Stabendmomente

$$M_{1a}^{(3)} = M_{a1}^{(3)} = 6\,c_{a1} = 12 \qquad M_{b2}^{(3)} = M_{2b}^{(3)} = 0{,}5 \cdot 6\,c_{b2} = 3$$

Die Bilder 8.24 i, j zeigen die Verformung des Rahmens und die $M^{(3)}$-Fläche mit den Vorzeichen nach dem Biegesinn.

4. Gleichgewichtsbedingungen, Arbeitsgleichung, Lösung des Gleichungssystems

4.1 Momentengleichgewicht am Knoten a

Im Hinblick auf Beispiel 11, das eine Fortführung von Beispiel 10 ist, nehmen wir in die allgemeine Form der Momentengleichgewichtsbedingung für den Knoten a auch das Volleinspannmoment M_{a1}^0 auf.

$$\Sigma M_a = 0 = M_{a1} + M_{ab}$$
$$= M_{a1}^0 + M_{ab}^0 + (M_{a1}^{(1)} + M_{ab}^{(1)})\,Y_1 + M_{ab}^{(2)}\,Y_2 + M_{a1}^{(3)}\,Y_3$$
$$= M_{a1}^0 + M_{ab}^0 + (8 + 9{,}062)\,Y_1 + 4{,}531\,Y_2 + 12\,Y_3;$$
$$17{,}062\,Y_1 + 4{,}531\,Y_2 + 12\,Y_3 = -M_{a1}^0 - M_{ab}^0$$
$$= 0 - 316{,}08 = -316{,}08$$

4.2 Momentengleichgewicht am Knoten b

$$\Sigma M_b = 0 = M_{ba} + M_{b2}$$
$$= M_{ba}^0 + M_{b2}^0 + M_{ba}^{(1)}\,Y_1 + (M_{ba}^{(2)} + M_{b2}^{(2)})\,Y_2 + M_{b2}^{(3)}\,Y_3$$
$$= M_{ba}^0 + M_{b2}^0 + 4{,}531\,Y_1 + (9{,}062 + 4)\,Y_2 + 3\,Y_3;$$
$$4{,}531\,Y_1 + 13{,}062\,Y_2 + 3\,Y_3 = -M_{ba}^0 - M_{b2}^0$$
$$= 316{,}08 - 278{,}96 = -37{,}12$$

8.5.3 Anwendungen

4.3 Verschiebungsgleichgewicht mit Hilfe der Arbeitsgleichung (8.24k)

Bei einer virtuellen Verschiebung des Gelenkknotensystems nach links ($\bar{\psi} > 0$) wird nur von den noch unbekannten endgültigen Stielendmomenten virtuelle Arbeit geleistet, und zwar negative:

$$\bar{W} = -(M_{a1} + M_{1a})\,\bar{\psi}_{a1} - (M_{b2} + M_{2b})\,\bar{\psi}_{a1}/2 = 0$$

Kürzen durch $-\bar{\psi}_{a1}$ macht aus der Arbeitsgleichung eine Momentengleichgewichtsbedingung, die wir im folgenden umformen:

$$M_{a1} + M_{1a} + M_{b2}/2 + M_{2b}/2 = 0$$

Wir drücken die unbekannten endgültigen Stielendmomente durch die Stielendmomente der Zustände 0 bis 3 und die Faktoren Y_1 bis Y_3 aus

$$M_{a1}^0 + M_{a1}^{(1)} Y_1 + M_{a1}^{(2)} Y_2 + M_{a1}^{(3)} Y_3$$
$$+ M_{1a}^0 + M_{1a}^{(1)} Y_1 + M_{1a}^{(2)} Y_2 + M_{1a}^{(3)} Y_3$$
$$+ (M_{b2}^0 + M_{b2}^{(1)} Y_1 + M_{b2}^{(2)} Y_2 + M_{b2}^{(3)} Y_3)/2$$
$$+ (M_{2b}^0 + M_{2b}^{(1)} Y_1 + M_{2b}^{(2)} Y_2 + M_{2b}^{(3)} Y_3)/2 = 0$$

Als nächstes bringen wir die Volleinspannmomente des Zustandes 0 auf die rechte Seite; die verbleibenden Ausdrücke der linken Seite ordnen wir nach den Faktoren Y

$$(M_{a1}^{(1)} + M_{1a}^{(1)} + (M_{b2}^{(1)} + M_{2b}^{(1)})/2)\, Y_1$$
$$(M_{a1}^{(2)} + M_{1a}^{(2)} + (M_{b2}^{(2)} + M_{2b}^{(2)})/2)\, Y_2$$
$$(M_{a1}^{(3)} + M_{1a}^{(3)} + (M_{b2}^{(3)} + M_{2b}^{(3)})/2)\, Y_3$$
$$= -(M_{a1}^0 + M_{1a}^0 + (M_{b2}^0 + M_{2b}^0)/2)$$

Für die Stabendmomente der Zustände 1 bis 3 setzen wir die Zahlenwerte ein

$$(\ 8 + \ 4 + (0 + 0)/2)\, Y_1$$
$$+ (\ 0 + \ 0 + (4 + 2)/2)\, Y_2$$
$$+ (12 + 12 + (3 + 3)/2)\, Y_3$$
$$= -(M_{a1}^0 + M_{1a}^0 + (M_{b2}^0 + M_{2b}^0)/2)$$

Zusammenfassen ergibt die für alle Last- oder Verformungsfälle geltende Gleichung

$$12\, Y_1 + 3\, Y_2 + 27\, Y_3 = -(M_{a1}^0 + M_{1a}^0 + (M_{b2}^0 + M_{2b}^0)/2)$$

Schließlich setzen wir die Zahlenwerte der M^0 ein

$$12\, Y_1 + 3\, Y_2 + 27\, Y_3 = -(0 + 0 + (-278{,}96 - 278{,}96)/2) = 278{,}96$$

4.4 Gleichungssystem mit Lösung

Die folgende Rasterdarstellung zeigt das Gleichungssystem und in der letzten Zeile dessen Lösung sowie die Systemdeterminante.

Y_1	Y_2	Y_3	rechte Seite
17,062	4,531	12	−316,08
4,531	13,062	3	−37,12
12	3	27	+278,96
−38,71	4,37	27,05	$D = 3755$

5. Stabendmomente

Wir errechnen die Stabendmomente tabellarisch mit Hilfe der Formel

$$M_{ij} = M_{ij}^0 + M_{ij}^{(1)}(-38{,}71) + M_{ij}^{(2)}\,4{,}37 + M_{ij}^{(3)}\,27{,}05$$

| | Zustand | | | | Über- |
	0	1	2	3	lagerung
M_{ij}	M_{ij}^0	$M_{ij}^{(1)}$	$M_{ij}^{(2)}$	$M_{ij}^{(3)}$	M_{ij} kNcm
M_{1a}	0	4	0	12	169,8
M_{a1}	0.	8	0	12	14,94
M_{ab}	316,08	9,062	4,531	0	−14,92
M_{ba}	316,08	4,531	9,062	0	180,31
M_{b2}	−278,96	0	4	3	−180,31
M_{2b}	−278,96	0	2	3	189,06

Bild 8.24 l zeigt die Momentenfläche mit den Vorzeichen nach dem Biegesinn.

6. Verschiebungsgrößen

Die Einheitsverdrehung hat den Zahlenwert

$$\varphi_E = \psi_E = l_c/EI_c = l_{b2}/EI_{b2}$$
$$= 600/(21\,000 \cdot 3690) = 7{,}7429 \cdot 10^{-6} \text{ rad}$$

Die Knotenverdrehungen sind

$$\varphi_a = \varphi_E\, Y_1 = -2{,}9975 \cdot 10^{-4} \text{ rad (linksherum)}$$
$$\varphi_b = \varphi_E\, Y_2 = 3{,}387 \cdot 10^{-5} \text{ rad (rechtsherum)}$$

und die Verdrehung des Stieles $a\,1$ hat die Größe

$$\psi_{a1} = \psi_E\, Y_3 = 2{,}095 \cdot 10^{-4} \text{ rad (linksherum)}$$

Der Knoten a wird nach links verschoben um das Maß

$$u_a = \psi_{a1}\, h_{a1} = 2{,}095 \cdot 10^{-4} \cdot 300 = 0{,}0628 \text{ cm}.$$

Da der Riegel bei der Erwärmung um 0,216 cm länger wird, erfährt Knoten b eine Verschiebung nach rechts von der Größe

$$u_b = -0{,}0628 + 0{,}2160 = 0{,}1532 \text{ cm};$$

der Drehwinkel des Stiels $b\,2$ hat demnach die Größe (rechtsherum)

$$\psi_{b2} = -0{,}1532/600 = -2{,}553 \cdot 10^{-4} \text{ rad}$$

8.5.3.3 Beispiel 11

Der Rahmen des Beispiels 10 (**8.24**a) soll untersucht werden für eine ungleichmäßige Erwärmung, die außen 40 K, in der Schwerachse der Rahmenstäbe 30 K und innen 20 K beträgt (**8.25**a).

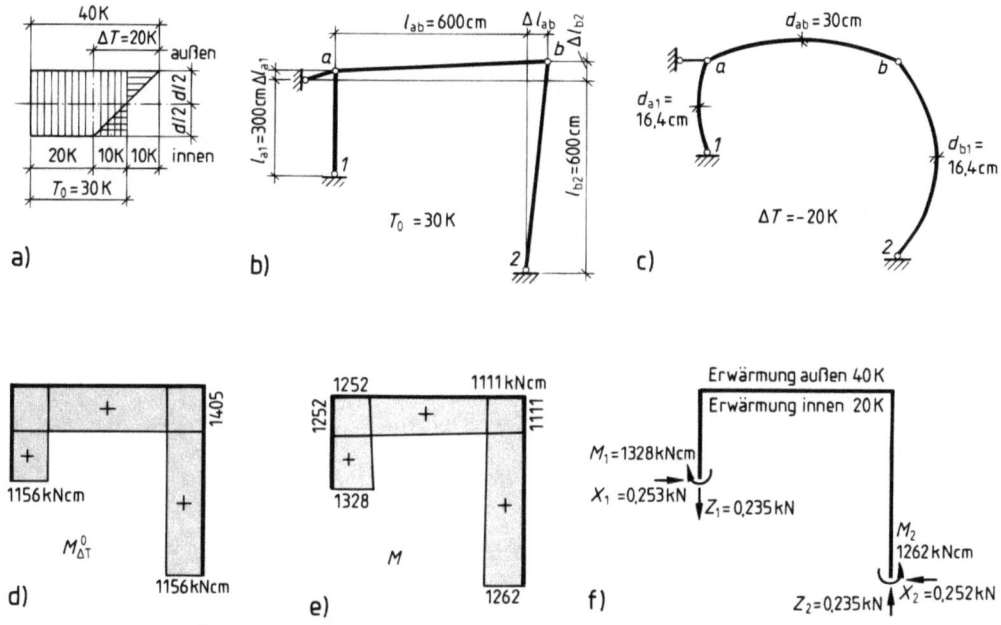

8.25 Stahlrahmen mit ungleich langen Stielen unter ungleichmäßiger Erwärmung (außen 40 K, innen 20 K) a) Aufspaltung der ungleichmäßigen Erwärmung: $T_0 = 30$ K; $\Delta T = T_i - T_a = -20$ K, b) Gelenkknotensystem mit $T_0 = 30$ K, c) Gelenkknotensystem mit $\Delta T = T_i - T_a = -20$ K unter Beibehaltung der Temperatur in der Schwerachse der Stäbe, d) Momente im Zustand $0_{\Delta T}$, e) endgültige Momentenfläche, f) Stützgrößen des Rahmens

1. Allgemeines

Die ungleichmäßige Erwärmung, die ein Beispiel für eine vorgegebene Verformung ist, zerlegen wir in zwei Teilzustände:

a) gleichmäßige Erwärmung des Rahmens um $T_0 = 30$ K und

b) Erwärmung der Außenseite des Rahmens um 10 K und Abkühlung der Innenseite um 10 K.

Zu a):
Die gleichmäßige Erwärmung um $T_0 = 30$ K führt im Gelenkknotensystem zu Verlängerungen der Stäbe, jedoch nicht zu Verkrümmungen (**8.25**b). Im zugehörigen Zustand 0_{T_0} treten Stabendmomente $M^0_{ij T_0}$ auf, für die wir im Abschn. 8.5.2.1 Formeln ermittelt haben.

Zu b):
Die ungleichmäßige Erwärmung um $\Delta T = 20$ K ohne Änderung der Temperatur in der Schwerachse verursacht im Gelenkknotensystem Verkrümmungen ohne Stablängenänderungen (8.25c) und im zugehörigen Zustand $0_{\Delta T}$ Stabendmomente $M^0_{ij\Delta T}$, die nach den Formeln des Abschn. 8.5.2.2 zu berechnen sind. Bei der Aufstellung der Knotengleichgewichtsbedingungen und der Verschiebungsgleichung berücksichtigen wir die Stabendmomente aus beiden Teilzuständen, arbeiten also mit

$$M^0_{ij} = M^0_{ijT0} + M^0_{ij\Delta T}.$$

Da wir die gleichmäßige Erwärmung $T_0 = 30$ K im Beispiel 10 behandelt haben, sind die Stabendmomente M^0_{ijT0} bereits bekannt (8.24d). Wir brauchen nur noch die Stabendmomente $M^0_{ij\Delta T}$ zu berechnen und zu den M^0_{ijT0} zu addieren sowie die dadurch entstehenden M^0_{ij} in das im vorigen Beispiel abgeleitete Gleichungssystem für die Bestimmung der Faktoren Y_i einzusetzen.

2. Berechnung der Stabendmomente $M^0_{ij\Delta T}$

Nach der Formel des Abschn. 8.5.2.2 für den an beiden Enden eingespannten Stab erhalten wir mit den Vorzeichen des Drehwinkelverfahrens

$$M^0_{1a\Delta T} = -\alpha_T \Delta T \, EI_{a1}/d_{a1} =$$
$$= -1{,}2 \cdot 10^{-5} (-20) \, 21\,000 \cdot 3760/16{,}4$$
$$= 1155{,}5 \text{ kNcm}$$

$$M^0_{a1\Delta T} = -1155{,}5 \text{ kNcm}$$

$$M^0_{ab\Delta T} = -1{,}2 \cdot 10^{-5} (-20) \, 21\,000 \cdot 8360/30$$
$$= 1404{,}5 \text{ kNcm}$$

$$M^0_{ba\Delta T} = -1404{,}5 \text{ kNcm}$$

$$M^0_{b2\Delta T} = 1155{,}5 \text{ kNcm}$$

$$M^0_{2b\Delta T} = -1155{,}5 \text{ kNcm}$$

Bild **8.25 d** zeigt die $M^0_{\Delta T}$-Fläche mit den Vorzeichen nach dem Biegesinn. Stiele und Riegel sind im Zustand $0_{\Delta T}$ an beiden Enden fest eingespannt und erhalten deswegen konstante Momente $M_{\Delta T}$; die Verkrümmungen, die diese Momente verursachen, heben die Verkrümmungen infolge von ΔT genau auf, so daß die Stäbe gerade bleiben.

3. Überlagerung der Momente M^0_{T0} und $M^0_{\Delta T}$

Rechtsherum drehende Stabendmomente tragen das positive Vorzeichen.

	M^0_{T0}	$M^0_{\Delta T}$	M^0
M_{1a}	0	1155,5	1155,5
M_{a1}	0	−1155,5	−1155,5
M_{ab}	316,08	1404,5	1720,6
M_{ba}	316,08	−1404,5	−1088,4
M_{b2}	−278,96	1155,5	876,5
M_{2b}	−278,96	−1155,5	−1434,5

8.5.3 Anwendungen

4. Aufstellung und Lösung des Gleichungssystems

Das Gleichungssystem übernehmen wir aus Beispiel 10, Abschn. 4; die rechte Seite stellen wir in der allgemeinen Form dar und setzen dann die unter Textziffer 3 ermittelten Stabendmomente des Zustands 0 ein.

$$\begin{bmatrix} 17{,}062 & 4{,}531 & 12 \\ 4{,}531 & 13{,}062 & 3 \\ 12 & 3 & 27 \end{bmatrix} \begin{bmatrix} Y_1 \\ Y_2 \\ Y_3 \end{bmatrix} = \begin{bmatrix} (-M_{a1}^0 - M_{ab}^0) \\ (-M_{ba}^0 - M_{b2}^0) \\ -(M_{a1}^0 + M_{1a}^0 + (M_{b2}^0 + M_{2b}^0)/2 \end{bmatrix}$$

$$= \begin{bmatrix} (1155{,}5 - 1720{,}6) \\ (1088{,}4 - 876{,}5) \\ -(-1155{,}5 + 1155{,}5 + (876{,}5 - 1434{,}5)/2 \end{bmatrix} = \begin{bmatrix} -565{,}1 \\ 211{,}9 \\ 279 \end{bmatrix}$$

Das Gleichungssystem hat die Lösung

$$Y_1 = -67{,}23 \qquad Y_2 = 31{,}1 \qquad Y_3 = 36{,}76$$

5. Ermittlung der Schnitt- und Stützgrößen

Zunächst berechnen wir die Momente mit der Formel

$$M = M^0 + M^{(1)}(-67{,}23) + M^{(2)}\,31{,}1 + M^{(3)}\,36{,}76$$

Die Maßeinheit ist kNcm.

M_{ij}	Zustand 0 M_{ij}^0	1 $M_{ij}^{(1)}$	2 $M_{ij}^{(2)}$	3 $M_{ij}^{(3)}$	Über- lagerung M_{ij}
M_{1a}	1155,5	4	0	12	1328
M_{a1}	−1155,5	8	0	12	−1252
M_{ab}	1720,6	9,062	4,531	0	1252
M_{ba}	−1088,4	4,531	9,062	0	−1111
M_{b2}	876,5	0	4	3	1111
M_{2b}	−1434,5	0	2	3	−1262

Bild **8.**25 e zeigt die endgültige Momentenfläche mit den Vorzeichen nach dem Biegesinn.
Querkräfte

$$Q_{a1} = -(1328 - 1252)/300 = -0{,}253 \text{ kN}$$
$$Q_{ab} = -(1252 - 1111)/600 = -0{,}235 \text{ kN}$$
$$Q_{b2} = (1262 - 1111)/600 = 0{,}252 \text{ kN} \approx Q_{a1}$$

Längskräfte

$$N_{a1} = -Q_{ab} = 0{,}235 \text{ kN}$$
$$N_{ab} = Q_{a1} = -0{,}253 \text{ kN} \approx -Q_{b2}$$
$$N_{b2} = Q_{ab} = -0{,}235 \text{ kN}$$

Bild 8.25f zeigt die aus den Schnittgrößen an den unteren Enden der Stiele abgeleiteten Stützgrößen.

Gleichgewichtskontrolle am Gesamtsystem

$\curvearrowleft \Sigma M_a = 1328 - 1262 + 0{,}252 \cdot 300 - 0{,}235 \cdot 600 = 0{,}6 \approx 0$

8.6 Berechnung nach der Theorie II. Ordnung

8.6.1 Allgemeines

Wir haben bisher mit der Theorie I. Ordnung gearbeitet, indem wir die **Gleichgewichtsbedingungen am unverformten System** aufgestellt haben. Dieses Verfahren liefert bei der großen Mehrzahl der Tragwerke des Bauwesens ausreichend genaue Ergebnisse. Für eine kleine Zahl von Tragwerken ergibt die Berechnung nach der Theorie I. Ordnung jedoch eine nicht der Wirklichkeit entsprechende Sicherheit, so daß eine **genauere Berechnung nach der Theorie II. Ordnung** erfolgen muß. Bei dieser werden die Gleichgewichtsbedingungen, in denen u.a. die Hebelarme der Kräfte auftreten, am **verformten System formuliert**; die Verschiebungen werden aber noch als klein vorausgesetzt.

Zu den Tragwerken, bei denen das Gleichgewicht empfindlich ist hinsichtlich der Verformungen des Tragwerks, gehören einerseits **schlanke und ausmittig belastete Stützen** sowie **schlanke Bogen und Rahmen**, andererseits **Hänge- und Seilkonstruktionen**. Bei diesen liefert die Theorie I. Ordnung eine **kleinere**, bei den erstgenannten eine **größere Sicherheit** als in Wirklichkeit vorhanden ist.

Das **Drehwinkelverfahren** läßt sich auf einfache Weise so erweitern, daß die Verformungen von Tragwerken bei der Ermittlung der Schnitt- und Stützgrößen berücksichtigt werden können. Am Beispiel eines eingeschossigen zweistieligen Rahmens mit großen lotrechten Knotenlasten und einer horizontalen Last (8.26a) werden wir im folgenden das für die Theorie II. Ordnung erweiterte Drehwinkelverfahren erläutern.

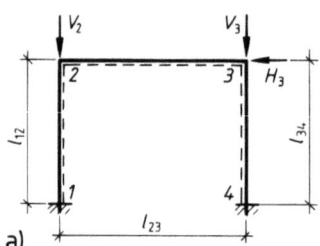
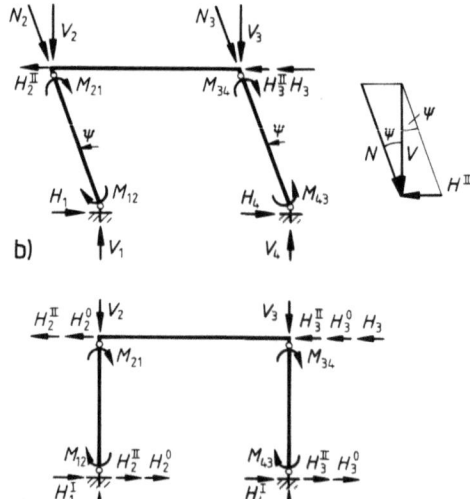

8.26
Verschiebungsgleichgewicht bei Theorie II. Ordnung
a) System und Belastung
b) Gelenkknotensystem unter Belastung mit Abtriebskräften H^{II}
c) Gelenkknotensystem für das Aufstellen der Verschiebungsgleichung

8.6.2 Erläuterungen zur Berechnung nach Theorie II. Ordnung

8.6.2.1 Stabkennzahl

Eine wichtige Größe in der Berechnung nach Theorie II. Ordnung ist die **Stabkennzahl**

$$\varepsilon = l\sqrt{|N|/EI} = l/i \cdot \sqrt{|\varepsilon_N|}$$

In der zweiten Form erscheint sie als Produkt der **Schlankheit** l/i und der **Wurzel aus der Längskraftdehnung** ε_N des Stabes; diese können wir als den **Ausnutzungsgrad** des Stabes bezeichnen.

Je größer die Stabkennzahl eines Stabes ist, um so größer ist der Einfluß der Längskräfte des Stabes auf seine Volleinspannmomente.

Für Stäbe ohne Längskraft ist $\varepsilon = 0$. Bei gedrungenen, durch Längskräfte nur wenig ausgenutzten Stäben ist ε nicht oder nur wenig größer als 1 und der Einfluß der Längskräfte vernachlässigbar klein; wenn jedoch schlanke lotrechte Stiele mit großen Längskräften einen Stabdrehwinkel ψ erhalten, beeinflußt das die Stütz- und Schriftgrößen des Systems sehr stark.

8.6.2.2 Volleinspannmomente des Zustands 0

In der Theorie II. Ordnung wird erforderlichenfalls berücksichtigt, daß die Größe der Volleinspannmomente eines Stabes von der Größe der Längskraft des Stabes abhängig ist. Bei kleinen Längskräften ($\varepsilon \approx 0$) können wir den Einfluß der Längskraft vernachlässigen und die Volleinspannmomente wie in der Theorie I. Ordnung ermitteln. Dieser Fall wird in der Regel bei Volleinspannmomenten von Rahmenriegeln gegeben sein. Bei Stäben mit großen Längskräften müssen dagegen die Volleinspannmomente mit besonderen Formeln ermittelt werden, die z. B. in [2] enthalten sind.

8.6.2.3 Volleinspannmomente der Zustände 1, 2, 3 ...

Auch die Volleinspannmomente der Einheitsverdrehungszustände eines Stabes hängen von der Größe der Längskraft des Stabes ab, und auch bei ihnen wird der Einfluß der Längskraft mit Hilfe der Stabkennzahl ε berücksichtigt. Wenn sich für ε größere Werte als 0,5 bis 1,0 ergeben, bestimmen wir Steifigkeitskoeffizienten $\alpha(\varepsilon)$, $\beta(\varepsilon)$, $\gamma(\varepsilon)$ und führen diese bzw. die Summe ($\alpha(\varepsilon) + \beta(\varepsilon)$) als Faktoren f_{ab} und f_{ba} in die Formeln der Tafel **8.6** ein, wie das bei jedem Verformungsfall in eckigen Klammern angegeben ist. Am Fuß der Tafel sind die allgemeinen Formeln für die Steifigkeitskoeffizienten aufgeführt.

8.6.2.4 Knotengleichgewichtsbedingungen

Die Aufstellung der Knotengleichgewichtsbedingungen erfolgt sinngemäß zur Berechnung nach Theorie I. Ordnung mit den nach Abschn. 8.6.2.2 und 8.6.2.3 ermittelten Volleinspannmomenten.

8.6.2.5 Verschiebungsgleichung

Die Verschiebungsgleichung ist in der Theorie II. Ordnung eine Gleichgewichtsbedingung am verformten Gesamtsystem. Sie enthält gegenüber der Theorie I. Ordnung Zusatzglieder, die den Einfluß der Schrägstellung von Rahmenstielen auf das Gleichgewicht erfassen. Die Bilder **8.26** b und c erläutern die folgenden Ausführungen über das Aufstellen der Verschiebungsgleichung.

Wir betrachten das wirkliche, belastete und verformte System mit den noch unbekannten Drehwinkeln φ_a, φ_b und $\psi_{12} = \psi_{34} = \psi$ und führen an beiden Enden jedes Stiels **Gelenke** ein; zugleich bringen wir an jedem Gelenk das unbekannte innere Moment, das an der Stelle des Gelenks wirkt, als **äußere Doppelgröße** an (8.26b). Das System ist danach eine **zwangläufige kinematische Kette**, die sich im **Gleichgewicht** befindet.

Als nächstes zerlegen wir die lotrechten Knotenlasten V_2 und V_3 in die Richtungen der **verdrehten Stabsehnen** und in die **horizontale Richtung**; dadurch entstehen die Komponenten N_2 und N_3, die als Längskräfte in die Stiele gehen, sowie die **Horizontalkräfte der Theorie II. Ordnung** H_2^{II} und H_3^{II}. Diese werden auch als **Umlenk-** oder **Abtriebskräfte** bezeichnet und sind wie die Horizontalkraft H_3 in der Verschiebungsgleichung zu berücksichtigen. Wegen der geringen Größe von ψ ist

$$N_2 \approx V_2 \quad \text{und} \quad N_3 \approx V_3;$$

für die Horizontalkräfte der Theorie II. Ordnung gilt

$$H_2^{II} = V_2\,\psi \quad \text{und} \quad H_3^{II} = V_3\,\psi$$

Neben den Umlenk- oder Abtriebskräften der Theorie II. Ordnung verlangen die Vorschriften i. a. die Berücksichtigung einer **Schrägstellung der Stiele** als Folge von **ungewollten Ausführungsungenauigkeiten**. Wir legen unserem Beispiel die ungewollte Schrägstellung $\psi_{12}^0 = \psi_{34}^0 = \psi^0 = 1/150$ zugrunde; in sinngemäßer Anwendung der Kräftezerlegung von Bild **8.26b** ergeben sich dann die Umlenk- oder Abtriebskräfte

$$H_2^0 = V_2 \cdot 1/150 = V_2/150 \quad \text{und}$$
$$H_3^0 = V_3 \cdot 1/150 = V_3/150,$$

die ebenfalls in die Verschiebungsgleichung eingehen. Im Gegensatz zu H_2^{II} und H_3^{II} sind H_2^0 und H_3^0 **nicht** von dem noch unbekannten Stabdrehwinkel ψ der Stiele abhängig.

Für die praktische Berechnung erweist es sich als zweckmäßig, die Verschiebungsgleichung an einem **unverschobenen Gelenkknotensystem** aufzustellen, an dem die Stielendmomente, die äußeren Horizontalkräfte sowie als Doppelgrößen die **Abtriebskräfte** wirken (8.26c). Die Momente an Knoten und Einspannungen, die keine Beiträge zur virtuellen Arbeit leisten, sind in Bild **8.26c** nicht dargestellt.

Bei der virtuellen Verschiebung des Gelenkknotensystems nach links, die die Stabdrehwinkel $\bar{\psi}_{12} = \bar{\psi}_{34} = \bar{\psi}$ erzeugt, gilt bei Beachtung von $l_{34} = l_{12}$ für die virtuelle Arbeit die Gleichung

$$\bar{W} = -(M_{12} + M_{21} + M_{34} + M_{43})\,\bar{\psi} + H_3\,l_{12}\,\bar{\psi}$$
$$+ (H_2^0 + H_3^0 + H_2^{II} + H_3^{II})\,l_{12}\,\bar{\psi} = 0$$

Wir kürzen durch $-\bar{\psi}$, setzen die Werte für die Abtriebskäfte ein und erhalten die Momentengleichgewichtsbedingung

$$M_{12} + M_{21} + M_{34} + M_{43} - H_3\,l_{12} - (V_2 + V_3)\,l_{12}/150 - (V_2 + V_3)\,l_{12}\,\psi = 0$$

Als nächstes drücken wir wie bei der Berechnung nach Theorie I. Ordnung die endgültigen Momente durch die Volleinspannmomente der Zustände 0 bis 3 und die Faktoren Y_1 bis Y_3 aus, und für den unbekannten Stabdrehwinkel schreiben wir $\psi = \psi_E\,Y_3$.
Die weitere Berechnung bis zur Ermittlung der endgültigen Stabendmomente unterscheidet sich nicht von der Berechnung nach Theorie I. Ordnung (s. Abschn. 8.6.4).

8.6.3 Die Berechnung nach Theorie II. Ordnung als Verfahren der schrittweisen Näherung

Eine genaue Berechnung nach Theorie II. Ordnung setzt voraus, daß die **Stabkennzahlen mit den wirklichen Längskräften** der Stäbe ermittelt wurden. Da sich die wirklichen Längskräfte erst am Schluß der Berechnung ergeben, muß am Anfang mit **Schätz- oder Näherungswerten** gearbeitet werden. Für diese bieten sich die Längskräfte an, die sich in einem ersten Rechengang nach **Theorie I. Ordnung** ergeben. Damit erhält der zweite, nach Theorie II. Ordnung durchgeführte Rechengang den Charakter einer **Näherungsrechnung**, die durch einen **dritten** Rechengang mit den Längskräften des zweiten verbessert werden muß, wenn die Längskräfte des zweiten Rechenganges deutlich von den des ersten abweichen. Das ist in der Regel nicht der Fall.

8.6.4 Anwendungsbeispiel 12

Zweistieliger eingeschossiger eingespannter Rahmen mit großen lotrechten Knotenlasten und Horizontallast.

Für den Rahmen nach Bild **8.**27a sind die Schnitt- und Stützgrößen nach Theorie I. und II. Ordnung zu ermitteln.

1. Geometrische Unbestimmtheit, Querschnittswerte, Faktoren c

In der Verformungsfigur des Rahmens treten die unbekannten Knotendrehwinkel φ_2 und φ_3 sowie der unbekannte Stabdrehwinkel $\psi_{12} = \psi_{34} = \psi$ auf; der Rahmen ist demnach **dreifach geometrisch unbestimmt**.

Für die Berechnung wählen wir die Maßeinheiten kN und m sowie die Stiele als Bezugsstäbe.

Querschnittswerte:

Riegel: $I_{23} = 5740 \text{ cm}^4 = 5740 \cdot 10^{-8} \text{ m}^4$

$l_{23} = 8 \text{ m}$

Stiele: $I_{12} = I_{34} = I_c = 2490 \text{ cm}^4 = 2490 \cdot 10^{-8} \text{ m}^4$

$l_{12} = l_{34} = l_c = 6 \text{ m}$

Faktoren c:

Riegel: $c_{23} = I_{23} \, l_c / I_c \, l_{23}$

$\quad\quad\quad\quad = 5740 \cdot 10^{-8} \cdot 6/(2490 \cdot 10^{-8} \cdot 8) = 1{,}729$

Stiele: $c_{12} = c_{34} \quad\quad\quad\quad\quad\quad\quad\quad\quad = 1$

2. Berechnung nach Theorie I. Ordnung

2.1 Zustand 0

Im Zustand 0 erhält der Rahmen **keine Momente**: Die Vertikallasten V_2 und V_3 gehen als Längskräfte in die Stiele und weiter in die Einspannungen; die Horizontallast H_3 beansprucht als Längskraft den Riegel und dessen Festhaltung (**8.**27b).

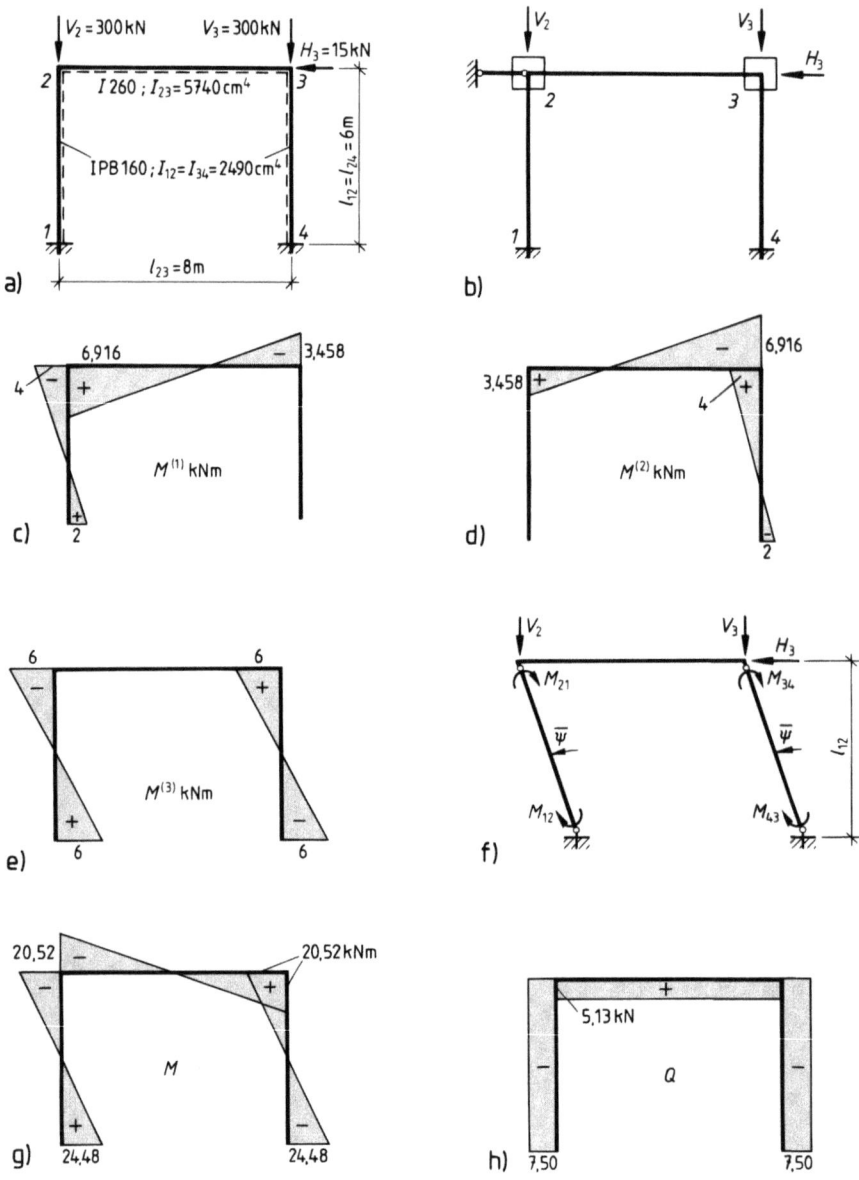

8.27 Zweistieliger eingeschossiger Rahmen mit großen Knotenlasten und Horizontallast

a) System und Belastung, b) geometrisch bestimmtes Hauptsystem, c) bis i) Berechnung nach Theorie I. Ordnung, c) Zustand 1, d) Zustand 2, e) Zustand 3, f) Gelenkknotensystem, g) endgültige Momentenfläche, h) endgültige Querkraftfläche, i) System mit Lasten und Stützgrößen, j) bis o) Berechnung nach Theorie II. Ordnung, j) Zustand 1, k) Zustand 2, l) Zustand 3, m) Gelenkknotensystem mit Lasten und Abtriebskräften, n) endgültige Momentenfläche, o) System mit Lasten, Abtriebskräften und Stützgrößen

8.6.4 Anwendungsbeispiel 12

Bild **8.**27, Fortsetzung

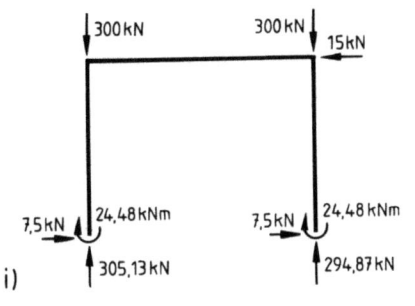
i)

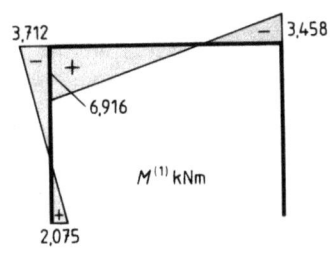
j)

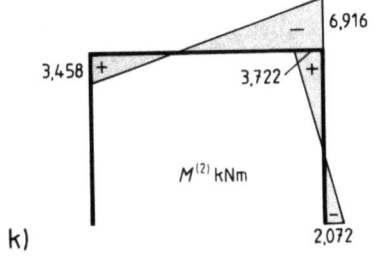
k)

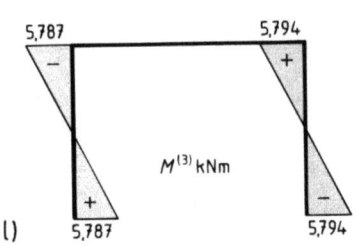
l)

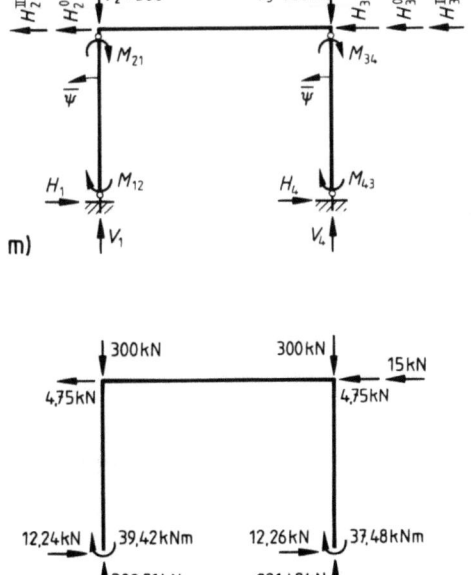
m)

o)

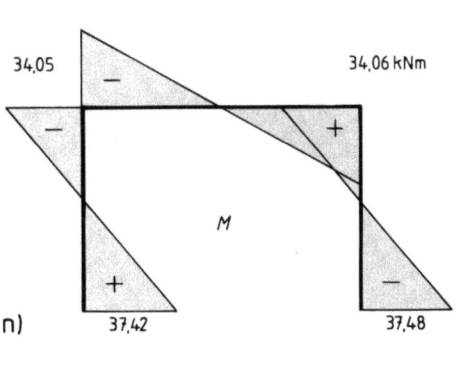
n)

2.2 Einheitsverdrehungszustände

2.2.1 Zustand 1

Wir lösen die Festhaltung des Knotens 2 und verdrehen ihn rechtsherum um $\varphi_E = l_c/EI_c$; dadurch entstehen die Stabendmomente

$$M_{12}^{(1)} = 2\,c_{12} = 2 \text{ kNm}$$
$$M_{21}^{(1)} = 4\,c_{12} = 4 \text{ kNm}$$
$$M_{23}^{(1)} = 4\,c_{23} = 4 \cdot 1{,}729 = 6{,}916 \text{ kNm}$$
$$M_{32}^{(1)} = 2\,c_{23} = 2 \cdot 1{,}729 = 3{,}458 \text{ kNm}$$

Bild **8.**27c zeigt die Momentenfläche mit den Vorzeichen nach dem Biegesinn.

2.2.2 Zustand 2

Wir lösen die Festhaltung des Knotens 2 und verdrehen ihn rechtsherum um $\varphi_E = l_c/EI_c$; dadurch entstehen die Stabendmomente

$$M_{23}^{(2)} = 2\,c_{23} = 2 \cdot 1{,}729 = 3{,}458 \text{ kNm}$$
$$M_{32}^{(2)} = 4\,c_{23} = 4 \cdot 1{,}729 = 6{,}916 \text{ kNm}$$
$$M_{34}^{(2)} = 4\,c_{34} = 4 \text{ kNm}$$
$$M_{43}^{(2)} = 2\,c_{34} = 2 \text{ kNm}$$

Bild **8.**27d zeigt die Momentenfläche mit den Vorzeichen nach dem Biegesinn.

2.2.3 Zustand 3

Wir lösen die Festhaltung des Riegels und verschieben ihn soweit nach links, bis die Stiele den Stabdrehwinkel $\psi_E = l_c/EI_c$ aufweisen. Dadurch entstehen in dem Rahmen die Stabendmomente

$$M_{12}^{(3)} = M_{21}^{(3)} = M_{34}^{(3)} = M_{43}^{(3)}$$
$$= 6\,c_{12} = 6\,c_{34} = 6 \text{ kNm}$$

Bild **8.**27e zeigt die Momentenfläche mit den Vorzeichen nach dem Biegesinn.

2.3 Knotengleichgewichtsbedingungen, Verschiebungsgleichung

2.3.1 Knoten 2

$$\curvearrowright \Sigma M_2 = (4 + 6{,}916)\,Y_1 + 3{,}458\,Y_2 + 6\,Y_3 = 0$$
$$10{,}916\,Y_1 + 3{,}458\,Y_2 + 6\,Y_3 = 0$$

2.3.2 Knoten 3

$$\curvearrowright \Sigma M_3 = 3{,}458\,Y_1 + (6{,}916 + 4)Y_2 + 6\,Y_3 = 0$$
$$3{,}458\,Y_1 + 10{,}916\,Y_2 + 6\,Y_3 = 0$$

2.3.3 Verschiebungsgleichung

Beiträge zur virtuellen Arbeit leisten die Stabendmomente der Stiele und die Horizontalkraft H_3 (**8.**27f)

$$-(M_{12} + M_{21} + M_{34} + M_{43})\,\bar{\psi} + H_3\,l_{12}\,\bar{\psi} = 0$$

Wir kürzen durch $-\bar{\psi}$ und ersetzen die unbekannten endgültigen Stabendmomente durch die Stabendmomente der Zustände 0 bis 3 sowie die Faktoren Y_1 bis Y_3

8.6.4 Anwendungsbeispiel 12

$$M_{12}^0 + M_{12}^{(1)} Y_1 + M_{12}^{(2)} Y_2 + M_{12}^{(3)} Y_3$$
$$+ M_{21}^0 + M_{21}^{(1)} Y_1 + M_{21}^{(2)} Y_2 + M_{21}^{(3)} Y_3$$
$$+ M_{34}^0 + M_{34}^{(1)} Y_1 + M_{34}^{(2)} Y_2 + M_{34}^{(3)} Y_3$$
$$+ M_{43}^0 + M_{43}^{(1)} Y_1 + M_{43}^{(2)} Y_2 + M_{43}^{(3)} Y_3$$
$$- H_3 \, l_{12} = 0$$

Die Stabendmomente des Zustands 0 sind gleich Null; mit den Maßzahlen der Stabendmomente der Zustände 1 bis 3 und des Lastgliedes erhalten wir

$$2 Y_1 + 0 Y_2 + 6 Y_3$$
$$+ 4 Y_1 + 0 Y_2 + 6 Y_3$$
$$+ 0 Y_1 + 4 Y_2 + 6 Y_3$$
$$+ 0 Y_1 + 2 Y_2 + 6 Y_3 - 15 \cdot 6 = 0$$

Schließlich fassen wir zusammen

$$6 Y_1 + 6 Y_2 + 24 Y_3 - 90 = 0$$

2.4 Gleichungssystem und Lösung

Das Gleichungssystem

$$\begin{bmatrix} 10{,}916 & 3{,}458 & 6 \\ 3{,}458 & 10{,}916 & 6 \\ 6 & 6 & 24 \end{bmatrix} \begin{bmatrix} Y_1 \\ Y_2 \\ Y_3 \end{bmatrix} = \begin{bmatrix} 0 \\ 0 \\ 90 \end{bmatrix}$$

hat die Lösung

$$Y_1 = -1{,}978 \qquad Y_2 = -1{,}978 \qquad Y_3 = 4{,}739$$

2.5 Endgültige Schnitt- und Stützgrößen
2.5.1 Stabendmomente

Die Stabendmomente berechnen wir tabellarisch mit der Formel

$$M = M^0 + M^{(1)} Y_1 + M^{(2)} Y_2 + M^{(3)} Y_3$$
$$= 0 + M^{(1)} (-1{,}978) + M^{(2)} (-1{,}978) + M^{(3)} 4{,}739;$$

dabei verwenden wir die Vorzeichen des Drehwinkelverfahrens.

	Zustand			Über-
	1	2	3	lagerung
	$M_{ij}^{(1)}$	$M_{ij}^{(2)}$	$M_{ij}^{(3)}$	M_{ij}
M_{12}	2	0	6	24,48
M_{21}	4	0	6	20,52
M_{23}	6,916	3,458	0	−20,52
M_{32}	3,458	6,916	0	−20,52
M_{34}	0	4	6	20,52
M_{43}	0	2	6	24,48

Bild **8.**27g zeigt die Momentenfläche mit den Vorzeichen nach dem Biegesinn.

2.5.2. Quer- und Längskräfte

$Q_{23} = 2 \cdot 20{,}52/8 = 5{,}13$ kN

$Q_{12} = Q_{34} = -(20{,}52 + 24{,}48)/6 = -7{,}50$ kN

$N_{23} = -7{,}5$ kN

$N_{12} = -300{,}00 - 5{,}13 = -305{,}13$ kN

$N_{34} = -300{,}00 + 5{,}13 = -294{,}87$ kN

Bild **8.**27h zeigt die Querkraftfläche, Bild **8.**27i die Lasten und Stützgrößen des Rahmens.

3. Berechnung nach Theorie II. Ordnung

3.1 Stabkennzahlen ε und Steifigkeitskoeffizienten α, β, γ

Wir legen der Berechnung der Stabkennzahlen die Längskräfte zugrunde, die wir nach Theorie I. Ordnung ermittelt haben (s. Textziffer 2.5.2).

3.1.1 Riegel

$$\varepsilon_{23} = l_{23}\sqrt{|N_{23}|/EI_{23}}$$
$$= 8\sqrt{7{,}5/(21\,000 \cdot 10^4 \cdot 5740 \cdot 10^{-8})}$$
$$= 0{,}1996$$

Mit den in Tafel **8.**6 angegebenen Formeln erhalten wir die Steifigkeitskoeffizienten

$\alpha_{23} = 3{,}995 \approx 4 \qquad \beta_{23} = 2{,}001 \approx 2$

$(\alpha_{23} + \beta_{23}) = 5{,}996 \approx 6$

Der Riegel ist hinsichtlich der Längskraft so gering ausgenutzt, daß wir seine Volleinspannmomente aus der Berechnung nach der Theorie I. Ordnung übernehmen können (**8.**27c, d).

3.1.2 Stiel 12

$$\varepsilon_{12} = l_{12}\sqrt{|N_{12}|/EI_{12}}$$
$$= 6\sqrt{305{,}13/(21\,000 \cdot 10^4 \cdot 2490 \cdot 10^{-8})}$$
$$= 1{,}449$$

$\alpha_{12} = 3{,}711 \qquad \beta_{12} = 2{,}075$

$(\alpha_{12} + \beta_{12}) = 5{,}786$

3.1.3 Stiel 34

$$\varepsilon_{34} = l_{34}\sqrt{|N_{34}|/EI_{34}}$$
$$= 6\sqrt{294{,}87/(21\,000 \cdot 10^4 \cdot 2490 \cdot 10^{-8})}$$
$$= 1{,}425$$

$\alpha_{34} = 3{,}722 \qquad \beta_{34} = 2{,}072$

$(\alpha_{34} + \beta_{34}) = 5{,}794$

3.2 Zustand 0
Wir ermitteln die Momente des Zustands 0 auch bei der Berechnung nach Theorie II. Ordnung am unverformten geometrisch bestimmten Hauptsystem; den Einfluß von Verschiebungen des Riegels berücksichtigen wir erst beim Aufstellen der Verschiebungsgleichung. Der Rahmen ist deshalb im Zustand 0 momentenfrei.

3.3 Einheitsverdrehungszustände
3.3.1 Allgemeines
Die in der Berechnung nach Theorie I. Ordnung verwendeten Faktoren f_{ab} und f_{ba} werden gemäß Tafel **8.6** durch die unter Textziffer 3.1 errechneten Steifigkeitsfaktoren α, β und $(\alpha + \beta)$ ersetzt.

Um die Bezeichnung der Stabendmomente nicht unübersichtlich werden zu lassen, verzichten wir auf die Angabe, daß es sich um Momente der Theorie II. Ordnung handelt.

3.3.2 Zustand 1
$$M_{12}^{(1)} = \beta_{12}\, c_{12} = 2{,}075 \cdot 1 = 2{,}075 \text{ kNm}$$
$$M_{21}^{(1)} = \alpha_{12}\, c_{12} = 3{,}712 \cdot 1 = 3{,}712 \text{ kNm}$$
$$M_{23}^{(1)} = 4\, c_{23} \quad = 4 \cdot 1{,}729 = 6{,}916 \text{ kNm}$$
$$M_{32}^{(1)} = 2\, c_{23} \quad = 2 \cdot 1{,}729 = 3{,}458 \text{ kNm}$$

Bild **8.**27j zeigt die Momentenfläche mit den Vorzeichen nach dem Biegesinn.

3.3.3 Zustand 2
$$M_{23}^{(2)} = 2\, c_{23} \quad = 2 \cdot 1{,}729 = 3{,}458 \text{ kNm}$$
$$M_{32}^{(2)} = 4\, c_{23} \quad = 4 \cdot 1{,}729 = 6{,}916 \text{ kNm}$$
$$M_{34}^{(2)} = \alpha_{34}\, c_{34} = 3{,}722 \cdot 1 = 3{,}722 \text{ kNm}$$
$$M_{43}^{(2)} = \beta_{34}\, c_{34} = 2{,}072 \cdot 1 = 2{,}072 \text{ kNm}$$

Bild **8.**27k zeigt die Momentenfläche mit den Vorzeichen nach dem Biegesinn.

3.3.4 Zustand 3
$$M_{12}^{(3)} = M_{21}^{(3)} = (\alpha_{12} + \beta_{12})\, c_{12}$$
$$= (3{,}712 + 2{,}075)\, 1 = 5{,}787 \text{ kNm}$$
$$M_{34}^{(3)} = M_{43}^{(3)} = (\alpha_{34} + \beta_{34})\, c_{34}$$
$$= (3{,}722 + 2{,}072)\, 1 = 5{,}794 \text{ kNm}$$

Bild **8.**27l zeigt die Momentenfläche mit den Vorzeichen nach dem Biegesinn.

3.4 Knotengleichgewichtsbedingungen, Verschiebungsgleichung
3.4.1 Knoten 2
$$\curvearrowright \Sigma M_2 = (3{,}712 + 6{,}916)\, Y_1 + 3{,}458\, Y_2 + 5{,}787\, Y_3 = 0$$
$$10{,}628\, Y_1 + 3{,}458\, Y_2 + 5{,}787\, Y_3 = 0$$

3.4.2 Knoten 3
$$\curvearrowright \Sigma M_3 = 3{,}458\, Y_1 + (6{,}916 + 3{,}722)\, Y_2 + 5{,}794\, Y_3 = 0$$
$$3{,}458\, Y_1 + 10{,}638\, Y_2 + 5{,}794\, Y_3 = 0$$

3.4.3 Verschiebungsgleichung

Wie wir am Schluß des Abschn. 8.6.2.5 erläutert haben, stellen wir die Verschiebungsgleichung am **unverschobenen Gelenkknotensystem** auf, an dem wir außer der Belastung auch die **Abtriebskräfte** H^{II} aus der Theorie II. Ordnung und H^0 aus der ungewollten Schiefstellung der Stiele angebracht haben (**8.27m**). Bei der virtuellen Verschiebung dieses Systems nach links, die mit dem Stabdrehwinkel $\bar{\psi}$ der Stiele verbunden ist, leisten Beiträge zur virtuellen Arbeit

1.) die Stabendmomente M_{12}, M_{21}, M_{34}, M_{43} der Stiele,

2.) die Horizontalkraft H_3,

3.) die Abtriebskräfte $H_2^0 = V_2/150$ und $H_3^0 = V_3/150$ infolge der ungewollten Schiefstellung der Stiele und

4.) die Abtriebskräfte $H_2^{II} = V_2\psi$ und $H_3^{II} = V_3\psi$ infolge der endgültigen elastischen Verdrehung der Stiele.

Die Einheitsverdrehung ψ_E, die wir bei der Umformung des 4. Beitrags benötigen, hat die Größe

$$\psi_E = l_c/EI_c = 6/(21\,000 \cdot 10^4 \cdot 2490 \cdot 10^{-8})$$
$$= 0{,}00114745 \text{ rad}$$

Nach diesen Vorbemerkungen ergibt sich die Verschiebungsgleichung wie folgt

$$\bar{W} = -(M_{12} + M_{21} + M_{34} + M_{43})\,\bar{\psi}$$
$$+ H_3\, l_{12}\, \bar{\psi} + (V_2 + V_3)/150 \cdot l_{12}\, \bar{\psi}$$
$$+ (V_2 + V_3)\, \psi\, l_{12}\, \bar{\psi} = 0$$

Wir kürzen durch $-\bar{\psi}$, setzen $\psi = \psi_E\, Y_3$ und erhalten die Momentengleichgewichtsbedingung

$$M_{12} + M_{21} + M_{34} + M_{43}$$
$$- H_3\, l_{12} - (V_2 + V_3)\, l_{12}/150$$
$$- (V_2 + V_3)\, l_{12}\, \psi_E\, Y_3 = 0$$

Als nächstes drücken wir die unbekannten Stabendmomente durch die Stabendmomente der Zustände 0 bis 3 und die Faktoren Y_1 bis Y_3 aus

$$M_{12}^0 + M_{12}^{(1)} Y_1 + M_{12}^{(2)} Y_2 + M_{12}^{(3)} Y_3$$
$$+ M_{21}^0 + M_{21}^{(1)} Y_1 + M_{21}^{(2)} Y_2 + M_{21}^{(3)} Y_3$$
$$+ M_{34}^0 + M_{34}^{(1)} Y_1 + M_{34}^{(2)} Y_2 + M_{34}^{(3)} Y_3$$
$$+ M_{43}^0 + M_{43}^{(1)} Y_1 + M_{43}^{(2)} Y_2 + M_{43}^{(3)} Y_3$$
$$- H_3\, l_{12} - (V_2 + V_3)\, l_{12}/150$$
$$- (V_2 + V_3)\, l_{12}\, \psi_E\, Y_3 = 0$$

Schließlich setzen wir die bekannten Zahlenwerte ein; die Stabendmomente des Zustands 0, die gleich Null sind, werden nicht weiter mitgeführt

8.6.4 Anwendungsbeispiel 12

$$2{,}075\ Y_1 + 0 \cdot Y_2 + 5{,}787\ Y_3$$
$$+\ 3{,}712\ Y_1 + 0 \cdot Y_2 + 5{,}787\ Y_3$$
$$+\ 0\ \cdot\ Y_1 + 3{,}722\ Y_2 + 5{,}794\ Y_3$$
$$+\ 0\ \cdot\ Y_1 + 2{,}072\ Y_2 + 5{,}794\ Y_3$$
$$-\ 15 \cdot 6 - (300 + 300)\ 6/150$$
$$-\ (300 + 300)\ 6 \cdot 0{,}00114745 \cdot Y_3 = 0$$

Wir fassen zusammen und bringen die Summanden ohne einen Faktor Y auf die rechte Seite

$$5{,}787\ Y_1 + 5{,}794\ Y_2 + 19{,}030\ Y_3 = 114$$

3.5 Gleichungssystem und Lösung

Das Gleichungssystem

$$\begin{bmatrix} 10{,}628 & 3{,}458 & 5{,}787 \\ 3{,}458 & 10{,}638 & 5{,}794 \\ 5{,}787 & 5{,}794 & 19{,}030 \end{bmatrix} \begin{bmatrix} Y_1 \\ Y_2 \\ Y_3 \end{bmatrix} = \begin{bmatrix} 0 \\ 0 \\ 114 \end{bmatrix}$$

hat die Lösung

$$Y_1 = -3{,}281$$
$$Y_2 = -3{,}284$$
$$Y_3 = 7{,}988$$

3.6 Endgültige Stütz- und Schnittgrößen, Gleichgewichtskontrolle

3.6.1 Stabendmomente

Die Stabendmomente berechnen wir tabellarisch mit der Formel

$$M = M^0 + M^{(1)}\ Y_1 + M^{(2)}\ Y_2 + M^{(3)}\ Y_3$$
$$= 0 + M^{(1)}\ (-3{,}281) + M^{(2)}\ (-3{,}284) + M^{(3)}\ 7{,}988;$$

dabei verwenden wir die Vorzeichen des Drehwinkelverfahrens.

	Zustand			Über-
	1	2	3	lagerung
	$M_{ij}^{(1)}$	$M_{ij}^{(2)}$	$M_{ij}^{(3)}$	M_{ij}
M_{12}	2,075	0	5,787	39,42
M_{21}	3,712	0	5,787	34,05
M_{23}	6,916	3,458	0	−34,05
M_{32}	3,458	6,916	0	−34,06
M_{34}	0	3,722	5,794	34,06
M_{43}	0	2,072	5,794	39,48

Bild **8.27**n zeigt die Momentenfläche mit den Vorzeichen nach dem Biegesinn, Bild **8.27**o die Stützgrößen.

3.6.2 Quer- und Längskräfte

$Q_{23} = (34,05 + 34,06)/8 = 8,51$ kN

$Q_{12} = -(39,42 + 34,05)/6 = -12,24$ kN

$Q_{34} = -(39,48 + 34,06)/6 = -12,26$ kN

$N_{23} = -15 - 7,5 + 12,26 = -7,49$ kN

$N_{12} = -300,00 - 8,51 = -308,51$ kN

$N_{34} = -300,00 + 8,51 = -291,49$ kN

3.6.3 Gleichgewichtsprobe am verformten System

Der endgültige Drehwinkel ψ_{ges} der Stiele setzt sich zusammen aus dem ungewollten Drehwinkel ψ^0 und dem elastischen Drehwinkel $\psi = \psi_E Y_3$

$$\psi_{ges} = \psi^0 + \psi = 1/150 + \psi_E Y_3$$
$$= 0,00667 + 0,00114745 \cdot 7,988 = 0,015832 \text{ rad}$$

Die Verschiebung des Riegels beträgt

$$u_2 = u_3 = \psi_{ges} \, l_{12} = 0,015832 \cdot 6 = 0,09499$$
$$\approx 0,095 \text{ m}$$

Damit ergibt sich die folgende Gleichgewichtsbedingung der Momente bezüglich des Punktes 1:

$$\circlearrowleft \Sigma M_1 = 39,42 + 39,48 - 300 \cdot 0,095 + 300 \, (8 - 0,095)$$
$$- 291,49 \cdot 8 - 15 \cdot 6 = -0,02 \approx 0$$

Beim Gleichgewicht der horizontalen Kräfte sind außer der Last $H_3 = 15$ kN und den nach rechts gerichteten Lagerkräften $H_1 = -Q_{12} = 12,24$ kN und $H_4 = -Q_{34} = 12,26$ kN auch die in den Knoten 2 und 3 wirksamen Abtriebskräfte

$$H_2^0 + H_3^0 + H_2^{II} + H_3^{II} = (V_2 + V_3) \, \psi_{ges} = 600 \cdot 0,015832$$
$$= 9,5 \text{ kN}$$

zu berücksichtigen:

$$\overset{+}{\rightarrow} \Sigma H = 12,24 + 12,26 - 15 - 9,5 = 0$$

Die Gleichgewichtsbedingung der vertikalen Kräfte lautet

$$\downarrow + \Sigma V = 300 + 300 - 308,51 - 291,49 = 0$$

3.7 Schlußbemerkung

Ein zweiter Rechengang im Rahmen der Theorie II. Ordnung, der mit der Ermittlung der Stabkennzahlen der Stiele für $N_{12} = -308,51$ kN und $N_{34} = -291,49$ kN beginnt, bringt nur sehr geringfügige Verbesserungen.

9 Berechnung von Fachwerken mit dem Verschiebungsgrößenverfahren in Matrizendarstellung

9.1 Allgemeines

Das im Abschnitt 8 behandelte Drehwinkelverfahren ist anwendbar auf Tragwerke, die aus Biegestäben bestehen; die Belastung darf in den Knoten und längs der Stäbe angreifen, und bei der Berechnung der Knotenverschiebungen und -verdrehungen wird nur der Einfluß der Momente berücksichtigt, während die Wirkungen der Längskräfte vernachlässigt werden.

Demgegenüber betrifft das im folgenden dargestellte Verschiebungsgrößenverfahren in Matrizendarstellung Fachwerke; deren Stäbe werden nur durch Längskräfte beansprucht, Lasten und Lagerkräfte greifen nur in den Knoten an, und in diesen Knoten befinden sich nach einer Voraussetzung unserer Rechnung Gelenke, in denen sich die Stäbe reibungsfrei gegeneinander verdrehen können. Das Vorhandensein von Gelenken in den Knoten hat zur Folge, daß es keine Knotenverdrehungen zu berechnen gibt; unbekannt sind nur die Verschiebungen u und v der Knoten, soweit nicht Festhaltungen vorgegeben sind.

Beim Verschiebungsgrößenverfahren in Matrizendarstellung betrachten wir zunächst jeden Fachwerkstab für sich; wir schneiden ihn aus dem Fachwerk heraus und stellen für ihn eine Elementsteifigkeitsmatrix auf, die den Zusammenhang zwischen der Stabkraft und den Verschiebungen der Stabenden angibt. Wegen der weiteren Berechnung beziehen wir die Elementsteifigkeitsmatrix auf die globalen Koordinaten x und z des ganzen Fachwerks.

Aus den Elementsteifigkeiten aller Stäbe bilden wir die Gesamtsteifigkeitsmatrix des Fachwerks. Dabei berücksichtigen wir die Verträglichkeitsbedingungen; diese verlangen, daß alle Stabenden, die an den Knoten i angeschlossen sind, dieselben Verschiebungen v_{ix} und v_{iz} erfahren. Die Zeilen der Gesamtsteifigkeitsmatrix sind die Gleichgewichtsbedingungen $\Sigma H = 0$ und $\Sigma V = 0$ für alle Knoten.

Nachdem wir die Gesamtsteifigkeitsmatrix aufgestellt haben, berücksichtigen wir die Lagerung des Fachwerks, lösen das dadurch entstehende Gleichungssystem und erhalten als Ergebnis die gesuchten Knotenverschiebungen, mit denen wir schließlich die Stabkräfte des Fachwerks ermitteln.

Als Anwendung des Verschiebungsgrößenverfahrens in Matrizendarstellung berechnen wir einen Zweibock mit Zugband (**9.**4) und zwei parallelgurtige Fachwerke mit je 6 Knoten (**9.**7, **9.**13).

Diese Beispiele können nicht dazu dienen, die Vorteile der hier dargestellten Methode zu zeigen: Bei den ersten beiden Tragwerken lassen sich die Stabkräfte einfacher zeichnerisch ermitteln oder mit Gleichgewichtsbedingungen berechnen, und beim 3. Beispiel, einem innerlich zweifach statisch unbestimmten Fachwerk, erhalten wir die Stabkräfte schneller mit dem Kraftgrößenverfahren; die Beispiele sollen dazu dienen, die Grundgedanken des Verschiebungsgrößenverfahrens in Matrizendarstellung und ihre Umsetzung in einzelne Rechenschritte anschaulich und übersichtlich darzulegen.

9.2 Steifigkeitsmatrizen

9.2.1 Die Elementsteifigkeitsmatrix eines Fachwerkstabes

Wir betrachten den zwischen den Knoten i und j liegenden Stab ij oder (r) eines Fachwerks, das sich unter beliebigen Lasten im Gleichgewicht befindet (9.1). Der Stab hat über seine ganze Länge eine konstante Dehnsteifigkeit $D = EA$, und seine Achse schließt mit Parallelen zur x-Achse im unbelasteten Zustand den Winkel φ_{ij} ein. Unmittelbar an den Knoten schneiden wir den Stab durch; um das Gleichgewicht zu erhalten, bringen wir an den Schnittflächen die Schnittkräfte gemäß Bild 9.1b an: Wir bezeichnen die Längskraft $F_{(r)}$ des Stabes (r) am Knoten i mit F_{ij} und am Knoten j mit F_{ji}, ferner lassen wir die am Stab angreifenden Schnittkräfte F_{ij} und F_{ji} in **dieselbe Richtung**, nämlich von i nach j wirken. Die an den Knoten i und j angreifenden Schnittkräfte F_{ij} und F_{ji} haben dann ebenfalls **dieselbe Richtung**, jedoch die Richtung von j nach i. Die Vorzeichenfestsetzungen für die Komponenten dieser Schnittkräfte sind in Bild 9.1c und d dargestellt.

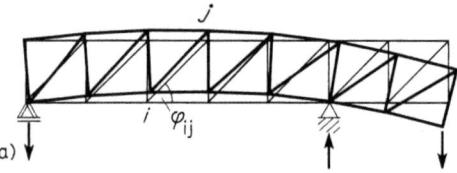

9.1
a) Stab ij im unverformten und verformten Tragwerk
b) Schnittkräfte F_{ij} und F_{ji}
c) Komponenten der Schnittkräfte F_{ij} und F_{ji} am Stab
d) Komponenten der Schnittkräfte F_{ij} und F_{ji} an den Knoten

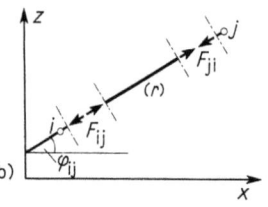 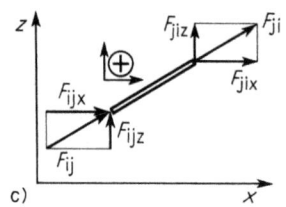 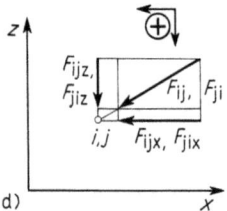

Der herausgeschnittene Stab muß im **Gleichgewicht** sein; wir schreiben die Gleichgewichtsbedingung für die in Richtung der Stabachse wirkenden Kräfte an:

$$F_{ij} + F_{ji} = 0 \quad \text{und es ergibt sich} \quad F_{ij} = -F_{ji}$$

Dieses Ergebnis ist die Folge davon, daß wir F_{ij} als **Druckkraft**, F_{ji} jedoch als **Zugkraft** eingeführt haben. Der Stab ij ist

ein **Druckstab**   für $F_{ij} > 0$ und $F_{ji} < 0$,
ein **Zugstab**   für $F_{ij} < 0$ und $F_{ji} > 0$.

Die Vorzeichenregelung für F_{ji} stimmt mit der in der Statik allgemein üblichen Vorzeichenregelung für Längskräfte N überein:

$$F_{(r)} = F_{ji} = -F_{ij}$$

Als nächstes stellen wir den **Zusammenhang** her zwischen den **Kräften** F_{ij} und F_{ji} einerseits und den **Verschiebungen der Knotenpunkte** i und j andererseits. In den Ablei-

9.2.1 Die Elementsteifigkeitsmatrix eines Fachwerkstabes

tungen verzichten wir der Übersichtlichkeit halber teilweise darauf, den Bezug auf den Stab ij durch Fußzeiger kenntlich zu machen. Die Längskraft $F_{ij} = -F_{ji}$ verursacht im Stab ij die Spannung

$$\sigma = -\frac{F_{ij}}{A} = +\frac{F_{ji}}{A}$$

und unter Zugrundelegung der linearen Elastizität des Hookeschen Gesetzes die Längenänderung

$$\Delta l = \varepsilon l = \frac{\sigma}{E} l = -\frac{l}{EA} F_{ij}$$
$$= +\frac{l}{EA} F_{ji}$$

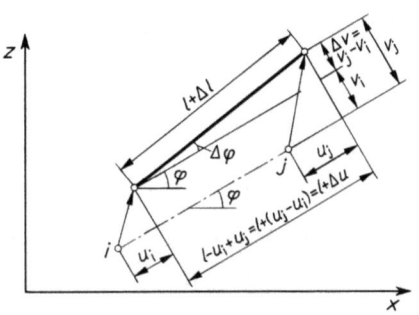

9.2 Knotenverschiebungen und Stablängenänderung in lokalen Koordinaten (Elementkoordinaten)

Mit diesen Formeln erhalten Zugspannungen und Verlängerungen das positive Vorzeichen.
Vom Gesamtfachwerk her gesehen ist die Längenänderung Δl des Stabes ij gleich der Abstandsänderung der Knoten i und j; wir drücken daher als nächstes die Stablängenänderung Δl durch die Verschiebungen der Knoten i und j aus. Diese Verschiebungen haben die Komponenten u_i und u_j in Richtung der Stabachse sowie v_i und v_j senkrecht zur Stabachse (9.2).
Die Stablänge unter Belastung hat die Größe $l + \Delta l = (l + \Delta u)/\cos \Delta \varphi$; da $\Delta \varphi \approx \tan \Delta \varphi = \Delta v/(l + \Delta u)$ sehr klein ist, wird $\cos \Delta \varphi \approx 1$ und mit guter Näherung

$$l + \Delta l = l + \Delta u$$

Wir vernachlässigen also bei der Ermittlung der Stablängenänderung l den Einfluß der ungleichen Verschiebungen v der Knoten i und j senkrecht zur Stabachse oder den Einfluß der Verdrehung des Stabes um den Winkel $\Delta \varphi$. Aus

$$\Delta l = \Delta u = u_j = -\frac{l}{EA} F_{ij} = +\frac{l}{EA} F_{ji}$$

ergibt sich

$$F_{ij} = -\frac{EA}{l} (u_j - u_i) = -F_{ji}$$

und nach Vertauschen der Summanden in der Klammer

$$F_{ij} = \left(\frac{EA}{l}\right)_{ij} (u_i - u_j)$$
$$F_{ji} = \left(\frac{EA}{l}\right)_{ij} (-u_i + u_j) \qquad (9.1)$$

in Matrixform

$$\begin{pmatrix} F_{ij} \\ F_{ji} \end{pmatrix} = \left(\frac{EA}{l}\right)_{ij} \begin{pmatrix} +1 & -1 \\ -1 & +1 \end{pmatrix} \begin{pmatrix} u_i \\ u_j \end{pmatrix}$$

$(EA/l)_{ij} = c_{ij}$ kN/cm ist dabei die Federkonstante des Stabes ij.

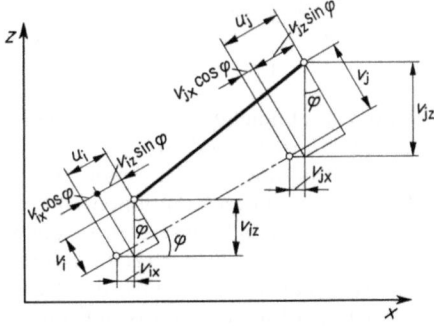

9.3 Verschiebungskomponenten in globalen Koordinaten (Strukturkoordinaten)

Die Verschiebungen u_i und u_j beziehen sich auf die **Elementkoordinaten** oder **lokalen Koordinaten** des Stabes ij, die mit der Stabachse und einer Senkrechten dazu zusammenfallen. Um die Einflüsse der einzelnen Stäbe aufeinander angeben zu können, müssen wir u_i und u_j in **Strukturkoordinaten** oder **globalen Koordinaten** durch die Verschiebungskomponenten v_{ix}, v_{iz}, v_{jx} und v_{jz} ausdrücken. Mit Bild **9.3** erhalten wir

$$u_i = v_{ix} \cos \varphi + v_{iz} \sin \varphi; \qquad u_j = v_{jx} \cos \varphi + v_{jz} \sin \varphi$$

Setzen wir diese Ausdrücke in Gl. (9.1) ein, so ergibt sich

$$\begin{aligned}
F_{ij} &= (EA/l)_{ij} \left(+v_{ix} \cos \varphi + v_{iz} \sin \varphi - v_{jx} \cos \varphi - v_{jz} \sin \varphi\right) \\
&= +(EA/l)_{ij} \left[(v_{ix} - v_{jx}) \cos \varphi + (v_{iz} - v_{jz}) \sin \varphi\right] \\
F_{ji} &= (EA/l)_{ij} \left(-v_{ix} \cos \varphi - v_{iz} \sin \varphi + v_{jx} \cos \varphi + v_{jz} \sin \varphi\right) \\
&= -(EA/l)_{ij} \left[(v_{ix} - v_{jx}) \cos \varphi + (v_{iz} - v_{jz}) \sin \varphi\right]
\end{aligned} \qquad (9.2)$$

Bei diesen Gleichungen wie bei den folgenden steht zur Vereinfachung nur φ statt ausführlich φ_{ij}.

In den Gl. (9.2) sind die Schnittgrößen F_{ij} und F_{ji} noch auf die **lokalen Koordinaten** des Stabes ij bezogen; wir zerlegen sie darum in ihre **Komponenten parallel zu den globalen Koordinaten**:

$$\begin{aligned}
F_{ij,x} &= F_{ij} \cos \varphi & F_{ji,x} &= F_{ji} \cos \varphi \\
F_{ij,z} &= F_{ij} \sin \varphi & F_{ji,z} &= F_{ji} \sin \varphi
\end{aligned} \qquad (9.3)$$

und setzen die Gl. (9.2) in die Gl. (9.3) ein:

$$\begin{aligned}
F_{ij,x} &= (EA/l)_{ij} \left(+v_{ix} \cos^2 \varphi + v_{iz} \sin \varphi \cos \varphi - v_{jx} \cos^2 \varphi - v_{jz} \sin \varphi \cos \varphi\right) \\
F_{ij,z} &= (EA/l)_{ij} \left(+v_{ix} \sin \varphi \cos \varphi + v_{iz} \sin^2 \varphi - v_{jx} \sin \varphi \cos \varphi - v_{jz} \sin^2 \varphi\right) \\
F_{ji,x} &= (EA/l)_{ij} \left(-v_{ix} \cos^2 \varphi - v_{iz} \sin \varphi \cos \varphi + v_{jx} \cos^2 \varphi + v_{jz} \sin \varphi \cos \varphi\right) \\
F_{ji,z} &= (EA/l)_{ij} \left(-v_{ix} \sin \varphi \cos \varphi - v_{iz} \sin^2 \varphi + v_{jx} \sin \varphi \cos \varphi + v_{jz} \sin^2 \varphi\right)
\end{aligned}$$

In Matrixschreibweise

$$\begin{bmatrix} F_{ij,x} \\ F_{ij,z} \\ F_{ji,x} \\ F_{ji,z} \end{bmatrix} = \left(\frac{EA}{l}\right)_{ij} \begin{bmatrix} +\cos^2 \varphi & +\sin \varphi \cos \varphi & -\cos^2 \varphi & -\sin \varphi \cos \varphi \\ +\sin \varphi \cos \varphi & +\sin^2 \varphi & -\sin \varphi \cos \varphi & -\sin^2 \varphi \\ -\cos^2 \varphi & -\sin \varphi \cos \varphi & +\cos^2 \varphi & +\sin \varphi \cos \varphi \\ -\sin \varphi \cos \varphi & -\sin^2 \varphi & +\sin \varphi \cos \varphi & +\sin^2 \varphi \end{bmatrix} \begin{bmatrix} v_{ix} \\ v_{iz} \\ v_{jx} \\ v_{jz} \end{bmatrix} \qquad (9.4)$$

Die Matrix des Gleichungssystems (9.4) ist die **Elementsteifigkeitsmatrix** des **Fachwerkstabes** ij in **globalen Koordinaten**; das Gleichungssystem (9.4) gibt in x-z-Koordinaten den funktionalen Zusammenhang zwischen den Komponenten der Stabschnittgrößen F_{ij} und F_{ji} und den Komponenten der Verschiebungen der Knoten i und j an. Auf der linken Seite des Gleichungssystems stehen nur die Komponenten der einen **unbekannten Stabkraft** $F_{(r)}$; auf der rechten Seite finden wir die Komponenten der beiden **unbekannten Verschiebungen** der Knoten i und j. Das Gleichungssystem (9.4) enthält also **drei Unbekannte** und ist nur eine andere Form der Gl. (9.1)

$$F_{ij} = -F_{ji} = (EA/l)_{ij} (u_i - u_j).$$

9.2.2 Die Gesamtsteifigkeitsmatrix eines Fachwerkes

Nachdem wir für jeden Stab des zu untersuchenden Fachwerks die Elementsteifigkeitsmatrix (9.4) aufgestellt haben, führen wir um jeden Knoten einen Rundschnitt und setzen die beiden Gleichgewichtsbedingungen $\Sigma X = 0$ und $\Sigma Z = 0$ an. In die Gleichgewichtsbedingungen gehen ein die Komponenten der Schnittkräfte F_{ij} oder F_{ji} eines jeden am Knoten angeschlossenen Stabes sowie die Komponentenn von Knotenlasten oder Lagerkräften.

Die Vorzeichen setzen wir nach Bild 9.1d fest; sie ergeben sich bei F_{ij} und F_{ji} aus den Winkelfunktionen, wenn wir die Winkel linksherum von 0° bis 360° zählen.

Schreiben wir alle Gleichgewichtsbedingungen untereinander, so erhalten wir die Gesamtsteifigkeitsmatrix des Fachwerks. In ihr erscheinen als Unbekannte
1. die Komponenten v_{ix} und v_{iz} der Verschiebungen eines jeden Knotens,
2. die Komponenten der unbekannten Lagerkräfte.

Bekannt sind außer den Werten $(EA/l)_{ij}$ und φ_{ij} eines jeden Stabes die Komponenten der Knotenlasten F_{ix} und F_{iz}.

Die Anzahl der Komponentengleichgewichtsbedingungen ist genauso groß wie die Anzahl der Komponenten von grundsätzlich möglichen Knotenverschiebungen: Für jeden Knoten kann angesetzt werden $\Sigma X_i = 0$ und $\Sigma Z_i = 0$, und an jedem Knoten sind unbekannt v_{ix} und v_{iz}. Die Stabkräfte F_{ij} oder ihre Komponenten erscheinen in der Gesamtsteifigkeitsmatrix nicht als Unbekannte, da sie durch die Verschiebungen der Knotenpunkte ausgedrückt wurden. Das hat zur Folge, daß es auf die Anzahl der Stäbe nicht ankommt: Es ist ohne Einfluß auf den grundsätzlichen Ablauf der Rechnung, ob das Fachwerk innerlich statisch bestimmt ist (zweistäbiger Knotenpunktanschluß) oder nicht. Diese Tatsache wird durch Gegenüberstellen der Beispiele 9.3.2 (statisch bestimmtes Fachwerk) und 9.3.3 (innerlich statisch unbestimmtes Fachwerk) erläutert: Das Einfügen eines weiteren Stabes in ein Fachwerk führt lediglich zur Änderung der Größe einiger Glieder der Gesamtsteifigkeitsmatrix, nicht aber zur Änderung der Größe der Gesamtsteifigkeitsmatrix.

Beziehen wir die Lagerung des Fachwerks in unsere Überlegungen mit ein, ergibt sich folgendes:

Bei unverschieblicher Lagerung des Knotens i werden beide Komponenten der Verschiebung dieses Knotens gleich Null: $v_{ix} = 0$ und $v_{iz} = 0$. Die zu diesen beiden Verschiebungskomponenten gehörenden Spalten des Gleichungssystems oder der Matrix können gestrichen werden. Die Anzahl der unbekannten Verschiebungskomponenten vermindert sich um zwei; als neue Unbekannte treten jedoch die Komponenten F_{ix} und F_{iz} der Lagerkraft des Knotens i auf, so daß die Anzahl der Unbekannten erhalten bleibt.

Ordnen wir im Knoten j ein in x-Richtung verschiebliches Kipplager an, so wird die Verschiebungskomponente v_{jz} gleich Null. Die Anzahl der unbekannten Verschiebungskomponenten vermindert sich um eins, in der Gesamtsteifigkeitsmatrix des Fachwerks kann die Spalte mit dem Faktor v_{jz} gestrichen werden. Anstelle von v_{jz} tritt jedoch als Unbekannte die Lagerkraft F_{jz} auf.

Diese Überlegungen gelten unabhängig von der Anzahl der verschieblichen oder unverschieblichen Kipplager, und damit ist auch die Frage der statisch bestimmten oder unbestimmten Lagerung für die Methode der finiten Elemente ohne Bedeutung.

Wenn wir die Komponenten der Knotenverschiebungen und die Lagerkräfte durch die Auflösung der Gesamtsteifigkeitsmatrix des Fachwerks ermittelt haben, berechnen wir mit Hilfe der Gl. (9.2) die **Stabkräfte** $F_{(r)} = -F_{ij} = F_{ji}$.

9.3 Beispiele

9.3.1 Beispiel 1: Zweibock mit Zugband

Bild 9.4 zeigt das System und seine Belastung.

1. Winkel, Winkelfunktionen und Längen

$\tan \varphi_{12} = -4/(-2) = 2 = \tan 243{,}43°$

$\sin \varphi_{12} = -0{,}8944; \quad \cos \varphi_{12} = -0{,}4472$

$\tan \varphi_{13} = -4/3 = -1{,}3333 = \tan(-53{,}13°)$

$\sin \varphi_{13} = -0{,}8000; \quad \cos \varphi_{13} = +0{,}6000$

$\tan \varphi_{23} = 0 = \tan 0°$

$\sin \varphi_{23} = 0; \quad \cos \varphi_{23} = +1{,}0000$

$\tan |\alpha_1| = 1/6 = 0{,}16667 = \tan 9{,}46°$

$\sin |\alpha_1| = 0{,}1644; \quad \cos |\alpha_1| = 0{,}9864$

$l_{12} = \sqrt{2^2 + 4^2} = 4{,}4721 \text{ m} = 447{,}21 \text{ cm}$

$l_{13} = \sqrt{3^2 + 4^2} = 5{,}0000 \text{ m} = 500{,}00 \text{ cm}$

$l_{23} \phantom{= \sqrt{3^2 + 4^2}} = 5{,}0000 \text{ m} = 500{,}00 \text{ cm}$

9.4 Zweibock mit Zugband (Abschn. 9.3.1)

2. Elastizitätsmodul

$E = 21\,000 \text{ kN/cm}^2$ für alle drei Stäbe.

3. Federkonstanten der Stäbe

$(EA/l)_{12} = 21\,000 \cdot 6/447{,}21 = 281{,}74 \text{ kN/cm}$

$(EA/l)_{13} = 21\,000 \cdot 17/500 = 718{,}20 \text{ kN/cm}$

$(EA/l)_{23} = 21\,000 \cdot 4/500 = 168{,}00 \text{ kN/cm}$

4. Zerlegung der Knotenlast F_1 in Komponenten

$F_{1x} = F_1 \cos |\alpha_1| = 100 \cdot 0{,}9864 = 98{,}64 \text{ kN} \rightarrow$

$F_{1z} = F_1 \sin |\alpha_1| = 100 \cdot 0{,}1644 = 16{,}44 \text{ kN} \downarrow$

9.3.1 Beispiel 1: Zweibock mit Zugband

5. Elementsteifigkeitsmatrizen

Stab 12

$$\begin{bmatrix} F_{12x} \\ F_{12z} \\ F_{21x} \\ F_{21z} \end{bmatrix} = 281{,}74 \begin{bmatrix} +0{,}2 & +0{,}4 & -0{,}2 & -0{,}4 \\ +0{,}4 & +0{,}8 & -0{,}4 & -0{,}8 \\ -0{,}2 & -0{,}4 & +0{,}2 & +0{,}4 \\ -0{,}4 & -0{,}8 & +0{,}4 & +0{,}8 \end{bmatrix} \begin{bmatrix} v_{1x} \\ v_{1z} \\ v_{2x} \\ v_{2z} \end{bmatrix}$$

$$= \begin{bmatrix} +56{,}35 & +112{,}70 & -56{,}35 & -112{,}70 \\ +112{,}70 & +225{,}40 & -112{,}70 & -225{,}40 \\ -56{,}35 & -112{,}70 & +56{,}35 & +112{,}70 \\ -112{,}70 & -225{,}40 & +112{,}70 & +225{,}40 \end{bmatrix} \begin{bmatrix} v_{1x} \\ v_{1z} \\ v_{2x} \\ v_{2z} \end{bmatrix}$$

Stab 13

$$\begin{bmatrix} F_{13x} \\ F_{13z} \\ F_{31x} \\ F_{31z} \end{bmatrix} = 718{,}20 \begin{bmatrix} +0{,}36 & -0{,}48 & -0{,}36 & +0{,}48 \\ -0{,}48 & +0{,}64 & +0{,}48 & -0{,}64 \\ -0{,}36 & +0{,}48 & +0{,}36 & -0{,}48 \\ +0{,}48 & -0{,}64 & -0{,}48 & +0{,}64 \end{bmatrix} \begin{bmatrix} v_{1x} \\ v_{1z} \\ v_{3x} \\ v_{3z} \end{bmatrix}$$

$$= \begin{bmatrix} +258{,}55 & -344{,}74 & -258{,}55 & +344{,}74 \\ -344{,}74 & +459{,}65 & +344{,}74 & -459{,}65 \\ -258{,}55 & +344{,}74 & +258{,}55 & -344{,}74 \\ +344{,}74 & -459{,}65 & -344{,}74 & +459{,}65 \end{bmatrix} \begin{bmatrix} v_{1x} \\ v_{1z} \\ v_{3x} \\ v_{3z} \end{bmatrix}$$

Stab 23

$$\begin{bmatrix} F_{23x} \\ F_{23z} \\ F_{32x} \\ F_{32z} \end{bmatrix} = 168{,}00 \begin{bmatrix} +1 & 0 & -1 & 0 \\ 0 & 0 & 0 & 0 \\ -1 & 0 & +1 & 0 \\ 0 & 0 & 0 & 0 \end{bmatrix} \begin{bmatrix} v_{2x} \\ v_{2z} \\ v_{3x} \\ v_{3z} \end{bmatrix}$$

$$= \begin{bmatrix} +168{,}00 & 0 & -168{,}00 & 0 \\ 0 & 0 & 0 & 0 \\ -168{,}00 & 0 & +168{,}00 & 0 \\ 0 & 0 & 0 & 0 \end{bmatrix} \begin{bmatrix} v_{2x} \\ v_{2z} \\ v_{3x} \\ v_{3z} \end{bmatrix}$$

6. Gleichgewichtsbedingungen an den Knoten

1.) $\Sigma X_1 = F_{12x} + F_{13x} - F_{1x} = 0$

2.) $\Sigma Z_1 = F_{12z} + F_{13z} + F_{1z} = 0$

3.) $\Sigma X_2 = F_{21x} + F_{23x} + F_{2x} = 0$

4.) $\Sigma Z_2 = F_{21z} + F_{23z} + F_{2z} = 0$

5.) $\Sigma X_3 = F_{31x} + F_{32x} + 0 = 0$

6.) $\Sigma Z_3 = F_{31z} + F_{32z} - F_{3z} = 0$

Für die Komponenten der Knotenlast F_1 und für die Lagerkräfte F_{2x}, F_{2z} und F_{3z} gilt die Vorzeichenfestsetzung Bild **9.1**d. Die Komponenten der Stabkräfte erhalten alle das positive Vorzeichen; ihr Richtungssinn wird durch die Vorzeichen der entsprechenden Zeilen der Elementsteifigkeitsmatrix berücksichtigt, die in die Gleichgewichtsbedingungen eingesetzt werden.

7. Gesamtsteifigkeitsmatrix

Nr.		v_{1x}	v_{1z}	v_{2x}	v_{2z}	v_{3x}	v_{3z}	Last, Lagerkraft	rechte Seite
1	F_{12x} F_{13x}	+56,35 +258,55	+112,70 −344,74	−56,35	−112,70	−258,55	+344,74		
	ΣX_1	+314,90	−232,04	−56,35	−112,70	−258,55	+344,74	−98,64	0
2	F_{12z} F_{13z}	+112,70 −344,74	+225,40 +459,65	−112,70	−225,40	+344,74	−459,65		
	ΣZ_1	−232,02	+685,04	−112,70	−225,40	+344,74	−459,65	+16,44	0
3	F_{21x} F_{23x}	−56,35	−112,70	+56,35 +168,00	+112,70 0	−168,00	0		
	ΣX_2	−56,35	−112,70	+224,35	+112,70	−168,00	0	F_{2x}	0
4	F_{21z} F_{23z}	−112,70	−225,40	+112,70 0	+225,40 0	0	0		
	ΣZ_2	−112,70	−225,40	+112,70	+225,40	0	0	F_{2z}	0
5	F_{31x} F_{32x}	−258,55	+344,74	−168,00	0	+258,55 +168,00	−344,74 0		
	ΣX_3	−258,55	+344,74	−168,00	0	+426,55	−344,74	0	0
6	F_{31z} F_{32z}	+344,74	−459,65	0	0	−344,74 0	+459,65 0		
	ΣZ_3	+344,74	−459,65	0	0	−344,74	+459,65	$-F_{3z}$	0

Das Ergebnis schreiben wir der besseren Übersicht halber noch einmal hin, und zwar in Form von Matrizen sowie mit Lasten und Lagerkräften auf der rechten Seite:

$$\begin{bmatrix} +314,90 & -232,04 & -56,35 & -112,70 & -258,55 & +344,70 \\ -232,04 & +685,04 & -112,70 & -225,40 & +344,74 & -459,65 \\ -56,35 & -112,70 & +225,35 & +112,70 & -168,00 & 0 \\ -112,70 & -225,40 & +112,70 & +225,40 & 0 & 0 \\ -258,55 & +344,74 & -168,00 & 0 & +426,55 & -374,74 \\ +344,74 & -459,65 & 0 & 0 & -344,74 & +459,65 \end{bmatrix} \begin{bmatrix} v_{1x} \\ v_{1z} \\ v_{2x} \\ v_{2z} \\ v_{3x} \\ v_{3z} \end{bmatrix} = \begin{bmatrix} +98,64 \\ -16,44 \\ -F_{2x} \\ -F_{2z} \\ 0 \\ +F_{rz} \end{bmatrix}$$

Die erste Matrix dieses Gleichungssystems ist die **Gesamtsteifigkeitsmatrix** des Zweibocks mit Zugband nach Bild 9.4.

8. Berücksichtigung der Lagerung des Tragwerks. Knoten 2 ist ein festes Lager, das weder eine horizontale noch eine vertikale Verschiebung zuläßt; also ist $v_{2x} = v_{2z} = 0$. Knoten 3 ist ein horizontal verschiebliches Lager ohne Verschiebungsmöglichkeit in vertikaler Richtung; es gilt also $v_{3z} = 0$.

Wir können demnach in der Gesamtsteifigkeitsmatrix die Spalten mit v_{2x}, v_{2z} und v_{3z} streichen; als unbekannte Komponenten von Knotenverschiebungen bleiben nur noch übrig v_{1x}, v_{1z} und v_{3x}. Als neue Unbekannte treten aber die den verhinderten Knotenver-

9.3.1 Beispiel 1: Zweibock mit Zugband

schiebungen entsprechenden Lagerkräfte F_{2x}, F_{2z} und F_{3z} auf. Wenn wir die Gleichungen mit unbekannten Lagerkräften in der unteren Hälfte des Rasters anordnen, erhält das Gleichungssystem die Form

Nr.	v_{1x}	v_{1z}	v_{3x}	rechte Seite
1	+314,90	−232,04	−258,55	+98,64
2	−232,04	+685,04	+344,74	−16,44
5	−258,55	+344,74	+426,55	0
3	−56,35	−112,70	−168,00	$-F_{2x}$
4	−112,70	−225,40	0	$-F_{2z}$
6	+344,74	−459,65	−344,74	$+F_{3z}$

Die ersten drei Gleichungen mit den drei unbekannten Komponenten der Knotenverschiebungen sind entkoppelt von den drei Gleichungen mit den unbekannten Lagerkräften. Wir können v_{1x}, v_{1z} und v_{3x} aus den ersten drei Gleichungen ausrechnen und in die 4. bis 6. Gleichung zur Ermittlung der Lagerkräfte F_{2x}, F_{2z} und F_{3z} einsetzen. Wenn ein Rechner mit einem Programm für die Lösung von sechs linearen Gleichungen mit sechs Unbekannten zur Verfügung steht, führt ein Umschreiben der Gleichungen und die Bestimmung aller Unbekannten in einem Zuge schneller zum Ziel. Wir bringen dazu die unbekannten Lagerkräfte auf die linken Seiten der Gleichungen und ordnen jeder unbekannten Lagerkraft eine eigene Spalte zu. Dadurch erhalten wir wieder eine 6·6-Matrix der Faktoren der unbekannten Verschiebungen und Lagerkräfte. Die Rasterdarstellung lautet

Nr.	v_{1x}	v_{1z}	v_{3x}	F_{2x}	F_{2z}	F_{3z}	rechte Seite
1	+314,90	−232,04	−258,55	0	0	0	+98,64
2	−232,04	+685,04	+344,74	0	0	0	−16,44
5	−258,55	+344,74	+426,55	0	0	0	0
3	−56,35	−112,70	−168,00	+1	0	0	0
4	−112,70	−225,40	0	0	+1	0	0
6	+344,74	−459,65	−344,74	0	0	−1	0

9. Lösungen des Gleichungssystems

$v_{1x} = 0{,}622844$ cm

$v_{1z} = -0{,}005082$ cm

$v_{3x} = 0{,}381641$ cm

$F_{2x} = 98{,}6394$ kN $\approx 98{,}64$ kN

$F_{2z} = 69{,}0476$ kN $\approx 69{,}05$ kN

$F_{3z} = 85{,}4875$ kN $\approx 85{,}49$ kN

10. Stabkräfte. Mit Hilfe von Gl. (9.2) berechnen wir abschließend die Stabkräfte $F_{(r)} = F_{ji} = -F_{ij}$:

$$F_{(1)} = F_{21} = -(EA/l)_{12}\,[(v_{1x} - v_{2x})\cos\varphi + (v_{1z} - v_{2z})\sin\varphi]$$
$$= -281{,}74\,[(0{,}622844 - 0)\cos 243{,}43°$$
$$+ (-0{,}005082 - 0)\sin 243{,}43°] = +77{,}21 \text{ kN}$$

$$F_{(2)} = F_{31} = -(EA/l)_{13} \left[(v_{1x} - v_{3x}) \cos \varphi + (v_{1z} - v_{3z}) \sin \varphi \right]$$
$$= -718{,}20 \left[(0{,}622844 - 0{,}381641) \cos (-53{,}13°) \right.$$
$$\left. + (-0{,}005082 - 0) \sin (-53{,}13°) \right]$$
$$= -106{,}86 \text{ kN}$$

$$F_{(3)} = F_{32} = -(EA/l)_{23} \left[(v_{2x} - v_{3x}) \cos \varphi + (v_{2z} - v_{3z}) \sin \varphi \right]$$
$$= -168{,}00 \left[(0 - 0{,}381641) \cos 0° + (0 - 0) \sin 0° \right]$$
$$= +64{,}12 \text{ kN}$$

11. Kontrollen. Die zeichnerische Kontrolle der Stab- und Lagerkräfte zeigt Bild **9.5**. Um die Verschiebungen nachzuprüfen, berechnen wir zunächst die Längenänderungen der Stäbe. Dabei sind Verlängerungen positiv, Verkürzungen negativ.
Stab (1) = 12:

$$\Delta l_{12} = F_{21}/c_{12} = +77{,}21/281{,}74 = +0{,}2705 \text{ cm}$$

Stab (2) = 13:

$$\Delta l_{13} = F_{31}/c_{13} = -106{,}86/718{,}20 = -0{,}1488 \text{ cm}$$

Stab (3) = 23:

$$\Delta l_{23} = F_{32}/c_{23} = +64{,}12/168{,}00 = +0{,}3817 \text{ cm}$$

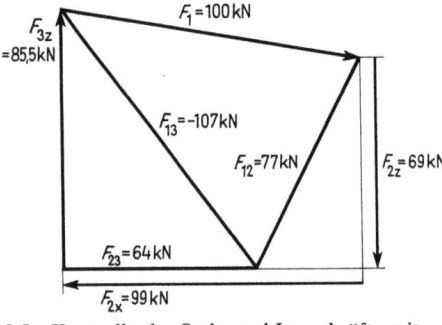

9.5 Kontrolle der Stab- und Lagerkräfte mit Cremonaplan

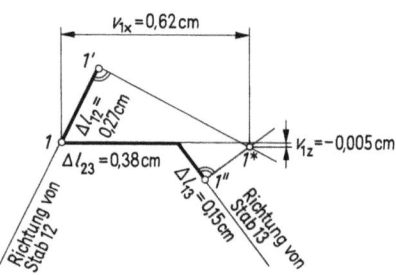

9.6 Verschiebungsplan für Knoten 1

Wir stellen uns nun vor, die Verbindung der Stäbe 12 und 13 im Knoten 1 wäre vor der Verformung des Tragwerks gelöst worden und jeder Stab würde die errechnete Längenänderung ohne Änderung seiner Richtung erfahren (**9.6**): Das obere Ende des Stabes 12 bewegt sich dann um Δl_{12} auf der Verlängerung der Stabachse nach 1'; das obere Ende des Stabes 13 erfährt wegen der Verlängerung des Stabes 23 die Horizontalverschiebung Δl_{23} nach rechts und wegen der Verkürzung des Stabes 13 die Verschiebung Δl_{13} parallel zur Achse des Stabes 13 nach rechts unten zum Punkt 1''. Damit wir die Stabenden wieder verbinden können, müssen wir die Stäbe 12 und 13 um ihre Fußpunkte drehen. Die Kreisbogen, die die oberen Enden dieser Stäbe dabei beschreiben, ersetzen wir näherungsweise durch Tangenten, und damit ergibt sich als Lage des Knotens 1 nach der Verformung der Punkt 1* (**9.6**). Gegenüber dem Punkt 1 hat er die Horizontalverschiebung $v_{1x} = 0{,}62$ cm und die Vertikalverschiebung $v_{1z} = -0{,}005$ cm. Diese Werte stimmen genügend genau mit den errechneten Werten überein. Eine ausführliche und weitergehende Darstellung der Ermittlung von Knotenverschiebungen findet sich in [3], Abschn. **Williotscher Verschiebungsplan**.

9.3.2 Beispiel 2: Ständerfachwerk mit fallenden Diagonalen

Die **Stabkräfte** des in Bild 9.7 dargestellten Fachwerks sollen mit dem Verschiebungsgrößenverfahren in Matrizendarstellung ermittelt werden.

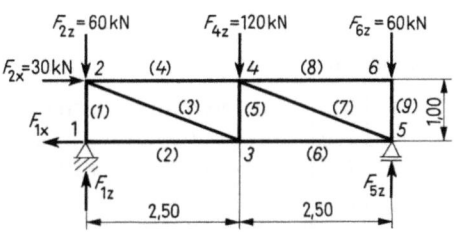

9.7 Fachwerk des Abschn. 9.3.2, Stabnummern in Klammern, Knotennummern ohne Klammern

1. Winkel, Winkelfunktionen, Querschnittsflächen

Obergurtstäbe:

$$\varphi = 0° \quad \sin \varphi = 0; \quad \cos \varphi = 1; \quad A = 29,6 \text{ cm}^2$$

Untergurtstäbe:

$$\varphi = 0°; \quad \sin \varphi = 0; \quad \cos \varphi = 1; \quad A = 23,9 \text{ cm}^2$$

Vertikalstäbe:

$$\varphi = 90°; \quad \sin \varphi = 1; \quad \cos \varphi = 0; \quad A = 11,6 \text{ cm}^2$$

Diagonalstäbe, fallend:

$$\varphi = -21,80°; \quad \sin \varphi = -0,3714; \quad \cos \varphi = 0,9285; \quad A = 23,9 \text{ cm}^2$$

2. Längen und Federkonstanten

$$E = 21\,000 \text{ kN/cm}^2$$

Obergurtstäbe:

$$l = 250 \text{ cm}; \quad c = EA/l = 21\,000 \cdot 29,6/250 = 2486,4 \text{ kN/cm}$$

Untergurtstäbe:

$$l = 250 \text{ cm}; \quad c = EA/l = 21\,000 \cdot 23,9/250 = 2007,6 \text{ kN/cm}$$

Vertikalstäbe:

$$l = 100 \text{ cm}; \quad c = EA/l = 21\,000 \cdot 11,6/100 = 2436,0 \text{ kN/cm}$$

Diagonalstäbe:

$$l = 269,26 \text{ cm}; \quad c = EA/l = 21\,000 \cdot 23,9/269,26 = 1864,0 \text{ kN/cm}$$

3. Elementsteifigkeitsmatrizen [Gl. (9.4)]. Wir multiplizieren jedes Glied der Matrix sofort mit der Federkonstanten

Obergurtstäbe: $ij = 24, 46$

$$\begin{bmatrix} F_{ijx} \\ F_{ijz} \\ F_{jix} \\ F_{jiz} \end{bmatrix} = \begin{bmatrix} +2486,4 & 0 & -2486,4 & 0 \\ 0 & 0 & 0 & 0 \\ -2486,4 & 0 & +2486,4 & 0 \\ 0 & 0 & 0 & 0 \end{bmatrix} \begin{bmatrix} v_{ix} \\ v_{iz} \\ v_{jx} \\ v_{jz} \end{bmatrix}$$

Untergurtstäbe: $ij = 13, 35$

$$\begin{bmatrix} F_{ijx} \\ F_{ijz} \\ F_{jix} \\ F_{jiz} \end{bmatrix} = \begin{bmatrix} +2007,6 & 0 & -2007,6 & 0 \\ 0 & 0 & 0 & 0 \\ -2007,6 & 0 & +2007,6 & 0 \\ 0 & 0 & 0 & 0 \end{bmatrix} \begin{bmatrix} v_{ix} \\ v_{iz} \\ v_{jx} \\ v_{jz} \end{bmatrix}$$

Vertikalstäbe: $ij = 12, 34, 56$

$$\begin{bmatrix} F_{ijx} \\ F_{ijz} \\ F_{jix} \\ F_{jiz} \end{bmatrix} = \begin{bmatrix} 0 & 0 & 0 & 0 \\ 0 & +2436,0 & 0 & -2436,0 \\ 0 & 0 & 0 & 0 \\ 0 & -2436,0 & 0 & +2436,0 \end{bmatrix} \begin{bmatrix} v_{ix} \\ v_{iz} \\ v_{jx} \\ v_{jz} \end{bmatrix}$$

Diagonalstäbe, fallend: $ij = 23, 45$

$$\begin{bmatrix} F_{ijx} \\ F_{ijz} \\ F_{jix} \\ F_{jiz} \end{bmatrix} = \begin{bmatrix} +1606,9 & -642,8 & -1606,9 & +642,8 \\ -642,8 & +257,1 & +642,8 & -257,1 \\ -1609,9 & +642,8 & +1606,9 & -642,8 \\ +642,8 & -257,1 & -642,8 & +257,1 \end{bmatrix} \begin{bmatrix} v_{ix} \\ v_{iz} \\ v_{jx} \\ v_{jz} \end{bmatrix}$$

4. Gleichgewichtsbedingungen, Berechnung der Unbekannten. Die Komponenten der Schnittkräfte werden positiv eingeführt, da der Richtungssinn jeder Komponente in den Vorzeichen der zugehörigen Zeile der Elementsteifigkeitsmatrizen berücksichtigt ist. Die Vorzeichen von Lasten und Lagerkräften richten sich nach Bild 9.1 d.

Knoten 1:

1.) $\Sigma X_1 = F_{13x} \quad\quad + F_{1x} = 0$

2.) $\Sigma Z_1 = F_{12z} \quad\quad\quad\quad\quad = 0$

Knoten 2:

3.) $\Sigma X_2 = F_{24x} + F_{23x} \quad - F_{2x} = 0$

4.) $\Sigma Z_2 = F_{21z} + F_{23z} \quad + F_{2z} = 0$

Knoten 3:

5.) $\Sigma X_3 = F_{31x} + F_{32x} + F_{35x} \quad\quad = 0$

6.) $\Sigma Z_3 = F_{32z} + F_{34z} \quad\quad = 0$

Knoten 4:

7.) $\Sigma X_4 = F_{42x} + F_{45x} + F_{46x} \quad\quad = 0$

8.) $\Sigma Z_4 = F_{43z} + F_{45z} \quad + F_{4z} = 0$

Knoten 5:

9.) $\Sigma X_5 = F_{53x} + F_{54x} \quad\quad = 0$

10.) $\Sigma Z_5 = F_{54z} + F_{56z} \quad - F_{5z} = 0$

Knoten 6:

11.) $\Sigma X_6 = F_{64x} \quad\quad = 0$

12.) $\Sigma Z_6 = F_{65z} \quad + F_{6z} = 0$

Tafel **9.**8 zeigt diese Gleichgewichtsbedingungen noch einmal, und zwar in Rasterform geschrieben. Ferner wurden für die Komponenten der Schnittkräfte die entsprechenden Zeilen der Elementsteifigkeitsmatrizen eingesetzt. Die Spalten mit den unbekannten Kom-

9.3.2 Beispiel 2: Ständerfachwerk mit fallenden Diagonalen

Tafel 9.8 Gleichgewichtsbedingungen für das Fachwerk des Abschnitts 9.3.2

Nr.		v_{1x}	v_{1z}	v_{2x}	v_{2z}	v_{3x}	v_{3z}	v_{4x}	v_{4z}	v_{5x}	v_{5z}	v_{6x}	v_{6z}	Last, Lagerkraft	rechte Seite
1	ΣX_1	+2007,6	0			−2007,6	0							$+F_{1x}$	0
2	ΣZ_1	0	+2436,0	0	−2436,0									$-F_{1z}$	0
	F_{24x}			+2486,4				−2486,4							0
	F_{23x}			+1606,9	−642,8	−1606,9	+642,8								0
3	ΣX_2			+4093,3	−642,8	−1606,9	+642,8	−2486,4						$-F_{2x}$	0
	F_{21z}	0	−2436,0	0	+2436,0										0
	F_{23z}			−642,8	+257,1	+642,8	−257,1								0
4	ΣZ_2	0	−2436,0	−642,8	+2693,1	+642,8	−257,1							$+F_{2z}$	0
	F_{31x}	−2007,6				+2007,6	0								0
	F_{32x}			−1606,9	+642,8	+1606,9	−642,8								0
	F_{35x}					+2007,6	0			−2007,6	0				0
5	ΣX_3	−2007,6		−1609,9	+642,8	+5622,1	−642,8			−2007,6	0				0
	F_{32z}			+642,8	−257,1	−642,8	+257,1								0
	F_{34z}						+2436,0	0	−2436,0						0
6	ΣZ_3			+642,8	−257,1	−642,8	+2693,1	0	−2436,0					0	0
	F_{42x}			−2486,4				+2486,4	0						0
	F_{45x}							+1606,9	−642,8	−1606,9	+642,8				0
	F_{46x}							+2486,4	0			−2486,4	0		0
7	ΣX_4			−2486,4				+6579,7	−642,8	−1606,9	+642,8	−2486,4	0		0
	F_{43z}					0	−2436,0	0	+2436,0						0
	F_{45z}							−642,8	+257,1	+642,8	−257,1				0
8	ΣZ_4					0	−2436,0	−642,8	+2693,1	+642,8	−257,1			$+F_{4z}$	0
	F_{53x}					−2007,6	0			+2007,6	0				0
	F_{54x}							−1606,9	+642,8	+1606,9	−642,8				0
9	ΣX_5					−2007,6	0	−1606,9	+642,8	+3614,5	−642,8			0	0
	F_{54z}							+642,8	−257,1	−642,8	+257,1				0
	F_{56z}									0	+2436,0	0	−2436,0		0
10	ΣZ_5							+642,8	−257,1	−642,8	+2693,1	0	−2436,0	$-F_{5z}$	0
11	ΣX_6							−2486,4		0		+2486,4	0	0	0
12	ΣZ_6								0		−2436,0	0	+2436,0	$+F_{6z}$	0

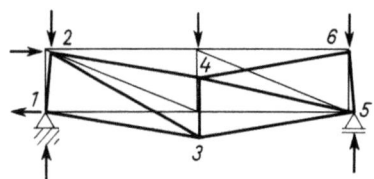

9.9 Verformtes Fachwerk, Verschiebungen hundertfach vergrößert

ponenten der Knotenverschiebungen v_{1x} bis v_{6z} bilden die Gesamtsteifigkeitsmatrix des Fachwerks.

Berücksichtigen wir die Lagerbedingungen, so werden v_{1x}, v_{1z} und v_{5z} gleich **Null**; die Spalten des Rasters, die zu diesen verhinderten Verschiebungen gehören, ersetzen wir durch die Spalten der entsprechenden Lagerkräfte F_{1x}, F_{1z} und F_{5z}; ferner schreiben wir die Lasten F_{2x}, F_{2z}, F_{4z} und F_{6z} auf die rechte Seite. Dadurch ergibt sich das **Gleichungssystem 9.10** mit den darunter angeschriebenen **Lösungen**.

Das verformte Fachwerk mit hundertfach vergrößerten Verschiebungen zeigt Bild **9.9**.

5. Berechnung der Stabkräfte. Hierfür stehen die Gl. (9.2) zur Verfügung, mit denen die Schnittkräfte F_{ij} und F_{ji} ermittelt werden können. Wenn wir **Zugkräfte mit positivem Vorzeichen** und **Druckkräfte mit negativem Vorzeichen** erhalten wollen, müssen wir die Schnittkraft F_{ji} berechnen:

$$F_{ji} = -(EA/l)_{ij} \left[(v_{ix} - v_{jx}) \cos \varphi + (v_{iz} - v_{jz}) \sin \varphi \right]$$

Vertikalstab (1):

$$F_{21} = -2436{,}0 \left[(0 - 0{,}084759) \cdot 0 + (0 + 0{,}046798) \cdot 1 \right] = -114{,}000 \text{ kN}$$

Untergurtstab (2):

$$F_{31} = -2007{,}6 \left[(0 - 0{,}014943) \cdot 1 + (0 - 0{,}431369) \cdot 0 \right] = +30{,}000 \text{ kN}$$

Diagonalstab (3):

$$F_{32} = -1864{,}0 \left[(0{,}084759 - 0{,}014943) (+0{,}9285) \right.$$
$$\left. + (-0{,}046798 + 0{,}431369) (-0{,}3714) \right] = +145{,}399 \text{ kN}$$

Obergurtstab (4):

$$F_{42} = -2486{,}4 \left[(0{,}084759 - 0{,}018398) \cdot 1 + (-0{,}046798 + 0{,}431369) \cdot 0 \right]$$
$$= -165{,}000 \text{ kN}$$

Vertikalstab (5):

$$F_{43} = -2436{,}0 \left[(0{,}014943 - 0{,}018398) \cdot 0 + (-0{,}431369 + 0{,}453536) \cdot 1 \right]$$
$$= -54{,}000 \text{ kN}$$

Untergurtstab (6):

$$F_{53} = -2007{,}6 \left[(0{,}014943 - 0{,}097131) \cdot 1 + (-0{,}431369 - 0) \cdot 0 \right] = +165{,}000 \text{ kN}$$

Diagonalstab (7):

$$F_{54} = -1864{,}0 \left[(0{,}018398 - 0{,}097131) (+0{,}9285) + (-0{,}453536 - 0) (-0{,}3714) \right]$$
$$= -177{,}710 \text{ kN}$$

Obergurtstab (8):

$$F_{64} = -2486{,}4 \left[(0{,}018398 - 0{,}018398) \cdot 1 + (-0{,}453536 - 0{,}024631) \cdot 0 \right] = 0 \text{ kN}$$

Vertikalstab (9):

$$F_{65} = -2436{,}0 \left[(0{,}097131 - 0{,}018398) \cdot 0 + (0 + 0{,}024631) \cdot 1 \right] = -60{,}000 \text{ kN}$$

9.3.2 Beispiel 2: Ständerfachwerk mit fallenden Diagonalen

Tafel 9.10 Gleichgewichtsbedingungen für das Fachwerk des Abschnitts 9.3.2, Lagerbedingungen berücksichtigt; letzte Zeile: Lösungen, Lagerkräfte in kN, Verschiebungen in cm. Verschiebungen nach rechts und oben sind positiv.

Nr.		F_{1x}	F_{1z}	v_{2x}	v_{2z}	v_{3x}	v_{3z}	v_{4x}	v_{4z}	v_{5x}	F_{5z}	v_{6x}	v_{6z}	rechte Seite
1	ΣX_1	1	0	0	0	−2007,6	0	0	0	0	0	0	0	0
2	ΣZ_1	0	−1	0	−2436,0	0	0	0	0	0	0	0	0	0
3	ΣX_2	0	0	+4093,3	−642,8	−1606,9	+642,8	−2486,4	0	0	0	0	0	+30
4	ΣZ_2	0	0	−642,8	+2693,1	+642,8	−257,1	0	0	0	0	0	0	−60
5	ΣX_3	0	0	−1606,9	+642,8	+5622,1	−642,8	0	0	−2007,6	0	0	0	0
6	ΣZ_3	0	0	+642,8	−257,1	−642,8	+2693,1	0	−2436,0	0	0	0	0	0
7	ΣX_4	0	0	−2486,4	0	0	0	+6579,7	−642,8	−1606,9	0	−2486,4	0	0
8	ΣZ_4	0	0	0	0	0	−2346,0	−642,8	+2693,1	+642,8	0	0	0	−120
9	ΣX_5	0	0	0	0	−2007,6	0	−1606,9	+642,8	+3614,5	0	0	0	0
10	ΣZ_5	0	0	0	0	0	0	+642,8	−257,1	−642,8	−1	0	−2436,0	0
11	ΣX_6	0	0	0	0	0	0	−2486,4	0	0	0	+2486,4	0	0
12	ΣZ_6	0	0	0	0	0	0	0	0	0	0	0	+2436,0	−60
		+30,0000	+114,0000	+0,084759	−0,046798	+0,014943	−0,431369	+0,018398	−0,453536	+0,097131	+126,0000	+0,018398	−0,024631	

6. Kontrollen

Stabkräfte: Die in Teil 1 gezeigte Berechnung der Stabkräfte mit den Gleichgewichtsbedingungen $\Sigma V = 0$ und $\Sigma H = 0$ oder dem Ritterschen Schnittverfahren ergibt dieselben Stabkräfte.

Verformungen: Wir kontrollieren die Verschiebung v_{4z} mit Hilfe des Prinzips der virtuellen Kraftgrößen (Abschn. 1.3.1):

$$v_{4z} = \sum S \bar{S} \frac{s}{EA} = \sum S \bar{S} \frac{1}{c} \quad \text{mit der Federkonstanten } c = EA/l = EA/s.$$

Bild 9.11a zeigt den virtuellen Belastungszustand, Bild 9.11b den zugehörigen Cremonaplan, anhand dessen die virtuellen Stabkräfte rechnerisch ermittelt wurden. Die weitere Berechnung erfolgt in Tafel 9.12. Das Ergebnis stimmt sehr gut mit dem in Tafel 9.10 angegebenen überein, wenn wir die Vorzeichenfestsetzungen beachten: Beim Verschiebungsgrößenverfahren haben wir Verschiebungen nach rechts und oben positiv angesetzt; in unserer Kontrolle ergeben sich die Verschiebungen mit positivem Vorzeichen, die wie die virtuelle Kraft $\bar{F} = 1$ abwärts gerichtet sind (9.11a).

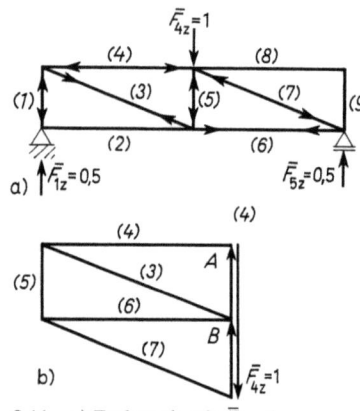

9.11 a) Fachwerk mit $\bar{F} = 1$
b) zugehöriger Cremonaplan

Tafel 9.12 Berechnung der Verschiebung v_{4z} mit dem Prinzip der virtuellen Kraftgrößen

Stab	S kN	$\bar{S}$	$c = \dfrac{EA}{l} \dfrac{\text{kN}}{\text{cm}}$	$\dfrac{S\,\bar{S}}{c}$ in $\dfrac{\text{kN} \cdot 1}{\text{kN/cm}} = \text{cm}$
(1) 12	−114,000	−0,500	2436,0	0,02340
(2) 13	+30,000	0	2007,6	0
(3) 23	+145,399	+1,346	1864,0	0,10502
(4) 24	−165,000	−1,250	2486,4	0,08295
(5) 34	−54,000	−0,500	2436,0	0,01108
(6) 35	+165,000	+1,250	2007,6	0,10273
(7) 45	−177,710	−1,346	1864,0	0,12835
(8) 46	0	0	2486,4	0
(9) 56	−60,000	0	2436,0	0

$$v_{4z} = \sum \frac{S\,\bar{S}}{c} = 0{,}45354 \text{ cm}$$

9.3.3 Beispiel 3: Innerlich statisch unbestimmtes Fachwerk

Um zu zeigen, daß die Begriffe „statisch bestimmt" und „statisch unbestimmt" für das Verschiebungsgrößenverfahren in Matrizendarstellung ohne Bedeutung sind, machen wir das Fachwerk des Abschn. 9.3.2 durch Hinzufügen der steigenden Diagonalen 14 = $(\overline{3})$ und 36 = $(\overline{7})$ innerlich statisch unbestimmt (9.13). Abmessungen und Belastung ändern wir nicht. Wir können dann alle Werte der Stäbe (1) bis (9) bis hin zu den Elementsteifigkeitsmatrizen aus dem Abschn. 9.3.2 übernehmen.

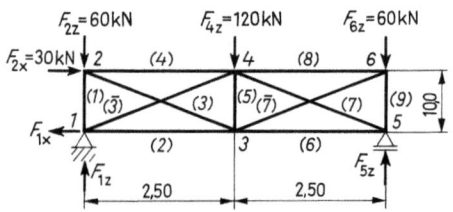

9.13 Fachwerk des Abschn. 9.3.3, Stabnummern in Klammern, Knotennummern ohne Klammern

Für die neuen Diagonalen ergibt sich

9.3.3 Beispiel 3: Innerlich statisch unbestimmtes Fachwerk

Diagonalen, steigend:

$\varphi = +21{,}80°;$ $\quad \sin \varphi = +0{,}3714;$ $\quad \cos \varphi = +0{,}9285;$ $\quad A = 23{,}9 \text{ cm}^2$

$l = 269{,}26 \text{ cm};$ $\quad c = EA/l = 21\,000 \cdot 23{,}9/269{,}26 = 1864{,}0 \text{ kN/cm}$

1. Elementsteifigkeitsmatrizen

Diagonalen, steigend: $ij = 14, 36$

$$\begin{bmatrix} F_{ijx} \\ F_{ijz} \\ F_{jix} \\ F_{jiz} \end{bmatrix} = \begin{bmatrix} +1606{,}9 & +642{,}8 & -1606{,}9 & -642{,}8 \\ +642{,}8 & +257{,}1 & -642{,}8 & -257{,}1 \\ -1609{,}9 & -642{,}8 & +1606{,}9 & +642{,}8 \\ -642{,}8 & -257{,}1 & +642{,}8 & +257{,}1 \end{bmatrix} \begin{bmatrix} v_{ix} \\ v_{iz} \\ v_{jx} \\ v_{jz} \end{bmatrix}$$

2. Gleichgewichtsbedingungen. In den Gleichgewichtsbedingungen der Knoten 1, 3, 4 und 6 müssen die Schnittkraftkomponenten der neuen Diagonalen berücksichtigt werden:

1.) $\Sigma X_1 = F_{13x} \quad\quad\quad\quad + F_{14x} + F_{1x} = 0$

2.) $\Sigma Z_1 = F_{12z} \quad\quad\quad\quad + F_{14z} - F_{1z} = 0$

3.) $\Sigma X_2 = F_{24x} + F_{23x} \quad\quad\quad\quad - F_{2x} = 0$

4.) $\Sigma Z_2 = F_{21z} + F_{23z} \quad\quad\quad\quad + F_{2z} = 0$

5.) $\Sigma X_3 = F_{31x} + F_{32x} + F_{35x} + F_{36x} \quad\quad = 0$

6.) $\Sigma Z_3 = F_{32z} + F_{34z} \quad\quad\quad + F_{36z} \quad = 0$

7.) $\Sigma X_4 = F_{42x} + F_{45x} + F_{46x} + F_{41x} \quad\quad = 0$

8.) $\Sigma Z_4 = F_{43z} + F_{45z} \quad\quad\quad + F_{41z} + F_{4z} = 0$

9.) $\Sigma X_5 = F_{53x} + F_{54x} \quad\quad\quad\quad = 0$

10.) $\Sigma Z_5 = F_{54z} + F_{56z} \quad\quad\quad - F_{5z} = 0$

11.) $\Sigma X_6 F_{64x} \quad\quad\quad\quad + F_{63x} \quad = 0$

12.) $\Sigma Z_6 = F_{65z} \quad\quad\quad\quad + F_{63z} + F_{6z} = 0$

In diese Gleichgewichtsbedingungen setzen wir für die Stabkraftkomponenten die entsprechenden Zeilen der Elementsteifigkeitsmatrizen ein. Zur Vereinfachung der Rechnung gehen wir vom Gleichungssystem Tafel **9.10** des Abschn. 9.3.2 aus und fügen die von den steigenden Diagonalen stammenden Anteile hinzu (**9.14**). Die Lagerbedingungen sind dann bereits berücksichtigt.

3. Lösungen des Gleichungssystems. Die letzte Zeile der Tafel **9.14** enthält die gesuchten Unbekannten: Die Lagerkräfte sind dieselben wie in Tafel **9.10**; die Verschiebungen ergeben sich wegen der zusätzlichen Diagonalen 14 und 36 kleiner als die entsprechenden Verschiebungen in Tafel **9.10**.

4. Stabkräfte. Wie im Abschn. 9.3.2 berechnen wir mit Gl. (9.2) die Schnittkraft F_{ji}. Dabei bedeutet das positive Vorzeichen, daß der Stab ij gezogen wird, während das negative Vorzeichen den Stab als Druckstab ausweist.

$$F_{ji} = -(EA/l)_{ij} \left[(v_{ix} - v_{jx}) \cos \varphi + (v_{iz} - v_{jz}) \sin \varphi \right]$$

Tafel 9.14 Gleichgewichtsbedingungen des Beispiels Abschn. 9.3.3, Lagerbedingungen berücksichtigt; letzte Zeile: Lösungen, Lagerkräfte in kN, Verschiebungen in cm. Verschiebungen nach rechts und oben sind positiv.

Nr.		F_{1x}	F_{1z}	v_{2x}	v_{2z}	v_{3x}	v_{3z}	v_{4x}	v_{4z}	v_{5x}	F_{5z}	v_{6x}	v_{6z}	rechte Seite
1	*) F_{14z}	1	0	0	0	−2007,6	0	0	0	0	0	0	0	0
	ΣX_1	0	0	0	0	0	0	−1606,9	−642,8	0	0	0	0	
2	*) F_{14z}	1	−1	0	−2436,0	−2007,6	0	−1606,9	−642,8	0	0	0	0	0
	ΣZ_1	0	−1	0	−2436,0	0	0	−642,8	−257,1	0	0	0	0	
3	*) ΣX_2	0	0	+4093,3	−642,8	−1606,9	0	−2486,0	0	0	0	0	0	+30
4	*) ΣZ_2	0	0	−642,8	+2693,1	+642,8	−257,1	0	0	0	0	0	0	−60
5	*) F_{36x}	0	0	−1606,9	+642,8	+5622,1	−642,8	0	0	−2007,6	0	0	0	0
	ΣX_3	0	0	−1606,9	0	+1606,9	+642,8	0	0	0	0	0	0	
6	*) F_{36z}	0	0	+642,8	−257,1	+7229,0	+642,8	0	−2436,0	−2007,6	0	−1606,9	−642,8	0
	ΣZ_3	0	0	+642,8	−257,1	0	+2950,2	0	−2436,0	0	0	−642,8	−257,1	
7	*) F_{41x}	0	0	−2486,4	0	0	0	+6579,7	−642,8	−1606,9	0	0	0	0
	ΣX_4	0	0	−2486,4	0	0	0	+1606,9	+642,8	0	0	0	0	
8	*) F_{41z}	0	0	0	0	0	−2436,0	+8186,6	+2693,1	+642,8	0	0	0	0
	ΣZ_4	0	0	0	0	0	−2436,0	−642,8	+257,1	+642,8	0	0	0	
9	*) ΣX_5	0	0	0	0	−2007,6	0	0	+2950,2	+3614,5	0	0	0	−120
10	*) ΣZ_5	0	0	0	0	0	0	−1606,9	+642,8	−642,8	−1	0	−2436,0	0
11	*) F_{63x}	0	0	0	0	0	−642,8	+642,8	−257,1	0	0	+2486,4	0	0
	ΣX_6	0	0	0	0	−1606,9	−642,8	−2486,4	0	0	0	+1606,9	+642,8	
12	*) F_{63z}	0	0	0	0	−1606,9	0	0	0	0	0	+4093,3	+642,8	0
		0	0	0	0	0	−257,1	0	0	0	0	0	+2436,0	
	ΣZ_6	0	0	0	0	−642,8	−257,1	+642,8	0	0	0	+642,8	+257,1	−60
						−642,8							+2693,1	
		+30,00	+114,00	+0,089927	−0,034683	+0,051695	−0,225505	+0,053241	−0,247892	+0,096464	+126,00	+0,023028	−0,036966	

*) übertragen aus Tafel 9.10

9.3.3 Beispiel 3: Innerlich statisch unbestimmtes Fachwerk

Vertikalstab (1):

$$F_{21} = -2436{,}0 \left[(0 - 0{,}089927) \cdot 0 + (0 + 0{,}034683) \cdot 1\right] = -84{,}49 \text{ kN}$$

Untergurtstab (2):

$$F_{31} = -2007{,}6 \left[(0 - 0{,}051695) \cdot 1 + (0 + 0{,}225505) \cdot 0\right] = +103{,}78 \text{ kN}$$

fallende Diagonale (3):

$$F_{32} = -1864{,}0 \left[(0{,}089927 - 0{,}051695)(+0{,}9285)\right.$$
$$\left. +(-0{,}034683 + 0{,}225505)(-0{,}3714)\right] = +65{,}93 \text{ kN}$$

steigende Diagonale ($\overline{3}$):

$$F_{41} = -1864{,}0 \left[(0 - 0{,}053241)(+0{,}9285)\right.$$
$$\left. +(0 + 0{,}247892)(+0{,}3714)\right] = -79{,}47 \text{ kN}$$

Obergurtstab (4):

$$F_{42} = -2486{,}4 \left[(0{,}089927 - 0{,}053241) \cdot 1 + (-0{,}034683 + 0{,}247892) \cdot 0\right]$$
$$= -91{,}22 \text{ kN}$$

Vertikalstab (5):

$$F_{43} = -2436{,}0 \left[(0{,}051695 - 0{,}053241) \cdot 0\right.$$
$$\left. +(-0{,}225505 + 0{,}247892) \cdot 1\right] = -54{,}54 \text{ kN}$$

Untergurtstab (6):

$$F_{53} = -2007{,}6 \left[(0{,}051695 - 0{,}096464) \cdot 1 + (-0{,}225505 - 0) \cdot 0\right]$$
$$= +89{,}88 \text{ kN}$$

fallende Diagonale (7):

$$F_{54} = -1864{,}0 \left[(0{,}053241 - 0{,}096464)(+0{,}9285)\right.$$
$$\left. +(-0{,}247892 - 0)(-0{,}3714)\right] = -96{,}80 \text{ kN}$$

steigende Diagonale ($\overline{7}$):

$$F_{63} = -1864{,}0 \left[(0{,}051695 - 0{,}023028)(+0{,}9285)\right.$$
$$\left. +(-0{,}225505 + 0{,}036966)(+0{,}3714)\right] = +80{,}91 \text{ kN}$$

Obergurtstab (8):

$$F_{64} = -2486{,}4 \left[(0{,}053241 - 0{,}023028) \cdot 1 + (-0{,}247892 + 0{,}036966) \cdot 0\right]$$
$$= -75{,}12 \text{ kN}$$

Vertikalstab (9):

$$F_{65} = -2436{,}0 \left[(0{,}096464 - 0{,}023028) \cdot 0 + (0 + 0{,}36966) \cdot 1\right] = -90{,}05 \text{ kN}$$

5. Kontrollen

Stabkräfte (Gleichgewichtskontrollen): lotrechter Schnitt durch das linke Feld (Stäbe (2), (3), ($\overline{3}$), (4)) (**9.**15):

$$\downarrow+ \Sigma V = 60 - 114 + 65{,}93 \cdot 0{,}3714 - (-79{,}47) \cdot 0{,}3714 = 0$$

$$\stackrel{+}{\rightarrow} \Sigma H = 30 + (-91{,}22) + 65{,}93 \cdot 0{,}9285 + (-79{,}47) \, 0{,}985 + 103{,}78 - 30 = 0$$

Lotrechter Schnitt durch das rechte Feld (Stäbe (6), (7), ($\overline{7}$), (8)) (**9.**16):

$$\downarrow+ \Sigma V = 60 - 126 + 80{,}91 \cdot 0{,}3714 - (-96{,}80) \, 0{,}3714 = 0$$

$$\stackrel{+}{\rightarrow} \Sigma H = -75{,}12 + 80{,}91 \cdot 0{,}9285 + (-96{,}80) \, 0{,}9285 + 89{,}88 = 0$$

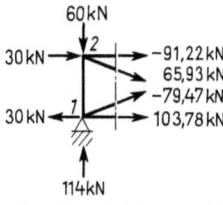

9.15 Kontrolle der Stabkräfte, linkes Feld

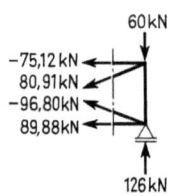

9.16 Kontrolle der Stabkräfte, rechtes Feld

Verformungen:

Wie im Abschn. 9.3.2 kontrollieren wir die Verschiebung v_{4z} mit Hilfe des Prinzips der virtuellen Kraftgrößen:

$$v_{4z} = \sum S \, \overline{S} \, \frac{s}{EA} = \sum S \, \overline{S} \, \frac{1}{c}$$

Da das untersuchte Fachwerk **innerlich statisch unbestimmt** ist, nehmen wir den **Reduktionssatz** (Abschn. 7.6) zu Hilfe und kombinieren die soeben errechneten wirklichen Stabkräfte des wirklichen Systems mit den virtuellen Stabkräften des im Abschn. 9.3.2 behandelten statisch bestimmten Systems (9.11 a). Die Rechnung erfolgt tabellarisch (Tafel **9.**17); das Ergebnis stimmt sehr gut mit dem Wert für v_{4z} aus Tafel **9.**14 überein, wenn wir die unterschiedlichen Vorzeichenfestsetzungen beachten: positive Verschiebungen in Tafel **9.**14 nach oben, bei der Kontrolle gemäß Bild **9.**11 nach unten.

Tafel **9.**17 Berechnung der Verschiebung v_{4z} mit dem Prinzip der virtuellen Kraftgrößen und dem Reduktionssatz

Stab		S in kN	$\overline{S}$	$c = \dfrac{EA}{l}$ in $\dfrac{\text{kN}}{\text{cm}}$	$\dfrac{S\overline{S}}{c}$ in $\dfrac{\text{kN} \cdot 1}{\text{kN/cm}}$ = cm
(1)	12	−84,49	−0,500	2436,0	0,01734
(2)	13	+103,78	0	2007,6	0
(3)	23	+65,93	+1,346	1864,0	0,04761
($\overline{3}$)	14	−79,47	0	1864,0	0
(4)	24	−91,22	−1,250	2486,4	0,04586
(5)	34	−54,54	−0,500	2436,0	0,01119
(6)	35	+89,88	+1,250	2007,6	0,05596
(7)	45	−96,80	−1,346	1864,0	0,06990
($\overline{7}$)	36	−80,91	0	1864,0	0
(8)	46	−75,12	0	2486,4	0
(9)	56	−90,05	0	2436,0	0

$$v_{4z} = \sum \frac{S\overline{S}}{c} = 0{,}24787 \text{ cm}$$

10 Das Verschiebungsgrößenverfahren in Matrizendarstellung für Stabwerke

10.1 Allgemeines, Bezeichnungen

10.1.1 Übersicht

Das Verschiebungsgrößenverfahren in Matrizendarstellung (VVM) führt Verschiebungsgrößen als Unbekannte ein und berechnet sie aus Gleichgewichtsbedingungen. Das VVM wurde für die Verwendung in programmierbaren Rechenanlagen entwickelt, die eine große Anzahl einfacher und gleichartiger Rechenschritte in kurzer Zeit ausführen können. Für die Handrechnung ist das VVM nicht geeignet; das im Abschn. 10.7 vorgerechnete einfache Beispiel soll dabei helfen, die Programme der Rechner zu verstehen und nachvollziehen zu können. Wir empfehlen, beim Durcharbeiten des Beispiels selbst ein Programm zu schreiben und mit diesem anschließend selbst erdachte Varianten des Beispiels zu untersuchen.

Die folgende Einführung ist eine Weiterführung des Abschn. 10.4 von Teil 2 dieses Werkes. Während wir dort Stabwerke behandelt haben, deren Stäbe eine gemeinsame x-Achse hatten, gehen wir im folgenden auf Rahmen und rahmenartige Stabwerke über, deren Stäbe unterschiedliche Neigungen haben. Wir beschränken uns auf die Theorie I. Ordnung und berücksichtigen bei der Ermittlung von Verschiebungsgrößen die Einflüsse von Momenten und Längskräften. Kommerzielle Programme erfassen vielfach auch die Beiträge der Querkräfte zu den Verformungen und bieten oftmals die Möglichkeit, nach der Theorie II. Ordnung zu rechnen.

10.1.2 Tragwerksmodell

Für die Berechnung mit dem VVM schaffen wir uns ein Tragwerksmodell aus Knoten und Stäben; Knoten werden angeordnet in Lagern und Einspannungen, in Ecken und Knickpunkten sowie in Punkten, in denen drei oder mehr Stäbe biegesteif miteinander verbunden sind. Auf die Behandlung von Gelenken und gelenkigen Anschlüssen innerhalb des Tragwerks gehen wir in dieser Einführung nicht ein; die Berücksichtigung von verschieblichen und unverschieblichen Kipplagern wird jedoch besprochen.

Wir numerieren die Knoten (Knotennummer k), und bezeichnen die Stäbe mit den Nummern der Knoten, die an den Stabenden liegen. Z. B. liegt zwischen den Knoten i und j der Stab ij; am Knoten i befindet sich das Stabende ij, am Knoten j das Stabende ji.

Die Verschiebungsgrößen der Knoten unseres Tragwerkmodells sind die Unbekannten des VVM; sie werden aus Knotengleichgewichtsbedingungen berechnet.

10.1.3 Koordinatensysteme

Jeder Stab ij erhält ein lokales Koordinatensystem, das seinen Ursprung im Knoten i hat. Die x-Achse des lokalen Koordinatensystems fällt mit der Stabachse zusammen und hat den Richtungssinn von *i* nach *j*, die zugehörige *z*-Achse geht durch Linksdrehung um 90° aus der *x*-Achse hervor.

Auf das lokale Koordinatensystem eines Stabes beziehen wir dessen Einzelsteifigkeitsmatrix *k*. Die Zusammenfassung sämtlicher Einzelsteifigkeitsmatrizen zur Gesamtsteifigkeitsmatrix *K* des Tragwerks erfolgt in einem globalen Koordinatensystem, dessen *x*-Achse wir horizontal mit positiver Richtung nach rechts und dessen *z*-Achse wir vertikal mit positiver Richtung nach oben anordnen. Im globalen Koordinatensystem wie in den lokalen Koordinatensystemen geben wir Linksdrehungen und linksdrehenden Momenten das positive Vorzeichen. Um die Einzelsteifigkeitsmatrizen zur Gesamtsteifigkeitsmatrix zusammensetzen zu können, transformieren wir sie in das globale Koordinatensystem.

10.1.4 Bezeichnung der Schnittgrößen an den Stabenden (10.1, 10.2)

Sowohl im lokalen wie im globalen Koordinatensystem bezeichnen wir sämtliche Schnittgrößen an den Enden eines Stabes mit *S*; Unterscheidungen werden mit Hilfe von Kopf- und Fußzeigern vorgenommen. Der 1. Fußzeiger wird folgendermaßen von der Nummer *k* des anliegenden Knotens abgeleitet:

Knoten	1	2	3	*k*
Kraft in *x*-Richtung	S_1	S_4	S_7	$S_{(3k-2)}$
Kraft in *z*-Richtung	S_2	S_5	S_8	$S_{(3k-1)}$
Moment	S_3	S_6	S_9	$S_{(3k)}$

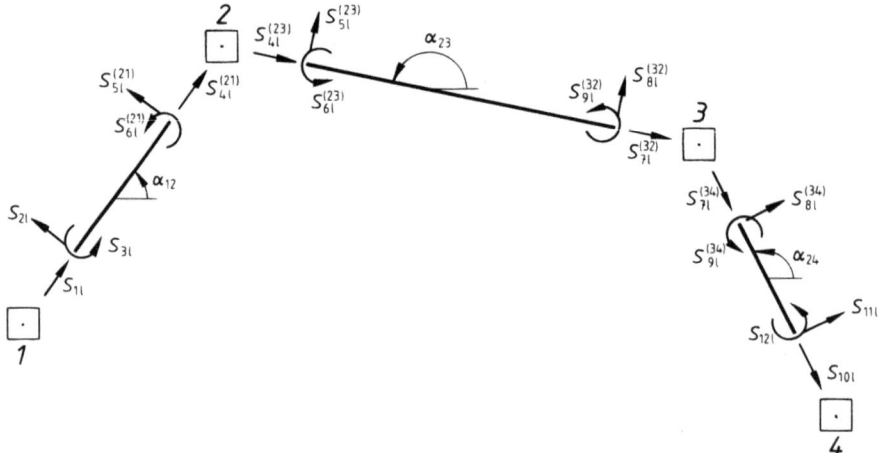

10.1 Stabendschnittgrößen in lokalen Koordinaten
Längskräfte $S_{(3k-2)l}$, Querkräfte $S_{(3k-1)l}$, Momente $S_{(3k)l}$; *k* Knotennummer; der Kopfzeiger gibt die Knotennummer des an- und abliegenden Stabendes an

10.1.5 Verschiebungsgrößen von Knoten und Stabenden

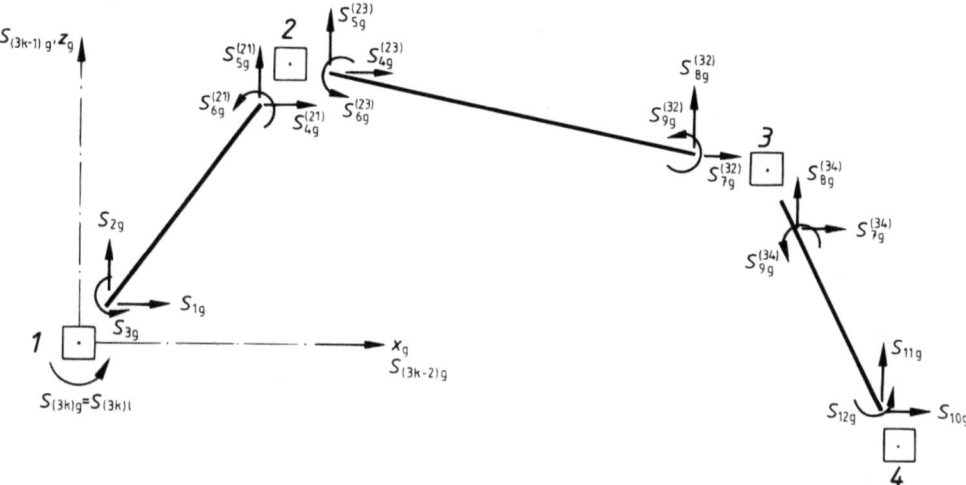

10.2 Stabendschnittgrößen in globalen Koordinaten

In lokalen Koordinatensystemen, in denen die x-Achse mit der Stabachse zusammenfällt, sind

Kräfte in x-Richtung Längskräfte, Kräfte in z-Richtung Querkräfte.

Der zweite Fußzeiger gibt das Koordinatensystem an, das der Berechnung der Schnittgröße zugrunde liegt: l weist auf das lokale, g auf das globale Koordinatensystem hin.
Wenn an einen Knoten zwei oder mehr Stäbe angeschlossen sind, ordnen wir mit Hilfe von Kopfzeigern die Schnittgrößen den Stabenden zu. Zur Erläuterung verweisen wir auf den Knoten 3 der Bilder **10.1** und **10.2**: Angeschlossen sind die Stäbe 23 und 34; ihre am Knoten anliegenden Stabenden bezeichnen wir mit 32 und 34 und die zugehörigen Schnittgrößen mit

$$S_7^{(32)}, S_8^{(32)}, S_9^{(32)} \quad \text{und} \quad S_7^{(34)}, S_8^{(34)}, S_9^{(34)}.$$

Wie der Hinweis auf die Bilder **10.1** und **10.2** zeigt, gilt diese Festlegung gleichermaßen für die Schnittgrößen von lokalen wie globalen Koordinatensystemen.
Schnittgrößen treten paarweise, gleich groß und mit entgegengesetztem Richtungs- oder Drehsinn auf. Zu jeder Stabendschnittgröße gehört darum eine in der anderen Schnittfläche, d.h. am Knoten angreifende Knotenschnittgröße. In den Bildern **10.1** und **10.2** sind Knotenschnittgrößen nicht dargestellt.

10.1.5 Verschiebungsgrößen von Knoten und Stabenden (10.3)

Der Knoten i erfährt die gleiche resultierende Verschiebung und die gleiche Verdrehung wie die an ihn biegesteif angeschlossenen Stabenden ih, ij, ik usw. Für unsere Berechnung zerlegen wir die resultierende Verschiebung in ihre Komponenten parallel zu

x- und z- Achse; unter Einschluß der **Verdrehung** des Knotens erhalten wir damit an jedem frei beweglichen Knoten **drei unbekannte Verschiebungsgrößen**. Verschiebungsgrößen der Knoten und Stabschnittgrößen sind einander zugeordnet; wir verwenden daher bei der Bezeichnung von Verschiebungsgrößen die gleiche Systematik wie bei der Bezeichnung von Stabschnittgrößen: Alle Verschiebungsgrößen werden in sämtlichen Koordinatensystemen mit v bezeichnet; zur Unterscheidung benutzen wir Fuß- und Kopfzeiger.

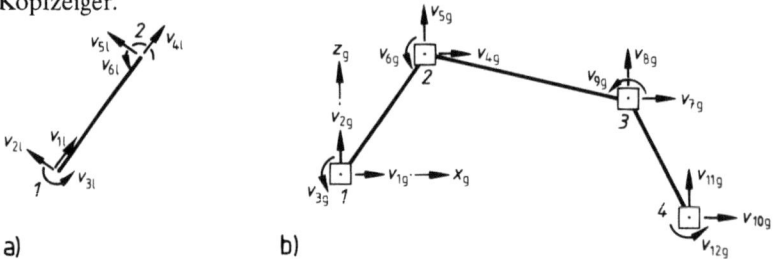

a)   b)

10.3 Verschiebungsgrößen
    a) Verschiebungsgrößen der Enden des Stabes 12 in lokalen Koordinaten
    b) Verschiebungsgrößen der Knoten 1 bis 4 in globalen Koordinaten

Der erste Fußzeiger wird folgendermaßen von der Nummer k des Knotens abgeleitet:

Knoten	1	2	3	k
Verschiebung in x-Richtung	v_1	v_4	v_7	$v_{(3k-2)}$
Verschiebung in z-Richtung	v_2	v_5	v_8	$v_{(3k-1)}$
Verdrehung	v_3	v_6	v_9	$v_{(3k)}$

Der zweite Fußzeiger gibt das **Koordinatensystem** an, das der Berechnung der Verschiebungsgröße zugrunde liegt: l weist auf das **lokale**, g auf das **globale** Koordinatensystem hin.

Bei Verschiebungen verwenden wir erforderlichenfalls **Kopfzeiger**, um das Stabende anzugeben, das die Verschiebung erfährt. Als Beispiel für die Verwendung von Kopfzeigern geben wir jeweils in einer Formel an

die resultierende Verschiebung des Stabendes 21 im lokalen Koordinatensystem des Stabes 12,

die resultierende Verschiebung des Stabendes 23 im lokalen Koordinatensystem des Stabes 23,

die resultierende Verschiebung des Knotens 2 im globalen Koordinatensystem; die drei Verschiebungen sind **identisch**:

$$\sqrt{(v_{4l}^{(21)})^2 + (v_{5l}^{(21)})^2}$$
$$= \sqrt{(v_{4l}^{(23)})^2 + (v_{5l}^{(23)})^2}$$
$$= \sqrt{(v_{4g}^2 + v_{5g}^2)^2}$$

Die Verdrehungen der Stabenden 21 und 23 sowie des Knotens 2 sind ebenfalls identisch und vom Koordinatensystem unabhängig:

$$v_{6l}^{(21)} = v_{6l}^{(23)} = v_{6g}$$

10.2 Die Einzelsteifigkeitsmatrix k

10.2.1 Die Einzelsteifigkeitsmatrix in lokalen Koordinaten (k_l)

Bild **10.**4 zeigt die Stabendschnittgrößen des Stabes 12 für die sechs Verformungsfälle

v_1 = Verschiebung des linken Stabendes nach rechts,
v_2 = Verschiebung des linken Stabendes nach oben,
v_3 = Verdrehung des linken Stabendes linksherum,
v_4 = Verschiebung des rechten Stabendes nach rechts,
v_5 = Verschiebung des rechten Stabendes nach oben,
v_6 = Verdrehung des rechten Stabendes linksherum.

Die Vektoren der Kraftgrößen sind mit positivem Richtungs- oder Drehsinn gezeichnet; Kräfte und Momente mit negativem Vorzeichen sind entgegengesetzt gerichtet.
Die in Bild **10.**4 dargestellten Kraftgrößen wurden in den Abschn. 1.2.3.2 und 8.2.3 abgeleitet; wir verweisen ferner auf Tafel **8.**6 sowie auf Teil 2 dieses Werkes, Abschn. 10.4.

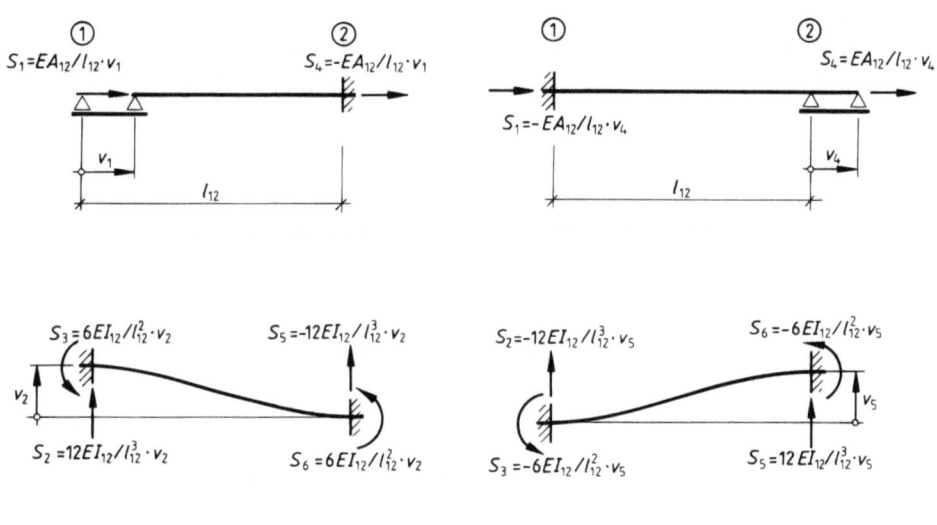

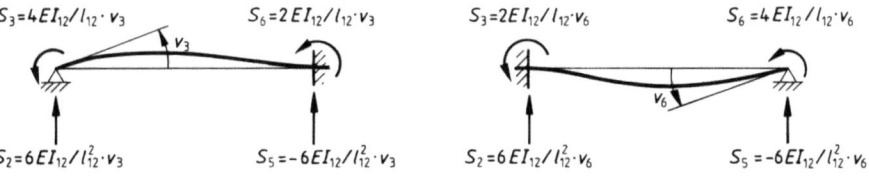

10.4 Stabendschnittgrößen S_1 bis S_6 infolge der Verschiebungsgrößen v_1 bis v_6

a) $S_{1l} = EA/l\ v_{1l} + 0 + 0 - EA/l\ v_{4l} + 0 + 0$
$S_{2l} = 0 + 12EI/l^3\ v_{2l} + 6EI/l^2\ v_{3l} + 0 - 12EI/l^3\ v_{5l} + 6EI/l^2\ v_{6l}$
$S_{3l} = 0 + 6EI/l^2\ v_{2l} + 4EI/l\ v_{3l} + 0 - 6EI/l^2\ v_{5l} + 2EI/l\ v_{6l}$
$S_{4l} = -EA/l\ v_{1l} + 0 + 0 + EA/l\ v_{4l} + 0 + 0$
$S_{5l} = 0 - 12EI/l^3\ v_{2l} - 6EI/l^2\ v_{3l} + 0 + 12EI/l^3\ v_{5l} - 6EI/l^2\ v_{6l}$
$S_{6l} = 0 + 6EI/l^2\ v_{2l} + 2EI/l\ v_{3l} + 0 - 6EI/l^2\ v_{5l} + 4EI/l\ v_{6l}$

b) $\begin{bmatrix} S_{1l} \\ S_{2l} \\ S_{3l} \\ S_{4l} \\ S_{5l} \\ S_{6l} \end{bmatrix} = \begin{bmatrix} EA/l & 0 & 0 & EA/l & 0 & 0 \\ 0 & 12EI/l^3 & 6EI/l^2 & 0 & -12EI/l^3 & 6EI/l^2 \\ 0 & 6EI/l^2 & 4EI/l & 0 & -6EI/l^2 & 2EI/l \\ -EA/l & 0 & 0 & +EA/l & 0 & 0 \\ 0 & -12EI/l^3 & -6EI/l^2 & 0 & 12EI/l^3 & -6EI/l^2 \\ 0 & 6EI/l^2 & 2EI/l & 0 & -6EI/l^2 & 4EI/l \end{bmatrix} \begin{bmatrix} v_{1l} \\ v_{2l} \\ v_{3l} \\ v_{4l} \\ v_{5l} \\ v_{6l} \end{bmatrix}$

10.5 a) Stabendschnittgrößen und Verdrehungen der Stabenden: $S_{il} = f(v_{il})$
b) dasselbe Gleichungssystem, geschrieben mit Spaltenvektoren und Matrix: $\mathbf{S}_l = \mathbf{k}_l\ \mathbf{v}_l$
Der besseren Übersichtlichkeit halber stehen A, I, l anstelle von A_{12}, I_{12}, l_{12}

Während Bild **10.4** eine Übersicht über die Verformungsfälle v_1 bis v_6 mit den zugehörigen Stabendschnittgrößen S_1 bis S_6 gibt, faßt Tafel **10.5** a die Stabendschnittgrößen unter Berücksichtigung der Beiträge aller sechs Verformungsfälle zusammen. Die Gleichungen für S_1 bis S_6 bilden ein Gleichungssystem, das wir in Bild **10.5** b mit Hilfe der Spaltenvektoren $\mathbf{S}_l^{(12)}$ und $\mathbf{v}_l^{(12)}$ sowie der Matrix $\mathbf{k}_l^{(12)}$ darstellen. In Matrizenschreibweise lautet es

$$\mathbf{S}_l^{(12)} = \mathbf{k}_l^{(12)}\ \mathbf{v}_l^{(12)} \tag{10.1}$$

Die Matrix $\mathbf{k}_l^{(12)}$ dieses Gleichungssystems ist die **Einzelsteifigkeitsmatrix** des Stabes 12. Mit Hilfe ihrer Elemente können wir die Stabendschnittgrößen S_1 bis S_6 berechnen, die infolge der Verschiebungsgrößen v_1 bis v_6 der Stabenden auftreten.

10.2.2 Transformation der Einzelsteifigkeitsmatrix k, Überblick

Die Einzelsteifigkeitsmatrizen $\mathbf{k}$ sämtlicher Stäbe eines Tragwerks setzen wir zu dessen Gesamtsteifigkeitsmatrix $\mathbf{K}$ zusammen; vorher müssen wir die Einzelsteifigkeitsmatrizen jedoch in ein gemeinsames Koordinatensystem, das globale Koordinatensystem, transformieren. Diese Transformation geschieht in zwei Schritten, die wir im folgenden ohne den Bezug auf einen bestimmten Stab darstellen.

1. Wir ersetzen mit Hilfe der Transformationsmatrix $\mathbf{T}$ im Gleichungssystem von Tafel **10.5** und Gl. (10.1) die lokalen Verschiebungsgrößen $\mathbf{v}_l$ durch die globalen $\mathbf{v}_g$; mit

$$\mathbf{v}_l = \mathbf{T}\ \mathbf{v}_g \tag{10.2}$$

erhalten wir dadurch

$$\mathbf{S}_l = \mathbf{k}_l\ \mathbf{T}\ \mathbf{v}_g \tag{10.3}$$

2. Mit Hilfe einer zweiten Transformationsmatrix drücken wir die globalen Stabendschnittgrößen $\mathbf{S}_g$ durch die lokalen $\mathbf{S}_l$ aus. Die zweite Transformationsmatix ist

10.2.3 Die Transformationsmatrix T

gleich der transponierten, d.h. an der Hauptdiagonale gespiegelten ersten Transformationsmatrix T; wir bezeichnen sie deshalb mit T^t und erhalten die Gleichung

$$S_g = T^t S_l \qquad (10.4)$$

Ersetzen wir in dieser Gleichung S_l durch die rechte Seite von Gl. (10.3), so ergibt sich schließlich

$$S_g = T^t k_l T v_g = k_g v_g \qquad (10.5)$$

k_g ist die auf die globalen Koordinaten bezogene Einzelsteifigkeitsmatrix, S_g und v_g sind die ebenfalls auf globale Koordinaten bezogenen Spaltenvektoren der Schnitt- und Verschiebungsgrößen der Stabenden.

10.2.3 Die Transformationsmatrix T

Wir betrachten Bild 10.6, das den Stab 12 in der Ausgangslage und nach Verschiebung und Verdrehung zeigt. Die Verschiebungsgrößen, die dabei aufgetreten sind, wurden sowohl auf das lokale wie auf das globale Koordinatensystem bezogen. Wir wollen nun v_{1l} bis v_{6l} durch v_{1g} bis v_{6g} ausdrücken. Es ergeben sich die Beziehungen

$$v_{1l} = v_{1g} \cos \alpha_{12} + v_{2g} \sin \alpha_{12}$$
$$v_{2l} = -v_{1g} \sin \alpha_{12} + v_{2g} \cos \alpha_{12}$$
$$v_{3l} = v_{3g}$$
$$v_{4l} = v_{4g} \cos \alpha_{12} + v_{5g} \sin \alpha_{12}$$
$$v_{5l} = -v_{4g} \sin \alpha_{12} + v_{5g} \cos \alpha_{12}$$
$$v_{6l} = v_{6g}$$

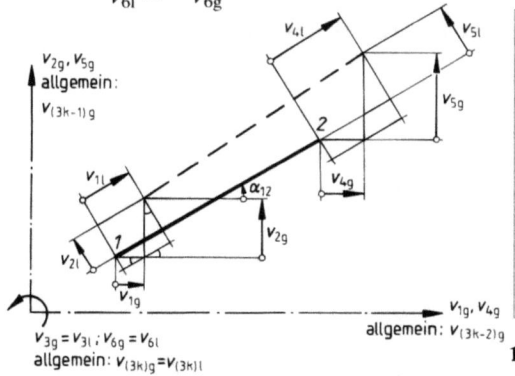

10.6 Lokale und globale Verschiebungsgrößen

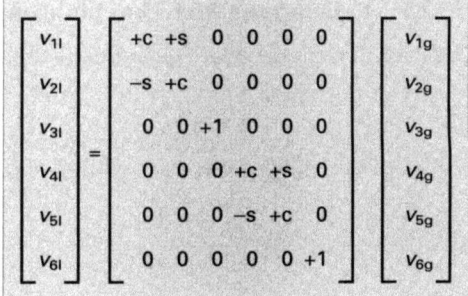

10.7 Gleichungssystem $v_l = T v_g$ mit der Transformationsmatrix T
$c = \cos \alpha_{12}$; $s = \sin \alpha_{12}$

Tafel 10.7 zeigt diese Gleichungen in der Schreibweise mit Spaltenvektoren v_l und v_g sowie Matrix T; die allgemeingültige Kurzform $v_l = T v_g$ haben wir bereits im Abschn. 10.2.2 als Gl. (10.2) kennengelernt.

10.2.4 Die Tranformationsmatrix T^t

Bild 10.8 zeigt den Stab 12 mit den auf das lokale und das globale Koordinatensystem bezogenen Stabendschnittgrößen. Wir drücken im folgenden S_{1g} bis S_{6g} durch S_{1l} bis S_{6l} aus.

$$S_{1g} = S_{1l} \cos \alpha_{12} - S_{2l} \sin \alpha_{12}$$
$$S_{2g} = S_{1l} \sin \alpha_{12} + S_{2l} \cos \alpha_{12}$$
$$S_{3g} = S_{3l}$$
$$S_{4g} = S_{4l} \cos \alpha_{12} - S_{5l} \sin \alpha_{12}$$
$$S_{5g} = S_{4l} \sin \alpha_{12} + S_{5l} \cos \alpha_{12}$$
$$S_{6g} = S_{6l}$$

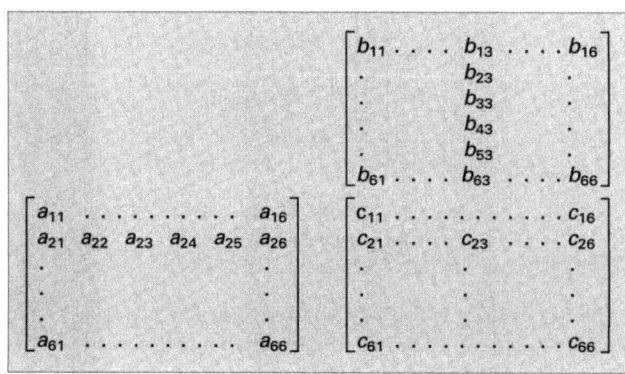

10.8 Lokale und globale Stabendschnittgrößen

10.9 Gleichungssystem $S_g = T^t S_l$ mit der Transformationsmatrix T^t
$c = \cos \alpha_{12}$; $s = \sin \alpha_{12}$

In der Schreibweise mit Spaltenvektoren S_g und S_l sowie Transformationsmatrix T^t ergibt sich das in Tafel 10.9 dargestellte Gleichungssystem. Die Kurzform ist Gl. (10.4): $S_g = T^t S_l$.

10.2.5 Erläuterung und Durchführung der Matrizenmultiplikationen

Tafel 10.10 zeigt die Matrizenmultiplikation

$$c = a\,b$$

10.10 Erläuterung der Matrizenmultiplikation $c = a\,b$ am Element c_{23} mit Hilfe des Falkschen Schemas

10.2.5 Erläuterung und Durchführung der Matrizenmultiplikationen

Die Anordnung der Matrizen wird als **Falksches Schema** bezeichnet; das Element c_{23} der zu berechnenden Matrix c, das im Schnittpunkt der 2. Zeile von a und der 3. Spalte von b steht, hat die Größe

$$c_{23} = a_{21} b_{13} + a_{22} b_{23} + a_{23} b_{33} + a_{24} b_{43}$$
$$+ a_{25} b_{53} + a_{26} b_{63}$$
$$= \sum_{i=1}^{6} a_{2i} b_{i3}$$

allgemein

$$c_{mn} = \sum_{i=1}^{6} a_{mi} b_{in}$$

	T
	$v_l = T v_g$
k_l	$k_l T$
$S_l = k_l v_l$	$S_l = k_l T v_g$
T^t	$T^t k_l T = k_g$
$S_g = T^t S_l$	$S_g = T^t k_l T = k_g v_g$

10.11 Übersicht über die Matrizenmultiplikationen in der Form des Falkschen Schemas

Tafel **10.11** zeigt in einer Übersicht die im Abschn. 10.2.2 erläuterten Multiplikationen, die von der Matrix k_l zur Matrix k_g führen; die Tafeln **10.12** und **10.13** enthalten die Elemente des Zwischenergebnisses $k_l T$, das wir bei der Nachlaufrechnung zur Bestimmung der lokalen Stabendschnittgrößen S_l aus den globalen Verschiebungen v_g verwenden sowie des Endergebnisses $k_g = T^t k_l T$, das wir in die Gesamtsteifigkeitsmatrix K einbauen.

$$\begin{bmatrix} cEA/l & sEA/l & 0 & -cEA/l & -sEA/l & 0 \\ -12\,sEI/l^3 & 12\,cEI/l^3 & 6\,EI/l^2 & 12\,sEI/l^3 & -12\,cEI/l^3 & 6\,EI/l^2 \\ -6\,sEI/l^2 & 6\,cEI/l^2 & 4\,EI/l & 6\,sEI/l^2 & -6\,cEI/l^2 & 2\,EI/l \\ -cEA/l & -sEA/l & 0 & cEA/l & sEA/l & 0 \\ 12\,sEI/l^3 & -12\,cEI/l^3 & -6\,EI/l^3 & -12\,sEI/l^3 & 12\,cEI/l^3 & -6\,EI/l^2 \\ -6\,sEI/l^2 & 6\,cEI/l^2 & 2\,EI/l & 6\,sEI/l^2 & -6\,cEI/l^2 & 4\,EI/l \end{bmatrix}$$

10.12 Matrix $k_l T$ für die Berechnung der Stabendschnittgrößen S_l aus den Verschiebungsgrößen v_g: $S_l = k_l T v_g$
$c = \cos \alpha_{12}$; $s = \sin \alpha_{12}$; der besseren Übersichtlichkeit halber stehen A, I, l für A_{12}, I_{12}, l_{12}

$$\begin{bmatrix} c^2 EA/l & scEA/l & & -c^2 EA/l & -scEA/l & \\ +12\,s^2 EI/l^3 & -12\,scEI/l^3 & -6\,sEI/l^2 & -12\,s^2 EI/l^3 & +12\,scEI/l^3 & -6\,sEI/l^2 \\ scEA/l & s^2 EA/l & & -scEA/l & -s^2 EA/l & \\ -12\,scEI/l^3 & +12\,c^2 EI/l^3 & 6\,cEI/l^2 & +12\,scEI/l^3 & -12\,c^2 EI/l^3 & 6\,cEI/l^2 \\ -6\,sEI/l^2 & -6\,cEI/l^2 & 4\,EI/l & 6\,sEI/l^2 & -6\,cEI/l^2 & 2\,EI/l \\ -c^2 EA/l & -scEA/l & & +c^2 EA/l & +scEA/l & \\ -12\,s^2 EI/l^3 & +12\,scEI/l^3 & 6\,sEI/l^2 & +12\,s^2 EI/l^3 & -12\,scEI/l^3 & 6\,sEI/l^2 \\ -scEA/l & -s^2 EA/l & & +scEA/l & +s^2 EA/l & \\ +12\,scEI/l^3 & -12\,c^2 EI/l^3 & -6\,cEI/l^2 & -12\,scEI/l^3 & +12\,c^2 EI/l^3 & -6\,cEI/l^2 \\ -6\,sEI/l^2 & 6\,cEI/l^2 & 2\,EI/l & 6\,sEI/l^2 & -6\,cEI/l^2 & 4\,EI/l \end{bmatrix}$$

10.13 Matrix $k_g = T^t k_l T$ für die Berechnung der Stabendschnittgrößen S_g aus den Verschiebungsgrößen v_g: $S_g = S_g = k_g v_g$
$c = \cos \alpha_{12}$; $s = \sin \alpha_{12}$; der besseren Übersichtlichkeit halber stehen A, I, l für A_{12}, I_{12}, l_{12}

10.3 Knotengleichgewichtsbedingungen und Gesamtsteifigkeitsmatrix K

Nachdem wir die Einzelsteifigkeitsmatrix abgeleitet und in globale Koordinaten transformiert haben, gehen wir von den Stäben zu den Knoten über und stellen die **Knotengleichgewichtsbedingungen** auf. Die darin enthaltenen Knotenschnittgrößen S_g drücken wir mit Hilfe der Einzelsteifigkeitsmatrizen k_g durch die Knotenverschiebungsgrößen v_g aus; dadurch werden aus den Knotengleichgewichtsbedingungen **Bestimmungsgleichungen für die Knotenverschiebungsgrößen**. Aus den Faktoren der Knotenverschiebungsgrößen sämtlicher Gleichgewichtsbedingungen bilden wir die **Gesamtsteifigkeitsmatrix K**.

Bild **10.14**a zeigt schematisch den Knoten 3 und die an ihn angeschlossenen Stabenden 32 und 34 mit Stabend- und Knotenschnittgrößen. Außerdem wurden in das Quadrat, das den Knoten symbolisiert, die **von außen auf den Knoten wirkenden Kraftgrößen** eingetragen: die äußeren Kräfte P_{7g} und P_{8g}, die in x- und z-Richtung wirken, sowie das äußere Moment P_{9g}. Diese Kraftgrößen sind entweder unbekannte Stützgrößen oder gegebene Belastungen; sie gehen in die Gesamtsteifigkeitsmatrix K nicht ein: K hängt nur von den Stäben des Tragwerks und ihrer Anordnung ab, nicht aber von der Lagerung des Systems und seinen Lasten.

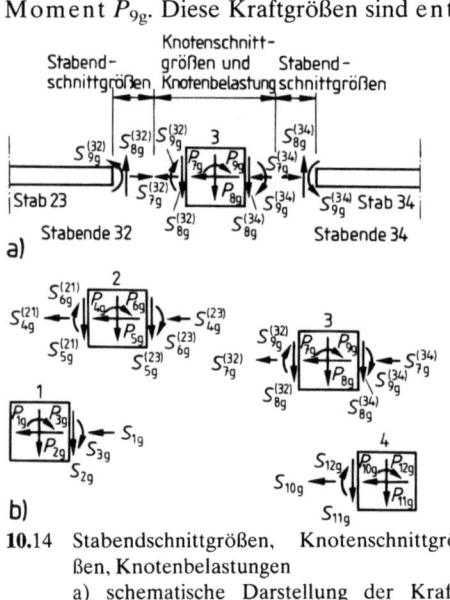

10.14 Stabschnittgrößen, Knotenschnittgrößen, Knotenbelastungen
a) schematische Darstellung der Kraftgrößen am Knoten 3 und in den Schnitten links und rechts des Knotens
b) Knotenschnittgrößen und Knotenbelastungen der Knoten 1 bis 4

Knoten-Nr.	Nr. der Gl.	Berechnung mit Hilfe der Einzelsteifigkeitsmatrix			äußere Kraftgrößen
		$k_g^{(12)}$	$k_g^{(23)}$	$k_g^{(34)}$	
1	1	$\pm \Sigma X = 0 =$ S_{1g}			$+P_{1g}$
	2	$\downarrow \Sigma Z = 0 =$ S_{2g}			$+P_{2g}$
	3	$\curvearrowright \Sigma M = 0 =$ S_{3g}			$+P_{3g}$
2	4	$\pm \Sigma X = 0 =$	$S_{4g}^{(21)}$	$+S_{4g}^{(23)}$		$+P_{4g}$
	5	$\downarrow \Sigma Z = 0 =$	$S_{5g}^{(21)}$	$+S_{5g}^{(23)}$		$+P_{5g}$
	6	$\curvearrowright \Sigma M = 0 =$	$S_{6g}^{(21)}$	$+S_{6g}^{(23)}$		$+P_{6g}$
3	7	$\pm \Sigma X = 0 =$		$S_{7g}^{(32)}$	$+S_{7g}^{(34)}$	$+P_{7g}$
	8	$\downarrow \Sigma Z = 0 =$		$S_{8g}^{(32)}$	$+S_{8g}^{(34)}$	$+P_{8g}$
	9	$\curvearrowright \Sigma M = 0 =$		$S_{9g}^{(32)}$	$+S_{9g}^{(34)}$	$+P_{9g}$
4	10	$\pm \Sigma X = 0 =$			S_{10g}	$+P_{10g}$
	11	$\downarrow \Sigma Z = 0 =$			S_{11g}	$+P_{11g}$
	12	$\curvearrowright \Sigma M = 0 =$			S_{12g}	$+P_{12g}$

10.15 Knotengleichgewichtsbedingungen

Wir setzen zunächst voraus, daß die äußeren Kraftgrößen **nur an den Knoten** des Tragwerks angreifen; die Berücksichtigung von Stablasten erläutern wir im Abschn. 10.6.

Da eine Knotenschnittgröße denselben Betrag, aber den entgegengesetzten Richtungs- oder Drehsinn wie die zugeordnete Stabendschnittgröße hat, gilt für die Knotengleichgewichtsbedingungen die Vorzeichenfestsetzung:

Nach links und unten gerichtete Kräfte und rechtsherum drehende Momente erhalten in den Knotengleichgewichtsbedingungen das positive Vorzeichen.

10.3 Knotengleichgewichtsbedingungen und Gesamtsteifigkeitsmatrix K

Bild 10.14b zeigt von dem geknickten Stabzug, den wir von Anfang an unseren Betrachtungen zugrunde gelegt haben, die Knoten, die Knotenschnittgrößen und die möglichen äußeren Kraftgrößen. An Hand dieses Bildes stellen wir die Knotengleichgewichtsbedingungen auf (Tafel 10.15); ihre Reihenfolge richtet sich nach dem 1. Fußzeiger der Schnittgrößen, so daß sich die folgende Zuordnung ergibt:

Einzelsteifigkeitsmatrix $k_g^{(12)}$:

  Stabendschnittgrößen S_{1g} bis S_{6g},

  Gleichgewichtsbedingungen 1 bis 6,

Einzelsteifigkeitsmatrix $k_g^{(23)}$:

  Stabendschnittgrößen S_{3g} bis S_{9g},

  Gleichgewichtsbedingungen 3 bis 9,

Einzelsteifigkeitsmatrix $k_g^{(34)}$:

  Stabendschnittgrößen S_{6g} bis S_{12g},

  Gleichgewichtsbedingungen 10 bis 12.

$$\begin{bmatrix} S_{1g} \\ S_{2g} \\ S_{3g} \\ S_{4g}^{(21)} \\ S_{5g}^{(21)} \\ S_{6g}^{(21)} \end{bmatrix} = \begin{bmatrix} k_{11g}^{(12)} & k_{12g}^{(12)} & k_{13g}^{(12)} & k_{14g}^{(12)} & k_{15g}^{(12)} & k_{16g}^{(12)} \\ k_{21g}^{(12)} & k_{22g}^{(12)} & k_{23g}^{(12)} & k_{24g}^{(12)} & k_{25g}^{(12)} & k_{26g}^{(12)} \\ k_{31g}^{(12)} & k_{32g}^{(12)} & k_{33g}^{(12)} & k_{34g}^{(12)} & k_{35g}^{(12)} & k_{36g}^{(12)} \\ k_{41g}^{(12)} & k_{42g}^{(12)} & k_{43g}^{(12)} & k_{44g}^{(12)} & k_{45g}^{(12)} & k_{46g}^{(12)} \\ k_{51g}^{(12)} & k_{52g}^{(12)} & k_{53g}^{(12)} & k_{54g}^{(12)} & k_{55g}^{(12)} & k_{56g}^{(12)} \\ k_{61g}^{(12)} & k_{62g}^{(12)} & k_{63g}^{(12)} & k_{64g}^{(12)} & k_{65g}^{(12)} & k_{66g}^{(12)} \end{bmatrix} \begin{bmatrix} v_{1g} \\ v_{2g} \\ v_{3g} \\ v_{4g} \\ v_{5g} \\ v_{6g} \end{bmatrix}$$

10.16 Gleichungssystem $S_g^{(12)} = k_g^{(12)} v_g^{(12)}$, Elemente der Matrix zur Abkürzung mit $k_{ijg}^{(12)}$ bezeichnet

$$\begin{bmatrix} S_{4g}^{(23)} \\ S_{5g}^{(23)} \\ S_{6g}^{(23)} \\ S_{7g}^{(32)} \\ S_{8g}^{(32)} \\ S_{9g}^{(32)} \end{bmatrix} = \begin{bmatrix} k_{44g}^{(23)} & k_{45g}^{(23)} & k_{46g}^{(23)} & k_{47g}^{(23)} & k_{48g}^{(23)} & k_{49g}^{(23)} \\ k_{54g}^{(23)} & & & & & \cdot \\ k_{64g}^{(23)} & & & & & \cdot \\ k_{74g}^{(23)} & & & & & \cdot \\ k_{84g}^{(23)} & & & & & \\ k_{94g}^{(23)} & \cdot & \cdot & \cdot & \cdot & k_{99g}^{(23)} \end{bmatrix} \begin{bmatrix} v_{4g} \\ v_{5g} \\ v_{6g} \\ v_{7g} \\ v_{8g} \\ v_{9g} \end{bmatrix}$$

10.17 Gleichungssystem $S_g^{(23)} = k_g^{(23)} v_g$, Elemente der Matrix zur Abkürzung mit $k_{ijg}^{(23)}$ bezeichnet

Als nächstes drücken wir in den Gleichgewichtsbedingungen die Stabendschnittgrößen S_g durch die Knotenverschiebungsgrößen v_g aus; dabei benutzen wir für die Elemente der Einzelsteifigkeitsmatrizen die in den Tafeln 10.16 und 10.17 erläuterte Abkürzung k. Als Beispiel schreiben wir die 4. Gleichgewichtsbedingung ausführlich hin. Mit

$$S_{4g}^{(21)} = \sum_{i=1}^{6} k_{4ig}^{(12)} v_{ig} \quad \text{und} \quad S_{4g}^{(23)} = \sum_{j=4}^{9} k_{4jg}^{(23)} v_{jg}$$

erhalten wir

$$\Sigma X = 0 = k_{41g}^{(12)} v_{1g} + k_{42g}^{(12)} v_{2g} + k_{43g}^{(12)} v_{3g}$$
$$+ k_{44g}^{(12)} v_{4g} + k_{45g}^{(12)} v_{5g} + k_{46g}^{(12)} v_{6g}$$
$$+ k_{44g}^{(23)} v_{4g} + k_{45g}^{(23)} v_{5g} + k_{46g}^{(23)} v_{6g}$$
$$+ k_{47g}^{(23)} v_{7g} + k_{48g}^{(23)} v_{8g} + k_{49g}^{(23)} v_{9g}$$
$$+ P_{4g}$$

Ausklammern der Verschiebungsgrößen v_{4g}, v_{5g} und v_{6g} liefert schließlich

$$\Sigma X = 0 = k_{41g}^{(12)} v_{1g} + k_{42g}^{(12)} v_{2g} + k_{43g}^{(12)} v_{3g}$$
$$+ (k_{44g}^{(12)} + k_{44g}^{(23)}) v_{4g}$$
$$+ (k_{45g}^{(12)} + k_{45g}^{(23)}) v_{5g}$$
$$+ (k_{46g}^{(12)} + k_{46g}^{(23)}) v_{6g}$$
$$+ k_{47g}^{(23)} v_{7g} + k_{48g}^{(23)} v_{8g} + k_{49g}^{(23)} v_{9g}$$
$$+ P_{4g}$$

In dieser Gleichung sind die Faktoren der v_{ig} ($i = 1$ bis 9) die Elemente der 4. Zeile der Gesamtsteifigkeitsmatrix $\boldsymbol{K}$; wir bezeichnen sie mit K_{4i}.

Auf die gleiche Weise wie die Elemente der 4. Zeile berechnen wir auch die Elemente der übrigen 11 Zeilen der Gesamtsteifigkeitsmatrix. Da insgesamt 12 Verschiebungsgrößen (v_{1g} bis v_{12g}) auftreten, hat die Gesamtsteifigkeitsmatrix nicht nur 12 Zeilen, sondern auch 12 Spalten, d. h. sie ist quadratisch. Ihr Element K_{ji} steht in Zeile j und Spalte i und ist die Summe aller Elemente k_{jig}, die es in den Einzelsteifigkeitsmatrizen des Tragwerks gibt. In unserem Beispiel treten drei verschiedene Elemente K auf:

1. Elemente, die gleich Null sind, z. B. K_{28},

2. Elemente, die wir aus einer Einzelsteifigkeitsmatrix direkt übernehmen, z. B. $K_{59} = k_{59g}^{(23)}$, und

3. Elemente, die wir durch Addition der Elemente von zwei Einzelsteifigkeitsmatrizen bilden, z. B. $K_{89} = k_{89g}^{(23)} + k_{89g}^{(34)}$.

10.18
Aufbau der Gesamtsteifigkeitsmatrix $\boldsymbol{K}$ aus den Einzelsteifigkeitsmatrizen $\boldsymbol{k}_g^{(12)}$ (Elemente ⌀), $\boldsymbol{k}_g^{(23)}$ (Elemente ⊖) und $\boldsymbol{k}_g^{(34)}$ (Elemente ⍉); ⊕ Summe der Elemente $k_{ijg}^{(12)}$ und $k_{ijg}^{(23)}$ mit $i = 4, 5, 6$ und $j = 4, 5, 6$; ⊖ Summe der Elemente $k_{mng}^{(23)}$ und $k_{mng}^{(23)}$ mit $m = 7, 8, 9$ und $n = 7, 8, 9$

10.4 Reduktion der Gesamtsteifigkeitsmatrix

Bild **10.**18 gibt eine Übersicht über den Aufbau der Gesamtsteifigkeitsmatrix: Bei dem betrachteten Stabzug (**10.**1 bis **10.**3) folgen die Stäbe 12, 23 und 34 aufeinander; als zugehörige Gesamtsteifigkeitsmatrix K ergibt sich eine B a n d m a t r i x, in der sich die Einzelsteifigkeitsmatrizen jeweils um d r e i Z e i l e n u n d d r e i S p a l t e n überlagern. Die Überlagerungen gehören zu

Knoten 2 $(S_{4g}, S_{5g}, S_{6g}; v_{4g}, v_{5g}, v_{6g})$ und

Knoten 3 $(S_{7g}, S_{8g}, S_{9g}; v_{7g}, v_{8g}, v_{9g})$;

in diesen Knoten sind jeweils zwei Stäbe biegesteif miteinander verbunden. Das Gleichungssystem der Tafel **10.**15 lautet mit der Gesamtsteifigkeitsmatrix K, dem Vektor der Verschiebungsgrößen v_g und dem Vektor der äußeren Kraftgrößen P_g

$$K\,v_g + P_g = 0$$

Die Überlagerungen der Einzelsteifigkeitsmatrizen um $3 \cdot 3$ Elemente sind ein Anlaß dafür, Einzelsteifigkeitsmatrizen und Gesamtsteifigkeitsmatrix in U n t e r m a t r i z e n mit je drei Zeilen und Spalten zu zerlegen. Die rechnerische Bearbeitung der Matrizen wird dadurch vereinfacht. Bild **10.**19 zeigt die Aufteilung in Untermatrizen und deren Bezeichnung am Beispiel der Gesamtsteifigkeitsmatrix: Die K o p f z e i g e r geben den zugehörigen Stab an, die F u ß z e i g e r werden von den K n o t e n abgeleitet; auf den Fußzeiger g können wir wie bei der Gesamtsteifigkeitsmatrix verzichten, weil wir die Untermatrizen ebenfalls nur im globalen Koordinatensystem benutzen. Untermatrizen, die erst beim Aufstellen der Gesamtsteifigkeismatrix durch A d d i t i o n d e r E l e m e n t e m i t g l e i c h e r Z e i l e n - u n d S p a l t e n n u m m e r gebildet werden, erhalten k e i n e n Kopfzeiger; es ist z. B.

$$k_{22} = k_{22}^{(12)} + k_{22}^{(23)},$$

und die Elemente dieser Untermatrize sind

$$K_{ij} = k_{ij}^{(12)} + k_{ij}^{(23)}$$

mit $i = 4$ bis 6 und $j = 4$ bis 6.

10.19 Untermatrizen, Übersicht und Überlagerung zur Gesamtsteifigkeitsmatrix

10.4 Reduktion der Gesamtsteifigkeitsmatrix

Wie wir bereits erwähnt haben, ist die Gesamtsteifigkeitsmatrix K eine Größe, die zu dem u n b e l a s t e t e n u n d f r e i s c h w e b e n d g e d a c h t e n Tragwerk, in unserem Beispiel zu dem geknickten Stabzug 1−2−3−4, gehört. Im nächsten Schritt unserer Berechnung passen wir K an die gegebenen L a g e r b e d i n g u n g e n an. Dazu stellen wir fest, welche Verschiebungsgrößen an welchen Knoten infolge der Lagerung nicht auftreten können und setzen sie gleich Null. Als Folge davon können wir die **Spalten** dieser Verschiebungsgrößen in der Gesamtsteifigkeitsmatrix **streichen**. Da wir für Verschiebungsgrößen, die gleich Null sind, auch **keine Bestimmungsgleichungen** benötigen, streichen wir außerdem die **Zeilen** der Gesamtsteifigkeitsmatrix, die dieselben Nummern wie die gestrichenen Spalten aufweisen. Die Matrix, die übrig bleibt, ist die auf die gegebenen Lagerbedingungen reduzierte Gesamtsteifigkeitsmatrix red K; zu ihr gehören die sinngemäß reduzierten Spaltenvektoren red v_g und red P_g.

Für die weitere Ableitung des VVM geben wir dem Stabzug 1–2–3–4 unseres Beispiels in den Endpunkten 1 und 4 **feste Einspannungen** (**10.20**); dadurch werden die Verschiebungsgrößen v_1, v_2, v_3 sowie v_{10}, v_{11}, v_{12} gleich Null, und wir können die Zeilen und Spalten 1, 2, 3, 10, 11, 12 der Gesamtsteifigkeitsmatrix streichen. Die reduzierte Gesamtsteifigkeits-

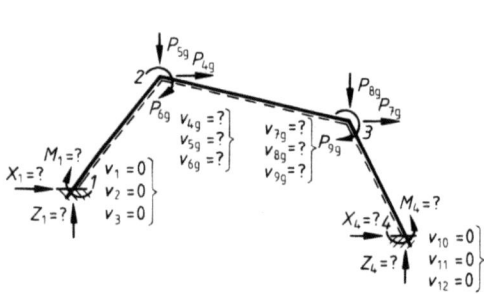

Kno-	Stabend-	Knoten					
ten	schnitt-	3			4		
	größen	Verschiebungsgröße					
		v_{4g}	v_{5g}	v_{6g}	v_{7g}	v_{8g}	v_{9g}
2	$S_{4g}^{(21)}+S_{4g}^{(23)}$	✳	✳	✳	○	○	○
	$S_{5g}^{(21)}+S_{5g}^{(23)}$	✳	✳	✳	○	○	○
	$S_{6g}^{(21)}+S_{6g}^{(23)}$	✳	✳	✳	○	○	○
3	$S_{7g}^{(32)}+S_{7g}^{(34)}$	○	○	○	✴	✴	✴
	$S_{8g}^{(32)}+S_{8g}^{(34)}$	○	○	○	✴	✴	✴
	$S_{9g}^{(32)}+S_{9g}^{(34)}$	○	○	○	✴	✴	✴

10.20 Bekannte und unbekannte Verschiebungsgrößen eines eingespannten Rahmens

10.21 Reduzierte Gesamtsteifigkeitsmatrix
○ Element von $k_g^{(23)}$
✳ Summe der Elemente $k_{ijg}^{(12)}$ und $k_{ijg}^{(23)}$ mit $i = 4, 5, 6$ und $j = 4, 5, 6$
✴ Summe der Elemente $k_{mng}^{(23)}$ und $k_{mng}^{(34)}$ mit $m = 7, 8, 9$ und $n = 7, 8, 9$

matrix ist dann eine 6·6-Matrix (**10.21**), und das Gleichungssystem zur Bestimmung der Unbekannten v_{4g} bis v_{9g} lautet in Kurzfassung

$$\text{red } K \text{ red } v_g + \text{red } P_g = 0$$

Durch die Anordnung fester Einspannungen in den Punkten 1 und 4 werden die äußeren Kraftgrößen P_{1g}, P_{2g}, P_{3g}, P_{10g}, P_{11g}, P_{12g} zu den **unbekannten Stützgrößen** X_1, Z_1, M_1, X_4, Z_4, M_4, die aus den **Einzelsteifigkeitsmatrizen** k_g ermittelt werden (**10.20**).

10.5 Verschiebungs-, Schnitt- und Stützgrößen

Wir bilden die Kehr- oder invertierte Matrix $(\text{red } K)^{-1}$ der Gesamtsteifigkeitsmatrix und errechnen die globalen Verschiebungsgrößen v_{4g} bis v_{9g} aus der Gleichung

$$\text{red } v_g = (\text{red } K)^{-1} (\text{red } P_g)$$

Mit Hilfe der Einzelsteifigkeitsmatrizen $k_l T$ erhalten wir anschließend für einen Stab nach dem andern die Stabendschnittgrößen in lokalen Koordinaten (Gl. (10.3)):

$$S_l = k_l T v_g$$

Damit sind an sämtlichen Stabenden die Längs- und Querkräfte sowie Momente bekannt. Für die Ermittlung der **Stützgrößen** betrachten wir den **Regelfall**, in dem die **Lagerkräfte parallel zu den Achsen des globalen Koordinatensystems** gerichtet sind. Wir berechnen mit Hilfe der vollständig auf die globalen Koordinaten bezogenen Gl. (10.5)

$$S_g = k_g \, v_g$$

die Schnittgrößen an den gelagerten Enden. Geht von einem Lagerknoten nur ein Stab aus, sind dessen Schnittgrößen am gelagerten Ende auch die Stützgrößen. Die Bilder **10.22** a und b zeigen als Beispiele dafür einen eingespannten sowie verschieblich und drehbar gelagerten Stab. In Bild **10.22** c werden im Knoten 3 zwei biegesteif verbundene Stäbe durch ein unverschiebliches Kipplager gestützt; hier erhalten wir die Lagerkräfte mit Hilfe der Formeln

$$X_3 = S_{7g}^{(32)} + S_{7g}^{(34)}$$
$$Z_3 = S_{8g}^{(32)} + S_{8g}^{(34)}$$
$$M_3 = S_{9g}^{(32)} + S_{9g}^{(34)} = 0$$

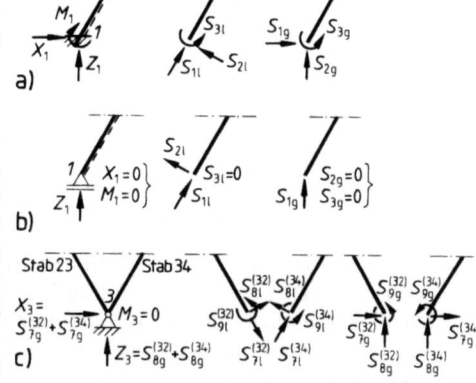

10.22 Stützgrößen und Stabendschnittgrößen
a) eingespanntes Stabende, b) Stabende mit verschieblichem Kipplager, c) biegesteifer Zweistabknoten mit unverschieblichem Kipplager

10.6 Berücksichtigung von Stablasten

Die Berücksichtigung von Belastungen der Stäbe erläutern wir am Beispiel des Stabes 23, auf den zwei Gleichlasten wirken: q_{zl} senkrecht, q_{xl} parallel zur Achse des Stabes. q_{zl} und q_{xl} können die Komponenten einer beliebig gerichteten Gleichlast q_{23} sein. Bei anderen Belastungen ist sinngemäß zu verfahren.
Bild **10.23**a zeigt den herausgeschnittenen Stab 23 mit der Belastung q_{zl} und den **Stabendschnittgrößen** des Volleinspannzustandes mit ihrem wirklichen Richtungs- oder Drehsinn. In Bild **10.23** b sind die zugehörigen Knotenschnittgrößen mit ihrem wirk-

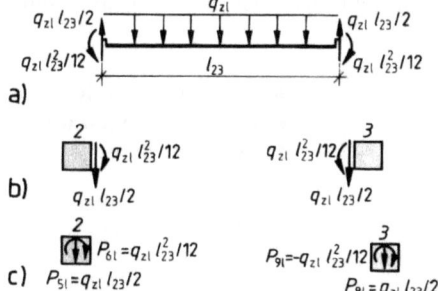

10.23 Berücksichtigung von Stablasten in Richtung der negativen z-Achse
a) Stabendschnittgrößen mit wirklichem Richtungs- oder Drehsinn
b) Knotenschnittgrößen mit wirklichem Richtungs- oder Drehsinn
c) Knotenlasten mit Vorzeichen des VVM

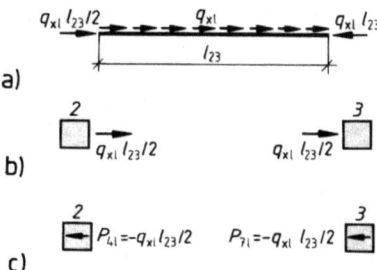

10.24 Berücksichtigung von Stablasten in Richtung der positiven x-Achse
a) Stabendschnittgrößen mit wirklichem Richtungssinn
b) Knotenschnittgrößen mit wirklichem Richtungssinn
c) Knotenlasten mit Vorzeichen des VVM

lichen Richtungs- oder Drehsinn gezeichnet, und Bild **10.**23c stellt diese Knotenschnittgrößen als Knotenbelastungen mit den Vorzeichen des VVM dar. Mit diesen Knotenbelastungen führen wir die Berechnung wie in den Abschn. 10.1 bis 10.4 beschrieben durch; bei der Ermittlung der **Stabendschnittgrößen** addieren wir zu den Werten nach Abschn. 10.5 die **Werte von Bild 10.**23c. Es gelten die Formeln

$$\text{ges } S^{(23)}_{51} = S^{(23)}_{51} + P_{51},$$
$$\text{ges } S^{(23)}_{61} = S^{(23)}_{61} + P_{61},$$
$$\text{ges } S^{(32)}_{81} = S^{(32)}_{81} + P_{81},$$
$$\text{ges } S^{(32)}_{91} = S^{(32)}_{91} + P_{91}.$$

Eine Belastung q_{xl} in **Richtung des Stabes** 23 mit den zugehörigen Schnittgrößen am Stab und an den Knoten zeigt Bild **10.**23. Die in Bild **10.**23c dargestellten Schnittgrößen werden als Knotenlasten in die Berechnung nach den Abschn. 10.1 bis 10.4 aufgenommen; für die Längskräfte an den Enden des Stabes 23 gilt

$$\text{ges } S^{(23)}_{41} = S^{(23)}_{41} + P_{41}$$
$$\text{ges } S^{(32)}_{71} = S^{(32)}_{71} + P_{71}$$

10.7 Anwendungen

10.7.1 Beispiel 1

1. Aufgabenstellung

Für den eingespannten Rahmen des Bildes **10.**25, der den allgemeinen Ausführungen der Abschn. 10.1 bis 10.6 zugrunde gelegt wurde, sind die Stütz-, Schnitt- und Verschiebungsgrößen der folgenden Lastfälle zu ermitteln:

LF 1: Einzellast $F_3 = 20$ kN im Punkt 3, nach links abwärts unter 15° gegen die Horizontale gerichtet,

LF 2: Gleichlast $q_{23} = 10$ kN/m GP (Grundrißprojektion), nach links abwärts unter 65° gegen die Horizontale gerichtet.

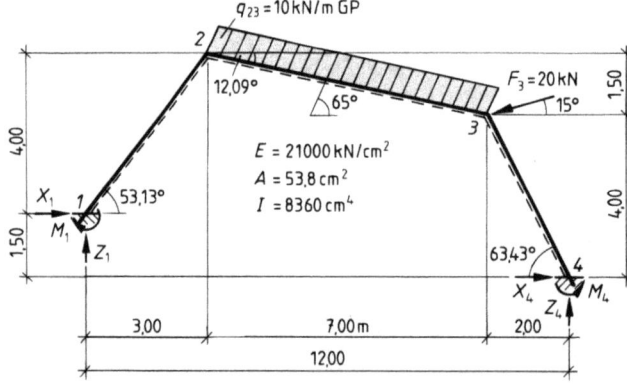

2. Koordinaten der Knotenpunkte, Neigungen und Längen der Stäbe

Die Knotenpunkte haben die folgenden Koordinaten:

Pkt.	$x\ m$	$z\ m$
1	0	0
2	3	4
3	10	2,5
4	12	−1,5

10.25 Beispiel 1: Eingespannter Rahmen

10.7.1 Beispiel 1

Neigungen der Stäbe:

$\alpha_{12} = \arctan(4/3) = 53{,}13°$

$\alpha_{23} = \arctan(-1{,}5/10) = -12{,}09°$

$\alpha_{34} = \arctan(-4/2) = -63{,}43°$

Längen der Stäbe:

$l_{12} = (3^2 + 4^2)^{1/2} = 5{,}000$ m

$l_{23} = (10^2 + 1{,}5^2)^{1/2} = 7{,}159$ m

$l_{34} = (2^2 + 4^2)^{1/2} = 4{,}472$ m

3. Einzelsteifigkeitsmatrizen k_g

Der Rahmen besteht aus IPE 300 mit $A = 53{,}8$ cm^2 und $I_y = 8360$ cm^4; der E-Modul beträgt 21000 kN/cm^2.

Die Tafeln **10.26** bis **10.28** zeigen die gemäß Tafel **10.13** errechneten Einzelsteifigkeitsmatrizen $k_g^{(12)}$, $k_g^{(23)}$ und $k_g^{(34)}$ der Stäbe des Rahmens. Als Kontrolle und zur Erläuterung rechnen wir die Elemente k_{11g} aller drei Einzelsteifigkeitsmatrizen von Hand aus.

$$k_g^{(12)} = \begin{bmatrix} k_{11}^{(12)} & k_{12}^{(12)} \\ k_{21}^{(12)} & k_{22}^{(12)} \end{bmatrix}$$

$$= \begin{bmatrix} 8{,}2424 \cdot 10^2 & 1{,}0765 \cdot 10^3 & -3{,}3708 \cdot 10^3 & -8{,}2424 \cdot 10^2 & -1{,}0765 \cdot 10^3 & -3{,}3708 \cdot 10^3 \\ 1{,}0765 \cdot 10^3 & 1{,}4522 \cdot 10^3 & 2{,}5281 \cdot 10^3 & -1{,}0765 \cdot 10^3 & -1{,}4522 \cdot 10^3 & 2{,}5281 \cdot 10^3 \\ -3{,}3708 \cdot 10^3 & 2{,}5281 \cdot 10^3 & 1{,}4045 \cdot 10^6 & 3{,}3708 \cdot 10^3 & -2{,}5281 \cdot 10^3 & 7{,}0224 \cdot 10^5 \\ -8{,}2424 \cdot 10^2 & -1{,}0765 \cdot 10^3 & 3{,}3708 \cdot 10^3 & 8{,}2424 \cdot 10^2 & 1{,}0765 \cdot 10^3 & 3{,}3708 \cdot 10^3 \\ -1{,}0765 \cdot 10^3 & -1{,}4522 \cdot 10^3 & -2{,}5281 \cdot 10^3 & 1{,}0765 \cdot 10^3 & 1{,}4522 \cdot 10^3 & -2{,}5281 \cdot 10^3 \\ -3{,}3708 \cdot 10^3 & 2{,}5281 \cdot 10^3 & 7{,}0224 \cdot 10^5 & 3{,}3708 \cdot 10^3 & -2{,}5281 \cdot 10^3 & 1{,}4045 \cdot 10^6 \end{bmatrix}$$

10.26 Stab 12: Einzelsteifigkeitsmatrix, bezogen auf globale Koordinaten

$$k_g^{(23)} = \begin{bmatrix} k_{22}^{(23)} & k_{23}^{(23)} \\ k_{32}^{(23)} & k_{33}^{(23)} \end{bmatrix}$$

$$= \begin{bmatrix} 1{,}5091 \cdot 10^3 & -3{,}2216 \cdot 10^2 & 4{,}3065 \cdot 10^2 & -1{,}5091 \cdot 10^3 & 3{,}2216 \cdot 10^2 & 4{,}3065 \cdot 10^2 \\ -3{,}2216 \cdot 10^2 & 7{,}4776 \cdot 10^1 & 2{,}0097 \cdot 10^3 & 3{,}2216 \cdot 10^2 & -7{,}4776 \cdot 10^1 & 2{,}0097 \cdot 10^3 \\ 4{,}3065 \cdot 10^2 & 2{,}0097 \cdot 10^3 & 9{,}8093 \cdot 10^5 & -4{,}3065 \cdot 10^2 & -2{,}0097 \cdot 10^3 & 4{,}9047 \cdot 10^5 \\ -1{,}5091 \cdot 10^3 & 3{,}2216 \cdot 10^2 & -4{,}3065 \cdot 10^2 & -1{,}5091 \cdot 10^3 & -3{,}2216 \cdot 10^2 & -4{,}3065 \cdot 10^2 \\ 3{,}2216 \cdot 10^2 & -7{,}4776 \cdot 10^1 & -2{,}0097 \cdot 10^3 & -3{,}2216 \cdot 10^2 & 7{,}4776 \cdot 10^1 & -2{,}0097 \cdot 10^3 \\ 4{,}3065 \cdot 10^2 & 2{,}0097 \cdot 10^3 & 4{,}9047 \cdot 10^5 & -4{,}3065 \cdot 10^2 & -2{,}0097 \cdot 10^3 & 9{,}8093 \cdot 10^5 \end{bmatrix}$$

10.27 Stab 23: Einzelsteifigkeitsmatrix, bezogen auf globale Koordinaten

$$k_g^{(34)} = \begin{bmatrix} k_{33}^{(34)} & k_{34}^{(34)} \\ \hline k_{43}^{(34)} & k_{44}^{(34)} \end{bmatrix}$$

$$= \begin{bmatrix} 5{,}2410 \cdot 10^2 & -1{,}0011 \cdot 10^3 & 4{,}7108 \cdot 10^3 & -5{,}2410 \cdot 10^2 & 1{,}0011 \cdot 10^3 & 4{,}7108 \cdot 10^3 \\ -1{,}0011 \cdot 10^3 & 2{,}0258 \cdot 10^3 & 2{,}3554 \cdot 10^3 & 1{,}0011 \cdot 10^3 & -2{,}0258 \cdot 10^3 & 2{,}3554 \cdot 10^3 \\ 4{,}7108 \cdot 10^3 & 2{,}3554 \cdot 10^3 & 1{,}5703 \cdot 10^6 & -4{,}7108 \cdot 10^3 & -2{,}3554 \cdot 10^3 & 7{,}8513 \cdot 10^5 \\ \hline -5{,}2410 \cdot 10^2 & 1{,}0011 \cdot 10^3 & -4{,}7108 \cdot 10^3 & 5{,}2410 \cdot 10^2 & -1{,}0011 \cdot 10^3 & -4{,}7108 \cdot 10^3 \\ 1{,}0011 \cdot 10^3 & -2{,}0258 \cdot 10^3 & -2{,}3554 \cdot 10^3 & -1{,}0011 \cdot 10^3 & 2{,}0258 \cdot 10^3 & -2{,}3554 \cdot 10^3 \\ 4{,}7108 \cdot 10^3 & 2{,}3554 \cdot 10^3 & 7{,}8513 \cdot 10^5 & -4{,}7108 \cdot 10^3 & -2{,}3554 \cdot 10^3 & 1{,}5703 \cdot 10^6 \end{bmatrix}$$

10.28 Stab 34: Einzelsteifigkeitsmatrix, bezogen auf globale Koordinaten

Allgemeine Formel

$$k_{11g} = \cos^2 \alpha \, EA/l + 12 \sin^2 \alpha \, EI/l^3$$

Stab 12

$$k_{11g}^{(12)} = \cos^2 53{,}13° \cdot 21\,000 \cdot 53{,}8/500$$
$$+ 12 \sin^2 53{,}13° \cdot 21\,000 \cdot 8360/500^3$$
$$= 824{,}24 \text{ kN/cm}$$

Stab 23

$$k_{11g}^{(23)} = \cos^2 (-12{,}09°) \cdot 21\,000 \cdot 53{,}8/715{,}9$$
$$+ 12 \sin^2 (-12{,}09°) \cdot 21\,000 \cdot 8360/715{,}9^3$$
$$= 1509{,}14 \text{ kN/cm}$$

Stab 34

$$k_{11g}^{(34)} = \cos^2 (-63{,}43°) \cdot 21\,000 \cdot 53{,}8/447{,}2$$
$$+ 12 \sin^2 (-63{,}43°) \cdot 21\,000 \cdot 8360/447{,}2^3$$
$$= 524{,}10 \text{ kN/cm}$$

4. Gesamtsteifigkeitsmatrix K

Aus den Einzelsteifigkeitsmatrizen bilden wir die Gesamtsteifigkeitsmatrix **10.29**, wie es Tafel **10.18** in allgemeiner Form angibt. Diese Gesamtsteifigkeitsmatrix ist ein System wert des freischwebend gedachten Stabzuges; sie wird den Lagerbedingungen unseres Beispiels durch Reduktion, d. h. durch Streichen von Spalten und Zeilen, angepaßt.

10.7.1 Beispiel 1

Knoten	1			2			3			4		
Spalte \ Zeile	1	2	3	4	5	6	7	8	9	10	11	12
1	$8{,}2424 \cdot 10^2$	$1{,}0765 \cdot 10^3$	$-3{,}3708 \cdot 10^3$	$-8{,}2424 \cdot 10^2$	$-1{,}0765 \cdot 10^3$	$-3{,}3708 \cdot 10^3$	0	0	0	0	0	0
2	$1{,}0765 \cdot 10^3$	$1{,}4522 \cdot 10^3$	$2{,}5281 \cdot 10^3$	$-1{,}0765 \cdot 10^3$	$-1{,}4522 \cdot 10^3$	$2{,}5281 \cdot 10^3$	0	0	0	0	0	0
3	$-3{,}3708 \cdot 10^3$	$2{,}5281 \cdot 10^3$	$1{,}4045 \cdot 10^6$	$3{,}3708 \cdot 10^3$	$-2{,}5281 \cdot 10^3$	$7{,}0224 \cdot 10^5$	0	0	0	0	0	0
4	$-8{,}2424 \cdot 10^2$	$-1{,}0765 \cdot 10^3$	$3{,}3708 \cdot 10^3$	$2{,}3334 \cdot 10^3$	$7{,}5436 \cdot 10^2$	$3{,}8014 \cdot 10^3$	$-1{,}5091 \cdot 10^3$	$3{,}2216 \cdot 10^2$	$4{,}3065 \cdot 10^2$	0	0	0
5	$-1{,}0765 \cdot 10^3$	$-1{,}4522 \cdot 10^3$	$-2{,}5281 \cdot 10^3$	$7{,}5436 \cdot 10^2$	$1{,}5270 \cdot 10^3$	$-5{,}1835 \cdot 10^2$	$3{,}2216 \cdot 10^2$	$-7{,}4776 \cdot 10^1$	$2{,}0097 \cdot 10^3$	0	0	0
6	$3{,}3708 \cdot 10^3$	$2{,}5281 \cdot 10^3$	$7{,}0224 \cdot 10^5$	$3{,}8014 \cdot 10^3$	$-5{,}1835 \cdot 10^2$	$2{,}3854 \cdot 10^6$	$4{,}3065 \cdot 10^2$	$-2{,}0097 \cdot 10^3$	$4{,}9047 \cdot 10^5$	0	0	0
7	0	0	0	$-1{,}509 \cdot 10^3$	$3{,}2216 \cdot 10^2$	$-4{,}3065 \cdot 10^2$	$2{,}0332 \cdot 10^3$	$-1{,}3233 \cdot 10^3$	$4{,}2801 \cdot 10^3$	$-5{,}2410 \cdot 10^2$	$1{,}0011 \cdot 10^3$	$4{,}7108 \cdot 10^3$
8	0	0	0	$3{,}2216 \cdot 10^2$	$-7{,}4776 \cdot 10^1$	$-2{,}0097 \cdot 10^3$	$-1{,}3233 \cdot 10^3$	$2{,}1005 \cdot 10^3$	$3{,}4567 \cdot 10^3$	$1{,}0011 \cdot 10^3$	$-2{,}0258 \cdot 10^3$	$2{,}3554 \cdot 10^3$
9	0	0	0	$4{,}3065 \cdot 10^2$	$2{,}0097 \cdot 10^3$	$4{,}9047 \cdot 10^5$	$4{,}2801 \cdot 10^3$	$3{,}4567 \cdot 10^3$	$2{,}5512 \cdot 10^6$	$-4{,}7108 \cdot 10^3$	$-2{,}3554 \cdot 10^3$	$7{,}8513 \cdot 10^5$
10	0	0	0	0	0	0	$-5{,}2410 \cdot 10^2$	$1{,}0011 \cdot 10^3$	$-4{,}7108 \cdot 10^3$	$5{,}2410 \cdot 10^2$	$-1{,}0011 \cdot 10^3$	$-4{,}7108 \cdot 10^3$
11	0	0	0	0	0	0	$1{,}0011 \cdot 10^3$	$-2{,}0258 \cdot 10^3$	$-2{,}3554 \cdot 10^3$	$-1{,}0011 \cdot 10^3$	$2{,}0258 \cdot 10^3$	$-2{,}3554 \cdot 10^3$
12	0	0	0	0	0	0	$4{,}7108 \cdot 10^3$	$2{,}3554 \cdot 10^3$	$7{,}8513 \cdot 10^3$	$-4{,}7108 \cdot 10^3$	$-2{,}3554 \cdot 10^3$	$1{,}5703 \cdot 10^6$

Untermatrizen:

Knoten	1	2	3	4
1	$k_{11}^{(12)}$	$k_{12}^{(12)}$		
2	$k_{21}^{(12)}$	$k_{22} = k_{22}^{(12)} + k_{22}^{(23)}$	$k_{23}^{(23)}$	
3		$k_{32}^{(23)}$	$k_{33} = k_{33}^{(23)} + k_{33}^{(34)}$	$k_{34}^{(34)}$
4			$k_{43}^{(34)}$	$k_{44}^{(34)}$

10.29 Gesamtsteifigkeitsmatrix k. Elemente und Untermatrizen k_{ii}

5. Reduzierte Gesamtsteifigkeitsmatrix red K

Infolge der festen Einspannungen in den Punkten 1 und 4 ist

$$v_1 = v_2 = v_3 = v_{10} = v_{11} = v_{12} = 0.$$

Da demnach die Elemente in den Spalten 1, 2, 3, 10, 11 und 12 der Gesamtsteifigkeitsmatrix mit Null zu multiplizieren sind, können wir diese Spalten von vornherein weglassen. Als unbekannte Verschiebungsgrößen des eingespannten Rahmens bleiben übrig

$$v_4, v_5, v_6, v_7, v_8, v_9,$$

d. h. die Verschiebungsgrößen der Knoten 2 und 3. Für die Bestimmung dieser **sechs Unbekannten** benötigen wir nur **sechs Gleichungen**, darum streichen wir auch die **Zeilen 1, 2, 3, 10, 11 und 12** der Gesamtsteifigkeitsmatrix und erhalten die in Tafel **10.30** dargestellte **reduzierte Gesamtsteifigkeitsmatrix red K**. Diese Größe bezieht sich auf das **Tragwerk**, das durch den **Stabzug 1−2−3−4 und seine Lagerbedingungen** definiert wird; sie ist **unabhängig von der Belastung**, die auf das Tragwerk aufgebracht wird.

$$\text{red } K = \begin{bmatrix} k_{22} & | & k_{23}^{(23)} \\ --- & -|- & --- \\ k_{32}^{(23)} & | & k_{33} \end{bmatrix}$$

$$= \begin{bmatrix}
2{,}3334\cdot 10^3 & 7{,}5436\cdot 10^2 & 3{,}8014\cdot 10^3 & | & -1{,}5091\cdot 10^3 & 3{,}2216\cdot 10^2 & 4{,}3065\cdot 10^2 \\
7{,}5436\cdot 10^2 & 1{,}5270\cdot 10^3 & -5{,}1835\cdot 10^2 & | & 3{,}2216\cdot 10^2 & -7{,}4776\cdot 10^1 & 2{,}0097\cdot 10^3 \\
3{,}8014\cdot 10^3 & -5{,}1835\cdot 10^2 & 2{,}3854\cdot 10^6 & | & -4{,}3065\cdot 10^2 & -2{,}0097\cdot 10^3 & 4{,}9047\cdot 10^5 \\
--- & --- & --- & + & --- & --- & --- \\
-1{,}509\cdot 10^3 & 1{,}0011\cdot 10^2 & -4{,}3065\cdot 10^2 & | & 2{,}0332\cdot 10^3 & -1{,}3233\cdot 10^3 & 4{,}2801\cdot 10^3 \\
3{,}2216\cdot 10^2 & -7{,}4776\cdot 10^1 & -2{,}0097\cdot 10^3 & | & -1{,}3233\cdot 10^3 & 2{,}1005\cdot 10^3 & 3{,}4567\cdot 10^2 \\
4{,}3065\cdot 10^2 & 2{,}0097\cdot 10^3 & 4{,}9047\cdot 10^5 & | & 4{,}2801\cdot 10^3 & 3{,}4567\cdot 10^2 & 2{,}5512\cdot 10^6
\end{bmatrix}$$

10.30 Reduzierte Gesamtsteifigkeitsmatrix red K

6. Transformierte Einzelsteifigkeitsmatrizen $k_l\, T$

Mit Hilfe der transformierten Einzelsteifigkeitsmatrizen $k_l\, T$ (s. Gl. 10.3) berechnen wir unter Textziffer 9 die Stabendschnittgrößen S_l aus den Verschiebungsgrößen v_g. Die transformierten Einzelsteifigkeitsmatrizen beziehen sich auf die **einzelnen Stäbe des Stabzuges 1−2−3−4 und sind unabhängig von dessen Lagerung**.

Die Formeln für die Elemente der Einzelsteifigkeitsmatrix $k_l\, T$ sind in Tafel **10.12** angegeben; die Tafeln **10.31, 32 und 33** zeigen das Ergebnis der Berechnung. Zur Kontrolle und Erläuterung rechnen wir für jede Matrix das erste Element der ersten Zeile von Hand aus:

$$\begin{bmatrix}
1{,}3558\cdot 10^3 & 1{,}8077\cdot 10^3 & 0 & | & -1{,}3558\cdot 10^3 & -1{,}8077\cdot 10^3 & 0 \\
-1{,}3483\cdot 10^1 & 1{,}0112\cdot 10^1 & 4{,}2134\cdot 10^3 & | & 1{,}3483\cdot 10^1 & -1{,}0112\cdot 10^1 & 4{,}2134\cdot 10^3 \\
-3{,}3708\cdot 10^3 & 2{,}5281\cdot 10^3 & 1{,}4045\cdot 10^6 & | & 3{,}3708\cdot 10^3 & -2{,}5281\cdot 10^3 & 7{,}0224\cdot 10^5 \\
--- & --- & --- & + & --- & --- & --- \\
-1{,}3558\cdot 10^3 & -1{,}8077\cdot 10^3 & 0 & | & 1{,}3558\cdot 10^3 & 1{,}8077\cdot 10^3 & 0 \\
1{,}3483\cdot 10^1 & -1{,}0112\cdot 10^1 & -4{,}2134\cdot 10^3 & | & -1{,}3483\cdot 10^1 & 1{,}0112\cdot 10^1 & -4{,}2134\cdot 10^3 \\
-3{,}3708\cdot 10^3 & 2{,}5281\cdot 10^3 & 7{,}0224\cdot 10^5 & | & 3{,}3708\cdot 10^3 & -2{,}5281\cdot 10^3 & 1{,}4045\cdot 10^6
\end{bmatrix}$$

10.31 Einzelsteifigkeitsmatrix $k_l^{(12)}\, T$ zur Berechnung der $S_l^{(12)}$ aus den $v_g^{(12)}$

$$\left[\begin{array}{ccc|ccc} 1{,}5431\cdot 10^3 & -3{,}3067\cdot 10^2 & 0 & -1{,}5431\cdot 10^3 & 3{,}3067\cdot 10^2 & 0 \\ 1{,}2031\cdot 10^0 & 5{,}6146\cdot 10^0 & 2{,}0553\cdot 10^3 & -1{,}2031\cdot 10^0 & -5{,}6146\cdot 10^0 & 2{,}0553\cdot 10^3 \\ 4{,}3065\cdot 10^2 & 2{,}0097\cdot 10^3 & 9{,}8093\cdot 10^5 & -4{,}3065\cdot 10^2 & -2{,}0097\cdot 10^3 & 4{,}9047\cdot 10^5 \\ \hline -1{,}5431\cdot 10^3 & 3{,}3067\cdot 10^2 & 0 & 1{,}5431\cdot 10^3 & -3{,}3067\cdot 10^2 & 0 \\ -1{,}2031\cdot 10^0 & -5{,}6146\cdot 10^0 & -2{,}0553\cdot 10^3 & 1{,}2031\cdot 10^0 & 5{,}6146\cdot 10^0 & -2{,}0553\cdot 10^3 \\ 4{,}3065\cdot 10^2 & 2{,}0097\cdot 10^3 & 4{,}9047\cdot 10^5 & -4{,}3065\cdot 10^2 & -2{,}0097\cdot 10^3 & 9{,}8093\cdot 10^5 \end{array}\right]$$

10.32 Einzelsteifigkeitsmatrix $k\{^{(23)}\,T$ zur Berechnung der $S\{^{(23)}$ aus den $v_g^{(23)}$

$$\left[\begin{array}{ccc|ccc} 1{,}1298\cdot 10^3 & -2{,}2596\cdot 10^3 & 0 & -1{,}1298\cdot 10^3 & 2{,}2596\cdot 10^3 & 0 \\ 2{,}1067\cdot 10^1 & 1{,}0534\cdot 10^1 & 5{,}2668\cdot 10^3 & -2{,}1067\cdot 10^1 & -1{,}0534\cdot 10^1 & 5{,}2668\cdot 10^3 \\ 4{,}7108\cdot 10^3 & 2{,}3554\cdot 10^3 & 1{,}5703\cdot 10^6 & -4{,}7108\cdot 10^3 & -2{,}3554\cdot 10^3 & 7{,}8513\cdot 10^5 \\ \hline -1{,}1298\cdot 10^3 & 2{,}2596\cdot 10^3 & 0 & 1{,}1298\cdot 10^3 & -2{,}2596\cdot 10^3 & 0 \\ -2{,}1067\cdot 10^1 & -1{,}0534\cdot 10^1 & -5{,}2668\cdot 10^3 & 2{,}1067\cdot 10^1 & 1{,}0534\cdot 10^1 & -5{,}2668\cdot 10^3 \\ 4{,}7108\cdot 10^3 & 2{,}3554\cdot 10^3 & 7{,}8513\cdot 10^5 & -4{,}7108\cdot 10^3 & -2{,}3554\cdot 10^3 & 1{,}5703\cdot 10^6 \end{array}\right]$$

10.33 Einzelsteifigkeitsmatrix $k\{^{(34)}\,T$ zur Berechnung der $S\{^{(34)}$ aus den $v_g^{(34)}$

Allgemeine Formel: $\cos \alpha \cdot EA/l$

Stab 12:

$\cos 53{,}13° \cdot 21\,000 \cdot 53{,}8/500 \qquad = 1355{,}76$ kN/cm

Stab 23:

$\cos (-12{,}09°) \cdot 21\,000 \cdot 53{,}8/715{,}9 \quad = 1543{,}14$ kN/cm

Stab 34:

$\cos (-63{,}43°) \cdot 21\,000 \cdot 53{,}8/447{,}2 \quad = 1129{,}8$ kN/cm

7. Reduzierter Lastvektor red P_g, Stabendschnittgrößen des Volleinspannzustandes

7.1 Lastfall 1

Vorhanden ist nur die Einzellast $F_3 = 20$ kN; sie ist mit einer Neigung von 15° gegen die Horizontale nach links abwärts gerichtet und greift am Knoten 3 an.

In den Lastvektor red P gehen die Komponenten von F_3 im globalen Koordinatensystem ein (**10.34**):

$X_3 = 20 \cos 15° = 19{,}32$ kN

$Z_3 = 20 \sin 15° = 5{,}18$ kN

10.34 Zerlegung der Knotenlast F_3 (Lastfall 1)

Beide Komponenten haben nach der Vorzeichenregelung für Knotenlasten das positive Vorzeichen (s. Abschn. 10.3). Der reduzierte Lastvektor hat demnach im Lastfall 1 die folgende Größe:

$$\text{red } \boldsymbol{P}_{\text{g}} = \begin{bmatrix} P_{4\text{g}} \\ P_{5\text{g}} \\ P_{6\text{g}} \\ P_{7\text{g}} \\ P_{8\text{g}} \\ P_{9\text{g}} \end{bmatrix} = \begin{bmatrix} X_2 \\ Z_2 \\ M_2 \\ X_3 \\ Z_3 \\ M_3 \end{bmatrix} = \begin{bmatrix} 0 \\ 0 \\ 0 \\ 19{,}32 \text{ kN} \\ 5{,}18 \text{ kN} \\ 0 \end{bmatrix}$$

7.2 Lastfall 2 (**10.35**)

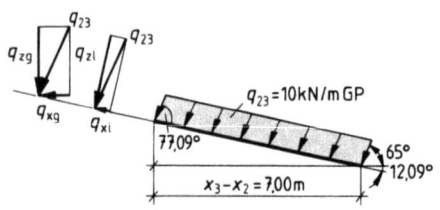

10.35 Zerlegung der Gleichlast q_{23} in globalen und lokalen Koordinaten (Lastfall 2)

Im Lastfall 2 greift die Gleichlast q_{23} am Stab 23 an; der zugehörige reduzierte Lastvektor wird aus den Stabendschnittgrößen des Volleinspannzustandes ermittelt, wobei das globale Koordinatensystem zugrunde zu legen ist. Um später die endgültigen Stabendschnittgrößen bestimmen zu können, müssen wir den Volleinspannzustand außerdem auf die lokalen Koordinaten beziehen.

Wir beginnen mit dem Volleinspannzustand in lokalen Koordinaten.
Die Gleichlast $q_{23} = 10$ kN/m GP (Grundrißprojektion) ist

gegen die Horizontale um 65°,

gegen den Stab 23 um 65 + 12,09 = 77,09°

geneigt; wir zerlegen sie nach den lokalen Koordinaten des Stabes 23 und beziehen die Komponenten der Gleichlast durch Multiplikation mit cos 12,09° auf lfd. m der lokalen x-Achse:

$q_{\text{zl}} = q_{23} \sin 77{,}09° \cdot \cos 12{,}09°$
$\phantom{q_{\text{zl}}} = 9{,}531$ kN/m Stablänge

$q_{\text{xl}} = q_{23} \cos 77{,}09° \cdot \cos 12{,}09°$
$\phantom{q_{\text{xl}}} = 2{,}184$ kN/m Stablänge

q_{zl} verursacht Querkräfte und Momente, q_{xl} Längskräfte. Mit $l_{23} = 7{,}159$ m und den Vorzeichen nach dem Biegesinn erhalten wir für den Volleinspannzustand in lokalen Koordinaten

$Q_{23} = 9{,}531 \cdot 7{,}159/2 = 34{,}12$ kN

$Q_{32} \phantom{= 9{,}531 \cdot 7{,}159/2} = -34{,}12$ kN

$N_{23} = -2{,}184 \cdot 7{,}159/2 = -7{,}82$ kN

$N_{32} \phantom{= -2{,}184 \cdot 7{,}159/2} = 7{,}82$ kN

$M_{23} = M_{32} = -9{,}531 \cdot 7{,}159^2/12$
$\phantom{M_{23} = M_{32}} = -40{,}71$ kNm $= -4071$ kNcm

Mit den Bezeichnungen und Vorzeichen des VVM stellt sich der Volleinspannzustand folgendermaßen dar:

10.7.1 Beispiel 1

$S_{4i}^{(23)} = 7{,}82$ kN $\qquad S_{7i}^{(32)} = 7{,}82$ kN

$S_{5i}^{(23)} = 34{,}12$ kN $\qquad S_{8i}^{(32)} = 34{,}12$ kN

$S_{6i}^{(23)} = 40{,}71$ kNm $\qquad S_{9i}^{(32)} = -40{,}71$ kNm

Diese Stabendschnittgrößen werden später zu den aus Gl. (10.3) ermittelten addiert.

Volleinspannzustand in globalen Koordinaten:

$q_{zg} = q_{23} \sin 65° = 9{,}063$ kN/m GP

$q_{xg} = q_{23} \cos 65° = 4{,}226$ kN/m GP

$S_{4g}^{(23)} = 4{,}226 \cdot 3{,}5 = 14{,}792$ kN

$S_{5g}^{(23)} = 9{,}063 \cdot 3{,}5 = 31{,}721$ kN

$S_{7g}^{(32)} \qquad\qquad = 14{,}792$ kN

$S_{8g}^{(32)} \qquad\qquad = 31{,}792$ kN

Die Stabendmomente sind von den Koordinatensystemen unabhängig:

$S_{6g}^{(23)} = 40{,}71$ kNm $\qquad S_{9g}^{(32)} = -40{,}71$ kNm

Damit ergibt sich der folgende reduzierte Lastvektor

$$\text{red } \boldsymbol{P}_g = \begin{bmatrix} P_{4g} \\ P_{5g} \\ P_{6g} \\ P_{7g} \\ P_{8g} \\ P_{9g} \end{bmatrix} = \begin{bmatrix} 14{,}792 \text{ kN} \\ 31{,}721 \text{ kN} \\ 4071 \text{ kNcm} \\ 14{,}792 \text{ kN} \\ 31{,}721 \text{ kN} \\ -4071 \text{ kNcm} \end{bmatrix}$$

8. Gleichungssystem und Lösung

Mit der reduzierten Gesamtsteifigkeitsmatrix red $\boldsymbol{K}$, dem Spaltenvektor red $\boldsymbol{v}_g$ der gesuchten Verschiebungsgrößen v_{4g} bis v_{9g} und dem Lastvektor red $\boldsymbol{P}_g$ der äußeren Kraftgrößen P_{4g} bis P_{9g} können wir die Knotengleichgewichtsbedingungen der Knoten 2 und 3 schreiben

$$\text{red } \boldsymbol{K} \text{ red } \boldsymbol{v}_g + \text{red } \boldsymbol{P}_g = 0 \quad \text{oder} \quad \text{red } \boldsymbol{K} \text{ red } \boldsymbol{v}_g = -\text{red } \boldsymbol{P}_g$$

Die Lösung lautet in Matrizen- und Vektorschreibweise

$$\text{red } \boldsymbol{v}_g = (\text{red } \boldsymbol{K})^{-1} (-\text{red } \boldsymbol{P}_g)$$

und liefert die Zahlenwerte

$$\begin{bmatrix} v_{4g} \\ v_{5g} \\ v_{6g} \\ v_{7g} \\ v_{8g} \\ v_{9g} \end{bmatrix} = \begin{matrix} \text{Lastfall 1} \\ \begin{bmatrix} -3{,}6276 \cdot 10^{-1} \text{ cm} \\ 2{,}6747 \cdot 10^{-1} \text{ cm} \\ 2{,}1778 \cdot 10^{-4} \text{ rad} \\ -4{,}7722 \cdot 10^{-1} \text{ cm} \\ -2{,}3784 \cdot 10^{-1} \text{ cm} \\ 6{,}4152 \cdot 10^{-4} \text{ rad} \end{bmatrix} \end{matrix} \begin{matrix} \text{Lastfall 2} \\ \begin{bmatrix} -4{,}4694 \cdot 10^{-1} \text{ cm} \\ 3{,}0663 \cdot 10^{-1} \text{ cm} \\ -1{,}8854 \cdot 10^{-3} \text{ rad} \\ -5{,}9925 \cdot 10^{-1} \text{ cm} \\ -3{,}1542 \cdot 10^{-1} \text{ cm} \\ 2{,}8400 \cdot 10^{-3} \text{ rad} \end{bmatrix} \end{matrix}$$

Nach unserer Vorzeichenfestsetzung sind positive Verschiebungen nach rechts und oben gerichtet, und positive Verdrehungen erfolgen linksherum.

Die Verschiebungsgrößen der Knoten 2 und 3 dienen als Grundlage für die Berechnung der Stütz- und Schnittgrößen; da diese Berechnung nachvollziehbar sein soll, haben wir die Verschiebungsgrößen mit 5 tragenden Ziffern angegeben.

9. Schnitt- und Stützgrößen

In Momenten-, Quer- und Längskraftfläche werden die auf die lokalen Koordinaten bezogenen Schnittgrößen dargestellt. Zu den Werten, die uns Gl. (10.3)

$$S_l = k_l\, T\, v_g$$

liefert, müssen wir im Falle einer direkten Belastung (LF 2, Stab 23) die Stabendschnittgrößen des Volleinspannzustandes addieren (s. Textziffer 7.2). Die für die Berechnung erforderlichen transformierten Einzelsteifigkeitsmatrizen $k_l\, T$ haben wir unter Textziffer 6, die globalen Verschiebungsgrößen v_g unter Textziffer 8 ermittelt; die Multiplikation gemäß Gl. (10.3) und die im Lastfall 2 am Stab 23 erforderliche Addition der Stabendschnittgrößen des Volleinspannzustandes liefert die in Tafel **10.36** aufgelisteten Werte.

Stab-ende	Stabend-schnitt-größe	Lastfall 1	Lastfall 2			Einheit
1	2	3	4	5	6	7
12	S_{1l}	11,47	53,44	0	53,44	kN
	S_{2l}	−5,47	−11,95	0	−11,95	kN
	S_{3l}	0	0	0	0	kNm
21	$S_{4l}^{(21)}$	−11,47	−53,44	0	−53,44	kN
	$S_{5l}^{(21)}$	5,47	11,95	0	11,95	kN
	$S_{6l}^{(21)}$	−27,35	−59,75	0	−59,75	kNm
23	$S_{4l}^{(23)}$	9,77	25,43	7,82	33,25	kN
	$S_{5l}^{(23)}$	8,12	9,40	34,12	43,52	kN
	$S_{6l}^{(23)}$	27,35	19,05	40,71	59,75	kNm
32	$S_{7l}^{(32)}$	−9,77	−25,43	7,82	−17,61	kN
	$S_{8l}^{(32)}$	−8,12	−9,40	34,12	24,72	kN
	$S_{9l}^{(32)}$	30,80	48,25	−40,71	7,54	kNm
34	$S_{7l}^{(34)}$	−4,25	30,30	0	30,30	kN
	$S_{8l}^{(34)}$	−6,89	−1,69	0	−1,69	kN
	$S_{9l}^{(34)}$	−30,80	−7,54	0	−7,54	kNm
43	S_{10l}	4,25	−30,30	0	−30,30	kN
	S_{11l}	6,89	1,69	0	1,69	kN
	S_{12l}	0	0	0	0	kNm

10.36
Berechnung der Stabendschnittgrößen
Aufgliederung der Werte von Lastfall 2:
Spalte 4: Anteil aus der Einzelsteifigkeitsmatrix
Spalte 5: Anteil aus dem Volleinspannzustand
Spalte 6: endgültige Stabendschnittgröße

Die Bilder **10.37** und **10.38** zeigen die M-, Q- und N-Flächen der beiden Lastfälle.

Die Stützgrößen des Rahmens sind zugleich die auf die globalen Koordinaten bezogenen Schnittgrößen der Stabenden 12 und 43; wir erhalten sie aus den Einzelsteifigkeitsmatrizen $k_g^{(12)}$ und $k_g^{(23)}$, indem wir die errechneten v_g einsetzen. Es ist z. B.

$$S_{1g} = \sum_{i=1}^{6} k_{1ig}^{(12)} v_{ig} \qquad \text{und} \qquad S_{10g} = \sum_{j=7}^{12} k_{10jg}^{(34)} v_{jg}$$

10.7.1 Beispiel 1

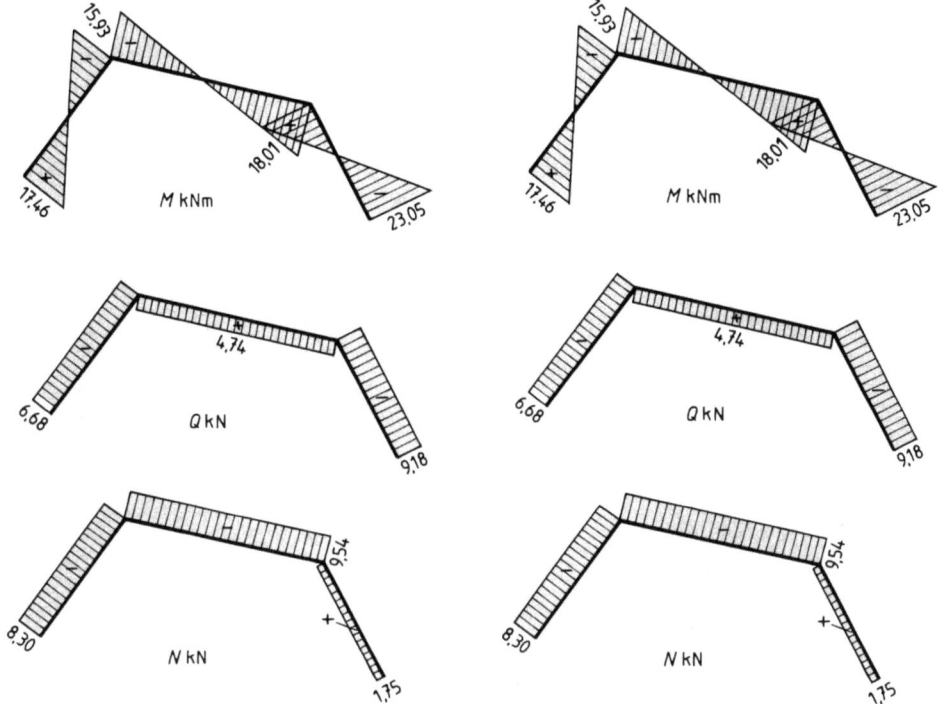

10.37 Lastfall 1, *M*-, *Q*- und *N*-Fläche   **10.38** Lastfall 2, *M*-, *Q*- und *N*-Fläche

Das Gesamtergebnis lautet

$$\begin{bmatrix} S_{1g} \\ S_{2g} \\ S_{3g} \\ S_{10g} \\ S_{11g} \\ S_{12g} \end{bmatrix} = \begin{bmatrix} \text{Lastfall 1} & \text{Lastfall 2} \\ 10{,}33 \text{ kN} & 44{,}65 \text{ kN} \\ 2{,}64 \text{ kN} & 31{,}09 \text{ kN} \\ -1746 \text{ kNcm} & -3606 \text{ kNcm} \\ 8{,}99 \text{ kN} & -15{,}07 \text{ kN} \\ 2{,}54 \text{ kN} & 32{,}35 \text{ kN} \\ 2305 \text{ kNcm} & -1336 \text{ kNcm} \end{bmatrix} = \begin{bmatrix} X_1 \\ Z_1 \\ -M_1 \\ X_4 \\ Z_4 \\ M_4 \end{bmatrix}$$

In dieser Zusammenstellung sind positive Kräfte nach rechts oder oben gerichtet, und positive Momente S_{3g} und S_{12g} drehen linksherum; die Vorzeichen von M_1 und M_4 richten sich nach dem Biegesinn – die gestrichelte Faser der Stäbe des Rahmens liegt innen.

10. Kontrollen

10.1 Lastfall 1

Gleichgewichtskontrollen am Gesamtsystem

$$\xrightarrow{+} \Sigma X = X_1 - X_3 + X_4 = 10{,}33 - 19{,}32 + 8{,}99 = 0$$

$$\uparrow + \Sigma Z = Z_1 - Z_3 + Z_4 = 2{,}64 - 5{,}18 + 2{,}54 = 0$$

$$\curvearrowright \Sigma M_1 = 17{,}46 + 5{,}18 \cdot 10 - 19{,}32 \cdot 2{,}5$$
$$\qquad - 2{,}54 \cdot 12 - 8{,}99 \cdot 1{,}5 + 23{,}05 = 0{,}045 \approx 0$$

Verformungskontrolle

Da das VVM den Einfluß der Längskräfte auf die Verschiebungsgrößen berücksichtigt, müssen wir bei Kontrollen mit Hilfe des Prinzips der virtuellen Kraftgrößen das gleiche tun. Im folgenden beschränken wir uns auf eine Kontrolle, bei der Längskräfte ohne Einfluß sind, weil im virtuellen Zustand nur Momente auftreten: Wir beseitigen die Einspannung des Rahmens im Punkt 4, lassen die dortigen Stützgrößen als äußere Kraftgrößen angreifen und fragen nach der Verdrehung des in Wirklichkeit eingespannten Stabendes 43. Im virtuellen Zustand greift im Punkt 4 das Momente 1 an, es verursacht die Stützgröße $M_1 = 1$, und über den ganzen Stabzug hinweg ist das Biegemoment $M = 1$ vorhanden (**10.39**). Die Kombination der wirklichen und der virtuellen M-Fläche ergibt

$$EI\,\delta = 0{,}5 \cdot 5{,}000 \cdot 1\,(\ 17{,}46 - 15{,}93)$$
$$+\ 0{,}5 \cdot 7{,}159 \cdot 1\,(-15{,}93 + 18{,}01)$$
$$+\ 0{,}5 \cdot 4{,}472 \cdot 1\,(\ 18{,}01 - 23{,}05)$$
$$\approx 0$$

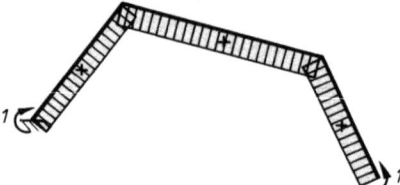

10.39 Virtuelle Momente, virtuelle Momentenfläche

10.2 Lastfall 2

Gleichgewichtskontrollen am Gesamtsystem

$$\overset{+}{\rightarrow} \Sigma X = X_1 - q_{xg}\,7{,}00 + X_4$$
$$= 44{,}65 - 4{,}226 \cdot 7 - 15{,}07 = 0$$
$$\downarrow + \Sigma Z = Z_1 - q_{zg}\,7{,}00 + Z_4$$
$$= 31{,}09 - 9{,}063 \cdot 7 + 32{,}35 = 0$$
$$\curvearrowright \Sigma M_1 = 36{,}06 + 9{,}063 \cdot 7 \cdot 6{,}50 - 4{,}226 \cdot 7 \cdot 3{,}25$$
$$+\ 15{,}07 \cdot 1{,}5 - 32{,}35 \cdot 12 + 13{,}36 \approx 0$$

Verformungskontrolle

Wir überprüfen wie für den LF 1 die Verdrehung des Stabendes 43 bei eingespanntem Stabende 12 infolge der wirklichen M-Fläche:

$$EI\,\delta = 0{,}5 \cdot 5{,}000 \cdot 1 \cdot (\ 36{,}06 - 49{,}30)$$
$$+\ 0{,}5 \cdot 7{,}159 \cdot 1 \cdot (-49{,}30 - 8{,}94)$$
$$+\ 2/3 \cdot 7{,}159 \cdot 1 \cdot 61{,}06$$
$$+\ 0{,}5 \cdot 4{,}472 \cdot 1 \cdot (\ -8{,}94 - 13{,}36) \approx 0$$

Darin ist 61,06 kNm $= q_{zl}\,l_{23}^2/8 = 9{,}531 \cdot 7{,}159^2/8$
der Pfeil der Momentenparabel des Stabes 23.

10.7.2 Beispiel 2: Zweigelenkrahmen

1. Aufgabenstellung

Wir ersetzen bei dem Rahmen des Beispiels 1 die beiden **festen Einspannungen** durch **unverschiebliche Kipplager** (**10.40**); sämtliche anderen Vorgaben bleiben unverändert.

10.7.2 Beispiel 2: Zweigelenkrahmen

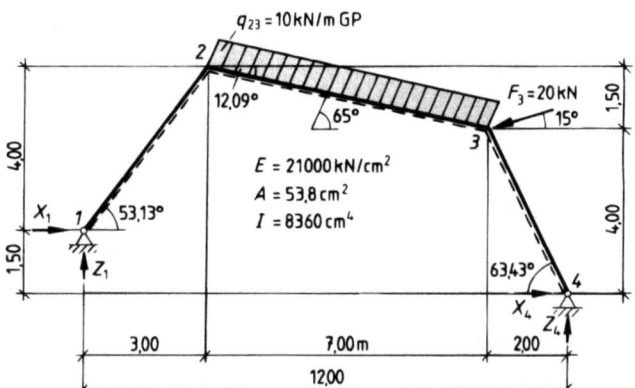

10.40
Beispiel 2:
Zweigelenkrahmen

2. Übersicht über den Gang der Berechnung

Da wir an dem eigentlichen Stabzug 1–2–3–4 des Beispiels 1 und seiner Belastung nichts ändern, können wir die Einzelsteifigkeitsmatrizen k_g und $k_l T$, die Gesamtsteifigkeitsmatrix K sowie den Lastvektor P_g unverändert von Beispiel 1 übernehmen. Die reduzierte Gesamtsteifigkeitsmatrix red K und die reduzierten Lastvektoren red P_g müssen wir jedoch für dieses Beispiel neu ermitteln. Wir beginnen die Berechnung mit der Reduktion der Gesamtsteifigkeitsmatrix.

3. Reduzierte Gesamtsteifigkeitsmatrix red K

Von den $4 \cdot 3 = 12$ grundsätzlich möglichen Verschiebungsgrößen oder Freiheitsgraden der Knoten 1 bis 4 werden durch die beiden unverschieblichen Kipplager $2 \cdot 2 = 4$ beseitigt, nämlich v_1 und v_2 in Knoten 1, v_{10} und v_{11} in Knoten 4.

Die Knoten- oder Stabendverdrehungen v_3 und v_{12} werden im Gegensatz zu Beispiel 1 nicht verhindert.

Wegen $v_1 = v_2 = v_{10} = v_{11} = 0$ können wir in der Gesamtsteifigkeitsmatrix die Spalten und Zeilen 1, 2, 10, 11 streichen (**10.41**), so daß eine $8 \cdot 8$-Matrix übrig bleibt (**10.42**).

Knoten	Zeile	Knoten											
		1			2			3			4		
		Verschiebungsgröße (Spalte)											
		v_{1g}	v_{2g}	v_{3g}	v_{4g}	v_{5g}	v_{6g}	v_{7g}	v_{8g}	v_{9g}	v_{10g}	v_{11g}	v_{12g}
1	1	x	x	x	x	x	x	∅	∅	∅	∅	∅	∅
	2	x	x	x	x	x	x	∅	∅	∅	∅	∅	∅
	3	x	x	x	x	x	x	∅	∅	∅	∅	∅	∅
2	4	x	x	x	x	x	x	x	x	x	∅	∅	∅
	5	x	x	x	x	x	x	x	x	x	∅	∅	∅
	6	x	x	x	x	x	x	x	x	x	∅	∅	∅
3	7	∅	∅	∅	x	x	x	x	x	x	x	x	x
	8	∅	∅	∅	x	x	x	x	x	x	x	x	x
	9	∅	∅	∅	x	x	x	x	x	x	x	x	x
4	10	∅	∅	∅	∅	∅	∅	x	x	x	x	x	x
	11	∅	∅	∅	∅	∅	∅	x	x	x	x	x	x
	12	∅	∅	∅	∅	∅	∅	x	x	x	x	x	x

10.41
Reduktion der Gesamtsteifigkeitsmatrix

$$\begin{bmatrix}
1{,}4045 \cdot 10^6 & 3{,}3708 \cdot 10^3 & -2{,}5281 \cdot 10^3 & 7{,}0224 \cdot 10^5 & 0 & 0 & 0 & 0 \\
3{,}3708 \cdot 10^3 & 2{,}3334 \cdot 10^3 & 7{,}5436 \cdot 10^2 & 3{,}8014 \cdot 10^5 & -1{,}5091 \cdot 10^3 & 3{,}2216 \cdot 10^2 & 4{,}3065 \cdot 10^2 & 0 \\
-2{,}5281 \cdot 10^3 & 7{,}5436 \cdot 10^2 & 1{,}5270 \cdot 10^3 & -5{,}1835 \cdot 10^2 & 3{,}2216 \cdot 10^2 & -7{,}4776 \cdot 10^1 & 2{,}0097 \cdot 10^3 & 0 \\
7{,}0224 \cdot 10^5 & 3{,}8014 \cdot 10^3 & -5{,}1835 \cdot 10^2 & 2{,}3854 \cdot 10^6 & -4{,}3065 \cdot 10^2 & -2{,}0097 \cdot 10^3 & 4{,}9047 \cdot 10^5 & 0 \\
0 & -1{,}509 \cdot 10^3 & 3{,}2216 \cdot 10^2 & -4{,}3065 \cdot 10^2 & 2{,}0332 \cdot 10^3 & -1{,}3233 \cdot 10^3 & 4{,}2801 \cdot 10^3 & 4{,}7108 \cdot 10^3 \\
0 & 3{,}2216 \cdot 10^2 & -7{,}4776 \cdot 10^1 & -2{,}0097 \cdot 10^3 & -1{,}3233 \cdot 10^3 & 2{,}1005 \cdot 10^3 & 3{,}4567 \cdot 10^2 & 2{,}3554 \cdot 10^3 \\
0 & 4{,}3065 \cdot 10^2 & 2{,}0097 \cdot 10^3 & 4{,}9047 \cdot 10^5 & 4{,}2801 \cdot 10^3 & 3{,}4567 \cdot 10^2 & 2{,}5512 \cdot 10^6 & 7{,}8513 \cdot 10^5 \\
0 & 0 & 0 & 0 & 4{,}7108 \cdot 10^3 & 2{,}3554 \cdot 10^3 & 7{,}8513 \cdot 10^5 & 1{,}5703 \cdot 10^6
\end{bmatrix}$$

10.42 Reduzierte Gesamtsteifigkeitsmatrix

4. Reduzierte Lastvektoren red P_g

Die reduzierten Lastvektoren P_g haben im vorliegenden Beispiel je acht Elemente, durch die gegebenenfalls äußere Momente an den Knoten 1 bis 4 und je eine horizontale und vertikale äußere Kraft an den Knoten 2 und 3 berücksichtigt werden. Da wir dieselbe Belastung wie im Beispiel 1 vorliegen haben, können wir die Werte der gleichnamigen Elemente aus diesem Beispiel übernehmen; die hinzukommenden Elemente P_{3g} und P_{12g} sind gleich Null. Im Lastfall 1 ergibt sich

$$\text{red } P_g = \begin{bmatrix} P_{3g} \\ P_{4g} \\ P_{5g} \\ P_{6g} \\ P_{7g} \\ P_{8g} \\ P_{9g} \\ P_{12g} \end{bmatrix} = \begin{bmatrix} M_1 \\ X_2 \\ Z_2 \\ M_2 \\ X_3 \\ Z_3 \\ M_3 \\ M_4 \end{bmatrix} = \begin{bmatrix} 0 \\ 0 \\ 0 \\ 0 \\ 19{,}32 \text{ kN} \\ 5{,}18 \text{ kN} \\ 0 \\ 0 \end{bmatrix} \quad \text{und im Lastfall 2}$$

$$\text{red } P_g = \begin{bmatrix} P_{3g} \\ P_{4g} \\ P_{5g} \\ P_{6g} \\ P_{7g} \\ P_{8g} \\ P_{9g} \\ P_{12g} \end{bmatrix} = \begin{bmatrix} M_1 \\ X_2 \\ Z_2 \\ M_2 \\ X_3 \\ Z_3 \\ M_3 \\ M_4 \end{bmatrix} = \begin{bmatrix} 0 \\ 14{,}792 \text{ kN} \\ 31{,}721 \text{ kN} \\ 4071 \text{ kNcm} \\ 14{,}792 \text{ kN} \\ 31{,}721 \text{ kN} \\ -4071 \text{ kNcm} \\ 0 \end{bmatrix}$$

5. Gleichungssystem und Lösung

Die Lösung lautet in Matrizen- und Vektorschreibweise

$$\text{red } v_g = (\text{red } K)^{-1} (-\text{red } P_g)$$

und liefert die Zahlenwerte

$$\begin{bmatrix} v_{3g} \\ v_{4g} \\ v_{5g} \\ v_{6g} \\ v_{7g} \\ v_{8g} \\ v_{9g} \\ v_{12g} \end{bmatrix} = \begin{matrix} \text{Lastfall 1} \\ \begin{bmatrix} -3{,}6426 \cdot 10^{-3} \text{ rad} \\ -9{,}4084 \cdot 10^{-1} \text{ cm} \\ 6{,}9929 \cdot 10^{-1} \text{ cm} \\ -2{,}5174 \cdot 10^{-4} \text{ rad} \\ -1{,}2282 \text{ cm} \\ -6{,}1223 \cdot 10^{-1} \text{ cm} \\ 4{,}5301 \cdot 10^{-4} \text{ rad} \\ 4{,}3765 \cdot 10^{-3} \text{ rad} \end{bmatrix} \end{matrix} \quad \begin{matrix} \text{Lastfall 2} \\ \begin{matrix} 5{,}5925 \cdot 10^{-3} \text{ rad} \\ -1{,}1167 \text{ cm} \\ 8{,}0796 \cdot 10^{-1} \text{ cm} \\ -2{,}9161 \cdot 10^{-3} \text{ rad} \\ -1{,}4663 \text{ cm} \\ -7{,}4656 \cdot 10^{-1} \text{ cm} \\ 3{,}0385 \cdot 10^{-3} \text{ rad} \\ 3{,}9995 \cdot 10^{-3} \text{ rad} \end{matrix} \end{matrix}$$

10.7.2 Beispiel 2: Zweigelenkrahmen

6. Schnitt- und Stützgrößen

Um die M-, Q- und N-Fläche zeichnen zu können, ermitteln wir die Stabendschnittgrößen mit Gl. (10.3)

$$S_l = k_l \, T \, v_g;$$

Stabende	Stabendschnittgröße	Lastfall 1	Lastfall 2			Einheit
1	2	3	4	5	6	7
12	S_{1l}	11,47	53,44	0	53,44	kN
	S_{2l}	−5,47	−11,95	0	−11,95	kN
	S_{3l}	0	0	0	0	kNm
21	$S_{4l}^{(21)}$	−11,47	−53,44	0	−53,44	kN
	$S_{5l}^{(21)}$	5,47	11,95	0	11,95	kN
	$S_{6l}^{(21)}$	−27,35	−59,75	0	−59,75	kNm
23	$S_{4l}^{(23)}$	9,77	25,43	7,82	33,25	kN
	$S_{5l}^{(23)}$	8,12	9,40	34,12	43,52	kN
	$S_{6l}^{(23)}$	27,35	19,05	40,71	59,75	kNm
32	$S_{7l}^{(32)}$	−9,77	−25,43	7,82	−17,61	kN
	$S_{8l}^{(32)}$	−8,12	−9,40	34,12	24,72	kN
	$S_{9l}^{(32)}$	30,80	48,25	−40,71	7,54	kNm
34	$S_{7l}^{(34)}$	−4,25	30,30	0	30,30	kN
	$S_{8l}^{(34)}$	−6,89	−1,69	0	−1,69	kN
	$S_{9l}^{(34)}$	−30,80	−7,54	0	−7,54	kNm
43	S_{10l}	4,25	−30,30	0	−30,30	kN
	S_{11l}	6,89	1,69	0	1,69	kN
	S_{12l}	0	0	0	0	kNm

10.43
Berechnung der Stabendschnittgrößen
Aufgliederung der Werte von Lastfall 2:
Spalte 4: Anteil aus der Einzelsteifigkeitsmatrix
Spalte 5: Anteil aus dem Volleinspannzustand
Spalte 6: endgültige Stabendschnittgröße

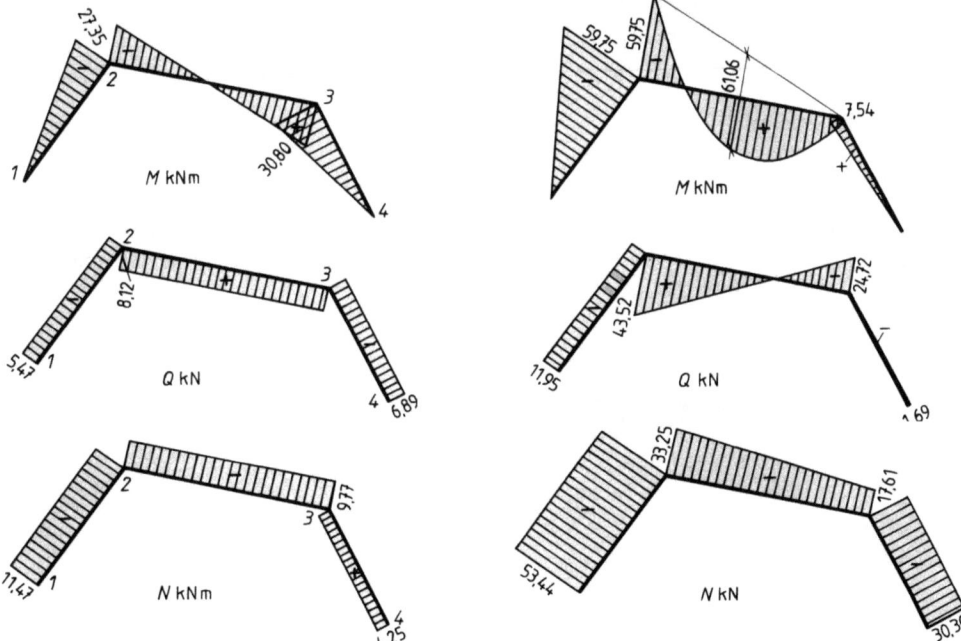

10.44 Lastfall 1, M-, Q- und N-Fläche

10.45 Lastfall 2, M-, Q- und N-Fläche

diese Werte sind bei den Stäben 12 und 34 die endgültigen; beim Stab 23 müssen wir noch wie im Beispiel 1 die Stabendschnittgrößen des Volleinspannzustandes addieren. In Tafel **10.**43 sind Ausgangswerte und Ergebnisse zusammengestellt. Die Stützgrößen erhalten wir wieder mit Gl. (10.5) als Schnittgrößen der Stabenden 12 und 43, bezogen auf globale Koordinaten:

$$\begin{bmatrix} S_{1g} \\ S_{2g} \\ S_{10g} \\ S_{11g} \end{bmatrix} = \begin{matrix} \text{Lastfall 1} & \text{Lastfall 2} \\ \begin{bmatrix} 11{,}26 \text{ kN} & 41{,}63 \text{ kN} \\ 5{,}90 \text{ kN} & 35{,}58 \text{ kN} \\ 8{,}06 \text{ kN} & -12{,}04 \text{ kN} \\ -0{,}72 \text{ kN} & 27{,}86 \text{ kN} \end{bmatrix} \end{matrix} = \begin{bmatrix} X_1 \\ Z_1 \\ X_4 \\ Z_4 \end{bmatrix}$$

Die Bilder **10.**44 und **10.**45 zeigen die M-, Q- und N-Flächen.

7. Gleichgewichtskontrollen

7.1 Lastfall 1

$$\overset{+}{\to} \Sigma X = 11{,}26 - 19{,}32 + 8{,}06 = 0$$
$$\uparrow + \Sigma Z = 5{,}90 - 5{,}18 - 0{,}72 = 0$$
$$\curvearrowright \Sigma M_1 = 5{,}18 \cdot 10 - 19{,}32 \cdot 2{,}5 - 8{,}06 \cdot 1{,}5 + 0{,}72 \cdot 12 \approx 0$$

7.2 Lastfall 2

$$\overset{+}{\to} \Sigma X = 41{,}63 - 4{,}226 \cdot 7 - 12{,}04 \approx 0$$
$$\uparrow + \Sigma Z = 35{,}58 - 9{,}063 \cdot 7 + 27{,}86 = 0$$
$$\curvearrowright \Sigma M_1 = 9{,}063 \cdot 7 \cdot 6{,}50 - 4{,}226 \cdot 7 \cdot 3{,}25$$
$$\qquad\qquad - 27{,}86 \cdot 12 + 12{,}04 \cdot 1{,}5 \approx 0$$

10.7.3 Beispiel 3

1. Aufgabenstellung

Wir fügen die drei Stäbe 12, 23 und 34 der Beispiele 1 und 2 zu dem in Bild **10.**46 dargestellten Tragwerk zusammen; dabei wird aus dem Stab 34 der Stab 24. Als Belastung setzen wir die Gleichlast q_{23} der Beispiele 1 und 2 an.

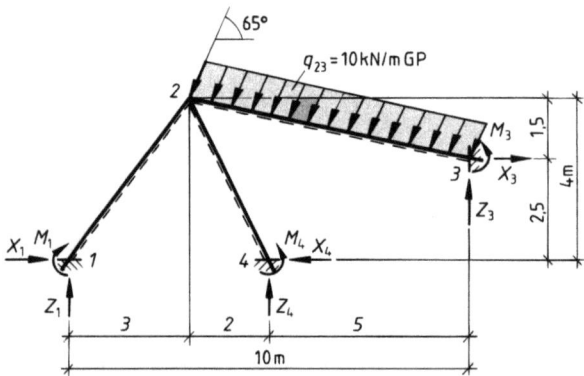

10.46 Rahmen des Beispiels 3

10.7.3 Beispiel 3

2. Übersicht über den Gang der Berechnung

Wir können aus den Beispielen 1 und 2 die Einzelsteifigkeitsmatrizen k_g und $k_l T$ der Stäbe übernehmen (**10.26, 10.27, 10.28, 10.31, 10.32, 10.33**). Da der dritte Stab jetzt die Knoten 2 und 4 verbindet, ändern sich die ihn betreffenden Kopfzeiger von (34) in (24), und zum umbenannten Stabende 24 gehören die Stabendschnittgrößen $S_{4g}^{(24)}$, $S_{5g}^{(24)}$, $S_{6g}^{(24)}$ sowie die Verschiebungsgrößen v_{4g}, v_{5g}, v_{6g}. Die Elemente der Matrizen des dritten Stabes bleiben zahlenmäßig unverändert.

Die Gesamtsteifigkeitsmatrix K muß wegen der geänderten Zuordnung von Knoten und Stäben neu aufgestellt werden. Wir begnügen uns mit einer schematischen Darstellung von K und ermitteln zahlenmäßig nur die reduzierte Gesamtsteifigkeitsmatrix red K.

3. Gesamtsteifigkeitsmatrix

Der im vorliegenden Beispiel 3 gegebene Stabzug hat wie der Stabzug der Beispiele 1 und 2 vier Knoten. Für die Gesamtsteifigkeitsmatrix ergibt sich deswegen dasselbe Schema mit je 12 Zeilen und Spalten wie in den Beispielen 1 und 2. Wir erinnern uns daran, daß die Zeilen den Gleichgewichtsbedingungen, die Spalten den Verschiebungsgrößen der Knoten zugeordnet sind. Der Einbau der Einzelsteifigkeitsmatrizen in das Schema der Gesamtsteifigkeitsmatrix ist jedoch im Beispiel 3 anders als in den Beispielen 1 und 2: Weil im Knoten 2 alle drei Stäbe miteinander verbunden sind, erhalten wir keine Bandmatrix; wir müssen vielmehr die Einzelsteifigkeitsmatrix $k_g^{(24)}$ in ihre Untermatrizen aufspalten und diese in Zuordnung zu den Knoten 2 und 4 ohne Zusammenhang miteinander in das Schema einfügen. Die Elemente der Untermatrix k_{22} ergeben sich aus der Addition der jeweils am gleichen Platz stehenden Elemente der Untermatrizen $k_{22}^{(12)}$, $k_{22}^{(23)}$ und $k_{22}^{(24)}$ (**10.47**).

10.47 Schema der Gesamtsteifigkeitsmatrix K
∅ Elemente der Einzelsteifigkeitsmatrix $k_g^{(12)}$
-o- Elemente der Einzelsteifigkeitsmatrix $k_g^{(23)}$
◊ Elemente der Einzelsteifigkeitsmatrix $k_g^{(24)}$
-✱- Element $k_{ij} = k_{ij}^{(12)} + k_{ij}^{(23)} + k_{ij}^{(24)}$ mit $i = 4, 5, 6; j = 4, 5, 6$

4. Reduzierte Gesamtsteifigkeitsmatrix red K

Das gegebene Tragwerk besitzt in den Knoten 1, 3 und 4 feste Einspannungen; in diesen sind weder Verschiebungen noch Verdrehungen möglich. Mit

$$v_{1g} = v_{2g} = v_{3g} = v_{7g} = v_{8g} = v_{9g} = v_{10g} = v_{11g} = v_{12g} = 0$$

verbleiben als Unbekannte nur die Verschiebungsgrößen des Knotens 2

$$v_{4g} = ? \qquad v_{5g} = ? \qquad v_{6g} = ?$$

Wir streichen die Zeilen und Spalten 1 bis 3 und 7 bis 12 der Gesamtsteifigkeitsmatrix und erhalten die Untermatrix k_{22} als reduzierte Gesamtsteifigkeitsmatrix red K:

$$\text{red } K = \begin{bmatrix} 2{,}8575 \cdot 10^3 & -2{,}4674 \cdot 10^2 & 8{,}5122 \cdot 10^3 \\ -2{,}4674 \cdot 10^2 & 3{,}5527 \cdot 10^3 & 1{,}8370 \cdot 10^3 \\ 8{,}5122 \cdot 10^3 & 1{,}8370 \cdot 10^3 & 3{,}9557 \cdot 10^6 \end{bmatrix}$$

5. Reduzierter Lastvektor red P_g

Der reduzierte Lastvektor beschränkt sich wie die reduzierte Gesamtsteifigkeitsmatrix red K auf die Zeilen 3, 4 und 5, d.h., er betrifft nur den Knoten 2; da die Belastung die gleiche ist wie in den Lastfällen 2 der Beispiele 1 und 2, können wir die entsprechenden Zeilen der dortigen Lastvektoren übernehmen. Es ist demnach

$$\text{red } P_g = \begin{bmatrix} 14{,}792 \text{ kN} \\ 31{,}721 \text{ kN} \\ 4071 \text{ kNcm} \end{bmatrix}$$

6. Gleichungssystem und Lösung

Das Gleichungssystem

$$\text{red } K \text{ red } v_g + \text{red } P_g = 0$$

hat die Lösung

$$\text{red } v_g = (\text{red } K)^{-1} (\text{red } P_g) = \begin{bmatrix} v_{4g} \\ v_{5g} \\ v_{6g} \end{bmatrix} = \begin{bmatrix} -2{,}8842 \cdot 10^{-3} \\ -8{,}6020 \cdot 10^{-3} \\ -1{,}0188 \cdot 10^{-3} \end{bmatrix}$$

Stab-ende	Stabend-schnitt-größe	Überlagerung			Ein-heit
1	2	3	4	5	6
12	S_{1l}	19,46	0	19,46	kN
	S_{2l}	-4,24	0	-4,24	kN
	S_{3l}	-7,03	0	-7,03	kNm
21	$S_{4l}^{(21)}$	-19,46	0	-19,46	kN
	$S_{5l}^{(21)}$	4,24	0	4,24	kN
	$S_{6l}^{(21)}$	-14,19	0	-14,19	kNm
23	$S_{4l}^{(23)}$	-1,61	7,82	6,21	kN
	$S_{5l}^{(23)}$	-2,15	34,12	31,97	kN
	$S_{6l}^{(23)}$	-10,18	40,71	30,53	kNm
24	$S_{4l}^{(24)}$	16,18	0	16,18	kN
	$S_{5l}^{(24)}$	-5,52	0	-5,52	kN
	$S_{6l}^{(24)}$	-16,34	0	-26,34	kNm
32	S_{7l}	1,61	7,82	9,42	kN
	S_{8l}	2,15	34,12	36,26	kN
	S_{9l}	-5,18	-40,71	-45,89	kNm
42	S_{10l}	-16,18	0	-16,18	kN
	S_{11l}	5,52	0	5,52	kN
	S_{12l}	-8,34	0	-8,34	kNm

Kno-ten	Stabend-schnitt-größe	Stützgröße		Ein-heit
1	$S_{1g} = 15{,}07$	$X_1 = 15{,}07$		kN
	$S_{2g} = 13{,}02$	$Z_1 = 13{,}02$		kN
	$S_{3g} = -7{,}03$	$M_1 = 7{,}03$		kNm
3	$S_7 = 2{,}02$	$X_3 = 2{,}02 + 14{,}79 =$	16,81	kN
	$S_8 = 1{,}76$	$Z_3 = 1{,}76 + 31{,}72 =$	33,48	kN
	$S_{9g} = -5{,}18$	$M_3 = -5{,}18 - 40{,}71 =$	-45,89	kNm
4	$S_{10g} = -2{,}30$	$X_4 = -2{,}30$		kN
	$S_{11g} = 16{,}94$	$Z_4 = 16{,}94$		kN
	$S_{12g} = -8{,}34$	$M_4 = -8{,}34$		kNm

10.48 Berechnung der Stabendschnittgrößen in lokalen Koordinaten
Spalte 3: Anteil aus der Einzelsteifigkeitsmatrix
Spalte 4: Anteil aus dem Volleinspannzustand
Spalte 5: endgültige Stabendschnittgröße

10.49 Stabendschnittgrößen der eingespannten Stabenden in globalen Koordinaten (ohne Volleinspannzustand) und Stützgrößen (mit Volleinspannzustand)

7. Schnitt- und Stützgrößen

Wir ermitteln die Stabendschnittgrößen mit Hilfe von Gl. (10.3)

$$S_l = k_l\, T\, v_g$$

und fügen beim Stab 23 wie bei den Beispielen 1 und 2 die Stabendschnittgrößen des Volleinspannzustandes hinzu. Das Ergebnis zeigt Tafel **10.48**. Die Stützgrößen des Rahmens sind die auf die globalen Koordinaten bezogenen Stabendschnittgrößen der Stabenden 12, 32 und 42, die wir mit Gl. (10.4) erhalten. Am Stabende 32 müssen wir noch die Stabendschnittgrößen des Volleinspannzustandes in globalen Koordinaten (s. 10.7.1, Textziffer 7) addieren. In Tafel **10.**49 sind Ausgangswerte und Ergebnisse zusammengestellt, Bild **10.**50 zeigt M-, Q- und N-Fläche.

8. Gleichgewichtsproben am Gesamtsystem

Komponenten der Resultierenden aus der Gleichlast q_{23}:

$$R_{zg} = 9{,}063 \cdot 7{,}00 = 63{,}44 \text{ kN}$$
$$R_{xg} = 4{,}226 \cdot 7{,}00 = 29{,}58 \text{ kN}$$

Gleichgewichtsbedingungen:

$$\overset{+}{\rightarrow} \Sigma X = 15{,}07 - 2{,}30 - 29{,}58 + 16{,}81 = 0$$

$$\uparrow + \Sigma Z = 13{,}02 + 16{,}94 - 63{,}44 + 33{,}48 = 0$$

$$\overset{+}{\curvearrowleft} \Sigma M_1 = 7{,}03 + 8{,}34 - 16{,}94 \cdot 5{,}00 + 63{,}44 \cdot 6{,}50 - 29{,}58 \cdot 3{,}25 + 45{,}89 - 33{,}48 \cdot 10 + 16{,}81 \cdot 2{,}5 \approx 0$$

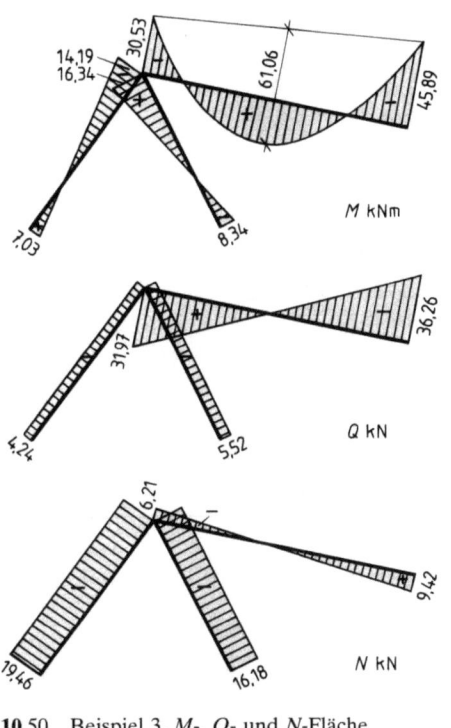

10.50 Beispiel 3, M-, Q- und N-Fläche

9. Statische und geometrische Unbestimmtheit, Nachrechnung mit dem Drehwinkelverfahren

Bei dem gegebenen Tragwerk würde die Einspannung eines Stabendes für eine stabile Lagerung genau ausreichen; die Einspannungen der beiden anderen Stabenden sind überzählig, so daß das Tragwerk **sechsfach statisch unbestimmt** ist.

Bei einer Anwendung des Drehwinkelverfahrens ist das Tragwerk einfach geometrisch unbestimmt: Das Tragwerk ist unverschieblich, und bei der im DV üblichen Vernachlässigung des Einflusses der Längskraftverformungen ist lediglich die Verdrehung des Knotens 2 unbekannt. Eine Berechnung mit dem DV ermöglicht somit eine einfache Plausibilitätskontrolle der mit dem VVM ermittelten Schnittgrößen und bietet zugleich die Möglichkeit, den Einfluß der Längskraftverformungen auf die Schnittgrößen zu zeigen.

Berechnung mit dem Drehwinkelverfahren

Faktoren c. Wir wählen den Stab 12 als Bezugsstab und erhalten damit die folgenden Faktoren c

$$c_{12} = 1$$
$$c_{23} = I_{23}\, l_c/I_c\, l_{23} = 8360 \cdot 500{,}0/(8360 \cdot 715{,}9) = 0{,}6984$$
$$c_{24} = I_{24}\, l_c/I_c\, l_{24} = 8360 \cdot 500{,}0/(8360 \cdot 447{,}2) = 1{,}118$$

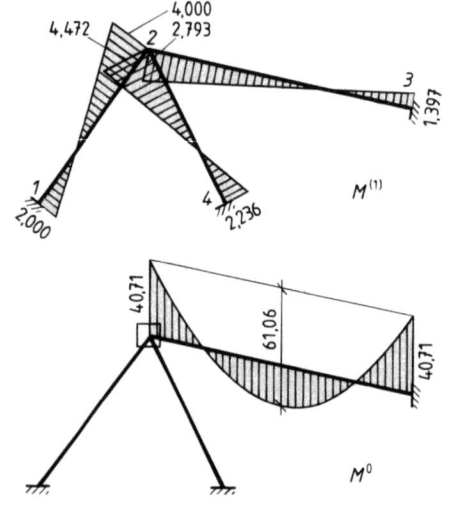

Stabendmomente des Einheitsverdrehungszustands 1

$$M^{(1)}_{21} = 4 \cdot 1 \quad\ = 4 \text{ kNm}$$
$$M^{(1)}_{12} = 2 \cdot 1 \quad\ = 2 \text{ kNm}$$
$$M^{(1)}_{23} = 4 \cdot 0{,}6984 = 2{,}793 \text{ kNm}$$
$$M^{(1)}_{32} = 2 \cdot 0{,}6984 = 1{,}397 \text{ kNm}$$
$$M^{(1)}_{24} = 4 \cdot 1{,}118 = 4{,}472 \text{ kNm}$$
$$M^{(1)}_{42} = 2 \cdot 1{,}118 = 2{,}236 \text{ kNm}$$

Momente des Volleinspannzustandes (Zustand 0) (s. Abschn. 10.7.1, Textziffer 7.2)

$$M^0_{23} = -40{,}71 \text{ kNm}$$
$$M^0_{32} = 40{,}71 \text{ kNm}$$

10.51 Beispiel 3, Nachrechnung mit dem DV, $M^{(1)}$- und M^0-Fläche

$M^{(1)}$- und M^0-Fläche sind in Bild 10.51 aufgezeichnet.

Knotengleichgewichtsbedingung am Knoten 2

$$\curvearrowright \Sigma M_2 = (M^{(1)}_{21} + M^{(1)}_{23} + M^{(1)}_{24})\, Y_1 + M^0_{23} = 0$$

Wir lösen nach Y_1 auf und setzen die Maßzahlen ein

$$Y_1 = 40{,}71/(4 + 2{,}793 + 4{,}472) = 3{,}613$$

Mit der Formel

$$M = M^0 + M^{(1)}\, Y_1$$

ergeben sich schließlich die folgenden Stabendmomente

$M_{21} = 14{,}45$ kNm $M_{12} = 7{,}23$ kNm
$M_{23} = -30{,}61$ kNm $M_{32} = 45{,}75$ kNm
$M_{24} = 16{,}16$ kNm $M_{42} = 8{,}08$ kNm

Diese Momente weichen höchstens 1,8% von den mit dem VVM ermittelten ab; der Einfluß der Längskraftverformungen kann im vorliegenden Beispiel deshalb als **sehr gering** bezeichnet werden.

Literatur

[1] Beton-Kalender. Berlin: Ernst & Sohn, verschiedene Jahrgänge
[2] *Duddeck, H.* und *Ahrens, H.*: Statik der Stabtragwerke in [1]
[3] *Hirschfeld, K.*: Baustatik, Berlin: Springer-Verlag 1969
[4] *Krätzig, W. B.* und *Wittek, U.*: Tragwerke 1. Berlin: Springer-Verlag, 1990
[5] *Krätzig, W. B.*: Tragwerke 2. Berlin: Springer-Verlag 1990
[6] *Ramm, E.*: Stabtragwerke: Institut für Baustatik, Universität Stuttgart, 1985
[7] *Schardt, R.*: Baustatik: Institut für Statik, Technische Hochschule Darmstadt
[8] *Vogel, U.*: Baustatik: Lehrstuhl für Baustatik, Universität Karlsruhe, 1992
[9] *Wendehorst, R.*: Bautechnische Zahlentafeln, 27. Aufl. Stuttgart: B. G. Teubner, 1996

Sachverzeichnis

Abtriebskräfte 316
Abzählkriterium 85
Achsendehnung 9, 11, 12, 15
Arbeit, aktive 18
– auf eigenen Verschiebungsgrößen 17
– auf fremdverursachten Verschiebungsgrößen 17
–, äußere 16
–, innere 16
–, mechanische 16
–, negative 19
–, passive 19
Arbeitsgleichung 9
– am elastischen Tragwerk 16
arbeitsmäßig zugeordnete Schnittgrößen und Verzerrungen 19
Aufbaukriterium 85
Ausführungsungenauigkeiten, ungewollte 316
Auswertung der Integrale 26
Auswirkungen 9

Balkenmoment 145
Bandmatrix 163
Belastungen 9
Belastungsglied 102
β-Matrix 210
Betti, Satz von 67
Biegelinie Gelenkträger 64
– mit ω-Zahlen 62
– mit W-Gewichten 66
–, Neigung 15
–, punktweise Ermittlung 59
Biegemomente 9
Biegesteifigkeit, bezogene 235
– des Bezugsstabes 235
– des Querschnitts 12
– des Stabes 235
Bogenscheitel 147
Brauchbarkeitsuntersuchungen 75

Deformationsmethode 90
Dehnsteifigkeit 11, 328
Dehnungen 9
Determinante des Gleichungssystems 75
Differentialgleichung der Biegelinie 16
Differentialgleichungsmethode 90
Drehpol, momentaner 76
Drehwinkelverfahren 75, 89, 233

–, Beispiel für Theorie II. Ordnung 317
–, endgültiges Moment 234
–, Theorie II. Ordnung 314
Dreimomentengleichungen 163
Durchbiegung 15
Durchlaufträger über fünf Felder 161

Eigenarbeit 18
einfach statisch unbestimmte Systeme 100
Einflußlinie als Verformungsfall 212
Einflußlinien 210
– als Biegelinien 211
– des eingespannten Bogens 220
– des Zweigelenkbogens 217
– eines Durchlaufträgers 213
– für Formänderungen 71
Einflußordinaten 210
eingespannter Bogen 198
– Rahmen mit DV 95
– Rahmen mit geneigten Stielen KGV 175
– Rahmen mit KGV 92, 169
Einheiten beim KGV 95
Einheitsbelastungszustände 90, 93
Einheitsknotenverdrehung 233
Einheitsspannungszustand 100
Einheitsverdrehungszustände 90, 223
Einheitsverformungszustände 75
Einheitszustände 90
einhüftiger unverschieblicher Rahmen mit DV 242, 282
– verschieblicher Rahmen mit DV 275
Einprägungen 9
Einwirkungen 9
Elastizitätsbedingungen 75
Elastizitätsgleichungen 90, 94, 100, 161
– als Raster 162
Elastizitätsmatrix 162
Elementkoordinaten 330
Ersatzbalken 145
Ersatzkraft, äquivalente 11
Ersatzmoment, äquivalentes 13
Erwärmung der Riegelunterseite 35
– des Obergurtes 33
– des Untergurtes 32

F'-Figur 79
Fachwerk, Berechnung mit dem VVM 327
–, Biegelinie 60
Faktor des Einheitsverdrehungszustandes 234
– zur Berechnung des Stabendmomentes 235
Falksches Schema 355
Federkonstante 18
Festhaltekräfte 273
Festhaltemomente 273
Festhaltung 76
Flächenmoment I, abschnittsweise konstant 46
formale Integration 26
Formänderungen, elastische 9
– infolge gegebener Lagerverdrehungen 43
– infolge gegebener Lagerverschiebungen 43
Formänderungsarbeit 17, 19
–, innere 21
Formänderungsbedingungen 75, 90, 94, 100
Formänderungsgrößenverfahren 90
Formänderungskontrollen 188, 195
Formfaktor 27
Freiheitsgrad 56
Fußzeiger 25

gegenseitige Verdrehung zweier Querschnitte 40
– Verdrehungen 42
– Verschiebung zweier Punkte 38
Gegenseitigkeit der elastischen Formänderungen 67
gekrümmter Träger 145
Gelenkknotensystem 98, 270
Gelenkviereck 77
gemischtes System 120
geometrisch bestimmtes Hauptsystem 96, 233
geometrische Bestimmtheit 75
– Beziehungen 10, 15
– Unbestimmtheit 75
geschlossener Rahmen mit KGV 181
Gleichgewichtsbedingungen 10, 90
– am verformten Gesamtsystem 315
– DV 97

Sachverzeichnis

Gleichgewichtskontrollen am Gesamtsystem 257, 269
gleichmäßige Temperaturänderung 269
Gleitung 9, 13
Grad der statischen Unbestimmtheit 85
– – Verschieblichkeit 269
Grundgleichungen 10, 16

Hängestange 130
Hauptdiagonale 162
Hauptlasten 144
Hauptpol 76
Hooke 11
Hookesches Gesetz 12
Horizontalkräfte der Theorie II. Ordnung 316
Horizontalschub 109, 144
– des Dreigelenkbogens 204

Integral als Volumen 27
Integrationstafel 27

Kämpfer 144
Kämpferdrücke 155, 208
Kehlbalkendach 139
Kehrmatrix 210
Kette von Einfeldträgern 160
Kinematik starrer Körper 76
kinematisch bestimmtes Hauptsystem 96, 233
kinematische Bestimmtheit 75
– Ketten 75
– Tragwerke 75
– Untersuchungen 75
– Verschiebungsfigur 79
Kirchhoffscher Eindeutigkeitssatz 233
Knoten 91
Knotendrehwinkel 95, 233
Knotenkräfte 92
Knotenmoment 234
Knotenpunktanschluß, dreistäbiger 88
–, zweistäbiger 88
Knotenverdrehungen 90, 233
Knotenverschiebungen 90
konstruktive Bindungen 85, 92
Kontinuitätsbedingungen 94
Koordinaten, globale 327
–, lokale 330
Koordinatensystem, globales 348
–, lokales 347
Kraft-Durchbiegungs-Diagramm 18
Kraftgrößen, äußere 9
–, einwirkende 9
–, innere 9

Kraftgrößenverfahren 75, 89, 233
Kraftgrößenzustand 10
Krümmungsmittelpunkt 12

Lager, zusätzliche 270
Lagerkräfte 9
– als statisch Unbestimmte 161
Lagermomente 9
Lagersenkung beim Zweifeldträger 106
Lagerverdrehungen 105
–, vorgegebene 9
Lagerverschiebungen 105
–, vorgegebene 9
Land, Satz von 211
Langerscher Balken 130
Längskräfte 9
Längskraftgelenk 56
Längssteifigkeit 11
Lasten 9
Lastglied 102
Lastgrößen 9
Lastmomente 9
Lastspannungszustand 100
lineare Elastizität 11

Mann 233
Maßeinheiten beim DV 99, 235, 240
Matrizenmultiplikation 354
Maxwell, Satz von 68, 71
mehrfach statisch unbestimmte Systeme 157
Methode der finiten Elemente 90
Multiplikator 27

Nachgiebigkeitsmatrix 161
Nebenpol 77

ω-Zahlen 63
örtliche Dehnung 15
Ostenfeld 233

Pfeil 147
Pfeilverhältnis 198
Polplan 77
Prinzip der virtuellen Arbeiten 21
– – virtuellen Kraftgrößen 22
– – virtuellen Verschiebungsgrößen 22
PvK 22
– für räumliche Stabwerke 24
PvV 22, 234, 273
– an statisch bestimmten Tragwerken 54

Querkräfte 9
Querkraftgelenk 55

Rahmen mit Temperaturänderungen 301, 306, 311
–, verschieblich mit geneigten Stielen DV 289
Rasterdarstellung 158
Reduktionsfaktor 14
Reduktionssatz 227
Reduktionsverfahren 90
reduzierte Stablänge 27, 111
Reine Torsion 14
Relativpol 77

Saint-Venantsche Torsion 14
– Torsionssteifigkeit 15
Schiebehülse 56, 211
Schiebung 13
Schnittgrößen 9
Schrägstellung der Stiele 316
Schubfläche, effektive 14
Schubsteifigkeit des Querschnitts 14
Schubverformung 14
Schubverteilungszahl 14
Schubverzerrung 9, 13
Schwinden 105
Simpsonsche Regel 48, 147, 205
Spaltenvektoren 101
Sparrendach 140
Stabbogen 130
Stabdrehwinkel 90, 95, 233, 269
Stabendmoment 234
Stabendmomente bei Temperaturänderungen 299
– der Einheitsverdrehungszustände 96, 236
Stabkennzahl 241, 315
Stabverdrehung 233
Stabwerke, Berechnung mit dem VVM 347
–, Biegelinie 59
statisch bestimmtes Grundsystem 100
– bestimmtes Hauptsystem 92, 100
– Unbestimmte 100
– unbestimmte Größe 100
statische Bestimmtheit 75
– Beziehungen 10
– Unbestimmtheit 75
stetig veränderliches Flächenmoment I 47
Stockwerkrahmen mit KGV 189
Strukturknoten 91
Strukturkoordinaten 330
Stützgrößen 9
Stützlinie 155, 209
Stützmomente als statisch Unbestimmte 161
Systemdeterminante 89

Teilzustände 233
Temperaturänderungen 105
– beim Zweifeldträger 107
– DV 298
–, gleichmäßige 9
–, ungleichmäßige 9
Temperaturdehnzahl 11
Theorie II. Ordnung beim Drehwinkelverfahren 314
Torsionsflächenmoment 14
Torsionsmomente 9
Träger über drei Felder 157
Tragwerke mit unverschieblichen Knoten DV 242
– mit veränderlicher Gliederung 120
– mit verschieblichen Knoten DV 269
Transformationsmatrix 352
Translation 77
transponierte Transformationsmatrix 353

Überlagerung der Zustände beim DV 99, 272
– der Zustände beim KGV 100, 162
Umlenkkräfte 316
unverschieblicher Rahmen mit DV 246, 251, 257

Vektor der infinitesimalen Verschiebung 77
veränderliches Flächenmoment I 46
verbundene eingespannte Stützen 138
Verdrehung einer Stabsehne 41
– eines Fachwerkstabes 41
– eines Querschnitts 36
Verdrehungen 9
Verdrillung 14
Verformungen vorgegebene 9
Verformungsfälle 105
Verformungskontrolle 129
Verformungszustand 10
Vergleichsflächenmoment 2. Grades 27
– I 46
Verkrümmung 9, 12, 13, 15
verschieblicher Rahmen mit DV 283
Verschiebung eines Punktes 31
–, lastabhängige 102
–, lastunabhängige 102
Verschiebungen 9, 15
–, Kontrolle beim Zweibock mit Zugband 336
Verschiebungsarbeit 19

Verschiebungsgleichungen 270, 273
Verschiebungsgrößen 9
–, Grundaufgaben 30
Verschiebungsgrößenverfahren 90
Verschiebungskomponenten in globalen Koordinaten 329
versteifter Stabbogen 130
Versteifungsträger 130
Verträglichkeitsbedingungen 75, 90, 94, 100, 161, 327
verzerrte Momentenfläche 46
Verzerrungen 9
Vierendeelrahmen 270
virtuelle Arbeit 21
– äußere Arbeit 23
– Einheitsverschiebungsgrößen 58
– Formänderungsarbeit 23
– innere Arbeit 23
– Stütz-, Schnitt- und Weggrößen 23
– Verschiebungsgrößen 21
virtueller Zustand 23, 24
Volleinspannmoment 234
Volleinspannmomente nach Theorie II. Ordnung 315
Vorzahl 102
Vorzeichenfestsetzung für Schnittgrößen 236
– im DV 236
– nach dem Biegesinn 236
VVM für Fachwerke 327
– – –, Berücksichtigung der Lagerung 331, 334, 340
– – –, Elementsteifigkeitsmatrix 327, 328, 330
– – –, Gesamtsteifigkeitsmatrix 327
– – –, innerlich statisch unbestimmter Träger 342
– – –, Ständerfachwerk 337
VVM für Stabwerke 347
– – –, Aufbau der Gesamtsteifigkeitsmatrix 358
– – –, äußere Kraftgrößen 356
– – –, Bandmatrix 359
– – –, Berücksichtigung der Lagerbedingungen 359
– – –, Bezeichnung der Schnittgrößen 348
– – –, Bezeichnung der Verschiebungsgrößen 350
– – –, Einzelsteifigkeitsmatrix 348, 351
– – –, Gesamtsteifigkeitsmatrix 348, 356
– – –, Kehrmatrix 360
– – –, Knotengleichgewichtsbedingungen 356

– – –, Knotenverschiebungsgrößen 356
– – –, Kontrollen 371, 376, 379
– – –, Reduktion der Gesamtsteifigkeitsmatrix 359
– – –, Stablasten 361
– – –, Tragwerksmodell 347
– – –, Transformation der Einzelsteifigkeitsmatrix 352
– – –, Untermatrizen 359
– – –, Vektor der äußeren Kraftgrößen 359
– – –, Vektor der Verschiebungsgrößen 359
– – –, Verschiebungs-, Schnitt- und Stützgrößen 360
–, Zweibock mit Zugband 332

Weggrößen 9
–, eingeprägte 9
Weggrößenverfahren 90, 233
Werkstoffbeziehungen 10
Werkstoffgesetze 10, 11
Williotscher Verschiebungsplan 337
wirkliche Stütz-, Schnitt- und Weggrößen 23
– Verdrehung 24
– Verschiebung 23
wirklicher Zustand 23, 24
Wölbkrafttorsion 14

Zug- und Drucksteifigkeit 11
Zugbandkraft 109
zugeordnete konstruktive Bindung 54
Zusatzlager 271
Zusatzstäbe 270
Zustand 0 beim DV 96, 233
– – beim KGV 93, 100
Zustandsgrößen 9
Zustandslinien elastischer Formänderung 59
zwangläufige kinematische Kette 54, 79, 98, 274
Zwangschnittgrößen 105
Zwängungen 105
zweifach statisch unbestimmter Rahmen 163
– – unbestimmtes System 157
Zweifeldträger mit KGV 101
Zweigelenkbogen 144
Zweigelenkrahmen 109
– mit geknicktem Riegel 121
– mit Zugband 119
zweigeschossiger Rahmen mit DV 264
zweite Belastung 62
– Lagerkraft 62
– Momentenfläche 62

MIX
Papier aus verantwortungsvollen Quellen
Paper from responsible sources
FSC® C105338

If you have any concerns about our products,
you can contact us on
ProductSafety@springernature.com

In case Publisher is established outside the EU,
the EU authorized representative is:
**Springer Nature Customer Service Center GmbH
Europaplatz 3, 69115 Heidelberg, Germany**

Printed by Libri Plureos GmbH
in Hamburg, Germany